中国国家标准汇编

2006年修订-13

中国标准出版社 编

中国标准出版社

北京

图书在版编目（CIP）数据

中国国家标准汇编：2006年修订.13/中国标准出版社编.—北京：中国标准出版社，2007
ISBN 978-7-5066-4609-3

Ⅰ.中…　Ⅱ.中…　Ⅲ.国家标准-汇编-中国-2006
Ⅳ.T-652.1

中国版本图书馆CIP数据核字（2007）第105549号

中国标准出版社出版发行
北京复兴门外三里河北街16号
邮政编码:100045
网址 www.spc.net.cn
电话:68523946　68517548
中国标准出版社秦皇岛印刷厂印刷
各地新华书店经销
*
开本 880×1230 1/16　印张 40　字数 1 192 千字
2007年8月第一版　2007年8月第一次印刷
*
定价 180.00 元

ISBN 978-7-5066-4609-3
9 787506 646093 >

出 版 说 明

1.《中国国家标准汇编》是一部大型综合性国家标准全集，自1983年起，按国家标准顺序号以精装本、平装本两种装帧形式陆续分册汇编出版。《汇编》在一定程度上反映了我国建国以来标准化事业发展的基本情况和主要成就，是各级标准化管理机构，工矿企事业单位，农林牧副渔系统，科研、设计、教学等部门必不可少的工具书。

2. 由于标准的动态性，每年有相当数量的国家标准被修订，这些国家标准的修订信息无法在已出版的《汇编》中得到反映。为此，自1995年起，新增出版在上一年度被修订的国家标准的汇编本。

3. 修订的国家标准汇编本的正书名、版本形式、装帧形式与《中国国家标准汇编》相同，视篇幅分设若干册，但不占总的分册号，仅在封面和书脊上注明"2006年修订-1，-2，-3，……"等字样，作为对《中国国家标准汇编》的补充。读者配套购买则可收齐前一年新制定和修订的全部国家标准。

4. 修订的国家标准汇编本的各分册中的标准，仍按顺序号由小到大排列(不连续)；如有遗漏的，均在当年最后一分册中补齐。

5. 2006年度发布的修订国家标准分27册出版。本分册为"2006年修订-13"，收入新修订的国家标准42项。

中国标准出版社

2007年6月

目　录

ICS 23.120
J 72

中华人民共和国国家标准

GB/T 10178—2006/ISO 5802:2001
代替 GB/T 10178—1988

工业通风机　现场性能试验

Industrial fans—Performance testing in situ

(ISO 5802:2001,IDT)

2006-12-28 发布　　2007-07-01 实施

中华人民共和国国家质量监督检验检疫总局
中国国家标准化管理委员会　发布

工业通风机　现场性能试验

1　范围

本标准适用于安装在工作管路上的通风机的一个工况点或多个工况点性能特性的测定。所测气体必须是单一的(单相的)。

2　规范性引用文件

下列文件中的条款,通过本标准的引用而成为本标准的条款。凡是注日期的引用文件,其随后所有的修改单(不包括勘误的内容)或修订版均不适用于本标准,然而,鼓励根据本标准达成协议的各方研究是否可使用这些文件的最新版本。凡是不注日期的引用文件,其最新版本适用于本标准。

GB/T 2624—1993　流量测量节流装置　用孔板、喷嘴和文丘里管测量充满圆管的流体流量(eqv ISO 5167-1:1991)

GB/T 1236—2000　工业通风机　用标准化风道进行性能试验(idt ISO 5801:1997)

GB 755—2000　旋转电机　定额和性能(idt IEC 60034-1:1996)

IEC 60051-8　直接作用指示模拟电气测量仪表及其附件　第8部分:对附属设备的特殊要求

3　术语、定义和符号

3.1　术语和定义

下列术语和定义适用于本标准。

3.1.1

空气　air

空气或其他气体的简称,在称之为大气时除外。

3.1.2

标准空气　standard air

指密度为1.2 kg/m³的大气。

注:温度16℃,压力100 000 Pa及相对湿度65%的大气具有密度1.2 kg/m³,但这些条件不作为定义的一部分。

3.1.3

通风机　fan

一种保持气体连续流动的旋转机械,通常压比不超过1.3。

3.1.4

叶轮　impeller

通风机的旋转部件,通过其叶片将能量传送给空气。

3.1.5

机壳　casing

通风机的静止部件,使气流从通风机进口流向通风机出口。

3.1.6

管道　duct

气流速度与通风机进口或出口气流速度相当的风道。

3.1.7

风室　chamber

气流速度小于通风机进口或出口气流速度的风道。

3.1.8

过渡段　transition piece

横截面面积和/或形状逐渐变化的风道。

3.1.9

试验空间　test enclosure

安装通风机和试验风道的房间或其他不通风的空间。

3.1.10

管道的截面积 A_x　area of the conduit section x

管道截面 x 的面积。

3.1.11

通风机进口面积 A_1　fan inlet area

通常取机壳进口平面的总面积。

注：取空气输送装置上游段末端的界面作为通风机进口平面。在本标准中通风机进口平面用平面1表示(见图1)。

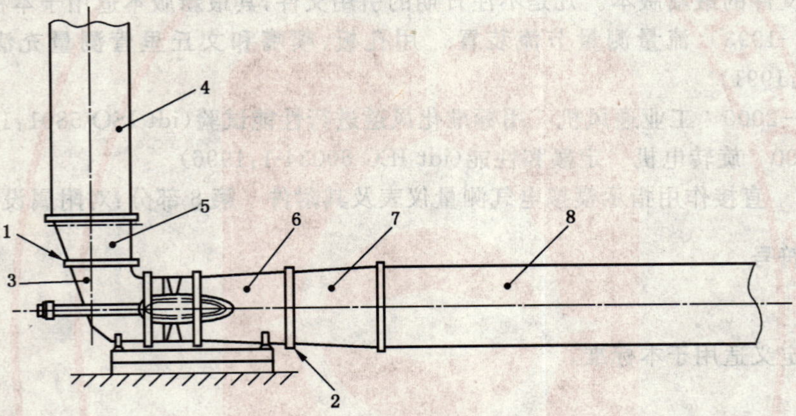

a)　轴流通风机

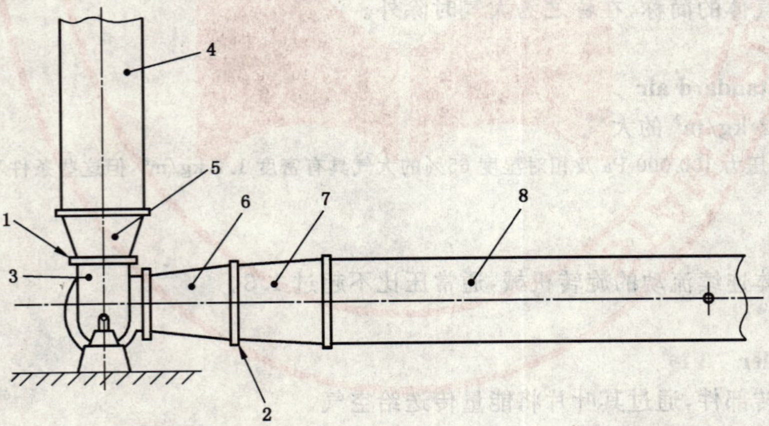

b)　离心通风机

1——进口平面1；
2——出口平面2；
3——进气箱；
4——进口管道；
5——过渡接管；
6——扩散器；
7——过渡接管；
8——出口管道。

图1　现场试验布置的平面图

3.1.12

通风机出口面积 A_2　fan outlet area

通常取机壳出口平面内不扣除电机、整流罩或其他障碍物的总面积。

注：取空气输送装置下游段始端的界面作为通风机出口平面。在本标准中通风机出口平面用平面 2 表示(见图 1)。

3.1.13

温度 t　temperature

由热敏元件测得的空气或流体温度。

3.1.14

绝对温度 θ　absolute temperature

热力学温度 $\theta=t+273.15$

3.1.15

某点的滞止温度 θ_{sg}　stagnation temperature at a point

滞止温度是在无能量或无热量交换的情况下，理想气体流动等熵滞止时的绝对温度。

注：滞止温度沿风道是不变的，对进口风管等于试验环境中大气的绝对温度。

3.1.16

静态或流体温度 θ　static or fluid temperature

静态或流体温度是热敏元件以流体速度移动时的绝对温度。

$$\theta=\theta_{sg}-\frac{v^2}{2c_p}$$

式中：v——流速，单位为米每秒(m/s)。

3.1.17

干球温度 t_d　dry bulb temperature

干球温度是在试验环境中，靠近通风机进口或风道进口的干热敏元件所测得的空气温度。

3.1.18

湿球温度 t_w　wet bulb temperature

湿球温度是用吸湿绳覆盖且露在空气中的湿热敏元件所测得的空气温度。

注：当正确测量时，大致接近绝热饱和温度。

3.1.19

截面 x 的滞止温度 θ_{sgx}　stagnation temperature at a section x

规定风道截面面积上平均滞止温度的时间平均值。

3.1.20

截面 x 的静态或流体温度 θ_x　static or fluid temperature at a section x

规定风道截面面积上静态或流体温度的时间平均值。

3.1.21

气体常数 R　specific gas constant

对于理想气体，状态方程：

$$\frac{p}{\rho}=R\theta$$

3.1.22

进口滞止温度 θ_{sg1}　inlet stagnation temperature

气体速度小于 25 m/s 的一个截面上，靠近通风机进口或进口管道的试验空间中的温度。

注：在此情况下，进口滞止温度可以认为等于环境温度。

$$\theta_{sg1} = \theta_a = t_a + 273.15$$

3.1.23

等熵指数 κ　isentropic exponent

对于理想气体和等熵过程：

$$\frac{p}{\rho^{\kappa}} = 常数$$

3.1.24

等压比热 c_p　specific heat at constant pressure

对于理想气体：

$$c_p = \frac{\kappa}{\kappa - 1}R$$

3.1.25

等容比热 c_V　specific heat at constant volume

对于理想气体：

$$c_V = \frac{R}{\kappa - 1}$$

3.1.26

压缩性系数 Z　compressibility factor

$$Z = \frac{p}{\rho R\theta}$$

并且 Z 是$\frac{p}{p_c}$和$\frac{\theta}{\theta_c}$的函数。

式中：

p_c——气体的临界压力；

θ_c——气体的临界温度。

注：对于理想气体：$Z=1$。

3.1.27

某一点的绝对压力 p　absolute pressure at a point

在相对于周围空气静止时的某一点测得的绝对压力。

3.1.28

大气压力 p_a　atmospheric pressure

通风机平均高度上，自由大气的绝对压力。

3.1.29

表压 p_e　gauge pressure

当基准压力是测量点的大气压力时的压力值。

注：该值可能是正值，也可能是负值。

$$p_e = p - p_a$$

3.1.30

某一点的绝对滞止压力 p_{sg}　absolute stagnation pressure at a point

如果气流通过等熵过程而静止，在该流动气体中某一点测得的绝对压力。

$$p_{sg} = p\left(1 + \frac{\kappa - 1}{2}Ma^2\right)^{\frac{\kappa}{\kappa - 1}}$$

式中：Ma 是在该点的马赫数。

3.1.31

某一点的动压 p_d　dynamic pressure at a point

由该点空气的速度 v 和密度 ρ 进行计算的压力。

$$p_d = \frac{\rho v^2}{2}$$

3.1.32

某一点的全压 p_t　total pressure at a point

绝对滞止压力 p_{sg} 减去大气压力 p_a。

$$p_t = p_{sg} - p_a = p_e + p_d$$

注：当马赫数小于 0.2，马赫系数小于 1.01 时，绝对滞止压力 p_{sg} 非常接近表压、大气压和动压之和。

$$p_{sg} \cong p_e + p_a + p_d$$

3.1.33

截面 x 的平均表压 p_{ex}　average gauge pressure at a section x

在规定风道截面上平均表压对时间的平均值。

3.1.34

截面 x 的平均绝对压力 p_x　average absolute pressure at a section x

在规定风道截面上平均绝对压力对时间的平均值。

$$p_x = p_{ex} + p_a$$

3.1.35

截面 x 的常规动压 p_{dx}　conventional dynamic pressure at a section x

由规定风道截面上的平均速度和平均密度计算的动压。

$$p_{dx} = \rho_x \frac{v_{mx}^2}{2} = \frac{1}{2\rho_x}\left(\frac{q_m}{A_x}\right)^2$$

3.1.36

通风机动压 p_{dF}　fan dynamic pressure

由质量流量、出口平均气体密度和通风机出口面积计算的通风机出口的常规动压。

$$p_{dF} = \rho_2 \frac{v_{m2}^2}{2} = \frac{1}{2\rho_2}\left(\frac{q_m}{A_2}\right)^2$$

3.1.37

截面 x 的绝对滞止压力 p_{sgx}　absolute stagnation pressure at a section x

用该截面上的马赫系数 F_{Mx} 修正的常规动压 p_{dx} 与平均绝对压力 p_x 之和。

$$p_{sgx} = p_x + p_{dx} F_{Mx}$$

注：此绝对滞止压力可以用下式进行计算：

$$p_{sgx} = p_x \left(1 + \frac{\kappa - 1}{2} Ma_x^2\right)^{\frac{\kappa}{\kappa-1}}$$

3.1.38

截面 x 的平均全压 p_{tx}　average total pressure at a section x

当马赫数小于 0.122 时，马赫系数 F_M 可以忽略不计。即：

$$p_{tx} = p_{ex} + p_{dx} = p_{sgx} - p_a$$

3.1.39

通风机压力 p_F　fan pressure

通风机出口滞止压力和通风机进口滞止压力之差值。

$$p_F = p_{sg2} - p_{sg1}$$

3.1.40

通风机静压 p_{sF}　fan static pressure

通常规定为通风机压力减去用通风机出口马赫系数修正的通风机动压。

$$p_{sF} = p_{sg2} - p_{dF} F_{M2} - p_{sg1} = p_2 - p_{sg1}$$

3.1.41

某一点的马赫数 Ma　Mach number at a point

某一点的气体速度与声速之比。

注：对于理想气体

$$Ma = \frac{v}{\sqrt{\kappa R_w \theta}}$$

式中：R_w 为湿气体的气体常数。

3.1.42

截面 x 的马赫数 Ma_x　Mach number at a section x

规定风道截面 x 的平均气流速度与声速之比。

$$Ma_x = \frac{v_{mx}}{\sqrt{\kappa R_w \theta_x}}$$

3.1.43

马赫系数 F_M　Mach factor

某一点动压的修正系数，由下式给出：

$$F_M = \frac{p_{sg} - p}{p_d}$$

注：马赫系数可按下式计算：

$$F_M = 1 + \frac{Ma^2}{4} + \frac{Ma^4}{40} + \frac{Ma^6}{1\,600} + \cdots \quad (\text{当 } \kappa = 1.4)$$

3.1.44

进口滞止密度 ρ_{sg1}　stagnation inlet density

由进口滞止压力 p_{sg1} 和进口滞止温度 θ_{sg1} 计算的密度。

$$\rho_{sg1} = \frac{p_{sg1}}{R_w \theta_{sg1}}$$

3.1.45

截面 x 的平均密度 ρ_x　average density at a section x

由绝对压力 p_x 和静态温度 θ_x 计算的流体密度。

$$\rho_x = \frac{p_x}{R_w \theta_x}$$

3.1.46

平均密度 ρ_m　mean density

进口和出口密度的算术平均值。

$$\rho_m = \frac{\rho_1 + \rho_2}{2}$$

3.1.47

截面的平均质量流量 q_m　mean mass flowrate at a section

单位时间内通过规定风道截面的流体质量对时间的平均值。

注：质量流量在通风机风道系统内（除泄漏外）的各截面上是相同的。当通风机没有密封时，可适当的取通风机进口或取通风机出口的质量流量。

3.1.48

进口滞止容积流量 q_{Vsg1}　inlet stagnation volume flow

质量流量除以进口滞止密度。

$$q_{Vsg1}=\frac{q_m}{\rho_{sg1}}$$

3.1.49

出口滞止容积流量 q_{Vsg2}　outlet stagnation volume flow

质量流量除以出口滞止密度。

$$q_{Vsg2}=\frac{q_m}{\rho_{sg2}}$$

3.1.50

截面 x 的容积流量 q_{Vx}　volume flow at a section x

质量流量除以风道截面 x 的平均密度值。

$$q_{Vx}=\frac{q_m}{\rho_x}$$

3.1.51

截面 x 的平均速度 v_{mx}　average velocity at a section x

风道截面 x 上的容积流量除以该截面面积。

$$v_{mx}=\frac{q_{Vx}}{A_x}$$

注：这是气体速度在截面上垂直分量对时间的平均值。

3.1.52

通风机单位质量功 y_F　fan work per unit mass

通过通风机的单位质量流体机械能的增量。

$$y_F=\frac{p_2-p_1}{\rho_m}+\frac{v_{m2}^2}{2}-\frac{v_{m1}^2}{2}$$

注：y_F 可按 3.1.57 中的规定进行计算。

3.1.53

通风机单位质量静功 y_{Fs}　fan static work per unit mass

$$y_{Fs}=\frac{p_2-p_1}{\rho_m}-\frac{v_{m1}^2}{2}$$

3.1.54

通风机压比 r_{Fp}　fan pressure ratio

通风机出口平面的平均绝对滞止压力与其进口平面的平均绝对滞止压力之比。

$$r_{Fp}=\frac{p_{sg2}}{p_{sg1}}$$

3.1.55

进口密度与平均密度之比 k_ρ　density ratio of inlet density to mean density

通风机进口的流体密度除以通风机内平均密度。

$$k_\rho=\frac{2\rho_1}{\rho_1+\rho_2}$$

3.1.56

压缩性修正系数 k_p　compressibility coefficient

通风机对空气作的机械功与同样质量流量、进口密度及压比的不可压缩流体所作的功之比。

注1：假设等熵压缩在通风机机壳无热传导的情况下，所作功由叶轮功率推导出。

注2：k_p 由下式给出：

$$k_{\mathrm{p}} = \frac{(\kappa-1)\rho_{\mathrm{sg1}} P_{\mathrm{r}} \log_{10} r_{\mathrm{F}p}}{\kappa\, q_m p_{\mathrm{F}} \log_{10}\left[1 + \frac{(\kappa-1)\rho_{\mathrm{sg1}} P_{\mathrm{r}} (r_{\mathrm{F}p}-1)}{\kappa\, q_m p_{\mathrm{F}}}\right]}$$

3.1.57

通风机空气功率 P_{u}　fan air power

常规的输出功率为质量流量与通风机单位质量功的乘积或进口容积流量、压缩性修正系数与通风机压力的乘积。

$$P_{\mathrm{u}} = q_m y_{\mathrm{F}} \cong q_{V\mathrm{sg1}} k_{\mathrm{p}} p_{\mathrm{F}}$$

3.1.58

通风机静空气功率 P_{us}　fan static air power

常规的输出功率为质量流量与通风机单位质量静功的乘积或进口容积流量、压缩性修正系数和通风机静压的乘积。

$$P_{\mathrm{us}} = q_m y_{\mathrm{Fs}} = q_{V\mathrm{sg1}} k_{\mathrm{p}} p_{\mathrm{sF}}$$

3.1.59

叶轮功率 P_{r}　impeller power

供给通风机叶轮的机械功率。

3.1.60

通风机的轴功率 P_{a}　fan shaft power

供给通风机轴的机械功率。

3.1.61

电机输出功率 P_{o}　motor output power

电机或其他原动机的输出轴功率。

3.1.62

电机输入功率 P_{e}　motor input power

电机驱动装置端子上供给的电功率。

注：在其他驱动形式下，通常对原动机不使用输入功率的术语。

3.1.63

转速 n　rotational speed

通风机叶轮每分钟的转数。

3.1.64

旋转频率 N　rotational frequency

通风机叶轮每秒钟的转数。

3.1.65

叶尖速度 u　tip speed

叶轮叶片外缘的圆周速度。

3.1.66

圆周马赫数 Ma_{u}　peripheral Mach number

等于圆周速度与通风机进口滞止条件下气体声速之比的无量纲参数。

$$Ma_{\mathrm{u}} = \frac{u}{\sqrt{\kappa R_{\mathrm{w}} \theta_{\mathrm{sg1}}}}$$

3.1.67

通风机马赫数 Ma_{F}　fan Mach number

参数换算用的常规量。

注：通风机的圆周速度与标准空气中的音速之比。

$$Ma_{\mathrm{F}}=\frac{\pi D_{\mathrm{r}}n}{60c}$$

式中：$c=340\ \mathrm{m/s}$,用于大气温度下。

3.1.68

通风机叶轮效率 η_{r} fan impeller efficiency

通风机空气功率 P_{u} 除以叶轮功率 P_{r}。

3.1.69

通风机叶轮静效率 η_{sr} fan impeller static efficiency

通风机静空气功率 P_{us}除以叶轮功率 P_{r}。

3.1.70

通风机轴效率 η_{a} fan shaft efficiency

通风机空气功率 P_{u} 除以通风机轴功率 P_{a}。

注：通风机轴功率包括轴承损失，而通风机叶轮功率不包括这一损失。

3.1.71

通风机电机轴效率 η_{o} fan motor efficiency

通风机空气功率 P_{u} 除以电机输出功率 P_{o}。

3.1.72

总效率 η_{e} overall efficiency

通风机空气功率 P_{u} 除以通风机与电机组合的电机输入功率 P_{e}。

3.1.73

面积为 A_x 截面 x 的动能系数 $\alpha_{\mathrm{A}x}$ kinetic energy factor at a section x of area A_x

无量纲系数，等于通过所确定的面积 A_x 按时间平均的单位质量动能通量除以通过该面积的平均空气速度对应的单位质量动能。

$$\alpha_{\mathrm{A}x}=\frac{\iint_{\mathrm{A}x}(\rho v_{\mathrm{n}}v^2)\mathrm{d}A_x}{q_m v_{\mathrm{m}x}{}^2}$$

式中：

v——绝对速度；

v_{n}——垂直于横截面的速度分量。

注：对于本标准，通常 $\alpha_{\mathrm{A}x}$ 等于 1。

3.1.74

截面 x 的动能指数 $i_{\mathrm{k}x}$ kinetic index at a section

无量纲系数，等于截面 x 上的单位质量的动能与通风机的单位质量功之比。

$$i_{kx}=\frac{v_{\mathrm{m}x}^2}{2y}$$

3.1.75

截面 x 的雷诺数 Re_x Reynolds number at a section x

该参数是截面 x 上的速度、密度及相关标准长度（风管直径、叶片弦长）的乘积除以动力黏度。

$$Re_x=\frac{\rho_x v_{\mathrm{m}x}D_x}{\mu_x}$$

注：它是确定流动状态的无量纲参数，常用作标度参数。

3.1.76

通风机雷诺数 Re_{F} fan Reynolds number

通风机的圆周速度、进口密度和叶轮直径的乘积除以通风机进口的动力黏度。

$$Re_{F}=\frac{\rho_{1}\pi nD_{r}^{2}}{60\mu_{1}}$$

注：它是用作标度参数的常规量。

3.1.77

摩擦损失系数(ζ_{x-y})$_y$　friction loss coefficient

管道截面 x 和 y 之间的摩擦损失的无量纲系数，用截面 y 的速度和密度计算。

注：对不可压缩流体：

$$\Delta p_{x-y}=\frac{1}{2}\rho_{y}v_{my}^{2}(\zeta_{x-y})_{y}$$

3.1.78

通风机流量系数 ϕ　fan flow coefficient

无因次量，等于质量流量除以平均密度与叶轮圆周速度和叶轮直径平方的乘积。

$$\phi=\frac{q_{m}}{\rho_{m}uD_{r}^{2}}$$

3.1.79

通风机单位质量功系数 ψ　fan work per unit mass coefficient

无因次量，等于通风机单位质量功除以叶轮圆周速度的平方。

$$\psi=\frac{y}{u^{2}}$$

3.1.80

通风机功率系数 λ_p　fan power coefficient

无因次量，等于叶轮功率除以平均密度与叶轮圆周速度的立方及叶轮直径的平方的乘积。

$$\lambda_{p}=\frac{P_{r}}{\rho_{m}u^{3}D_{r}^{2}}$$

3.2　符号

A	管道截面面积	m^2
A_x	管道截面 x 的面积	m^2
A_w	给定温度下水蒸气分压修正系数	
A_1	通风机进口面积	m^2
A_2	通风机出口面积	m^2
b	管壁到最近测试点的距离	m
c	空气中的声速	m/s
c_p	等压比热	J/(kg·K)
c_V	等容比热	J/(kg·K)
d	速度探针头部直径	mm
D	圆形截面管道内径	m
D_a	环形管道的最小内径	m
D_e	非圆形管道横截面的当量直径	m
D_h	管道水力直径	m
D_r	叶轮直径	m
e	环形管道中环的厚度	m
e_{pF}	通风机压力不确定度	
e_q	流量不确定度	
e_Δ	特性曲线不确定度	

f	附加误差	
f_i	加权系数	
F	近似系数	
F_M	马赫系数	
g	重力加速度	m/s^2
h	采用直角坐标时探针至基准壁面的水平距离	m
h_u	相对湿度$\left(h_u=\frac{p_v}{p_{sat}}\right)$	
H	矩形截面风管的高度	m
i_k	排气动能指数	
i_{kx}	截面 x 的动能指数	
I	电流	A
k_p	压缩性修正系数	
k_ρ	密度比	
l	测试线长度	m
l_a	横坐标 a 测试线长度	m
l_o	横坐标 o 测试线长度	m
l_x	横坐标 x 测试线长度	m
L	矩形截面风管的长度或任意形截面的最大长度	m
L_D	风管的长度	m
L_p	垂直于距探针最近管壁方向上的风管内部尺寸	m
Ma	某一点的马赫数	
Ma_F	通风机马赫数	
Ma_x	截面 x 的马赫数	
N	叶轮旋转频率	r/s
n	叶轮转速	r/min
N_r	测试线的数量	
p	对空间和时间的流体平均压力，即绝对静压	Pa
p_a	大气压力(绝对)	Pa
p_d	某一点的动压	Pa
p_{dx}	截面 x 的动压	Pa
p_{dF}	通风机动压	Pa
p_e	表压	Pa
p_{esgx}	截面 x 的滞止表压	Pa
p_{ex}	截面 x 的平均表压	Pa
p_F	通风机(滞止)压力	Pa
pl	壁面速度渐近特性定律指数的倒数(考虑壁面粗糙度和雷诺数的数值)	
p_{sat}	饱和蒸汽压力	Pa
p_{sF}	通风机静压	Pa
p_{sg}	某一点的绝对滞止压力	Pa
p_{sgx}	截面 x 的绝对滞止压力	Pa
p_t	某一点的全压	Pa
p_{tx}	截面 x 的全压	Pa

p_v	水蒸汽的分压	Pa
p_x	截面 x 的平均绝对压力	Pa
p_1	进口平面的绝对静压	Pa
p_2	出口平面的绝对静压	Pa
P_a	供给通风机轴的机械功率	W
P_e	电机输入功率	W
P_f	摩擦损失功率	W
P_o	驱动机输出轴有效功率	W
P_r	供给通风机叶轮的机械功率	W
P_u	通风机空气功率	W
P_{us}	通风机静空气功率	W
q_m	质量流量	kg/s
q_V	容积流量	m^3/s
q_{Vr}	实际容积流量	m^3/s
q_{Vs}	对应于使用差压装置的标准条件下容积流量	m^3/s
q_{Vsg1}	滞止状态的进口容积流量	m^3/s
q_{Vsg2}	滞止状态的出口容积流量	m^3/s
q_{Vx}	截面 x 的容积流量	m^3/s
r	管道半径	m
r_{Fp}	通风机压比	
r_A	孔板的面积比	
R	气体常数	J/(kg·K)
R_D	管道半径极限值	m
R_{ex}	截面 x 的雷诺数	
R_w	湿空气的气体常数	J/(kg·K)
S	等量孔特性曲线的比例斜率	
t	由热敏元件测得的空气或流体温度	℃
t_d	干球温度	℃
t_x	截面 x 上的静态温度	℃
t_w	湿球温度	℃
u	叶轮圆周速度	m/s
U	电流的电压	V
v	当地绝对速度	m/s
v_a	试验截面上的轴向速度	m/s
v_m	v 的时间平均值	m/s
v_{m1}	进口平面上的绝对速度的时间平均值	m/s
v_{m2}	出口平面上的绝对速度的时间平均值	m/s
v_{mx}	截面 x 上的绝对速度的时间平均值	m/s
v_n	垂直于横截面的分速度	m/s
$v_x(y)$	沿横坐标 x 测试线测定的速度分布图	m/s
V	流体的容积	m^3
y	采用直角坐标时探针至基准壁面的垂直距离	m
y_F	通风机单位质量功	J/kg

y_{Fs}	通风机单位质量静功	J/kg
z	通风机相对基准面的平均高度	m
z_1	通风机进口相对基准面的平均高度	m
z_2	通风机出口相对基准面的平均高度	m
Z	压缩性系数	
α_A	气体动能系数	
α_{A1}	在面积为 A 的进口平面的动能系数	
α_{A2}	在面积为 A 的出口平面的动能系数	
δq_V	容积流量 q_V 的绝对误差	m^3/s
Δp	差压	Pa
Δq_V	测定容积流量 q_V 的绝对极限误差	m^3/s
Δ_z	气压表与通风机平均高度之间的高度差	m
ε	膨胀系数	
η_a	通风机轴效率	
η_e	总效率(或装置效率)	
η_M	电机效率	
η_r	通风机叶轮效率	
η_{sr}	通风机叶轮静效率	
η_{tr}	传动效率	
κ	比热比(等压比热与等容比热)	
λ	摩擦阻力系数	
λ_p	通风机功率系数	
ζ	摩擦损失系数($\zeta=\lambda\cdot L\cdot D_h^{-1}$)	
μ_x	截面 x 上流体的动力黏度	Pa·s
μ_1	通风机进口流体的动力黏度	Pa·s
ρ	流体密度	kg/m^3
ρ_m	平均密度	kg/m^3
ρ_{12}	进、出口密度对时间的算术平均值	kg/m^3
ρ_x	截面 x 上的平均密度	kg/m^3
ρ_1	进口截面的平均密度	kg/m^3
ρ_2	出口截面的平均密度	kg/m^3
ρ_{sg1}	进口滞止密度	kg/m^3
θ	绝对温度	K
θ_{sg}	某点的滞止温度	K
θ_{sgx}	截面 x 的滞止温度	K
θ_x	截面 x 的静态或流体温度	K
ϕ	通风机流量系数	
ψ	通风机单位质量功系数	

4 测试的量

通风机及其所属装置中的气体流动均为不稳定流。在通风机的额定工作范围，表征流动状态和位移的量，在系统阻力保持恒定、转速波动保持在 0.5%以内时，存在着稳定的时间平均值。

为减少气流脉动对测试特性的影响，可在适当的时间内进行多次重复测量，使计算的平均值更真实地代表所要求的时间平均值,则该值是实际上的稳定值。

对于不带支管的风道中某一气密段(图 1 的进口平面 1～出口平面 2)通风机产生的稳定流,以下式作为通风机对气体作用的定义基础。

$$y=\frac{P_u}{q_m}=\frac{p_2-p_1}{\rho_m}+\frac{\alpha_{A2}v_{m_2}^2}{2}-\frac{\alpha_{A1}v_{m1}^2}{2}+g(z_2-z_1)$$

按照惯例,对本标准 $\alpha_{A2}=\alpha_{A1}=1$。

5 现场试验的一般条件和方法

5.1 一般建议

进行现场试验前应检查通风机的功能是否正常。

在通风机与流量和压力测量面之间的风道应无明显的内、外漏气现象。通风机进出口之间不得存在未规定的气体循环。

为保障试验操作人员安全及机器免受损坏所采取的措施,不应对通风机的气动性能有任何影响。

在验收试验之前,供方有权检查通风机工作情况是否良好并进行必要的调整。

5.2 只改变系统阻力情况下的测试点选择

对于不带调节装置(如:变速调节、动叶可调或进口导叶可调)的通风机,在检查单一规定的工况点并只改变系统阻力的情况时,测量至少取三个工况点,其选择方法如下:

a) 最小流量点的选择,其流量或流量系数值应小于规定点的值,如有可能应在规定点的 85%～90%之间。

b) 最大流量点的选择,其流量或流量系数值应大于规定点的值,如可能应在规定点的 110%～115%之间。

c) 中间流量点的选择,其流量或流量系数值应尽量接近规定点的值,如可能应在规定点的 97%～103%之间。

对于不带调节装置的通风机,在检查一个以上规定的工况点并只改变风道系统阻力时,测试点的选择方法如下:

d) 选择的测试点必须对应于各规定点,这样当需要对流量值修正时,可将与规定转速有关的转速变化计入。或通风机的流量系数值应尽可能接近规定点的值。如可能应在规定点的 3%以内。

e) 两个相邻测试点的流量或流量系数的变化,不得超过规定点流量或流量系数算术平均值的 10%。

f) 测试点的范围应向规定点的两侧扩展。

若减少工况点的数量和范围,可经各方协商解决。

5.3 带调节装置的通风机

通风机带调节装置时,应通过同时调节通风机调节装置和风道系统阻力获得一个测试点。这样,使该测试点的流量和压力尽可能接近对应的规定点的值。如可能偏差应小于 4%。

建议通过初步测试确定调节装置的适当整定值。

对已取得的各测点,应在保持调节装置的调节位置不变,通过只改变系统阻力并按单一工况点的规定,增加辅助测试点。

5.4 可改变系统阻力的系统节流装置

为得到通风机特性曲线的各个点,应通过系统节流减少流量或打开旁通阀增加流量。在安装这些装置时,应注意不得干扰测量段或通风机内的气流流动。

最好避免两个节流装置串联,这样可能会使气流产生脉动。

系统节流装置应尽可能对称,并且不得引起涡流。最好将其安装在通风机的下游段。否则,应尽可能将其安装在远离通风机进口的上游段位置。必须确保在安装位置所产生的扰流对测量和通风机的工作没有明显的影响。

在任何情况下，系统节流装置必须安装在距通风机至少 $5D_h$ 的下游段或至少 $10D_h$ 的上游段，D_h 表示管道的水力直径。

注 1：该长度对于测量通风机前后侧的气流压力和流量是够用的。

注 2：水力直径 D_h 等于 4 倍的截面积除以内周长。对于圆截面等于该截面的几何直径。

必须注意：上述距离对通风机气流扰动减至最小通常不一定够用。

当发现有重大疑问时，在控制的流量的条件下，必须进行适当的检查。

在不干扰通风机和测量段内流动状态的情况下，允许采用改变通风机工况点的其他方法(例如：通风机串联或并联)。

5.5 系统阻力不可改变的情况下测试点的选择

在风道系统的阻力不能改变时，只能在一个工况点测试。在这种情况下，各方应对只进行单一工况点测试达成协议。

5.6 对试验推导出的系数的规定

在试验期间，测量的气体密度和黏度及通风机的转速值，未超过通风机雷诺数相关规定值的 10% 时，由试验推导出的无因次系数不必修正。

6 仪表

6.1 压力测量仪表

6.1.1 气压表

在试验空间测得的大气压，其误差应不超过±0.3%。

直读汞柱型气压表应读出最接近的 100 Pa(1 mbar)或最接近的 1 mm 汞柱的读数，气压表应按标准进行校准，对读数的修正按 GB/T 1236—2000 中的规定。如果预定刻度适于仪表区域 g 值(±0.01 m/s^2 内)和室温(±10℃内)修正可以是不必要的。

如果无液型或压力传感型气压表的校准精度为±200 Pa，则可以使用。并且在试验时检查校准。

气压表应装在封闭的试验空间内。如果位于其他地方，对于超过 10 m 的高度差，应加上校正值 $\rho_a \cdot g \cdot \Delta z$，单位为 Pa。

6.1.2 压力计

测量差压的压力计的误差，在稳定压力条件下以及加上校准校正值(包括校准温度的温差)，不得超过有效压力的±1%或 1.5 Pa，取较大者。

应采用有效压力为通风机额定负荷时的压力或在测定额定容积流量时相应压力计的差压。额定负荷在正常情况下，接近通风机特性的最佳效率点。

压力计在正常情况下应是立式的或倾斜的液柱型的，但是，可以采用带有指示或记录仪表的压力传感器，而且要有同样的精度和校准要求。

校准应在连续稳定的压力下进行，使压力顺序升高和降低以检查差值。基准仪表应是高精度的压力表或微压计，该表可以读出精度为±0.25%或 0.5 Pa，取较大者。

压力计应在通风机的平均高度上安装和校准，如果高度差超过 10 m，应按 6.1.1 中的有关规定加以修正。

6.1.3 压力计的阻尼

压力计读数的快速波动可通过阻尼进行限制，这样便于估计的平均读数在有效压力的±1.0%以内。该阻尼可以是接压力计的空气接头或者是仪表管内的液体。该阻尼应是线性的，而且型式应能保证在任意方向的移动阻力是相同的。阻尼不应过大，以致阻止了较慢变化的正常显示。如果发生上述现象，则应取足够数量的读数，以便确保平均数在有效压力的±1.0%的范围内。

如果要求线性阻尼，则可采用在压力计的任何一侧装上一个小孔径的短管或者玻璃毛细管的方法来达到。

6.1.4 压力计的检查

液柱压力计应在其试验位置进行检查，以确定其校准是否接近有效压力。斜管压力计应经常进行液位检查。如有故障应重新检查校准。

所有压力计的零读数，在每次连续读数之前和之后，在仪表无干扰的情况下均应进行检查。应注意，连接到其他仪表的所有管子和接头应保证无阻塞或泄漏。

6.2 空气流速的测量

6.2.1 皮托静压管

应使用在 GB/T 1236—2000 中所述的、不用预先校正的皮托静压管。

采用皮托静压管连接压力计测得差压(Δp)，其流速由下式计算：

$$v=\left[\frac{2\Delta p}{\rho}\right]^{1/2}$$

测量差压的下限取决于测量所要求的精度和所选用的微压计的精度。一般情况下，在测量段中的任一个测量点上，当压差小于 10 Pa 时，不推荐使用皮托静压管。

为了使测量截面内由速度梯度所引起的流量误差保持在可忽略的限度内，皮托管头部直径 d 与风管的水力直径 D_h 之比 d/D_h 应不超过 0.02。

应使用符合下列条件的皮托静压管：

a) 制造的皮托静压管应符合所规定的尺寸规范。

b) 皮托静压管头部轴线与风管轴线的夹角应在±5°内，为此可提供适当的装置。

c) 测量期间，皮托静压管应保持就地固定。

d) 皮托静压管头部轴线与风管壁间的距离应大于皮托管头部直径。

e) 皮托管头部直径现场雷诺数应大于 500。这意味着对大气压力和温度下的空气，就地速度 v(m/s)不得小于 $v=7.5/d$，式中：d 为皮托管头部直径，单位为 mm。

f) 各测试点的气流方向与管道轴线的夹角一般情况下应不超过 10°，对少数的测点可以达到 15°。这角度可以通过下述方法之一进行测量：

——带有三个孔的圆柱型探针，而且至少要有两个压力计，使用与皮托静压管相同的孔测量是较简单的方法。

——带指示器的风向标。

——带有径向叶片和转速测量的风速表。

测试点标记装置应在位于测量段的下游段，其总的阻塞面积应不大于测量截面面积的 2.5%。

速度探针必须以振动最小方式予以固定，测量所用支管和电缆的安装位置亦不能干扰测量。

为了不影响管壁附近的测量，探针、管子及电缆的开口处应进行气密。

测量截面的几何形状应尽可能简单。

当马赫数超过 0.2(相当于标准空气中约为 70 m/s)时，考虑到压缩性效应的修正系数列入公式，采用由皮托静压管测量的结果时，用下式可以计算出现场的气流速度。

$$v=\varepsilon\left[\frac{2\Delta p}{\rho}\right]^{1/2}$$

其中：$\varepsilon=\left[1+\frac{Ma^2}{4}+\frac{2-\kappa}{24}Ma^4\right]^{-1/2}$

$$\varepsilon\cong\left[1-\frac{1}{2\kappa}\cdot\frac{\Delta p}{p}+\frac{\kappa+1}{6\kappa^2}\left(\frac{\Delta p}{p}\right)^2\right]^{-1/2}$$

该公式限于下列条件有效：

$$\frac{\Delta p}{p} \leqslant 0.3(当\ \kappa = 1.4)$$

6.2.2 转叶式风速计

转叶式风速计限于在测量平面上的任意点不存在明显的速度脉动的条件下使用。其使用条件为：

a) 风速计应好用，并在试验前后须经有关各方公认的权威机构校准(推荐使用方法见附录 E)。

b) 风速计轴线应尽可能平行于风管轴线，当测量误差必须保持在 1%以内时，则气流方向与风速计轴线夹角在任一测试点均不得超过 5°。

c) 仪表直径应小于测量截面最小直径的 1/10。

d) 如认定存在不规则速度分布，则应采用直径更小的风速计，并增加测试点数。

e) 仪表的中心与管壁之间的距离不得小于仪表直径的 3/4。

f) 仪表支架应具有足够的刚度以防止自振，并且对气流产生的干扰应尽可能小。

g) 因为测量精度与读数值和气流均匀性有很大关系，故最小读数值应至少为风速计开始旋转时速度的 3 倍。

6.2.3 其他仪表

如果速度过低，使用皮托管和转叶式风速计不能提供良好精度时，推荐采用其他仪表(如：文丘里管、摆叶式风速计、热线风速仪等)。

在 6.2.2 中对转叶式风速计提出的条件也适用于上述仪表。

应注意，规定的校准涉及全套仪表，应包括探头、连接管及指示器。其中热线风速仪特别适用于紧靠管壁的测量。

6.3 温度的测量

6.3.1 温度计

校准后的测量温度的仪表精度应为±1.0℃。经校正的试验读数应记录到最接近的 0.5℃。

6.3.2 温度计位置

传感元件应置于风道内水平直径上，至少距管壁 100 mm 或风道直径的 1/3 处(取较小者)。除非传感元件在风道内不影响性能的测定时，否则在记录性能读数后，应将传感元件从气流中取出。

6.3.3 湿度

在试验现场的干球和湿球温度，应在可以记录试验风道进气条件的位置进行测量，仪表应隔离以防受热表面的辐射。

湿球温度计应置于流速至少为 3 m/s 的空气流内。套管应清洁，而且与球接触良好，并用净水保持湿润。如果使用的仪表精度为±2%，则可进行相对湿度的测量。

6.3.4 空气速度的影响

如果将温度传感器置于流速大于 51.5 m/s 的气流中(马赫数为 0.15)，温度测量的误差将增大，在管道内测量的温度值在滞止温度和静态温度之间，但接近于滞止温度。

如果空气速度等于 25 m/s 时，静态温度与滞止温度之差为 0.31℃；当空气速度为 35 m/s 时，该温度差为 0.61℃；当气流速度等于 50 m/s 时，该温度差为 1.24℃。

如果在空气速度小于 25 m/s 的管段内进行测量时，可以认为测量的温度等于滞止温度和静态温度。

因此在通风机进口的上游段或试验风道中限制在空气速度小于 25 m/s 的管段内或进口风室内测量滞止温度。

为了测量平均滞止温度，应将一个或几个传感元件，以管道中心对称布置，直立在适当截面内不同高度的直径上。传感元件应屏蔽以防受热表面辐射。

如果不能满足上述要求时，传感元件可置于风道内水平直径上至少距管壁 100 mm 或风道直径的 1/3，取较小者。

6.4 密度的测定

6.4.1 试验环境中的空气密度

试验环境中的空气密度(单位为 kg/m³)由以下表达式给出：

$$\rho_a = \frac{3.484(p_a - 0.378p_v)}{1\,000(273.15 + t_a)}$$

然而在用标准风道或类似风道试验时，水蒸气的影响通常忽略不计。在温度低于 23℃时，可使用以下简化表达式，其误差不超过±0.5%。

$$\rho_a = \frac{3.468p_a}{1\,000(273.15 + t_a)}$$

当空气含湿量小于质量的 1.5%时，在现场条件下也可以使用后一个表达式。

6.4.2 风道 *x* 截面的空气平均密度

风道 x 截面空气的平均密度，对高压时可按照 GB/T 1236—2000 中的规定求得，这里平均表压为 p_{ex}(Pa)，平均空气温度为 t_x(℃)。

6.4.3 蒸汽压力的确定

蒸汽压力(Pa)可以从下述表达式求得：

$$p_v = (p_{sat})_{tw} - p_a A_w (t_a - t_w)$$

式中：

$(p_{sat})_{tw}$——在湿球温度 t_w 下的饱和蒸汽压力；

t_a——干球温度；

$A_w = 6.66 \times 10^{-4}$ ℃$^{-1}$(当 t_w 在 0～150℃时)；

$A_w = 5.94 \times 10^{-4}$ ℃$^{-1}$(当 t_w 小于 0℃时)。

表 1 列出了温度为－4.9℃～49.9℃时的水或冰与空气接触时，以 0.1℃为增量的饱和水蒸汽压力值(p_{sat})。

蒸汽压力也可以直接测量空气相对湿度 h_u 按下式求得：

$$p_v = h_u (p_{sat})_{ta}$$

式中 $(p_{sat})_{ta}$ 是用 t_a 代替 t_w 时由表 1 查得的干球温度 t_a 下的饱和蒸汽压力。

表 1 饱和水蒸汽压力 p_{sat} 为湿球温度 t_w 的函数

温度/℃	饱和水蒸汽压力 p_{sat}/hPa									
	0.0	0.1	0.2	0.3	0.4	0.5	0.6	0.7	0.8	0.9
−4	4.55	4.51	4.48	4.44	4.41	4.37	4.35	4.31	4.28	4.24
−3	4.89	4.87	4.83	4.79	4.76	4.72	4.68	4.65	4.61	4.59
−2	5.28	5.24	5.20	5.16	5.12	5.08	5.04	5.01	4.97	4.93
−1	5.68	5.64	5.60	5.56	5.52	5.47	5.44	5.39	5.36	5.32
0	6.11	6.07	6.03	5.97	5.93	5.89	5.84	5.80	5.76	5.72
0	6.11	6.16	6.19	6.24	6.29	6.33	6.37	6.43	6.47	6.52
1	6.56	6.61	6.67	6.71	6.76	6.80	6.85	6.91	6.96	7.00
2	7.05	7.11	7.16	7.21	7.25	7.31	7.36	7.41	7.47	7.52
3	7.57	7.63	7.68	7.73	7.79	7.85	7.91	7.96	8.01	8.08
4	8.13	8.19	8.24	8.31	8.36	8.43	8.48	8.53	8.60	8.65
5	8.72	8.79	8.84	8.91	8.96	9.03	9.09	9.16	9.21	9.28
6	9.35	9.41	9.48	9.53	9.61	9.68	9.75	9.81	9.88	9.95
7	10.01	10.08	10.15	10.23	10.29	10.36	10.43	10.51	10.57	10.65
8	10.72	10.80	10.87	10.95	11.01	11.09	11.17	11.24	11.32	11.40
9	11.48	11.55	11.63	11.71	11.79	11.87	11.95	12.03	12.11	12.19
10	12.27	12.36	12.44	12.52	12.61	12.69	12.77	12.87	12.95	13.04
11	13.12	13.21	13.29	13.39	13.47	13.56	13.65	13.75	13.84	13.93

表 1（续）

温度/℃	饱和水蒸汽压力 p_{sat}/hPa									
	0.0	0.1	0.2	0.3	0.4	0.5	0.6	0.7	0.8	0.9
12	14.01	14.11	14.20	14.29	14.39	14.48	14.59	14.68	14.77	14.87
13	14.97	15.07	15.17	15.27	15.36	15.47	15.57	15.67	15.77	15.88
14	15.97	16.08	16.19	16.29	16.40	16.51	18.61	16.72	16.83	16.93
15	17.04	17.16	17.27	17.37	17.49	17.60	17.72	17.83	17.96	18.05
16	18.17	18.29	18.41	18.52	18.64	18.76	18.88	19.00	19.12	19.25
17	19.37	19.49	19.61	19.73	19.87	19.99	20.12	20.24	20.37	20.51
18	20.63	20.76	20.89	21.03	21.16	21.29	21.43	21.56	21.69	21.83
19	21.96	22.11	22.24	22.39	22.52	22.67	22.80	22.95	23.09	23.23
20	23.37	23.52	23.67	23.81	23.96	24.11	24.25	24.41	24.56	24.71
21	24.87	25.01	25.17	25.32	25.48	25.64	25.80	29.95	26.11	26.27
22	26.43	26.60	26.76	26.92	27.08	27.25	27.41	27.59	27.75	27.92
23	28.09	28.25	28.43	28.60	28.77	29.95	28.12	29.31	29.48	29.65
24	29.84	30.01	30.19	30.37	30.66	30.75	30.92	31.11	31.29	31.48
25	31.68	31.87	32.05	32.24	32.44	32.63	32.83	33.01	33.21	33.41
26	33.61	33.81	34.01	34.21	34.41	34.61	34.83	35.03	35.24	35.44
27	35.65	35.87	36.08	36.28	36.49	36.71	36.93	37.15	37.36	37.57
28	37.80	38.03	38.24	38.47	38.69	38.92	39.15	39.37	39.60	39.83
29	40.05	40.29	40.52	40.76	41.00	41.23	41.47	41.71	41.95	42.19
30	42.43	42.68	42.92	43.17	43.41	43.67	43.92	44.17	44.43	44.68
31	44.93	45.19	45.44	45.71	45.96	46.23	46.49	46.75	47.01	47.28
32	47.56	47.83	48.09	48.37	48.64	48.92	49.19	49.47	49.75	50.03
33	50.31	50.60	50.88	51.16	51.45	51.73	52.03	52.32	52.61	52.91
34	53.20	53.51	53.80	54.11	54.40	54.71	55.01	55.32	55.63	55.93
35	56.24	56.55	56.87	57.17	57.49	57.81	58.13	58.45	58.77	59.11
36	59.43	59.76	60.08	60.41	60.75	61.08	61.41	61.75	62.08	62.43
37	62.77	63.11	63.45	63.80	64.15	64.49	64.85	65.20	65.56	65.91
38	66.27	66.63	66.99	67.35	67.72	68.08	68.45	68.83	69.19	69.56
39	69.95	70.32	70.69	71.07	71.45	71.84	72.23	72.61	73.00	73.39
40	73.79	74.17	74.57	74.97	75.37	75.77	76.17	76.59	76.99	77.40
41	77.81	78.23	78.64	79.05	79.47	79.89	80.32	80.73	81.16	81.69
42	82.03	82.45	82.89	83.32	83.76	84.20	84.64	85.08	85.53	85.97
43	86.43	86.88	87.33	87.79	88.25	88.71	89.17	89.64	90.11	90.57
44	91.04	91.52	91.99	92.47	92.95	93.43	93.91	94.40	94.88	95.37
45	95.87	96.36	96.85	97.35	97.85	98.36	98.85	99.36	99.88	100.39
46	100.89	101.41	101.93	102.45	102.97	103.51	104.04	104.57	105.09	105.63
47	106.17	106.71	107.25	107.79	108.33	108.89	109.44	109.99	110.55	111.11
48	111.67	112.23	112.80	113.37	113.93	114.51	115.08	115.65	116.24	116.83
49	117.41	118.00	118.59	119.17	119.79	120.37	120.99	121.57	122.19	122.80

6.5 转速的测量

6.5.1 通风机轴的转速

通风机轴的转速应在每一测试点的试验期间，定期进行测试，以保证轴转速平均值的误差不超过±0.5%。不应使用对通风机转速或性能有明显影响的测量装置。

6.5.2 采用方法举例

6.5.2.1 测量期间转速的数字计数器

在测量期间内，计量的脉冲数不应小于1 000，计时装置通过计数器的启动和停止自动启停，而且计时装置的误差不得大于计数脉冲总数所需时间的0.25%。

6.5.2.2 转速计数器

计数器不应有滑动，并且每个读数周期不小于60 s。

6.5.2.3 直接指示的机械或电气转速表

此转速表不应有滑动，而且在使用前和使用后应进行校准。这种仪表的标度最小分度不应大于测量转速的0.25%。

6.5.2.4 频闪法

除非提供的是按其已知电源频率或者是在±0.25%范围测量进行了检查的，否则这种测频法在使用前和使用后应对照标准转速进行校准。

6.5.2.5 频率计

当通风机是由同步电机或感应电机直接驱动时，用测量电源频率和对感应电机用计算转差频率来测量转速。频率计的误差不应大于0.5%。允许采用较低等级指数(即较小误差)的数字仪表。为了可以直接计算，使其误差不超过轴转速的±0.25%，应使用指示转差频率的装置。

7 通风机压力的测定

7.1 压力测量截面的位置

7.1.1 为了确定通风机的压力，应尽可能靠近通风机的进口和/或出口侧的某一截面测定静压。测量截面与通风机之间的压力损失根据规定的摩擦系数进行计算，以尽量减少通风机压力的测量误差。光滑管的摩擦系数在附录D中给出。

7.1.2 测量开始之前，应对测量截面的压力进行检查，以确定读数的均匀性。可以按下列四种情况进行：

a) 当按7.2.2.2所述四个壁测孔中的任意两个测量值之间的压力差小于其算术平均值的5%时，这些测孔可以用多支管互相连接(如图2所示)。用这种方式测得的压力为平均表压。

b) 当四个壁测孔中的任意两个测量值之差大于其算术平均值的5%而小于10%时，测压孔应用皮托静压管代替。将皮托静压管按照7.2.2.4中规定的条件和确定点插入风道中。如果这四个读数中的任意一个与它们的算术平均值之差小于10%，则可取该平均值，或四个单独的皮托静压管可以按7.2.2.2中所述的方法互相连接。

c) 当这四个皮托静压管读数中的任何一个读数与其算术平均值之差大于10%而小于15%时，则皮托管应按照6.2.1中要求和其测点位置按8.4中规定。应取所有读数的算术平均值。

d) 当皮托管测量的任何一个读数与其算术平均值之差大于15%时，则认为在现场测试中取此压力测量截面是不令人满意的。

上面c)中所述的方法也可用于符合a)和b)的情况。

7.1.3 选择测量流量的试验段如果靠近通风机也可用于压力测量。用于压力测量的截面距离通风机进口应至少为1.5D_e，距离通风机出口应至少为5D_e(见图3)。压力测量截面应选择在距离下游的弯头、扩压段或很可能引起气流分离或其他干扰压力均匀性分布的障碍物至少为 $5D_e$ 的地方，可以将进气箱、调节门、扩散器等看作为通风机的一部分。所选择的压力测量平面的平均流速可用其他截面所测的读数进行计算确定或用皮托管横动法直接测得。

7.1.4　当通风机直接与其进口侧或出口侧的气室相连接时，压力测试平面应尽可能地位于靠近通风机与气室的连接面，这样事实上压力测点是处于没有明显的气流速度的“死区”里。

7.2　通风机压力的测量

7.2.1　概述

应采取措施保证对通风机进口和出口侧是以相对于大气压或普通的封闭试验空间的压力进行静压测试。当这一方法不能时，应使用按 7.2.3.4 中给定的方法。

7.2.2　现场静压的测量

7.2.2.1　按 6.1.2～6.1.4 中的所述，用压力计与管壁测孔连接，或者按 7.1.2 中的所述用压力计与皮托静压管的静压接头相连，进行现场静压的测量。

7.2.2.2　在气流无涡流及分离、均匀流动的条件下[见 7.1.2 中 a)的情况]可采取沿管道圆周等距分布的四个壁面测孔(见图 2)，矩形截面的管道四个壁测孔可开在四边的中心(见图 4)进行静压测量，并且这些壁面测孔应平齐内部无毛刺，与其相邻的管壁应光滑、清洁、无起皮、无突变(图 5)。

1——接压力计；
2——风道。

图 2　圆形管道中平均静压的测孔连接
(单个压力计的互相连接)

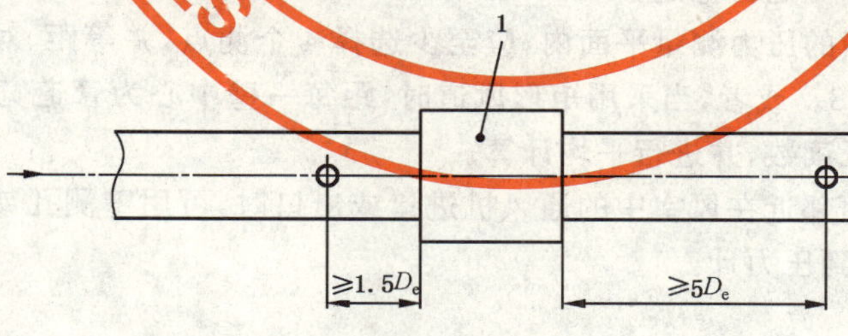

1——通风机。

图 3　现场试验压力测量平面的位置

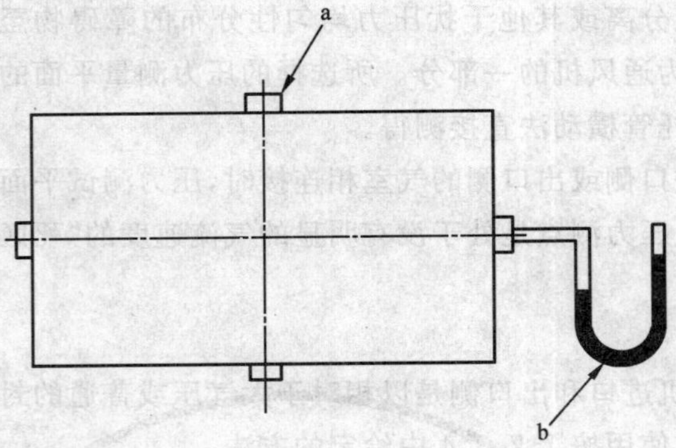

a 最少 4 个管壁测压孔，间隔 90°并接近各管壁中心。

b 应在各测压孔进行静压测量，测量的平均值作为该平面静压。

图 4 矩形风道中平均静压的测孔连接

（各自压力计的连接）

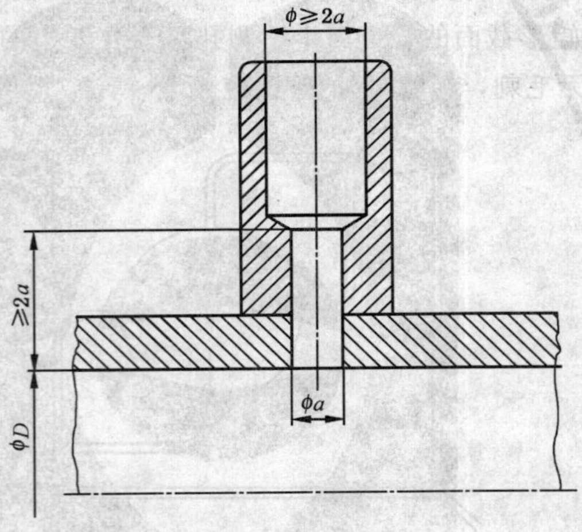

ϕD——风道直径。

图 5 管壁压力测孔的结构

7.2.2.3 应注意，要保证所有管子和接头均无堵塞和泄漏。

在进行连续观察之前，4 个测孔的压力应在最大流量下进行逐个单独测量。如果测得的 4 个读数中任何一个超过了平均压力的 5%范围时，测压孔和压力计接头应进行检查，看其是否有缺陷，如果检查未发现缺陷，则应检查气流是否稳定。

7.2.2.4 在圆形风道适当的压力测量平面内，应至少选择 4 个测点，并等距、对称轴线位于圆周，距离壁面大约为风道直径的 1/8。或者，当采用矩形风道时，距每一壁中心为管道宽度的 1/8。在稳定流量条件下，应在每一点取静压读数，并进行平均计算。

7.2.2.5 当压力测量平面邻近在风室中的通风机进口或出口时，可用壁测孔或皮托静压管测量静压，并将测得静压适当地传递到压力计。

7.2.3 装置类型的划分

7.2.3.1 概述

GB/T 1236—2000 公认四种装置类型，不同的装置类型通风机性能可能不一致。

——A 型：自由进口，自由出口；

——B 型：自由进口，管道出口；

——C 型：管道进口，自由出口；

——D 型：管道进口，管道出口。

在进行 A 型和 B 型试验时，必须保证通风机进口是无障碍的。否则，将导致附加的不可测量的阻力。符合要求的自由空间在 GB/T 1236—2000 中给出。

7.2.3.2 A 型装置

本标准叙述了在风管内或无管道时使用的流量和压力测量方法。A 型装置适用于无风管的情况。

7.2.3.3 B 型装置

在 B 型装置条件下，通风机作为鼓风的通风机安装(图 6)，通风机出口侧测试截面上的平均表压应按照 7.2.2 测量。

在这种情况下，有效压力是通风机压力 p_F，定义为通风机出口的滞止表压 p_{esg2} 减去通风机进口的滞止表压 p_{esg1}(在此情况下为零)。

滞止表压 p_{esg2} 由下式给出：

$$p_{esg2} = p_{e2} + p_{d2}(F_{M2})$$

式中：截面 x 的马赫系数 F_{Mx} 由下式给出：

$$F_{Mx} = 1 + \frac{Ma^2}{4} + \frac{Ma^4}{40} + \frac{Ma^6}{1\ 600} + \cdots$$

且当地马赫数 Ma_x 值由下式给出：

$$Ma_x = \frac{q_m/\rho_x A_x}{\sqrt{\kappa R_w (t_x + 273.15)}}$$

当空气被看作是不可压缩($p_F \leqslant 2\ 000$ Pa，$Ma_2 \leqslant 0.15$，或按用户与制造商的协议)时，则 $F_{M2} = F_{M4} = 1$，并且下述方法适用。

通风机出口表压 p_{e2} 可以由在出口侧测试截面上测得的表压 p_{e4} 附加一个摩擦损失容差 $(\zeta_{2\text{-}4})_4 p_{d4}$ 计算得出(见附录 D)。当两个位置的横截面积差值达 7% 时，修正是允许的。

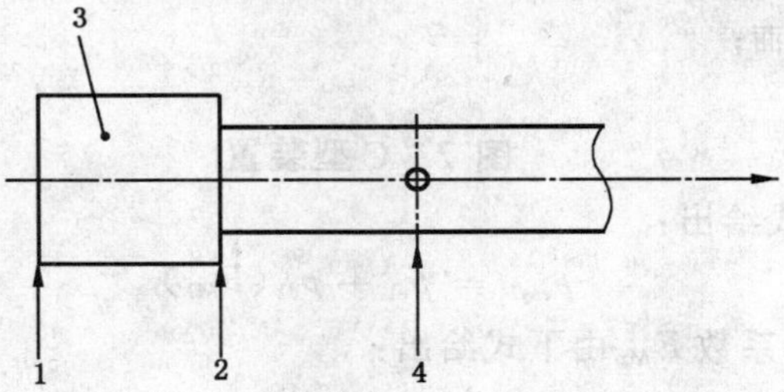

1——进口平面；
2——出口平面；
3——通风机；
4——出口管道中压力测量平面。

图 6 B 型装置

表压 p_{e2} 的公式为：

$$p_{e2} = p_{e4} - p_{d2}\left[1 - \left(\frac{A_2}{A_4}\right)^2\right] + (\zeta_{2\text{-}4})_4 p_{d4}$$

风道内任意截面 x 的常规动压由下式给出：

$$p_{dx} = \rho_x \frac{v_{mx}^2}{2} = \frac{1}{2\rho_x}\left[\frac{q_m}{A_x}\right]^2$$

式中：$\rho_x = \rho_2 = \rho_4 = \rho_a = \dfrac{p_a}{R_w(t_a + 273.15)}$

通风机压力 p_F 的计算由下式给出：

$$p_F = p_{esg2} - p_{esg1} = p_{esg2}$$

$$p_{esg2} = p_{e4} - p_{d2}\left[1 - \left(\frac{A_2}{A_4}\right)^2\right] + (\zeta_{2\text{-}4})_4 p_{d4} + p_{d2} = p_{e4} + p_{d4}\left[1 + (\zeta_{2\text{-}4})_4\right]$$

式中：$(\zeta_{2\text{-}4})_4=\left[\frac{\lambda}{D_{h4}}\right]L_{2\text{-}4}$

通风机静压 p_{sF} 由下式给出：

$$p_{sF}=p_{e2}-p_{esg1}=p_{e2}$$

示例：

$p_{esg1}=0$ Pa；$p_{e4}=932$ Pa；$p_{d4}=60$ Pa；$v_{M2}=10$ m/s；$F_{M2}=1$；$\rho_a=1.2$ kg/m³；$p_{d2}=60$ Pa；$(\zeta_{2\text{-}4})_4=0.35$；$A_2=A_4$。

则：$p_F=932+0.35\times60+60\times1.0=1\ 013$ Pa。

当 $p_F\geqslant2\ 000$ Pa 和/或 $Ma_2>0.15$ 时，在 GB/T 1236—2000 中 14.4～14.8 和 33 中所述方法适用。

7.2.3.4　C 型装置

在 C 型装置条件下，通风机是作为引风的通风机安装（图 7）。通风机进口侧测试截面上的平均表压按照 7.2.2 测量。

在这种情况下，有效压力是通风机静压 p_{sF}，定义为通风机出口的表压 p_{e2}（在此情况下为零）减去通风机进口的滞止表压 p_{esg1}。

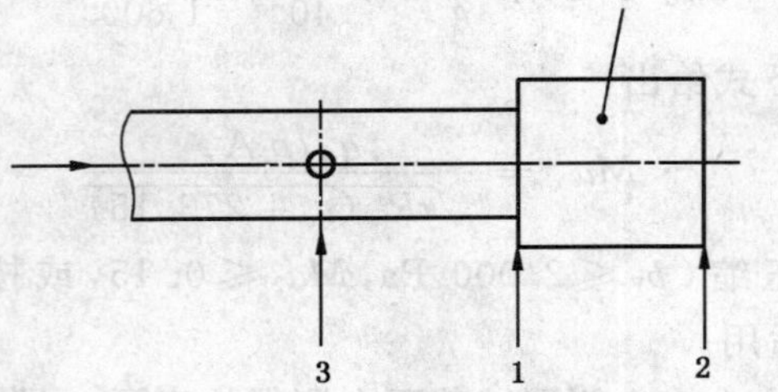

1——进口平面；

2——出口平面；

3——进口管道中压力测量平面；

4——通风机。

图 7　C 型装置

通风机进口的滞止表压由下式给出：

$$p_{esg1}=p_{e1}+p_{d1}(F_{M1})$$

式中，在截面 x 上的马赫系数 F_{Mx} 由下式给出：

$$F_{Mx}=1+\frac{Ma^2}{4}+\frac{Ma^4}{40}+\frac{Ma^6}{1\ 600}+\cdots$$

在该截面上的马赫数 Ma_x 由下式给出：

$$Ma_x=\frac{q_m/\rho_x A_x}{\sqrt{\kappa R_w(t_x+273.15)}}$$

当空气被看作是不可压缩（$p_F\leqslant2\ 000$ Pa，$Ma_2\leqslant0.15$ 或按用户与制造商的协议）时，则 $F_{M1}=F_{M3}=1$，并且下述方法适用。

通风机进口表压 p_{e1} 可以由在进口侧测试截面上测得的表压 p_{e3} 附加一个摩擦损失容差 $(\zeta_{3\text{-}1})_1 p_{d1}$ 计算得出（见附录 D）。当两个位置的横截面积差值达 14% 时，修正是允许的。

表压 p_{e1} 的公式：

$$p_{e1}=p_{e3}-p_{d1}\left[1-\left(\frac{A_1}{A_3}\right)^2\right]-(\zeta_{3\text{-}1})_1 p_{d1}$$

式中：

$$(\zeta_{3\text{-}1})_3=\left[\frac{\lambda}{D_{h3}}\right]L_{3\text{-}1}$$

$$(\zeta_{3\text{-}1})_1=(\zeta_{3\text{-}1})_3\left(\frac{A_1}{A_3}\right)^2$$

风道内任意截面 x 的常规动压由以下公式给出：

$$p_{dx}=\rho_x\frac{v_{mx}^2}{2}=\frac{1}{2\rho_x}\left[\frac{q_m}{A_x}\right]^2$$

式中：$\rho_x=\rho_1=\rho_3=\rho_a=\dfrac{p_a}{R_w(t_a+273.15)}$

通风机静压 p_{sF} 的计算：

$$\begin{aligned}p_{sF}&=p_{e2}-p_{esg1}=-p_{esg1}\\&=-p_{e3}+p_{d1}\left[1-\left(\frac{A_1}{A_3}\right)^2\right]+(\zeta_{3-1})_1p_{d1}-p_{d1}\\&=-p_{e3}+p_{d1}\left[(\zeta_{3-1})_1-\left(\frac{A_1}{A_3}\right)^2\right]\\&=-p_{e3}+p_{d3}[(\zeta_{3-1})_3-1]\end{aligned}$$

通风机压力的计算：

$$p_F=p_{esg2}-p_{esg1}=p_{d2}-p_{esg1}=p_{sF}+p_{d2}$$

注：p_{e3} 为负值，且其数值大于表达式中的负项值，因此，p_{sF} 为正值。

示例：

$p_{e2}=0$ Pa；$p_{e3}=-1\,000$ Pa；$v_{m1}=10$ ms^{-1}；$F_{M1}=1$；$\rho_a=1.2$ kg/m^3；$p_{d1}=60$ Pa；$A_1=A_3$；$(\zeta_{3-1})_3=0.2$。

则：$p_{sF}=1\,000+0.2\times60-60\times1.0=952$ Pa。

当：$p_F\geqslant2\,000$ Pa 和/或 $Ma_2>0.15$ 时，在 GB/T 1236—2000 中 14.4～14.8 和 34 中所述方法适用。

7.2.3.5 D 型装置

在 D 型装置条件下，通风机作为增压的通风机安装（图 8）。在通风机出口侧测试截面上和通风机进口侧测试截面上的平均表压应按 7.2.2 进行测量。

在这种情况下，有效压力是通风机压力 p_F，定义为通风机出口的滞止表压 p_{esg2} 减去通风机进口的滞止表压 p_{esg1}。

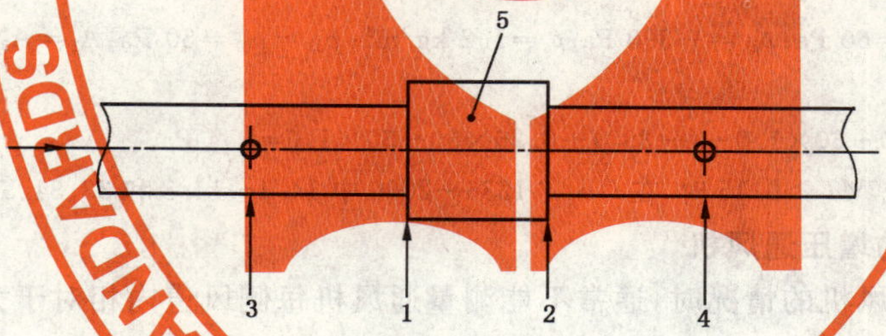

1——进口平面；
2——出口平面；
3——进口管道中压力测量平面；
4——出口管道中压力测量平面；
5——通风机。

图 8 D 型装置

通风机出口的滞止表压 p_{esg2} 由下式给出：

$$p_{esg2}=p_{e2}+p_{d2}(F_{M2})$$

通风机进口的滞止表压 p_{esg1} 由下式给出：

$$p_{esg1}=p_{e1}+p_{d1}(F_{M1})$$

式中截面 x 的马赫系数 F_{Mx} 由下式给出：

$$F_{Mx}=1+\frac{Ma^2}{4}+\frac{Ma^4}{40}+\frac{Ma^6}{1\,600}+\cdots$$

在该截面上的马赫数 Ma_x 值由下式给出：

$$Ma_x = \frac{q_m/\rho_x A_x}{\sqrt{\kappa R_w(t_x + 273.15)}}$$

当空气被看作是不可压缩（$p_F \leqslant 2\ 000$ Pa，$Ma_2 \leqslant 0.15$ 或按用户与制造商的协议）时，则 $F_{M1} = F_{M2} = F_{M3} = F_{M4} = 1$，并且下述方法适用：

$$\rho_x = \rho_1 = \rho_2 = \rho_3 = \rho_4 = \rho_a = \frac{p_a}{R_w(t_a + 273.15)}$$

通风机压力 p_F 由公式（见 7.2.3.3 和 7.2.3.4）给出：

$$\begin{aligned} p_F &= p_{esg2} - p_{esg1} \\ &= p_{e2} + p_{d2} - p_{e1} - p_{d1} \\ &= p_{e4} - p_{d2}\left[1 - \left(\frac{A_2}{A_4}\right)^2\right] + (\zeta_{2\text{-}4})_4 p_{d4} + p_{d2} - p_{e3} + p_{d1}\left[1 - \left(\frac{A_1}{A_3}\right)^2\right] + (\zeta_{3\text{-}1})_1 p_{d1} - p_{d1} \\ &= p_{e4} + p_{d4}[1 + (\zeta_{2\text{-}4})_4] - p_{e3} + p_{d3}[(\zeta_{3\text{-}1})_3 - 1] \end{aligned}$$

式中：$(\zeta_{2\text{-}4})_4 = \left[\frac{\lambda}{D_{h4}}\right] L_{2\text{-}4}$

$(\zeta_{3\text{-}1})_3 = \left[\frac{\lambda}{D_{h3}}\right] L_{3\text{-}1}$

$(\zeta_{3\text{-}1})_1 = (\zeta_{3\text{-}1})_3 \left(\frac{A_1}{A_3}\right)^2$

（见附录 D）

通风机静压 p_{sF} 由下式给出：

$$\begin{aligned} p_{sF} &= p_{e2} - p_{esg1} \\ &= p_{esg2} - p_{d2} - p_{esg1} \\ &= p_F - p_{d2} \end{aligned}$$

示例：

$p_{e4} = 520$ Pa；$p_{d4} = p_{d2} = 60$ Pa；$p_{e3} = -390$ Pa；$\rho_a = 1.2\ \mathrm{kg/m^3}$；$p_{d3} = p_{d1} = 50$ Pa；$A_1 = A_3$ 和 $A_2 = A_4$；$(\zeta_{2\text{-}4})_4 = 0.35$；$(\zeta_{3\text{-}1})_3 = 0.26$。

则：$p_F = 520 + 0.35 \times 60 + 60 \times 1.0 - (-390) + 0.26 \times 50 - 50 \times 1.0 = 954$ Pa。

当：$p_F \geqslant 2\ 000$ Pa 和/或 $Ma_2 > 0.15$ 时，在 GB/T 1236—2000 中 14.4～14.8 和 33、34、35 中所述方法适用。

7.2.3.6 矿井中使用的增压通风机

在地下使用增压通风机的情况时，通常不能测量通风机每侧风道内相对于大气压的表压，该通风机出口与进口侧之间的压差 Δp_e 应用下面方法测量。

通风机进口侧测试截面上相对于通风机出口侧测试截面中心静压的表压 p_{e3}，可通过一个与在进口测试段横动的表压管和在出口侧测试截面中心固定的静压管相连接的差压计来测量（p_{e3} 通常是负值）。

通风机出口侧测试截面上相对于通风机进口侧测试截面中心静压的表压 p_{e4}，也可用类似的方法测量（p_{e4} 通常是正值）。

通风机出口侧测试截面中心点上的表压 p_{ec} 是相对于通风机进口侧测试截面中心点上的表压来测得的（p_{ec} 通常是正值）。

Δp_e 值由下式得出：

$$\Delta p_e = p_{e4} - p_{e3} - p_{ec}$$

通风机压力 p_F 由下式获得：

$$\begin{aligned} p_F &= p_{sg2} - p_{sg1} \\ &= \Delta p_e + p_{d4} - p_{d3} + (\zeta_{2-4})_4 p_{d4} + (\zeta_{3-1})_3 p_{d3} \end{aligned}$$

注：在矿井风道内的速度从未高达超过 $Ma_x < 0.1$ 界限值。

8 流量的测定

8.1 测量方法的选择

实际风道某一截面的流量可由两种方法测定:测量该截面各个点上的速度,再计算出平均速度;或测量由差压装置(孔板、文丘里管、喷咀)产生的压差。测量方法的选择条件如下:

a) 采用速度场法测量的时间较长且需精确处理,但是在许多情况下,这是唯一适用的方法。在采用该方法测量时,必须进行初试以确定试验条件(读数的数量和观察时间)。

b) 采用差压装置,即使由不同的人在不同的时间进行测量,对流量时间平均值也易获得具有良好重复性的结果。但其使用受到限制,要求风管有一定直线长度,并只能用于圆截面风管。

8.2 测量截面的选择

8.2.1 避免涡流且保证流动直线性

流量测量截面应选择无明显涡流的,流线接近于平行且垂直于该截面的位置。

当很难满足上述条件时,应由各方协议一致,在测量截面的上游段设置防涡流装置。该装置的安装位置应保证通过测量截面的几乎是无涡流的轴向气流,且不得影响通风机进、出口气流的流动条件。也可以在限定长度的风道内采用内衬以改善测量截面的形状。

如最终未能找到满足上述条件的截面,可经协商选择流量测量截面,但将会影响测量精度。

8.2.2 合格的速度分布图

在整个的测试平面上速度分布应是均匀的。当75%以上的动压测量值大于最大测量值的1/10时(见图9),这速度分布的均匀性可以接受。

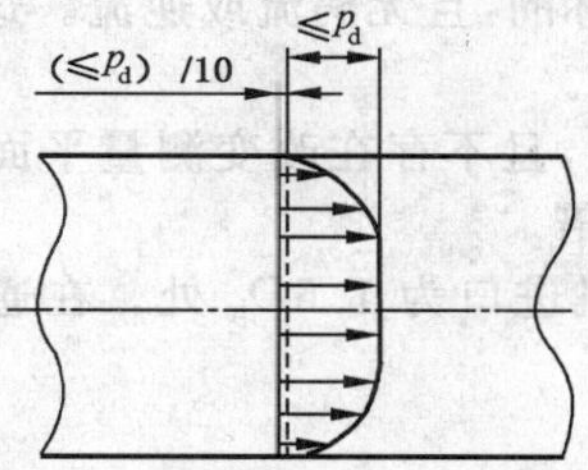

a) 理想的 p_d 分布

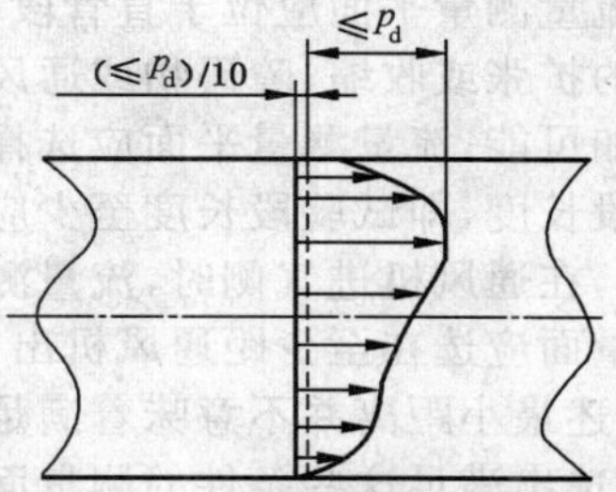

注:对进入通风机进口的气流还是满意的,但对进入进气箱的气流是不满意的,可能在进气箱内产生涡流。

b) 好的 p_d 分布

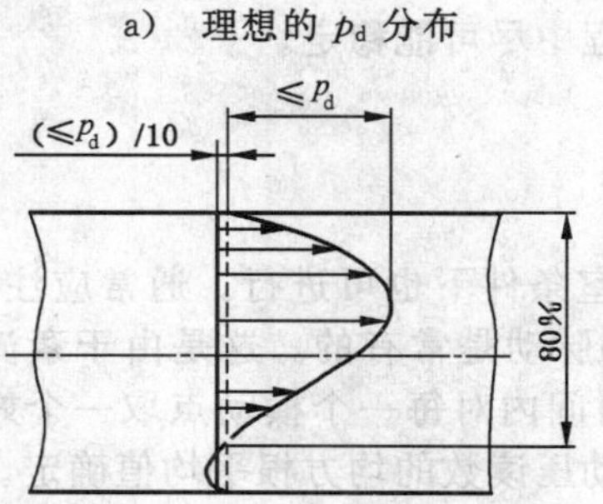

注:大于75%的 p_d 读数大于 $p_{dmax}/10$(对进入通风机进口或进气箱的流动是不满意的)。

c) 满意的 p_d 分布

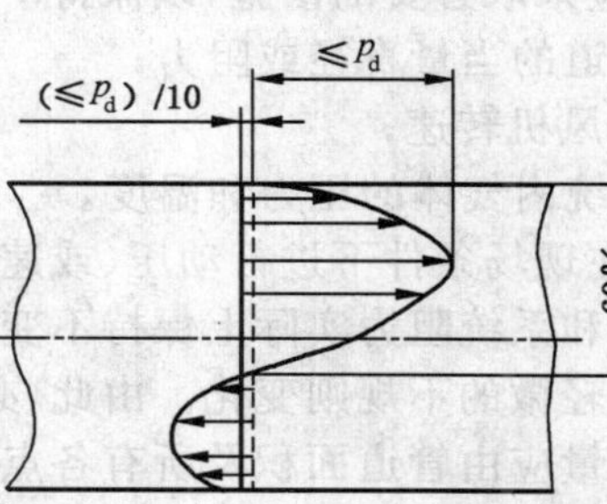

注:少于75%的 p_d 读数大于 $p_{dmax}/10$(对进入通风机进口或进气箱的流动是不满意的)。

d) 不满意的 p_d 分布

图9 通风机系统装置中动压测量平面上的典型动压分布

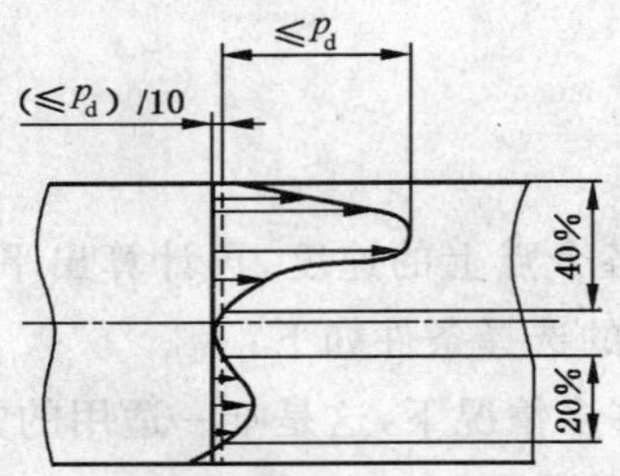

注：少于 75%的 p_d 读数大于 p_{dmax}/10(对进入通风机进口或进气箱的流动是不满意的)。

e) 不满意的 p_d 分布

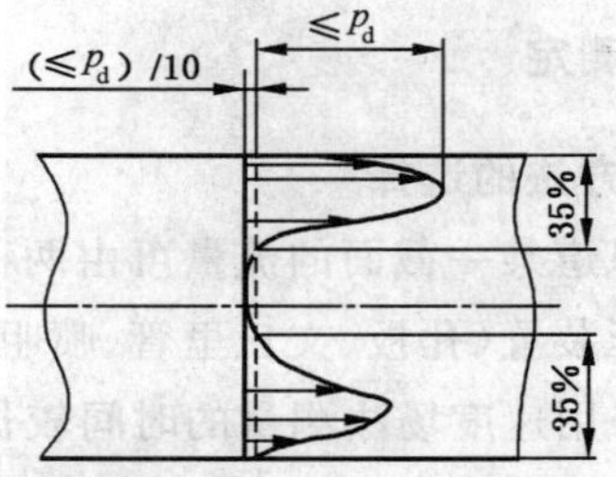

注：少于 75%的 p_d 读数大于 p_{dmax}/10(对进入通风机进口或进气箱的流动是不满意的)。

f) 不满意的 p_d 分布

图 9（续）

8.3 采用差压装置测定流量

GB/T 2624 所规定的差压装置，使用在附录 C 所述的直线长度段，试验的极限流量在允许的范围内，且采用本标准附录 C 所给出的数据时，则可不必进行初校。

采用非标准差压装置，须由供方及卖方就装置的选用及确保与标准装置具有同样精度的校正方法达成一致意见，非标准装置可在下列情况下使用：

a) 在风管进口处：孔板、喷咀、文丘里管、喇叭形进口或锥形进口。

b) 在风管出口处：孔板、喷咀、文丘里管。

8.4 采用速度场法测定流量

8.4.1 一般条件

8.4.1.1 平均速度尽可能高，并在测量仪表高精度范围内使用，能得到较高的测量精度。

8.4.1.2 流量测量平面应位于直管段，气流基本上是轴向的，对称的，且无涡流或逆流。这将会排除由弯头、突然的扩张或收缩、障碍物或通风机自身所引起的流动干扰。

8.4.1.3 如可能，流量测量平面应选择在风道截面不变的直线段，且不存在改变测量平面气流的障碍物，该直线段长度，即试验段长度至少应为风道水力直径 D_h 的两倍。

如可能，在通风机进气侧时，流量测量面应选在至少距通风机进口为 1.5D_h 处。在通风机排气侧时，流量测量面应选在至少距通风机出口为 5D_h 处。

选用上述最小距离并不意味着满足 8.4.1.2 的要求。

如不能选出满足这些条件的测量面时，测量位置应由各方协商选取，测量结果须经各方商定。

8.4.1.4 考虑到管壁影响及中心区域的速度变化，应在截面上选取足够数量的测试点。

8.4.1.5 采用速度场法测量流量时，在整个测量过程中应保持流量恒定。

为此，应采取必要的措施，以保持下列因素在整个测量过程中尽可能稳定。

a) 风道的当量直径或阻力；

b) 通风机转速；

c) 系统内气体的压力和温度。

8.4.1.6 在现场条件下进行动压(或速度)横动测量，在试验室条件下也可进行。通常应注意到，尽管通过总流量和系统阻力实际上保持不变，但某一点的读数有些脉动是常有的。这是由于紊流气流导致速度场产生轻微的不规则变化。由此，必须在不少于 15 s 的时间内对每一个横动点取一个好的目测平均读数。流量应由管道面积及所有各点的速度平均值或所有动压读数的均方根平均值确定。整个测量应重复一次或多次，直到由两个连续测定所计算的流量值差不大于 2%。取两个测量的平均值为正确值。

8.4.2 测点的位置

8.4.2.1 概述

测量探头应置于管道内，其位置偏差应等于下列两个数值中较小的一个：

a) $-0.05y$(y 为探头距最近管壁的距离)；

b) $-0.005\ L_p$(L_p 为垂直于最近管壁至探头的风管内部尺寸)。

当偏差值小于 1 mm 时，则采用 1 mm。

8.4.2.2 **圆形截面**

对圆形截面,其平均直径应等于测量截面上至少三条直径(其夹角大致相等)测量值的算术平均值。如果相邻的两个直径的差大于1%。测量直径的数目应加倍。

测量截面内风管尺寸测量误差应低于0.25%。

测试点不得少于24点,测试点应至少分布在3条直径上,且各半径上分布不得少于3个测试点。按规定用切贝切夫法或线性法两种方法之一确定测试点。

例如:可选4条直径,各半径上分布3个测试点(见图10),或选3条直径,各半径上分布4个测试点(见图11)。

表2和表3是按切贝切夫法和线性法确定的测试点位置。

——每条半径上3个点(表2);

——每条半径上4个点(表3)。

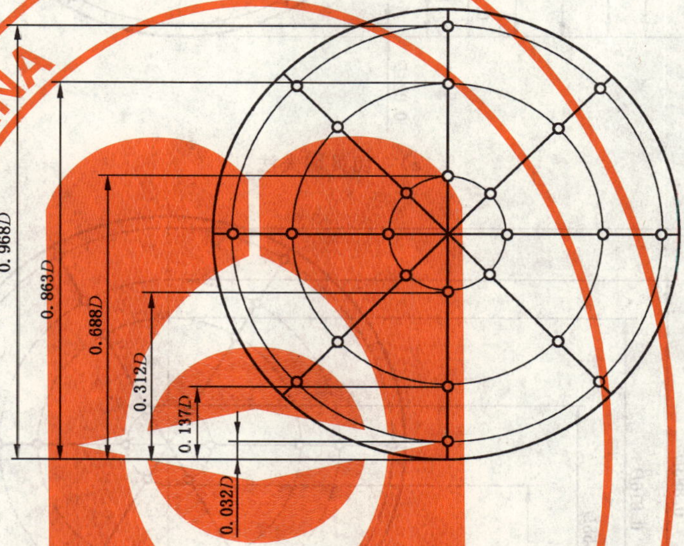

a) 切贝切夫法

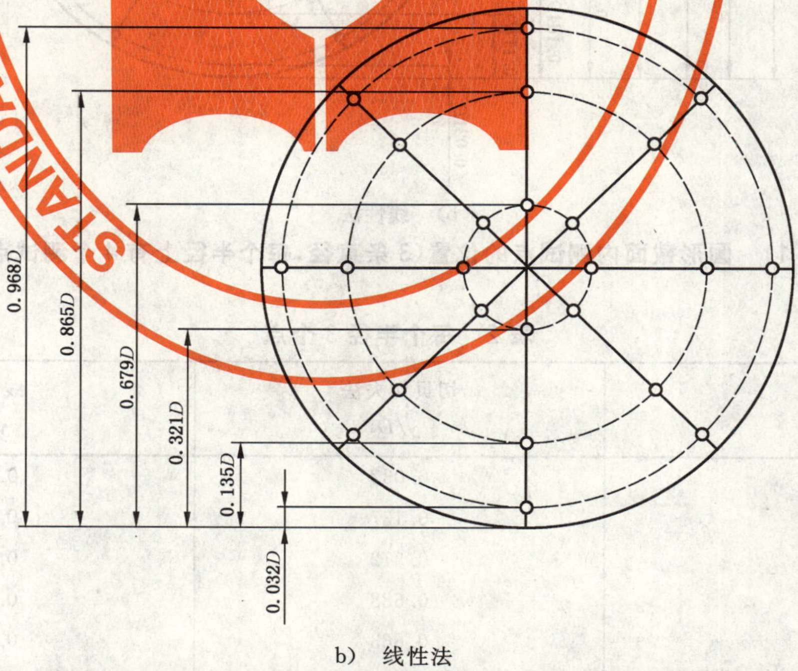

b) 线性法

图10 圆形截面内测试点的位置(4条直径,每个半径有3个测试点)

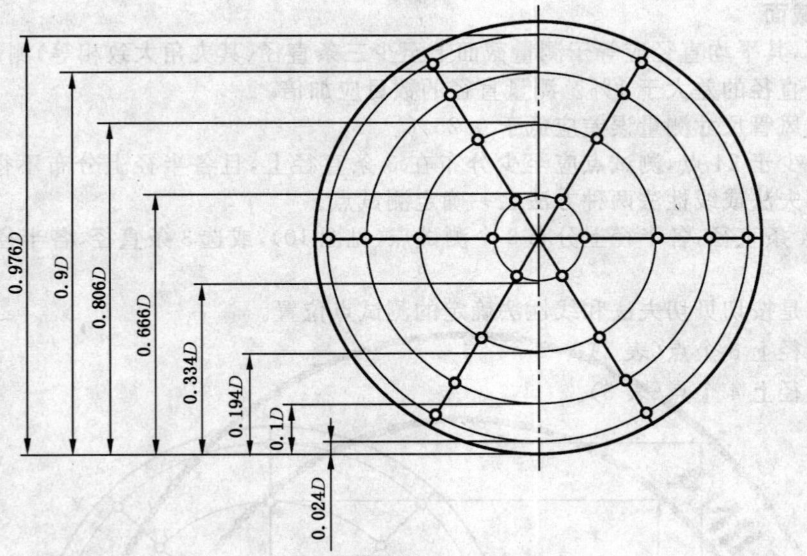

a） 切贝切夫法

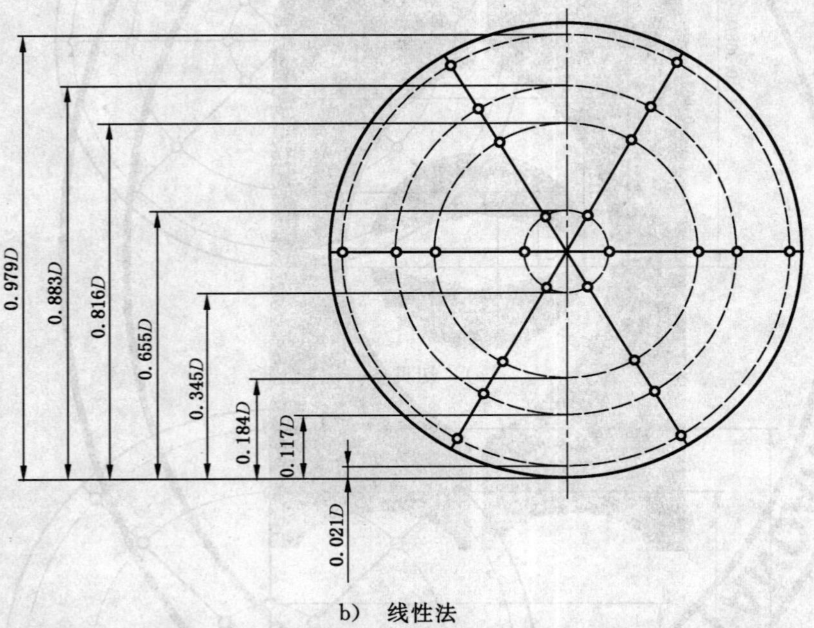

b） 线性法

图 11 圆形截面内测试点的位置(3 条直径,每个半径上有 4 个测试点)

表 2 每个半径 3 个点

点	切贝切夫法 y/D	线性法 y/D
1	0.032	0.032
2	0.137	0.135
3	0.312	0.321
4	0.688	0.679
5	0.863	0.865
6	0.968	0.968

表 3　每个半径 4 个点

点	切贝切夫法 y/D	线性法 y/D
1	0.024	0.021
2	0.100	0.117
3	0.194	0.184
4	0.334	0.345
5	0.666	0.655
6	0.806	0.816
7	0.900	0.883
8	0.976	0.979

风管中的平均速度通过计算各点速度的算术平均值求得。

容积流量应通过该平均速度乘以由平均直径计算出的截面积求得。

8.4.2.3　轴流通风机上游段的环形截面

如满足下列条件，可采用速度场法测量环形截面的流量。

a)　等间距半径数不少于 6 条。

b)　按线性法规则沿半径设置测试点，每条半径上不少于 4 点。

测试点的位置(图 12)根据直径比 D_a/D 确定，并在表 4(每条半径上 4 个测试点)中给出。对于中间值，测试点的位置通过该表中数据用线性内插法确定。

平均速度通过计算该截面各测试点速度的算术平均值确定。

c)　流量由截面平均速度与截面积相乘确定。

d)　为确定截面积，内径 D_a 及环的厚度 e 的测量误差一般为 0.25%。

为减少偏心误差，环厚度应看作是在至少 4 个等夹角间距的半径上测量的平均值。如果两个径向尺寸差超过 1%，所测得之尺寸数目应加倍。内径由测量相应的周长计算出。环形截面积由下述表达式给出：

$$A = \pi(D_a + e)e$$

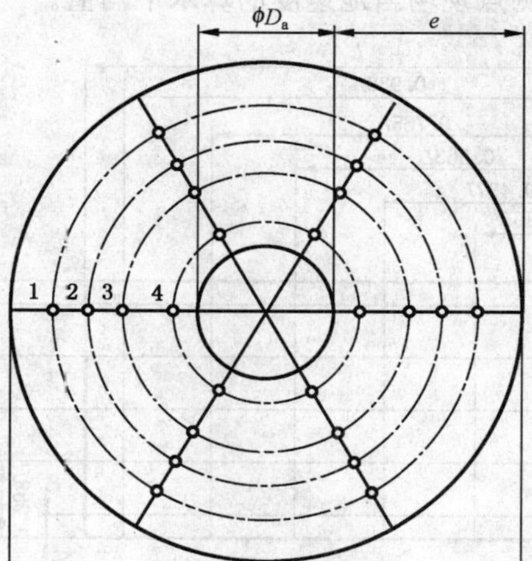

图 12　环形截面测试点的位置(3 条直径，每个半径有 4 个测试点)

表 4 环形风管内测点的位置

D_a/D	y/D 值			
	点 1	点 2	点 3	点 4
0.05	0.023 7	0.097 3	0.202 4	0.349 8
0.1	0.023 5	0.096 5	0.200 4	0.345 2
0.15	0.023 2	0.095 1	0.197 0	0.336 2
0.20	0.022 8	0.093 2	0.192 4	0.324 0
0.25	0.022 2	0.090 8	0.186 5	0.309 7
0.30	0.021 6	0.087 9	0.179 4	0.293 6
0.35	0.020 8	0.084 4	0.171 4	0.276 1
0.40	0.019 9	0.080 4	0.162 2	0.257 5
0.45	0.018 8	0.076 1	0.152 2	0.238 2
0.50	0.017 7	0.071 2	0.141 3	0.218 2
0.55	0.016 4	0.065 9	0.129 6	0.197 6
0.60	0.015 0	0.060 4	0.118 0	0.176 7
0.65	0.013 6	0.053 8	0.104 3	0.155 4
0.70	0.011 9	0.047 2	0.090 7	0.133 7
0.75	0.010 2	0.040 2	0.076 6	0.111 9
0.80	0.008 4	0.032 9	0.062 0	0.089 8
0.85	0.006 3	0.025 1	0.047 1	0.067 6
0.90	0.004 4	0.017 1	0.030 6	0.045 2
0.95	0.002 2	0.008 7	0.016 0	0.022 6

8.4.2.4 矩形截面

在直的矩形截面风管的情况下，截面的高度和长度应按图 13 所示的线段测量。如相邻测得的高度或长度之差超过 1%，则沿此方向的测试点数应加倍。该截面的平均高度应等于所测量各个高度的算术平均值，而截面的平均长度亦应是所测量各个长度的算术平均值。

截面积等于平均高度与平均长度的乘积。

计算测量截面面积所需风管各种尺寸的误差应低于 0.25%。

横线(平行于小边)的数目和每条横线上的测点数目均不少于 5 个，如果矩形截面的纵横比(高宽比)与 1 相差甚远，则应将横线增加到 5 个以上。

表 5 所示测试点位置是按切贝切夫法设置的。

容积流量等于截面积乘以各测点现场当地速度的算术平均值。

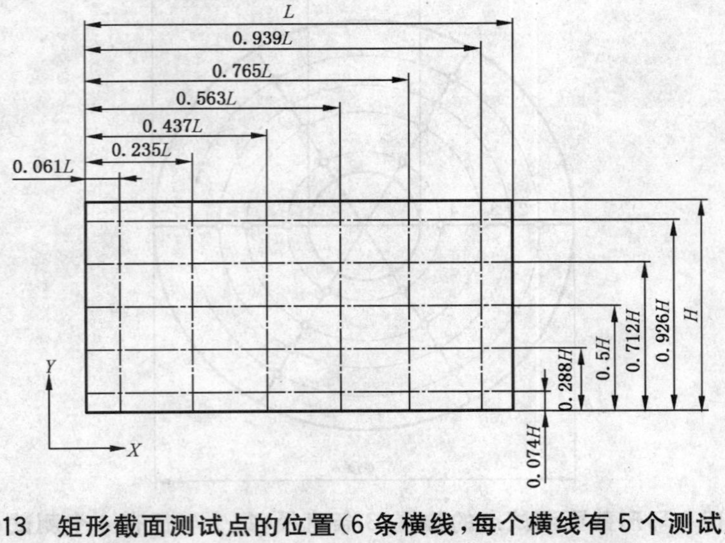

图 13 矩形截面测试点的位置(6 条横线，每个横线有 5 个测试点)

表 5 矩形风管中按切贝切夫法的测点和线的分布

横线数或每条横线上的测试点数	点	$\frac{x_i}{L}$或$\frac{y_i}{H}$值
5	1	0.074
	2	0.288
	3	0.500
	4	0.712
	5	0.926
6	1	0.061
	2	0.235
	3	0.437
	4	0.563
	5	0.765
	6	0.939
7	1	0.053
	2	0.203
	3	0.366
	4	0.500
	5	0.634
	6	0.797
	7	0.947

8.4.2.5 其他形状的截面

临时的改型(如插入低阻力的衬板)可用于提供一个合适的矩形或圆形截面的试验长度。但是如这不可能,通过风管或规则的、无凹入的横截面的直线长度段的流体容积流量,可采用通常适用矩形截面的切贝切夫横向型线的修改来测定。

8.4.2.6 改进的切贝切夫横向型线

如果给定基准线与截面的长直边平行或与该截面的长轴线平行,并与测试线垂直,这样截面的周界线(相对光滑的曲线或直线)通过测试线的终端。经有关各方的协商同意,该横截面可视为规则的。

也期望周界线与任何测试线的夹角应几乎成直角。然而,对邻近管壁的边缘区域的测试线和在图 15～图 27布置的所有情况下,对此在下面叙述中提出了为某些偏离而规定的措施。

为了能使改进的切贝切夫法用于不规则形状的管道横截面(典型的如图 14 所示),必须对每条测试线上的平均速度按其长度比例进行加权。为了取得高精度,必须对邻近管壁的两个边缘区域的测试线的位置(图中的 1 和 N_r 线)作某些调整。详细的计算分析已在图 15～图 27 所示的 13 种典型管道形状中给出了确定两条边缘测试线的正确位置。这些考虑了管道摩擦和壁面形状两者的效应。

允许很简单地确定容积流量:通过每条测试线的平均速度乘以该线的长度,求所有测试线乘积之和,将该总和乘以所选择的基准线长度(管壁之间)再除以测试线的数目。

在边界区域测试线(图 14 中的 1 和 N_r 号)精确位置的确定方法在 8.4.2.7 和附录 B 中给出,并包括使用下面公式:

$$y = kx^{-1/\mathrm{pl}}$$

pl 值取决于管壁的粗糙度和雷诺数,并用一般的方法在表 6 中给出。

但是在绝大多数的装置中,有关参数的精确确定是不容易的,由于对 pl 值为 5～10 之间的限界测试线的位置变化相对很小,在图 15～图 27 中标出的限界测试线的位置均按照 pl 的平均值为 7 确定的。

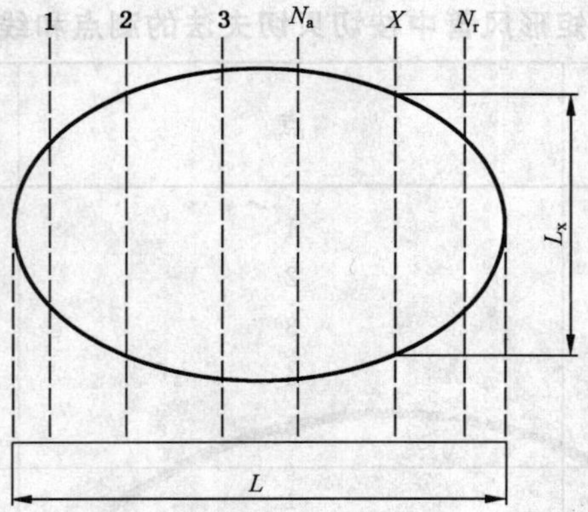

图中：

L——基准线长度；

L_x——测试线长度；

N_a—— 测试线号。

图 14　规则的但非矩形或圆形管道截面上测试线和测点的分布

表 6　pl 值作为壁面粗糙度和雷诺数的函数

低雷诺数的粗糙壁	pl=5
高雷诺数的粗糙壁或低雷诺数的光滑壁	pl=7
高雷诺数的光滑壁	pl=10

采用图 15～图 27 中任何一种形状管道方法的说明如下：

a) 选择的基准线应平行管道横截面的长轴线。

b) 速度测量应在与基准线成直角并与气流轴线成直角的至少 6 条平行测试线的规定点上进行。

c) 测试线号 2～(N_r－1)应按切贝切夫法规则(见表 5)沿基准线分布。

d) 测试线号 1 和 N_r 应按接近于图 15～图 27 的适当表中给出位置。这些表中的 pl 值应从表 6 中选择，如不能确定壁面粗糙度，则应使用 $pl=7$ 的值。

e) 按照切贝切夫法规则，沿每条测试线上应至少有 6 个测试点(见表 5)。在任何一条很短的测试线上，其测试点数可以减少至 5 个，但是整个区域的测试点总数应不少于 35 个。

f) 速度应在规定点上进行测量，并应确定每条测试线上的算术平均速度。

g) 整个风道的容积流量可由下述方法求得：

1) 每条测试线的算术平均速度乘以该线的长度；

2) 求上述所得值的和；

3) 将其和乘以管壁之间的基准线长度 L 再除以 N_r。

$$q_V=[(v_1 l_1)+(v_2 l_2)\cdots\cdots(v_N l_N)]\frac{L}{N_r}$$

式中：

q_V——总容积流量；

v_N——测试线 N 的算术平均速度；

l_N——测试线 N 的长度；

N_r——测试线的数；

L——管壁之间的基准线长度。

给出经审查的不同外形图。

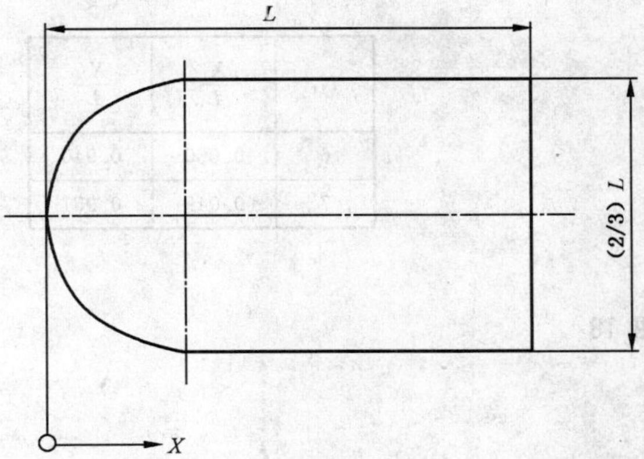

N_r	$\frac{X_1}{L}$	$\frac{X_N}{L}$
6	0.074	0.939
7	0.064	0.947

图 15

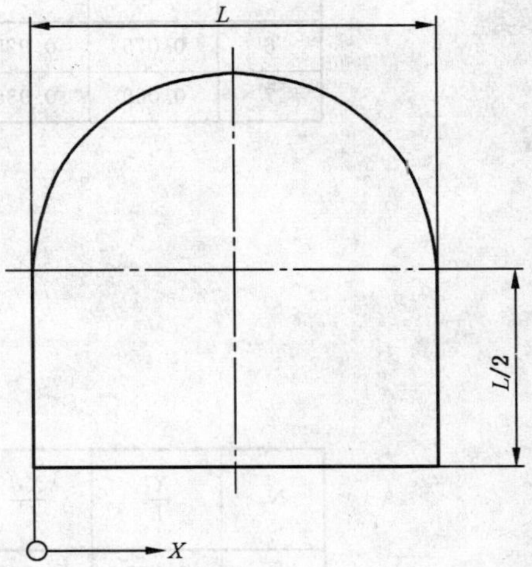

N_r	$\frac{X_1}{L}$	$\frac{X_N}{L}$
6	0.075	0.925
7	0.065	0.935

图 16

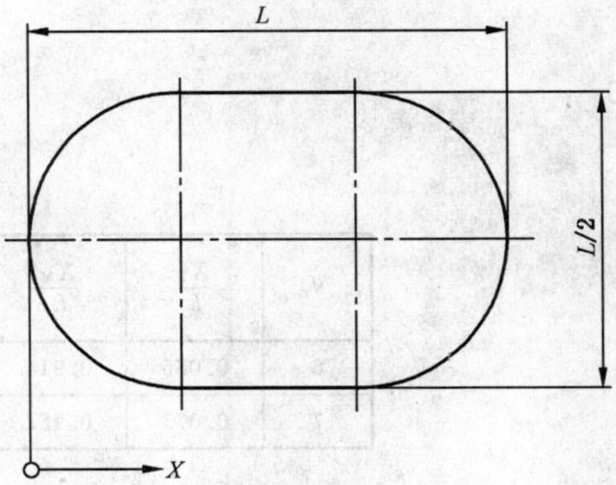

N_r	$\frac{X_1}{L}$	$\frac{X_N}{L}$
6	0.070	0.930
7	0.059	0.941

图 17

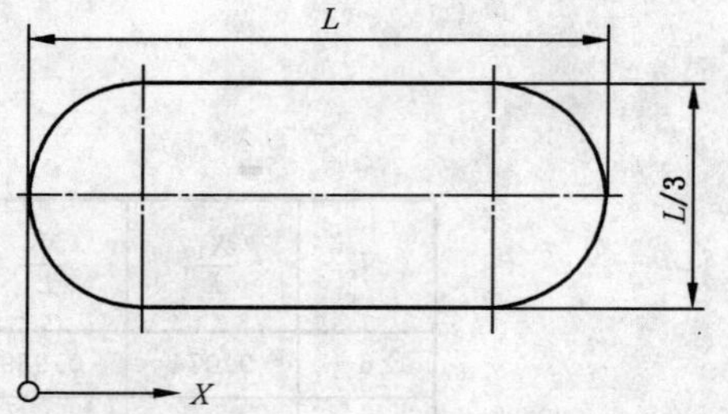

N_r	$\frac{X_1}{L}$	$\frac{X_N}{L}$
6	0.060	0.940
7	0.049	0.951

图 18

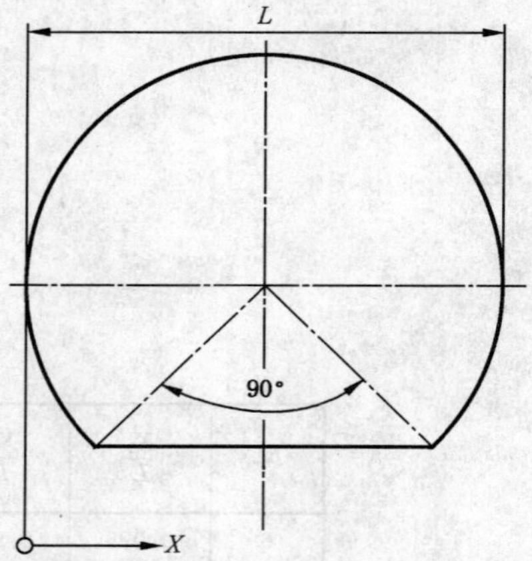

N_r	$\frac{X_1}{L}$	$\frac{X_N}{L}$
6	0.075	0.925
7	0.065	0.935

图 19

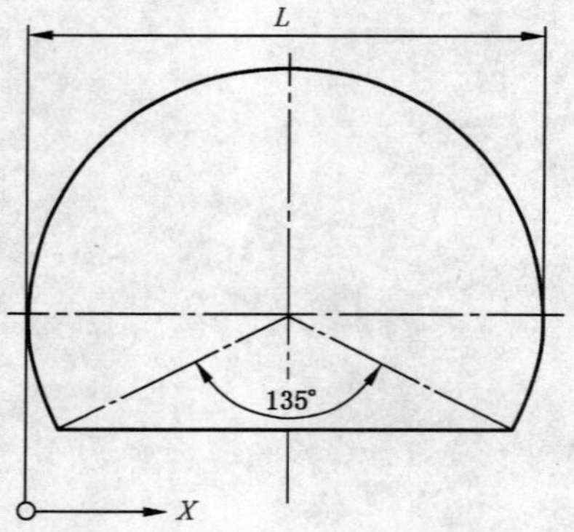

N_r	$\frac{X_1}{L}$	$\frac{X_N}{L}$
6	0.070	0.930
7	0.059	0.941

图 20

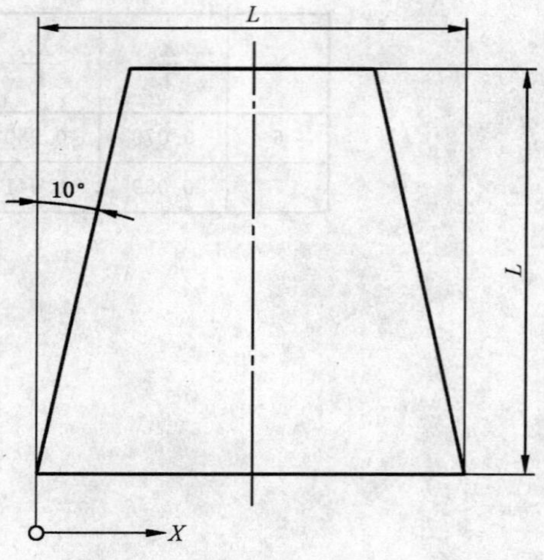

N_r	$\frac{X_1}{L}$	$\frac{X_N}{L}$
6	0.086	0.914
7	0.073	0.927

图 21

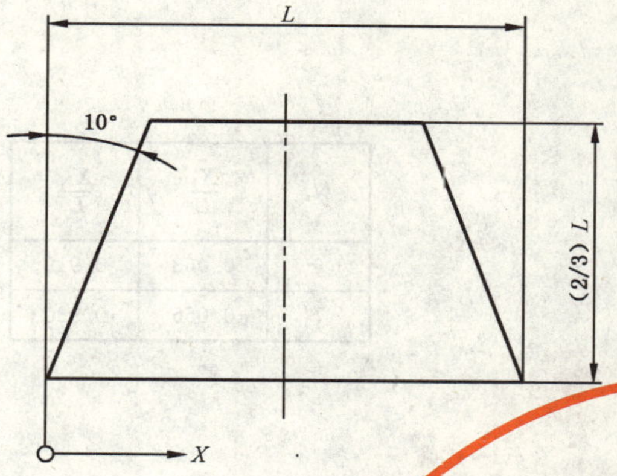

N_r	$\frac{X_1}{L}$	$\frac{X_N}{L}$
6	0.079	0.921
7	0.071	0.929

图 22

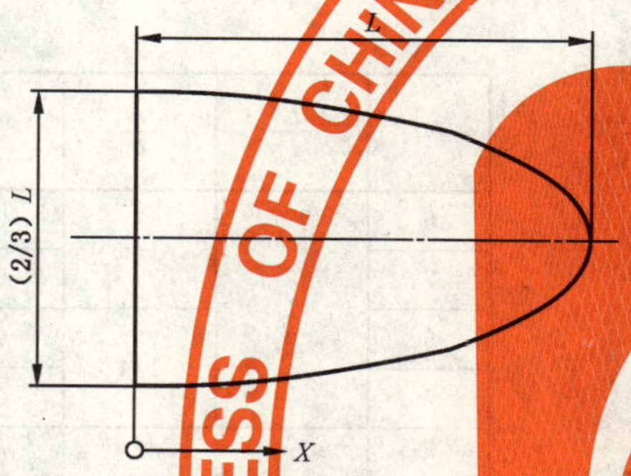

N_r	$\frac{X_1}{L}$	$\frac{X_N}{L}$
6	0.064	0.924
7	0.055	0.935

图 23

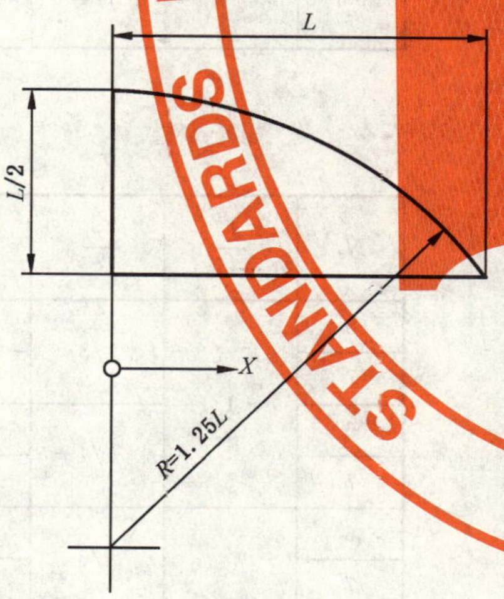

N_r	$\frac{X_1}{L}$	$\frac{X_N}{L}$
6	0.063	0.917
7	0.055	0.929

图 24

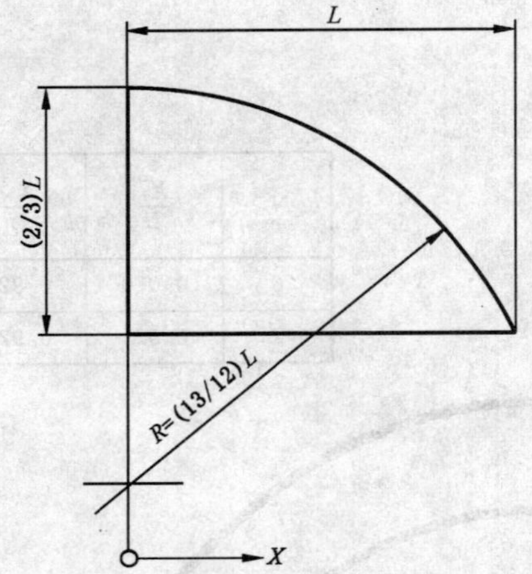

N_r	$\frac{X_1}{L}$	$\frac{X_N}{L}$
6	0.063	0.919
7	0.055	0.930

图 25

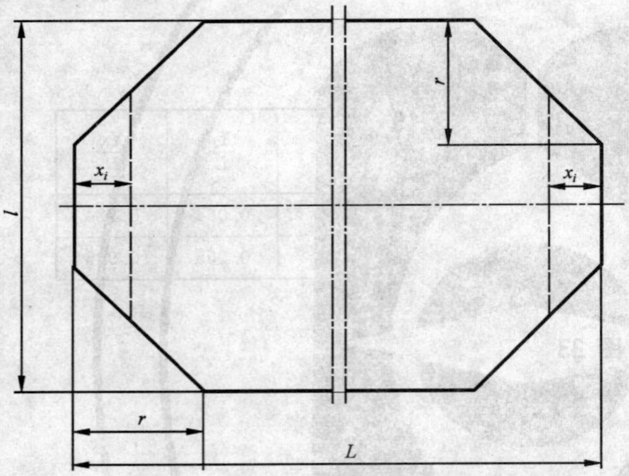

N_r	$\frac{L}{l}$	$\frac{r}{l}$	$\frac{x_i}{L}$
6	1	1/3	0.081 2
7			0.069 1
6		1/4	0.079 6
7			0.067 6
6	2	1/3	0.083 1
7			0.070 9
6		1/4	0.077 9
7			0.069 1

图 26

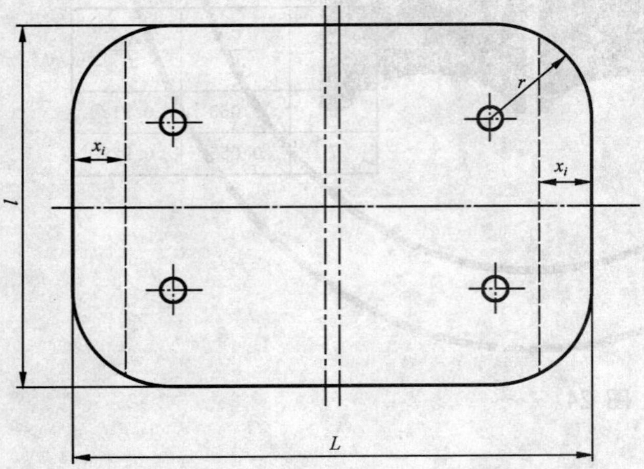

N_r	$\frac{L}{l}$	$\frac{r}{l}$	$\frac{x_i}{L}$
6	1	1/3	0.072 5
7			0.062 4
6		1/4	0.070 5
7			0.060 9
6	2	1/3	0.068 1
7			0.059 7
6		1/4	0.063 9
7			0.056 7

图 27

8.4.2.7 当管道横截面不完全符合图 15～图 27 中任一种形状的情况

当管壁轮廓没有突变，提供用下列方法处理管道横截面任一侧的在两个限界段 L/N_r 上的宽度。

图 28 示出了方程式 $y=kx^{-1/\mathrm{pl}}$ 的曲线族，

式中：pl＝7(见 8.4.2.6)k 值在 0～1 变化。

在横坐标 1 的垂直线的基线宽度考虑用该段的无因次宽度$\frac{a}{a}$表示。在此段上应按下述横坐标：

0.054、0.242、0.509、0.774、0.954 绘制垂直的无因次高度$\frac{l_1}{a}$，$\frac{l_2}{a}$至$\frac{l_5}{a}$。

在此段的末端，如图 28 中横坐标＝1，垂直高度或纵坐标$\frac{I}{a}$应为对应于$\frac{l_1}{a}$至$\frac{l_5}{a}$的下列加权的和。

$$\frac{I}{a}=0.083\frac{l_1}{a}+0.196\frac{l_2}{a}+0.255\frac{l_3}{a}+0.226\frac{l_4}{a}+0.115\frac{l_5}{a}$$

从 I 的顶部（横坐标 1，纵坐标$\frac{I}{a}$）绘制一条与曲线族相平行的线，直至它与表示该段上壁面$\left(纵坐标\frac{l_1}{a}至\frac{l_5}{a}\right)$的曲线相交。

该点的横坐标就是该段测试线的正确无因次横坐标，从管段壁至测试线距离等于 b/a。

上述说明适用于在表 6 中系数 pl 值取为 7 的一般情况。对于包含其他 pl 值方法的进一步说明在附录 A 中给出。用于确定限界范围内测试线的一般数学处理方法在附录 B 中给出。

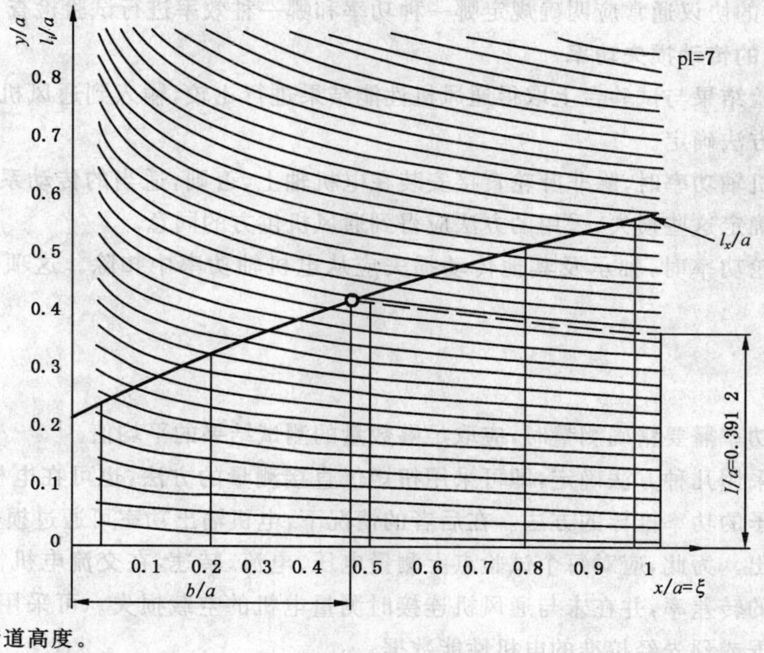

l_x/a——无因次管道高度。

图 28

9 功率的测定

9.1 与通风机性能曲线相关功率的定义

9.1.1 主要性能曲线所采用的功率如下：

——通风机空气功率 P_u 是质量流量 q_m 与通风机单位质量功 y 的乘积；

—— 叶轮功率 P_r 是供给通风机叶轮的功率。

9.1.2 因为确定支承通风机主轴的轴承损失很困难，很少能直接测定叶轮功率。但是为确定通风机的基本特性，了解该功率是有用的。

为此，可按下述 a)、b)、c) 中的规定进行确定。

a) 通风机轴功率 P_a 为驱动装置输出到通风机轴的机械功率。它包括轴承损失、密封装置损失、轴承冷却装置损失等等。

b) 电机轴功率 P_o 为驱动装置的轴功率，仅在通风机直接驱动时，电机的轴功率等于通风机轴功率 P_a。

在其他情况下：

$$P_a = \eta_{tr} P_o$$

式中：η_{tr}为传动效率。

对于小额定功率值，合理精确地确定其传动效率很困难。

c) 电机输入功率 P_e 为输出到驱动装置的功率。即装置吸收的总功率。在电机驱动的情况下，即是输入至电机端子的功率。在其他情况下，输入功率一定要在有关各方协商一致的情况下，按燃料、蒸汽、压缩空气等的消耗来确定。

9.1.3 由这些功率可以确定下述效率：通风机效率 η_r，通风机轴效率 η_a，通风机电机轴效率 η_o 和总效率 η_e，而这些效率分别通过通风机空气功率 P_u 除以叶轮功率、通风机轴功率、电机输出功率和电机输入功率求得。

只有性能效率反映了输给叶轮功率的利用率。

使用电机的通风机总效率(或装置效率)，除通风机机械损失外，包括传动系统的损失和驱动装置的损失。

9.1.4 供方和买方的协议通常应明确规定哪一种功率和哪一种效率进行试验检查。

9.2 从电机至叶轮的传动损失功率

如果将现场试验结果与试验台上取得通风机性能结果进行比较，输入到通风机的功率应在这两种情况下使用相同的方法确定。

当要确定通风机轴功率时，除非叶轮直接安装在电机轴上，否则，适当的传动系统损失应从电机轴功率中扣除。为了确定这些损失，采用的方法应得到通风机供方的同意。

如必须确定叶轮功率时，轴承及其他传动损失应从电机轴功率中扣除。这项数值应由双方协商确定。

9.3 功率测定方法

9.3.1 概述

供给通风机的功率需要精确测量时，应取足够数量的测试结果的平均值。

驱动轴功率可采用几种方法确定，即可采用扭矩仪直接测量的方法，也可在电机驱动的情况下，采用由输入到电机端子的功率推导的方法。在后者的情况下，电机输出功率可通过损失求和法，从电机输入功率进行推导得出。为此，应对每个试验点上测量电压、电流、转速，在交流电机情况下，测量电机输入功率和感应电机的转差率，并在未与通风机连接时测量电机的空载损失。可采用与所用电机性能相一致的电机性能数据或预先经校准的电机性能数据。

对于电气仪表，在通风机试验时，应采用下述方法之一，进行电机的输入功率测量：

a) 对于交流电机，采用双瓦特表或用一块积分瓦特-小时表和一个计时装置。

b) 对于直流电机，采用测量输入电压和电流。

9.3.2 用扭矩仪测量通风机轴功率

测定通风机轴的扭矩可采用扭矩仪，将扭矩仪安装在通风机与传动系统或驱动通风机的电机之间，将获得的扭矩值乘以测量的转速计算求得功率。

如果测量转速的误差为 0.5%，测量扭矩仪表的精度高于 1.5%，可使测定功率的精度达 2%。

经双方同意，可采用静态校准的仪表数据，该数据与速度无关，在这情况下，应在相同条件下进行校准。

在某些情况下，仪表应由双方认可的权威机构在试验前、后在现场试验期间所遇到的条件下，和对仪表状况没进行任何调整的情况下进行校准。当负载增大时，进行扭矩测量同时应注意在读数期间负载不应减少；当负载减少时应采取类似的措施。如果加载与卸载的扭矩值差大于 1.5%，则扭矩仪是不令人满意的。在相反的情况下，应保留加载和卸载时测量的平均值。假如两次测量值相差不大于

1.5%，试验前、后所测得的两条校准线的平均值，应用于进行计算的校准曲线。

9.3.3　用分离损失法确定电机输出功率

9.3.3.1　概述

驱动电机的轴功率可通过在电机端子处测得的输入功率 P_e 乘以用分离损失法估算的电机效率进行计算。

损失估算是不同的，它取决于采用的是三相交流电机或直流电机。

电机的损失可按 GB 755.2 进行测量。

9.3.3.2　三相感应电机驱动通风机的情况

下述损失应予以考虑：

a)　恒定损失

——铁心及其他金属部件的附加无负载损失；

——在运行中轴承及电刷的摩擦损失；

——电动机中总的风阻损失。

b)　负载损失

——一次绕组中电阻损失；

——二次绕组中电阻损失；

——电刷的电损失(如果有)。

c)　附加负载损失

——活性铁及除导线外的其他金属件引起的损失；

——涡流损失。

效率可按总的损失进行计算，总的损失可以是下述方法中确定的损失的总和。

a)　恒定损失　恒定损失之和是由运行的空载电机确定的。电动机按额定电压和频率供电。电机吸收功率减去一次绕组的电阻损失，给出总的恒定损失。二次绕组的电阻损失可忽略不计。

b)　负载损失　一次绕组的电阻损失按一次绕组电阻(是采用直流法测得的并考虑温度修正)和对应于计算损失时的负载电流进行计算。

所取的二次绕组的电阻损失应等于转差和传输到二次绕组总功率的乘积。

附加负载损失假设按一次电流的平方变化，全负载时总值则等于电机额定输入的 0.5%。

9.3.3.3　直流电机或单相感应电机驱动通风机的情况

对于电机效率的测定应参照 GB 755。

9.3.4　参考与使用电机相同的电机性能

在不能使用分离损失法时，经双方达成协议，容许采用电机制造厂提供的电机性能数据(该性能数据可以是按与现场试验所用电机相同的电机预先估算的)。制造厂所提供的数据按测量电机输入值结果确定电机的输出功率是足够的。

确定性能时，试验期间电机功率应与有效功率一致，电压应是稳定的，而且其平均值不应超过所用电压的 2%。

电机所提供的有效功率对应于电机输入功率，当给出作为其他的功率函数时，前者可从表中直接推导出，当给出效率或效率和功率因数时，也可从表中间接推导出。

在第二种情况下，电机的输出功率使用下式：

$$P_o = P_e \eta_M$$

式中，P_e 对单相电机是用电度表测定，对三相电机，则用 2 个电度表测定。

在第三种情况下，电机的输出功率使用下式：

对于单相电机，$P_o = \cos\varphi\, UI\eta_M$

对于三相电机，$P_o = \cos\varphi \sqrt{3} UI\eta_M$

式中:U 和 I 表示现场试验中所测得的电压和线电流值。对于三相电机,则表示每相所测值的平均值。

9.3.5 采用校准的电机

采用校准的电机可用给定的效率曲线或作为输入功率函数的有效机械功的变量,按输出到其端子的功率推导出电机的输出功率。预先由供方和买方协商一致,在试验台上绘制出曲线。这些数据应按9.3.4所述相同的方法使用。

应从低于额定电压10%到高于额定电压10%的电压范围内确定这些数据。

进行这些测量,应使电机在负载下至少运转90 min,确保其温度尽可能接近操作时达到的温度。

为了采用校准数据,确保输出到电机的功率与校准时所使用的功率一致,电压应是稳定的,其平均值与校准电压之差不大于2%。

当对电源的稳定性及频率有怀疑时,应进行频率测量。

9.4 测量仪表

在各种情况下,功率、电压及电流都应使用按校正曲线进行修正的0.5级或是不需修正和0.2级仪表进行测量。测量仪表的选择应使其读数值大于全刻度读数的一半。为将误差减至最小,测量用的电流互感器及变压器的选择应尽可能接近其额定负载下工作,这些仪表通常应尽可能靠近电机端子连接,以防电缆中的电压降影响测量精度。

9.5 现场试验注意事项

应注意所测量的功率对应于所测得的质量流量值和通风机单位质量功。

为此,应保证在这两种值的测量期间,进行足够数量的输入功率的测量,且功率不发生突变或渐变。

10 与通风机性能测定相关的不确定度

10.1 概述

这些试验结果将提供一个风道系统的气流阻力的实际值,它可以与规定值进行比较,并也可以提供一个试验通风机的性能点,与用标准化风道试验测定的通风机特性曲线相比较,无论在哪种情况下由于下面任一原因都可能产生误差:

——泄漏,再循环或系统中其他故障;

——风道系统气流阻力的不精确估算;

——标准化试验数据的错误应用;

——某个系统部件位置太靠近通风机出口或在别的地方所产生过大的损失;

——由弯头或其他的系统部件位置太靠近通风机进口而引起的通风机性能干扰;

——现场测试中固有的误差。

在许多情况下,现场条件性能测试的精度基本上不及用标准化风道进行通风机试验所预期的精度,在这种情况下,除现场试验外,还可能要求对按标准化风道布置的实物或模型通风机进行试验。

如果制造商和买方达成协议,现场试验可作为通风机验收试验的基础。如果任何现场试验已作为制造厂和买方之间保证的一部分,通风机在现场安装前,制造商应检查风道安装或布置图,并商定最好的测试位置。制造厂可按本标准要求对给定的试验提出必要的改进意见。

在不能严格遵守本标准之处,买卖双方可达成某些修改协议,但在这种情况下很可能影响其结果的精度。

10.2 性能误差

任何通风机性能试验都存在误差,而且这些试验误差的范围可期望在数字上限定,如同测量误差一样。此外,由于不可避免在制造上的误差,它们与另一个标称相同的通风机不能完全相同。这预期的制造误差的范围应附加到测量误差中，以确定对性能技术要求的最小公差。此公差在本标准中未作规定。但有关它们使用的一些推荐在10.5.9和10.5.10中给出。

10.3 测量的不确定度

在本标准中，测量的不确定度由直接测量值(例如压力)或从另一个测量值确定的量值(例如容积流量)的百分数表示，应该指出：引用的95%的可信范围意味着，在缺少大量有正态分布的测量值时，95%可预期在大于下限的2.5%和低于上限的2.5%规定范围内。

在GB/T 1236—2000的第17中，对各个测量值所要求的精度范围作了规定，并也可作为最大不确定度的范围，不确定度是以计算得出相关参数的百分数表示的，例如：温度 t 测量到±1.0℃，在室温下试验时，则相应的不确定度可取为绝对温度 $(273+t)$ 的±0.5%。

此例也说明"舍入"近似法适用误差估计。取大气温度范围为0℃至40℃，则相应的不确定度计算分别为±0.36%和±0.32%，这是相当不确切的，然而，现实的估计数为±0.5%。

10.4 确定的不确定度

只要当通风机进口或出口的温度和压力在正常大气范围内，表7中给定的最大测量不确定度适用于在GB/T 1236—2000第17中所确定的量。

10.5 不确定度的分析

10.5.1 概述

将一系列的测量参数组合在一起并涉及到规定的条件时，这种分析基本上是处理综合不确定度。

从一系列测量值确定的量有容积流量，通风机压力和通风机输入功率，确定这些量的不确定度主要取决于单一测量值的误差和不确定度分配。

表7 最大不确定度

参　　数	最大不确定度
大气压力(由就地校准但未经温度修正的气压计测定)	p_a 的±0.3%
温度(测量到±1.0℃，并以绝对温度表示)	$(273+t)$ 的±0.5%
湿度(在干球温度为30℃，由于测定湿球温度 t_w 的误差为±2℃)而引起的空气中密度的不确定度	ρ_a 的±0.2%
静压(大于150 Pa，1%压力计连同1%读数波动误差)	p_s 或 Δp 的±1.4%
管道或通风机出口面积	A 的±0.5%
孔板或喷管喉部面积	$\frac{\pi}{4}d^2$ 的±0.2%
叶轮转速	n 的±0.5%
输入到叶轮的功率(不包括测定的传动损失)	P_r 的±2.0%
大气的空气密度(包括测定中湿度修正)	ρ_a 的±0.4%
有湿度修正的风道内的空气密度(压比 $r\leqslant1.3$ 的任何通风机)	ρ_a 的±0.6%
没有湿度修正的风道内的空气密度(通风机压力 $p_F\leqslant10\,000$ Pa和含湿量≤0.015 kg/kg)	ρ_a 的±0.6%

10.5.2 进口容积流量(或质量流量)

在流动条件满足8.2.1中规定要求和流量按8.3测定时，其最大不确定度为：q_V 的±2.0%(或 q_m 的±2.0%)。

当涡流出现或流线相互不近似平行时，不确定度将增大。

当按照8.4要求测定流量时，

——对于在规则形状的风道中，采用皮托静压管测量时测量不确定度为 q_V（或 q_m）的±3.0%；

——对于在不规则形状的风道中，采用皮托静压管测量时测量不确定度为 q_V（或 q_m）的±3.3%；

——对于在规则形状的风道中，采用风速计测量时测量不确定度为 q_V（或 q_m）的±3.5%；

——对于在不规则形状的风道中，采用风速计测量时测量不确定度为 q_V（或 q_m）的±4.0%。

10.5.3 通风机动压

通风机动压最大不确定度大约为 p_{d2} 的±4%。

10.5.4 通风机压力

这取决于安装类型(B、C 或 D)和通风机动压与通风机压力的比值。对进口和出口管道的面积等于通风机出口面积的情况，p_F 的最大不确定度对这些因素的依赖关系在图 29 中给出。这些面积从+7%～−5%变化时，该不确定度变化是不明显的。

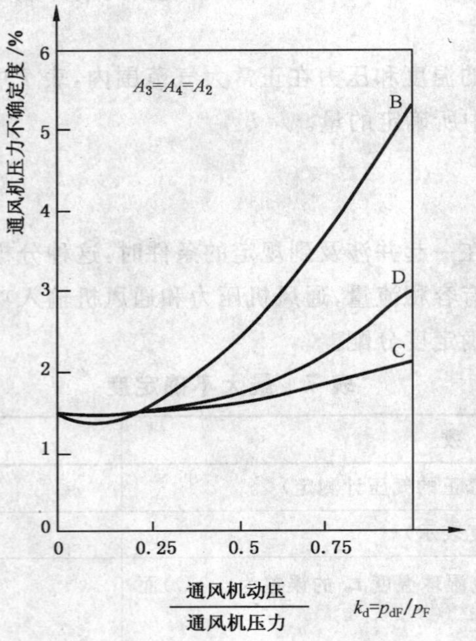

注：B、C、D 是装置类型。

图 29　通风机压力不确定度

10.5.5 特性曲线不确定度(见图 30)

当在不变的系统阻力下试验时，容积流量的最大不确定度取决于通风机特性曲线的斜率(见图 31)。阴影下面积适用于 q_V 变化+1%，p_F 随着变化 0～−2%的比例斜率，并通常包括了特性曲线上的最佳效率点。

注：S 是特性曲线的比例斜率，即 $S=\Delta p_F/\Delta q_V$，通风机压力变化的百分数与容积流量变化的百分数之比。当流量增加而压力下降时，S 是负值。

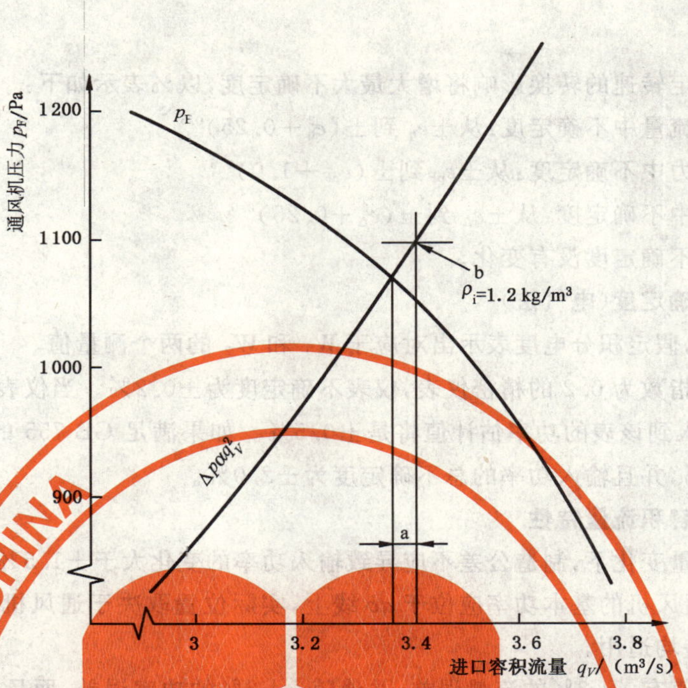

a 特性曲线误差。

b 规定负载在 1 100 Pa 时为 3.4 m³/s。

图 30 规定负载的试验实例

10.5.6 通风机效率

通风机效率不确定度在图 31 中以单独的标度示出。

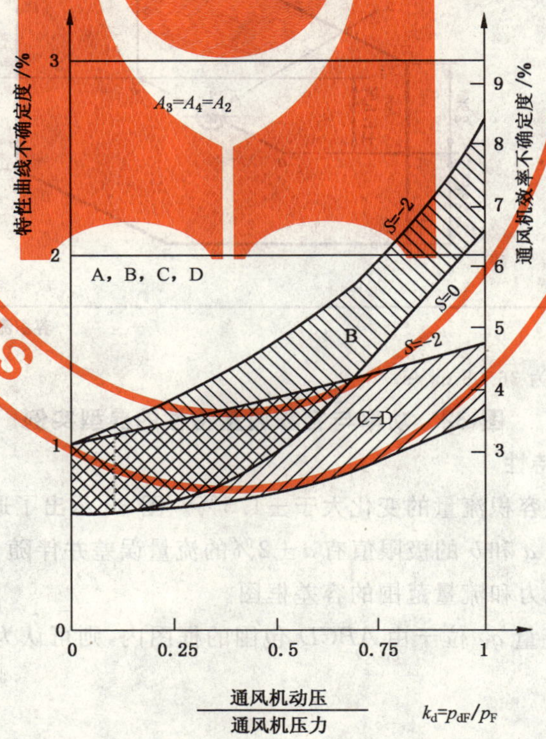

图 31 特性曲线不确定度及通风机效率不确定度

10.5.7　**转速**

从试验转速到规定转速的转换影响将增大最大不确定度，以%表示如下：

——在进口容积流量中不确定度：从$\pm e_q$到$\pm(e_q^2+0.25)^{0.5}$

——在通风机压力中不确定度：从$\pm e_{pF}$到$\pm(e_{pF}^2+1.0)^{0.5}$

——在特性曲线中不确定度：从$\pm e_\Delta$到$\pm(e_\Delta^2+0.25)^{0.5}$

在通风机效率中不确定度没有变化。

10.5.8　**功率测定不确定度(电气法)**

在三相电系统中，假定积分电度表示出对应于W_1和W_2的两个测量值。

电度表应是等级指数为0.2的精密仪表，仪表不确定度为±0.2%。当仪表在等于或大于其满量程的50%工作时，则输入到该表的功率估计值将是±0.5%。如果满足GB 755的全部条件，则该仪表性能不确定度为±0.6%，并且输入功率的总不确定度为±2.0%。

10.5.9　**输入功率与容积流量特性**

在相应的容积流量变化下，制造公差不应导致输入功率的变化大于±1.5%。

图32中示出了通风机的基本功率应位于*ab*线上，实际位置取决于通风机的流量，在*ab*线的任一点上，仪表和测量容差均适用。

在*a*和*b*的极限值有*a*±2%的流量误差，并伴随*a*±2%的功率误差，而且这生成了预期测量功率和流量所在的容差范围。如果所测功率随同流量q_V位于由*ABCDEF*包围的框图内，则可认为通风机已满足在流量和输入功率规定的性能。

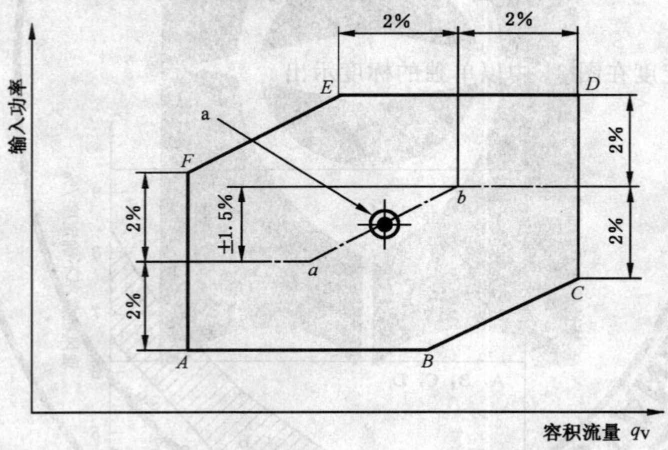

a　目标负载在628 kW时为36.08 m^3/s。

图32　功率与容积流量特性的典型实例

10.5.10　**压力与容积流量特性**

制造厂的公差不应导致容积流量的变化大于±1.5%。图33示出了通风机压力位于*ab*线上，实际位置取决于通风机流量。在*a*和*b*的极限值有*a*±2%的流量误差并伴随*a*±2%的压力误差，其组合给出一个预期测得的通风机压力和流量范围的容差框图。

如果所测的压力随同流量q_V位于由*ABCD*包围的框图内，则可认为通风机已满足在流量和通风机压力规定的性能。

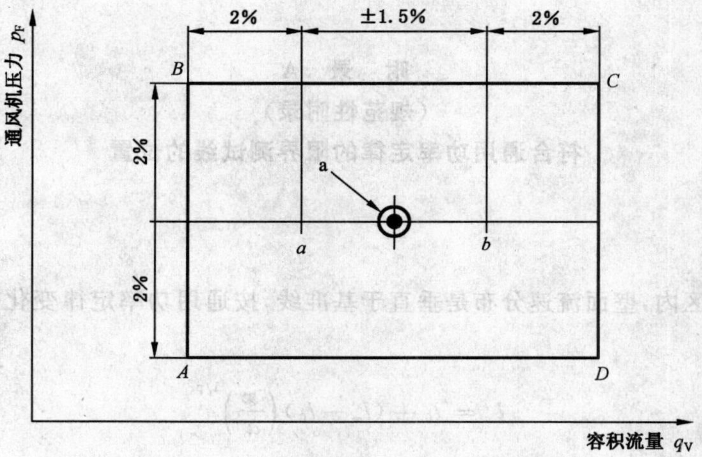

a 目标负载在 628 Pa 时为 36.08 m³/s。

图 33 通风机压力与容积流量特性的典型实例

附　录　A
（规范性附录）
符合通用功率定律的限界测试线的位置

A.1　概述

如果在截面限界区内，壁面流速分布是垂直于基准线，按通用功率定律变化，由壁面截取的线段长度（见图 A.1）：

$$l_x = l_0 + (l_a - l_0)\left(\frac{x}{a}\right)^{1/\mathrm{pl}'}$$

式中：

l_x——横坐标 $X=x$ 时的长度；

l_0——横坐标 $X=0$ 时的长度；

l_a——横坐标 $X=a\left(a=\left(\frac{L}{m_1}\right),且\ m_1=横线数\right)$时的长度。

限界测试线的相对位置 $z=\frac{b}{a}$，可以按超越方程式计算：

$$z^{1/\mathrm{pl}}[l_0 + (l_a - l_0)z^{1/\mathrm{pl}'}] = l_0\frac{\mathrm{pl}}{\mathrm{pl}+1} + (l_a - l_0)\frac{\mathrm{pl}''}{\mathrm{pl}''+1}$$

而：

$$\frac{1}{\mathrm{pl}''} = \frac{1}{\mathrm{pl}} + \frac{1}{\mathrm{pl}'}$$

$\frac{1}{\mathrm{pl}}$——壁面流速渐近特性定律的指数；

$$v_x(y) = v_x(d)\left(\frac{y}{d}\right)^{1/\mathrm{pl}}\ (0 < y < d\ 适用于所有\ x\ 值)$$

式中：

$v_x(y)$——横坐标 $X=x$ 的测试线上在距离管壁为 y 时的速度；

$v_x(d)$——同一测试线上在最靠近管壁（$y=d$）测试点的速度；

$\frac{1}{\mathrm{pl}'}$——管壁限界流速分布的通用功率定律的指数。

这超越方程用迭代法容易解出。

pl′值可以通过在给变量 l_x 作为 x 函数的曲线中，当 $X=a$ 时，绘制切线图解的方法进行确定。即（图 A.1）。

$$\mathrm{pl}' = \frac{AC}{AB}$$

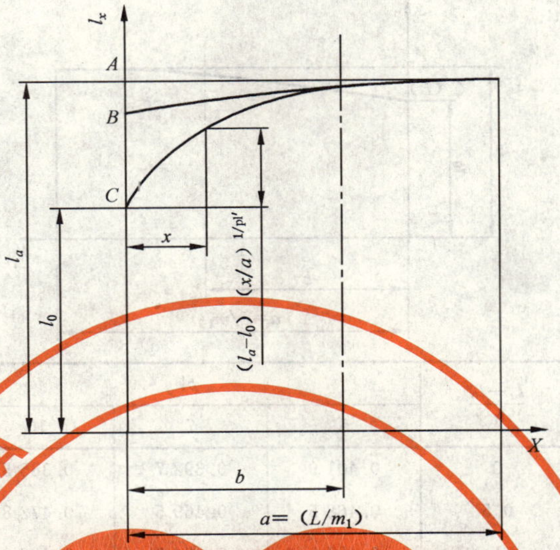

图 A.1

A.2 特殊情况

A.2.1 如果 $l_0=0$,符合功率定律的流速分布(见图 A.2)。

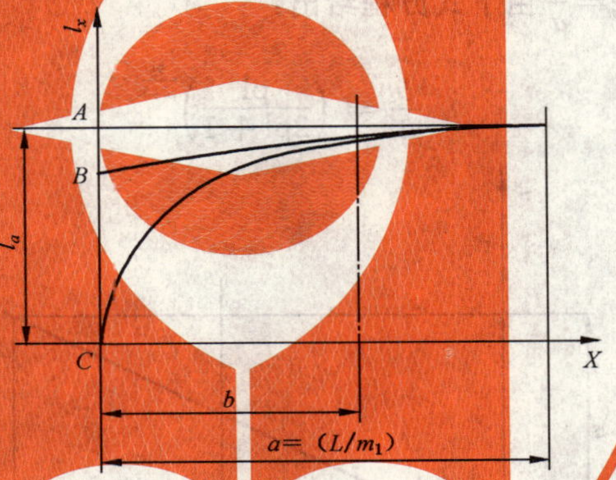

图 A.2

限界测试线的相对位置 $z=\frac{b}{a}$ 由方程式给出:

$$\frac{b}{a}=\left(\frac{\mathrm{pl}''}{1+\mathrm{pl}''}\right)^{\mathrm{pl}''}$$

而:$\frac{1}{\mathrm{pl}''}=\frac{1}{\mathrm{pl}}+\frac{1}{\mathrm{pl}'}$,且 $\mathrm{pl}'=\frac{AC}{AB}$(图 A.2)

A.2.2 如果 $\mathrm{pl}'=1(AC=AB)$,在一个不规则四边形中的限界截面(见图 A.3)。

界限测试线的相对位置 $z=\frac{b}{a}$ 可按超越方程迭代法计算:

$$z^{1/\mathrm{pl}}[l_0+(l_a-l_0)z]=l_0\frac{\mathrm{pl}}{\mathrm{pl}+1}+(l_a-l_0)\frac{\mathrm{pl}}{2\mathrm{pl}+1}$$

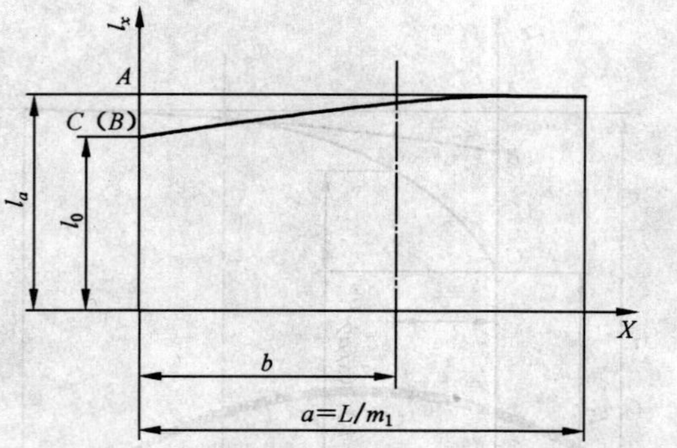

$\frac{l_a-l_0}{l_0}$	pl		
	5	7	10
0	0.401 9	0.392 7	0.385 5
0.5	0.468 5	0.469 5	0.472 8
1	0.487 1	0.486 9	0.488 2
2	0.500 5	0.498 7	0.497 9

图 A.3

A.2.3 如果 $l_0=0$，$\mathrm{pl}'=1$，在拐弯处的限界流速分布(见图 A.4)。

限界测试线的相对位置 $z=\frac{b}{a}$ 由下式方程给出：

$$\frac{b}{a}=\left(\frac{\mathrm{pl}}{2\mathrm{pl}+1}\right)^{\frac{\mathrm{pl}}{\mathrm{pl}+1}}$$

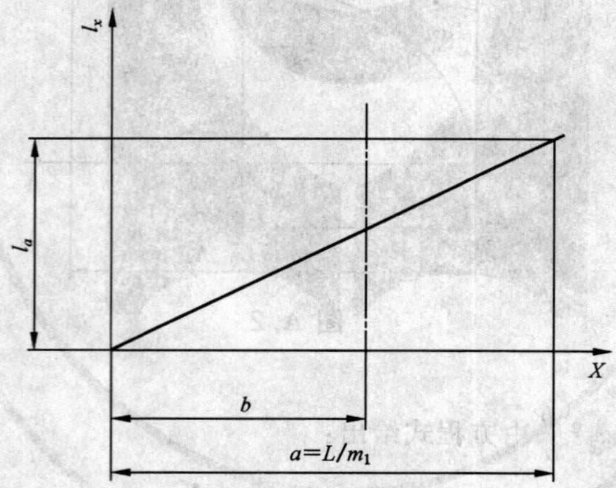

图 A.4

附 录 B
（规范性附录）
在附录 A 中未包括的限界测试线位置的确定

在对此还没充分研究的情况下，可按多项式定律适当近似估算限区内管壁的流速分布（最大为 9°），限界横线的无因次或相对位置$\frac{b}{a}$可按下述方法予以确定。

a) 在包括 $y=kx^{-1/\mathrm{pl}}$（见图 B.1，pl=7）方程曲线的平面上，

式中：

x——从 0～1 变化；

y——从 0～0.9 变化。

采用适当的比例，绘制垂直于基准线直至横坐标 $1=\frac{L}{m_1 a}$的管壁上所截取无因次长度线段的变化规律 l_z/a。

b) 从此图中测量 5 个截面的高度 l_i/a 与基准线垂直，在横坐标 $x_i=\zeta_i$ 时，ζ_i 值由考虑 pl 值的表 B.1中给出。

c) 按加权系数 f_i（也在表 B.1 中给出），I/a 按下式计算：

$$I/a=\sum_{i=1}^{5} f_i l_i/a$$

并应绘制垂直于基准线横坐标 1（在右角）的长度 I/a。

d) 通过点（1，I/a）的平面曲线与壁面型线 $l_x/a(x)$ 的交点，提供限界横线的无因次横坐标 b/a。

表 B.1 积分 l 的计算

pl=5	ζ_i	0.057	0.246	0.513	0.776	0.953
	f_i	0.072	0.182	0.245	0.221	0.114
pl=7	ζ_i	0.054	0.242	0.509	0.774	0.954
	f_i	0.083	0.196	0.255	0.226	0.115
pl=10	ζ_i	0.052	0.238	0.506	0.773	0.954
	f_i	0.092	0.206	0.263	0.230	0.116

实例：

在图 B.1 上绘出采用 l_x/a 的变化规律（假设靠近管壁的流速分布是符合指数 1/7；pl=7 时的功率定律）。

这样，按照图的无因次比例，获得在表 B.2 中给定值。

表 B.2 计算实例

ζ_i	x_i/mm	x_i/a	l_i/a	f_i	$f_i l_i/a$
0.054	10.8	0.054	0.247 5	0.083	0.020 54
0.242	48.4	0.242	0.340	0.196	0.066 64
0.509	101.8	0.509	0.447 5	0.255	0.114 11
0.774	154.8	0.774	0.540	0.226	0.122 04
0.954	190.8	0.954	0.590	0.115	0.067 85
				$l/a=\sum f_i l_i/a$	0.391 18 ≅0.391 2

由此，限界测试线的无因次位置(由图 B.1)求得：

$a = 200$ mm 时，

$b = 200 \times 0.475 = 95$ mm

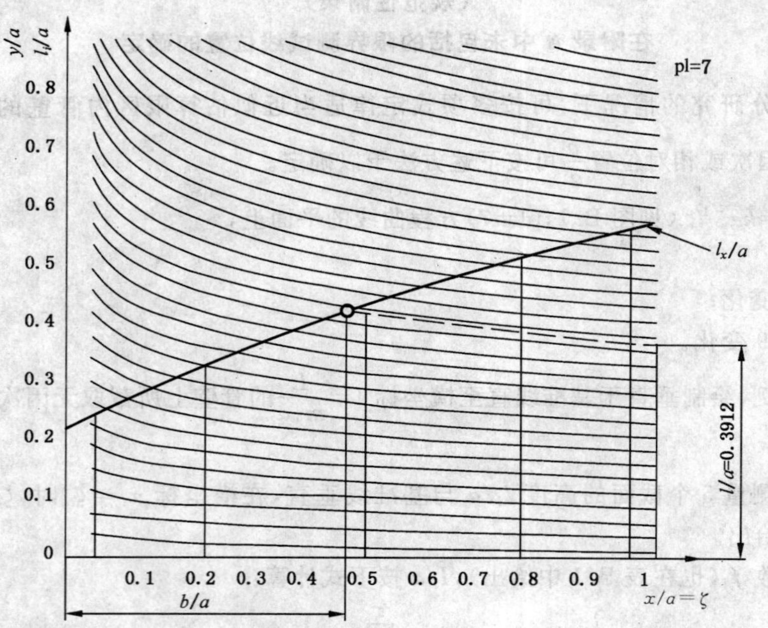

l_x/a——无因次管道高度；

$y = kx^{-1/pl}$。

图 B.1

附 录 C
（规范性附录）
使用差压装置(DP 装置)测量流量的上游段和下游段最小直线长度的要求

C.1 概述

C.1.1 靠近差压装置上游段或下游段存在干扰或障碍，会使流量发生变化，将影响 GB 2624 规定的流量系数的使用。

C.1.2 为了确定测量流量用的差压装置中干扰的影响，必须弄清下列各项：

——差压装置的型号；

——其面积比；

——压力孔的布置和型式；

——靠近干扰差压装置上游段有关孔的方位；

——干扰的型式和范围；

——上游干扰和最近差压装置间的距离；

——当各种干扰互相作用时，其他干扰源的相应布置。

C.1.3 对标准差压装置（孔板、喷咀、文丘里管）及其管线上游段的不同布置，本附录给出了差压装置上游段所要求的最小直线长度，这将保证测量的正确性，并指出，在各种场合应对标准中规定的用于相同面积比、雷诺数等的流量系数进行修正，而且还给出了附加误差。

C.2 近似系数和误差的相关系数

标准差压装置安装在非标准条件下，对测量结果的干扰影响应采用计算流量乘以校正系数（称为近似系数），该值是干扰源、差压装置和流量特性的函数（见表 C.1 和表 C.2）。

采用近似系数会增大流量测量的误差程度。对每一个近似系数，应有附加误差 f（见表 C.1 和表 C.2），根据 GB 2624 差压装置型式的规定，此值要加到计算的误差上。

可用下式计算管路中的流量：

$$q_{V\mathrm{r}} = Fq_{V\mathrm{s}} \pm (\delta q_{V\mathrm{s}}/q_{V\mathrm{s}} + f)q_{V\mathrm{s}}$$

式中：

$q_{V\mathrm{r}}$——管路中的容积流量；

$q_{V\mathrm{s}}$——对使用差压装置在标准条件下的流量系数进行估算的容积流量；

$\delta q_{V\mathrm{s}}$——按照 GB/T 2624 规定的条件下估算的容积流量 $q_{V\mathrm{s}}$ 的绝对误差；

F——表 C.1 和表 C.2 中给出的近似系数；

f——在非标准条件下使用的差压装置所增加的附加误差。

应注意下述注解：

a) 近似系数和对应误差值在表 C.1 和表 C.2 中给出，用于差压装置前干扰源上游段，非轴向对称稳定，无涡流。

当差压装置上游段存在二个连续的干扰源时，第二个干扰源上游段要求的直线长度由其前面干扰源的型式予以确定。两个干扰源之间的距离至少应等于 GB 2624 中给定的长度。当有涡流时应按 C.6 中规定处理。

b) 截面上差压按 4 个压力孔确定，该孔按与最靠近干扰上游段的对称平面成 45°布置。表 C.1 和表 C.2 中给出适于各种情况应采用压力孔的型式。

c) 采用每个压力孔上分别读出压力，计算平均值作为此截面压力值。如果这种方法不适用，则可将 4 个压力孔连接在一起，呈“三联-T”形，如图 C.1 所示。

d) 角接压力孔比法兰或 D-$D/2$ 测压孔对压力波动的灵敏性低，应精确制造。

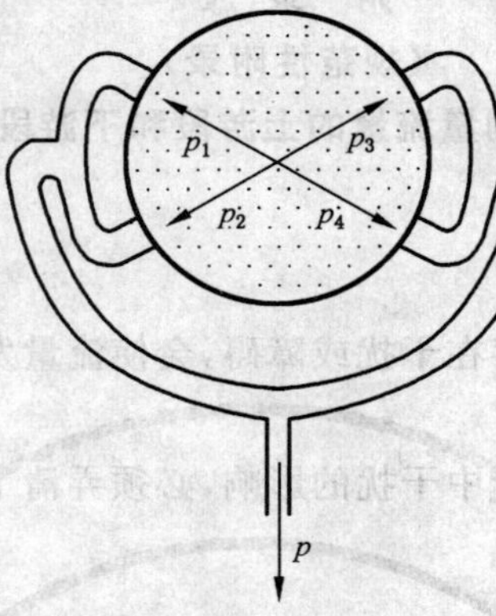

图 C.1

表 C.1 在干扰下游段安装孔板所推荐上游段的最小直线长度

干扰型式		孔板面积比 r_A	压力孔型式	干扰和孔板之间距离 L	近似系数 F	F 的误差 f
1. 单一 90° 弯头	1.1 斜接	$r_A \leqslant 0.64$	推荐的三种型式中的任何一种	$L \geqslant 8D$	0.990	±0.010
		$r_A < 0.5$		$L \geqslant 8D$	0.990	±0.010
	1.2.1 $R/D=1.0$	$0.5 \leqslant r_A \leqslant 0.64$		$L \geqslant 15D$	0.990	±0.010
		$r_A < 0.5$		$L \geqslant 8D$	0.990	±0.010
	1.2.2 $R/D=1.5$	$0.5 \leqslant r_A \leqslant 0.64$		$L \geqslant 12D$	0.990	±0.010
		$r_A < 0.5$		$8D \leqslant L \leqslant 20D$	0.990	±0.010
	1.2.3 $R/D=4.75$	$0.5 \leqslant r_A \leqslant 0.64$		$12D \leqslant L \leqslant 20D$	0.990	±0.010
2. 非 90°的单一弯头					不推荐	
3. 两个相同 90°的“S”型弯头	3.1 弯头之间无隔离物					
	3.1.1 斜接	$r_A \leqslant 0.64$	D 和 $D/2$	$L \geqslant 30D$	1.000	±0.010
	3.1.2 $R/D=1.5$	$r_A = 0.5$	法兰或角接	$L \geqslant 8D$	0.990	±0.010
	3.2 弯头之间有隔离物					
	3.2.1 斜接				无结果	
	3.2.2 $R/D=1.5$，间距 $=4D$					
4. 两个相同 90°的“U”型弯头	4.1 两个弯头之间无隔离物					
	4.1.1 斜接				无结果	
	4.1.2 $R/D=1.5$	$0.25 \leqslant r_A \leqslant 0.5$	任意	$6D \leqslant L \leqslant 30D$	0.995	±0.010
		$0.5 < r_A \leqslant 0.64$		$L \geqslant 10D$	0.990	±0.010
	4.2 弯头之间有隔离物					
	4.2.1 斜接				无结果	
	4.2.2 $R/D=1.5$，间距 $\geqslant 5D$	$0.25 \leqslant r_A \leqslant 0.64$	任意	$L \geqslant 8D$	0.990	±0.010

表 C.1（续）

干扰型式		孔板面积比 r_A	压力孔型式	干扰和孔板之间距离 L	近似系数 F	F 的误差 f
5. 垂直平面内的两个相同的90°弯头	5.1 弯头之间无隔离物					
	5.1.1 斜接	$r_A \leqslant 0.64$	任意	$L \geqslant 40D$	1.000	±0.010
	5.1.2 $R/D=1.5$	$0.25 \leqslant r_A \leqslant 0.64$	任意	$L \geqslant 15D$	1.000	±0.010
	5.1.3 $R/D=4.75$	$0.25 \leqslant r_A \leqslant 0.64$	任意	$8D \leqslant L \leqslant 24D$	0.995	±0.010
	5.2 弯头之间有隔离物					
	5.2.1 斜接			无结果		
	5.2.2 $R/D=1.5$，间距≥5D	$r_A \leqslant 0.5$	任意	$L \geqslant 8D$	0.990	±0.010
		$0.25 \leqslant r_A \leqslant 0.64$	任意	$L \geqslant 12D$	0.990	±0.010
6. 轴对称干扰	6.1 中心圆盘 $a=0.5$	$r_A=0.5$	角接，法兰	$L \geqslant 8D$	0.990	±0.010
	6.2 孔板	$0.2 \leqslant r_A \leqslant 0.64$	任意	$L \geqslant 25D$	0.995	±0.005
	6.3 平面入口	$0.1 \leqslant r_A \leqslant 0.64$	任意	$L \geqslant 5D$	0.990	±0.010
7. 阀	7.1 闸阀至少50%开度	$r_A \leqslant 0.5$	任意	$L \geqslant 12D$	0.993	±0.013
	7.2 闸阀至少65%开度	$r_A \leqslant 0.64$	任意	$L \geqslant 8D$	0.993	±0.013
	7.3 蝶阀至少45°开度	$r_A \leqslant 0.64$	任意	$L \geqslant 12D$	0.993	±0.010

表 C.2 在干扰下游段安装喷嘴和文丘里管所推荐上游段的最小直线长度

干扰型式		装置形式	面积比 r_A	压力孔形式	干扰和装置之间的距离 L	近似系数 F	F 的误差 f
1. 单一90°弯头	1.1 斜接弯头					无结果	
	1.2 $R/D=1.5$	喷嘴和文丘里喷管	$r_A<0.35$	任意	$L \geqslant 5D$	0.990	±0.010
	1.3 其他值 R/D		$0.35<r_A<0.6$	任意	$L \geqslant 12D$	0.990	±0.010
2. 非90°的单一弯头							
3. 垂直平面内的两个相同的90°弯头	3.1 有或没有隔离物的斜接弯头					无结果	
	3.2 倾斜弯头 $R/D=1.5$ 无（有）隔离物	喷嘴和文丘里喷管	$r_A<0.5$	任意	$L \geqslant 5D$	0.990	±0.010
			$0.35 \leqslant r_A \leqslant 0.6$	任意	$L \geqslant 12D$	0.990	±0.010
4. 两个相同90°弯头的其他组合			见3.2条				

C.3 差压装置上游段要求的最小直线长度

C.3.1 孔板

所有在非标准条件下使用孔板有关的必要系数见表C.1。

C.3.2 喷嘴和文丘里管

所有在非标准条件下使用喷嘴和文丘里管有关的必要系数见表C.2。

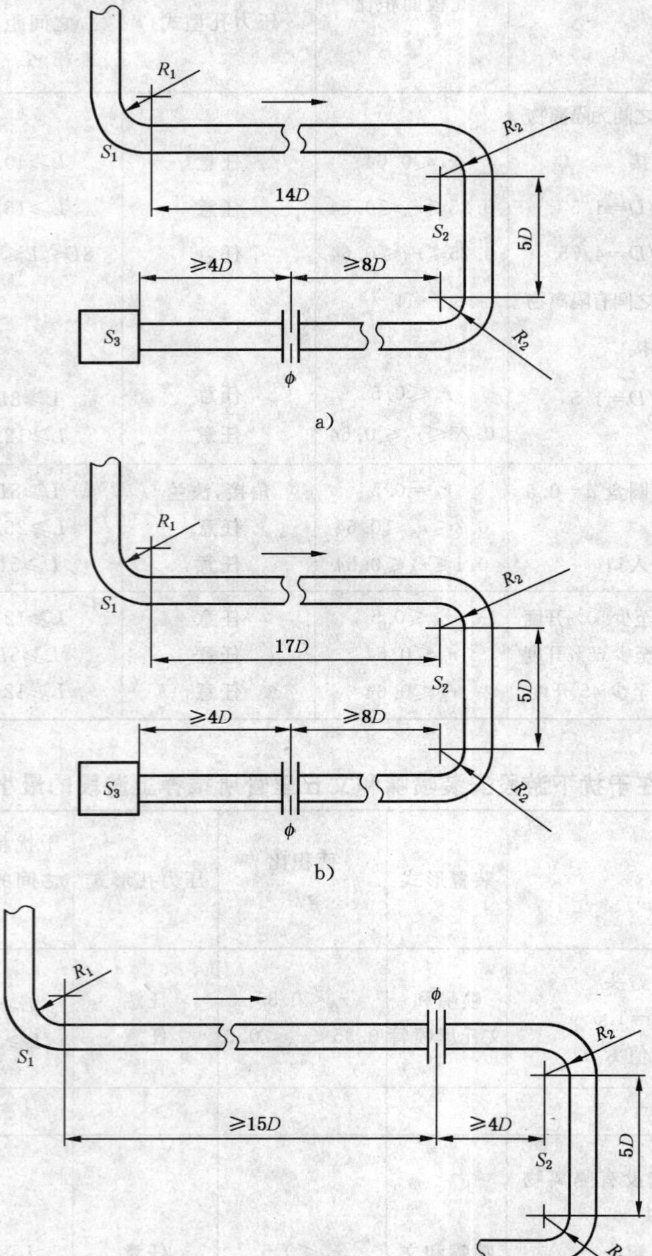

图中：

S_1 为90°弯头，$R/D=1$；

S_2 为双90°的U型弯头，$R/D=1.5$，间距为 $5D$；

S_3 为任何干扰源；

ϕ 为孔板，$r_A=0.64$；

→气流方向。

图 C.2

C.4 差压装置下游段要求的最小直线长度

用于流量测量的标准差压装置和位于其下游的任何干扰源之间要求最小直线长度为 4*D*。

C.5 推荐值的应用

C.5.1 在管路中选择测量装置位置的实例

见图 C.2 中的管路图。这三个图按气流方向包含下列连续的干扰源：

——由关系式 $R/D=1.0$ 确定曲率半径的 90°弯头(见表 C.1 中 1)。

——由关系式 $R/D=1.5$ 确定曲率半径并由 5*D* 直线长度分隔开的两个相同 90°的 U 型弯头(见表 C.1 中 4)。

三个图之间的差别在于两个干扰源之间的距离，在图 C.2a)中为 14*D*，在图 C.2b)中为 17*D*，在图 C.2c)中为 19*D*。

图 C.2a)、b)中的两个干扰源之间安装面积比为 $r_A=0.64$ 的孔板是不允许的，其实，第一个干扰源和测量孔板之间所要求的最小距离是 15*D*(见表 C.1)。由于在图 C.2a)中两个干扰源之间的距离仅有 14*D*，所以，不能满足这条件。相反倘若不考虑其他因素，图 C.2b)可以满足此要求，但是，孔板下游不可能同时有 4*D* 的距离。

在这两个图中，如果能保持第二个干扰源和测量孔板之间的最小距离为 8*D*(见表 C.1)，以及测量孔板下游段的最小距离为 4*D*，差压装置的位置应置于第二个干扰源下游段。

按照本标准的规定，图 C.2c)示出两个干扰源之间测量孔板的位置。

C.5.2 近似系数应用实例

测量流量采用位于 90°弯头，$R/D=1$ 干扰源下游段 20*D* 处，其面积比 $r_A=0.64$ 的孔板(图 C.3)。

图中：

S_1 为 90°弯头；$R/D=1$；

ϕ 为 $r_A=0.64$ 的孔板。

图 C.3

如果不考虑干扰，采用 GB/T 2624 容积流量值为：

$$q_{V_s}=2.015\pm0.026(\mathrm{m^3/s})$$

测量不确定度应使置信度达到 95%。

按表 C.1 的计算，为将干扰考虑在内，采用附加误差为±1%的近似系数 0.99。

按下列表达式可计算容积流量：

$$q_{V_r}=0.99\times2.015\pm(0.026+0.01\times2.015)=1.995\pm0.046(\mathrm{m^3/s})$$

在任何情况下，流量值均与其误差程度有关。

C.6 防涡流装置的采用

C.6.1 在涡流加剧的干扰处，干扰源和测量孔板之间所要求的最小直线长度可通过安装 2*D* 长星状型防涡流装置予以减少，且至少距干扰下游段为 3*D* 处(图 C.4)。

C.6.2 对于 $r_A\leqslant0.64$ 和任何涡流强度，防涡流装置的下游段和测量孔板之间应保持最小 6*D* 的直线长度。

C.6.3　在测量孔板和其下游段的第一个干扰源之间的距离，必须保持最小 $4D$ 的直线长度。

C.6.4　在这些条件下，应采用附加误差为±1%的近似系数 $F=0.99$。

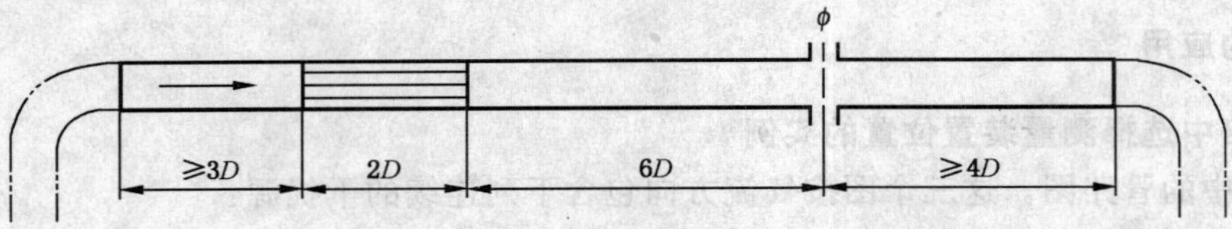

图 C.4

附　录　D
（规范性附录）
光滑直风管与标准化风道的损失容差

在长度为 L_D、水力直径为 D_h、均匀、平直光滑壁面的管路中，由充满的气流所产生的压力降取决于在图 D.1 中所示的雷诺数 Re。根据下列表达式得出：

$$\Delta p = \lambda \frac{L_D}{D_h} \frac{1}{2} \rho_x v_x^2$$

$$\lambda = 0.005 + 0.42(Re)^{-0.3}$$

式中：

$D_h = D$，用于圆形横截面；

$D_h = \frac{2bh}{b+h}$，用于尺寸为 b 和 h 的矩形横截面；

$D_h = 4\left[\frac{横截面积}{横截面周长}\right]$，用于任何形状的风道；

L_D——管道的长度；

Re——管路中气流的雷诺数。

对于直径 100 mm 以上的喷漆或镀锌轧制钢管和直径 500 mm 以上具有大间距且良好配合连接的镀锌钢管均可作为光滑管来确定摩擦容差。

对其他管材的摩擦系数应由供货方与买方商定。

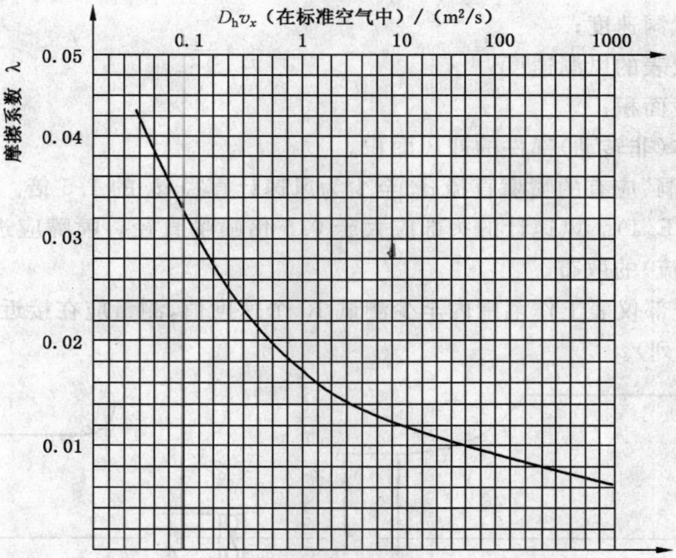

图 D.1　摩擦系数为雷诺数的函数

附 录 E
（规范性附录）
转叶式风速计校准

E.1 概述

本附录涉及到按本标准在通风机试验中，用于空气流速测量的转叶式风速计的校准，并可参照6.2.2。

推荐下列方法和结果显示：

a) 检查风速计是否损坏，并应在校准前排除发现的任何故障。

b) 风速计应在测量标度、流体密度及轴线与相对垂线定位尽可能接近实际使用条件的情况下进行校准。

c) 推荐的用于校准的风洞设计为“闭式工作段”型和“开式喷管”型。风洞应有检验证和可追踪的关于速度测量精确度的文件。

d) 闭式工作段风洞应为圆形或八边形的横截面，其面积至少是风速计迎风面积的25倍。风速计应位于风道的中心。

如这不可能，可根据“非流线体”理论对风道中的风速计给出堵塞容差。

$$\left[\frac{v_o}{v_i}\right]^2 = 1 - 3.15\frac{S}{C}$$

式中：

v_o——无障碍的风洞速度；

v_i——带有定位仪表的风洞速度；

C——风洞的横截面积；

S——风速计整体(非转动)部件的迎风面积。

e) “开式喷管风洞”应有的喷嘴直径 d_g 至少为风速计直径 d_a 的1.5倍。其头部距喷嘴面为1个喷嘴直径(图 E.1)。风速计的头部应大于0.5倍喷嘴直径。喷嘴应进行专门的校准，以补偿喷嘴(出口气流)的散布。

f) 风速计应在全部仪表工作范围内至少测试10个速度值，测量应在接近较低转速下以间距进行(类似R10系列)。

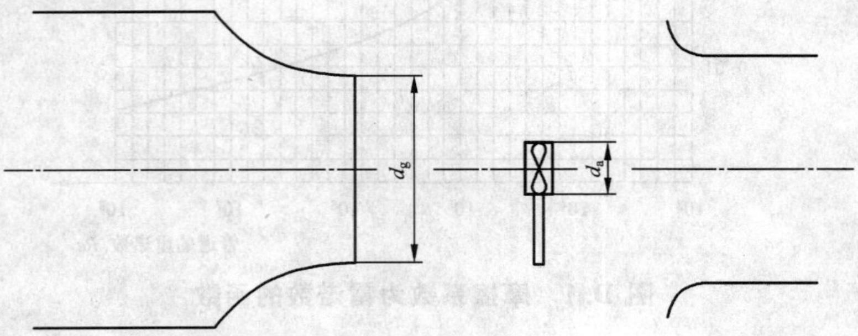

图 E.1

E.2 存储校准数据的方法

E.2.1 试验风速选择与仪表显示器上(模拟量)的方位基点相符合，用此方法时可调节风洞转速直至获得选择的仪表读数(通常为一整数)，接着测定风洞速度。

E.2.2 应选择试验风速以获得一组真实值。将风洞调整到所需速度的位置，并记录仪表读数。

E.2.3 通常为确立上述方法所要求的调整是费时的，并要求很好地控制风洞速度以获得精确的结果。当需要从风洞和/或仪表中观测的数据计算风速时，最好将风洞调整到一系列接近要求的风速和仪表数据，而且在每一点风洞读数均稳定的状态。

E.3 结果的显示

可用多种方法显示信息，以突出风速计的各个性能。通常有5种系统可使用。

a) 用图形或表格形式指示读数与真实速度相比。

b) 指示读数与得到真实速度比较所要求的修正值。

c) 真实速度与仪表误差相比（由于该误差仪表读数偏离真实值）。

d) 用b)和c)方法获得的数据也可用修正值或误差的百分数表示。

e) 当风速计使用在空气密度与校准条件的偏离大于10%的情况下，通过绘制：

$v_{\text{ind}}\sqrt{\rho_{\text{m}}} \sim v_{\text{true}}\sqrt{\rho_{\text{m}}}$ 或 $(v_{\text{true}}-v_{\text{ind}})\sqrt{\rho_{\text{m}}}$ 而获得与密度无关的校准曲线。

参 考 文 献

[1] ISO 3966 封闭管道内流体流量的测量　使用皮托静压管的速度场法
[2] ISO/TR 5168 流体流量的测量　误差的估算
[3] ISO 5221 空气分布和空气扩散　空气输送管道内测量空气流量方法的准则
[4] ISO 7145 圆形横截面的封闭管道内流体流量的测定　在横截面的某一点上速度测量的方法
[5] ISO 7194 封闭管道内流体流量的测量　圆形管道内在涡流或不对称流动情况下，通过电流表或皮托静压管流量测量的速度场法
[6] IEC 60034-2 旋转电机　第 2 部分：确定旋转电机的损耗和效率的试验方法(牵引车辆除外)
[7] IEC 60034-2A 旋转电机　第 2 部分：确定旋转电机的损耗和效率的试验方法(牵引车辆除外)　第 1 补充：用热量法测量损耗

ICS 83.140
G 44

中华人民共和国国家标准

GB 10213—2006/ISO 11193.1:2002
代替 GB 10213—1995

一次性使用医用橡胶检查手套

Single-use medical rubber examination gloves

(ISO 11193.1:2002 Single-use medical examination gloves—
Part 1:Specification for gloves made from rubber latex or rubber solution,IDT)

2006-03-14 发布 2006-12-01 实施

中华人民共和国国家质量监督检验检疫总局
中国国家标准化管理委员会 发布

前　言

本标准的第6章的内容为强制性的，其余为推荐性的。

本标准等同采用ISO 11193.1:2002《一次性使用医用橡胶检查手套　第1部分：胶乳或橡胶溶液制造的手套规范》(英文版)。

为便于使用，本标准只对ISO 11193.1:2002进行了编辑性修改。

本标准代替GB 10213—1995《一次性使用橡胶检查手套》。

本标准等同翻译ISO 11193.1:2002。

本标准与GB 10213—1995相比，主要变化如下：

——更改了标准名称；

——增加了手套分类的内容(见第3章)；

——增加了制造手套的材料为合成橡胶乳液和溶液(1995年版的第3章；本版的第4章)；

——将不透水性的检查水平由"S-4"改为"G-Ⅰ"(见表1)；

——将手套的尺寸由原来的大号、中号、小号改为特小号、小号、中号、大号、特大号，增加了尺寸代码为6和6以下、6.5、7、7.5、8、8.5、9和9以上7个型号(见表2)；

——将原来的拉伸强度改为扯断力，手套类别的不同其拉伸性能要求也不同(见表3)。

本标准的附录A为规范性附录。

本标准由中国石油和化学工业协会提出。

本标准由全国橡胶与橡胶制品标准化技术委员会胶乳制品分技术委员会(SAC/TC 35/SC 4)归口。

本标准起草单位：中橡集团株洲橡胶塑料工业研究设计院。

本标准主要起草人：赵萍。

本标准所代替标准的历次版本发布情况为：

——GB 10213—1988、GB 10213—1995。

一次性使用医用橡胶检查手套

1 范围

本标准规定了灭菌或非灭菌的、作为医用检查和诊断治疗过程中防止病人和使用者之间交叉感染的橡胶检查手套要求，也包括用于处理受污染医疗材料橡胶检查手套。手套的表面是光面或麻面的。

本标准规定了橡胶检查手套性能和安全性的要求，但检查手套的安全、正确使用和灭菌过程及随后的处理和贮存过程不在本标准的范围之内。

2 规范性引用文件

下列文件中的条款通过本标准的引用而成为本标准的条款。凡是注日期的引用文件，其随后所有的修改单(不包括勘误的内容)或修订版均不适用于本标准，然而，鼓励根据本标准达成协议的各方研究是否可使用这些文件的最新版本。凡是不注日期的引用文件，其最新版本适用于本标准。

GB/T 2828.1 计数抽样检验程序 第1部分：按接收质量限(AQL)检索的逐批检验抽样计划(GB/T 2828.1—2003，ISO 2859-1:1999，IDT)

YY 0466 用于医疗器械标签、标记和提供信息的符号

ISO 37 硫化橡胶或热塑性橡胶拉伸应力应变性能的测定

ISO 188 硫化橡胶或热塑性橡胶 热空气加速老化和耐热试验

ISO 4648 硫化橡胶或热塑性橡胶 试验用试样和制品尺寸的测定

ISO 10993(所有部分) 医疗器械的生物学评价

3 分类

3.1 总则

手套按类别、表面型式分类，见3.2和3.3。

3.2 类别

分为两个类别：

a) 类别1：主要由天然橡胶胶乳制造的手套；

b) 类别2：主要由丁腈橡胶胶乳、氯丁橡胶胶乳、丁苯橡胶溶液、丁苯橡胶乳液或热塑性弹性溶液制造的手套。

3.3 表面型式

分为四种表面型式：

a) 麻面；

b) 光面；

c) 有粉表面；

d) 无粉表面。

注1：有粉手套是在手套的加工过程加入粉剂，通常为了便于穿戴。无粉手套在手套制造过程中没有另外加入粉末材料来便于穿戴。无粉手套也可以用“非有粉”、“无粉”、“不加粉”或其他类似的词表示。

注2：手套袖口的末端可以是剪切的或卷边的。

4 材料

手套应由配合天然橡胶胶乳、配合丁腈橡胶胶乳、配合丁苯橡胶或热塑性弹性体溶液或配合丁苯橡胶乳液制成。为了便于手套穿戴，可使用符合 ISO 10993 要求的润滑剂、粉末或聚合物涂覆物进行表面处理。

使用的任何颜料应是无毒的。用于表面处理的物质必须是易于移动和生物吸收的。

提供给使用者的手套必须符合 ISO 10993 相关部分的要求。必要时制造者应使购买者易于获得符合这些要求的资料。

注 1：其他合适的聚合物材料可能包括在本标准以后的版本中。

注 2：普遍认为：经过一定时间后，某些人对某种特殊的橡胶配合剂敏感(过敏反应)，要求使用另一配方的手套。

注 3：手套中的可溶性蛋白质、致敏性蛋白质、残留的化学物质、内毒素和残余粉末的限量在本标准的以后版本可能加以规定，并符合相关测试方法标准。

5 抽样和试片选择

5.1 抽样

作为接受的用途，手套应按 GB/T 2828.1 的要求进行抽样和检查，检查水平和接收质量限(AQL)值应符合表 1 的规定。

当不能确定批量大小时，应假定批量为 35 001～150 000。

表 1 检查水平和接收质量限(AQL)

性　　能	检查水平	AQL
物理尺寸(长度、宽度、厚度)	S-2	4.0
不透水性	G-Ⅰ	2.5
扯断力和扯断伸长率(老化前、老化后)	S-2	4.0

5.2 试片的选择

试片应从手套的掌部和背部裁取。

6 要求

6.1 尺寸

按图 1 所示位置测量时，手套的长度和宽度应符合表 2 的规定，检查水平和接收质量限(AQL)值按表 1 的规定。

长度应是从中指的顶端到袖口边缘的最短距离。

注 1：长度测量也可将手套悬挂于半径为 5 mm 合适的圆棒上进行测量。

宽度的测量是从食指的根部到拇指的根部的中点位置测量。测量时，应将手套平放。

手套双层厚度的测量应按 ISO 4648 的规定，使用具有 22 kPa±5 kPa 的测足压力，在图 2 中所示的每一位置测量，即：距中指指端 13 mm±3 mm 处，大约掌心位置和距袖口边缘 25 mm±5 mm 处。每一点所测得的双层厚度的一半记为单层厚度。尺寸应符合表 2 的规定，检查水平和接收质量限(AQL)值应符合表 1 的要求。

如果视觉检查发现有薄点存在，则测量单层厚度应在这些薄点部位来进行测量。光面部分和麻面部分的单层厚度按该条款测量时，应分别不小于 0.08 mm 和 0.11 mm。

注 2：按 ISO 4648 测量袖口边缘的厚度应最好不超过 2.50 mm。

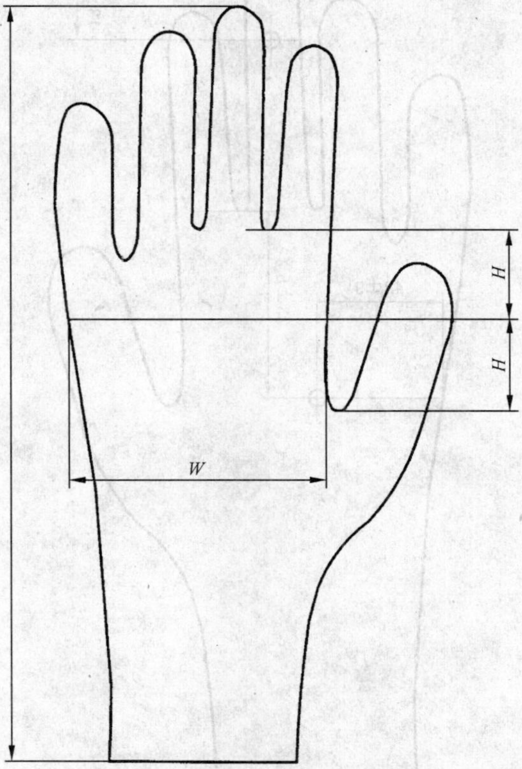

图 1 宽度和长度的测量位置

表 2 尺寸和公差

单位为毫米

尺寸代码	标称尺寸	宽度 (图1中尺寸 W)	最小长度 (图1中尺寸 L)	最小厚度(按图2所示位置测量)	最大厚度(大约在手掌的中心)
6和6以下	特小号(XS)	≤80	220	对所有尺寸： 光面：0.08 麻面：0.11	对所有尺寸： 光面：2.00 麻面：2.03
6.5	小号(S)	80±5	220		
7	中号(M)	85±5	230		
7.5	中号(M)	95±5	230		
8	大号(L)	100±5	230		
8.5	大号(L)	110±5	230		
9和9以上	特大号(XL)	≥110	230		

单位为毫米

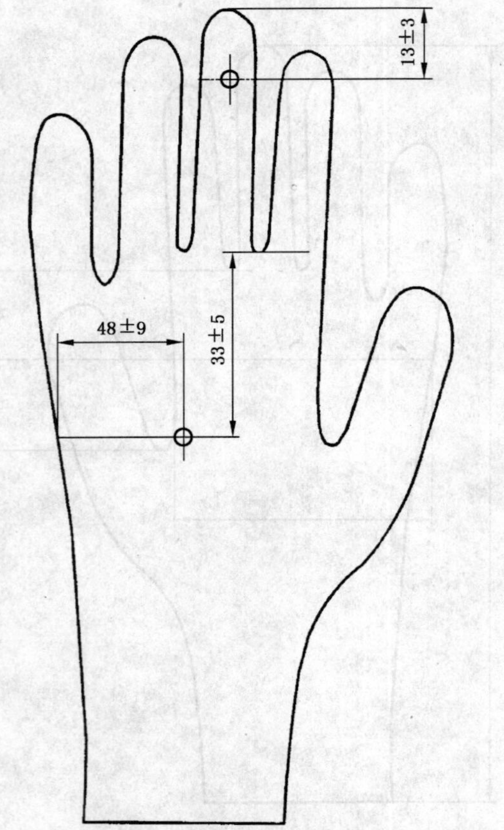

注：对于不同规格的手套，48 mm±9 mm 所处位置大约在手掌中心处。

图 2 厚度的测量位置

6.2 不透水试验

手套按附录 A 进行不透水试验时，其样本量大小和允许不合格（渗漏）手套的数量，应根据表 1 中的检查水平和接收质量限（AQL）值来确定。

6.3 拉伸性能

6.3.1 概述

拉伸性能按照 ISO 37 进行测定。从每个手套中裁取 3 个试片，试验结果取中值，试片应从手套的手掌部或手背部裁取。

6.3.2 老化前的扯断力和扯断伸长率

按 ISO 37 规定的试验方法进行测定时，用 2 型哑铃状试片，扯断力、扯断伸长率应符合表 3 的规定，检查水平和接收质量限（AQL）值应符合表 1 的规定。

表 3 拉伸性能

性能	要求	
	类别 1 手套	类别 2 手套
老化前扯断力的最小值/N	7.0	7.0
老化前扯断伸长率的最小值/%	650	500
老化后扯断力的最小值/N	6.0	7.0
老化后扯断伸长率的最小值/%	500	400

6.3.3 老化后的扯断力和扯断伸长率

热老化试验应按 ISO 188 规定的方法进行，从手套裁取的试片经过 70℃±2℃，168 h±2 h 老化后，其扯断力和扯断伸长率应符合表 3 的要求，检查水平和接收质量限(AQL)值应符合表 1 的规定。

6.4 灭菌

如果手套是灭菌的，在有要求时，灭菌处理的类型应能加以公开。

7 包装

如果手套是灭菌的，它们应单独包装或者以一副作为单位包装。

8 标志

8.1 概述

标志应按本标准的要求，YY 0466 中合适的符号可用在标签上。

用于标志的语言应征得相关方的一致同意。

8.2 单位包装

8.2.1 灭菌包装

一只手套或者一副手套装入一个包装袋中即为单位包装。单位包装应清晰标明以下内容：

a) 制造者或供应商的名称或商标；

b) 使用的材料；

c) “麻面”或“光面”，“有粉”或“无粉”，或对手套成品有这种作用的字样；

d) 尺寸；

e) 一旦手套使用任何表面粉末材料处理过，应有警示并在未手术之前应无菌地除去表面粉末；

f) 制造者识别的批号；

g) 制造日期，制造的年份(四位数)和月份；

h) “灭菌，除非包装被打开或破坏”的字样；

i) “一次性使用”的字样；

j) “检查手套”的字样；

k) 对类别 1 手套，标注产品“由可能引起过敏反应的天然橡胶胶乳制造”或类似的字样。

8.2.2 非灭菌包装

包装应清晰标明以下内容：

a) 制造者或供应商的名称或商标；

b) 使用的材料；

c) “麻面”或“光面”，“有粉”或“无粉”，或对手套成品有这种作用的字样；

d) 尺寸；

e) 制造者识别的批号；

f) “一次性使用”的字样；

g) “非灭菌”的字样；

h) “检查手套”的字样；

i) “制造日期”字样或制造的年份(四位数)和月份；

j) 对类别 1 手套，标注产品“由可能引起过敏反应的天然橡胶胶乳制造”或类似的字样。

8.3 多单位包装

多单位包装相当于一预先确定数量的同一尺寸手套的单位包装的一箱产品，目的是便于安全运输和贮存。多单位包装按 8.2.1 或 8.2.2 加以标注，并应标明手套的数量和附加贮存说明。

附 录 A
（规范性附录）
不透水试验

A.1 装置

A.1.1 圆柱筒

直径最小为 60 mm，且具有足够长度来固定手套在上面并能容纳 1 000 mL 的水，如图 A.1 所示。

注：圆柱筒最好是透明的。

A.1.2 充水装置

充水时能使手套保持垂直，如图 A.2 所示。

A.1.3 圆柱形量杯

容积至少为 1 000 mL 或者能一次性转移 1 000 mL 水的其他装置。

A.2 步骤

用合适的装置，如 O 形圈，将手套缚在圆柱筒上，以便手套不超出圆柱筒 40 mm。

导入 1 000 mL±50 mL、温度不超过 36℃的水至装置中，擦去手套上任何溅上的水。如果水不能升至离袖边 40 mm 处，抬高手套以保证整只手套（包括距袖边 40 mm 的部分）被试验。立即注意任何明显的渗漏。如果没有立即渗漏再观察 2 min～4 min。忽略距袖边 40 mm 以内的渗漏。为便于观察，可用水溶性染料将水染色。

单位为毫米

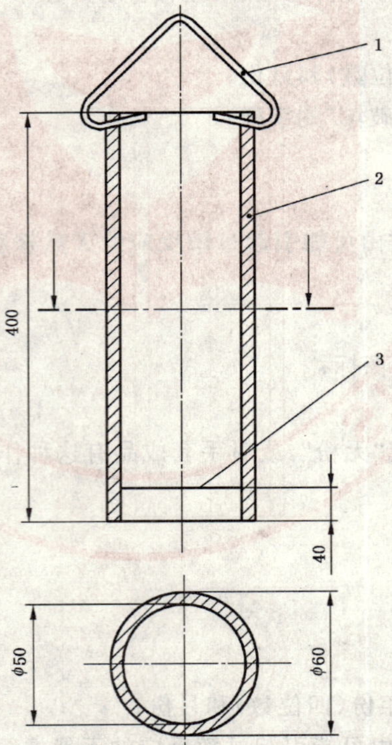

1——挂钩；

2——圆柱筒；

3——圆柱筒内侧表面的刻线。

图 A.1 圆柱筒

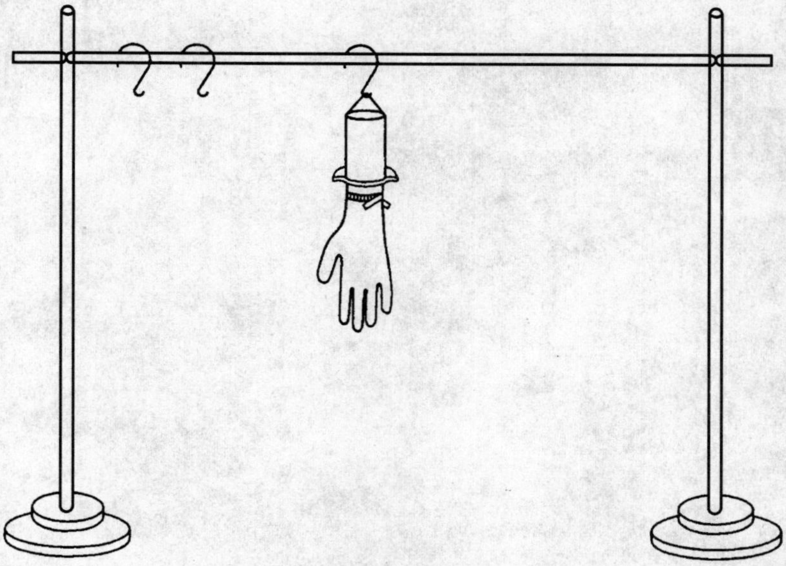

图 A.2 充水装置

ICS 29.200
K 46

GB

中华人民共和国国家标准

GB/T 10236—2006
代替 GB/T 10236—1988

半导体变流器与供电系统的兼容及干扰防护导则

Guide for compatibility and protection of interference effects between semiconductor convertors and power supply system

2006-11-08 发布　　　　2007-04-01 实施

中华人民共和国国家质量监督检验检疫总局
中国国家标准化管理委员会　发布

前　言

本标准代替 GB/T 12036—1988《半导体电力变流器与电网互相干扰及其防护方法的导则》。本标准在制定过程中，主要参考了 GB/T 3859、IEEE Std 519 以及电能质量和电磁兼容等相关标准和资料。与原标准 GB/T 12036—1988 相比较，内容做了较多补充，主要为：

1）增加了相关术语和定义；

2）补充了电能质量的有关限值和测量技术的内容；

3）提供了一定的滤波器应用方面的工程经验；

4）增加了有源无功补偿技术的一些内容。

为方便起见，本标准正文的叙述中，一般使用“电网”一词，与术语“供电系统”的含义相同。

本标准的附录 A、附录 B、附录 C、附录 D 均为资料性附录。

本标准由中国电器工业协会提出。

本标准由全国电力电子学标准化技术委员会(SAC/TC 60)归口。

本标准起草单位：中国电力科学研究院；西安电力电子技术研究所；南海市樱花电气有限公司。

本标准主要起草人：林海雪、潘艳、白继彬、龙绍清、蔚红旗、杨晓楠、廖秀华。

本标准于 1988 年首次发布。

半导体变流器与供电系统的兼容及干扰防护导则

1 范围

本标准规定了半导体变流器与供电系统兼容问题，并提供相互干扰的处理原则和方法。

本标准是 GB/T 3859 在半导体变流器与供电系统兼容方面的补充。

本标准适用于电网换相半导体变流器，其他类型的半导体变流器可以参照使用。

本标准不涉及音频和射频方面兼容性问题。

2 规范性引用文件

下列文件中的条文通过本标准的引用而成为本标准的条文。凡是注日期的引用文件，其随后所有的修改单（不包括勘误的内容）或修订版均不适用于本标准，然而，鼓励根据本标准达成协议的各方研究是否可使用这些文件的最新版本。凡是不注日期的引用文件，其最新版本适用于本标准。

GB/T 2900.33　电工术语　电力电子技术(GB/T 2900.33—2004,IEC 60050-551:1998,IDT)

GB/T 3859.1—1993　半导体变流器　基本要求的规定(eqv IEC 60146-1-1:1991)

GB/T 3859.2—1993　半导体变流器　应用导则(eqv IEC 60146-1-2:1991)

GB 12325—2003　电能质量　供电电压允许偏差

GB 12326—2000　电能质量　电压波动和闪变

GB/T 14549　电能质量　公用电网谐波

GB/T 15543—1995　电能质量　三相电压允许不平衡度

GB/T 15945—1995　电能质量　电力系统频率允许偏差

GB/Z 17625.4　电磁兼容　限值　中、高压电力系统中畸变负荷发射限值的评估(GB/Z 17625.4—2000,idt IEC 61000-3-6:1996)

GB/Z 17625.5—2000　电磁兼容　限值　中、高压电力系统中波动负荷发射限值的评估(idt IEC 61000-3-7:1996)

GB/T 17626.7—1998　电磁兼容　试验和测量技术　供电系统及所连设备谐波、谐间波的测量和测量仪器导则(idt IEC 61000-4-7:1991)

GB/T 18481—2001　电能质量　暂时过电压和瞬态过电压

GB 50227—1995　并联电容器装置设计规范

IEC 61000-4-15　电磁兼容　试验和测量技术　闪烁仪表　功能及设计规范

IEEE std 519—1992　IEEE 对电力系统谐波控制的推荐做法和要求

3 术语和定义

本标准所用的有关术语及其定义均来自“引用文件”。某些术语在几个文件的定义上有些差别，则选用电力工程上较为习惯的名称和定义；有的术语可能有更广泛的含义，但此处所给出的定义一般只反映本标准应用时的特定含义。

3.1

电扰动　electrical disturbance

电量（频率、电压方均根值、电压不对称度、电压波形等）超出规定限值的任何变化。电扰动可能引起变流器性能下降、工作中断或损坏。

注：本标准涉及的扰动均指电扰动。

3.2

系统扰动　system borne disturbance

由于诸如配电系统负荷变化、开关操作、电网结构改变等一系列情况而引起的扰动。它只能用统计值来确定。

3.3

变流器扰动　convertor generated disturbances

变流器负载的非线性所引起的扰动(见 4.1)。

3.4

变流器的受扰级别　convertor disturbed level

扰动超过规定值后，对变流器运行所产生的影响程度，一般可分为三种情况，即 F 级(影响性能)、T 级(中断运行)、D 级(损坏)(见 5.1)。

3.5

变流器的抗扰等级　convertor immunity class

变流器承受扰动的能力。只要任何扰动均不超过规定等级的限值(见 5.2)，变流器就能正常工作。

3.6

变流器与电网兼容　compatibility of convertor and line

如果变流器扰动不超过电网规定限值，同时变流器抗扰等级的规定值不低于所在电网参数的允许变动限值(见 5.3)，则称变流器与电网兼容。

3.7

短路比 R_{sc}　relative short-circuit power

在规定的运行条件和网络结构下，电网中规定点的短路容量与变流器网侧表观功率之比。

3.8

谐波　harmonic

非正弦周期波形中所含的频率为其基波频率整数倍的正弦分量。

3.9

特征谐波(变流器的)　characteristic harmonic(of convertors)

变流器在理想三相对称条件下运行时所产生的那些谐波。对于 p 脉波的变流器，其特征谐波次数为 $kp\pm1$，其中 k 为正整数。

3.10

非特征谐波(变流器的)　uncharacteristic harmonic(of convertors)

变流器产生的特征谐波以外的那些谐波。

非特征谐波可能因冲击频率、特征谐波和基波的失调或者由于交流电压或阻抗的不对称、延迟角不对称、负荷的波动以及周波变流器的运行而产生。

注：周波变流器产生的非特征谐波一般为非整数次谐波，对于三相输出的六脉波变流器，如输出谐波为 h_0 次，则产生的谐波可以表达为 $h=(kp\pm1)\pm6\ nh$。(式中 n 为正整数)。非整数次谐波又称谐间波或间谐波。

3.11

谐波含量　harmonic content

从周期性交流量中减去基波分量后所得的量。

3.12

谐波含有率　harmoic ratio

HR

某次谐波分量的方均根值与基波分量的方均根值之比(用百分数表示)。第 h 次谐波电压含有率以 HRU_h 表示；第 h 次谐波电流含有率以 HRI_h 表示。

3.13

总谐波畸变率　total harmonic distortion

THD

所有各次谐波的方均根值对基波方均根值之比(用百分数表示)。电压总谐波畸变率为 THD_U;电流总谐波畸变率为 THD_I。其表达式如下:

$$THD_U = \frac{\sqrt{\sum_{h=2}^{n} U_h^2}}{U_1} \times 100\% \qquad (1)$$

式中:

U_h——第 h 次谐波电压的方均根值;

U_1——基波电压的方均根值;

n——所含最高谐波的次数。

$$THD_I = \frac{\sqrt{\sum_{h=2}^{n} I_h^2}}{I_1} \times 100\% \qquad (2)$$

式中:

I_h——第 h 次谐波电流的方均根值;

I_1——基波电流的方均根值。

3.14

不平衡度 ε　unblance factor

指三相电压(或电流)不平衡的程度,用电压(或电流)负序分量 U_2(或 I_2)与正序分量 U_1(或 I_1)方均根值之比(用百分数表示)。电压(或电流)不平衡度用 ε_U(或 ε_I)表示。

$$\varepsilon_U = \frac{U_2}{U_1} \times 100\% \qquad (3)$$

$$\varepsilon_I = \frac{I_2}{I_1} \times 100\% \qquad (4)$$

3.15

电压变动　relative voltage change

d

在电压方均根值变动的特性上,相邻两个极值电压之差,以系统标称电压的百分数表示。

3.16

电压波动　voltage fluctuation

电压方均根值一系列的变动或连续的改变。

3.17

电压变动频度　rate of occurrence of voltage changes

r

单位时间内电压变动的次数(电压由大到小或由小到大各算一次变动)。同一方向的若干次变动,如间隔时间小于 30 ms,则算一次变动。

3.18

闪变　flicker

灯光照度不稳定造成的视感。

3.19

短时间闪变值　short term severity

P_{st}

衡量短时间(若干分钟)内闪变强弱的一个统计量值(见 8.3.1)。$P_{st}=1$ 为闪变引起视感刺激性的通常限值。

3.20

长时间闪变值　long term severity

P_{lt}

由短时间闪变值 P_{st} 推算出,反映长时间(若干小时)闪变强弱的量值(见 8.3.1)。

3.21

累积概率函数　cumulative probability function

CPF

其横坐标表示被测量值(例如瞬时闪变值),纵坐标表示超过对应横坐标值的时间占整个测量时间的百分数(见图 23)。

3.22

换相缺口　commutation notch

电网换相或机械换相变流器的交流网侧电压由于换相过程而出现的周期性电压瞬变。

3.23

总功率因数　total power factor

λ

有功功率对表观功率之比。

$$\lambda=\frac{\text{有功功率}}{\text{表观功率}} \quad\cdots\cdots(5)$$

3.24

位移因数(基波功率因数)　displancement factor (power factor of the fundamental wave)

$\cos\varphi_1$

基波电压和电流的有功功率对它们的表观功率之比。

$$\cos\varphi_1=\frac{\text{基波的有功功率}}{\text{基波的表观功率}} \quad\cdots\cdots(6)$$

3.25

滤波器　filter

用于降低流入电网特定部分的谐波电流和加于其上的谐波电压的一类设备的通称。

3.26

阻尼滤波器　damped filter

通常由电容器、电感器和电阻器组成的,对于大范围频率呈现低阻抗的一种滤波器。这种滤波器通常具有相对较低的 $Q(X/R)$值。(Q 值定义见 3.31)

3.27

高通滤波器　high-pass filter

具有从某一截止频率(非零频率)至无限高频率的单一通频带的一种滤波器。

3.28

串联滤波器　series filter

将高串联阻抗接在谐波源与被保护系统之间,从而减小谐波的一种滤波器。

3.29

并联滤波器　shunt filter

通过提供低阻抗通路,将谐波从谐波源分流,从而降低流入被保护系统谐波的一种滤波器。

3.30

调谐滤波器　tuned filter

通常由电容器、电感器和电阻器组戎的,对某一或某些特定频率有相对很小(很大)阻抗的一种滤波器。对于并联(串联)滤波器而言,阻抗值为很小(很大)。调谐滤波器通常具有相对较高的$Q(X/R)$值。

3.31

品质因数　quality factor

在某一给定频率下,每周期最大存储能量与损耗能量之比的2π倍。其近似等效定义:谐振频率与谐振频率两侧谐振响应与谐振点相差3 dB的两个频点之间带宽之比。如果谐振回路由一个电感L、一个电容C和一个等效电阻R相串联组成,则Q值为:

$$Q=\frac{1}{R}\sqrt{\frac{L}{C}} \qquad \cdots\cdots(7)$$

3.32

公共连接点 PCC　point of common coupling

用户接入公用电网的连接处。

4　变流器对电网的扰动

4.1　变流器扰动

变流器负载的非线性引起的扰动。这类扰动的例子有:

——谐波电流;

——换相缺口:用宽度、深度、面积表示;

——电压变动(或波动)和闪变;

——换相引起的重复性过渡过程,象窄脉冲那样由能量、峰值、上升速率等表示;

——由变压器的合闸浪涌电流、清除内部或外部故障等因素引起的非重复性过渡过程;

——非整数次的谐波(例如变频器)。

注1:上述扰动可能由该变流器本身或其他变流器产生,被研究处的实际干扰电平可能随网络阻抗的改变而变化。

注2:使用多台多脉波数和带移相变压器的变流器时,谐波可能成为次要问题,而电压变化却成为问题的关键。

4.2　网侧的电流谐波和电压谐波

变流器等非线性电力设备接在电网中使用时,它们从电网吸收有功电流和无功电流的同时,也向电网注入谐波电流,而谐波电流在电网阻抗上产生的谐波压降,使电网各点电压产生畸变,干扰了电网中其他设备的良好运行。谐波对电网的干扰程度通常用电压和电流的谐波来衡量。

当电网中的电力电容器(如补偿电容器、滤波器中的电容器)与变流器共存时,电容与系统间可能发生并联谐振,从而放大谐波。关于并联谐振问题见7.4。

4.2.1　变流器产生的谐波电流

4.2.1.1　谐波电流幅值

在理想情况下,假定电网换相变流器的直流电流平直,其电压脉波数为P,则网侧电流中只含有$h=kP\pm1$次的特征谐波(式中k为正整数)。第h次谐波的理论值为$I_h=I_1/h$(式中I_1为基波值)。

实际上由于各种非理想因素(电网电压不平衡,触发延迟角不对称等)的存在,不可避免的产生非特征次数谐波。

由于换相重叠现象、直流电流脉动等,实际的谐波值将与理论值有所不同。

对于六脉波变流器,h次特征谐波可用式(8)和式(9)进行估算:

$$I_h = I_{1L}/(h-5/h)^{1.2} \qquad 5 \leqslant h \leqslant 31 \quad \cdots\cdots(8)$$

其中：

$$I_{1L} = S_{1L}/U_{LN} \cdot \sqrt{3} \quad \cdots\cdots(9)$$

式中：

I_{1L}——网侧基波电流；

S_{1L}——变流器网侧表观功率；

U_{LN}——网侧线电压。

注：根据直流负载电路电感，直流电流的脉动可能使5次谐波电流增大约30%或更大，而11～(6k－1)次分量增加不多，7～(6k＋1)次通常较低。

若变流器运行时的延迟角 α、重叠角 u(或感性直流电压调整率 d_x)已知，则谐波电流可由下式计算：

$$I_h = \frac{I_{1L}[a^2 + b^2 - 2ab\cos(2\alpha + u)]^{\frac{1}{2}}}{d} \quad \cdots\cdots(10)$$

式中：

$a=\frac{1}{h-1}\sin[(h-1)u/2]$；

$b=\frac{1}{h+1}\sin[(h+1)u/2]$；

$d=h[\cos\alpha-\cos(\alpha+u)]$或 $d=2hd_x$；

u 的计算式见式(40)；

I_h 也可直接由图1查得。

脉波数较高的变流器所产生的非特征谐波，一般为六脉波变流器特征谐波的5%～15%。

4.2.1.2 谐波电流的相位移

假定网侧电流为梯形波，$h=kP\pm1$ 次谐波电流的相位移角由下式计算：

$$\varphi_h = (1 \pm kP)\varphi_1 + kP\theta \quad \cdots\cdots(11)$$

式中：

φ_h——h 次谐波电流的相位移角；

k——正整数；

P——脉波数；

θ——变压器的移相角；

φ_1——基波的位移角，由下式确定：

$$\tan\varphi_1 = \frac{2u + \sin2\alpha - \sin2(\alpha+u)}{\cos2\alpha - \cos2(\alpha+u)} \quad \cdots\cdots(12)$$

式(11)、(12)中的角度均需用弧度表示。

4.2.2 谐波计算

4.2.2.1 谐波等值电路

在谐波分析计算中，通常将变流器等效为若干个不同频率的独立的谐波电流源。这些谐波电流源互不相干地共同作用于变流器网侧电路上，按叠加原理，其综合作用等于变流器对电网的作用。

图 1　交流侧谐波电流含有率

注 1：α 为延迟角，逆变工作状态时，用裕度角 γ 代替延迟角；

注 2：本图计算中假定直流平波电感 $L_d=\infty$；

注 3：$I_{h\alpha}/I_{1L}$ 为延迟角 α 下 h 次谐波电流与理想基波电流之比；

注 4：d_x 为固有直流电压调整率的感抗分量。

电力系统中的元件如变压器、输电线、电容器、电抗器及电力负载等对不同次数的谐波呈现出不同的阻抗。所以，在谐波分析计算中，应采用与计算谐波相应的等值电路。

a)　滤波或容性补偿支路的谐波阻抗必须考虑；

b) 输变电用变压器谐波阻抗按 4.2.2.3 处理；

c) 对于低压系统，或短线路且谐波频率较低（<25 次）时，则可以用串联集中阻抗代表线路模型；对于高压系统（6 kV 及以上），当输配电线路较长时（例如：在 40 km，35 kV 以上的架空线；5 km，6 kV 及以上的电缆），或研究较高次数谐波（例如 25 次及以上）时，其电容值对谐波阻抗的影响不容忽视，计算时可用 Π 型等值电路来近似；

d) 电动机和同步发电机的第 h 次谐波阻抗，可用该谐波次数乘它的直轴和交轴次暂态电抗平均值（对于感应电动机可以用堵转阻抗值）来近似；

e) 其他负载的阻抗对谐波计算的影响，只有当这些负载的容量与其所接入系统的短路容量可相比拟时才给予考虑。负载的重要组成部分有：(1)降压变压器，一般可由漏磁感抗和电阻表示；(2)阻性元件，对于并联谐振能起阻尼作用，使并联谐振频率附近谐波值降低；(3)电动机成分，可能对谐振频率有影响。若系统的短路容量远远大于这些负载的容量，则它们的影响可以忽略。

4.2.2.2 注入电网谐波电流的计算

图 2a)所示为一典型的具有变流器负载的配电系统单线图，图 2b)为第 h 次谐波等值电路。注入系统 h 次谐波电流 I_{sh} 可用此简单电路来计算。

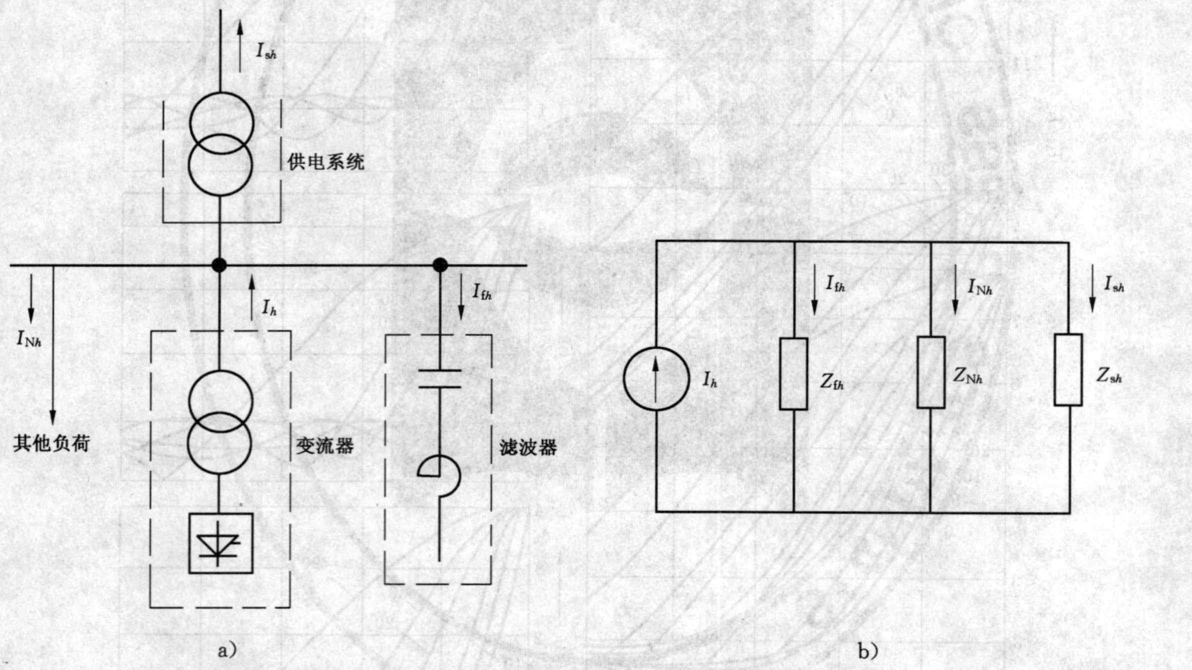

图 2 典型的变流器负载配电系统(a))及等值电路(b))

当其他负载的容量与系统短路容量相比很小时，可不考虑其影响，则：

$$I_{sh} = \frac{Z_{fh}}{Z_{sh} + Z_{fh}} I_h \quad \cdots\cdots (13)$$

当同一配电系统中具有多台变流器时，可逐个计算每台变流器注入电网的谐波电流值及它们之间的相位差，然后用向量叠加法计算总谐波电流。

两台变流器同次谐波（第 h 次）电流合成值：

$$I_h = \sqrt{I_{h1}^2 + I_{h2}^2 + 2 I_{h1} I_{h2} \cos\varphi_{h12}} \quad \cdots\cdots (14)$$

式中：

I_{h1}、I_{h2}——两台不同变流器的第 h 次谐波电流值；

φ_{h12}——I_{h1} 和 I_{h2} 间的相位差。

在相位差不能确定时，一般可用下式计算第 h 次谐波电流的合成值：

$$I_h = \sqrt{I_{h1}^2 + I_{h2}^2 + K_h I_{h1} I_{h2}} \qquad \cdots\cdots(15)$$

式中 K_h 系数可以按表 1 选取。

表 1　式(15)中系数 K_h 值

h	3	5	7	11	13	9 |>13| 偶次
K_h	1.62	1.28	0.72	0.18	0.08	0

两个以上同次谐波电流叠加时，首先将两个谐波电流叠加，然后再与第三个谐波电流相加，以此类推。

当所研究的系统比图 2 所示的回路复杂时，通常需要用计算机模拟，使用相关专用程序进行分析计算。

4.2.2.3　谐波电压计算

谐波电压是谐波电流流过电网谐波阻抗时产生的谐波压降。因而只要得到变流器产生的第 h 次谐波电流和第 h 次谐波等值电路，便可按电路理论计算系统中任一点的谐波电压及其含有率。

以图 2 为例，配电母线上第 h 次谐波电压为（忽略其他负载影响）：

$$U_h = \frac{Z_{sh} Z_{fh}}{Z_{sh} + Z_{fh}} I_h = I_{sh} Z_{sh} \qquad \cdots\cdots(16)$$

h 次电压谐波含有率为：

$$HRU_h = \frac{U_h}{U_1} \times 100\% \qquad \cdots\cdots(17)$$

总电压谐波畸变率为：

$$THD_U = \frac{\sqrt{\sum_{h=2}^{n} U_h^2}}{U_1} \times 100\% \qquad \cdots\cdots(18)$$

对不含电力电容器及滤波器的电网，为计算变流器母线上的谐波电压，在变压器的谐波阻抗远大于系统的谐波阻抗时，可用变压器的谐波阻抗作为系统的等值谐波阻抗（电网谐波阻抗更为详细的考虑，可参考 GB/Z 17625.4—2000）。

一般情况下，变压器的谐波阻抗可直接用其漏抗乘以谐波次数来近似，必要时可用下式计算：

$$|Z_h| = \frac{U_{LN}^2}{S_c} \cdot \frac{\left[1 + \frac{1}{(Q_s Q_p)^2} + \frac{1}{(h Q_s)^2}\right]^{1/2}}{(1/Q_p^2 + 1/h^2)^{1/2}} \qquad \cdots\cdots(19)$$

式中：

$Q_s = X_s / R_s$，约为 8～12；

$Q_p = R_p / X_s$，约为 80～120；

$S_c = U_{LN}{}^2 / X_s$；

R_s——与负载损耗相对应的串联电阻；

U_{LN}——额定线电压；

R_p——与空载损耗相对应的并联电阻；

h——谐波次数；

X_s——主变压器漏抗。

第 h 次电压谐波含有率为：

$$HRU_h = \frac{|U_h|}{U_{LN}/\sqrt{3}} \times 100\% = \frac{I_h |Z_h|}{U_{LN}/\sqrt{3}} \times 100\%$$

$$=\frac{1}{R_{SC}}\cdot\frac{1}{(h-5/h)^{1.2}}\cdot\frac{\left[1+\frac{1}{(Q_s\cdot Q_p)^2}+\frac{1}{(hQ_s)^2}\right]^{1/2}}{(1/Q_p^2+1/h^2)^{1/2}}\times 100\% \quad\cdots\cdots(20)$$

式中：

$R_{SC}=\frac{S_C}{S_{1L}}$；

S_{1L}——变流器表观功率。

4.2.2.4 谐波电压与最小 R_{sc}

低压系统标准设计的电网换相变流器所引起的总电压谐波畸变率与脉波数 p 及最小 R_{sc} 值之间的关系如表2所示，计算中假定变压器阻抗比采用 $Q_s=8$，$Q_p=100$，且考虑有15%的非特征谐波（以六脉波变流器的理论计算值为100%）。

表2 要求最小的 R_{sc} 值（适用于低压系统）

总电压谐波畸变率 THD_U %	$p=6$			$p=12$			$p=18$			$p=24$		
	R_{sc}	A_E（百分值×电角度）	U_5 %	R_{sc}	A_E（百分值×电角度）	U_{11} %	R_{sc}	A_E（百分值×电角度）	U_{17} %	R_{sc}	A_E（百分值×电角度）	U_{23} %
1.0	231	25	0.41	150	19	0.43	106	18	0.55	99	14	0.54
1.5	154	40	0.62	100	29	0.65	71	27	0.81	66	22	0.81
3.0	77	74	1.23	50	57	1.30	35	55	1.65	33	43	1.63
5.0	46	124	2.06	30	93	2.17	21	91	2.75	20	72	2.68
8.0	29	198	3.27	19	151	3.42	13	147	4.44	12	119	4.47
10.0	23	248	4.09	15	189	4.28	10	184	5.55	9	149	5.59

注1：对中压系统，所需的最小 R_{sc} 为3倍于表2所示的 R_{sc} 值；对高压系统，所需的最小 R_{sc} 为表2所列 R_{sc} 值的2倍；

注2：不适用于装有电容器组或滤波器的情况；

注3：所列谐波电压系指变流器接入电网后引起的新增部分，不包括该处原有的谐波；

注4：列出的电网电压缺口面积 A_E，系指单个缺口的面积（不存在多重换相），见4.3.1；

注5：表中所列的谐波值对应于变流器运行在额定网侧表观功率 S_{1LN} 下的数值。

注6：表中值按下列原则推出：当 p 给定时，$THD_U\cdot R_{sc}$＝常数。

4.2.3 谐波限制

为了保证电力系统中各电气设备的良好运行，必须限制变流器对电网的干扰程度。根据GB/T 14549规定，表3和表4分别给出了电网谐波电压（相电压）限值和注入电网公共连接点的谐波电流允许值。

表3 电网谐波电压（相电压）限值

电网标称电压 kV	电压总谐波畸变率 %	各次谐波电压含有率/%	
		奇次	偶次
0.38	5.0	4.0	2.0
6或10	4.0	3.2	1.6
35或66	3.0	2.4	1.2
110	2.0	1.6	0.8

表 4 注入公共连接点的谐波电流允许值

标称电压 kV	基准短路容量 MVA	谐波次数及谐波电流允许值/A																							
		2	3	4	5	6	7	8	9	10	11	12	13	14	15	16	17	18	19	20	21	22	23	24	25
0.38	10	78	62	39	62	26	44	19	21	16	28	13	24	11	12	9.7	18	8.6	16	7.8	8.9	7.1	14	6.5	12
6	100	43	34	21	34	14	24	11	11	8.5	16	7.1	13	6.1	6.8	5.3	10	4.7	9.0	4.3	4.9	3.9	7.4	3.6	6.8
10	100	26	20	13	20	8.5	15	6.4	6.8	5.1	9.3	4.3	7.9	3.7	4.1	3.2	6.0	2.8	5.4	2.6	2.9	2.3	4.5	2.1	4.1
35	250	15	12	7.7	12	5.1	8.8	3.8	4.1	3.1	5.6	2.6	4.7	2.2	2.5	1.9	3.6	1.7	3.2	1.5	1.8	1.4	2.7	1.3	2.5
66	500	16	13	8.1	13	5.4	9.3	4.1	4.3	3.3	5.9	2.7	5.0	2.3	2.6	2.0	3.8	1.8	3.4	1.6	1.9	1.5	2.8	1.4	2.6
110	750	12	9.6	6.0	9.6	4.0	6.8	3.0	3.2	2.4	4.3	2.0	3.7	1.7	1.9	1.5	2.8	1.3	2.5	1.2	1.4	1.1	2.1	1.0	1.9

注：220 kV 基准短路容量取 2 000 MVA。

同一公共连接点的每个用户向电网注入的谐波电流允许值按此用户在该点的协议用电容量与其公共连接点的供电设备容量之比进行分配。分配的计算方法如下：

在公共连接点处第 i 个用户的第 h 次谐波电流允许值（I_{hi}）按下式计算：

$$I_{hi} = I_h (S_i / S_t)^{1/\alpha} \quad \cdots\cdots (21)$$

式中：

I_h——按式(22)换算的第 h 次谐波电流允许值；

S_i——第 i 个用户的用电协议容量；

S_t——公共连接点的供电设备容量；

α——相位迭加系数，按表 5 取值。

注：S_t 应和最小短路容量下供电方式相对应。

表 5 式(21)中系数 α 值

h	3	5	7	11	13	9 >13 偶次
α	1.1	1.2	1.4	1.8	1.9	2

当用户本身的用电设备对谐波电压的要求较表 3 规定的限值更为严格时，还可提出更为严格的限制，并由供用电协议确认。而表 4 所列注入电网的谐波电流允许值是对表列基准短路容量值而言的，当实际公共连接点短路容量与表列短路容量不同时，允许注入的谐波电流值由下式计算：

$$I_h = \frac{S_c}{S_j} I_{hj} \quad \cdots\cdots (22)$$

式中：

I_h——实际允许注入的谐波电流；

I_{hj}——表 4 所列的谐波电流值；

S_j——表 4 所列的基准短路容量；

S_c——电网的实际短路容量（取正常方式下最小短路容量）。

4.2.4 谐波抑制

谐波抑制的目的是降低母线上的电压和电流谐波，使其不超过国家标准规定的数值，但谐波电压不仅与谐波电流有关，还与电网的谐波阻抗有关。抑制谐波的基本措施如下：

4.2.4.1 提高短路比 R_{sc}

在设计和实际应用中，尽量选取较高的 R_{sc} 值是抑制谐波和一切干扰的有效措施。对于低压系统，

推荐的最小 R_{sc}值如表 2 所示。

4.2.4.2 **变流器本身采取的措施**

增加变流器的脉波数是减少谐波电流的有效措施。一般大容量变流器本身就需要多个变流器串、并联构成，因而适当增加脉波数并不明显增加投资。但脉波数超过 12 时，要考虑对投资和维修带来的影响，应通过技术经济比较后使用。一般在相同容量若干台六脉波变流器基础上，利用变压器绕组之间适当移相，达到增加脉波数的目的。设变流器台数为 m，m 个二次绕组间的相互移相角为 θ，则 m、θ、p 之间的关系如表 6 所列。

表 6　m、θ 和 p 之间的关系

m	1	2	3	4	5	一般
θ	—	30°	20°	15°	12°	$\theta=60°/m$
p	6	12	18	24	30	$6m$

应注意，采用移相法增加脉波数时，变压器一次绕组必须共电源至于移相角 θ，可由绕组的不同接法或由曲折接线实现。例如 $\theta=30°$，可用 y 和 d 接法的两个二次绕组实现；$\theta=20°$，可以由一组 y 接法加±20°两组移相的曲折绕组实现。当二次绕组匝数较少时，很难做到谐波按理论完全抵消。对具有相同(总)额定值的等效六脉波联结，非特征谐波可达到理论值的 5%～20%。其他因素，如直流电流纹波、三相不平衡等也会对谐波的频谱产生影响。

非均一联结(半控桥)会产生偶次谐波。在容量较大的变流器中不宜采用。

3 脉波的联结方式还会产生直流分量，因而必须使用适当的变流变压器，以防止直流分量流入电网。

延迟角的不对称将增大非特征谐波。在大型变流器中，延迟角的对称性应有严格的要求。

正常运行时，避免在深度相位控制下工作，也能减小谐波电流。

4.2.4.3 **滤波器**

变流系统产生的谐波电流超过规定、母线电压总谐波畸变率或某一次谐波含有率超过规定、或因附近通讯系统由特殊要求等情况时，可以设置滤波器，以减小谐波及其影响。

通常，一套滤波装置包括几个单调谐的并联滤波器，有时还加一个高通并联滤波器。

单调谐滤波器的滤波对象是幅值较大的，如 3、5、7、11、13 次奇次谐波中的某一次谐波。一般系统中有少量的偶次谐波电流，不必设置相应的滤波器。如果偶次谐波很大，也可设置偶次滤波器。

高通滤波器的主要对象是同时滤除幅值较小的几个高次谐波，如 17、19、23、25、……次谐波。高通滤波器仅在变流系统产生的谐波电流很大，而且用几个单调谐滤波器尚不能满足要求时使用。快速波动负荷(例如电弧炉、轧机)的滤波系统中往往需要加适当的阻尼电阻(即构成阻尼滤波器)来抑制非整数次谐波(间谐波)的放大。总之，应根据变流系统发生谐波的大小、次数、变化性能以及电力系统对谐波的限制要求来确定滤波器的型式、个数、容量及调谐次数。

一般，滤波器总是兼起无功补偿和调整电压的作用，因而设计滤波器时要兼顾到无功补偿和调压的需要。有关内容参见 7.3。

设计并联滤波器主要考虑因素有：

a) 使流入电力系统的谐波电流及由此引起的电压谐波不超过规定值；

b) 成套滤波装置发出的总无功功率等于(或稍大于)按改善功率因数需要的无功功率；

c) 滤波器在电网频率正常变动、滤波元件参数工程偏差，特别是电容量随温度变化而变动的正常范围内，仍能满足滤波要求；

d) 单个滤波器或整套滤波装置的操作，不应使相应母线的电压波动过大或电压水平过高而危及设备的安全运行；

e) 应能承受正常的换相过电压及冲击涌流而不会受到损伤(特别是电容器)；

f) 滤波器元件应保证正常安全运行。对滤波器的非正常失谐，应有相应的保护措施；

g) 滤波器的正常操作，应保证不致由于个别滤波支路切除而使其他未切除部分产生并联谐振；

h) 滤波器应尽可能设置在靠近谐波电流发生源的地方。

滤波器中元件的参数在运行过程中应定期检测，以免因参数变化而失去滤波作用。

个别情况下，可以采用串联滤波器来减小变流系统和电网之间的谐波干扰。

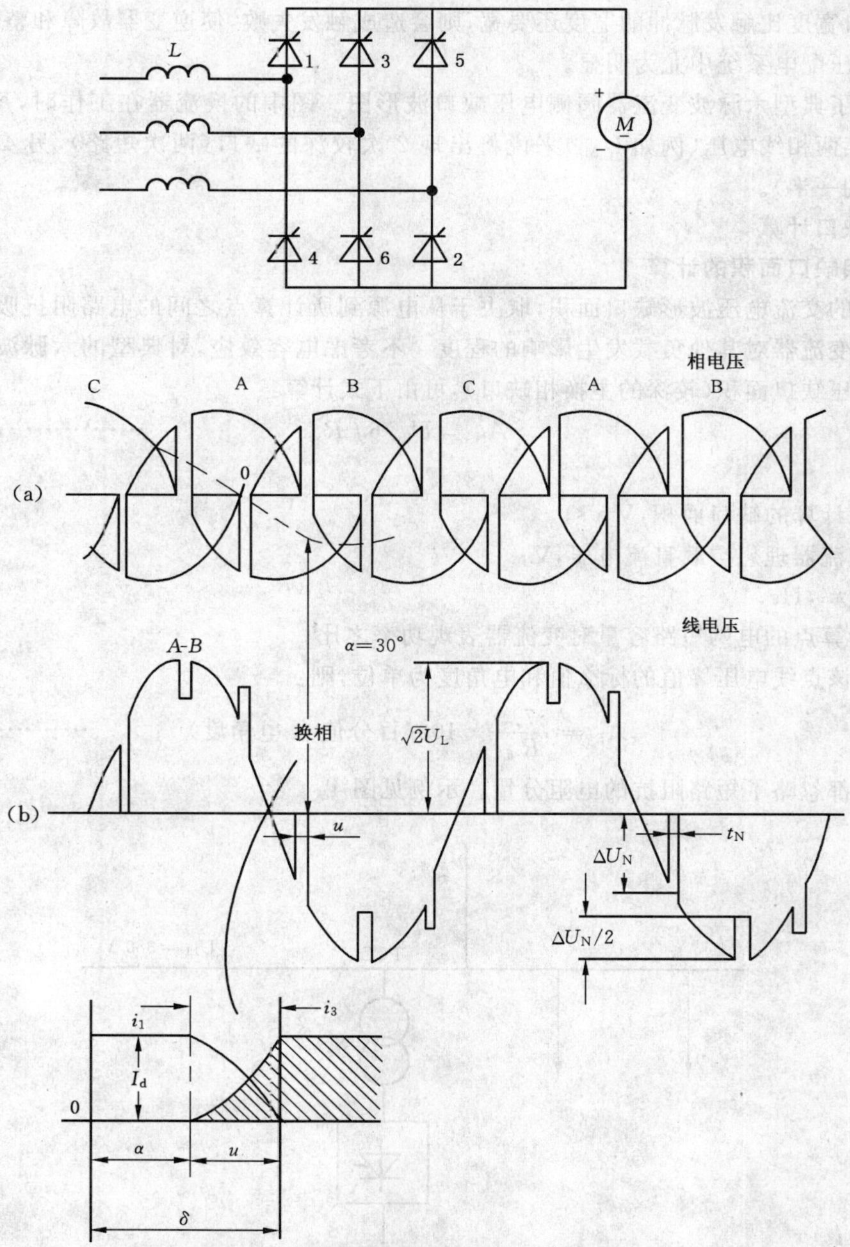

图 3 六脉波变流器阀侧电压缺口波形

注：为了清楚起见，图中的换相缺口已予放大，且略去寄生振荡。

4.2.4.4 有源电力滤波器

由可控阀器件构成的采用脉冲宽度调制（PWM）控制的有源电力滤波器，可产生相位、频率、幅值可调的谐波电流，将这些谐波电流注入系统，以抵消原有的谐波，这是一种消除谐波的新方法。这种装置实时补偿畸变波形，可以设计成只用于消谐而没有无功补偿和调压作用，其响应快、体积小，但限于技术经济原因,目前还只在容量较小、对谐波补偿有特殊要求的系统中使用。

4.3 换相缺口

电网换相变流器在换相期间,参与换相的两相交流端子被瞬时短路,使变流器阀侧线电压突降到接近于零。由于网侧存在电抗,这一电压突变现象将使电网的不同供电点出现电压缺口。电压缺口的宽度等于换相重叠角,其深度取决于个供电点的短路阻抗比。

换相引起的电压缺口使电网电压突变,可能激发起高频振荡、干扰通讯和电子设备的工作。对变流器本身,若缺口宽度比触发脉冲的宽度还要宽,则会造成触发失败,使逆变器故障和整流器工作不稳定。换相缺口在低压配电系统中尤为明显。

图 3 示出了典型六脉波变流器阀侧电压缺口波形图。图中的换流器在工作时,每一工频周期有 6 次换相,对于某两相线电压(例如 U_{AB})来说将出现 2 次较深的缺口(两次短路),另 4 次为较浅的缺口(约为深缺口的一半)。

4.3.1 换相缺口计算

4.3.1.1 换相缺口面积的计算

换相引起的交流电压波形缺口面积,取决于从电源到所计算点之间的电路阻抗吸收的伏秒积。缺口面积体现出变流器对其他负载发生影响的程度。不考虑电容效应,对典型的六脉波变流器在电网某点所引起的电压缺口面积(较深的主换相缺口),可由下式计算:

$$A_N = U_{di}/6fR_{sc} \quad \cdots\cdots(23)$$

式中:

A_N——所计算的缺口面积,V·s;

U_{di}——变流器理想空载直流电压,V;

f——频率,Hz;

R_{sc}——计算点的电网短路容量对变流器表观功率之比。

若面积用该点线电压峰值的标幺值和电角度为单位,则:

$$A_E = \frac{57.3}{R_{sc}} \times 100(\text{百分值} \times \text{电角度}) \quad \cdots\cdots(24)$$

以上计算都忽略了短路阻抗的电阻分量。示例见图 4。

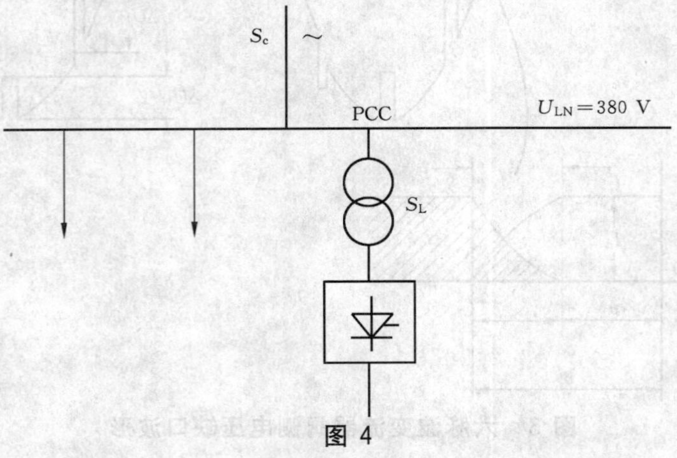

图 4

f_1=50 Hz;

U_{LN}=380 V(PCC 处的标称线电压);

U_{di}=513 V;

$R_{sc}=S_c/S_{1L}=75$。

采用三相桥式整流电路,则公共连接点 PCC 处换相主缺口面积:

$A_N = 513/6 \times 50 \times 75 \times 10^{-6} = 22\ 800$ (V·μs)

或：$A_E = (57.3/75) \times 100 = 76.4$(百分值×电角度)

4.3.1.2 **缺口宽度的计算**

不计寄生电容的影响，换相缺口的宽度等于重叠角。当不考虑电路中所有电容对换相的影响时，只要延迟角及换相电流 I_d 相同，则电网各点的换相缺口的宽度将保持不变。

4.3.1.3 **换相缺口深度的计算**

换相缺口的深度在变流器阀侧端子处为交流电压瞬时值的 100%，在电网的不同点，则由该处的短路容量对表观功率之比 R_{sc} 决定，深度随 R_{sc} 的增大而减小。缺口深度：

$$\Delta U_N = \frac{A_N}{t_N}(\text{V}) \qquad \cdots\cdots(25)$$

或

$$\Delta U_N = A_E/u(\%) \qquad \cdots\cdots(26)$$

式中：

t_N——缺口宽度，s 或 μs；

u——重叠角，用电角度表示。

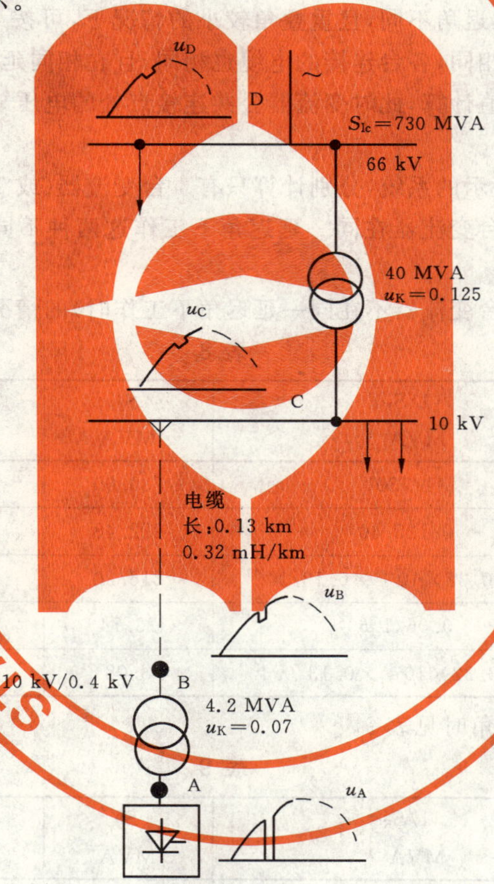

图 5

4.3.2 **有专用变流变压器换相缺口的计算**

计算中忽略电网和变压器的短路阻抗的电阻分量。系统如图 5 所示。

若变流器内部没有臂电抗器，则 A 点处的线电压在换相时跌落到零，因而换相电压缺口深度与换相发生瞬间的交流电压值之比为 100%，而 B、C、D 各点的缺口深度逐渐减小，换相缺口深度与变流器直流电流 I_d 值大小无关。

各点换相缺口深度与交流电压瞬时值之比的计算见表 7。

表 7

点	电压 kV	$1/S_K$ MVA^{-1}	S_c MVA	S_{CA}/S_c	缺口深度 ΔU_N% ($\alpha=90°$)
D	66	1/730	730.00	46.97/730.00	6.4
C	10	0.125/40	222.48	46.97/222.48	21.1
B	10	$2\pi f\times0.32\times10^{-3}\times0.13/10^2$	216.20	46.97/216.20	21.7
A	0.4	0.07/4.2	46.97	46.97/46.97	100

注：以线电压峰值百分数表示的缺口深度与变流器的负载无关，且在这里假定为 $\alpha=90°$ 的最大值。它随 $\sin\alpha$ 的变化而变化。

4.3.3 有公共变流变压器换相缺口的计算

由公共变流变压器通过电缆向多台变流器供电的情况，换相电感应包括每个变流装置的连接电缆的电感，且这部分电感只对该台变流器的换相单独起作用。

并联运行的变流器，在延迟角不同，且重叠角较小的情况下，可按 4.3.2 的方法计算。如果并联工作的多台变流器的联结方式相同，各台连接的电缆也相同，且在相同延迟角下运行，在最不利的情况下，这些电缆的电感将按其并联值计算，此时变流器公共连接点处的电压缺口深度将显著增大。

4.3.4 典型计算举例

按 4.3.2 假定，如图 6 所示的系统，分别计算只有 1 台变流器(或 10 台变流器，但重叠角较小，且不在同一延迟角下工作)和 10 台变流器在同一延迟角下工作这两种不同情况下公共母线 B 处的换相缺口深度。

只有 1 台变流器(或 10 台变流器不在同一延迟角下工作时)的情况见表 8。

表 8

点	电压 kV	$1/S_K$ MVA^{-1}	S_c MVA	S_{CA}/S_c	缺口深度 ΔU_N%
E	66	1/730	730.00	8.08/730.00	1.11
D	10	0.125/40	222.48	8.08/222.48	3.63
C	10	$2\pi f\times0.32\times10^{-3}\times0.13/10^2$	216.20	8.08/216.20	3.74
B	0.4	0.06/1.6	23.74	8.08/23.74	34.04
A	0.4	$2\pi f\times0.32\times10^{-3}\times0.13/0.4^2$	8.08	8.08/8.08	100

10 台变流器在同一延迟角时见表 9。

表 9

点	电压 kV	$1/S_K$ MVA^{-1}	S_c MVA	S_{CA}/S_c	缺口深度 ΔU_N%
E	66	1/730	730.00	19.88/730.00	2.72
D	10	0.125/40	222.48	19.88/222.48	8.94
C	10	$2\pi f\times0.32\times10^{-3}\times0.13/10^2$	216.20	19.88/216.20	9.20
B	0.4	0.06/1.6	23.74	19.88/23.74	83.70
A	0.4	$(1/10)2\pi f\times0.32\times10^{-3}\times0.13/0.4^2$	19.88	19.88/19.88	100

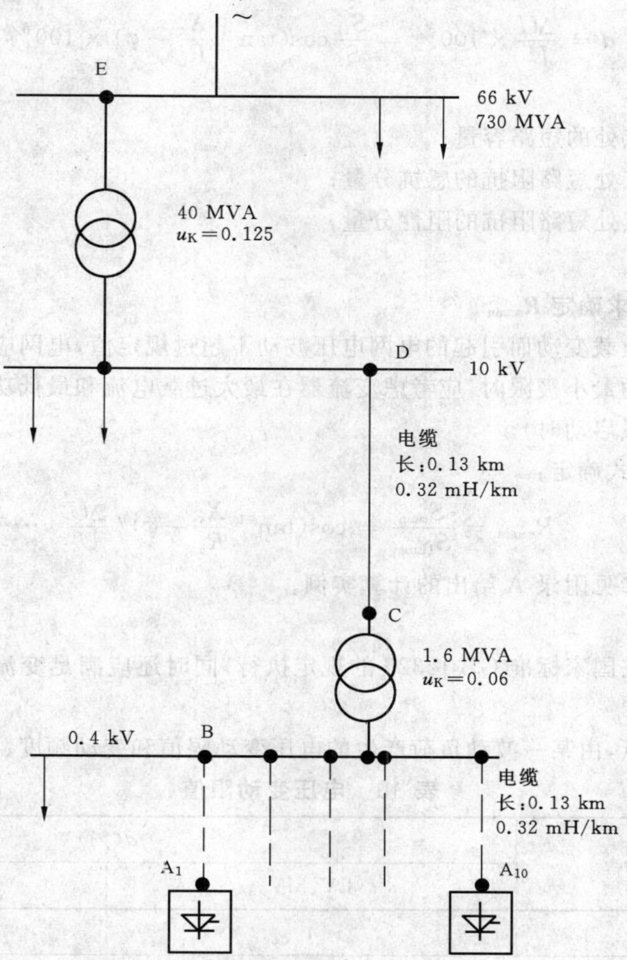

图 6

4.3.5 缺口限制

缺口限制可按有关国家标准执行,同时还应满足变流器本身良好运行的要求(见 5.3.4)。

4.3.6 缺口抑制

为了减少缺口的影响,设计中可采取如下措施:

a) 设置变流变压器或电抗器,以便在变流器与系统母线之间引入隔离阻抗,从而减小公共连接点的缺口深度。隔离变压器应尽可能靠近变流器;

b) 变流器的控制线应与电力线隔离;

c) 在设计触发电路时,预先考虑所接入电网可能出现的电压缺口。

4.4 电压波动和闪变

电力变流器从电网吸收有功和无功电流,在电网的阻抗上引起电压降。对大型电机传动或电弧炉用的电网换相变流器,因其工作制的关系,无功功率和有功功率变化幅度大,变化的速度快,使电网电压发生频繁的波动,并可能产生闪变。因此大型变流器接入电网前需进行必要的验算。进行这种验算的原始数据应包括:变流器的容量及工作制;所接入电网的阻抗(公共连接点处阻抗);国家有关标准所规定的限制;所设计变流器的抗扰等级等。

4.4.1 电压波动

4.4.1.1 电压波动的计算

交流母线接有变流器负载,当变流器由空载到满载(表观功率 S_{1L},功率因数角 φ)变化时,电压波动

值 d 可由下式估算：

$$d=\frac{\Delta U}{U}\times 100\%=\frac{S_{1L}}{S_c}\cos(\tan^{-1}\frac{X_c}{R_c}-\varphi)\times 100\% \qquad (27)$$

式中：

S_c——电网在计算点处的短路容量；

X_c——电网在计算点处短路阻抗的感抗分量；

R_c——电网在计算点处短路阻抗的阻性分量；

X_c/R_c——一般为 4～10。

4.4.1.2 按电压波动要求确定 R_{scmin}

为了保证因变流器负载变动而引起的电网电压波动不超过规定值，电网应具有足够大的短路容量，在确定电网的短路容量的最小极限时，应考虑变流器在最大过载电流和最低功率因数下的运行情况（如传动用变流器工作在重载启动时）。

最小的 R_{sc} 值可由下式确定：

$$R_{scmin}=\frac{S_{cmin}}{S_{1Lmin}}=\cos(\tan^{-1}\frac{X_c}{R_c}-\varphi)/\frac{\Delta U}{U} \qquad (28)$$

最小 R_{sc} 的计算，可参见附录 A 给出的计算实例。

4.4.1.3 电压波动限制

电压波动的限制可按国家标准 GB 12326 的规定执行，同时还应满足变流器本身的要求，见 5.3.2 的规定。

电力系统公共连接点，由某一波动负荷产生的电压变动限值和变动频度、电压等级有关，见表 10。

表 10 电压变动限值

$r(h^{-1})$	$d(\%)$	
	LV、MV	HV
$r\leqslant 1$	4	3
$1<r\leqslant 10$	3	2.5
$10<r\leqslant 100$	2*	1.5*
$100<r\leqslant 1\,000$	1.25	1

注 1：很少的变动频度 r（每日少于 1 次），电压变动限值 d 还可以放宽，但不在本标准中规定。

注 2：对于随机性不规则的电压波动，依 95% 概率大值衡量，表中标有"*"的值为其限值。

注 3：本标准中系统标称电压 U_N 等级按以下划分：

低压(LV) $U_N\leqslant 1$ KV

中压(MV) 1 KV$<U_N\leqslant 35$ KV

高压(HV) 35 KV$<U_N\leqslant 220$ KV

4.4.1.4 电压波动抑制

减小电压波动的最有效办法是采用更大的电源（即增大 R_{sc}）。必要时还可采用动态无功功率补偿装置。有关补偿的方法参见 7.3。

4.4.2 闪变

实验证明，约 8.8 Hz 的电压波动引起的灯闪对人的视觉影响最为严重。

闪变的主要决定因素有：a. 电压波动的幅值、频度和波形；b. 照明灯具型式、功率和额定电压；c. 人对闪变视觉差异。

图 7 示出单位闪变（$P_{st}=1$）时周期性矩形（或阶跃）电压变动 d 和频度 r 的关系曲线。表 11 是该曲线的数据表。

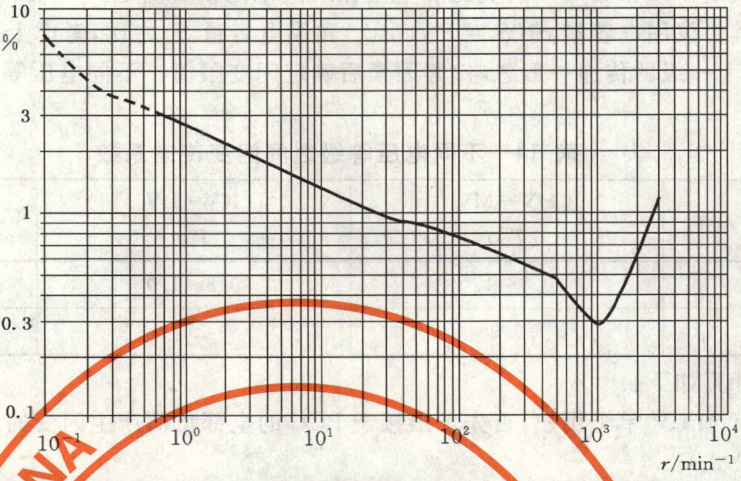

图 7 周期性矩形(或阶跃)电压变动的单位闪变($P_{st}=1$)曲线

表 11 周期性矩形(或阶跃)电压变动的单位闪变($P_{st}=1$)曲线对应数据

d/%	3.0	2.9	2.8	2.7	2.6	2.5	2.4	2.3	2.2	2.1	2.0	1.9	1.8
r/min^{-1}	0.76	0.84	0.95	1.06	1.20	1.36	1.55	1.78	2.05	2.39	2.79	3.29	3.92
d/%	1.7	1.6	1.5	1.4	1.3	1.2	1.1	1.0	0.95	0.90	0.85	0.80	0.75
r/min^{-1}	4.71	5.72	7.04	8.79	11.16	14.44	19.10	26.6	32.0	39.0	48.7	61.8	80.5
d/%	0.70	0.65	0.60	0.55	0.50	0.45	0.40	0.35	0.29	0.30	0.35	0.40	0.45
r/min^{-1}	110	175	275	380	475	580	690	795	1 052	1 180	1 400	1 620	1 800

4.4.2.1 电力系统公共连接点,由波动负荷引起的短时间闪变值 P_{st} 和长时间闪变值 P_{lt} 应满足表 12 所列的限值。

表 12 各级电压下的闪变限值

系统电压等级	LV	MV	HV
P_{st}	1.0	0.9(1.0)	0.8
P_{lt}	0.8	0.7(0.8)	0.6

注 1:标准中 P_{st} 和 P_{lt} 每次测量周期分别取为 10 min 和 2 h(下同);

注 2:MV 括号中的值仅适用于 PCC 连接的所有用户为同电压级的用户场合。

4.4.2.2 闪变限值根据用户负荷大小、其协议用电容量占供电容量的比例、以及系统电压,分别按三级作不同的规定和处理。

a) 第一级规定。满足本级规定,可以不经闪变核算,允许接入电网。

——对于 LV 和 MV 用户,第一级限值见表 13。

——对于 HV 用户,满足 $(\Delta S/S_c)_{max}<0.1\%$。

表 13 LV 和 MV 用户第一级限值

r/min^{-1}	$k=(\Delta S/S_c)_{max}$(%)
$r<10$	0.4
$10\leqslant r\leqslant 200$	0.2
$200<r$	0.1

注 1:表中 ΔS——波动负荷表观功率的变动;S_c——PCC 短路容量(取正常方式下最小短路容量);

注 2:以通过 IEC 61000-3-3 和 IEC 61000-3-5 的 LV 设备均视为满足第一级规定。

b) 第二级规定。须根据用户闪变的发生值和限值作比较后确定。

每个用户按其协议用电容量 $S_i(S_i=P_i/\cos\psi_i)$ 和供电容量 S_t 之比，考虑上一级对下一级闪变传递的影响(下一级对上一级的传递一般忽略)等因素后确定闪变限值。不同电压等级之间闪变传递系数如表 14 所列。

表 14 不同电压等级之间闪变传递系数

	HV－MV T_{HM}	HV－LV T_{HL}	MV－LV T_{ML}
范围	0.8～1.0	0.8～1.0	0.95～1.0
一般取值	0.9	0.9	1.0

闪变限值的计算如下：

——对于 MV 和 LV 单个用户，首先求出接于 PCC 的全部负荷产生闪变的总限值 G：(以 MV 用户为例写公式)

$$G_{MV}=\sqrt[3]{L_{MV}^3-T_{HM}^3L_{HV}^3} \qquad (29)$$

式中：

L_{MV}和 L_{HV}——分别为 MV 和 HV 的闪变限值(见表 12)；

T_{HM}——为 HV 对 MV 的闪变传递系数(见表 14)。

则单个用户闪变限值 E_{iMV}为：

$$E_{iMV}=G_{MV}\sqrt[3]{\frac{S_i}{S_{MV}}\cdot\frac{1}{F_{MV}}} \qquad (30)$$

式中：

F_{MV}——为波动负荷的同时系数，其典型值 $F_{MV}=0.2\sim0.3$(但必须满足 $S_i/F_{MV}\leqslant S_{MV}$)。式(29)、(30)中，如将下标作适当替换(例如 MV 换为 LV，T_{HM}换为 T_{HL}或 T_{ML}等)则可以用于 LV 用户的计算。式(29)、(30)对于短时间闪变(P_{st})和长时间闪变(P_{lt})均适用。

——对于 HV 单个用户，闪变限值计算式为：

$$E_{iHV}=L_{HV}\sqrt[3]{\frac{S_i}{S_{tHV}}} \qquad (31)$$

式中：

S_{tHV}——为接 S_i 的 PCC 总供电容量。

——对于某些相对较小的用户，利用式(30)、(31)求出的闪变限值可能过严，如用户未超过表 15 规定的基本闪变值，则仍允许接网。

表 15 基本闪变值

E_{psti}	E_{plti}
0.35	0.25

c) 第三级规定了超标(超过第二级限值)用户和过高背景闪变水平的处理原则。

由于 PCC 上并不都是波动负荷，按第二级条件计算，某些用户若是超标的，但实际背景闪变水平如较低，或者超标的概率很低(例如每周不超过 1%时间)，电力企业可以酌情(包括考虑近期的发展)放宽限值。反之，如背景水平已接近于表 12 规定值，则应适当减少分配的指标，研究采用补偿设备的可能性，并分析背景水平高的原因，采取必要的措施降低闪变水平。

4.4.2.3 闪变的叠加和传递

根据新用户投入前后公共连接点实测的闪变值，可以利用以下有关计算公式，推算出新用户产生的闪变值。

a) n 个波动负荷各自引起的闪变及背景闪变在同一节点上相互叠加，其短时间闪变值为：

$$P_{st} = \sqrt[m]{(P_{st1})^m + (P_{st2})^m + \cdots\cdots(P_{st3})^m} \quad \cdots\cdots\cdots\cdots\cdots\cdots\cdots\cdots\cdots\cdots(32)$$

式中：

m 值——取决于主要闪变源的性质及其工况的重叠可能性：

$m=1$　用于波动负荷引起电压变动同时发生重叠率很高的场合；

$m=2$　用于随机波动负荷引起电压变动同时发生的场合(例如熔化期重叠的电弧炉)；

$m=3$　用于波动负荷引起的电压变动同时发生的可能性很小的场合(比较常用)；

$m=4$　仅用于熔化期不重叠的电弧炉所引起的电压变动合成。

b)　如图 8 所示，电力系统不同母线结点上闪变的传递可按下式简化计算：

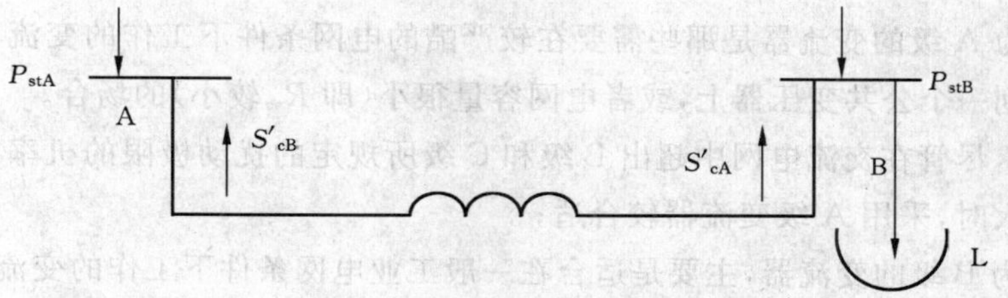

图 8　闪变传递计算示意

$$P_{stA} = K_{BA} \cdot P_{stB} \quad \cdots\cdots\cdots\cdots\cdots\cdots\cdots\cdots\cdots\cdots(33)$$

式中：

$K_{BA} = \dfrac{S'_{cA}}{S_{cA} - S'_{cB}}$ 为结点 B 短时间闪变值传递到结点 A 的传递系数；

P_{stA}——结点 B 短时间闪变值传递到结点 A，在结点 A 引起的短时间闪变值；

P_{stB}——结点 B 上的短时间闪变值；

S'_{cA}——结点 B 短路时结点 A 流向结点 B 的短路容量；

S_{cA}——结点 A 的短路容量；

S'_{cB}——结点 A 短路时结点 B 流向结点 A 的短路容量；

图 8 中 L 为波动负荷。

当 $S'_{cA}=0$，而 $S_{cA}=S'_{cB}$ 时，$P_{stA}=P_{stB}$。

c)　某台设备在系统短路容量为 S_{c0} 时 P_{st0} 已知，当短路容量变为 S_{c1} 时 P_{st1} 按下式计算：

$$P_{st1} = P_{st0} \cdot \frac{S_{c0}}{S_{c1}} \quad \cdots\cdots\cdots\cdots\cdots\cdots\cdots\cdots\cdots\cdots(34)$$

公式(32)、(33)、(34)原则上也可用于长时间闪变值的相关计算。

有关闪变的预测计算方法，详见 GB 12326—2000 和 GB/Z 17625.5—2000。

5　变流器的抗电网干扰

5.1　概述

电网的扰动超过一定的极限时，会导致变流器规定性能下降，或使其运行中断，甚至损坏。表 16 给出了变流器的受扰级别。因此，为保证变流器正常运行，在设计时，除应考虑变流器对电网的扰动不超过有关规定外，变流器亦需要具备一定的抗电网干扰能力。如果所设计的变流器的抗扰等级高于电网存在的扰动等级(包括变流器本身接入后引起的扰动)，并且变流器对电网产生的扰动也低于电网允许的扰动极限时，作为该变流器与所在电网兼容。

表 16　变流器受扰级别

变流器的受扰级别	符号	扰动超过规定极限的可能后果
性能级	F	性能下降
跳闸级	T	保护器件动作，导致工作中断
损坏级	D	永久性损坏（不包括熔断器）

5.2　变流器的抗扰等级

变流器的抗扰等级一般分为 A、B、C 三级，是指变流器对电气条件的适应程度。对各级变流器规定的所应耐受扰动的极限值参见本标准 5.3。这三类变流器的适用场合为：

a）抗扰等级为 A 级的变流器是那些需要在较严酷的电网条件下工作的变流器，例如几台变流器直接连接到一个公共变压器上，或者电网容量很小（即 R_{sc} 较小）的场合。

另外，有些场合，尽管在交流电网中超出 B 级和 C 级所规定的扰动极限的机率很小，但变流器故障带来危险和损失很大时，采用 A 级变流器较合适；

b）抗扰等级为 B 级的变流器，主要是适合在一般工业电网条件下工作的变流器。

B 级变流器也可用于电网条件虽然严酷，但已采取了改善措施（如隔离变压器、滤波器及补偿设备等），出现超过 B 级允许扰动的机率很小，能保证变流器所需的可利用率的场合；

c）抗扰等级为 C 级的变流器主要是不太重要的小功率变流器，且在电网的电气条件良好，R_{sc} 值较大的场合使用。

一般来说，A 级变流器的制造成本及运行费用都比较高，B 级变流器次之，C 级变流器的制造成本及运行费用都比较低。

5.3　变流器的抗扰极限值

除非另有规定，在设计变流器时，其适用的电网条件（包括变流器本身接入电网后引起的扰动在内）应符合本条规定。这里所给出的数据，不能作为规定公共电网特性的依据，只能作为各种抗扰等级变流器的设计依据（公用电网有关频率变化、供电电压偏差和不平衡度的规定，在表 17～表 19 的注中反映 ）。

实际电网中的扰动具有统计的性质，超过某一极限值的扰动的出现机率可能极小，但并非绝对不可能。

如果用户对变流器的抗扰等级未提出专门的要求和说明，制造厂一般按抗扰等级 B 作为其应满足的设计标准。

5.3.1　频率的变化

表 17　频率变化的允许范围

变化项目	变流器抗扰等级			超过规定值范围可能的后果
	A	B	C	
范围/%	±2	±2	±1	F
变化速率/(%/s)	±2	±1	±1	F

注：GB/T 15945—1995 规定：电力系统正常频率偏差允许值为±0.2 Hz，当系统容量较小时，偏差值可以放宽到±0.5 Hz。

5.3.2 电压变化

表 18 电压变化的允许范围

变化项目	变流器抗扰等级			超过规定值范围可能的后果
	A	B	C	
a. 稳态/%	+10/−10	+10/−10	+10/−5	F
b. 短时(0.5~30 周波),在 I_{dn} 和 U_{dN} 以下只作整流器运行(%)	+15/−15	+15/−10	+15/−10	T
在 I_{dn} 及 U_{dN} 以下作逆变器运行(%)	+15/−15	+15/−10	+15/−7.5	T

注 1：假定频率的降低与交流电压的升高不同时发生；

注 2：过载条件下的极限值应单独规定；

注 3：在要规定的某些极限值内,可能产生的后果可由 F 代替 T,特别是如果用户要求增加专用的控制设施时。

注 4：GB 12325—2003 规定:①35 kV 及以上供电电压正、负偏差的绝对值之和不超过标称系统电压的 10%；②10 kV及以下三相供电电压允许偏差为标称系统电压的±7%；③220 V 单相供电电压允许偏差为标称系统电压的+7%、−10%。以上规定可以视为电压稳态变化范围;电网对电压波动的限制见 4.4.1.3。

5.3.3 电压不平衡

电压不平衡度用负序分量对正序分量的百分比表示。

表 19 允许的电压不平衡度

变化项目	变流器抗扰等级			超过规定值范围可能的后果
	A	B	C	
a. 稳态/%	5	5	2	F
b. 短时,仅作整流器运行/%	8	5	3	T
既作整流器又可作逆变器运行/%	5	5	2	T

注 1：不平衡度短时超过规定值时,将引起增大直流侧的纹波和在交流侧产生非特征谐波等不良后果。

注 2：GB/T 15543—1995 规定:电力系统公共连接点正常电压不平衡允许值为 2%,短时不得超过 4%。

5.3.4 交流电压波形

5.3.4.1 谐波及缺口

稳态情况下,变流器的谐波畸变及缺口的限值见表 20。

表 20 变流器的允许谐波含量及缺口限值

变化项目	变流器抗扰等级			超过规定值范围可能的后果
	A	B	C	
a. 谐波总畸变率(稳态)/%	25	10	5	F
b. 单次谐波含有率(稳态)				
奇次/%	12.5	5	2.5	F
偶次/%	2	2	1	F
c. 换相缺口(稳态)				
深度(U_{LWM} 的百分值%)	100	40	20	T
面积(百分值×电角度)	625	250	125	T

注 1：在一定的直流电流和 R_{sc} 下,缺口面积近似为恒定值。宽度和深度随触发延迟角 α 而变化。

注 2：如果同一台变流变压器的次级接有几台变流器,在一个周期内,所有缺口的面积之和应不超过表列一个主换相缺口面积的 4 倍。

注 3：U_{LWM} 为变流器工作线电压峰值。

5.3.4.2 **重复和非重复瞬态过电压及能量**

由基波瞬时值(例如电力变流器换相期间)引起交流电源相电压或线电压的变化,可达到原线电压峰值的0.2标幺值(p.u.)或更高(图9),每次换相开始和结束时会出现附加的振荡,形成重复瞬态过电压。非重复瞬态过电压主要由于故障跳闸和开关操作,以及可能在架空线上雷击产生,它可能对某些中压和高压系统有影响。只要有可能,用户(或制造厂)应对变流器规定其可承受的瞬态过电压,这些参数主要有(如图9所示):

a) 变流器端子可能出现的瞬态能量 W,J;

b) 瞬态电压的上升时间 t_r(从10%到90%),μs;

c) 重复瞬态电压峰值与工作电压峰值之比 U_{LRM}/U_{LWM},p.u.;

d) 非重复瞬态电压峰值与工作电压峰值之比 U_{LSM}/U_{LWM},p.u.;

e) 非重复瞬态电压的持续时间 t_W(50%幅值处),μs。

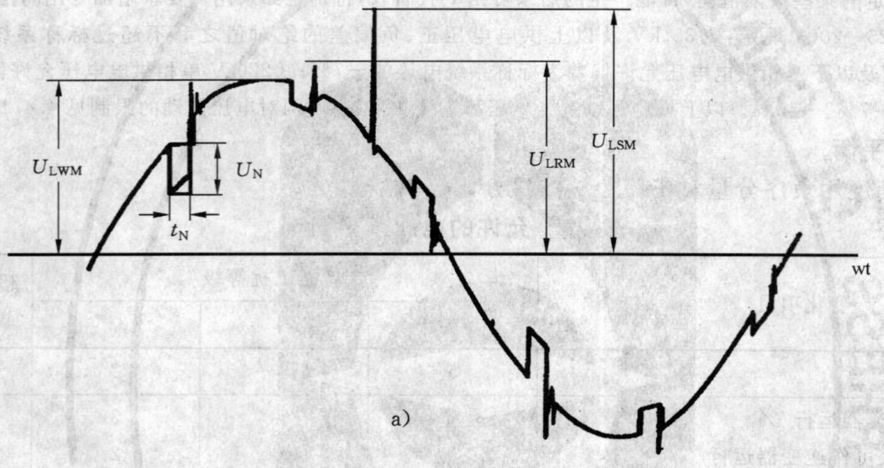

a)

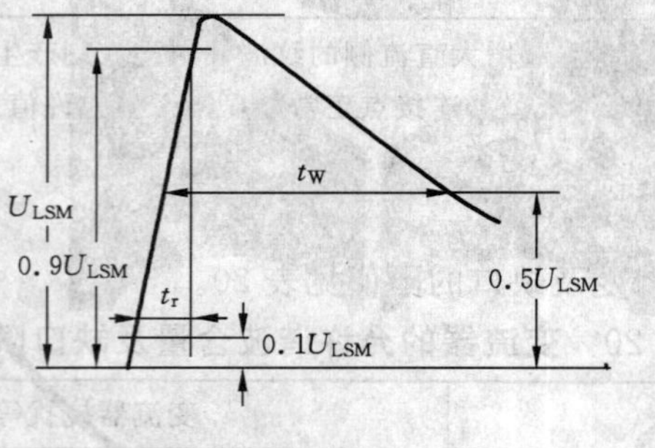

b)

a) 有重复瞬态电压的交流电压波形　　b) 瞬态电压波形

图9 作用在变流器上的瞬态过电压

对具有单独变流变压器的情况,下列数据仅作为例子给出,供参考:

$W=400S_{tN}$,J;

式中:

S_{tN}——变流变压器的容量,MVA。

瞬态能量来自断开变压器励磁电流,其值假定为额定电流的5%。

$t_r=1$ μs;

$U_{LRM}/U_{LWM}=1.25$;

$U_{LSM}/U_{LWM}=2.0\sim2.5$;

$t_W=3\sim300$ μs。

上列 U_{LSM}/U_{LWM} 值相当于变流器采取了浪涌抑制措施。在无任何抑制措施时，此值可高达 10 以上。

5.3.5 过电压保护

由于半导体器件的介质应力很高，而电时间常数又很小，瞬时过电压就可能造成其永久性损坏，因而必须考虑专门的过电压保护措施。

变流器的过电压保护措施取决于预期的变流器内部浪涌电压。内部浪涌电压乃由诸如熔断器熔断、残留空穴复合现象之类的原因引起。这类电压一般是可以在设计变流器时加以控制。外部浪涌电压乃是由大气放电、开关装置操作、负载突变之类的原因引起，而出现于变流器网侧或直流侧的浪涌电压。

为上述过电压采用的措施主要有下列四种类型：

1） 分合闸引起的过电压保护；

2） 快速开关引起的过电压保护；

3） 换相过电压保护；

4） 大气过电压保护。

变流器过电压保护装置应能保护变流器免受可能出现的各种浪涌电压之害而安全工作。对于频繁承受非周期浪涌电压的变流器，以及对过电压保护装置有其它特殊要求的变流器，应在合同或有关技术文件中说明。对电压保护装置的具体要求，应在分类标准或产品技术条件中规定。

注：GB/T 18481—2001 规定了交流电力系统中作用于电气设备的暂时过电压和瞬态过电压要求、电气设备的绝缘水平、以及过电压保护方法。

6 变流器与电网的兼容性估计

6.1 配电母线分类

按配电母线的用途，可分为三类：

a） 一般配电母线：用于向一般用途设备及 B 级变流器配电；

b） 专用配电母线：专门用于向 A 级变流器配电；

c） 高质量配电母线：用于向敏感（低抗扰度）设备及 C 级变流器配电。

6.2 兼容性估计的内容及步骤

所谓兼容性估计，有两个方面的含义：第一是变流器对电网的扰动在电网的容许范围之内；第二是变流器接入后，变流器母线上的波动、频率、波形等参数的扰动应低于所选变流器的抗电网扰动极限值（表 17～表 20）。

兼容性估计一般可按下列步骤进行：

a） 按照变流器所要接入母线的类型，初步选择变流器的抗扰等级（见 6.1）；

b） 了解网络主要节点上在稳态及暂态稳定情况下交流电压幅值、不平衡度及频率和电压波动等情况，并根据电网在最小运行方式时的短路容量、变流器的工作制等参数，计算变流器的功率因数（见 7.2）及各级配电母线电压波动和闪变（见 4.4）。若频率波动、电压波动及不平衡度等不能满足要求时（见 5.3），或者采取抑制措施加以改善，或者重新选择变流器的抗扰等级。这一步估计，可以不考虑变流器的非线性特性，只考虑其基波分量；

c） 考虑变流器的非线性特性，计算变流器注入电网的谐波电流及电网中各点的谐波电压（见 4.2.2）、换相缺口参数（见 4.3.1）等，看其是否满足有关标准或用户的要求（见 4.2.3 及 4.3.5）或变流器本身的要求（见 5.3.4）。若不满足，则必须采取抑制措施加以改善（见 4.2.4 及 4.3.6）。

d） 上述过程中，无论哪一步采取了抑制措施或改变了变流器的任何参数，都需要重新进行兼容性估计。

若上面各步均通过，则变流器与电网兼容。兼容性估计的计算实例见附录 B。

7 功率因数补偿与并联谐振

7.1 概述

由于供电企业对用户规定最低功率因数的限制，并且为了减少电力的损耗和充分利用设备能力，外加功率因数补偿设施往往是必要的。

并联电容器是最常用的一种功率因数补偿设施。固定连接电容器只用在负载或无功功率变化不频繁的场合，在变流器功率因数变化频繁而影响电网的供电质量（使电压波动）时，应采用快速无功补偿装置。目前常用的是静止型动态无功补偿装置（SVC）。

在有变流器的配电系统中，可能会出现谐波放大，即电容器与系统电抗之间发生并联谐振现象。当谐振频率接近某次谐波频率时，电网谐波电压显著增加，可能危及用电设备安全，因而必须加以防范。

同步补偿机的调节范围广，它可向电网提供无功功率，也可以从电网吸收无功功率，且调节平滑，容量不随电压的升降而增减。它也不像电容器那样在电压升高时易于损坏。不过，响应慢，且其建设投资和运行费用较高，操作（起动、停止）不够简便。

静止无功发生器（SVG）以自换相变流器为核心，利用内部元件提供换相电压进行无功功率补偿，可以和电网进行快速双向无功功率交换，是一种有发展前途的无功补偿技术。但 SVG 本身还会产生一定谐波电流，且由于技术经济上原因，目前还只在少数工程上应用。

7.2 变流器的功率因数

7.2.1 概述

电网换相变流器无论工作在整流状态，还是逆变状态，都从电网吸收滞后的无功功率。变流器的总功率因数为网侧有功功率对表观功率之比。总功率因数 λ 与延迟角、交流侧（阀侧和网侧）感抗和电流波形有关。

六脉波及以上的变流器，计算总功率因数时，可以只计算位移因数而无显著误差。计算中一般假定三相电压对称且为正弦波。

对于三相晶闸管均匀连接的位移因数，应按 7.2.2 计算确定。

对于额定输出大于 300 kW 的单相设备，三相不均匀联结的设备，以及用程序控制的变流器，应分别规定位移因数的确定方法。

当变流器运行在整流方式时，消耗来自电网系统的有功和无功功率。

当变流器在逆变方式下运行时，它向电网输送有功功率，但仍消耗来自电网的无功功率。

注：许多应用中例如小型 PWM（脉宽调制）传动，带小的电抗器或者没有电抗器时，纹波对总的功率因数影响很大。

7.2.2 计算方法

7.2.2.1 近似计算

变流器所接入的电网情况未能精确知道时，用下列公式可得到近似值：

有功功率 $$P_1 = U_d I_d \qquad (35)$$

表观功率 $$S_1 = U_{di} I_d \qquad (36)$$

位移因数 $$\cos\varphi_1 = P_1/S_1 = U_d/U_{di} \qquad (37)$$

无功功率 $$Q_1 = \sqrt{S_1^2 - P_1^2} \qquad (38)$$

式中：

U_d、I_d——分别为直流输出电压和电流；

U_{di}——理想空载直流电压。

多数情况下，用下式计算位移因数是较为精确的。

$$\cos\varphi_1 = (U_d + U_{T0} + U_{drN} I_d / I_{dN}) / U_{di} \qquad (39)$$

式中：

U_{T0}——阀的门槛电压，V；

U_{drN}——额定输出直流电流下的阻性直流电压调整值，V；

I_{dN}——额定直流电流，A。

7.2.2.2 由重叠角 u 计算位移因数

当计算出变流器的换相重叠角 u 时，位移角 φ_1 用式(12)计算。式中重叠角 u 由下式计算：

$$u = -\alpha + \cos^{-1}\left(\cos\alpha - \frac{2X_T I_d}{\sqrt{3}E_m}\right) \quad \cdots\cdots(40)$$

式中：

X_T——换相电抗值；

E_m——相电压的幅值。

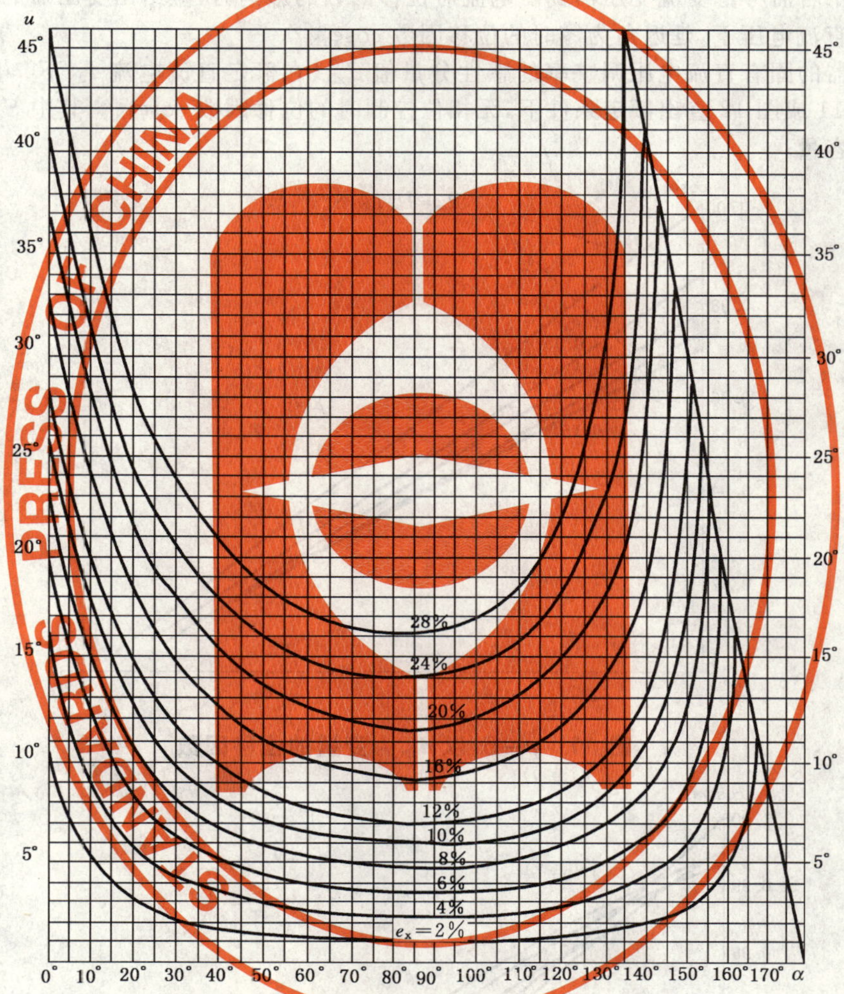

图 10 u、α 和 e_x 关系

如果不考虑电网短路阻抗对换相的影响(当 R_{sc} 大时，这一影响可以忽略)。计算重叠角 u 可只考虑变流变压器、阀侧和网侧电抗器所构成的换相电感，或根据 α 和 e_x 值直接由图 10 查取。其中参变量 e_x 为等值换相电抗压降百分值，可由下式确定：

$$e_x = e_{XN} \cdot \frac{I_d}{I_{dN}} \cdot \frac{K_x}{0.5} \quad \cdots\cdots(41)$$

式中：

e_{XN}——变流变压器的短路电压百分值的感抗分量，可近似地取其短路电压百分值 e。当网侧和阀侧设有附加电抗时，应取附加电抗与变压器的漏抗之和相对应的 e_{XN} 值；

$K_x = d_{xtN}/e_{xN}$——由变流变压器感抗电压引起的直流电压调整率（d_{xtN}）的折算系数，可由GB/T 3859.2—1993的表4直接查取。

7.2.2.3 **精确计算**

a) 原始数据

精确计算位移因数，除应知道变流器本身的有关参数外，还应知道其所接入电网连接点处的短路容量或短路阻抗及其感性和阻性分量。

精确计算位移因数的第一步是计算变流器的固有直流电压调整率的感性分量 d_x。

固有电压调整率的感性分量 d_x 包括变流变压器漏抗、阀侧电抗器和网侧电抗器引起的电压调整率，其计算方法见GB/T 3859.2—1993中5.3.4。

精确计算中若需考虑变流变压器励磁电流对位移因数的影响时，应给出变压器的励磁电流百分值。

b) 额定直流电压下，延迟角为零时的位移因数 $\cos\varphi_{1N}$

根据变流器的固有直流电压调整率的感性分量值 d_{xN}（在额定直流电流 I_{dN} 下），以及短路比 $R_{sc} = S_c/U_{di}I_{dN}$ 由图11或图12查出额定条件下，无相位控制时的位移因数 $\cos\varphi_{1N}$。其中 S_c 为电网在变流器接入处的短路容量。

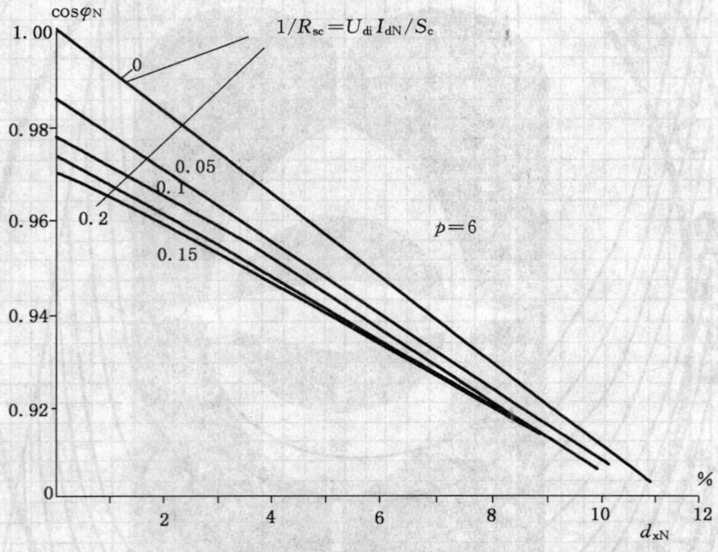

图11 $p=6$，以 d_{xN} 为变量的位移因数

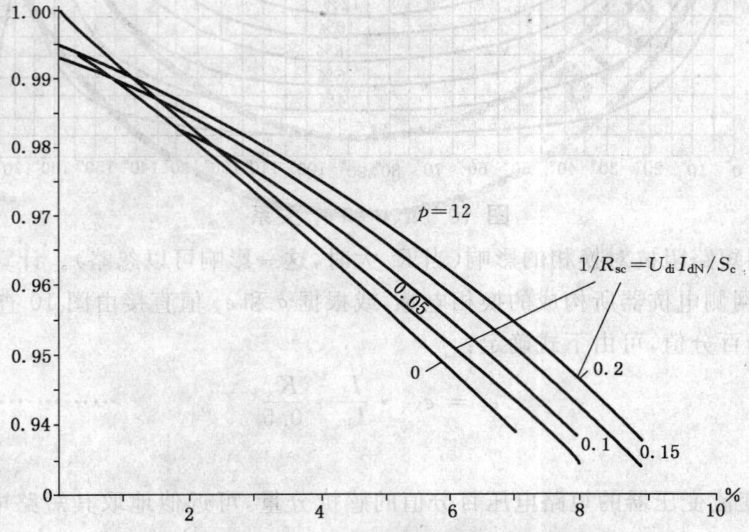

图12 $p=12$，以 d_{xN} 为变量的位移因数

c) 额定直流电流下，延迟角不为零时的位移因数 $\cos\varphi_{1\alpha N}$

整流运行延迟角为 α 时的位移因数：

$$\cos\varphi_{1\alpha N} = \cos\alpha - (1-\cos\varphi_{1N}) \qquad (42)$$

对逆变运行超前角为 β 时的位移因数：

$$\cos\varphi_{1\beta N} = \cos\beta - (1-\cos\varphi_{1N}) \qquad (43)$$

对于逆变器而言，图 11 和图 12 的横坐标表示在额定负载下其感性直流电压的增加，用 U_{di} 的标么值表示。

对于非均一联结，适用下列公式：

$$\cos\varphi_{1\alpha N} = \cos(\alpha/2) - \frac{1-\cos\varphi_{1N}}{\cos(\alpha/2)} \qquad (44)$$

对于延迟角分别为 α_1 和 α_2 的不对称控制，使用下列公式：

$$\cos\varphi_{1\alpha N} = \cos\left(\frac{\alpha_1+\alpha_2}{2}\right) - \frac{1-\cos\varphi_{1N}}{\cos\left(\frac{\alpha_1+\alpha_2}{2}\right)} \qquad (45)$$

d) 非额定直流电流下的位移因数 $\cos\varphi_{1\alpha}$

计算直流电流为 I_d 时的位移因数，只要以实际 I_d 的直流电压调整率的感性直流分量 d_x 代替额定直流电流的 d_{xN}（即 $d_x = d_{xN} I_d / I_{dN}$）作为横坐标值，由图 11 或图 12 查得 I_d 下的位移因数 $\cos\varphi_1$ 按式(42)或式(43)计算相位控制角为 α（或超前角为 β）时，直流电流 I_d 下的位移因数 $\cos\varphi_{1\alpha}$ 或 $\cos\varphi_{1\beta}$，则有：

$$\cos\varphi_{1\alpha} = \cos\varphi - (1-\cos\varphi_1) \qquad (46)$$

$$\cos\varphi_{1\beta} = \cos\beta - (1-\cos\varphi_1) \qquad (47)$$

e) 考虑变流变压器励磁电流的影响时的位移因数 $\cos\varphi_{\alpha\xi}$

考虑变流变压器的励磁电流对位移因数的影响，可由下式修正：

$$\cos\varphi_{\alpha\xi} = \frac{\cos\varphi_\alpha}{\sqrt{\sin\varphi_\alpha + \xi I_{dN}/I_d)^2 + \cos^2\varphi_\alpha}} \qquad (48)$$

式中：

$\cos\varphi_\alpha$——不考虑变压器励磁电流影响的位移因数；

ξ——变压器励磁电流的百分值。

7.2.3 提高变流器功率因数的措施

为了节能和提高供电质量，应尽可能使变流器在较高功率因数下运行。采用外加补偿以提高功率因数的方法见 7.3。改善变流器自身的设计和运行，也可以提高其功率因数。主要措施有：

a) 减少正常运行时的延迟角。不同抗扰等级的变流器允许在电源电压的一定变动范围内运行，例如＋10％～－5％（C 级）或±10％（A 级）。这意味着在正常供电电压时，变流器必须工作在某一延迟角 α 下。如果采用其它措施减小供电电压的波动范围，则可在变流器设计时选取更合适的阀侧交流电压，在正常时以最小 α 运行。

   若变流器需要在很宽输出电压范围内工作，使用有调压设备的变压器，可明显减少其平均无功消耗，从而提高其平均功率因数。

b) 减小变流变压器的漏抗（短路电压百分值）。这意味着可减小变流器的无功消耗，但也使变流器的短路电流增大，因而需要仔细的核算和比较。

c) 采用串级连结的变流器和不对称或顺序控制的方法。

   用两组变流器串级运行，使一组处于最小 α 角下工作（或采用不可控整流器），另一组在整流到逆变状态下工作，从而调节其直流输出。这将显著提高其功率因数。这一方式对容量大、电压较高的变流器是很经济的。

7.3 功率因数补偿

7.3.1 用移相电容器补偿功率因数

7.3.1.1 补偿容量计算

移相电容器一直是最广泛使用的功率因数补偿装置。移相电容只能对变流器的位移因数进行补偿。其补偿容量可由平均位移因数进行计算：

$$Q_c = Q_{avg} - P_{avg}\tan\varphi_{2avg} = P_{avg}(\tan\varphi_{1avg} - \tan\varphi_{2avg}) \quad \cdots\cdots(49)$$

式中：

Q_c——所需补偿容量；

P_{avg}——平均有功功率；

φ_{1avg}——未加补偿时的平均位移因数角；

φ_{2avg}——补偿后的平均位移因数角。

移相电容器补偿功率因数的补偿容量计算实例见附录 C。

7.3.1.2 移相电容器中的谐波电流

考虑图 13 a)所示系统，若忽略其他负荷影响，且认为 $\omega L_s \gg R_s$，则有图 13 b)所示电路。

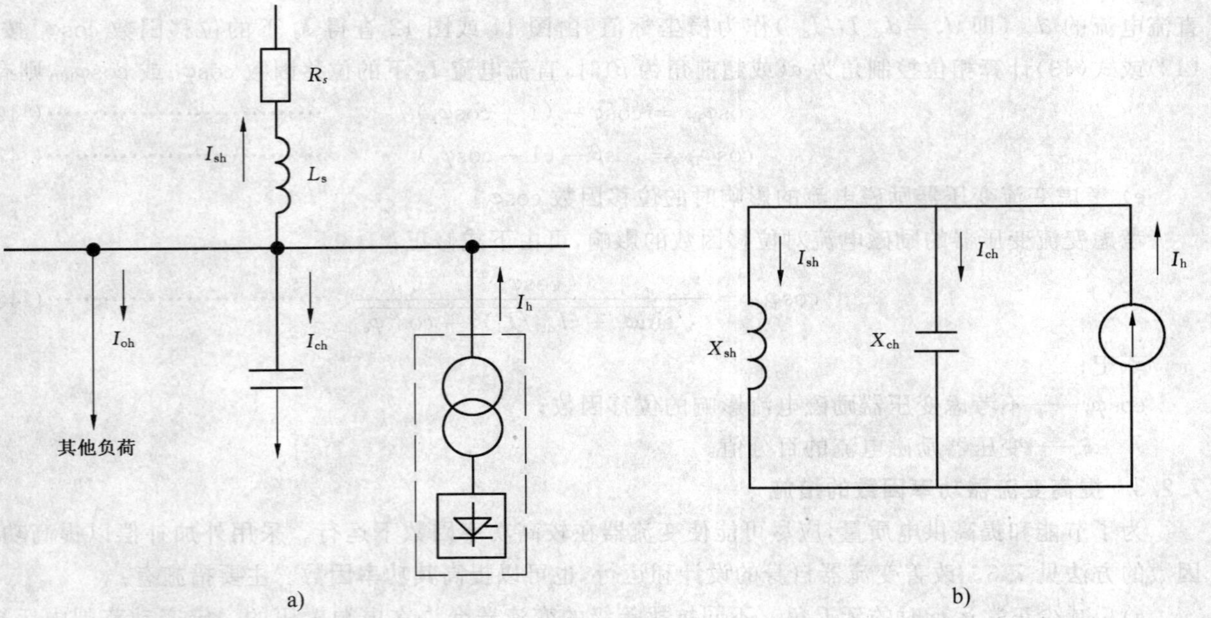

图 13 移相电容器补偿变流器功率因数示意

$I_{ch} = \dfrac{X_{sh}}{X_{sh} - X_{ch}} I_h$，可见，电容器有放大谐波的功能，若电容量选择不当，则可能使电容器过载而损坏。其解决办法是，在电容器支路串联一电抗器，使电容器支路对最低次谐波呈现出感抗，而对基波仍为容抗。有关并联电容器装置的设计，可以参阅 GB 50227—1995。

7.3.2 静止型动态无功补偿装置(SVC)

a) 电容器与反向并联晶闸管控制电抗器的并联补偿方式(即 TCR 装置)如图 14，晶闸管相位控制电抗器使 Q_L 平滑调节，以改变整个系统的补偿容量。如使 $Q_{Lmax} = Q_c$，则补偿容量可以从 0 到 Q_c 之间连续调节。由于相位控制时产生谐波，加之对负荷滤波的需要，一般电容器应分组构成相应次谐波的滤波器。这种装置有较快的反应速度，能适应无功急剧变化及各项无功不平衡的场合，由于技术经济上的优势，目前是高压系统中动态无功补偿的主要型式。

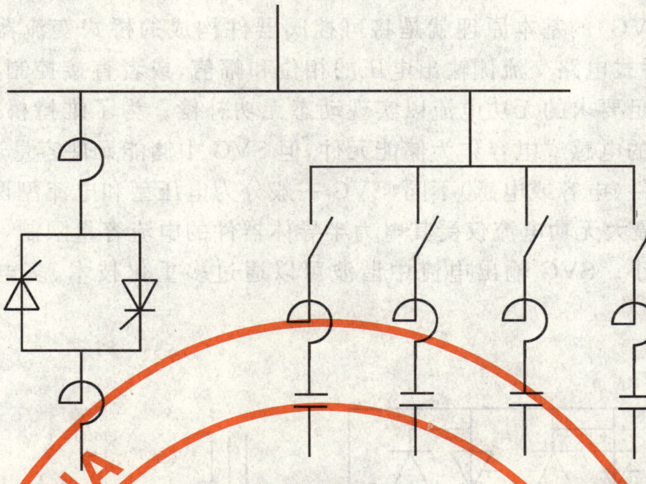

图 14　TCR 型 SVC

b) 晶闸管开关投切电容器组补偿方式(即 TSC 装置)如图 15 所示,晶闸管开关均在电容电压与电网电压相等瞬间接通,因而不产生电流冲击,系统具有反应快,不产生谐波,可分相调节等优点,但只能分级调节。这种装置目前在低压系统用得较多。

图 15　TSC 型 SVC

c) 自饱和式电抗器与电容器并联的无功补偿设备(即 SR 装置),不需要外加控制,当母线电压升高时,饱和电抗器 L 吸收较多的无功电流,使母线电压下降,而当母线电压过低时,饱和电抗器 L 吸收的无功电流减小,从而使母线电压恢复。通常,电容器支路串联一定电抗器,构成各次谐波滤波器。如图 16 所示。这种装置由于体积较大,损耗高,控制性能较差,目前已很少使用。

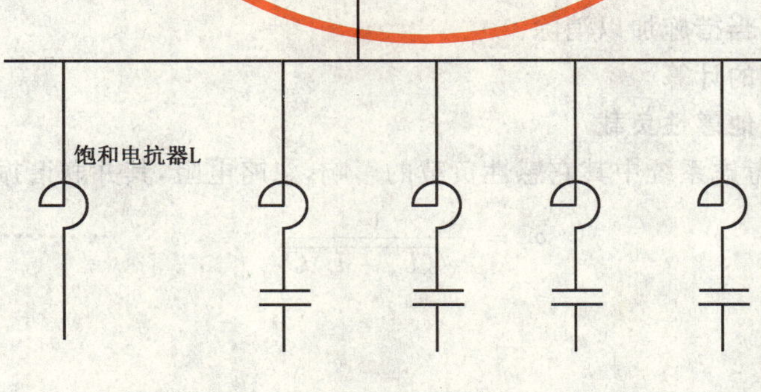

图 16　SR 型 SVC

7.3.3 静止无功发生器(SVG)

静止无功发生器(SVG)的基本原理就是将可控阀器件构成的桥式变流器通过电抗器或直接并联在电网上,适当地调节桥式电路交流侧输出电压的相位和幅值,或者直接控制其交流侧电流,就可以使该装置吸收或者发出满足要求的无功电流以实现动态无功补偿。为了维持桥式变流电路的正常工作,其直流侧需要一定大小的电感或电容作为储能元件,但SVG中储能元件容量远比同容量的SVC中小。根据直流侧采用储能元件(电容或电感)不同,SVG一般分为电压型和电流型两种,如图17所示。分析证明,SVG所能提供的最大无功电流仅受其电力半导体器件的电流容量限制,而传统的SVC,其输出电流随着电压的降低而减小。SVG输出电流中谐波可以通过多重化技术、多电平技术或PWM技术来消除。

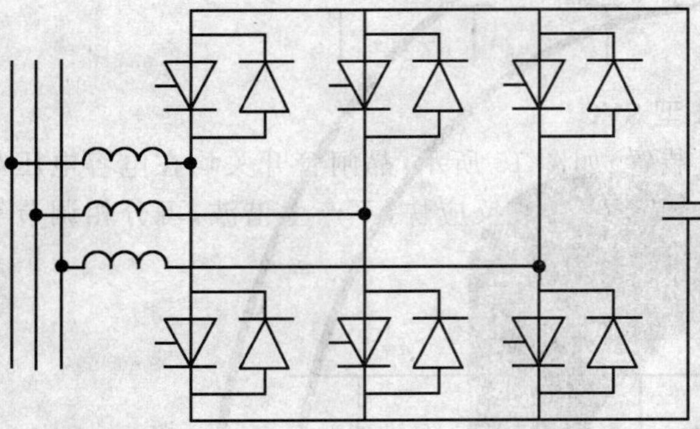

a) 采用电压型桥式电路

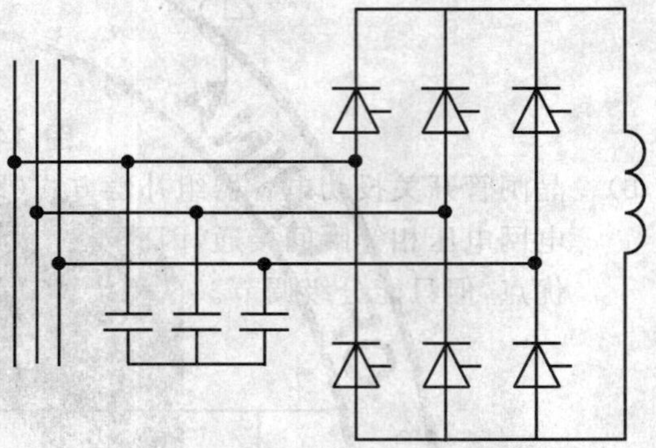

b) 采用电流型桥式电路

图17 SVG的电路基本结构

实际上,由于运行效率的原因,迄今投入使用的SVG大都采用电压型桥式电路,因此SVG往往专指采用可控阀器件的电压型桥式电路作动态无功补偿的装置。

SVG接入电网的连接电抗,其作用是滤除电流中可能存在的较高次谐波,所需的电感值并不大。如果使用降压变压器将SVG接入电网,则还可以利用降压变压器的漏抗,所需的连接电抗器将进一步减小。当然,SVG的控制方法和控制系统显然要比传统SVC复杂。另外,SVG要使用数量较多的大容量可控阀器件,其价格目前仍比SVC使用的普通晶闸管高得多,因此,SVG由于用小的储能元件而具有的总体成本的潜在优势,还有待于随着器件水平的提高和成本的降低来得以发挥。

7.4 并联谐振

在变流器的配电系统中,若采用电力电容器进行无功补偿或采用并联滤波器来抑制谐波等,电容器与系统阻抗间可能在某一谐波频率附近发生并联谐振,导致供电网络结点上谐波电压增大,从而产生电容器过热、电气设备运行情况恶化等后果。因此,在采用补偿电容器或并联滤波器时,必须校验这种谐振发生的可能性,并采取适当措施加以消除。

7.4.1 谐振频率及其影响的计算

7.4.1.1 不考虑系统中其他感性负载

如图18所示系统,不考虑系统中其它感性负载的影响,忽略电阻,其并联谐振角频率 ω_r 为:

$$\omega_r = \frac{1}{\sqrt{(L_s + L)C}} \qquad \cdots\cdots(50)$$

式中:

L_s——电网短路电感;

L——补偿或滤波电容器的串联电感;

C——补偿或滤波电容。

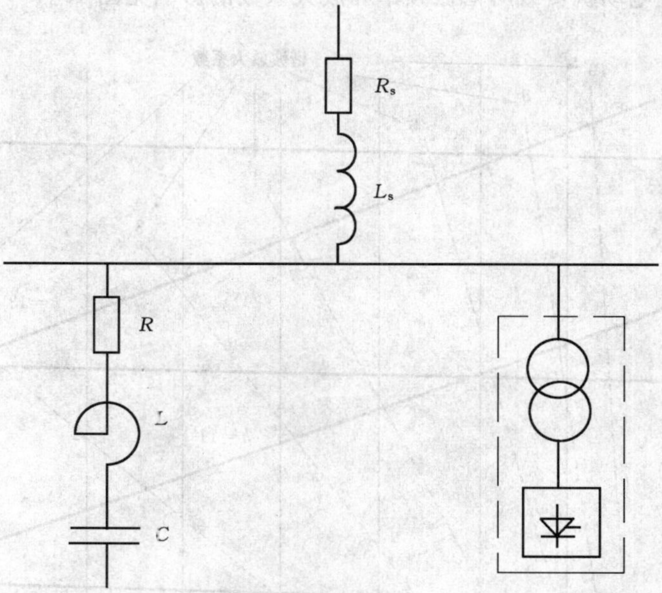

图 18　变流器配电系统中并联谐振的分析电路

若为直接连接在变流器母线上的补偿电容器(即 $L=0,R=0$)，且认为 $\omega_1 L_s \gg R_s$，则有：

$$\omega_r=\frac{1}{\sqrt{L_S C}}\approx\sqrt{\frac{S_c}{Q_c}}\omega_1 \qquad \cdots\cdots(51)$$

或并联谐振谐波次数 h_r 为：

$$h_r=\sqrt{\frac{S_c}{Q_c}} \qquad \cdots\cdots(52)$$

式中：

ω_1——基波角频率；

Q_c——补偿电容器容量；

S_c——系统在变流器母线处的短路容量。

若系统电压在 6 kV 及以上，对多数系统来说，电缆电容不能忽略不计。表 21 数据是根据电缆每千米微法数等于 0.32～0.25(μF/km)计算而得，可以作为估计参考。

表 21　电缆线路的电容功率近似值

系统电压/kV	6	10	20	35	66	110
电容功率/(kvar/km)	3	8	33	110	317	1 019

在谐波次数较高时，公式(51)或(52)计算结果是近似的。

当整个系统在变流器产生的 h 次谐波频率上发生并联谐振时，回路电阻(或损耗)将起阻尼作用。对 h 次谐波电流源来说，其总的 h 次谐波阻抗与 $1/(R_s+R)$ 成正比。一般情况下，R_s 及 R 均较小，故 h 次谐波阻抗很大，使变流器母线上 h 次谐波电压大大增加，因而 h 次谐波的放大系数很大。

7.4.1.2　考虑交流电动机影响

由于交流电动机会显著地改变系统谐波阻抗，因而当系统中有容量较大的交流电机负载时，可用图 19 来确定谐振频率和谐波放大系数。

图中：$R_{sy}=S_c/Q_c$，$R_{MY}=S_M/Q_c$，其中 Q_c 为补偿电容器容量，S_c 为系统短路容量，S_M 为交流电动机容量。由于交流电动机主要吸收有功功率，其等值电阻较大，因而考虑其影响时，谐波放大系数将相应减小。

谐波放大系数实际应用的计算实例见附录 D。

补偿电容器和交流电动机负载对谐振频率和放大系数的影响见图 19。

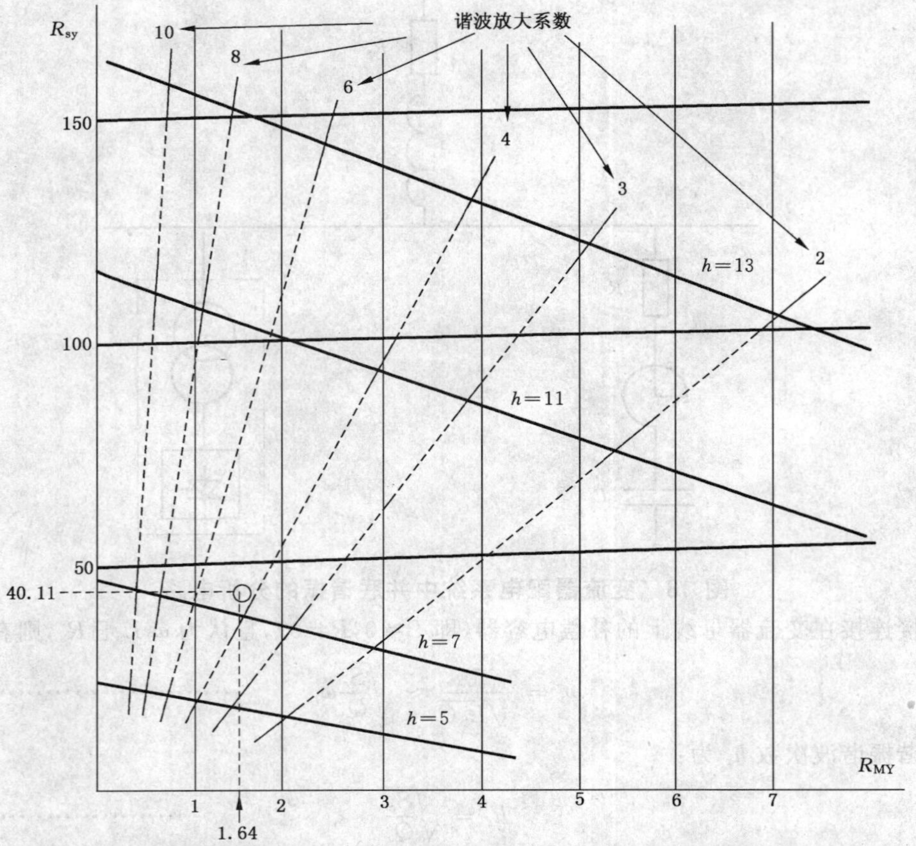

图 19　电容器额定值和交流电动机负载对谐振频率和放大系数的影响

注：只有靠近实线相交的部位适用，虚线部分不适用。

7.4.2　谐振的消除

为了消除谐振，最基本的方法是调节电容器及与电容器串联的电感量，将并联谐振频率降低到变流器所产生的最低次谐波频率以下（如对六脉波变流器，其最低次谐波为 5 次）。

对于补偿电容器来说，当直接接至变流器母线上时，为避免谐振可使所接入的补偿电容器容量大于某一临界电容量 Q_{cmin}，作为一次近似，不考虑其他负载的影响，临界容量为：

$$Q_{cmin} > k\frac{S_{cmax}}{h_{rmin}^2} \qquad (53)$$

式中：

Q_{cmin}——避免在谐波下发生谐振的最小补偿电容器容量；

S_{cmax}——系统在最大运行方式下的短路容量；

h_{rmin}——避免发生谐振的最低次谐波次数；

k——大于 1 的安全系数。

在很多情况下，计算所得的临界补偿容量往往大大超过实际所需要的补偿量。此时可在补偿电容器中串联电抗器，电抗值可由下式确定：

$$X_L = \frac{1.1\square 1.5}{h_{r\min}^2}X_c \qquad (54)$$

式中：

X_L——电抗器的基波电抗值；

X_c——电容器的基波容抗值。

对于六脉波变流器，$h_{rmin}=5$，故 $X_L=(4.5\%\sim6\%)X_c$。

若非特征谐波较大，还应考虑产生非特征谐波的谐振可能性。

8 测量

8.1 概述

畸变电压、电流、功率因数等参数的测量与常用的测量技术不同之处主要在于对测量系统有一定频带宽度的要求。对于波动负荷引起的快速变化电气量(例如电压波动和闪变)，一般对测量系统响应速度和统计功能有较高要求。由于微处理和电子技术的高速发展，目前数字测量技术已得到了广泛应用。本章汇总了相关电气量测量方面的一些基本规定。

8.2 谐波的测量

为了测量变流器注入电力系统的谐波电流及变流器和电力系统连接点的谐波电压，可采用如图 20 所示的测量系统。

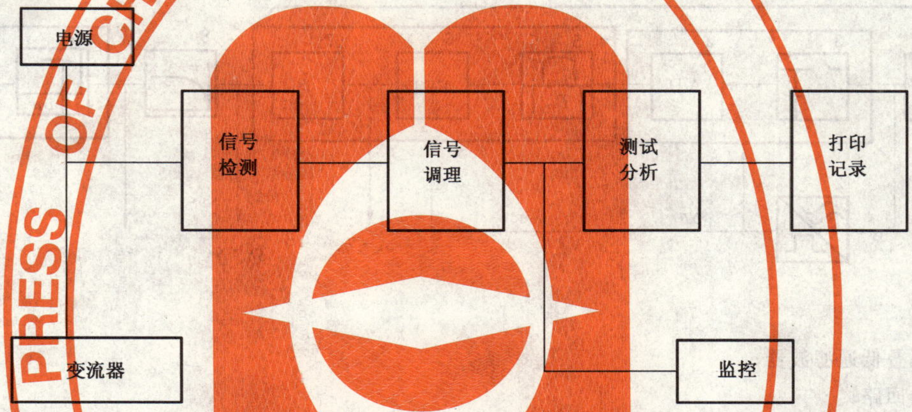

图 20　变流器的谐波测量系统框图

对于三相变流设备，最好对三相谐波电压和谐波电流同时进行测量。如果仪器条件不允许，也可以对三相分别测量。

测量谐波时，整个测量系统需要有足够的带宽，其频率特性的要求，取决于所要测量谐波的最高次数。通常，要测量的谐波次数在 100 次以下，故所测量的频率在 5 kHz 以下。

信号检测部分的作用是取得被测电压信号，只要频率响应特性和转换精度能满足测试要求，不影响被测系统的正常工作，任何电压传感器和电流传感器都可以使用。

信号调理部分的作用是把获得的信号变得能满足测试仪器输入电路的要求。根据具体情况，它可能起放大、分压、电流-电压转换、隔离、滤波等不同作用。

测量分析部分是整个测试系统的核心，可以使用能满足频带和精度要求的各种谐波分析仪或频谱分析仪，如外差式频谱分析仪，快速傅立叶变换(FFT)频谱分析仪(傅立叶分析仪)，或者计算机辅助测量系统。使用傅立叶分析仪和计算机辅助测量系统不仅可以测得谐波的大小，还可以测得谐波的相位。测试分析仪器可以使用通用的谐波(频谱)分析仪，也可以使用电力系统专用的谐波分析仪器。

监控部分的作用是使测试人员观察到被测信号的波形。

如果测试分析部分本身没有打印记录设备，根据测试分析仪器的输出特性配以适当的打印记录设备，如打印机、磁盘、波形记录仪等，可以大大提高测试效率。整个测试系统的连线应采用屏蔽线。

8.2.1 谐波测量仪原理(数字式谐波测量仪)

现代的谐波测量仪一般以微处理机为核心构成，对周期性畸变波形 $f(t)$ 采样，作离散傅立叶变换(DFT)，便可计算此波形各次谐波的余弦系数 a_h 和正弦系数 b_h。设在一周期 T 中采样等间隔次数为

M,则：

$$a_h = \frac{2}{M}\sum_{k=0}^{M-1} f\left(\frac{k}{M}T\right)\cos\left(h\,\frac{2\pi k}{M}\right) \qquad \cdots\cdots(55)$$

$$b_h = \frac{2}{M}\sum_{k=0}^{M-1} f\left(\frac{k}{M}T\right)\sin\left(h\,\frac{2\pi k}{M}\right) \qquad \cdots\cdots(56)$$

各次谐波的幅值：

$$c_h = \sqrt{a_h^2 + b_h^2} \qquad \cdots\cdots(57)$$

相角：

$$\varphi_h = \arctan(a_h/b_h) \qquad \cdots\cdots(58)$$

根据图 21,利用实现离散傅立叶变换的快速算法,即所谓快速傅立叶变换(FFT)的测量仪的组成主要包括：

a) 抗混叠低通滤波器。在对信号进行离散化处理后将会引起混叠效应,因此必须由低通滤波器滤除信号中高于截止频率的频率分量,使得对信号进行采样时满足奈奎斯特(Nyquist)采样定理。

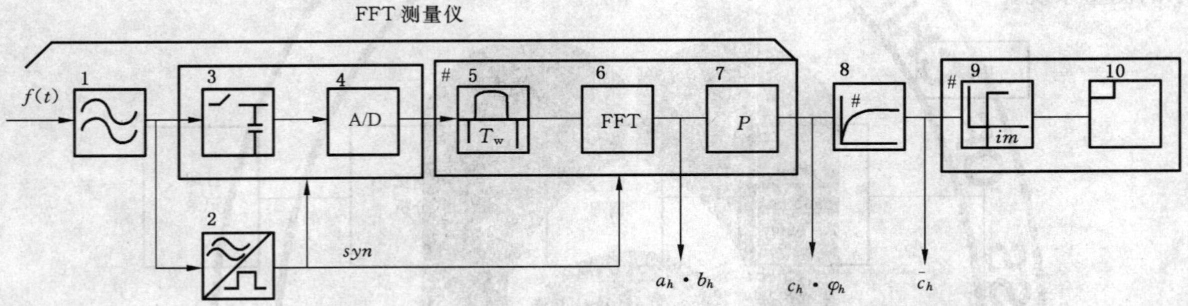

1——抗混叠低通滤波器；
2——同步回路；
3——采样和保持(S/H)；
4——模/数转换器(A/D)；
5——“窗口形状”单元；
6——FFT 处理器；
7——算术处理器；
8——评估暂态谐波单元；
9——可编程分类器；
10——计数器及存储单元。

图 21　数字式测量仪原理框图

b) 同步回路。用于产生同步采样脉冲,由于系统频率经常变化,为保证在被测信号的一个周期 T_1 内等间隔采样 N 点,S/H 和 A/D 的启动脉冲频率 f_s 必须能跟踪系统频率 f_1 的变化,即实现同步采样,保证以下关系成立：

$$f_s = Nf_1$$

该环节是数字测量仪中的重要部分,特别是当窗口形状为矩形窗时,一般通过同步装置使采样频率与基波频率 f_1 严格同步,否则会引起很大的测量误差。

c) 采样和保持。将连续的信号离散化。

d) 模/数转换器。将离散化的信号转换成数字量序列$\{f(kT_1/N)\}$。

e) 窗口形状单元。在对离散信号进行傅立叶变换以前,对采样值进行加权处理的一种特殊对称函数,该函数能形成一“窗口”,将落入“窗口”内的每一个采样值与该函数相乘,性能较好的有矩形函数(矩形窗),$\sin^2 x$ 函数(汉宁窗)等。

f) 快速傅立叶变换处理。完成离散傅立叶变换运算，计算出 a_h、b_h 系数，该功能既可由微机或单片机完成，也可以由专用的 FFT 处理器模块完成。

g) 算术处理单元。由 a_h、b_h 计算出各次谐波的幅值 c_h 和相角。该单元及评估暂态谐波单元、分类存储器及计数器等一般也包括在微机或单片机中。

8.2.2 谐波测量仪的基本技术要求

a) 电压、电流输入回路要求见表 22。

表 22 仪器输入回路技术要求

输入回路	输入量程		输入阻抗	过载能力		波峰[b]因数
	正常输入端[a]	高灵敏度小信号输入端		连续	短时：1 s	
电压输入回路	U_N：115，230，400 V	U_{NS}：0.1 V，1 V，10 V	$U_N \ngtr 3$ VA $U_{NS} \geqslant 10$ kΩ/V	$1.2U_N$	$4U_N$ 或 1 kV	U_N：1.5 $U_{NS} \geqslant 2$
电流输入回路	I_N：0.1，0.2，0.5，1，2.5，16 A	I_{NS}：0.1～1.0 A	A 级 $\ngtr 0.15$ VA B 级 $\ngtr 3$ VA	$1.2I_N$	$10I_N$	I_N：3 $I_{NS} \geqslant 2$
说明	小信号输入端用于外接分压器、分流器等变换器		$I_{NS} \geqslant 10$ kΩ/V	仪器有过负荷指示，上述任何情况下不损坏仪器		

[a] 第一个电压等级用于外接电压互感器，也可采用其他的电压等级，如 U_N 为 100、$100/\sqrt{3}$、$110/\sqrt{3}$，直流输入级可用于直接测量电流，其最后一级亦可取 10 A。

[b] 波峰因数(crest-factor)定义为波形最大值与有效值之比。

表 23 仪器的最大允许测量误差

级别	被测量	条 件	最大允许误差
A	电压	$U_m \geqslant 1\%U_N$	$5\%U_m$
		$U_m < 1\%U_N$	$0.05\%U_N$
	电流	$I_m \geqslant 3\%I_N$	$5\%I_m$
		$I_m < 3\%I_N$	$0.15\%I_N$
B	电压	$U_m \geqslant 3\%U_N$	$5\%U_m$
		$U_m < 3\%U_N$	$0.15\%U_N$
	电流	$I_m \geqslant 10\%I_N$	$5\%I_m$
		$I_m < 10\%I_N$	$0.5\%I_N$

注：表中 U_m、I_m 为测量值，U_N、I_N 为测量仪器各量程的额定输入值。

b) 准确度要求。测量仪器的准确度分为 A、B 级两级，表 23 为制造厂商标明的额定使用条件下(温度、湿度、供电电压等)，测量 2 500 Hz 频率范围内各次稳定谐波的最大允许误差。A 级仪器用于较精确的测量，仪器的相角测量误差不大于 $\pm 5° \cdot h$ 或 $\pm 1° \cdot h$；B 级仪器用于一般测量。

c) 环境要求。仪器在与供电电源的额定电压偏差 ±15%，$THD_u \leqslant 10\%$ 的条件下可正常工作，环境方面的其它要求见导则 GB/T 17626.7—1998 第 11 章。

d) 谐波测量范围。对于 A 级仪器要求可测量 $h=2～50$ 次谐波，并可包括直流分量($h=0$)，对于高于 50 次谐波以上的频率分量($f_h \geqslant 51 \times f_1 = 2.55$ kHz)要求用抗混叠滤波器滤除。

由于所要求测量的最高谐波次数 $h=50$，采样定理要求采样频率不小于被测信号中所含最高频率的两倍：即 $f_s \geqslant 2 \times h \times f_1 = 50$ kHz。一般采用“基 2 的 FFT 算法”，要求 $f_s = 2^j f_1$，j 为正整数，$j \geqslant 7$，即 $f_s \geqslant 2^7 \times f_1 = 6.4$ kHz。其中 $f_s/2$ 成为截止频率，要求抗混叠低通滤波器对高

于截止频率以上的频率至少衰减 50 dB。

e) 窗口宽度。在进行快速傅立叶变换前，需要用一个特殊的对称函数（“窗口形状”）与采样值相乘对窗口 T_w 的采样值进行加权处理。推荐用等同加权的矩形窗和 $\sin^2 x$ 函数的汉宁窗。一般要求窗口宽度 $T_w = w \times T_1$（w 为正整数，T_1 为工频周期）。如果采用矩形窗，采样频率和窗口宽 T_w 应与基波频率 f_1 严格同步，而对汉宁窗不作此要求。但在测量与基波的绝对相位角时，则也要同步。对于测量不同性质的谐波，窗口的宽度和排列方式不相同，见表 24。

表 24　采用 FFT 的测量仪器对窗口的基本要求

谐波的类别	建议的窗口宽度	附加要求
准稳态谐波	$T_w = 0.1 \sim 0.5$ s ($5T_1 \sim 25T_1$)	窗口间有间隔
波动谐波	$T_w = 0.32$ s（矩形窗）($16T_1$)	没有间隔
	$T_w = 0.4$ s～0.5 s（汉宁窗）($20T_1 \sim 25T_1$)	窗口重叠一半
快速变化的谐波	$T_w = 0.08$ s～0.16 s（矩形窗）($4T_1 \sim 8T_1$)	没有间隔

f) 同步误差。为了同步采样，同步回路的频率 f_{syn} 必须跟踪系统频率 f_1，跟踪会产生误差，即 $f_{syn} \neq f_1$，测量稳态谐波时要求

$$|f_{syn} - f_1| / f_1 \leqslant 3 \times 10^{-4} = 0.04\% \qquad (59)$$

如满足上式，则不会对谐波测量结果有影响，对汉宁窗不要求严格的同步。

g) 为了区别暂态现象和谐波，对负荷变化快的谐波，每次测量结果可为 3 s 内所测值的平均值。推荐采用下式计算：

$$U_h = \sqrt{\frac{1}{m}\sum_{k=1}^{m}(U_{hk})^2} \qquad (60)$$

式中：

U_{hk}——3 s 内第 k 次测得的 h 次谐波的方均根值；

m——3 s 内取均匀间隔的测量次数，$m \geqslant 6$。

对于变化慢的谐波测量，不一定需要 3 s 平均。应注意每次采样的窗口应按 5）中规定处理。

h) 间谐波的测量。若在工频的一个周期 T_1 内采样 $N=128$ 点，则采样频率 $f_s = Nf_1 = 2^j f_1$，可测 $N/2$ 次谐波，即可产生 $N/2$ 条频谱线。若采样频率仍为 $f_s = Nf_1$，而采样窗口扩展为 w 个 T_1，即 $T_w = wT_1$，在 T_w 内采样点数为 $M = wN = w2^j$，对 M 点采样信号进行傅立叶变换可得 $w \times N/2$ 次谐波，即得 $w \times N/2$ 条频谱线。

基波次数：$h = w$；

整数次谐波次数：$h = kw$ ($k = 2, 3, 4, \cdots\cdots, N/2$)；

间谐波次数：$h = k + s/w$ ($k = 1, 2, 3, 4, \cdots\cdots, N/2; s = 1, 2, 3, \cdots\cdots, w-1$)。

建议取 $T_w = 0.16$ s，即 8 个工频周期，对间谐波的分辨率为 $f_1/w = 6.25$ Hz。若要提高测量间谐波的分辨率，则应增加窗口宽度。间谐波的测量可以不与被测的间谐波同步。

8.2.3　测量条件及取值

a) 谐波电压（或电流）测量应选择在电网正常供电方式时，可能出现的最小运行方式，且应测到谐波源工作周期中产生的谐波量大的时段（例如：电弧炼钢炉的熔化期）。

当测量点附近安装有电容器组时，应在电容器组的各种运行方式下进行测量。

b) 测量的谐波次数一般为 2～19 次，根据谐波源的特点或测试分析结果，可以适当变动谐波次数测量的范围。

c) 对于负荷变化快的谐波源（例如：炼钢电弧炉、晶闸管变流设备供电的轧机、电力机车等），测量的间隔时间不大于 2 min，测量次数应满足数理统计的要求，一般不少于 30 次。

对于负荷变化慢的谐波源（例如：化工整流器、直流输电换流站等），测量间隔和持续时间不作规定。

d) 谐波测量的数据应取测量时段内各相实测量值的 95%概率值中最大的一相值，作为判断谐波是否超过允许值的依据。

但对负荷变化慢的谐波源，可选取五个接近的实测值，取其算术平均值。

注：为了实用方便，实测值的 95%概率值可按下述方法近似选取：将实测值按由大到小次序排列，舍弃前面 5%的大值，取剩余实测值中的最大值。

8.2.4 传感器的准确度

在测量的频率范围内，仪用互感器、电容式分压器等谐波传感设备应有良好的频率特性，其引入的幅值误差不应大于 5%，相角误差不大于 5°。在没有确切的频率响应误差特性时，电流互感器和低压电压互感器用于 2 500 Hz 及以下频率的谐波测量；6 kV～110 kV 电磁式电压互感器可用于 1 000 Hz 及以下频率测量；电容式电压互感器不能用于谐波测量。在谐波电压测量中，对谐波次数或测量精度有较高需要时，应采用电阻分压器(U_N<1 kV)或电容式分压器(U_N≥1 kV)。

8.3 闪变的测量

8.3.1 闪变仪的原理

根据 IEC 61000-4-15 制造的 IEC 闪变仪是目前国际上通用的测量闪变的仪器，有模拟式的也有部分或全部是数字式两种结构，其简化原理框图如图 22 所示。

图 22 IEC 闪变仪模型的简化框图

框 1 为输入级，它除了用来实现把不同等级的电源电压(从电压互感器或输入变压器二次侧取得)降到适用于仪器内部电路电压值的功能外，还产生标准的调制波，用于仪器的自检。框 2、3、4 综合模拟了灯-眼-脑环节对电压波动的反应。其中框 2 对电压波动分量进行解调，获得与电压变动成线性关系的电压；框 3 的带通加权滤波器反应了人对 60 W 230 V 钨丝灯在不同频率的电压波动下照度变化的敏感程度，通频带为 0.05 Hz～35 Hz；框 4 包含一个平方器和时间常数为 300 ms 的低通滤波器，用来模拟灯-眼-脑环节对灯光照度变化的暂态非线性响应和记忆效应。框 4 的输出 $S(t)$ 反映了人的视觉对电压波动的瞬时闪变感觉水平，如图 23 a)所示，可对 $S(t)$ 作不同的处理来反映电网电压引起的闪变情况。进入框 5 的 $S(t)$ 值是用累积概率函数 CPF 的方法进行分析。在观察期内(10 min)，对上述信号进行统计。图中为了简明起见，分为 10 级。以第 7 级为例，由图 23 a)，$T_7=\sum_{i=1}^{5} t_i$，用 CPF_7 代表 S 值处于 7 级(或 1.2～1.4 p.u.)的时间 T_7 占观察时间的百分数，相继求出 CPF_i(i=1～10)即可作出图 23 b) CPF 曲线。实际仪器分级数应不小于 64 级。

由 CPF 曲线获得短时间闪变值：

$$P_{st}=\sqrt{0.031\,4P_{0.1}+0.052\,5P_1+0.065\,7P_3+0.28P_{10}+0.08P_{50}} \quad\cdots\cdots(61)$$

式中：$P_{0.1}$、P_1、P_3、P_{10}、P_{50} 分别为 CPF 曲线上等于 0.1%、1%、3%、10%、50%时间的 $S(t)$ 值。

长时间闪变值 P_{lt} 由测量时间段内包含的短时间闪变值计算获得：

$$P_{lt}=\sqrt[3]{\frac{1}{n}\sum_{j=1}^{n}(P_{stj})^3} \quad\cdots\cdots(62)$$

式中：

n——长时间闪变值测量时间内所包含的短时间闪变值个数；

P_{st} 和 P_{lt} 由图 21 框 5 输出。

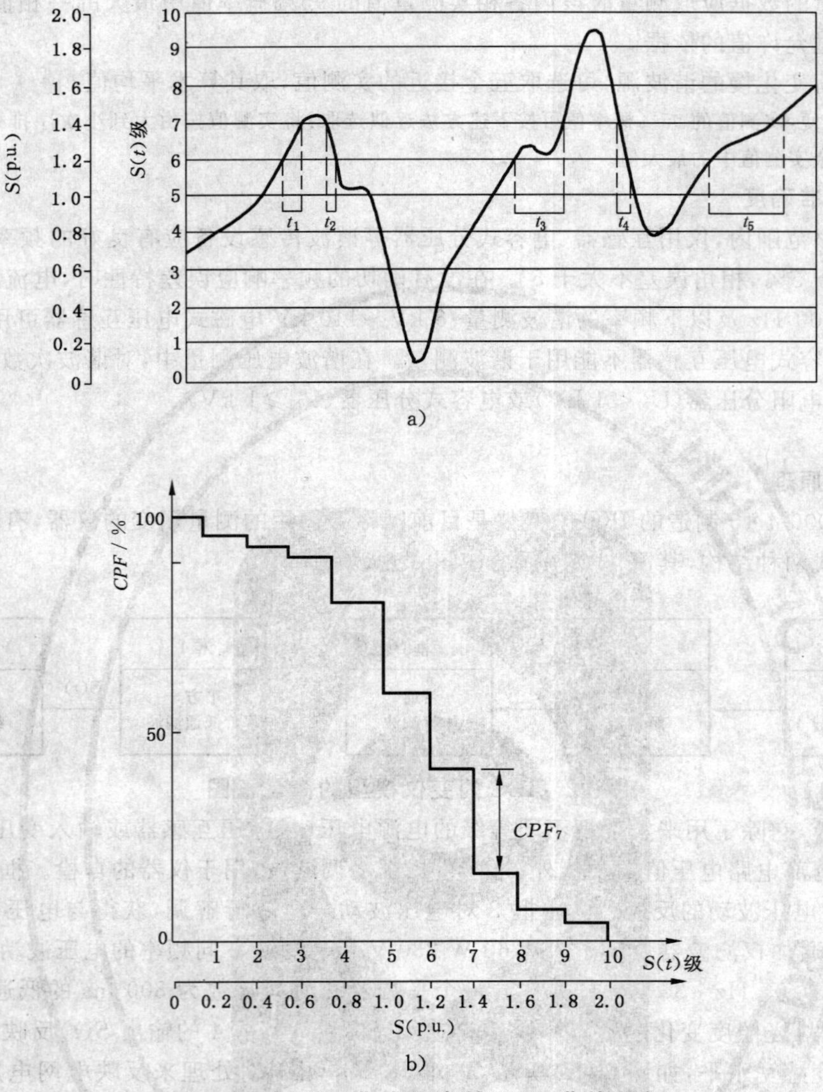

图 23　由 $S(t)$ 曲线作出的 CPF 曲线示例

8.3.2　测量条件及取值

a)　电压变动值 d、短时间闪变值 P_{st} 和长时间闪变值 P_{lt} 指的是电力系统正常运行的最小方式下，波动负荷变化最大工作周期的实测值。例如：炼钢电弧炉至少应测量熔化期；轧机应测到最大轧制负荷周期；三相负荷不平衡时应在三相测量值中取最为严重的一相的值。

注 1：对于三相等概率波动的负荷可以任意选取一相测量。

注 2：设计所取的短路容量可以用投产时系统最大短路容量乘系数 0.7。

b)　对于随机性不规则的电压波动，电压变动实测值应不少于 50 个，以 95% 概率大值作为判断依据。短时间闪变值测量周期取为 10 min，每天(24 h)不得超标 7 次(70 min)；长时间闪变值测量周期取为 2 h，每次均不得超标。

注：95% 概率大值指的是将实测值按由大到小次序排列，舍弃前面 5% 的大值，取剩余的实测值中最大值。

8.4　不平衡度的测量

8.4.1　测量仪构成原理

对于测量有零序分量的三相系统，应用对称分量法，分别求出正序分量和负序分量：设三相相量为 $\dot{A}$、$\dot{B}$、$\dot{C}$，则正序分量：$\dot{A}_1=\frac{1}{3}(\dot{A}+a\dot{B}+a^2\dot{C})$，$\dot{B}_1=a^2\dot{A}_1$，$\dot{C}_1=a\dot{A}_1$；

负序分量：$\dot{A}_2=\frac{1}{3}(\dot{A}+a^2\dot{B}+a\dot{C})$，$\dot{B}_2=a\dot{A}_2$，$\dot{C}_2=a^2\dot{A}_2$；

零序分量：$\dot{A}_0=\dot{B}_0=\dot{C}_0=\frac{1}{3}(\dot{A}+\dot{B}+\dot{C})$

式中：

a——旋转算子，$a=e^{j120°}=-\frac{1}{2}+j\frac{\sqrt{3}}{2}$，$a^2=e^{j240°}=-\frac{1}{2}-j\frac{\sqrt{3}}{2}$。

由 A_1、A_2 根据 3.14 定义即可求出不平衡度 ε。

对于测量没有零序分量的三相系统，当已知三相量值 A、B、C 时，用下式即可求得不平衡度：

$$\varepsilon=\sqrt{\frac{1-\sqrt{3-6L}}{1+\sqrt{3-6L}}}\times 100(\%) \quad \cdots\cdots(63)$$

式中：　$L=(A^4+B^4+C^4)/(A^2+B^2+C^2)^2$

8.4.2　测量仪的基本技术要求

a)　不平衡度测量仪器每次测量，一般按 3 s 方均根取值，推荐按下式计算：

$$\varepsilon=\sqrt{\frac{1}{m}\sum_{k=1}^{m}\varepsilon_k^2} \quad \cdots\cdots(64)$$

式中：

ε_k——在 3 s 内第 k 次测得的不平衡度；

m——在 3 s 内均匀间隔取值次数（$m\geqslant 6$）。

b)　仪器的电压不平衡度测量的绝对误差不超过 0.2%；电流不平衡度测量的绝对误差不超过 1%。

8.4.3　测量条件及取值

a)　本标准中 ε 值指的是在电力系统正常运行的最小方式下负荷所引起的电压不平衡度为最大的生产(运行)周期中的实测值。例如炼钢电弧炉应在融化期测量；对于日波动负荷，可取典型日 24 h 测量。

b)　本标准规定的正常 ε 允许值，对于波动性较小的场合，应和实测的五次接近数值的算术平均值对比；对于波动较大的场合，应和实测值的 95% 概率值对比，以判断是否合格。其短时允许值是任何时刻均不能超过的限值。对于日波动负荷，应按日累计超标时间不超过 72 min，且每 30 min 中超标时间不超过 5 min 来判断。

8.5　功率因数测量

8.5.1　瞬时总功率因数的测量

测量瞬时总功率因数，由于谐波电流和电压的存在，一般不使用感应式仪表而使用电动式仪表，以减少测量误差。使用功率因数表所测得的结果，通常不是总功率因数，而接近于位移因数 $\cos\varphi_1$。一般可以组合使用功率表、电流表和电压表，测得有关参数后，计算瞬时总功率因数，即：

$$\lambda=\frac{P}{U_aI_a+U_bI_b+U_cI_c} \quad \cdots\cdots(65)$$

式中：

λ——总功率因数；

P——三相总有功功率；

U_a、U_b、U_c——所测得的相电压；

I_a、I_b、I_c——所测得的相电流。

在网侧电压严重偏离正弦波（畸变）时，上式计算结果介于总功率因数 λ 和位移因数 $\cos\varphi_1$ 之间。

8.5.2 平均功率因数的测量

变流器月平均功率因数一般依据有功和无功电度表的记录得到。

目前，有功和无功电度表多为感应式仪表，不能反映谐波无功功率，因此在电网电压波形畸变较大时，误差较大，应予以注意。

8.6 换相缺口测量

换相缺口在低压配电系统中比较明显，因而测量主要在低压母线上进行。

测量换相缺口的仪器应有足够的带宽要求。对低压配电系统，电压取样可采用分压器或直接使用示波器的探头。可选用具有单次扫描的记忆示波器，其频率响应应在 25 MHz 以上。

必须注意测量仪器的电位隔离问题，以确保人身和设备安全。

在设计和估计阶段，往往需要知道变流器所接入的的电源系统的内阻抗（等值电感），以便估计接入变流器后可能引起的换相缺口及电压畸变。等值内阻抗可由其他试验（例如测量某一设备空载时的母线电压和在一定负载电流时的母线电压降，以及电流和电压间的相位差）的数据计算，也可以由图 24 的测量结果计算出来。

$$L_s = \frac{\Delta U_N}{U_{LN} - \Delta U_N} L_1 \qquad \cdots\cdots (66)$$

式中：

L_s——电源系统的等值电感（内阻抗）；

U_{LN}——峰值电压；

ΔU_N——电压缺口深度；

L_1——附加的已知电感。

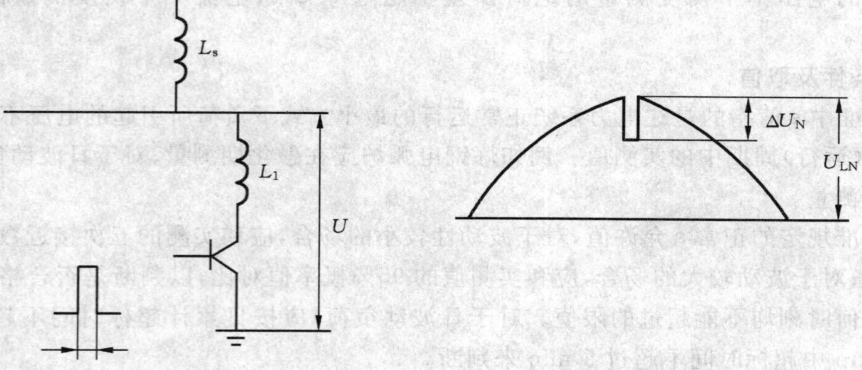

图 24 换相缺口的测量

附 录 A
（资料性附录）
按限制电压波动要求计算最小短路比 R_{sc} 及短路容量的计算实例

工厂 10 kV 母线上接有一台大型直流传动用变流器，在重载启动时的最大表观功率 $S_{1Lmax}=U_{di}I_{dmax}=2$ MVA，且其对应的最低功率因数 $\cos\varphi=0.072$。为了使母线电压在变流器工作时的波动不超过 8%，10 kV 母线的最小短路容量 S_{cmin} 计算如下：

设系统：

$$\frac{X_C}{R_C}=10;\arctan\frac{X_C}{R_C}=84.29°;$$

$$\cos\varphi=0.072;\varphi=85.87°;\cos(\arctan\frac{X_C}{R_C}-\varphi)\approx 1;$$

则：

$$R_{scmin}=\frac{S_{c\,min}}{S_{1Lmax}}=1/\frac{\Delta U}{U}=1/0.08=12.5$$

$$S_{c\,min}>S_{1Lmax}\times 12.5=25\ \text{MVA}$$

附 录 B
（资料性附录）
兼容性的估计

图 B.1 所示的配电系统给出了有关数据，由图 B.1 可计算出有关元器件及电网各点的短路容量，如表 B.1 所示。

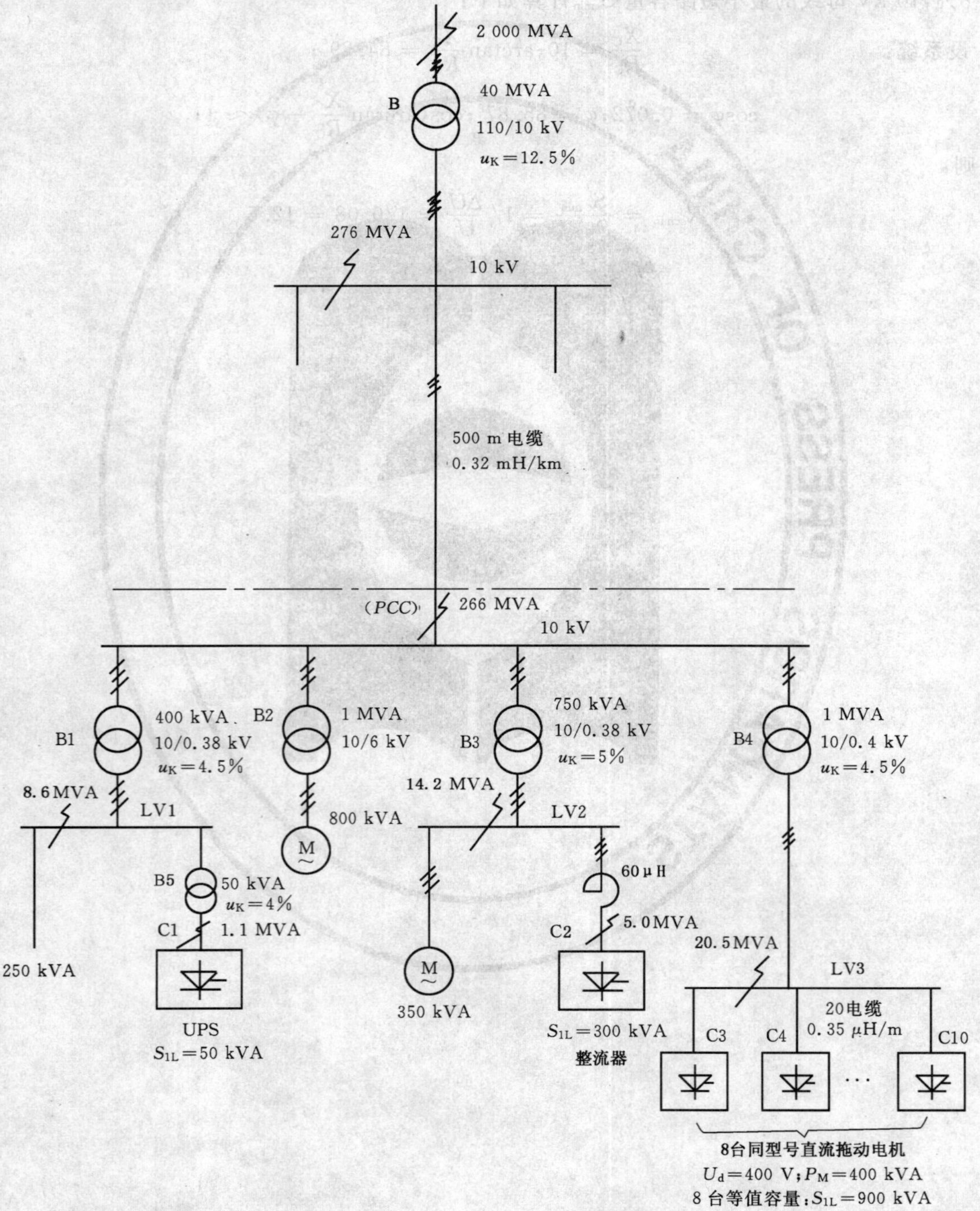

图 B.1

表 B.1

元器件短路容量计算/MVA			网络各点短路容量/MVA		
变压器 B1	100×0.4/4.5	8.89	LV1 母线处	266×8.89/(266+8.89)	8.6
变压器 B5	100×0.05/4	1.25	C1 端子处	8.6×1.25/(8.6+1.25)	1.1
变压器 B3	100×0.75/5	15	LV2 母线处	266×15/(266+15)	14.2
60 μH 电抗器	0.38×0.38/2×3.14×50×60×10^{-6}	7.66	C2 端子处	14.2×7.66/(14.2+7.66)	5.0
变压器 B4	100×1.0/4.5	22.22	LV3 母线处	266×22.22/(266+22.22)	20.5
8 根 20 m 电缆	8×0.4×0.4/2×3.14×50×0.35×20×10^{-6}	582	等值 C3-C10 端子处	20.5×582/(20.5+582)	19.8

B.1 变流器初步选型

假定图 B1 中 LV1 为高质量供电母线；LV2 为一般工厂内部配电母线；LV3 为变流器专用母线。据此初步选定变流器的抗扰等级如下：

——变流器 C1　　C 级

——变流器 C2　　B 级

——变流器 C3～C10　　A 级

B.2 电压波动计算

B.2.1 LV3 母线上电压波动计算

8 台同型号直流拖动电机，$U_d=400$ V；$P_M=400$ kW，设其负载的非周期系数为 0.8，则同期系数为 0.2，总有功功率为：

$P_{1L}=8\times400\times0.2=640$ kW

设：变流器为三相桥式联结，由 7.2.2.1 中的式(37)计算可得其位移因数：

$$\cos\varphi=\frac{U_d}{U_{di}}=\frac{400}{1.35\times400}=0.71$$

因而，8 台变流器总等值容量为：

$$S_{1LM}=\frac{P_{1L}}{\cos\varphi}=\frac{640}{0.71}=900\ \text{kVA}$$

设电机加速时，工作于 $2.0I_{dN}$ 下，且此时 $\cos\varphi=0.1$，并取 $X_c/R_c=8$，则

$$S_{1LM}=2.0S_{1L}=1.8\text{MVA},\cos(\arctan\frac{X_c}{R_c}-\varphi)=0.999$$

查表 B1 得 LV3 母线上短路容量 $S_c=20.5$ MVA，所以：

$$\frac{\Delta U}{U}=\frac{S_{1LM}}{S_c}\cos(\arctan\frac{X_c}{R_c}-\varphi)=\frac{1.80}{20.5}\times0.999\times100\%=8.8\%$$

B.2.2 LV2 母线上电压波动计算

设 C2 变流器负载比较稳定，它和串联电抗总的功率因数为 0.75。又设交流电动机最大负载为 350 kVA，功率因数为 0.75，所以，LV2 上的最大负载及功率因数为：

$P=300\times0.75+350\times0.75=487.5$ kW

$Q=300\times\sqrt{1-0.75^2}+350\times\sqrt{1-0.75^2}=430$ kvar

$S_{1LM}=\sqrt{P^2+Q^2}=650$ kVA

$\cos\varphi=0.75$

取系统的 $X_c/R_c=8$，则：$\cos(\arctan\frac{X_c}{R_c}-\varphi)\approx 0.75$

查表 B1 得 LV2 母线上短路容量 $S_c=14.2$ MVA，所以：

$$\frac{\Delta U}{U}=\frac{S_{1LM}}{S_c}\cos(\arctan\frac{X_c}{R_c}-\varphi)=\frac{0.65}{14.2}\times 0.75\times 100\%=3.4\%$$

如果考虑到电机启动，则短路电压波动计算如下：

设：电机起动时过负荷系数为 3.0，功率因数为 0.25（轻载降压起动），则：

$P=300\times 0.75+350\times 3\times 0.25=487.5$ kW

$Q=300\times\sqrt{1-0.75^2}+350\times 3\sqrt{1-0.25^2}=1\,215$ kvar

$S_{1LM}=\sqrt{P^2+Q^2}=1\,309$ kVA

$\cos\varphi=0.37$

取 $X_c/R_c=8$，则：$\cos(\arctan\frac{X_c}{R_c}-\varphi)\approx 0.967$

$$\frac{\Delta U}{U}=\frac{1.309}{14.2}\times 0.967\times 100\%=8.9\%$$

B.2.3 LV1 母线上电压波动计算

由于 LV1 母线上负载比较稳定，并设 250 kVA 负载及变流器 C1 的功率因数均为

$\cos\varphi=0.75$，则：

$S_{1L}=0.25+0.05=0.3$ MVA；

$\cos\varphi=0.75$；

若取 $\frac{X_c}{R_c}=8$；查表 B1 得 LV1 母线上短路容量 $S_c=8.6$ MVA；

则：$\cos(\arctan\frac{X_c}{R_c}-\varphi)\approx 0.75$

所以：$\frac{\Delta U}{U}=\frac{0.3}{8.6}\times 0.75\times 100\%=2.6\%$

B.2.4 10 kV 电压母线上电压波动计算

已知条件列在表 B.2 中。

表 B.2

名称	容量/MVA	$\cos\varphi$	P/MW	Q/Mvar	S_{1LM}/MVA
LV1 母线上	0.3	0.75	0.225	0.198	
LV2 母线上	0.65	0.75	0.487 5	0.429	
LV3 母线上	1.8	0.1	0.18	1.791	
800 kV 电机	0.8	0.75	0.6	0.529	
合计		0.452	1.492 5	2.947	3.303

即：$S_{1LM}=3.303$ MVA；$\cos\varphi=0.452$

取 $\frac{X_c}{R_c}=8$；10 kV 母线上的短路容量 $S_c=266$ MVA；

则：$\cos(\tan^{-1}\frac{X_c}{R_c}-\varphi)\approx 0.94$

所以：$\frac{\Delta U}{U}=\frac{3.303}{266}\times 0.94\times 100\%=1.17\%$

由以上计算结果可见，各级母线上的电压波动均在所选变流器的极限范围之内。

B.3 谐波电压计算

在初始计算变流器对电网的影响时，不考虑设置补偿电容器和滤波器，因为 $THD_U \propto 1/R_{sc}$，所以可利月表 2 进行计算。

B.3.1 变流器 C1 在 LV1 母线及 10 kV 母线上产生的谐波电压

LV1 母线上：$R_{sc}=\frac{8.6}{0.05}=172$

查表 2：当 $R_{sc}=231$ 时，$THD_U=1\%$

所以，LV1 母线上：$THD_U=\frac{231\times 1\%}{172}=1.34\%$

10 kV 母线上：$THD_U=\frac{8.6}{266}\times 1.34\%=0.04\%$

B.3.2 变流器 C2 在 LV2 母线及 10 kV 母线上产生的谐波电压

LV2 母线上：$R_{sc}=\frac{14.2}{0.3}=47.3$

所以，LV2 母线上：$THD_U=\frac{231\times 1\%}{47.3}=4.88\%$

10 kV 母线上：$THD_U=\frac{14.2}{266}\times 4.88\%=0.26\%$

B.3.3 变流器 C3～C10 在 LV3 母线及 10 kV 母线上产生的谐波电压

LV3 母线上：$R_{sc}=\frac{20.5}{0.9}=22.8$

所以，LV3 母线上：$THD_U=\frac{231\times 1\%}{22.8}=10.13\%$

10 kV 母线上：$THD_U=\frac{20.5}{266}\times 10.13\%=0.78\%$

所以最严重情况下，10 kV 母线上总谐波电压

$THD_U=(0.04+0.26+0.78)\%=1.1\%$

从计算结果可见，各母线上总谐波电压基本上都满足电网及变流器本身的要求（只有 LV3 母线上 $THD_U=10.13\%$ 略大于规定值 10%）。

B.4 换相缺口参数计算

B.4.1 缺口深度计算

设变流器 C1、C2、C3～C10 端子处缺口深度均为 100%，则各母线上缺口深度为：

LV1 母线上：$\Delta U_N=\frac{1.1}{8.6}\times 100\%=12.8\%$

LV2 母线上：$\Delta U_N=\frac{5.0}{14.2}\times 100\%=35.2\%$

LV3 母线上：$\Delta U_N=\frac{19.8}{20.5}\times 100\%=96.6\%$

B.4.2 缺口面积计算

按 4.3.1.1 条中的式(24)计算如下：

LV1 母线上：$A_E=\frac{57.28}{172}\times 100=33$（C 级变流器）

LV2 母线上：$A_E=\frac{57.28}{47.3}\times 100\approx 120$（B 级变流器）

LV3 母线上：$A_E = \frac{57.28}{22.8} \times 100 = 251$（A 级变流器）

从所得结果可见，只有 LV1 母线上的换相缺口面积超过了 C 级变流器所允许的极限值，其他基本都满足要求。最简单的办法就是将 C1 改为 B 级变流器。

在图示网络结构（没有补偿电容器以及滤波器）和参数下，其他变流器均能与电网兼容。

附 录 C
（资料性附录）
移相电容器补偿容量的计算

某大型直流传动用变流器负载的典型工作制中一个工作循环（总持续时间 $\Sigma t=11.5$ s）内的无功功率和有功功率消耗如表 C.1 所示。

表 C.1

项目名称	等加速	稳　态	等减速
t/s	5	2	4.5
Q/Mvar	36	12.2	21.4
P/MW	18.5	13.9	−7.06

其一个周期平均的有功和无功消耗为：

$Q_{avg}=(36\times5+12.2\times2+21.4\times4.5)/11.5=26.15$ Mvar

$P_{avg}=(18.5\times5+13.9\times2-7.06\times4.5)/11.5=7.7$ MW

若要求将平均位移因数 $\cos\varphi_{avg}$ 补偿到 0.928，则所需补偿容量 Q_c 为：

$\tan\varphi_{avg1}=\dfrac{Q_{avg}}{P_{avg}}=26.2/7.7=3.4$

$\tan\varphi_{avg2}=\tan(\cos^{-1}0.928)=0.4$

所以：$Q_c=P_{avg}(\tan\varphi_{avg1}-\tan\varphi_{avg2})=23.1$ Mvar

附　录　D
（资料性附录）
有交流电动机负载时谐波放大系数的计算

有交流电动机负载时谐波放大系数的计算示例如图 D.1 所示。

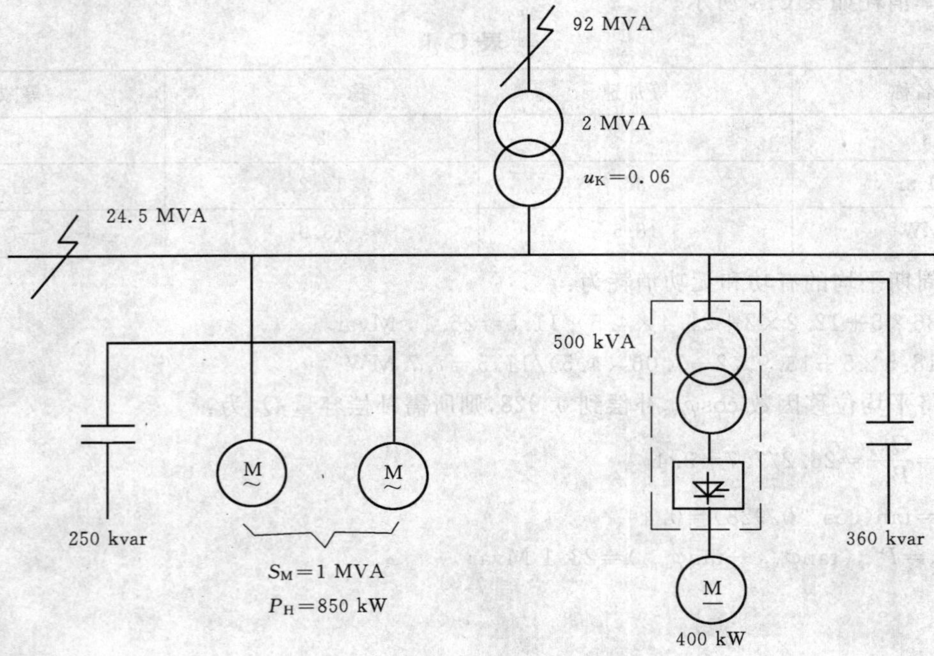

图 D.1

电网短路容量 92 MVA；电源变压器 2 MVA，20/0.4 kV，$u_k=0.06$；

工厂 400 V 母线处的短路容量：$S_c=24.5$ MVA。

交流电动机负载：1 MVA（总容量 850 kW，$\cos\varphi_N=0.85$）；

变流器负载：500 kVA（直流电动机 400 kW）。

补偿电容器容量：

　　交流电动机：250 kvar；变流器：360 kvar；

　　共计：$Q_c=250+360=610$ kvar

未考虑交流电动机对谐振影响时的谐振次数：

$h_r=\sqrt{S_c/Q_c}=\sqrt{24.5/0.61}=6.34$

考虑交流电动机对谐振影响时的谐振次数，由坐标

$R_{MY}=S_M/Q_c=1/0.61=1.64$

$R_{SY}=S_c/Q_c=24.5/0.61=40.11$

由图 19 查得此时谐振发生的次数接近于 7，此时放大倍数约为 4。

由 $R_{sc}=24.5/0.5=49$，根据表 2（$p=6$）得到 $THD_U=5\%$，母线处第 7 次谐波电压约为 2%，则在上述电动机负载和补偿情况下，由于谐波电流放大作用，第 7 次谐波电压将为 $4\times2\%=8\%$，从而超过了电网允许极限。

ICS 10.040
F 80

GB

中华人民共和国国家标准

GB/T 10263—2006
代替 GB/T 10263.1～10263.10—1988

核辐射探测器环境条件与试验方法

Environmental conditions and test procedures for nuclear radiation detectors

2006-03-02 发布　　　　2006-08-01 实施

中华人民共和国国家质量监督检验检疫总局
中国国家标准化管理委员会　发布

前言

本标准是对国家标准 GB/T 10263.1～10263.10—1988《辐射探测器环境试验基本要求与方法》(以下简称原标准)的全面修订,并代替原标准。

本标准在原标准文本的基础上,总结原标准贯彻、实施的经验,并结合十几年来核辐射探测技术的进步和产品的发展进行编写。

本标准修订遵循的指导思想是突出核辐射探测器(以下简称探测器)的环境条件与试验方法的特殊性,在环境条件的严酷等级和环境参数以及相应的试验方法等方面实现与国际接轨。

探测器是核仪器系统探测和测量核辐射的部件,它也可以是独立设计、生产、试验、检验和销售的产品,同一产品的使用环境非常广泛,不同产品之间差别极大。特别是有些探测器对温度变化极为敏感,有些探测器在环境变化时容易受损等。当探测器与核仪器在相同环境下工作时,其严酷等级应高于核仪器;特别是探测器所处的环境条件通常更严酷和更复杂,包括反应堆堆芯、井下、水下等特殊使用环境,可能要经受高核辐射、高气压、水压等环境条件。

由于探测器使用环境的特殊性,本标准将其环境条件分为基本环境条件和可选环境条件,而将其严酷等级分为 A～F 共 6 级。每个等级的环境参数考虑了探测器各类应用环境的需要。A 级～E 级的气候环境、机械环境、机械活性物质、化学活性物质和生物条件的环境参数主要选自 GB/T 4796—2001《电工电子产品环境参数分类及其严酷程度分级》(idt IEC 60721-1:1990),并符合 GB/T 4798《电工电子产品应用环境条件》(IEC 60721-3)(共 10 部分)关于应用环境条件分类和分级的规定;但充分考虑了探测器的特殊适用性。而核辐射照射和光效应的环境参数则按原标准适当修改。F 级的环境参数则留给产品标准等技术文件另行规定。

本标准的试验方法符合 GB/T 2421—1999《电工电子产品环境试验 第 1 部分:总则》(idt IEC 60068-1:1988)的要求。本标准对多数常用试验项目依据 GB/T 2423《电工电子产品环境试验 第 2 部分:试验方法》(IEC 60068-2)(共 50 部分)给出了规范、详细的试验方法,而对其余部分试验项目(例如沙尘、水、长霉、盐雾、太阳辐射等),则引用 GB/T 2423 提供的方法并给出试验要点。另外,试验方法充分考虑了探测器的特殊性,例如探测器在多数试验中不处于工作状态。

本标准对原标准的其他修改如下:

——将原 10 个分标准合并为一个标准,标准名称改为《核辐射探测器环境条件与试验方法》;

——增加贮存和运输环境条件,补充了高温、低温等贮存的试验方法;

——在使用环境条件中增加可选环境条件及其环境参数,包括气候环境条件中的温度变化、低气压、高气压、浸水,机械环境中的自由跌落以及机械活性物质和生物条件等,并补充相应的试验方法;

——将工频磁场的环境条件扩充为电磁环境条件,其严酷等级或环境参数以及试验方法则直接引用 GB/T 11684—2003《核仪器电磁环境条件与试验方法》。

本标准由全国核仪器仪表标准化技术委员会提出并归口。

本标准起草单位:核工业标准化研究所、北京核仪器厂、深圳市计量质量检测研究院。

本标准起草人:熊正隆、周家典、李名兆。

本标准首次发布于 1988 年。

核辐射探测器环境条件与试验方法

1 范围

本标准规定了核辐射探测器的应用环境条件及其严酷等级和环境参数,并给出了相应的试验方法。

本标准适用于核辐射探测器和探测器部件(以下统称探测器)。

本标准不适用于探测器外部火灾、爆炸和其他意外事故所造成的环境条件。

2 规范性引用文件

下列文件中的条款通过本标准的引用而成为本标准的条款。凡是注日期的引用文件,其随后所有的修改单(不包括勘误的内容)或修订版均不适用于本标准,然而,鼓励根据本标准达成协议的各方研究是否可使用这些文件的最新版本。凡是不注日期的引用文件,其最新版本适用于本标准。

GB/T 2422—1995 电工电子产品环境试验 术语(eqv IEC 60068-5-2:1990)

GB/T 2423.16 电工电子产品环境试验 第2部分:试验方法 试验J和导则:长霉(GB/T 2423.16—1999,idt IEC 60068-2-10:1988)

GB/T 2423.17 电工电子产品基本环境试验规程 试验Ka:盐雾试验方法(GB/T 2423.17—1993,eqv IEC 60068-2-11:1981)

GB/T 2423.24 电工电子产品环境试验 第二部分:试验方法 试验Sa:模拟地面上的太阳辐射(GB/T 2423.24—1995,idt IEC 60068-2-5:1975)

GB/T 2423.37 电工电子产品基本环境试验规程 试验L:砂尘试验方法(GB/T 2423.37—1989,neq DIN 40046:1978)

GB/T 2423.38 电工电子产品环境试验 第2部分:试验方法 试验R:水试验方法和导则(GB/T 2423.38—2005,IEC 60068-2-18:2000,IDT)

GB/T 2423.43 电工电子产品环境试验 第二部分:试验方法 元件、设备和其他产品在冲击(Ea)、碰撞(Eb)、振动(Fc和Fb)和稳态加速度(Ca)等动力学试验中的安装要求和导则(GB/T 2423.43—1995,idt IEC 60068-2-47:1982)

GB/T 4796 电工电子产品环境参数分类及其严酷程度分级(GB/T 4796—2001,idt IEC 60721-1:1990)

GB/T 8993—1998 核仪器环境条件与试验方法

GB/T 10257 核仪器和核辐射探测器质量检验规则

GB/T 11684 核仪器电磁环境条件与试验方法

GB/T 11804—1989 电工电子产品环境条件术语

3 术语和定义

GB/T 2422 和 GB/T 11804 确定的以及下列术语和定义适用于本标准。

3.1

(核辐射)**探头** **prob** (of radiation detector)

一种可能带有前置放大器及某些功能单元的核辐射探测器。它的构造使它能在难接近的或远离与其相连接仪器的位置上工作。

[GB/T 4960—1996,3.1.14]

注:本标准将探头称为探测器部件。

3.2

环境 environment

在任何时间和地点所存在的或遇到的自然的和诱发的条件的总和。

[GB/T 11804—1989,2.1]

3.3

环境条件 environmental condition

在一定时间内,产品所经受的外界物理、化学和生物的条件。

注:环境条件通常由自然界出现的环境条件和产品本身或外源产生的环境条件组成。

[GB/T 11804—1989,2.6]

3.4

环境因素 environmental factor

产生如热、振动等环境条件的物理、化学和生物的影响因素。这种因素可以是单一的也可以是综合的。

[GB/T 11804—1989,2.7]

3.5

环境参数 environmental parameter

描述环境条件的一个或多个物理、化学和生物的性能特性参数。

例如:环境因素振动是由振动类型(正弦的、随机的)、加速度和频率等参数来描述的。

[GB/T 11804—1989,2.8]

3.6

固定使用 stationary use

产品牢固地安装在结构架上或安装装置上,或者永久性地放置在某一场所,不作移动使用。但在装配工作、不使用时间、在本地的维修中允许短时期的搬运。

[GB/T 11804—1989,6.8]

3.7

非固定使用 non-stationary use

产品并不永久性地安装在任何结构架或某一固定位置,而是频繁地从一地搬往另一地,在搬动过程中对产品不包装。总搬运时间在产品寿命中占有明显比例。不论在固定状态或是搬运过程中,产品均可工作。

[GB/T 11804—1989,6.9]

3.8

温度稳定 temperature stability

试验样品各部分的温度与规定的温度之差在3℃(或相关规范规定的其他值)以内时的状态。

[GB/T 2422—1995,4.8]

注:本标准中相关规范即是产品标准。

3.9

温度稳定时间 time of temperature stability

试验样品温度稳定所需要的时间。

3.10

交越频率 crossover frequency

振动特征量由一种关系变为另一种关系的频率。如试验的振幅或方均根值(R.M.S)由恒定位移-频率函数关系变为恒加速度-频率函数关系的频率。

[GB/T 2422—1995,3.3]

3.11

检查点　check point

位于夹具、振动台、冲击台或试验样品上最接近固定点的测量点。在任何情况下，检查点都与夹具、振动台或试验样品刚性连接。

[GB/T 2422—1995，3.7.22]

3.12

基准点　referred point

由检查点选出、其信号用来控制试验以满足标准要求的点。

[GB/T 2422—1995，3.7.23]

3.13

光效应　effect of exposure to light

元器件受到光照射时或照射后，其性能发生的变化或产生的效应。

3.14

避光存放　dark storage

将探测器置于暗室或暗箱，以消除其受光照所产生光效应的过程。

4　环境条件

4.1　探测器应用环境条件

4.1.1　应用环境

探测器的应用环境分为：

a)　贮存环境(有气候防护场所或无气候防护场所)；

b)　运输环境；

c)　使用环境：

　1)　有气候防护场所固定使用环境；

　2)　无气候防护场所固定使用环境；

　3)　携带(可携式)和非固定使用环境；

　4)　地面车辆使用环境；

　5)　船舶使用环境；

　6)　特殊使用环境，包括反应堆堆芯、高空或高海拔、井下、水下等使用环境。

4.1.2　环境条件

探测器在贮存、运输和使用环境中承受的环境条件有：

a)　气候环境；

b)　机械环境；

c)　机械活性物质；

d)　化学活性物质；

e)　生物条件；

f)　核辐射照射；

g)　光效应；

h)　电磁环境。

探测器使用中的电磁环境条件，包括辐射型射频电磁场、工频磁场、静电放电、电源的电压暂降和短时中断以及电压和频率的波动、低压交流电源传导的单向瞬态和振荡瞬态等。需要时，电磁环境条件及其严酷等级(例如工频磁场或静电放电)按 GB/T 11684 选定。

4.1.3 环境条件的严酷等级

探测器所承受环境条件(电磁环境除外)的严酷等级分依次为 A、B、C、D、E 和 F 共 6 级。探测器环境条件及其严酷等级或环境参数的确定见 4.3.2。

4.2 探测器环境条件的严酷等级和环境参数

4.2.1 概述

探测器所承受的环境条件分为基本环境条件和可选环境条件,其中气候环境中的低温、高温和高相对湿度以及机械环境中的振动和冲击是基本环境条件(包括包装件的公路运输),而其余环境条件是可选的环境条件。

在探测器的气候环境、机械环境、机械活性物质、化学活性物质和生物条件中,严酷等级 A～E 的环境参数主要选自 GB/T 4796,并符合 GB/T 4798.3～GB/T 4798.7 的严酷等级;但充分考虑了探测器的特殊适用性。而核辐射照射和光效应的环境参数则是对原标准的修改。本标准不规定 F 级的环境参数,留给产品标准等技术文件另行规定。

4.2.2 气候环境

探测器的基本气候环境条件有低温、高温和高相对湿度,其严酷等级和环境参数见表 1。

探测器的可选气候环境条件有温度变化范围、温度变化速率、水压、低气压、高气压、降雨强度、降雨外其他水源、太阳辐射、热辐射和周围空气运动,其严酷等级和环境参数见表 2。

低气压和(或)低温适用于高空或高海拔使用环境,其气压和温度是海拔高度的函数(通常海拔高度每增加 1 000 m,温度降低 5℃,气压降低约 10 kPa),表中的低气压依次表示 1 730 m、3 130 m、4 830m、7 130 m 和 8 130 m 的海拔高度。

高气压和(或)高温适用于井下使用环境,其气压和温度是井深的函数(通常井深每增加 1 000 m,温度提高 30℃,气压升高约 10 kPa),106 kPa 和 130 kPa 分别表示井深 570 m 和 2 870 m 的气压。

高气压还适用于反应堆堆芯使用环境,其气压为 200 kPa、300 kPa 或 500 kPa。

高温和低温(水、泥浆)适用于水下和井下使用环境。

水压适用于水下使用环境,其水压是水深的函数,水深每增加 1 m,水压增加约 10 kPa,表中 100 kPa～5 000 kPa 表示 10 m～500 m 的水深。

4.2.3 机械环境

探测器的基本机械环境条件有稳态振动(正弦),其严酷等级和环境参数见表 3,另外还有按运输要求完整包装后的公路运输环境条件。

探测器的可选机械环境条件有非稳态振动(包括冲击)、自由跌落、按运输要求完整包装后的跌落、倾倒和静负载,以及角运动和恒加速度等,其严酷等级和环境参数见表 4。

4.2.4 活性物质和生物条件

探测器的活性物质和生物条件是可选的环境条件。活性物质包括机械活性物质和化学活性物质。

机械活性物质环境条件主要是空气中的沙、飘浮的尘和沉降的尘,其严酷等级和环境参数见表 5。

化学活性物质环境条件主要是海盐的盐雾和化学气体,以及地面车辆使用环境中的路盐,其严酷等级和环境参数见表 6。

生物环境条件包括微生物(GB/T 4798 称为植物)和动物,其严酷等级和参数值见表 7。

4.2.5 核辐射照射和光效应

探测器的核辐射照射和光效应也是探测器可选的环境条件。

核辐射照射环境条件包括辐射源、照射方向、剂量率和(或)累积剂量或者粒子注量率和(或)粒子注量,其严酷等级和环境参数见表 8。

光效应环境条件包括光源及其照度,其严酷等级和环境参数见表 9。

4.3 环境条件及其严酷等级或环境参数的确定

4.3.1 环境条件

探测器环境条件的确定首先应区分环境试验是属于质量一致性检验还是鉴定检验。然后根据探测器的应用环境，按照GB/T 10257和相应产品标准确定基本环境条件和可选环境条件。通常仅采用基本环境条件即可；对鉴定检验，可能需要考虑贮存和运输的环境条件。

对特殊使用的探测器，还应增加可选环境条件，例如，对井下使用的探测器，应选择高气压和水压等使用环境条件。

4.3.2 严酷等级或环境参数

依据探测器的产品特点及其对应用环境的要求，对已确定的环境条件，从表1～表9选定其严酷等级或环境参数，即A～E中的任一级或F级，例如，对井下使用的探测器，依据工作位置的井深从表1选定高温为D级，从表2中确定高气压为B级。

探测器的各环境条件可能是互不相关的，在选定其严酷等级或环境参数时，对不同的环境条件可选定不同的严酷等级或环境参数，例如，对反应堆堆芯测量用的探测器，其高温可选E级，而低温可选A级。

5 环境试验总则

5.1 参考条件和标准试验条件

探测器应在参考条件或标准试验条件(见表10)下进行环境试验。

在不产生异议时，通常在正常大气条件下进行环境试验，但在试验过程中，除按需要改变某个环境参数外，其他环境参数应保持在规定的偏差范围内，例如，温度的变化不超过±3℃，湿度变化不超过$^{+2}_{-3}$%，等等。

5.2 试验设备

探测器环境试验使用的设备有辐射源、光源、试验箱(室)、试验台(振动台、冲击台等)，以及测量探测器性能特性的核仪器测量系统，其示意图见图1。试验设备的功能和性能，包括容积和尺寸、内部环境条件的均匀性、参数的可调节范围、偏差或准确度等性能特性应满足试验和有关标准的要求，并通过法定计量部门按有关检定规程或标准进行的检定或校准。例如，与气候有关的试验箱的容积至少为试验样品(提交环境试验的探测器样品)的3倍。

5.3 试验项目及其顺序

探测器环境试验通常包含的试验项目及其试验顺序如下：

1) 低温(贮存或使用)；

2) 高温(贮存或使用)；

3) 恒定湿热(贮存或使用)；

4) 振动；

5) 冲击；

6) 包装运输(包括公路运输、包装跌落和包装准倾倒)；

7) 自由跌落；

8) 低气压；

9) 高气压；

10) 温度变化；

11) 太阳辐射；

12) 水(滴水或降雨、冲水、浸水)；

13) 沙尘；

14) 长霉；

15) 盐雾；

16) 核辐射照射；

17) 光效应；

18) 电磁。

注：振动试验与冲击试验可对换顺序。

通常在同一样品上按顺序进行上述项目的试验，但恒定湿热和长霉试验应使用与其他试验不同的样品。

上述项目并不意味着必须进行全部试验，而是依据确定的环境条件和检验（试验）类型（见 4.3），由产品标准等技术文件按 GB/T 10257 来决定试验项目。另外，按需要还可增加试验项目或采用不同的试验顺序。当产品标准等技术文件选定本标准未给出试验方法的环境条件时，应同时给出试验方法。

5.4 试验样品的准备

试验样品应是从设计定型的样品或准备定型生产的研发试制品（对鉴定检验）中或从产品的一个检验批（质量一致性检验）中按 GB/T 10257 的抽样规则抽取的样品。

使用环境条件下的试验，探测器通常不带包装；但对玻璃器件等易碎的试验样品，在进行振动、冲击或自由跌落等时，按产品标准规定的包装应视为试验样品的一部分。

对与包装运输有关的试验，应按有关标准对产品运输的要求进行完整的包装。

当试验样品的尺寸或重量不便进行试验时，可通过对几个主要部分分别试验来获取试验数据，其条件是这样做不影响试验结果，否则应考虑和处理这些影响；其具体方法由制造商和产品标准另行规定。

5.5 样品在试验中的工作状态

5.5.1 探测器（不包括探测器部件）

探测器（不包括探测器部件）在试验过程中通常处于非工作状态，试验后它们应能正常工作，主要检查它们外观和结构的完整性，同时也可在试验过程中测量某些参数（例如极间电容、绝缘电阻等，具体由产品标准规定），以便对试验的影响进行评价。

这些探测器如何在工作状态下进行环境试验以及如何评价和确定环境试验对它们其他性能特性的影响不属于本标准的范围，由制造商或产品标准另行处理。

5.5.2 探测器部件

探测器部件在某些环境试验（例如低温或高温使用等）过程中可处于工作状态，通过连接的核仪器测量系统在试验过程中能测量性能特性（例如能量范围、能量分辨率、探测效率、输出脉冲幅度或电流、本底等，具体由产品标准规定）。

第 6 章已规定探测器部件（试验样品）在试验过程中处于或不处于工作状态；若产品标准另有规定，则遵循产品标准的规定。试验样品试验后除保持外观和结构的完整性外，如果它们在试验过程中处于工作状态，则试验中应正常工作；如果它们在整个试验过程中处于非工作状态，则试验后应能正常工作。

5.6 试验程序

5.6.1 概述

探测器每项环境试验通常包含下述操作过程：

a) 预处理；

b) 初始检测；

c) 条件试验；

d) 中间检测（需要时）；

e) 恢复；

f) 最后检测。

5.6.2 预处理

在开始试验前，为了消除或部分消除试验样品过去经受的影响和应力，应对试验样品进行预处理。

预处理方法通常包括对试验样品的清洗、退磁和避光存放等；最简单的预处理是将试验样品在正常大气条件下放置一定时间。

5.6.3 初始检测

在预处理后，应按产品标准规定对试验样品进行外观和结构检查，然后在正常大气条件和工作状态下按5.5对探测器的性能特性进行测量，同时记录初始检测的数据。这些数据应作为试验结果（中间检测和最后检测）比较的依据。

5.6.4 条件试验

5.6.4.1 试验样品安装

试验样品在试验箱内、试验台上或试验场中宜模拟实际工作状态进行安装；当试验样品的几何形状和尺寸特殊时，可考虑以其他合适的状态进行安装。如果规定试验样品在条件试验中处于工作状态，则安装时应考虑核仪器测量系统（见图1）的连接，以满足工作要求。

对于那些与温度有关的试验，试验样品应在正常大气条件下进行安装，并尽可能安装在试验箱内中央，使试验样品之间，以及试验样品与试验箱壁、箱底及箱顶之间有适当间隔（至少15 cm～20 cm），以使空气能自由循环。

需要时，试验样品安装完毕后，应进行检查，不应因安装不当而对试验结果造成影响。

5.6.4.2 试验

给试验样品施加规定的环境条件，按第6章给定的环境试验方法进行条件试验。

5.6.5 中间检测

如果试验样品处于工作状态，应按产品标准规定对试验样品进行中间检测，测量初始检测（5.6.3）中被测的参数，与初始检测结果进行比较并计算相对偏差（5.6.7）。

5.6.6 恢复

在条件试验后和最后检测前，为使试验样品性能稳定，宜使试验样品密闭在试验箱内以自然方式恢复到正常大气条件，也可采用人工调节试验箱环境条件等方法较快速地将试验样品恢复到正常大气条件，然后进入正式恢复过程，恢复时间由试验方法规定（特殊要求除外）。

在恢复期间是否进行性能特性测量由产品标准规定。

5.6.7 最后检测

恢复后，应按产品标准规定对试验样品进行最后检测，首先检查试验样品的外观和结构的完整性，包括试验样品无锈蚀、开裂、涂层脱落、明显划痕、软化、气泡或潮解，零件无松动、脱焊或脱落，结构无变形等现象。

其次检测探测器工作是否正常，并测量初始检测（5.6.3）中被测的参数，与初始检测结果（必要时，包括5.6.5的中间检测结果）进行比较并计算相对偏差。

环境影响的相对偏差 δ_x 用式(1)进行计算：

$$\delta_x = \pm \left| \frac{x_e - x_0}{x_0} \right| \times 100\% \qquad \cdots\cdots(1)$$

单位环境参数影响的相对偏差 $\delta_x{}'$ 用(2)计算：

$$\delta_x{}' = \pm \left| \frac{x_e - x_0}{x_0} \right| \times \frac{1}{|E_m - E_0|} \times 100\% \qquad \cdots\cdots(2)$$

式中：

x_e——被测参数在某环境条件 E_m 下的测量值；

x_0——该被测参数在标准试验条件（初始条件下）E_0 下的测量值；

E_m——某环境条件下环境参数的极限值；

E_0——标准试验条件（初始条件）下该环境参数的参考值。

5.7 试验结论和报告

在最后检测后，应按GB/T 10257和产品标准判定试验结果是否正常，评价和确定该环境试验对探测器的影响，最后作出试验结论并编写试验报告。

5.8 试验中断处理

5.8.1 偏差范围内的中断

当试验中断期间环境条件没有超出偏差范围时，中断时间间隔应作为总试验持续时间的一部分，继续进行试验。

5.8.2 欠试验条件的中断

当出现欠试验条件（即环境条件低于偏差下限）时，应从低于环境试验条件的点开始，重新达到预定的环境条件恢复试验，直到完成预定的试验周期为止。

5.8.3 过试验条件的中断

当出现过试验条件（即环境条件高于偏差范围的上限）时，通常应使用新的试验样品重新进行试验。但如果过试验条件未直接损坏试验样品或试验样品能修复，则可继续进行试验。如果以后试验中出现试验样品失效，则认为此试验结果无效，应重新进行试验。

5.9 产品标准应给出的信息

产品标准采用本试验方法时，应详细给出下列信息（特别是试验设备、试验条件的严酷等级和试验程序与本标准的规定或推荐不相同时）：

a) 试验设备（需要时）；

b) 严酷等级（包括环境参数、试验持续时间或循环次数等）；

c) 试验程序：

1) 预处理；

2) 初始检测；

3) 条件试验，必要时包括安装或支撑的细节；

4) 中间检测，包括试验中试验样品的状况；

5) 恢复（包括非正常条件下的恢复）；

6) 最后检测（包括与初始检测的比较及其偏差的计算方法）；

d) 有关试验结论和报告的要求。

6 环境试验方法

6.1 低温试验

6.1.1 目的

提供一种试验方法，以确定探测器低温贮存和使用的适应性。

6.1.2 一般说明

6.1.2.1 将经过预处理的试验样品放入温度为室温的试验箱内，然后将试验箱内的温度调到规定值。待试验样品温度稳定后，在该条件下暴露规定的持续时间。温度稳定时间可从 0.5 h～16 h 的范围内选取。

试验过程中试验样品可处于工作状态（低温使用）或不处于工作状态（例如低温贮存）。

6.1.2.2 在与温度有关的试验（温度变化试验除外）中，温度调节的速率可选 0.1℃/min(6℃/h)～0.5℃/min(30℃/h)，温度调节速率的特殊要求由产品标准另行规定。

6.1.3 试验设备

低温试验箱应提供 6.1.4.1 的低温值，并符合 5.2 的要求。

低温箱可用强迫空气循环以保持温度均匀。试验样品不应受到加热或冷却元件的直接辐射。

6.1.4 严酷等级

6.1.4.1 温度

试验低温见表 1，由产品标准等技术文件按 4.3.2 选定贮存低温或使用低温，其偏差不超过±3℃。

6.1.4.2 **持续时间**

待试验样品的温度稳定后，试验持续时间可选 4 h、8 h、24 h、48 h、72 h 或 96 h。

如果本试验作为与低温耐久性或可靠性有关的试验时，则试验所需的持续时间按有关标准规定。

6.1.5 **试验程序**

6.1.5.1 **预处理**

将试验样品在正常大气条件下放置一定时间，直到温度稳定。如果试验样品进入试验箱前的温度与试验室的温度差不大于 3℃时，可视为已经过预处理。

6.1.5.2 **初始检测**

将经过预处理的试验样品经外观和结构检查后，不包装、不通电，以正常工作位置或规定位置放入温度为正常大气条件（室温）的低温箱内。待试验样品温度稳定后，通电按 5.5 检测其性能特性。

6.1.5.3 **条件试验**

以 6.1.2.2 的速率将低温箱内的温度降至 6.1.4.1 规定的温度值，经过 6.1.2.1 规定的温度稳定时间，使待试验样品温度稳定，再保持 6.1.4.2 规定的持续时间。

对功能性能特性试验，试验样品应在工作状态下确定能否达到功能要求。

6.1.5.4 **中间检测**

对低温使用，可按 5.5 和产品标准规定的测量项目和时间进行中间检测，并在试验箱内测量试验样品的性能特性。

注：中间检测时不应从试验箱内取出试验样品。如果需要了解试验样品在试验结束前的特定持续时间的性能特性，则对每个特定持续时间应另外增加一批试验样品，对它们进行恢复和最后检测，以获得特定持续时间的性能特性。

6.1.5.5 **恢复**

条件试验结束后，首先使试验箱内的处于工作状态的试验样品（低温使用）脱离工作状态，然后按 5.6.6 进入恢复过程。恢复时间应使试验样品温度稳定，在正常大气条件下为 1 h，热容量大的试验样品可为 2 h～4 h 或更长时间。

可采用擦拭或短时间用室温空气吹风的方法，除去试验样品上的水滴。

如果产品标准有规定，应在恢复期间按 5.5 进行试验样品的性能特性检测。当对多个试验样品进行性能特性检测时，恢复时间可适当延长。

6.1.5.6 **最后检测**

恢复后应按产品标准规定进行最后检测，包括外观和结构检查以及性能特性测量。

低温试验后试验样品应无绝缘降低、开裂、密封失效等现象。

6.1.6 **试验结论和报告**

在最后检测后，应根据试验结果按 5.7 给出试验结论并编写试验报告。

6.2 **高温试验**

6.2.1 **目的**

提供一种试验方法，以确定探测器高温贮存和高温使用的适应性。

6.2.2 **一般说明**

将经过预处理的试验样品放入温度为室温的试验箱内，然后将试验箱内的温度以 6.1.2.2 的速率调到规定值。待试验样品温度稳定后，在该条件下暴露规定的持续时间。温度稳定时间由产品标准在 0.5 h～16 h 的范围内选取。

试验过程中试验样品可处于工作状态（高温使用）或不处于工作状态（例如高温贮存）。

6.2.3 **试验设备**

高温试验箱应提供 6.2.4.1 的高温值，并符合 5.2 的要求，

高温箱可用强迫空气循环以保持温度均匀。试验样品不应受到加热或冷却元件的直接辐射。

6.2.4 严酷等级

6.2.4.1 温度

试验温度见表1，由产品标准等技术文件按4.3.2选定高温贮存高温或使用高温，其偏差不超过±2℃（温度高于250℃时，偏差按±2%计）。

6.2.4.2 持续时间

待试验样品的温度稳定后，试验持续时间可选4 h、8 h、24 h、48 h、72 h或96 h。

当本试验为与高温耐久性或可靠性有关的试验时，则试验所需的持续时间按有关标准规定。

6.2.5 试验程序

6.2.5.1 预处理

将试验样品在正常大气条件下放置一定时间，直到温度稳定。如果试验样品进入试验箱前的温度与试验室的温度差不大于2℃时，可视为已经过预处理。

6.2.5.2 初始检测

将经过预处理的试验样品经外观和结构检查后，不包装、不通电，以正常工作位置或规定位置放入温度为正常大气条件（室温）的试验箱内。待试验样品温度稳定后，通电按5.5检测性能特性。

6.2.5.3 条件试验

高温箱以6.1.2.2的速率将试验箱内的温度升至6.2.4.1规定的温度值，经过6.2.2规定的温度稳定时间，再保持6.2.4.2规定的持续时间。

对功能性能特性试验，试验样品应在工作状态下确定能否达到功能要求。

6.2.5.4 中间检测

对高温使用，可按5.5和产品标准规定的测量项目和时间进行中间检测，并在试验箱内测量试验样品的性能特性。

注：中间检测时不应从试验箱内取出试验样品。如果需要了解试验样品在试验结束前的特定持续时间的性能特性，则对每个特定持续时间应另外增加一批试验样品，对它们进行恢复和最后检测，以获得特定持续时间的性能特性。

6.2.5.5 恢复

条件试验结束后，首先使试验箱内处于工作状态的试验样品（高温使用）脱离工作状态，然后按5.6.6进入恢复过程。恢复时间应使试验样品温度稳定，在正常大气条件下为1 h，热容量大的试验样品可为2 h～4 h或更长时间。

如果产品标准有规定，则应在恢复期间按5.5进行试验样品的性能特性检测。当对多个试验样品进行性能特性检测时，恢复时间可适当延长。

6.2.5.6 最后检测

恢复后应按产品标准规定进行最后检测，包括外观和结构检查以及性能特性测量。

高温试验后试验样品应无绝缘降低、开裂、软化等现象。

6.2.6 试验结论和报告

在最后检测后，应根据试验结果按5.7给出试验结论并编写试验报告。

6.3 恒定湿热试验

6.3.1 目的

提供一种试验方法，以确定探测器在高相对湿度条件下贮存和使用的适应性。

6.3.2 一般说明

将经过预处理的试验样品放入正常大气条件的试验箱内，并将试验箱内的温度（以6.1.2.2的速率）和相对湿度调到规定值，在该条件下暴露规定的持续时间。

对试验加湿的要求如下：

a) 不断排出试验箱内的冷凝水，排出的冷凝水在纯化处理前不再用作产生潮湿的水；

b) 箱顶和箱壁的冷凝水不要滴落在试验样品上。

6.3.3 试验设备

潮湿试验箱应提供6.3.4.1的温度和相对湿度，并符合5.2的要求。

潮湿箱可用强迫空气循环以保持温度和湿度均匀。试验样品不应受到加热或冷却元件的直接辐射。

6.3.4 严酷等级

6.3.4.1 相对湿度和温度

相对湿度和温度见表1，由产品标准等技术文件按4.3.2选定贮存或使用的相对湿度和温度，偏差不超过$^{+2}_{-3}$%，温度偏差不超过±2℃。

6.3.4.2 持续时间

待试验样品的温度和试验箱的相对湿度稳定后，试验的持续时间可选24 h、48 h、72 h、96 h或168 h。

6.3.5 试验程序

6.3.5.1 预处理

将试验样品在正常大气条件下放置一定时间。

6.3.5.2 初始检测

将经过预处理的试验样品进行外观和结构检查后，不包装、不通电，以正常工作位置或规定位置放入相对湿度和温度为正常大气条件的试验箱内。待试验样品温度和湿度稳定后，通电检测性能特性，并记录初始检测数据。

6.3.5.3 条件试验

试验样品处于非工作状态，以6.1.2.2的速率将试验箱内的温度升至6.3.4.1规定的温度，经过规定的温度稳定时间后，对恒定湿热使用，使试验样品通电进入工作状态按5.5检测性能特性，并记录潮湿前高温下的检测数据，然后使试验样品脱离工作状态。

将试验箱内加湿到6.3.4.1规定的相对湿度，并保持6.3.4.2规定的持续时间。

6.3.5.4 中间检测

对恒定湿热使用，可在持续时间的最后30 min使试验样品通电进入工作状态并按5.5进行中间检测，并记录高温潮湿下的数据。需要时，产品标准可规定测量项目和测量时间。

注：中间检测时不应从试验箱内取出试验样品。如果需要了解试验样品在试验结束前的特定持续时间的性能特性，则对每个特定持续时间应另外增加一批试验样品，对它们进行恢复和最后检测，以获得特定持续时间的性能特性。

6.3.5.5 恢复

条件试验结束后，首先使试验箱内处于工作状态的试验样品(恒定湿热使用)脱离工作状态，然后按5.6.6进入恢复过程。恢复时间在正常大气条件下为1 h，热容量大的试验样品可为2 h～4 h或更长时间。

6.3.5.6 最后检测

恢复后应按产品标准规定进行最后检测，包括外观和结构检查，按5.5进行试验样品的性能特性检测，记录恢复后的检测数据。

恒定湿热试验后试验样品应无锈蚀、开裂、涂层脱落、明显划痕或气泡，灌注物应无溢出或潮解等现象。

6.3.6 试验结论和报告

在最后检测后，应根据试验结果按5.7给出试验结论并编写试验报告，偏差计算以潮湿前高温下的检测数据或初始检测数据为基准，与高温潮湿后高温下的数据进行比较。

6.4 振动试验

6.4.1 目的

提供一种试验方法，以确定探测器经受振动的适应性以及评价其结构的完好性(包括研究其动态性能特性)。

6.4.2 一般说明

试验样品在整个试验过程中通常处于非工作状态。

本试验方法主要用于非包装的试验样品，也可用于视包装为其一部分的试验样品。

本方法主要适用于在使用中将会遭受到由于旋转、脉动和振荡诸力(例如在地面车辆、船舶或飞机上可能出现的)所产生的振动影响的产品，或用于经受机械、地震现象所产生的正弦稳态振动影响的产品。

当产品或试验样品的质量性能特性需要用本试验方法进行质量合格鉴定时，应结合有关标准进行试验。

6.4.3 试验设备

6.4.3.1 振动台的性能特性

振动台应符合 5.2 的要求。当振动台装上试验样品(包括夹具)进行振动试验时，所产生的振动性能特性，包括基本运动、横向运动、加速度波形失真、振幅偏差(容差)、频率偏差和扫频等应符合 GB/T 8993—1998中 E3 的有关规定。

6.4.3.2 试验样品的安装

试验样品应牢固地直接或通过振动固定架与振动台刚性连接，而振动固定架的安装应使试验样品沿着规定的不同轴向进行振动(见 GB/T 2423.43)。

6.4.4 严酷等级

6.4.4.1 频率范围和振幅值

频率范围和振幅值(包括位移幅值或加速度幅值)见表 3，由产品标准等技术文件按 4.3.2 选定。

6.4.4.2 耐久试验的持续时间

6.4.4.2.1 概述

产品标准应从 6.4.4.2.2 和 6.4.4.2.3 的优选值中选取耐久试验持续时间(扫频循环次数或时间间隔)。如果规定的持续时间导致在每个轴线或每个频率的时间大于或等于 10 h，则可分几个周期进行试验，但不能减少试验样品中的应力(例如热应力等)。

6.4.4.2.2 扫频耐久法

每个轴线上的耐久试验持续时间用扫频循环次数($f_L - f_H - f_L$ 为一循环)给出，可选取 1、2 或 5。本标准推荐 5。

6.4.4.2.3 定频试验法

每个轴线上的每一危险频率(由振动响应检查获得)和每一预定频率(由产品标准按 6.4.4.1 规定)的试验持续时间，产品标准可选取下述数值：

a) 10 min±0.5 min；

b) 30 min±1 min；

c) 60 min±1 min；

d) 10 h±5 min。

对每一危险频率，本标准推荐 10 min±0.5 min；对每一预定频率，本标准推荐 30 min±1 min。

6.4.5 试验程序

6.4.5.1 预处理

需要时，按产品标准规定对试验样品进行预处理。

6.4.5.2 **初始检测**

在正常大气条件下，按产品标准规定对试验样品进行外观和结构检查，按5.5进行性能特性检测。

6.4.5.3 **条件试验**

6.4.5.3.1 **概述**

试验样品在振动试验时通常处于非工作状态。

试验样品一般应在三个相互垂直的轴线上依次振动，以暴露绝大部分故障。如果因为振动台或试验样品的限制不能满足三个轴向的振动，可通过改变试验样品的安装方向予以实现，否则需要由产品标准予以说明。结构和性能完全对称的试验样品可适当减少振动方向(由产品标准规定)。

轴线的选择应使故障最容易暴露。基准点上的控制信号用于单点控制或多点控制。

对带减振器的样品通常应连同减振器一起进行试验；当产品标准规定去掉减振器进行试验时，产品标准应同时规定其安装和试验要求。

如果产品标准规定以施加于振动系统的最大驱动力来控制规定的振幅，则应同时规定限制驱动力的方法。

6.4.5.3.2 **振动响应检查**

如果产品标准规定研究试验样品在振动下的性能特性，则应在整个试验频率范围内进行试验。通常，在与耐久试验的时间相等的条件下，在一个扫频循环内完成试验样品的振动响应检查。如果使用小振帽和慢扫频同样能获得准确的结果，则也可采用这种方法。但在进行振动响应检查时，应避免不适当地延长试验时间。

当产品标准规定试验样品处于工作状态，但不能确定其机械振动性能特性时，试验样品应在非工作状态进行振动响应检查。

进行振动响应检查时，应对试验样品确定导致下列现象的危险频率：

a) 出现故障和(或)性能下降；

b) 共振以及其他响应现象(例如颤振和颤动)。

应记录出现上述现象的所有频率及其施加的振幅，记录试验样品性能的变化，产品标准应规定对此采取的措施。

6.4.5.3.3 **耐久试验程序(优先采用)**

应按6.4.4规定的频率范围、振幅值和持续时间进行扫频试验。必要时，可将频率范围划分几段进行试验，但不能减少试验样品所经受的应力。

6.4.5.3.4 **定频耐久试验(允许采用)**

本方法可在由6.4.5.3.2所得到的危险频率进行试验，或在产品标准规定的预定频率进行试验。当在危险频率进行试验时，其振动频率始终保持该危险频率，而振幅值和试验持续时间应符合6.4.4的规定。

注1：如果实际危险频率不明显(例如颤振)或同时试验几个独立的样品(危险频率不同)，为方便试验，可在包含危险频率的一个有限频率范围内扫频，以确保充分激励试验样品。

注2：对装有减振器的试验样品，产品标准应规定是否用本方法对其共振频率进行试验。

6.4.5.4 **中间检测**

需要时，应按5.5和产品标准规定的测量项目和时间进行中间检测，包括最后共振检查。

6.4.5.5 **恢复**

在条件试验后应进行恢复，使试验样品达到与初始检测相同的环境条件，例如温度。

6.4.5.6 **最后检测**

恢复后应按产品标准规定进行最后检测，包括外观和结构检查，按5.5进行试验样品的性能特性检测。

振动试验后试验样品应无裂纹、涂层脱落或明显划痕，零件无松动、脱焊或脱落，结构无变形等现象。

6.4.6 **试验结论和报告**

在最后检测后，应根据试验结果按5.7给出试验结论并编写试验报告。

6.4.7 **产品标准应给出的信息**

产品标准应给出的信息见5.9，特别应详细给出下列信息，其中标示"*"者是必需的：

a) 试验设备，包括振动台的性能特性(检查点、基本运动、横向运动、加速度波形失真、控制信号的导出，检查点上的振幅偏差和频率偏差)以及试验样品的安装；

b) 严酷等级，包括频率范围*、振幅值*、特殊交越频率、耐久试验的类型和持续时间*；

c) 其他，包括振动轴线、力的限制、振动响应检查发现异常后所采取的措施。

6.5 **冲击试验**

6.5.1 **目的**

提供一种试验方法，以确定探测器在使用过程中经受多次非重复性机械冲击的适应性以及评定其结构的完好性。

6.5.2 **一般说明**

试验样品在整个试验过程中处于非工作状态。

本试验方法主要用于非包装的试验样品，也可用于视包装为其一部分的试验样品。

当产品或试验样品的质量性能特性需要用本试验方法进行质量合格鉴定时，应结合有关标准进行试验。

6.5.3 **试验设备**

6.5.3.1 **冲击台**

冲击台应符合5.2的要求。当冲击台装上试验样品(包括夹具)进行冲击试验时，所产生的冲击性能特性，包括基本脉冲波形、速度变化量偏差和横向运动等应符合GB/T 8993—1998中F3.1的有关规定。带有偏差的冲击波形见图2。

6.5.3.2 **测量设备**

测量设备(如果有)是指对冲击试验进行测量的设备，其检查点、准确度和频率性能特性应符合5.2和GB/T 8993—1998中F3.2的有关规定。

6.5.3.3 **试验样品的安装**

试验样品应始终紧固在冲击固定架上，与冲击台牢固的刚性连接，使冲击力直接传送到试验样品而不经过任何缓冲装置(见GB/T 2423.43)。

6.5.4 **严酷等级**

冲击响应谱类型、峰值加速度和持续时间见表3，由产品标准等技术文件按4.3.2选定。

冲击次数为每个轴向正反各1～3次。

6.5.5 **试验程序**

6.5.5.1 **预处理**

需要时，按产品标准规定对试验样品进行预处理。

6.5.5.2 **初始检测**

在正常大气条件下，按产品标准规定对试验样品进行外观和结构检查，按5.5进行性能特性检测。

6.5.5.3 **条件试验**

试验样品应在三个相互垂直轴线的每个方向冲击6.5.4规定的次数，以暴露绝大部分故障。如果因为冲击台或试验样品的限制不能满足三个轴向的冲击，可通过改变试验样品的安装方向予以实现，否则需要由产品标准予以说明。结构和性能完全对称的试验样品可适当减少冲击的方向和次数(由产品标准规定)。

当多个相同的试验样品一起试验时，可通过不同方向的安装，以使试验样品在一次冲击中能同时经受不同轴线和方向的冲击。

6.5.5.4 **恢复**

在条件试验后应给出恢复时间(一般为 12 h～24 h),使试验样品达到与初始检测相同的环境条件。

6.5.5.5 **最后检测**

恢复后应按产品标准规定进行最后检测,包括外观和结构检查,按 5.5 进行试验样品的性能特性检测。

冲击试验后试验样品应无裂纹、涂层脱落或明显划痕,零件无松动、脱焊或脱落,结构无变形等现象。

6.5.6 **试验结论和报告**

在最后检测后,应根据试验结果按 5.7 给出试验结论并编写试验报告。

6.5.7 **产品标准应给出的信息**

产品标准应给出的信息见 5.9,特别应详细给出下列信息,其中标示"*"者是必需的:

a) 试验设备,包括冲击台和冲击测量设备及其性能特性以及试验样品的安装;

b) 严酷等级,包括冲击响应谱类型、峰值加速度和持续时间*;

c) 其他,包括特殊情况下的冲击方向和次数等。

6.6 **包装运输试验**

6.6.1 **目的**

提供一种试验方法,以确定包装后的探测器在运输过程中经受公路运输、包装跌落和包装倾倒的适应性以及评定其结构的完好性。

6.6.2 **一般说明**

包装运输试验包括公路运输试验以及可选的包装跌落试验和包装倾倒试验。

试验样品应严格按包装标准和产品标准的要求完整包装在包装箱内,通常应有内包装和外包装。

试验样品在整个试验过程中处于非工作状态。

6.6.3 **试验设备**

6.6.3.1 运输颠振试验台应能模拟载重汽车(或一般运输车辆)在三级公路上的振动,并符合 5.2 的要求。

6.6.3.2 跌落试验台应符合 5.2 的要求,跌落地面应有混凝土表面或钢制平滑、坚硬的刚性表面;必要时,产品标准可规定其他表面,例如,木质或橡胶木的表面。

6.6.4 **严酷等级**

公路运输的严酷等级见 6.6.5.3.1。

包装跌落高度见表 4,由产品标准等技术文件按 4.3.2 选定;跌落次数通常为 6 次。

包装倾倒的严酷等级见表 4,由产品标准等技术文件按 4.3.2 选定;倾倒次数为 6 次。

6.6.5 **试验程序**

6.6.5.1 **预处理**

需要时,按产品标准规定对试验样品进行预处理。

6.6.5.2 **初始检测**

在正常大气条件下,按产品标准规定对试验样品进行外观和结构检查,按 5.5 进行性能特性检测。

6.6.5.3 **条件试验**

6.6.5.3.1 **公路运输试验**

将装有试验样品的包装箱置于载重汽车的中部或后部,装载量应达到满载的 1/3(包装箱不够重量时可加载其他重物),在三级公路(碎石路或土路)上以 25 km/h～40 km/h 的速度行驶 200 km～250 km;或利用颠振试验台在试验室内模拟上述运输条件进行试验。

6.6.5.3.2 包装跌落试验

将装有试验样品的包装箱，按 6.6.4 规定的跌落高度，以包装箱底面向 6.6.3.2 规定的地面自由跌落两次；然后其余各面分别各跌落 1 次，共 6 次。

6.6.5.3.3 包装倾倒试验

对装有试验样品的包装箱，以底面的任一边为轴，将包装箱掀起，使其在失去平衡和无任何外力作用下倾倒在普通地面上；然后每个面各倾倒 1 次，共 6 次。

6.6.5.4 最后检测

应按产品标准规定进行最后检测，包括包装箱和试验样品外观和结构检查，按 5.5 进行试验样品的性能特性检测。

包装运输试验后，包装箱应保持结构完整、不变形、不损坏；而试验样品应无裂纹、涂层脱落或明显划痕，零件无松动、脱焊或脱落，结构无变形等现象。

6.6.6 试验结论和报告

在最后检测后，应根据试验结果按 5.7 给出试验结论并编写试验报告。

6.7 自由跌落试验

6.7.1 目的

提供一种试验方法，以确定探测器在使用过程中经受跌落的适应性以及评定其结构的完好性。

6.7.2 一般说明

试验样品在整个试验过程中处于非工作状态，并在经受试验后检测能否正常工作。

本试验方法用于非包装的试验样品，也可用于视包装为其一部分的试验样品。

本试验采用从悬挂位置自由跌落的方法，释放时应无其他干扰。跌落高度是从悬挂的试验样品到台面的最近距离。

6.7.3 试验设备

跌落试验台应符合 5.2 的要求，跌落地面的要求见 6.6.3.2。

6.7.4 严酷等级

跌落高度见表 4，由产品标准等技术文件按 4.3.2 选定。

跌落次数通常为两次。

6.7.5 试验程序

6.7.5.1 预处理

需要时，按产品标准规定对试验样品进行预处理。

6.7.5.2 初始检测

在正常大气条件下，按产品标准规定对试验样品进行外观和结构检查，按 5.5 进行性能特性检测。

6.7.5.3 条件试验

将试验样品置于正常使用时的位置和状态，按 6.7.4 规定的跌落高度和跌落次数进行自由跌落。

6.7.5.4 最后检测

恢复后应按产品标准规定进行最后检测，包括外观和结构检查，按 5.5 进行试验样品的性能特性检测。

自由跌落后试验样品应无裂纹、涂层脱落或明显划痕，零件无松动、脱焊或脱落，结构无变形等。

6.7.6 试验结论和报告

在最后检测后，应根据试验结果按 5.7 给出试验结论并编写试验报告。

6.8 低气压试验

6.8.1 目的

提供一种试验方法，以确定探测器在低气压下使用的适应性。

6.8.2 一般说明

试验时，试验样品处于非工作状态。将经过预处理的试验样品放入正常大气条件下的试验箱内，然后将试验箱内的气压降至规定的气压值，在该条件下暴露规定的持续时间。

本试验气压调节的平均速率不宜超过 10 kPa/min 。

6.8.3 试验设备

低气压试验箱应提供 6.8.4 的低气压值，并符合 5.2 的要求。

6.8.4 严酷等级

试验气压见表 2，由产品标准等技术文件按 4.3.2 选定，其偏差不超过±2kPa。

待试验箱内的气压稳定后，试验持续时间可选 0.5 h、2 h、4 h 或 8 h。

6.8.5 试验程序

6.8.5.1 预处理

将试验样品在正常大气条件下放置一定的时间。

6.8.5.2 初始检测

将经过预处理的试验样品进行外观和结构检查后，不包装、不通电，以正常工作位置或规定位置放入正常大气条件的试验箱内，通电按 5.5 检测性能特性。

6.8.5.3 条件试验

试验样品处于非工作状态，以 6.8.2 的平均速率将试验箱内的气压降至 6.8.4 规定的气压值，再保持 6.8.4 规定的持续时间。

6.8.5.4 恢复

条件试验结束后，慢慢开启低压试验箱的门使其升至正常大气压，进入恢复过程，恢复时间为 1 h。

6.8.5.5 最后检测

恢复后应按产品标准规定的要求进行最后检测，包括外观和结构检查以及性能特性测量。

低气压试验后试验样品应无泄露（密封失效）、闪络、过热或绝缘降低等现象。

6.8.6 试验结论和报告

在最后检测后，应根据试验结果按 5.7 给出试验结论并编写试验报告。

6.9 高气压试验

6.9.1 目的

提供一种试验方法，以确定探测器在高气压下使用的适应性。

6.9.2 一般说明

试验时，试验样品处于非工作状态。将经过预处理的试验样品放入正常大气条件下的试验箱内，然后将试验箱内的气压以 6.8.2 的平均速率升至规定的气压值，在该条件下暴露规定的持续时间。

6.9.3 试验设备

高气压试验箱应提供 6.9.4 的高气压值，并符合 5.2 的要求。

6.9.4 严酷等级

试验气压见表 2，由产品标准等技术文件按 4.3.2 选定，其偏差不超过±2 kPa。

待试验箱内的气压稳定后，试验持续时间可选 4 h、8 h 或 24 h。

6.9.5 试验程序

6.9.5.1 预处理

将试验样品在正常大气条件下放置一定的时间。

6.9.5.2 初始检测

将经过预处理的试验样品进行外观和结构检查后，不包装、不通电，以正常工作位置或规定位置放入正常大气条件的试验箱内，通电检测性能特性。

6.9.5.3 条件试验

试验样品可进入或不进入工作状态，然后以 6.8.2 的速率将试验箱内的气压升至 6.9.4 规定的气压值，再保持 6.9.4 规定的持续时间。

6.9.5.4 恢复

条件试验结束后，慢慢开启高压试验箱的门使其降至正常大气压，进入恢复过程，恢复时间为 1 h。

6.9.5.5 最后检测

恢复后应按产品标准规定的要求进行最后检测，包括外观和结构检查以及性能特性测量。

高气压试验后试验样品应无泄漏(密封损坏)等现象。

6.9.6 试验结论和报告

在最后检测后，应根据试验结果按 5.7 给出试验结论并编写试验报告。

6.10 温度变化试验

6.10.1 概述

6.10.1.1 影响温度变化试验的主要参数是：

a) 温度变化范围的极限值；

b) 试验样品在高温和低温下的暴露时间；

c) 低温与高温之间的转移时间或温度变化速率；

d) 条件试验循环次数。

6.10.1.2 按不同的变化速率，温度变化试验有下述两种形式的方法：

a) 规定转移时间的试验；

b) 规定温度变化速率的试验。

具体采用哪种形式的方法由产品标准规定。

6.10.2 规定转移时间的试验

6.10.2.1 目的

提供一种试验方法，以确定探测器对周围温度快速变化的耐受能力。

6.10.2.2 一般说明

将试验样品交替暴露于低温和高温的空气(或合适的保护气体)中，使其经受温度快速变化的影响。

6.10.2.3 试验设备

6.10.2.3.1 试验箱

试验应有一台低温箱和一台高温箱，两箱的位置应靠近，使试验样品能在不大于 5 min 的时间内从一箱转移到另一箱内(手动或自动)，试验箱的开门时间通常不应超过 2 min。

低温和高温试验箱应提供 6.10.2.4 的低温和高温，并符合 5.2 的要求。

6.10.2.3.2 安装架和支撑件

试验样品的安装架或支撑件应具有较低的热传导，使试验样品实际上被隔热。当几个试验样品同时试验时，应使各试验样品之间及试验样品与箱壁之间的空气能自由流通，通常，试验样品附近的空气流速不小于 2 m/s。

6.10.2.4 严酷等级

严酷等级包括：

a) 低温和高温见表 2，由产品标准等技术文件按 4.3.2 选定；

b) 暴露时间，可选 0.5 h、1 h、2 h 或 4 h；

c) 循环次数，5；

d) 转移时间，不大于 5 min，产品标准可规定具体时间。

6.10.2.5 试验程序

6.10.2.5.1 预处理

需要时,按产品标准规定对试验样品进行预处理。

6.10.2.5.2 初始检测

在室温条件下,按产品标准规定对试验样品进行外观和结构检查以及性能特性检测。

6.10.2.5.3 条件试验

将低温箱调到规定的低温值,高温箱调到规定的高温值。

试验样品不包装、不通电,放置到低温箱内,保持6.10.2.4规定的暴露时间。

试验样品在低温箱达到暴露时间后,在5 min之内,将其从低温箱转移到高温箱中,并保持规定的暴露时间。

试验样品在高温箱达到暴露时间后,在5 min之内,将其从高温箱转移到低温箱中。

上述过程为试验的一个循环(见图3)。重复上述试验直至完成5次循环。

6.10.2.5.4 恢复

条件试验结束后,将试验样品放在正常大气条件下恢复,使之达到温度稳定,恢复时间为1 h～4 h或更长。

6.10.2.5.5 最后检测

恢复后应按产品标准规定进行最后检测,包括外观和结构检查以及性能特性测量。

温度变化试验后试验样品应无绝缘降低、开裂、密封失效等现象。

6.10.2.6 试验结论和报告

在最后检测后,应根据试验结果按5.7给出试验结论并编写试验报告。

6.10.3 规定温度变化速率的试验

6.10.3.1 目的

提供一种试验方法,以确定探测器对周围温度快速变化的适应性和工作能力。

6.10.3.2 一般说明

将处于工作状态或非工作状态的试验样品放入试验箱,并以一定速率在低温与高温之间改变试验箱内的温度,使试验样品经受温度的变化,同时进行性能特性检测。

6.10.3.3 试验设备

试验箱应提供6.10.3.4的低温值与高温值及其之间的温度变化速率,并符合5.2的要求。

试验样品的安装与6.10.2.3.2相同。

6.10.3.4 严酷等级

严酷等级包括:

a) 低温和高温见表2,由产品标准等技术文件按4.3.2选定;

b) 暴露时间,可选0.5 h、1 h、2 h或4 h;

c) 循环次数,2;

d) 温度变化速率见表2,由产品标准等技术文件按4.3.2选定。

6.10.3.5 试验程序

6.10.3.5.1 预处理

需要时,按产品标准规定对试验样品进行预处理。

6.10.3.5.2 初始检测

在室温条件下,按产品标准规定对试验样品进行外观和结构检查以及性能特性检测。

6.10.3.5.3 条件试验

条件试验的过程如下:

a) 试验样品不包装,进入或不进入工作状态后,放置到处于实验室环境温度下的试验箱内;

b) 以6.10.3.4 d)规定的降温速率将试验箱内温度降到规定的低温值,并保持6.10.3.4 b)规定的暴露时间；

c) 以 6.10.3.4 d)规定的升温速率将试验箱内温度升到规定的高温值，并保持 6.10.3.4 b)规定的暴露时间；

d) 按本条 b)规定的降温速率将试验箱内温度下降到试验室的环境温度值。

上述过程为试验的一个循环(见图 4)，重复上述试验直至完成 2 次循环。

6.10.3.5.4 中间检测

如果试验样品处于工作状态，应规定中间检测开始的时间，如果未规定，则在第二循环最后 15 min 进行中间检测。

6.10.3.5.5 恢复

条件试验结束后，将试验样品放在正常大气条件下恢复，直到温度稳定，恢复时间为 1 h～4 h 或更长。

6.10.3.5.6 最后检测

恢复后应按产品标准规定进行最后检测，包括外观和结构检查以及性能特性测量。

温度变化试验后试验样品应无绝缘降低、开裂、密封失效等现象。

6.10.3.6 试验结论和报告

在最后检测后，应根据试验结果按 5.7 给出试验结论并编写试验报告。

6.11 太阳辐射试验

太阳辐射试验按 GB/T 2423.24 规定的方法(Sa)和 5.6 的试验程序进行。

试验的严酷等级如下：

——辐射强度见表 2，由产品标准等技术文件按 4.3.2 选定；

——照射期间的环境温度，40℃；

——持续时间，10 个周期。

太阳辐照试验后试验样品除性能特性满足要求外，其外观和结构应无开裂、软化等现象。

6.12 水(滴水或降雨、冲水、浸水)试验

6.12.1 滴水或降水

滴水或降水试验按 GB/T 2423.38 规定的人造雨方法(Ra1)和 5.6 的试验程序进行。

人造雨模拟的严酷等级如下：

——降雨强度，表 2 中的 6 mm/min(约 400 mm/ h)；

——水滴尺寸，3.8mm±0.4 mm；

——持续时间，可选 10 min、30 min、60 min 或 120 min；

——喷射角度(与垂直线夹角)，可选 0°、15°、30°、60°或 90°。

6.12.2 冲水

冲水试验按 GB/T 2423.38 规定的高强度滴水场法(Rb1)和 5.6 的试验程序进行。

6.12.3 浸水

6.12.3.1 水箱法

水箱法浸水试验按 GB/T 2423.38 规定的方法(Rc1)和 5.6 的试验程序进行。

浸水的严酷等级如下：

——水压见表 2，由产品标准等技术文件按 4.3.2 选定；

——持续时间，可选 0.5 h、2 h、(8 h)或 24 h。

注：浸水深度(m)为浸水压力(kPa)的 1/10。

6.12.3.2 加压水箱法

加压水箱法浸水试验按 GB/T 2423.38 规定的方法(Rc2)和 5.6 的试验程序进行。

浸水的严酷等级如下：

——水压见表2，由产品标准等技术文件按4.3.2选定；

——持续时间，可选2 h、(8 h)、24 h、(72 h)或168 h。

6.12.4 试验结果

水试验后试验样品除性能特性满足要求外，其外观和结构应无泄漏、腐蚀、潮解、绝缘降低或机械损伤等现象。

6.13 沙尘试验

沙尘试验按GB/T 2423.37的规定方法和5.6的试验程序进行。

沙试验推荐采用吹沙的方法(Lc)。沙浓度的严酷等级见表5，由产品标准等技术文件按4.3.2选定，试验持续时间为4 h。

尘试验(包括飘浮和沉降)推荐采用自由降尘的方法(Lb)(使用A类尘)，飘浮浓度和沉降速度见表5，由产品标准等技术文件按4.3.2选定，试验持续时间为4 d。

沙尘试验后试验样品除性能特性满足要求外，其外观和结构应无机械损伤、绝缘降低或过热等现象。

6.14 长霉试验

长霉试验按GB/T 2423.16规定的方法1(J1)和5.6的试验程序进行。试验的持续时间为28 d。

长霉试验后试验样品除性能特性满足要求外，其外观和结构应无潮解、腐蚀、锈蚀、表面劣化或绝缘降低等现象。

6.15 盐雾试验

盐雾试验按GB/T 2423.17规定的方法(Ka)和5.6的试验程序进行，试验的持续时间可选16 h、24 h、48 h、72 h、96 h或168 h。试验其他要求如下：

a) 喷雾器应能产生极细颗粒的潮湿浓盐雾，并保持喷射空气的温度和湿度等试验条件；

b) 试验箱内的盐雾应均匀分布，箱内的试验样品除支撑安装件外，不应与其他部件(特别是金属部件)接触，以保证盐雾完全包围整个试验样品，但盐溶液不应滴在试验样品上；

c) 在整个试验过程中应防止油污、尘埃和其他杂质对试验箱和试验样品的污染；

d) 盐溶液采用化学纯、分析纯的氯化钠和蒸馏水或去离子水配制，质量百分比浓度为5%±1%，雾化后试验箱外部收集的盐溶液不应重复使用；

e) 盐溶液的pH值为6.5～7.2(35℃±2℃)；

f) 在试验箱内的任一位置，用面积80 cm^2的漏斗收集连续16 h雾化的盐雾沉降量，平均为10 mL/h～20 mL/h。

盐雾试验后试验样品除性能特性满足要求外，其外观和结构应无腐蚀、锈蚀、表面劣化或绝缘降低等现象。

6.16 核辐射照射试验

6.16.1 目的

提供一种试验方法，以确定探测器在使用过程中经受核辐射照射的适应性。

6.16.2 一般说明

核辐射照射试验分静态和动态照射。核辐射照射的方向应为试验样品最敏感的方向。需要时，产品标准可规定其他照射方向。

试验报告应标明辐射源及其能量、剂量率和(或)累积剂量或者粒子注量率和(或)粒子注量、试验样品的工作状态。

6.16.3 试验设备

辐射源所产生辐射应能模拟探测器实际使用的核辐射环境，并满足6.16.4的要求，其强度以及相对试验样品的方向可方便调节。

6.16.4 严酷等级

核辐射照射试验的严酷等级见表8,由产品标准等技术文件按4.3.2选定。

当仅选定剂量率或粒子注量率时,照射时间可由产品标准规定。当仅选定累积剂量率或粒子注量时,剂量率或粒子注量率可由产品标准规定。

6.16.5 试验程序

6.16.5.1 预处理

将试验样品置于正常环境条件下,按产品标准等有关规定进行预处理。

6.16.5.2 初始检测

将经过预处理的试验样品置于无辐射源的辐射场中,在试验条件和工作状态下测量试验样品的可能受核辐射照射影响某一输出参数(例如,脉冲幅度、电流、本底等,由产品标准规定)。

6.16.5.3 条件试验

6.16.5.3.1 静态照射

用辐射源调节试验样品所处辐射场的方向和强度,使其方向与6.16.2确定的方向一致,进行静态照射,直到达到6.16.4规定的严酷等级。

需要时,改变辐射方向,使其与试验样品其他轴线方向一致,重复上面的照射。

6.16.5.3.2 中间检测

静态照射后,测量6.15.5.2中被测的输出参数,与初始检测的结果进行比较并计算相对偏差。

6.16.5.3.3 动态照射

然后改变剂量率或累积剂量或者粒子注量率或粒子注量进行照射,观察试验样品输出参数的有害变化,例如,坪斜和谱畸变等,并记录有害变化超过产品标准规定时的剂量率或累积剂量或者粒子注量率或粒子注量。

6.16.5.4 恢复

条件试验后,移去放辐射源,将试验样品脱离工作状态,进入恢复过程,恢复时间由产品标准规定。

6.16.5.5 最后检测

试验样品恢复后,最后测量6.16.5.2中被测的输出参数,与初始检测的结果进行比较并计算相对偏差。

核辐射照射后试验样品应无明显的辐射损伤。

6.16.6 试验结论和报告

在最后检测后,应根据试验结果(包括中间检测、动态照射和最后检测)按5.7给出试验结论并编写试验报告。

6.17 光效应试验

6.17.1 目的

提供一种试验方法,以确定探测器在使用过程中经受光效应的适应性。

6.17.2 一般说明

光效应试验时,试验样品处于工作状态。

试验报告应标明所用光源、波长范围和照度。

6.17.3 试验设备

试验用光源所发射的光应模拟室外的阳光和(或)室内的照明,可采用氙灯、钨丝灯或高压水银灯,必要时,可在光源与试验样品之间附加滤光片,使光谱与明亮的日光(波长295 nm～760 nm)一致。光源也可使用日光灯。光源所产生照度应满足6.17.4的要求。

6.17.4 **严酷等级**

光的照度见表 9，由产品标准等技术文件按 4.3.2 选定。

光照射的持续时间，可选 10 min、30 min、2 h、4 h、8 h、24 h、48 h、72 h 或 168 h。

6.17.5 **试验程序**

6.17.5.1 **预处理**

将试验样品避光存放 24 h，然后在正常环境条件下按产品标准规定进行其他预处理。

6.17.5.2 **初始检测**

在基本无光效应的试验条件和工作状态下，测量试验样品可能受光效应影响的某一输出参数，例如本底(噪声)或零点。

6.17.5.3 **条件试验**

打开光源，使试验样品经受 6.17.4 规定的光照射，达到 6.17.4 规定的照射时间后，关闭光源。测量 6.16.5.2 中被测的输出参数，与初始检测的结果进行比较并计算相对偏差。

然后，每隔 1 min 测量一次本底(噪声)或零点。10 min 后，每隔 30 min 测量一次本底或零点，直到 24 h。

6.17.5.4 **恢复**

条件试验后，将试验样品脱离工作状态，避光存放恢复 48 h。

6.17.5.5 **最后检测**

试验样品恢复后，最后测量 6.16.5.2 中被测的输出参数(本底或零点)，与初始检测的结果进行比较并计算相对偏差。

光效应试验后试验样品应无绝缘降低、开裂、软化等现象。

6.17.5.6 **试验结论和报告**

在最后检测后，应根据试验结果按 5.7 给出试验结论并编写试验报告，报告中应给出光辐射照射时本底(噪声)或零点分变化，以及光辐射照射后本底(噪声)或零点随时间的变化曲线。

6.18 **电磁试验**

需要时，所选定电磁环境条件(例如工频磁场或静电放电)的试验方法见 GB/T 11684 的相应条款。

1——辐射源(或光源)；

2——探测器试验样品；

3——试验箱(室)或试验台(试验样品将安装在试验台上)；

4——核仪器测量系统。

图 1 探测器环境试验的设备示意图

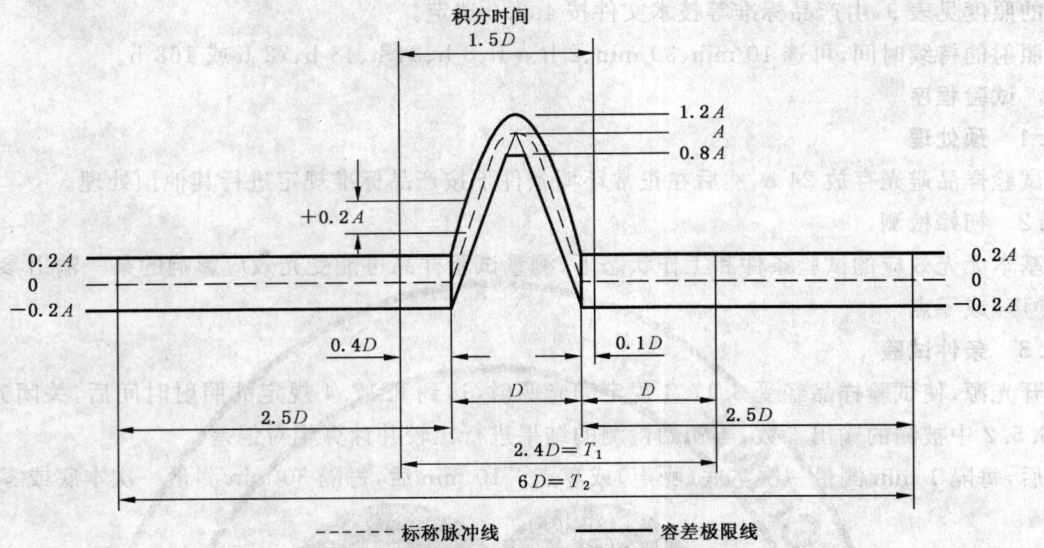

D——标称脉冲宽度；

A——标称脉冲峰值加速度；

T_1——使用常规冲击试验机时对冲击脉冲的最小检测时间期间；

T_2——使用振动发生器时对冲击脉冲的最小检测时间期间。

注：图中的容差极限也就是允许偏差。

图 2　半正弦波冲击脉冲的波形

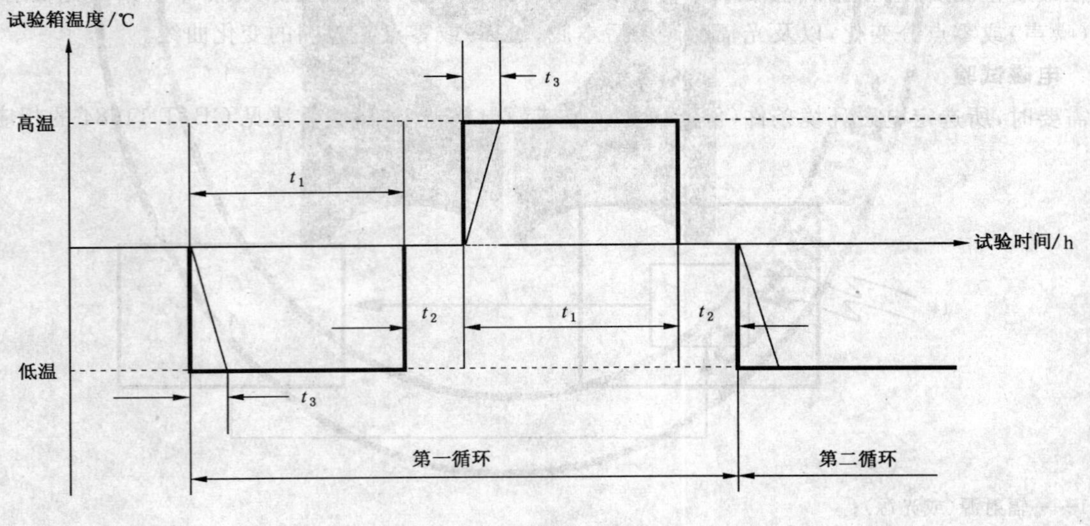

t_1——规定的曝露时间；

t_2——转移时间；

t_3——当试验箱放入试验样品后，其容积和空气流速使温度恢复到规定偏差范围的时间，它不应大于 $0.1t_1$。

图 3　规定转移时间的温度变化试验的循环周期

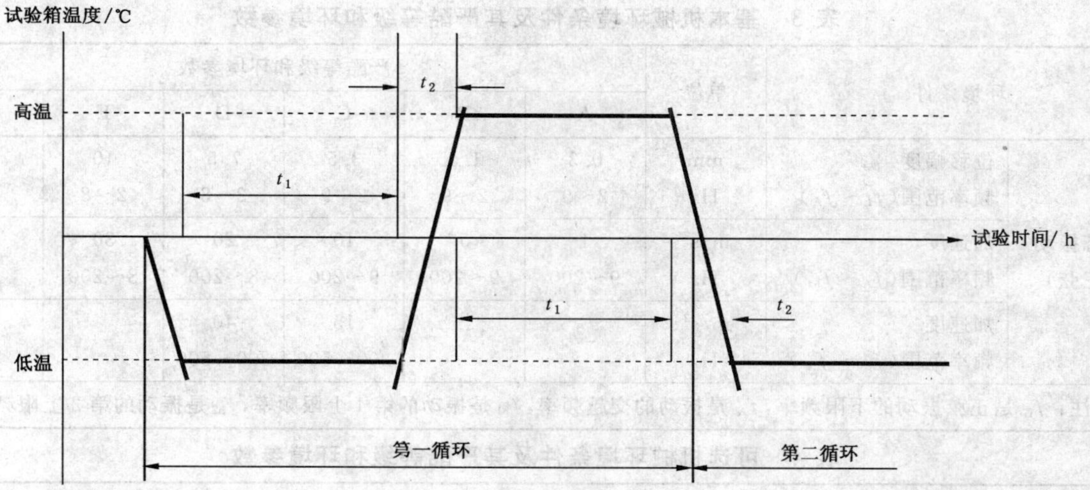

t_1——规定的曝露时间；

t_2——升温或降温时间。

图 4 规定变化速率的温度变化试验的循环周期

表 1 基本气候环境条件及其严酷等级和环境参数

环境条件	单位	严酷等级和环境参数					
		A	B	C	D	E	F
低温	℃	10	0	−25	−40	−55	
高温(空气中)	℃	40	55/70	100	155	200	
高相对湿度	%，℃	85，30	95，35	95，40	95，45	95，50	
注：表 1～表 7 中，带括号的环境参数由本标准给出；"—"表示没有或不考虑(忽略)。							

表 2 可选气候环境条件及其严酷等级和环境参数

环境条件	单位	严酷等级和环境参数					
		A	B	C	D	E	F
温度变化范围	℃	10～40	0～35	−25～30	−40～30	−55～30	
温度变化速率[a]	℃/min	0.05	0.1	0.5	1	3	
低温(水、泥浆)	℃	20	15	10	5	水的冰点	
高温(水、泥浆)	℃	30	40	55	70	85	
低气压	kPa	84	70	53	30	20	
高气压	kPa	106	130	(200)	(300)	(500)	
水压	kPa	(10)	50	200	1 000	5 000	
降雨强度	mm/min	0.3	1	2	3	6	
降雨外其他水源[b]	m/s	(0.1)	0.3	1	3	10	
太阳辐射	W/m²	300	500	700	1000	1120	
热辐射	W/m²	(100)	(300)	600	(900)	1200	
周围空气或水运动	m/s	0.5	1	5	10	20	
[a] 系指空气到空气每 5 min 的平均值。 [b] 降雨外的其他水源有滴水、溅水、喷水(射水)或水浪。							

表 3　基本机械环境条件及其严酷等级和环境参数

环境条件		单位	严酷等级和环境参数					
			A	B	C	D	E	F
稳态振动（正弦）	位移幅度	mm	0.3	1.5	3.5	7.5	10	
	频率范围(f_L～f_A)	Hz	2～9	2～9	2～9	2～8	2～8	
	加速度	m/s²	1	5	10	20	30	
	频率范围(f_A～f_{h1})	Hz	9～200	9～200	9～200	8～200	8～200	
	加速度	m/s²	—	—	15	40	—	
	频率范围(f_{h1}～f_{h2})	Hz			200～500	200～500		
注：f_L 是正弦振动的下限频率，f_A 是振动的交越频率，f_{h1} 是振动的第 1 上限频率，f_{h2} 是振动的第 2 上限频率。								

表 4　可选机械环境条件及其严酷等级和环境参数

环境条件		单位	严酷等级和环境参数					
			A	B	C	D	E	F
非稳态振动（包括冲击）	冲击响应谱类型 L 的峰值加速度	m/s²	40	40/70	—	—	—	
	冲击响应谱类型Ⅰ的峰值加速度	m/s²	—	—	100	300	—	
	冲击响应谱类型Ⅱ的峰值加速度	m/s²	—	—	250/300	1000	—	
	持续时间	ms	22(L 型谱),11(Ⅰ型谱),6(Ⅱ型谱)					
自由跌落高度	质量≤1 kg	mm	100	250	500	1 000	1 200	
	质量>1 kg～10 kg	mm	50	100	250	(500)	1 000	
	质量>10 kg～50 kg	mm	25	50	100	250	(500)	
包装跌落高度	质量≤20 kg	mm	250	500	1 000	1 200	1 500	
	质量>20 kg～100 kg	mm	100	250	500	1 000	1 200	
包装倾倒	质量≤20 kg	—	—	任意一边倾倒				
	质量>20 kg～100 kg	—	—	—	—	任意一边倾倒		
包装静负载		kPa	—	5	5	10	10	
角运动倾斜	绕 X 轴回转（横倾）角度	°	—	15	15	22.5	35	
	绕 Y 轴回转（纵倾）角度	°	—	10	10	15	22.5	
角运动摇摆	绕 X 轴回转（横摇） 角度	°	—	22.5	22.5	22.5	22.5	
	绕 X 轴回转（横摇） 频率	Hz		0.14	0.14	0.14	0.14	
	绕 Y 轴回转（纵摇） 角度	°	—	10	10	10	10	
	绕 Y 轴回转（纵摇） 频率	Hz		0.02	0.2	0.2	0.2	
	绕 Z 轴回转（首摇） 角度	°	—	4	4	4	4	
	绕 Z 轴回转（首摇） 频率	Hz		0.05	0.05	0.05	0.05	

表 4(续)

环境条件		单位	严酷等级和环境参数					
			A	B	C	D	E	F
恒加速度	*X* 轴向(纵落)加速度	m/s^2	—	5	5	6	6	
	Y 轴向(横落)加速度	m/s^2	—	6	6	10	10	
	Z 轴向(垂落)加速度	m/s^2	—	10	10	20	20	

注 1:L、Ⅰ和Ⅱ表示不同类型的冲击响应谱,其持续时间和最大加速度的中心频率均不相同。

注 2:*X* 轴相对于船舶的艏艉方向,*Y* 轴相对于船舶的横向,*Z* 轴相对于船舶的垂向。

表 5 机械活性物质环境条件及其严酷等级和环境参数

环境条件	单位	严酷等级和环境参数					
		A	B	C	D	E	F
沙	mg/m^3	—	30	300	1 000	3 000～10 000	
尘(飘浮)	mg/m^3	0.01	0.2	5.0	15	20	
尘(沉降)	$mg/(m^2 \cdot d)$	10	35	500	1 000	2 000	
烟灰沉降	—	—	有	有	有	有	

表 6 化学活性物质环境条件及其严酷等级和环境参数

环境条件	单位	严酷等级和环境参数					
		A	B	C	D	E	F
海盐	—	—	—	有盐雾	有盐雾	有盐雾	
路盐	—			固体盐和盐水			
化学气体	—	需要时,氯化物、硫化物和氮化物等化学气体可见 GB/T 4798 关于不同使用环境条件下不同严酷等级的环境参数					

注:路盐仅适用于地面车辆的使用环境。

表 7 生物环境条件及其严酷等级和环境参数

环境条件	单位	严酷等级和环境参数					
		A	B	C	D	E	F
微生物	—	—	—	霉菌、真菌等			
动物	—	—	—	啮齿动物[a]	啮齿动物[b]	啮齿动物[c]	

注:微生物 GB/T 4798 称为植物。

[a] 啮齿动物和其他危害产品的动物,不包括白蚁。

[b] 啮齿动物和其他危害产品的动物。

[c] 啮齿动物和其他危害产品的动物,包括白蚁。

表 8　核辐射照射环境条件及其严酷等级和环境参数

环境条件	单位	严酷等级和环境参数					
		A	B	C	D	E	F
辐射源	—	由产品标准规定					
照射方向	—	探测器的敏感方向					
剂量率	Gy/min	$10^{-4}\sim10^{-2}$	$10^{-2}\sim10^{0}$	$10^{0}\sim10^{2}$	$10^{2}\sim10^{5}$	$10^{5}\sim10^{8}$	
累积剂量	Gy	$10^{0}\sim10^{3}$	$10^{3}\sim10^{6}$	$10^{6}\sim10^{9}$	$10^{9}\sim10^{12}$	$10^{12}\sim10^{15}$	
粒子注量率	$cm^{-2}\cdot s^{-1}$	$10^{6}\sim10^{8}$	$10^{8}\sim10^{10}$	$10^{10}\sim10^{12}$	$10^{12}\sim10^{14}$	$10^{14}\sim10^{16}$	
粒子注量	cm^{-2}	$10^{12}\sim10^{14}$	$10^{14}\sim10^{16}$	$10^{16}\sim10^{18}$	$10^{18}\sim10^{21}$	$10^{21}\sim10^{24}$	

表 9　光效应环境条件及其严酷等级和环境参数

环境条件	单位	严酷等级和环境参数					
		A	B	C	D	E	F
光源	—	氙灯、钨丝灯、高压水银灯或日光灯					
照度	lx	1	10	100	1 000	10 000	

表 10　环境试验的参考条件和标准试验条件

影　响　量	参考条件	标 准 试 验 条 件	正常大气条件
环境温度	20℃	18℃～22℃	15℃～35℃
相对湿度	65％	50％～75％	45％～75％
大气压强	101.3 kPa	86 kPa～106 kPa	86 kPa～106 kPa
交流供电电压	U_N[a]	$(1\pm1\%)U_N$	
交流供电频率	50 Hz[b]	(1±1％)50 Hz	
交流供电波形	正弦波	波形总畸变＜5％	
环境γ辐射 (空气吸收剂量率)	0.1 μGy/h	＜0.25 μGy/h	
外磁场干扰	可忽略	小于引起干扰的最低值	
外界磁感应	可忽略	小于地磁场引起干扰的 2 倍	
放射性污染	可忽略	可忽略	

[a] 单相电源 220 V 或三相电源 380 V。当用电池供电时，其电压的变化为额定值的±1％，不考虑纹波。

[b] 交流供电频率，特殊情况按产品标准规定处理。

参 考 文 献

[1] GB/T 2421—1999 电工电子产品环境试验 第1部分:总则(idt IEC 60068-1:1988)
[2] GB/T 2423.1—2001 电工电子产品环境试验 第2部分:试验方法 试验A:低温(idt IEC 60068-2-1:1990)
[3] GB/T 2423.2—2001 电工电子产品环境试验 第2部分:试验方法 试验B:高温(idt IEC 60068-2-2:1974)
[4] GB/T 2423.3—1993 电工电子产品基本环境试验规程 试验Ca:恒定湿热试验方法(eqv IEC 60068-2-3:1984)
[5] GB/T 2423.5—1995 电工电子产品环境试验 第二部分:试验方法 试验Ea和导则:冲击(idt IEC 60068-2-27:1987)
[6] GB/T 2423.8—1995 电工电子产品环境试验 第二部分:试验方法 试验Ed:自由跌落(idt IEC 60068-2-32:1990)
[7] GB/T 2423.10—1995 电工电子产品环境试验 第二部分:试验方法 试验Fc和导则:振动(正弦)(idt IEC 60068-2-6:1982)
[8] GB/T 2423.18—2000 电工电子产品环境试验 第2部分:试验方法 试验Kb:盐雾,交变(氯化钠溶液)(idt IEC 60068-2-52:1996)
[9] GB/T 2423.21—1991 电工电子产品基本环境试验规程 试验M:低气压试验方法(neq IEC 60068-2-13:1983)
[10] GB/T 2423.22—2002 电工电子产品环境试验 第2部分:试验方法 试验N:温度变化(IEC 60068-2-14:1984,IDT)
[11] GB/T 4797.1—1984 电工电子产品自然环境条件 温度和湿度(neq IEC 60721-2-1:1982)
[12] GB/T 4797.2—1986 电工电子产品自然环境条件 海拔与气压、水深和水压
[13] GB/T 4797.3—1986 电工电子产品自然环境条件 生物
[14] GB/T 4797.4—1989 电工电子产品自然环境条件 太阳辐射与温度
[15] GB/T 4797.5—1992 电工电子产品自然环境条件 降水和风(neq IEC 60721-2-2:1988)
[16] GB/T 4797.6—1995 电工电子产品自然环境条件 尘、沙、盐雾(neq IEC 60721-2-5)
[17] GB/T 4798.1—1986 电工电子产品应用环境条件 贮存
[18] GB/T 4798.2—1996 电工电子产品应用环境条件 运输(neq IEC 60721-3-2:1985)
[19] GB/T 4798.3—1990 电工电子产品应用环境条件 有气候防护场所固定使用
[20] GB/T 4798.4—1990 电工电子产品应用环境条件 无气候防护场所固定使用(neq IEC 60721-3-4)
[21] GB/T 4798.5—1987 电工电子产品应用环境条件 地面车辆使用(neq IEC 60721-3-5:1985)
[22] GB/T 4798.6—1996 电工电子产品应用环境条件 船用(idt IEC 60721-3-6:1987)
[23] GB/T 4798.7—1987 电工电子产品应用环境条件 携带和非固定使用(eqv IEC 60721-3-7:1986)
[24] GB/T 4798.9—1997 电工电子产品应用环境条件 产品内部的微气候(idt IEC 60721-3-9:1993)
[25] GB/T 4798.10—1991 电工电子产品应用环境条件 导言(neq IEC 60721-3-0:1984)
[26] GB/T 4960.6—1996 核科学技术术语 核仪器仪表
[27] GB/T 14597—1993 电工产品不同海拔的气候环境条件

［28］EJ 1088—1998　核用水下照明装置
［29］EJ/T 1100—1999　X射线荧光测井仪（neq IEC 61135:1997,Bore-hole apparatus for X-ray fluorescence analysis）
［30］EJ/T 1139—2001　勘探用γ辐射仪和γ能谱仪　性能和测试方法
［31］IEC 60405:2003　Nuclear instrumentation—Constructional requirements and classification of radiometric gauges

ICS 67.160.10
X 61

中华人民共和国国家标准

GB/T 10346—2006
代替 GB/T 10346—1989

白酒检验规则和标志、包装、运输、贮存

General principle of inspection for Chinese spirits

2006-07-18 发布　　　　2007-05-01 实施

中华人民共和国国家质量监督检验检疫总局
中国国家标准化管理委员会　发布

前　言

本标准是对 GB/T 10346—1989《白酒检验规则》的修订。

本标准代替 GB/T 10346—1989。

本标准与 GB/T 10346—1989 相比主要变化如下：

1)　增加了组批和抽样表；

2)　增加了检验分类，规定了出厂检验、型式检验项目；

3)　增加了判定规则。

本标准由中国轻工业联合会提出。

本标准由全国食品发酵标准化中心归口。

本标准起草单位：中国食品发酵工业研究院。

本标准主要起草人：康永璞、郭新光、张宿义。

本标准所代替标准的历次版本发布情况为：

——GB/T 10346—1989。

白酒检验规则和标志、包装、运输、贮存

1 范围

本标准规定了白酒产品的检验规则和标志、包装、运输、贮存要求。

本标准适用于白酒产品的出厂检验、验收与检查。

2 规范性引用文件

下列文件中的条款通过本标准的引用而成为本标准的条款。凡是注日期的引用文件，其随后所有的修改单(不包括勘误的内容)或修订版均不适用于本标准，然而，鼓励根据本标准达成协议的各方研究是否可使用这些文件的最新版本。凡是不注日期的引用文件，其最新版本适用于本标准。

GB/T 191 包装储运图示标志

GB 2757 蒸馏酒及配制酒卫生标准

GB 2760 食品添加剂使用卫生标准

GB 10344 预包装饮料酒标签通则

国家质量监督检验检疫总局[2005]第75号令 定量包装商品计量监督管理办法

3 检验规则

3.1 组批

每次经勾兑、灌装、包装后的，质量、品种、规格相同的产品为一批。

3.2 抽样

3.2.1 按表1抽取样本，从每箱中任取一瓶，单件包装净含量小于500 mL，总取样量不足1 500 mL时，可按比例增加抽样量。

表1 抽 样 表

批量范围/箱	样本数/箱	单位样本数/瓶
50以下	3	3
50～1 200	5	2
1 201～35 000	8	1
35 000以上	13	1

3.2.2 采样后应立即贴上标签，注明：样品名称、品种规格、数量、制造者名称、采样时间与地点、采样人。将样品分为两份，一份样品封存，保留1个月备查。另一份样品立即送化验室，进行感官、理化和卫生检验。

3.3 检验分类

3.3.1 出厂检验

检验项目：甲醇、杂醇油、感官要求、酒精度、总酸、总酯、固形物、香型特征指标、净含量和标签。

3.3.2 型式检验

3.3.2.1 检验项目：产品标准中技术要求的全部项目。

3.3.2.2 一般情况下，同一类产品的型式检验每年进行一次，有下列情况之一者，亦应进行：

a) 原辅材料有较大变化时；

b) 更改关键工艺或设备；

c) 新试制的产品或正常生产的产品停产3个月后，重新恢复生产时；

d) 出厂检验与上次型式检验结果有较大差异时；

e) 国家质量监督检验机构按有关规定需要抽检时。

3.4 判定规则

3.4.1 检验结果有不超过两项指标不符合相应的产品标准要求时，应重新自同批产品中抽取两倍量样品进行复检，以复检结果为准。

3.4.2 若复检结果卫生指标不符合GB 2757要求，则判该批产品为不合格。

3.4.3 若产品标签上标注为"优级"品，复检结果仍有一项理化指标不符合"优级"，但符合"一级"指标要求，可按"一级"判定为合格；若不符合"一级"指标要求时，则判该批产品为不合格。

3.4.4 当供需双方对检验结果有异议时，可由有关各方协商解决，或委托有关单位进行仲裁检验，以仲裁检验结果为准。

4 标志、包装、运输、贮存

4.1 标志

4.1.1 预包装白酒标签应符合GB 10344的有关规定。非传统发酵法生产的白酒，应在"原料与配料"中标注添加的食用酒精及非白酒发酵产生的呈香呈味物质(符合GB 2760要求)。

4.1.2 外包装纸箱上除标明产品名称、制造者名称和地址外，还应标明单位包装的净含量和总数量。

4.1.3 包装储运图示标志应符合GB/T 191的要求。

4.2 包装

4.2.1 包装容器应使用符合食品卫生要求的包装瓶、盖。

4.2.2 包装容器体端正、清洁，封装严密，无渗漏酒现象。

4.2.3 外包装应使用合格的包装材料，箱内宜有防震、防碰撞的间隔材料。

4.2.4 产品出厂前，应由生产厂的质量监督检验部门按本标准规定逐批进行检验，检验合格，并附质量合格证，方可出厂。产品质量检验合格证明(合格证)可以放在包装箱内，或放在独立的包装盒内，也可以在标签上打印"合格"二字。

4.3 运输、贮存

4.3.1 运输时应避免强烈振荡、日晒、雨淋，装卸时应轻拿轻放。

4.3.2 成品应贮存在干燥、通风、阴凉和清洁的库房中，库内温度宜保持在10℃～25℃。

4.3.3 不得与有毒、有害、有腐蚀性物品和污染物混运、混贮。

4.3.4 成品不得与潮湿地面直接接触。

ICS 71.100.60
X 46

GB

中华人民共和国国家标准

GB 10355—2006
代替 GB 10355—1989

食品添加剂　乳化香精

Food additive—Emulsion flavoring

2006-09-01 发布　　2007-04-01 实施

中华人民共和国国家质量监督检验检疫总局
中国国家标准化管理委员会　发布

前言

本标准中 4.6、4.7、4.8、4.9 为强制性条款，其余为推荐性条款。

本标准是对 GB 10355—1989《食品添加剂　乳化香精》的修订，主要是增加千倍稀释液稳定性试验——离心试验。

本标准自实施之日起，代替 GB 10355—1989。

本标准由中国轻工业联合会提出。

本标准由全国香料香精化妆品标准化技术委员会归口。

本标准由上海孔雀香精香料有限公司、广州百花香料股份有限公司、深圳冠利达波顿香料有限公司和上海香料研究所负责起草。

本标准主要起草人：魏月琴、钟炼军、徐静芳、杜世祥、徐易。

本标准于 1989 年 2 月首次发布，本次为第一次修订。

食品添加剂　乳化香精

1　范围

本标准规定了食品添加剂乳化香精的术语和定义、要求、试验方法、检验规则和标志、包装、运输、贮存等内容。

本标准适用于对由食用香料、乳化剂、蒸馏水或去离子水等原料组成，经乳化均质制得的水包油乳化香精的质量进行分析评价。

2　规范性引用文件

下列文件中的条款通过本标准的引用而成为本标准的条款。凡是注日期的引用文件，其随后所有的修改单(不包括勘误的内容)或修订版均不适用于本标准，然而，鼓励根据本标准达成协议的各方研究是否可使用这些文件的最新版本。凡是不注日期的引用文件，其最新版本适用于本标准。

GB 2760　食品添加剂使用卫生标准

GB/T 4789.2　食品卫生微生物学检验　菌落总数测定

GB/T 4789.3　食品卫生微生物学检验　大肠菌群测定

GB/T 5009.74　食品添加剂中重金属限量试验

GB/T 5009.76　食品添加剂中砷的测定

GB/T 14454.2　香料　香气评定法

3　术语和定义

3.1

试样　test sample

从所抽取的样品中取出供检测用的样品。

3.2

标准样品　reference sample

经过技术部门会同有关部门(人员)对样品进行检定和评香，确定为检验用标准样品。

4　要求[1)]

4.1　香气：符合同一型号的标准样品。

4.2　香味：符合同一型号的标准样品。

4.3　粒度：≤2 μm 并均匀分布。

4.4　原液稳定性：不分层。

4.5　千倍稀释液稳定性：无浮油、无沉淀。

4.6　砷含量：≤3 mg/kg。

4.7　重金属含量[以铅(Pb)计]：≤10 mg/kg。

4.8　细菌总数：≤100 CFU/g 或 100 CFU/mL。

4.9　大肠菌群：≤30 CFU/100 g 或 30 CFU/100 mL。

1)　乳化香精使用的各种食用香料、乳化剂、抗氧化剂、增稠剂等均应符合 GB 2760 的规定。

5 试验方法

5.1 香气的评定

按 GB/T 14454.2 规定执行。

5.2 香味的评定

5.2.1 试液

分别称取 0.1 g 试样和标准样品置于各自小烧杯中，分别加入糖水溶液（由 8 g～12 g 蔗糖，0.10 g～0.16 g 柠檬酸，加蒸馏水至 100 mL 配成），制成 0.1% 香精糖水溶液，搅拌均匀即为试液。

5.2.2 方法

分别小口品尝试液，辨其香味特征、强度、口感有无差异。每次品尝前，均应漱口。

5.3 粒度的测定

5.3.1 仪器

大于 600 倍的生物显微镜。

5.3.2 测定方法

取少量经搅拌均匀的试样放在载玻片上，滴入适量的水，用盖玻片轻压试样使成薄层。用显微镜观察。

5.4 原液稳定性的测定

5.4.1 仪器

离心沉淀器。

5.4.2 测定方法

将经搅拌均匀的试样装于三支离心试管中至同刻度处，一支留作对照，两支放入离心沉淀器中，以 2 500 r/min～3 000 r/min 转速离心 15 min，取出。与对照管比较，应不分层。

5.5 千倍稀释液稳定性的测定

5.5.1 72 h 试验

5.5.1.1 仪器

a) 1 000 mL 容量瓶。

b) 汽水瓶。

c) 封盖机。

d) 天平：精度 0.01 g。

5.5.1.2 测定方法

称取经搅拌均匀的试样 1.0 g，白砂糖 80 g～120 g，柠檬酸 1.0 g～1.6 g，蒸馏水 100 mL，加热使之全部溶解。冷却后移入容量瓶中，再用蒸馏水稀释至刻度，即为千倍稀释液。

取约 300 mL 的千倍稀释液于玻璃汽水瓶中，封盖。在室温下横放静置 72 h，观察溶液表面应无浮油，底部无沉淀。

5.5.2 离心试验

5.5.2.1 仪器

离心沉淀器。

5.5.2.2 测定方法

将 5.5.1.2 中的千倍稀释液装于三支离心试管中至同刻度处，一支留作对照，两支放入离心沉淀器中，以 2 500 r/min～3 000 r/min 转速离心 15 min，取出。与对照管比较，溶液表面应无浮油，底部无沉淀。

5.6 砷含量的测定

按 GB/T 5009.76 规定执行。

5.7 **重金属含量[以铅(Pb)计]的测定**

按 GB/T 5009.74 规定执行。

5.8 **细菌总数的测定**

按 GB/T 4789.2 规定执行。

5.9 **大肠菌群的测定**

按 GB/T 4789.3 规定执行。

6 检验规则

6.1 乳化香精应由生产厂质量检验部门负责检验，生产厂应保证出厂产品都符合本标准的要求，每批出厂产品都应附有质量合格证书。香气、香味、粒度、原液稳定性、千倍稀释液稳定性(离心试验)、细菌总数、大肠菌群为出厂检验项目，而千倍稀释液稳定性(72 h 试验)、砷含量、重金属含量[以铅(Pb)计]为型式检验项目，每半年检验一次。

6.2 验收单位有权按照本标准的各项规定检验所收到的产品质量是否符合本标准的要求，每一批号作一次验收，不同批号分别验收。

6.3 取样方法：每批的包装单位 1 个～2 个，全抽；3 个～100 个抽取 2 个；100 个以上增加部分再抽取 3%。用取样器从每个包装单位中均匀抽取试样 50 mL～100 mL，将所抽取的试样全部置于混样器内充分混匀，分别装入两个清洁干燥具塞的玻璃瓶中，瓶上贴标签，注明：生产厂厂名、产品名称、生产日期、批号、数量及取样日期，一瓶作检验用，另一瓶留存备查。

6.4 如验收结果中有一项指标不符合本标准要求时，可会同生产厂重新加倍抽取试样复验。如复验结果仍有指标不合格，则判该批产品不合格，不能验收。

6.5 当供需双方对产品质量发生异议时，可由双方协议解决或由法定检验机构进行仲裁。

7 标志、包装、运输、贮存

7.1 **标志**

产品包装外应注明："食品添加剂"字样、产品名称、生产厂厂名和地址、商标、批号、净含量、生产日期和保质期、卫生许可证号、生产许可证号及本标准编号。订货单位如有特殊要求，可与生产厂另订协议。

7.2 **包装**

乳化香精应装于清洁无杂味的食品级塑料桶或玻璃瓶内，或按顾客要求包装。

7.3 **运输**

在运输过程中应轻装轻卸，防止日晒雨淋，不得与有毒、有害物质混装、混运，并应符合有关部门的规定。

7.4 **贮存**

本产品应贮存在阴凉、干燥、通风的仓库内，避免冷冻、高温和杂气污染，远离火源。

7.5 **保质期**

在符合规定的贮运条件、包装完整、未经启封的情况下，本产品保质期为一年。

ICS 65.060.20
B 90

中华人民共和国国家标准

GB 10395.5—2006
代替 GB 10395.5—1996

农林拖拉机和机械　安全技术要求 第5部分:驱动式耕作机械

Tractors and machinery for agriculture and forestry—Technical means for ensuring safety—Part 5:Power-driven soil-working equipment

(ISO 4254-5:1992,MOD)

2006-03-29 发布　　　　2006-11-01 实施

中华人民共和国国家质量监督检验检疫总局
中国国家标准化管理委员会　发布

前　言

本部分的全部技术内容为强制性。

GB 10395《农林拖拉机和机械　安全技术要求》分为以下几个部分：

——第1部分：总则；

——第3部分：拖拉机；

——第5部分：驱动式耕作机械；

——第6部分：植物保护机械；

——第7部分：联合收割机、饲料和棉花收获机；

——第8部分：排灌泵和泵机组；

——第9部分：播种、栽种和施肥机械；

——第10部分：手扶(微型)耕耘机；

——第11部分：动力草坪割草机；

——第12部分：便携式动力绿篱修剪机；

——第13部分：后操纵式和手持式动力草坪修剪机和草坪修边机；

——第14部分：动力粉碎机和切碎机；

——第15部分：配刚性切割装置的动力修边机。

本部分是GB 10395《农林拖拉机和机械　安全技术要求》的第5部分。

本部分修改采用ISO 4254-5：1992《农林拖拉机和机械　安全技术要求　第5部分：驱动式耕作机械》。

本部分根据ISO 4254-5：1992重新起草。

考虑到我国国情，在采用ISO 4254-5：1992时，进行了如下修改：

——引用的ISO标准改为引用修改(等效)采用相应国际标准的我国国家标准；

——将国际标准3.2 b) 2)中“防护装置外缘与工作部件的水平距离应至少为300 mm，防护装置与地面的间隙应不大于200 mm。”改为“防护装置外缘与工作部件的水平距离应至少为200 mm，防护装置与地面的间隙应不大于400 mm。”

该技术性差异已在它们所涉及的条款的页边空白处用垂直单线标识。

为便于使用，本部分还作了下列编辑性修改：

——“ISO 4254的本部分”改为“本部分”；

——删除ISO 4254-5：1992的前言。

本部分代替GB 10395.5—1996《农林拖拉机和机械　安全技术要求　第5部分：驱动式耕作机械》。

本部分与GB 10395.5—1996相比主要技术内容变化如下：

——将GB 10395.5—1996的3.2 b) 2)中“防护装置外缘与工作部件的水平距离至少为300 mm，防护装置与地面的间隙应不大于200 mm。”改为“防护装置外缘与工作部件的水平距离应至少为200 mm，防护装置与地面的间隙应不大于400 mm。”。

本部分由中国机械工业联合会提出。

本部分由全国农业机械标准化技术委员会归口。

本部分起草单位：中国农业机械化科学研究院。

本部分主要起草人：张咸胜、杨兆文、陈俊宝。

本部分所代替标准的历次版本发布情况为：

——GB 10395.5—1996。

农林拖拉机和机械　安全技术要求
第5部分：驱动式耕作机械

1　范围

本部分规定了拖拉机驱动且驱动功率大于20 kW，ISO 3339-0：1986中规定的03类耕作机械的特殊要求。

其他减少人身生命和健康危险的一般要求、措施和方法应符合GB 10395.1的规定。

2　规范性引用文件

下列文件中的条款通过GB 10395的本部分的引用而成为本部分的条款。凡是注日期的引用文件，其随后所有的修改单（不包括勘误的内容）或修订版均不适用于本部分，然而，鼓励根据本部分达成协议的各方研究是否可使用这些文件的最新版本。凡是不注日期的引用文件，其最新版本适用于本部分。

GB 10395.1　农林拖拉机和机械　安全技术要求　第1部分：总则（GB 10395.1—2001，eqv ISO 4254-1：1989）

ISO 3339-0：1986　农林拖拉机和机械　分类和术语　第0部分：分类体系和分类

3　一般技术要求

3.1　驱动式耕作机械的一般要求应符合GB 10395.1的规定。

3.2　防护装置应设计成下列两种形式之一：

a)　整体防护式，防护装置在机器作业时应始终与地面保持接触；

b)　间隔防护式，防护装置应满足下列要求：

1)　防护装置防护区域内所有间隙的宽度应不大于100 mm；

2)　防护装置外缘与工作部件的水平距离应至少为200 mm，防护装置与地面的间隙应不大于400 mm。

4　特殊技术要求

防护装置的特殊技术要求适用于所有旋转式和摆动式耕耘机。耕耘机工作部件应设置符合4.1～4.7相应要求的防护装置。

4.1　顶部的防护

在耕耘机的顶部，防护装置应覆盖工作部件。

4.2　后部的防护

在耕耘机的后部，防护装置应为下列两种情况之一：

a)　防护装置横跨整个机器宽度，并且在机器作业时始终与地面保持接触；

b)　防护装置如果为可调节防护罩，应保证其拖尾外缘与工作部件的水平距离至少为300 mm，拖尾外缘与地面的间隙应不大于200 mm。

4.3　前部的防护

在耕耘机的前部，防护装置应横跨整个机器宽度，并且在机器作业时始终与地面保持接触。如果防护装置的前部不能始终与地面接触，操作者应能根据机器的作业深度调节防护装置使其符合 3.2 b) 2)的规定。

4.4 端部的防护

在耕耘机的端部，机器作业时，无论作业深度多大，防护装置应始终与地面保持接触并能覆盖全部露出地面的工作部件。

机器由作业位置升起时，防护装置应完全覆盖工作部件的端部。

4.5 替换措施

4.5.1 在机器的任何一侧不能设置符合 4.2、4.3 或/和 4.4 要求的防护装置的情况下，可以按 3.2 b) 2)的规定延伸 4.1 规定的顶部防护装置。

4.5.2 有些驱动式耕耘机的前部或后部配有碎土轧辊、碎土镇压器或条播机，尽管这些装置大部分是可拆卸的，并且有些是可调节的，但是这些装置不能被作为符合 4.1～4.4 规定要求的防护装置。当然，那些非驱动式的，并且使防护装置上产生的间隙，或其与耕耘机间的间隙宽度不超过 100 mm 的附属装置可以作为防护装置。

当耕耘机使用时，可以不带通常作防护装置用的附属装置时，应配备符合 3.2 规定的可替换的防护装置。

4.6 行间耕耘机

对行间耕耘机的每个工作部件都分别设置防护装置可能是困难的，因此可以像工作部件连续横跨整个机器宽度的机器那样设置防护装置。

4.7 联合机具

4.1～4.5 规定的防护装置的作用同样可以由其他机器部件(例如：机架)或附属装置(例如：随动机具)代替。当联合机具或其他机器部件被用来作危险部件的防护装置时，其防护效果应与本部分规定的各项对应的要求等效，这种情况应在使用说明书中说明。

5 调整控制装置

驱动式耕耘机的任何调整控制装置应仅能在安全位置上进行操作。

6 拖拉机稳定性

当按本部分设计制造时，有些耕耘机可能与拖拉机、动力输出轴(PTO)或拖拉机轮胎相干涉。如果悬挂在三点悬挂装置后部的机器通过后移避免干涉，应考虑拖拉机的稳定性。使用说明书中应有这方面的说明，包括介绍质量分布情况，以确保稳定性。

ICS 65.060.01
B 90

中华人民共和国国家标准

GB 10395.6—2006
代替 GB 10395.6—1999

农林拖拉机和机械 安全技术要求 第6部分:植物保护机械

Tractors and machinery for agriculture and forestry—Technical means for ensuring safety—Part 6:Equipment for crop protection

(ISO 4254-6:1995,MOD)

2006-03-29 发布 2006-11-01 实施

中华人民共和国国家质量监督检验检疫总局
中国国家标准化管理委员会 发布

前 言

本部分 4.1.1、4.2.2、4.2.6、第 5 章、第 7 章为推荐性的，其余为强制性的。

GB 10395《农林拖拉机和机械　安全技术要求》分为以下几个部分：

——第 1 部分：总则；

——第 3 部分：拖拉机；

——第 5 部分：驱动式耕作机械；

——第 6 部分：植物保护机械；

——第 7 部分：联合收割机、饲料和棉花收获机；

——第 8 部分：排灌泵和泵机组；

——第 9 部分：播种、栽种和施肥机械；

——第 10 部分：手扶（微型）耕耘机；

——第 11 部分：动力草坪割草机；

——第 12 部分：便携式动力绿篱修剪机；

——第 13 部分：后操纵式和手持式动力草坪修剪机和草坪修边机；

——第 14 部分：动力粉碎机和切碎机；

——第 15 部分：配刚性切割装置的动力修边机。

本部分是 GB 10395《农林拖拉机和机械　安全技术要求》的第 6 部分。

本部分修改采用 ISO 4254-6:1995《农林拖拉机和机械　安全技术要求　第 6 部分：植物保护机械》（英文版）。

本部分根据 ISO 4254-6:1995 重新起草。

考虑到我国国情，在采用 ISO 4254-6:1995 时，进行了如下修改：

——引用了采用国际标准的我国标准，而非国际标准，但所引用的我国标准并非等同采用国际标准；

——增加了“机动植物保护机械”和“手动植物保护机械”术语和定义；

——第 4 章增加了“植物保护机械正常作业时，各零部件及连接处应密封可靠，不应出现农药和其他液体泄漏现象”；

——对标牌的要求，由对泵改为对机具的要求；

——对加液口设置过滤网要求，因压缩喷雾器结构限制，对此重新规定了要求；

——增加了“背负式喷雾喷粉机药液箱总成气密性”和“喷雾器药液箱坠落试验”的要求；

——最高工作压力的控制中增加了“担架式喷雾机、压缩喷雾器、空气室的要求”；

——在“风机”中，增加了对背负式喷雾喷粉机风机叶轮超转速试验的要求；

——使用说明书中增加了“制造厂或供应商名称、地址及电话”。

这些技术性差异已在它们所涉及的条款的页边空白处用垂直单线标识。

为便于使用，本部分还对 ISO 4254-6:1995 作了下列编辑性修改：

——“ISO 4254 的本部分”改为“本部分”；

——删除 ISO 4254-6:1995 的前言；

——用小数点“.”代替作为小数点的逗号“,”。

本部分代替 GB 10395.6—1999《农林拖拉机和机械　安全技术要求　第 6 部分：植物保护机械》。

本部分与 GB 10395.6—1999 相比主要变化如下：

——对标牌的要求进行了调整；

——对压缩喷雾器安全阀自动放气压力的要求进行了调整。

——对喷雾器药液箱坠落试验进行了调整。

——增加了第5章“可供选择的配件”；

——将“安全防护用具和使用说明书”改为“使用说明书”，内容作了相应调整。

本部分由中国机械工业联合会提出。

本部分由全国农业机械标准化技术委员会(SAC/TC 201)归口。

本部分起草单位：中国农业机械化科学研究院、国家植保机械质量监督检验中心、中国农机产品认证中心、苏州农业药械有限公司。

本部分主要起草人：陈俊宝、严荷荣、王忠群、李伟、汪建。

本部分所代替标准的历次版本发布情况为：

——GB 10395.6—1999。

农林拖拉机和机械 安全技术要求 第6部分:植物保护机械

1 范围

GB 10395 的本部分规定了机动和手动植物保护机械及液体肥料施播机的安全技术专项要求。

GB 10395 的本部分规定的要求是对 GB 10395.1 的补充。

2 规范性引用文件

下列文件中的条款通过 GB 10395 的本部分的引用而成为本部分的条款。凡是注日期的引用文件,其随后所有的修改单(不包括勘误的内容)或修订版均不适用于本部分,然而,鼓励根据本部分达成协议的各方研究是否可使用这些文件的最新版本。凡是不注日期的引用文件,其最新版本适用于本部分。

GB/T 9480—2001 农林拖拉机和机械、草坪和园艺动力机械 使用说明书编写规则(eqv ISO 3600:1996)

GB 10395.1—2001 农林拖拉机和机械 安全技术要求 第1部分:总则(eqv ISO 4254-1:1989)

GB 10396—2006 农林拖拉机和机械、草坪和园艺动力机械 安全标志和危险图形 总则(ISO 11684:1995,MOD)

GB/T 18678—2002 植物保护机械 农业喷雾机(器)药液箱额定容量和加液孔直径(eqv ISO 9357:1990)

GB/T 20084—2006 植物保护机械 术语(ISO 5681:1992,MOD)

3 术语和定义

GB/T 20084 确立的以及下列术语和定义适用于 GB 10395 的本部分。

3.1

机动植物保护机械 power operated equipment for crop protection

采用动力驱动的植物保护机械。

3.2

手动植物保护机械 manually operated equipment for crop protection

由人力驱动的植物保护机械。

4 技术要求

植物保护机械的设计,应当保证机具能够承受在产品标准和使用说明书规定的正常作业条件下所产生的全部载荷,特别是应当使操作者安全、方便地处理化学物品。植物保护机械的通用安全技术要求应符合 GB 10395.1 的规定。

植物保护机械正常作业时,各零部件及连接处应密封可靠,不应出现农药和其他液体泄漏现象。

4.1 标牌

4.1.1 标牌内容应清晰可见,并牢固地固定在机具的明显位置上,至少应包括下列内容:

a) 制造厂或供应商名称;

b) 型号;

c) 生产日期和/或制造编号；

d) 主要技术参数。

4.1.2 拖拉机配套喷雾机应在靠近机具动力输入连接装置(P.I.C)处标出机具的额定转速(r/min)。

4.2 药液箱

4.2.1 必须确保药液箱盖不出现意外松动或开启现象。药液箱中排出的液流应始终在操作者控制之下。操作者给药液箱加液时，应能直接看到液位指示值或液位刻度位置。

4.2.2 药液箱的额定容量和加液孔直径应符合 GB/T 18678。

4.2.3 加液口应设置过滤网。压缩喷雾器因结构限制无法设置滤网时，至少应保证具有二级过滤。

4.2.4 承受压力的药液箱应设置发生故障时，使压力降至安全压力值的装置。

4.2.5 药液箱应能在不使用工具和不污染操作者的情况下方便、安全地排空。

4.2.6 药液箱额定容量大于 800 L 的喷雾机应配置添加化学药液(如农药)的装置，以使化学药液不需要通过人工经药液箱加液口加注。

4.2.7 背负式喷雾喷粉机药箱总成的气密性应达到以下要求：在 0.01 MPa 的气压下保持 1 min，药箱总成应无渗漏。

4.2.8 喷雾器药液箱经连续 3 次坠落试验后不应渗漏和破裂。

坠落试验时清水的温度应保持在 20℃±5℃范围内。木板规格为边长 0.9 m 的正方形，厚 0.05 m，平坦质硬。

a) 背负式喷雾器：拆除喷射部件、空气室及药液箱上、下夹环等零件，堵死出水口。药液箱内注入额定容量的清水，箱底水平向下，按 1 m±0.05 m 高度自由坠落于木板上。

b) 压缩喷雾器：拆除喷射部件、背带等零件，在出水口处加装三通管用以向药液箱内充气及测量压力。药液箱内注入额定容量的清水，并充气至工作压力上限，箱底水平向下，按 0.6 m±0.05 m高度自由坠落于木板上。

注意：试验时应采取相应安全措施。

4.3 压力指示计

配带液泵的机动喷雾机应装备刻度清晰的压力指示计以显示相应的工作压力。压力指示计安装位置应当在发生药液泄漏时，对操作者的危害最小。

4.4 最高工作压力的控制

4.4.1 配带液泵的机动喷雾机应设置限定工作压力的安全装置。安全装置不允许被旁通，其校正应当准确、可靠，未经许可不应进行更改。从安全装置泄出的药液应当能安全排放。

喷雾机最高工作压力低于 10 MPa 时，安全装置的限定压力应不超过最高工作压力的 1.2 倍。

喷雾机最高工作压力等于或高于 10 MPa 时，安全装置的限定压力应不超过最高工作压力的 1.1倍。

承压管路系统，包括仪表、压力计管路和所有承压软管，应能承受不小于规定最高工作压力 1.5 倍(手动喷雾器为 2.5 倍)的压力而无泄漏。

4.4.2 动力喷雾机及其液泵的调压阀应具有安全阀的功能(否则应另设安全阀)，在额定转速及工作压力下，关闭截止阀或喷射部件，压力不应超过最高工作压力的 1.2 倍。

4.4.3 压缩喷雾器必须安装安全阀，且应灵敏可靠，其自动放气压力应符合下列要求：

最高工作压力＜放气压力≤1.2 倍最高工作压力。

4.4.4 空气室(包括压缩喷雾器的药箱)必须具有良好的耐压性能，在规定的试验压力下保持 1 min，不允许出现破裂、渗漏等现象。

具有限压安全装置或空气室内置的喷雾机(器)，空气室的试验压力为最高工作压力的 2 倍。

不具有限压安全装置的喷雾机(器),空气室的试验压力为最高工作压力的3倍。

4.5 喷杆及辅助装置

过滤器和所有接触药液的部件,其结构应使药液的残留量最少,且能清洗排尽。

对喷杆喷雾机,在折叠喷杆时不应给进行喷雾作业的人员带来危险,且不应对操作者座位形成实际障碍,或者妨碍操作者接近加液口或其他任何需要接近的位置。

在运输过程中,喷雾机喷杆应固定在稳定可靠的运输位置上。

4.5.1 喷杆折叠机构

当从工作位置变成运输位置,或从运输位置变成工作位置,可能产生挤夹和剪切危险时:

a) 对于手动或用机械辅助机构(如弹簧)改变喷杆位置的喷雾机,应在挤压点和剪切点处设置安全保护装置。

b) 对于用动力辅助装置(如液压装置)改变喷杆位置的喷雾机,应在挤压点和剪切点附近处标明安全警告标志。

c) 挤压和剪切的危险性应在使用说明书中加以说明。

4.5.2 风机/通风装置

对于风机和通风装置,应根据操作者接近空气进出口的情况,保证符合GB 10395.1—2001中7.1.5规定的安全距离。

当因结构等原因而无法保持上述安全距离时,为防止意外伤害,必须在紧靠进出口处设置安全标志;这种危险性应在使用说明书中加以说明。

背负式喷雾喷粉机风机叶轮在全负荷下,以1.3倍标定转速进行超转速试验,试验重复3次,每次5min,试验后,叶轮应无损伤、松动及明显变形等现象。

4.5.3 手动喷雾装置

用手操作的喷雾装置如喷枪、手持喷杆等,应当避免发生因操作失误造成药液泄漏。

控制装置应当经常处于在"断"或"关"的位置上,不允许经常处于在"通"或"开"的位置上。

4.6 承压软管

承压软管上应有永久性标志,直接或间接地标明制造厂和最高允许工作压力。

4.7 软管接头

软管接头应能承受机具正常工作时产生的静载荷或冲击载荷,不应松脱或泄漏。

4.8 控制装置

控制装置应当设置在操作者操作机具时容易触及的范围内,并设有清晰的标志或标牌,操作应方便。

4.9 其他要求(拖拉机配套喷雾机、自走式喷雾机)

除清水以外,不允许其他液体穿过驾驶室输送;未装备驾驶室的,输液管路不允许紧靠操作者座位。

在操作者座位处应能方便地切断通向喷头的液流。

应当提供一个容积至少为15 L的清洁水箱,供操作者清洗使用。

5 可供选择的配件(拖拉机配套喷雾机、自走式喷雾机)

建议制造厂提供以下可供选择的配件:

——带止回阀的吸水软管;

——药液箱容量不大于800 L的喷雾机使用的化学药液加注装置;

——防滴装置(防滴阀);

——制剂容器的运输装置。

6 安全标志

对操作者有危险的部位,应固定永久性的安全标志;在机具的明显位置还应有警示操作者使用安全防护用具的安全标志。安全标志应符合 GB 10396 的规定。

7 使用说明书

植物保护机械的制造厂或供应商应随机提供使用说明书。

使用说明书应按 GB/T 9480 的规定编制，并至少应包括以下内容：

a) 起动和停止步骤；

b) 安全停放步骤；

c) 运输状态机具布置；

d) 减压方法(特别是手动操作的喷雾机)；

e) 有冻结危险时的贮存要求；

f) 禁止在含有硝酸铵或其残余物的容器上使用电弧法或氧乙炔法进行焊接或切割(因为有着火或产生有害气体的可能性)；

g) 折叠喷雾机喷杆时，挤夹点和剪切点处的危险性；

h) 维护与清洗要求；

i) 有关安全使用规则的要求；

j) 禁止使用特殊的工作液；

k) 在处理农药时，应当遵守农药生产厂所提供的安全说明；

l) 使用不同喷头时，调整喷雾机详细说明；

m) 制造厂或供应商名称、地址及电话。

ICS 65.060.50
B 90

中华人民共和国国家标准

GB 10395.7—2006
代替 GB 10395.7—1999

农林拖拉机和机械 安全技术要求 第7部分:联合收割机、饲料和棉花收获机

Tractors and machinery for agriculture and forestry—Technical means for ensuring safety—Part 7: Combine harvesters, forage and cotton harvesters

(ISO 4254-7:1995,MOD)

2006-03-29 发布 2006-11-01 实施

中华人民共和国国家质量监督检验检疫总局
中国国家标准化管理委员会 发布

前言

本部分的全部技术内容为强制性。

GB 10395《农林拖拉机和机械　安全技术要求》分为以下几个部分：

——第 1 部分：总则；

——第 3 部分：拖拉机；

——第 5 部分：驱动式耕作机械；

——第 6 部分：植物保护机械；

——第 7 部分：联合收割机、饲料和棉花收获机；

——第 8 部分：排灌泵和泵机组；

——第 9 部分：播种、栽种和施肥机械；

——第 10 部分：手扶(微型)耕耘机；

——第 11 部分：动力草坪割草机；

——第 12 部分：便携式动力绿篱修剪机；

——第 13 部分：后操纵式和手持式动力草坪修剪机和草坪修边机；

——第 14 部分：动力粉碎机和切碎机；

——第 15 部分：配刚性切割装置的动力修边机。

本部分是 GB 10395《农林拖拉机和机械　安全技术要求》的第 7 部分。

本部分修改采用 ISO 4254-7:1995《农林拖拉机和机械　安全技术要求　第 7 部分：联合收割机、饲料和棉花收获机》(英文版)。

本部分根据 ISO 4254-7:1995 重新起草。

考虑到我国国情，在采用 ISO 4254-7:1995 时，进行了如下修改：

——引用的 ISO 标准改为引用修改(等效)采用相应国际标准的我国国家标准；

——4.1.2 中规定的座位位置调整要求改为只"对轮(轨)距大于 1 150 mm 的机器"适用；

——去掉了国际标准 4.1.3 中"方向盘位置应舒适、可调"的规定；

——4.1.6 中对无驾驶室的半喂入联合收割机作了补充规定；

——将国际标准 4.4.1 中"粮箱外面应设置安全检查用的阶梯和扶栏"、"机器上应配备安全取样装置"改为"根据安全需要，在粮箱外面设置安全检查用的阶梯和扶栏"、"根据安全需要，在机器上配备安全取样装置"。

这些技术性差异已在它们所涉及的条款的页边空白处用垂直单线标识。

为便于使用，本部分还作了下列编辑性修改：

——"ISO 4254 的本部分"改为"本部分"；

——删除 ISO 4254-7:1995 的前言。

本部分代替 GB 10395.7—1999《农林拖拉机和机械　安全技术要求　第 7 部分：联合收割机、饲料和棉花收获机》。

本部分与 GB 10395.7—1999 相比主要技术内容变化如下：

——将 GB 10395.7—1999 的 4.1.2 中规定的座位位置调整要求改为只"对轮(轨)距大于 1 150 mm 的机器"适用；

——将 GB 10395.7—1999 的 4.1.6 中对无驾驶室的半喂入联合收割机作了补充规定；

——将 GB 10395.7—1999 的 4.1.6 中"该要求适用于所有位置的操纵装置，操作者持续操纵装置

除外。"改为"该要求适用于操纵装置处于任何位置,操作者持续操纵装置除外。";

——将 GB 10395.7—1999 的 4.1.8.2 中"距梯子较高级踏板高 1 000 mm 处应设抓手"改为"距梯子最高一级踏板高 1 000 mm 处应设抓手。";

——将 GB 10395.7—1999 的 4.4.1 中"粮箱外面应设置安全检查用的阶梯和扶栏"改为"根据安全需要,在粮箱外面设置安全检查用的阶梯和扶栏",并补充规定"根据安全需要,在机器上配备安全取样装置。";

——将 GB 10395.7—1999 的 4.6 中"竖式切割器"改为"立(竖)式切割器";

——将 GB 10395.7—1999 的 4.7 中"挂接式茎杆切碎器"改为"挂装式茎杆切碎器";

——将 GB 10395.7—1999 的 4.8.2 中"建议给出更换其他工作液体的类似注意事项。"改为"其他要更换的工作液体应满足类似要求。"。

本部分由中国机械工业联合会提出。

本部分由全国农业机械标准化技术委员会归口。

本部分起草单位:中国农业机械化科学研究院、机械科学研究院。

本部分主要起草人:张咸胜、陈俊宝、王世刚。

本部分所代替标准的历次版本发布情况为:

——GB 10395.7—1999。

农林拖拉机和机械　安全技术要求
第7部分:联合收割机、饲料和棉花收获机

1　范围

本部分规定了保证操作者及其他作业人员在自走式联合收割机、自走式饲料和棉花收获机正常运转、保养维修和使用过程中安全的技术要求。本部分是GB 10395.1的补充。本部分还给出了使用自走式联合收割机、自走式饲料和棉花收获机时,防止发生意外事故的指南。

2　规范性引用文件

下列文件中的条款通过GB 10395的本部分的引用而成为本部分的条款。凡是注日期的引用文件,其随后所有的修改单(不包括勘误的内容)或修订版均不适用于本部分,然而,鼓励根据本部分达成协议的各方研究是否可使用这些文件的最新版本。凡是不注日期的引用文件,其最新版本适用于本部分。

GB/T 4269.1　农林拖拉机和机械、草坪和园艺动力机械　操作者操纵机构和其他显示装置用符号　第1部分:通用符号(idt ISO 3767-1:1991)

GB/T 4269.2　农林拖拉机和机械、草坪和园艺动力机械　操作者操纵机构和其他显示装置用符号　第2部分:农用拖拉机和机械用符号(idt ISO 3767-2:1991)

GB/T 6979.1　收获机械　联合收割机和功能部件　第1部分:词汇(ISO 6689-1:1997,MOD)

GB/T 10394.1　饲料收获机　第1部分:术语(idt ISO 8909-1:1994)

GB 10395.1—2001　农林拖拉机和机械　安全技术要求　第1部分:总则(eqv ISO 4254-1:1989)

3　术语和定义

GB/T 6979.1和GB/T 10394.1确立的术语和定义适用于本部分。

4　技术要求

4.1　操作者工作位置

4.1.1　内部空间尺寸

驾驶室内部最小空间尺寸应符合图1规定。图1中尺寸为座位处于最高和中间水平位置、悬架处于中间位置时的尺寸。

4.1.2　座位尺寸和布置

座位位置应舒适、可调,座位尺寸应符合图2规定。

对轮(轨)距大于1 150 mm的机器,座位位置的调整应不使用工具手动进行,垂直方向的最小调整量为±30 mm、水平(纵向)方向的最小调整量为±50 mm,推荐应达到的最大可调整量为±75 mm。垂直方向调整和水平方向调整应能独立进行。

4.1.3　方向盘

方向盘轴线最好位于座位纵向中心线上,任何情况下偏置量均应不大于50 mm。固定部件和方向盘之间的间隙应符合图1规定。

单位为毫米

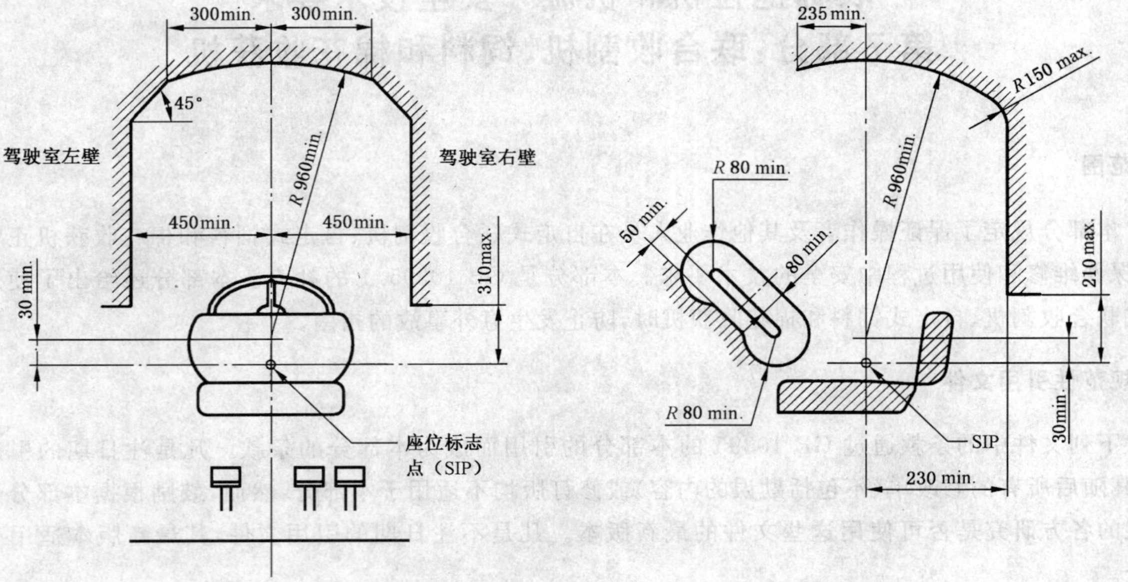

图 1　驾驶室最小内部空间尺寸

单位为毫米

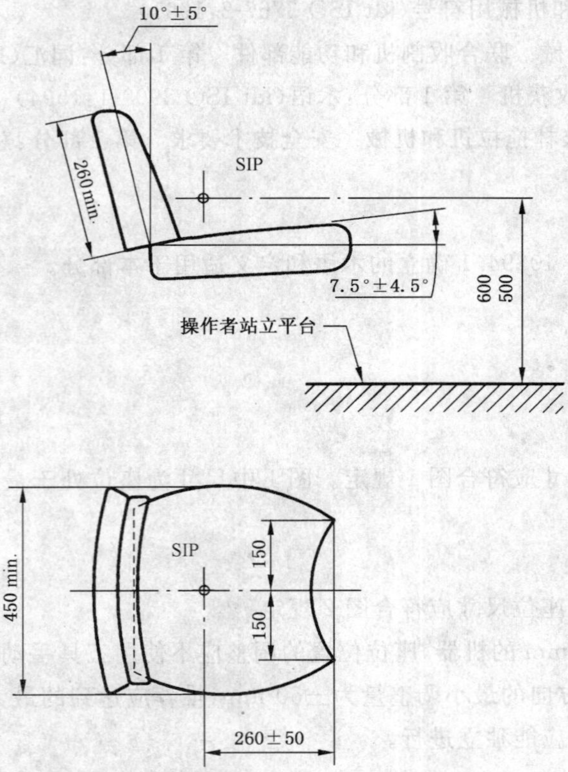

图 2　操作者座位装置尺寸

4.1.4 操作者操纵装置

操作者操纵装置和它们的位置应用符合 GB/T 4269.1 和 GB/T 4269.2 规定的清晰耐久符号标出，或用适合操作者的文种描述。

操纵力大于等于 50 N 的操纵装置周围应有最小 50 mm 的间隙。

操纵力小于 50 N 的操纵装置周围应有最小 25 mm 的间隙。指尖操纵的操纵装置，只要不存在误操纵相邻操纵装置的危险，则无上述间隙要求。

4.1.5 剪切与挤压部位

操作者坐在座位上，手或脚触及范围内不应有剪切或挤压部位。如果座位后部相邻部件具有光滑的表面、座位靠背各面交界无棱边，则认为座位靠背和其后部相邻部件间不存在危险部位。

4.1.6 进入操作者工作位置的门道

驾驶室门道尺寸应符合图 3 规定。图 3 中尺寸与下列尺寸有关：

a) 门框和门在打开时，均应满足的门道最小尺寸；

b) 操作者站立平台离地高度大于 550 mm 和相应门槛离地高度大于 650 mm 时，应设置的附加门道梯子的尺寸。

进入操作者座位的通道应畅通（宽度最小为 250 mm），操纵装置不应介入，以保证操作者脚踏实地放置。该要求适用于操纵装置处于任何位置，操作者持续操纵装置除外。

单位为毫米

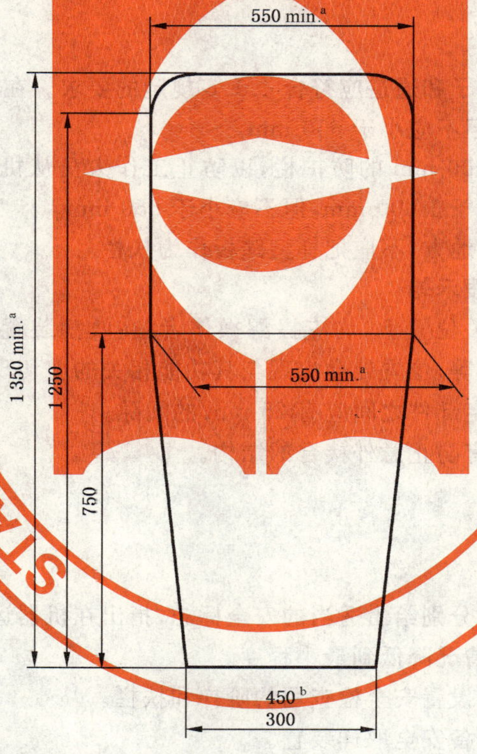

a 对于无门道梯子直接进入的驾驶室，门道总高度 1 350 mm min. 可以减至 1 300 mm min.，宽度 550 mm min. 可以减至 450 mm min.。

b 450 mm 为推荐值。

图 3 主门和门道设施的尺寸

凸起部件、操纵装置、梯子或手柄缠绕或夹持操作者或操作者衣服造成的意外阻塞情况，应降低到最小程度。

无驾驶室的半喂入联合收割机应至少设置一块足够大的后视镜；其他机器应至少设置两块足够大

的后视镜，每侧一个，以保证行驶安全。若操作者在驾驶操作位置看不到机器后方，则应装倒车声响装置。

驾驶室应设置保持门开启的装置。密封式驾驶室应设置配适当过滤器的风扇通风装置。

4.1.7 驾驶室紧急出口

驾驶室至少应有两个在不同面上的紧急出口(前面、后面和顶面都可为设紧急出口的面)。紧急出口在驾驶室内不使用工具应容易打开。

紧急出口横截面应至少能包容一个长轴为 640 mm、短轴为 440 mm 的椭圆。

4.1.8 进入操作者平台/座位的梯子

4.1.8.1 梯子除符合 GB 10395.1—2001 中 10.1 的要求外，还应满足下列要求：

a) 梯子的结构应防止形成泥土层。

b) 在特殊情况下(水稻收割机、履带行走轮或倾斜补偿机构)，最低一级梯子踏板表面离地高度可以为 700 mm。

c) 梯子倾斜度推荐为：当从梯子上下来时向下看可看到下一级梯子踏板外缘。

d) 梯子向上或向下移动时，不应造成挤压或冲击操作者或在场者的现象。

4.1.8.2 门道梯子两侧应设置扶手或扶栏，以使操作者与机器始终保持三处接触。扶手/扶栏的横截面尺寸应在 25 mm～35 mm 之间。扶手/扶栏较低端离地高度应不大于 1 600 mm，扶手/扶栏后侧应具有最小 50 mm 的放手间隙。距梯子最高一级踏板高 1 000 mm 处应设抓手。扶栏长度至少为 150 mm。

4.2 其他类型的梯子和平台

4.2.1 进入维修和保养区的梯子和通道应符合 4.1.8 规定的要求。在特殊情况下(受高度限制)，扶手或扶栏高度可小于 1 000 mm，但不应小于 650 mm。

维修平台上应设高度为 1 000 mm 的防护栏，以防止工作人员从机器上跌落，在特殊情况下(受高度限制)，防护栏/扶栏高度可小于 1 000 mm，但不应小于 650 mm。

4.2.2 机器应设置适当扶栏的地方，不应把梯型踏板作为扶栏。

4.3 割台、喂入螺旋输送器和拨禾轮

使用说明书中和机器的相关位置上，均应提醒操作者，在收割装置和/或切割装置(如：割台、拨禾轮、切割器、捡拾器、螺旋剥离器等)位置处会出现与其功能相关的剪切现象。

拨禾轮的最外缘和相邻固定部件之间应有 25 mm 的间隙。

割台传动系分离机构应具有防止意外接合的结构。

建议设置输送器反转机构。

4.4 粮箱和粮箱螺旋输送器

4.4.1 粮箱

使用说明书中和机器上，应分别给出适当的安全标志，指出在机器运转时不得进入粮箱。

粮箱结构应使谷物断流的情况降低到最小程度。

根据安全需要，在粮箱外面设置安全检查用的阶梯和扶栏。

根据安全需要，在机器上配备安全取样装置。

4.4.2 粮箱分配螺旋输送器和卸粮螺旋输送器

所有螺旋输送器都应配置防护装置，防止与其意外接触。粮箱盖不应作为安全装置，除非粮箱盖打开时，由连锁装置使螺旋输送器停止运转。

如果螺旋输送器设有符合下列规定的挡板也可以认为满足防护要求：

a) 挡板能防止机器操纵位置或其他站立位置上的操作者，意外地接触螺旋输送器(安全距离见 GB 10395.1)；

b) 挡板固定牢固，如果挡板能推开或摆转，在机器运行期间应牢固固定在防护位置上；

c) 挡板上可以有最大 80 mm×80 mm 开口，在直接伸及区内，开口与螺旋输送器外缘间隔至少 100 mm，在其他触及区内，间隔至少 50 mm（见图 4）。

单位为毫米

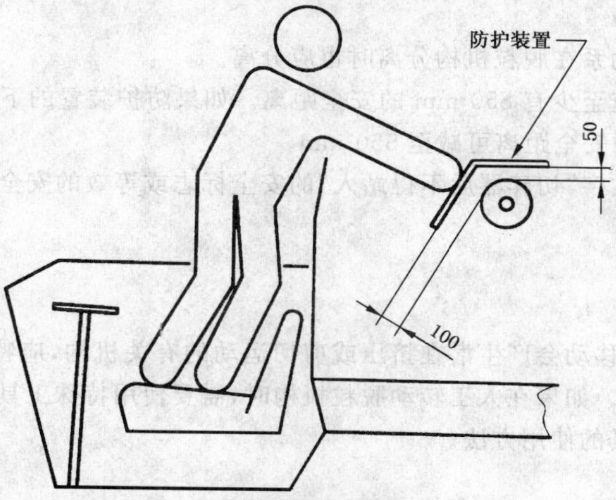

图 4 螺旋输送器的防护

4.5 玉米摘穗台

4.5.1 使用说明书中应着重说明，机器上应用适当的安全标志，指出在工作状态下摘穗区（工作部件）内的喂入装置或摘穗辊处会出现挤压与剪切部位。

4.3 的要求适用于横向螺旋输送器。

4.5.2 下置式旋转工作部件（如切碎器）与玉米摘穗台外缘或防护栏外缘之间的安全距离，在 300 mm 最大高度上至少为 150 mm。切碎器盖板应封闭，盖板距工作部件顶点回转圆至少 3 mm（见图 5）。

单位为毫米

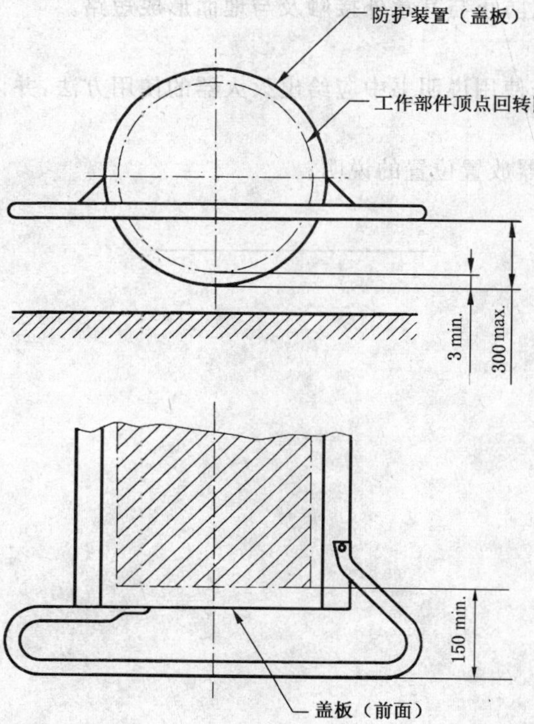

注：图 5 适用于绕水平轴旋转的切碎器。

图 5 下置式切碎器的安全距离

4.6 立(竖)式切割器

安装了立(竖)式切割器的机器,在运转的割台分离时,收割油菜籽用的这些附加立(竖)式切割器的液压或电动动力传动系也应分离。

4.7 挂装式茎杆切碎器

茎杆切碎器的动力传动系在脱粒机构分离时也应分离。

刀片顶点回转圆周围应至少有 850 mm 的安全距离。如果防护装置的下边缘离水平地面的高度小于 1 100 mm 时,850 mm 的安全距离可减至 550 mm。

在机器上应固定内含文字"切碎器后不得站人"的安全标志或等效的安全标志。使用说明书中应着重提醒操作者注意该危险。

4.8 维修和保养

4.8.1 机构的分离和清理

维修和保养期间,意外移动会产生潜在挤压或剪切运动的有关机构,应特别注意留有适当的间隙,或进行防护和/或设置挡板。如果在人工转动脱粒机构时,需要使用特殊工具,该工具应随机提供,并应在使用说明书中给出该工具的使用方法。

4.8.2 排放点

发动机油(燃油、润滑油等)和液压油的排放点应设在离地面较近处。

其他要更换的工作液体应满足类似要求。

4.8.3 割台固定机构

机器应设置将割台保持在提起位置的机械装置,使用说明书中应给出该装置的使用方法。发动机熄火后,液压控制机构应保持割台不降落。

注:机械装置包括直接作用于液压缸的自动制动装置。

4.9 蓄电池位置

蓄电池应置于便于保养和维修的位置处,最好置于在地面上便于保养和维修的位置处。电气件、蓄电池的非接地端应进行防护,以防止与其意外接触及与地面形成短路。

4.10 灭火器

机器上应备有效的灭火器,使用说明书中应给出灭火器的使用方法,并说明灭火器应是操作者首先考虑到的保护工具。

使用说明书中应给出灭火器放置位置的说明。

ICS 65.060.35
B 90

中华人民共和国国家标准

GB 10395.8—2006
代替 GB 10395.8—1999

农林拖拉机和机械 安全技术要求 第8部分:排灌泵和泵机组

Tractors and machinery for agriculture and forestry—Technical means for ensuring safety—Part 8: Irrigation pumps and machines

2006-03-29 发布

2006-11-01 实施

中华人民共和国国家质量监督检验检疫总局
中国国家标准化管理委员会
发布

前言

本部分的全部技术内容为强制性。

GB 10395《农林拖拉机和机械　安全技术要求》分为以下几个部分：

——第1部分：总则；

——第3部分：拖拉机；

——第5部分：驱动式耕作机械；

——第6部分：植物防护机械；

——第7部分：联合收割机、饲料和棉花收获机；

——第8部分：排灌泵和泵机组；

——第9部分：播种、栽种和施肥机械；

——第10部分：手扶(微型)耕耘机；

——第11部分：动力草坪割草机；

——第12部分：便携式动力绿篱修剪机；

——第13部分：后操纵式和手持式动力草坪修剪机和草坪修边机；

——第14部分：动力粉碎机和切碎机；

——第15部分：配刚性切割装置的动力修边机。

本部分是GB 10395《农林拖拉机和机械　安全技术要求》的第8部分。

本部分代替GB 10395.8—1999《农林拖拉机和机械　安全技术要求　第8部分：排灌泵和泵机组》。

本部分与GB 10395.8—1999相比主要变化如下：

——增加了与排灌泵和泵机组有关的危险一览表；

——删除了输入电流的要求，增加了泄漏电流的要求；

——原引用的ISO 3600改为引用GB/T 9480。

本部分由中国机械工业联合会提出。

本部分由全国农业机械标准化技术委员会归口。

本部分起草单位：中国农业机械化科学研究院、江苏大学流体机械工程技术中心。

本部分主要起草人：张咸胜、许安详、王洋。

本部分所代替标准的历次版本发布情况为：

——GB 10395.8—1999。

农林拖拉机和机械　安全技术要求
第8部分：排灌泵和泵机组

1　范围

GB 10395的本部分规定了保证操作者及其他作业人员在排灌泵和泵机组正常运转、保养和使用过程中安全的技术要求，本部分是GB 10395.1的补充。

本部分适用于各类排灌用泵和泵机组，不适用于各种工业作业用泵和泵机组(以下统称机器)。

2　规范性引用文件

下列文件中的条款通过GB 10395的本部分的引用而成为本部分的条款。凡是注日期的引用文件，其随后所有的修改单(不包括勘误的内容)或修订版均不适用于本部分，然而，鼓励根据本部分达成协议的各方研究是否可使用这些文件的最新版本。凡是不注日期的引用文件，其最新版本适用于本部分。

GB 1971　电机线端标志与旋转方向

GB/T 4942.1　旋转电机整体结构的防护等级(IP代码)—分级(GB/T 4942.1—2006，IEC 60034-5:2000，IDT)

GB/T 9480　农林拖拉机和机械、草坪和园艺动力机械　使用说明书编写规则(GB/T 9480—2001，eqv ISO 3600:1996)

GB 10395.1　农林拖拉机和机械　安全技术要求　第1部分：总则(GB 10395.1—2001，eqv ISO 4254-1:1989)

GB 10396　农林拖拉机和机械、草坪和园艺动力机械　安全标志和危险图形　总则(GB 10396—2006，ISO 11684:1995，MOD)

JB/T 7872　喷灌机械　术语

3　术语和定义

JB/T 7872中确立的以及下列术语和定义适用于本部分。

3.1

排灌泵　Irrigation pumps

用于排灌的水泵，包括离心泵、自吸泵、混流泵、轴流泵、长轴深井泵、小型潜水泵、井用潜水泵、污水潜水泵、污水污物潜水泵等。

3.2

排灌泵机组　Irrigation machines

由排灌泵、配套动力机、传动系统及主要辅助设备组成的机械，包括各类潜水电泵、喷灌机、电动机—泵机组、柴油机—泵机组和汽油机—泵机组等。

4　危险一览表

与排灌泵和泵机组有关的危险见表1。

表 1 危险一览表

序 号	危 险	有关条款
1	机械危险	
1.1	机器不稳定/倾翻危险	7.1
1.2	挤压危险	7.2
1.3	剪切危险	7.2
1.4	缠绕危险	7.2
1.5	引入或卷入危险	7.2
1.6	刺伤或扎伤危险	7.3
2	热危险	7.4
3	电气危险	6
4	使用的或排出的材料和物质产生的危险	
4.1	接触或吸入有害气体、烟雾导致的危险	7.5
4.2	着火的危险	6.14、7.7
5	与安全有关的措施/装置缺乏和/或位置不正确产生的危险	
5.1	各类防护装置	7.2、7.8
5.2	起动和停机装置	7.6
5.3	各类信息或警示装置	9、10
5.4	安全标志和信号	9
6	使用信息不当或不充分产生的危险	9、10
7	各种组合危险	
7.1	紧固件松动、脱落产生的危险	5
7.2	结构不合理产生的危险	8

5 一般要求

5.1 机器的设计和制造应保证在正常使用中安全运行，在按产品使用说明书正常操作和维护保养时没有不合理危险。

5.2 组成机器各部件的安全要求应符合相应产品标准和本部分的规定。

6 电气安全要求

6.1 防触电保护

机器的结构和外壳应具有充分的防触电保护，以避免人与带电部件意外接触。电动机的外壳防护应按 GB/T 4942.1 的规定分级，并应在产品标准中明确规定。

机器操作部件，如：按钮、手柄等即使在绝缘失效的情况下也不应带电。

用作触电防护的零部件应有足够的机械强度，并且在正常使用中不得松动。没有工具的帮助，应是不可能拆除的。

6.2 启动

电动机应能在规定启动电压条件下正常启动。对于带有启动元件的电动机，启动时，其启动元件应工作可靠，无接触抖动。

电动机在正常启动情况下，过载保护装置不应动作。

6.3 泄漏电流

电动机器应具有良好的绝缘性能，在正常工作时，其泄漏电流不应超过相应产品标准中规定的泄漏电流限值。

6.4 温升

电动机绕组的温升应符合相应产品标准的规定；操作者可能触及的零部件，如电插脚、开关、电源线、操作部件等的温升应符合有关标准的规定，不致对操作者造成危害。

6.5 防潮(水)性

机器应能经受正常使用中可能出现的潮湿条件，泵机组工作过程中，可能溅上输送液体的电器元件，不应因溅上液体而影响它们的电气绝缘。

具有适当防水等级的机器零部件应符合相应产品标准的规定。

6.6 绝缘电阻和电气强度

机器应具有足够的绝缘和电气强度，其要求应符合相应产品标准的规定。

6.7 过载保护

机器应设过载保护装置。在正常运转情况下，过载保护装置不应动作。

6.8 内部布线

电动机的内部布线是指除绕组之外的内部接线，它们应固定牢固，不允许松散，两条以上同一走向的导线应捆扎在一起。

导线不应放置在有锐角或锐边的零件上，并应有效地防止与活动部件接触，穿过绝缘导线的金属孔，表面应光滑、圆整或配有套管。

内部布线应绝缘良好，引出线应符合引出线的标准。

导线连接处应采取有效的绝缘措施，并可靠固定。

6.9 电源连接及外部软缆和软线

电源连接及外部软缆和软线应符合该软缆和软线的有关标准，并与电动机的额定电压、电流相匹配。

电源连接及外部软缆和软线应采取绝缘保护、适当固定、夹持等，以防止因受到拉力作用、位移、磨损等导致危险事故。

软缆或软线与机器的连接方法应符合相应标准的规定。

6.10 外导线的接线端子

除装有电源引线、插头或插座的电动机外，其他电动机都应装有用螺钉、螺母或等效装置进行连接的接线端子。

夹紧外导线的螺钉或螺母应符合有关标准的规定，在安装电源导线时，为使内导线不位移，除可用来夹装内导线外，不应用来固定任何其他元件。

接线端子应可靠固定，当使夹紧装置拧紧或放松时，端子不应松动，内部布线不应受到拉力，电气间隙和爬电距离不应小于6.13的规定值。

接线端子的设计和安装应得当，当拧紧夹紧螺钉和螺母时，应有足够接触压力把导线夹在金属表面之间而不损坏导线，也不应脱落。

柱头螺栓接线端子应配适当的垫圈。

用以安装接线螺钉且具有螺纹的金属材料，其厚度应不小于1.3 mm，且应具有两圈以上的全螺纹。

不使用工具不应触及到接线端子。

6.11 接地装置

电动机器应具有接地装置，接地装置应保证与接地导线具有良好的电气连接而不损坏导线及端子。

电动机底座，开关、接线盒等装置的金属底座，所有的金属电缆护皮或导线管，均应接地或与机器不通电的金属零部件相连；对机器中绝缘一旦失效时可以成为带电的易触及金属部件，应永久并可靠地连接到接地装置上。

若采用接线端子连接接地导线，则该接线端子应符合6.10的规定。接地接线端子的夹紧装置应可靠锁紧，不使用工具不能松开。

接地导体和接地端子及其夹紧装置应是具有抗腐蚀能力的良导体。

接地装置上应有符合规定的接地标志。

6.12 联接件

电气或其他用途联接的螺钉等联接件，应能承受正常使用中产生的机械应力。螺钉、螺母等零件不应用软的或易于蠕变的金属制造，例如锌或铝。

与绝缘材料螺纹啮合的，并被使用者拧紧的螺钉应有一定的啮合长度。

用于不同部件之间机械连接的螺钉，如果连接是载流的，则应牢固固定。用作载流连接的铆钉，如果这些连接在正常使用中会受到扭力，则应牢固固定。

6.13 电气间隙、爬电距离和穿通绝缘距离

电动机电气间隙和爬电距离的限值应符合有关产品标准的规定。

对工作电压小于或等于250 V的金属件之间的穿通绝缘距离，如果它们是由附加绝缘隔离的，则不应小于1.0 mm；如果它们是由加强绝缘隔离的，则不应小于2.0 mm。对额定电流超过25 A的电器接线柱与金属外壳之间的距离应至少为9.5 mm。

6.14 耐热、阻燃和耐漏电起痕

非金属材料的外部零件和保持带电部件在适当位置的绝缘材料零件，如果其受热变形可能危及安全，则应有足够的耐热性能（陶瓷材料的零部件除外）。

非金属材料零件（陶瓷材料的零部件除外），应具有充分耐燃和阻止燃烧扩展的能力。

安装带电部件的绝缘材料，不同极性的带电部件之间的绝缘部件，带电部件与不带电金属件或接地金属件之间的绝缘部件，换向器和电刷盖间的绝缘材料，可能出现耐漏电起痕的应采用耐漏电痕迹材料制造，并具有足够的耐漏电起痕性能。

6.15 防锈

钢铁零部件的锈蚀可能导致机器着火、触电或伤害人身或导致不符合本部分的要求，均应采取油漆、涂覆、电镀或其他措施，使其具有足够的防锈能力。

7 机械安全要求

7.1 稳定性

泵与动力机应具有底座，泵机组应不需支撑能平稳地放置或固定。

移动式机器应有足够的稳定性。机器在正常使用状态下，向最不利的方向倾斜10°，不应翻倒。

7.2 运动部件和动力传动部件

传动齿轮、皮带及皮带轮、联轴器、风扇、扇轮及其他运动部件，在机器正常起动或运转中，可能导致危险的，应置于安全位置或加防护罩、防护壳或挡板或类似防护装置进行防护，防止与其意外接触。

防护壳、防护罩及类似防护装置应具有足够的机械强度，并牢固地固定在机器上，不用工具无法拆下。对设计成可开启或可移动的防护装置，在打开或移动后会出现危险的，则应在防护装置上或邻近危险处设置警示危险的安全标志，或将该类防护装置设计为连锁型（该类防护装置打开或移动后，被防护的运动部件停止运行）。

防护装置及有关安全距离的要求等应符合GB 10395.1的规定。

7.3 零部件结构

在不影响机器使用的情况下，机器的可接触零部件，不应有会引起损伤的锐边、尖角、粗糙的表面、凸出部分和可能刮到身体或衣服的开口，尤其是薄金属片的棱边应倒钝、折边或修边，可能引起刮伤的开口管端应包覆。

7.4 热防护装置

发动机排气部件面积大于 10 cm^2 的表面和在机器正常操作期间环境温度为 23℃±3℃下，温度大于 80℃的表面都应加防护装置或挡板，防止与其意外接触。

隔热装置应牢固固定，不易拆除。

7.5 排气管出口

发动机排气管出口方向应避开在操作位置上的操作者。

7.6 发动机控制装置

发动机控制装置应符合发动机产品相应标准的规定。

发动机标定功率大于 10 kW 的应采用电起动装置。汽油机绕绳起动器应作为机器的永久性部件。

发动机应具有适当的调速装置。

发动机应有不依靠操作者施加持续力的停机装置，停机位置应清晰地标出。

7.7 燃油箱

燃油箱开启盖应牢靠，不应因发动机运转中的振动而松脱。

燃油箱的布置方式，应不使泄漏或溢流出的燃油，进入发动机、排气管、排气口投影区及电气设备，必要时应采取适当的防护措施。

7.8 机组框架

对手抬移动式机组，整台机组应安装在有足够强度的框架内，框架应能从各个侧面保护机组不受损坏，并应设有四个搬运把手。把手应位于整台机组的重心之上，以免搬运机组时，有任何翻倾的可能性，当搬运时或在非工作位置，把手应牢固地锁紧。

除一人或二人可手抬移动的小型机组和手推车式机组外，机器均应装有吊环或类似起吊装置，以其强度极限为基础，其安全系数至少为 5 或能承受至少为 2.5 倍的机组总质量。

8 结构安全要求

保证产品具有防水要求的各部件，应借助工具才能拆除。

如果操作件松动会导致危险，应可靠地固定，如果操作件固定到错误的位置会导致危险，则应避免使它们在错误位置上固定的可能性。

用于绝缘目的的材料，应是经过绝缘处理的、真正的绝缘材料，木料、棉花、丝绸、普通纸和类似的纤维材料和吸水材料，未经处理，不能用作绝缘。

结构上应避免可能造成相互腐蚀的不同材料的部件相接触，如：铜和铝或铝合金部件不应接触。

手柄的温度应适合操作者握持，连续握持的最高温度应不大于 50℃，短时握持的最高温度应不大于 60℃。

所有自动开关，包括水泵上的水位开关，应正常工作。

9 标志

9.1 产品标志

产品铭牌上应标明的内容应符合相应产品标准的规定。

电动机出线端标志应符合 GB 1971 的规定或相应产品标准的规定。

如果旋转方向的改变会造成事故，应清楚地标明旋转方向。

除不必要的外，操作后可能引起危险的开关，应清楚地标明或明显地指示它们控制的部件是哪一个。

调节装置和开关的不同位置应用数字、字母或其他直观的标记标明。

调节装置或类似装置，应有表示增减特性数值的调节方向标志。

本部分所要求的标志应清晰明了，经久耐用。

标志应在主要部位上，当机器按正常使用状态安装固定后，从外边(必要时在打开盖子后)也应清晰可见。

开关、调节装置和其他控制装置的标志都应标于这些元件的附近，如果这些元件的更换会使标志引起误解，则标志不能标在可取下的部件上。

9.2 安全标志

对通过设计和安全防护，不能消除或充分限制的机械危险、热危险和电气危险，应根据危险的严重程度，用适当的安全标志警戒操作者和其他人员。

例如：

对需要清理或维修的电泵，且在维修或清理时要与带电部件或运转(动)部件接触的，应有危险程度为“注意”的安全标志，并有文字说明“为了防止触电，维修或清理电泵前拔下插头”或“为避免伤害，进行保养或维修前，发动机应熄火”。

对于可自动启动的机器，应有危险程度为“注意”的安全标志，并有文字说明“该机器可自动启动，为了防止触电，只有电源开关锁定在‘关断(off)’位置，才能进行保养维修”。

对打开机器控制装置，如打开井用潜水电泵的控制柜，可能造成触电的，应有危险程度为“危险”的安全标志，并有文字说明“高压危险，为了防止触电，只有电源开关锁定在‘关断(off)’位置，才能打开该控制装置”。

非潜水泵应有危险程度为“注意”的安全标志，并有文字说明“为了防止触电，电动机和电器元件应尽可能远离水源布置”。

对于可用于某一场合但又缺乏足够依据的水泵，应有危险程度为“警告”的安全标志，并有文字说明“触电危险，该产品还没有证实可用于×××场合”。

永久固定的机器应有危险程度为“警告”的安全标志，并有文字说明“为了防止触电，请阅读说明书，并了解正确的安装方法”。

对便携式、软电缆连接的电泵应有危险程度为“警告”的安全标志，并有文字说明“为了减少触电风险，只能与适当接地的插座联接”。

机器运行或维修保养过程中，安全防护装置拆下、打开或移动开后会产生危险的，应在安全防护装置上或危险附近设置安全标志，例如：危险程度为“危险”的安全标志，并有文字“发动机(或电动机)运转时，不得拆卸或打开安全防护装置”或有适当的图示。

安全标志的型式、构成、颜色和尺寸等应符合 GB 10396 的规定。

安全标志应尽可能接近针对的危险部位，且耐久、清晰、可视。

标志粘贴是否合格按下列方法考核：

首先用沾水湿布擦试标志 15 s，随后再用浸过汽油的布擦试 15 s。

试验后，标志仍应清晰明了，不能被轻易揭去，也不应发生卷边现象。

10 使用说明书

使用说明书是交付产品的组成部分，应与机器一起提供给用户。

机器使用说明书的基本要求、内容和编制方法等应符合 GB/T 9480 的规定。

ICS 65.060.01
B 90

中华人民共和国国家标准

GB 10395.9—2006
代替 GB 10395.9—1996

农林拖拉机和机械 安全技术要求 第9部分:播种、栽种和施肥机械

Tractors and machinery for agriculture and forestry—Technical means for ensuring safety— Part 9: Equipment for sowing, planting and distributing fertilizer

(ISO 4254-9:1992,MOD)

2006-03-29 发布　　2006-11-01 实施

中华人民共和国国家质量监督检验检疫总局
中国国家标准化管理委员会　发布

前　言

本部分的全部技术内容为强制性。

GB 10395《农林拖拉机和机械　安全技术要求》分为以下几个部分：

——第 1 部分：总则；

——第 3 部分：拖拉机；

——第 5 部分：驱动式耕作机械；

——第 6 部分：植物保护机械；

——第 7 部分：联合收割机、饲料和棉花收获机；

——第 8 部分：排灌泵和泵机组；

——第 9 部分：播种、栽种和施肥机械；

——第 10 部分：手扶(微型)耕耘机；

——第 11 部分：动力草坪割草机；

——第 12 部分：便携式动力绿篱修剪机；

——第 13 部分：后操纵式和手持式动力草坪修剪机和草坪修边机；

——第 14 部分：动力粉碎机和切碎机；

——第 15 部分：配刚性切割装置的动力修边机。

本部分是 GB 10395《农林拖拉机和机械　安全技术要求》的第 9 部分，修改采用 ISO 4254-9：1992《农林拖拉机和机械　安全技术要求　第 9 部分：播种、栽种和施肥机械》(英文版)。

本部分根据 ISO 4254-9：1992 重新起草。

考虑到我国国情，在采用 ISO 4254-9：1992 时，进行了如下修改：

——引用了采用国际标准的我国标准，而非国际标准，但所引用的我国标准并非等同采用国际标准。

该技术性差异已在它们所涉及的条款的页边空白处用垂直单线标识。

为便于使用，本部分还对 ISO 4254-9：1992 作了下列编辑性修改：

——"ISO 4254 的本部分"改为"本部分"；

——删除 ISO 4254-9：1992 的前言；

——用小数点"."代替作为小数点的逗号","。

本部分代替 GB 10395.9—1996《农林拖拉机和机械　安全技术要求　第 9 部分：播种、栽种和施肥机械》。

本部分与 GB 10395.9—1996 相比，除编写格式和个别文字作了调整外，主要技术内容没有变化。

本部分由中国机械工业联合会提出。

本部分由全国农业机械标准化技术委员会归口。

本部分起草单位：中国农业机械化科学研究院。

本部分主要起草人：张咸胜、陈俊宝、杨兆文。

本部分所代替标准的历次版本发布情况为：

——GB 10395.9—1996。

农林拖拉机和机械　安全技术要求
第9部分：播种、栽种和施肥机械

1　范围

本部分规定了保证操作者及其他作业人员在正常操作和保养播种、栽种和施肥机械时人身安全的技术要求。本部分是 GB 10395.1 的补充，在执行本部分的同时应执行 GB 10395.1。

2　规范性引用文件

下列文件中的条款通过 GB 10395 的本部分的引用而成为本部分的条款。凡是注日期的引用文件，其随后所有的修改单（不包括勘误的内容）或修订版均不适用于本部分，然而，鼓励根据本部分达成协议的各方研究是否可使用这些文件的最新版本。凡是不注日期的引用文件，其最新版本适用于本部分。

GB 10395.1—2001　农林拖拉机和机械　安全技术要求　第1部分：总则（eqv ISO 4254-1:1989）

3　要求

3.1　运动部件

运动部件在工作状态和运输状态间相互转换出现危险部位时：

a)　机器的状态转换通过手或附属机械机构（例如：弹簧机构）实现的，危险部位应设安全防护装置；

b)　机器的状态转换通过动力助力机构（例如：液压机构）实现的，危险部位附近应设安全标志。

a）和 b）两种情况下，都应具有在运输状态下锁定运动部件的装置。

危险部位还应在使用说明书中说明。

3.2　料箱

靠近操作者乘坐工作台的、有危险部位的或有运动部件（例如：旋转式搅拌器、输送螺旋）的料箱，应有符合 GB 10395.1—2001 中 7.1 规定的安全距离，或设防护装置、或设栅拦、或设防护罩。确定安全距离时，应考虑使用说明书中规定的所有工作状态。

该要求不适用于条播机或具有地轮驱动装置的类似机器的料箱，但在料箱侧面距最高边缘230 mm 的区域内的所有危险部位或运动部件都应设防护装置。

在确定安全距离时，应考虑防护罩的布置位置和移动范围。

料箱的防护罩应具有效地握持并便于开启的把手和可靠的锁定装置。

在机器运转时，料箱内有运动部件的，应在防护罩上设适当的安全标志，并在使用说明书中说明。

3.3　工作台

3.3.1　机器使用过程中操作者可能在其上作业的，应有适当的工作台。

3.3.2　机器工作过程中，操作者必须乘坐的工作台附近的危险部位应设安全防护装置。

3.3.3　操作者必须在上面移动工作的工作台，面积应不小于 0.36 m^2 且宽度最小为 450 mm，工作台的位置如图 1 所示。

仅用于装载的工作台和台阶的最小宽度为 300 mm。

3.3.4　工作台离地面的垂直高度大于 550 mm 的机器，应设置适当的固定阶梯和扶手。装载用台阶或工作台，相对地面或相邻台阶或装载工作台的垂直高度应不大于 300 mm（见图 1 中尺寸 h）。

3.3.5　在所有工作台附近应设禁止非操作者乘坐的安全标志。该项内容还应包括在使用说明书中。

3.3.6　具有操作者必须乘坐的后工作台的条播机，应沿工作台前边缘设置挡脚板(见图1)，在操作者位置前面和在工作台任何位置上可触及部位应设扶栏(手)。

单位为毫米

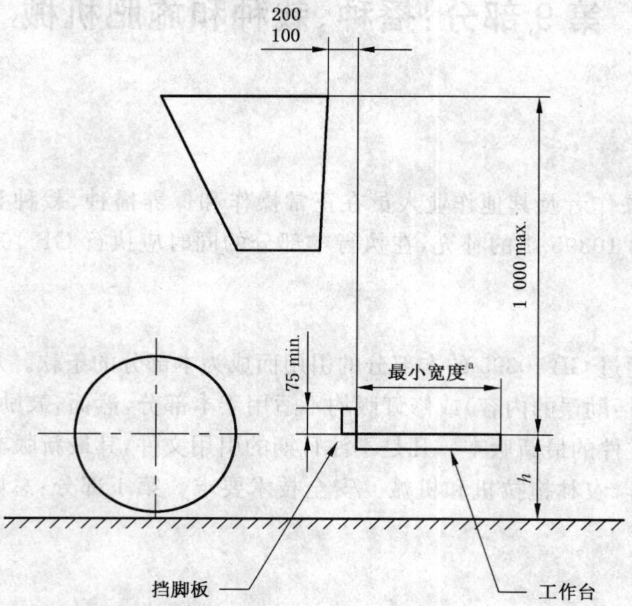

注：装载用工作台 h 最大为 300 mm；其他用工作台 h 最大为 500 mm。

[a]　见 3.3.3。

图1　设置工作台但无梯子的机器

3.4　装载

3.4.1　相对于规定基准(或为参照地面，或为台阶，或为装载工作台)的最大装载高度应使操作者将袋装物(如：一袋化肥)方便地倒入机器的料箱中。

最大装载高度应不超过 1 000 mm(见图1)。

3.4.2　对于悬挂式施肥机，用绕地块周边间隔放置的成堆或成袋化肥装载的，推荐其基准为参照地面。机器工作状态下施肥机的料箱顶的高度超过规定装载高度时，应能降低悬挂在拖拉机三点悬挂装置上的机器，使料箱的高度符合要求。

3.5　划行器

在道路运输中划行器不应超出机器的规定轮廓，并应能锁定在运输状态，或处在靠重力防止意外脱开的位置。

4　专用机械

4.1　单粒(精密)播种机

外侧播种单体朝外的部件，在机器使用时运动的都应设防护装置。如果播种单体可以更换，使用说明书中应规定，只有传动部件具有防护装置的播种单体，才能安装在外侧。

4.2　栽种和播种机

操作者乘坐的机器上，应设置座位或工作台。操作者站立工作的工作台应符合 3.3 的规定，操作者坐着工作的工作台应设座位和搁脚板。机器外部的和在操作者位置上能够触及的传动部件都应设防护装置。料箱和其装载高度应符合 3.2 和 3.4 的规定。拖拉机驾驶员和其他操作者之间应能进行交流。

4.3　施肥机

料箱、工作台和装载高度应符合 3.2～3.4 的规定。

对图2所示型式的施肥机，为防止搅拌器导致危险，应选择使尺寸 $a+b$ 等于或大于 1 800 mm 的设计方案。

排肥器在正常工作状态时(按使用说明书的规定),1 500 mm 高度处料箱侧面或机器框架应超出排肥部件末端移动轨迹的水平距离(见图 2):

a) 对旋转式排肥器最小为 200 mm;

b) 对摆杆式排肥器最小为 50 mm。

在正常工作状态下,排肥部件离参照地面的高度在 1 500 mm 至 2 500 mm 之间的施肥机,应安装挡板(杆),挡板(杆)应低于并尽可能靠近排肥部件,但不能影响肥料的流动。在机器或附属装置的上部结构不能设置适当的防护装置的情况下,挡板(杆)还应能水平延伸,并且在任何方向超出排肥部件外边缘的长度应不少于 150 mm(见图 3)。当排肥部件离参照地面的高度小于 1 500 mm 时,挡板(杆)应相应地位于排肥部件之上。

单位为毫米

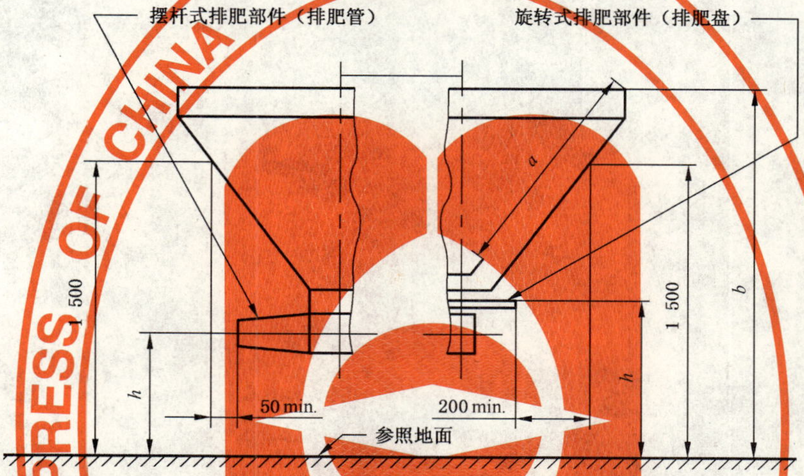

注 1:$a+b$ 应大于等于 1 800 mm。

注 2:h 按使用说明书给出的工作位置确定。

图 2 料箱和排肥部件的安全尺寸

单位为毫米

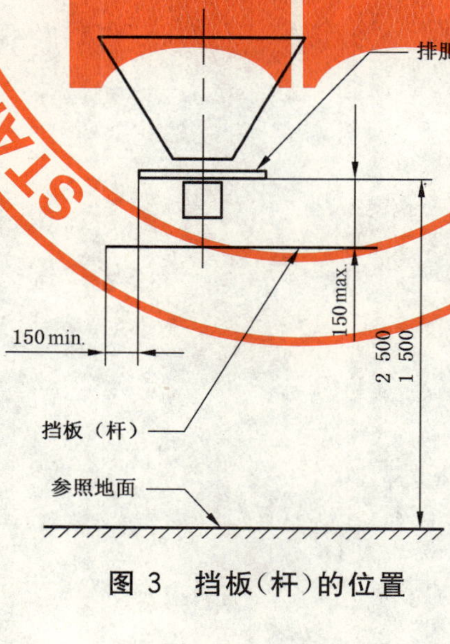

图 3 挡板(杆)的位置

ICS 65.060.70
B 90

中华人民共和国国家标准

GB 10395.10—2006

农林拖拉机和机械　安全技术要求
第10部分：手扶（微型）耕耘机

Tractors and machinery for agriculture and forestry—
Technical means for ensuring safety—
Part 10: Walk-behind powered rotary tillers

(ISO 11449:1994　Walk-behind powered rotary tillers—
Definitions, safety requirements and test procedures, MOD)

2006-07-19 发布　　　　2007-02-01 实施

中华人民共和国国家质量监督检验检疫总局
中国国家标准化管理委员会　发布

前　言

本部分的第3章为推荐性的，其余为强制性的。

GB 10395《农林拖拉机和机械　安全技术要求》分为：

——第1部分：总则

——第3部分：拖拉机

——第5部分：驱动式耕作机械

——第6部分：植物保护机械

——第7部分：联合收割机、饲料和棉花收获机

——第8部分：排灌泵和泵机组

——第9部分：播种、栽种和施肥机械

——第10部分：手扶（微型）耕耘机

——第11部分：动力草坪割草机

——第12部分：便携式动力绿篱修剪机

——第13部分：后操纵式和手持式动力草坪修剪机和草坪修边机

——第14部分：动力粉碎机和切碎机

——第15部分：配刚性切割装置的动力修边机

本部分是GB 10395《农林拖拉机和机械　安全技术要求》的第10部分，本部分是首次制定。本部分修改采用国际标准ISO 11449：1994《手扶耕耘机　定义、安全要求和试验规程》（英文版）。

本部分根据ISO 11449：1994重新起草。

考虑到我国国情，在采用ISO 11449：1994时，进行了如下修改：

——将国际标准第1章第一段分为两段并进行了删简；

——引用了采用国际标准的我国标准，而非国际标准，但所引用的部分我国标准并非等同采用国际标准；

——删除国际标准4.1.1中引用的ISO 5395：1990。

这些技术性差异已编入正文中并在它们所涉及条款的页边空白处用垂直单线标识。

为便于使用，本部分还对ISO 11449：1994作了下列编辑性修改：

——“本国际标准”一词改为“本部分”；

——用小数点“.”代替作为小数点的逗号“,”；

——删除ISO 11449：1994的前言。

本部分的附录A为规范性附录。

本部分由中国机械工业联合会提出。

本部分由全国农业机械标准化技术委员会归口。

本部分起草单位：中国农业机械化科学研究院、国家农机具质量监督检验中心。

本部分主要起草人：张咸胜、靳锁芳。

农林拖拉机和机械 安全技术要求 第10部分：手扶(微型)耕耘机

1 范围

本部分规定了手扶耕耘机(或称微型耕耘机、田园管理机等)的机械安全要求和试验方法。

本部分适用于发动机/电动机标定功率小于等于7.5 kW的手扶耕耘机。

本部分不适用于：

——发动机/电动机标定功率大于7.5 kW的耕耘机；

——动力输出轴(PTO)驱动的机械；

——前悬挂电动手持耕耘机；

——直流电压超过42 V或与主电源线路直接联接的动力耕耘机电气方面的要求。

2 规范性引用文件

下列文件中的条款通过GB 10395的本部分的引用而成为本部分的条款。凡是注日期的引用文件，其随后所有的修改单(不包括勘误的内容)或修订版均不适用于本部分，然而，鼓励根据本部分达成协议的各方研究是否可使用这些文件的最新版本。凡是不注日期的引用文件，其最新版本适用于本部分。

GB/T 4269.1 农林拖拉机和机械、草坪和园艺动力机械 操作者操纵机构和其他显示装置用符号 第1部分：通用符号(GB/T 4269.1—2000,idt ISO 3767-1:1991)

GB/T 4269.2 农林拖拉机和机械、草坪和园艺动力机械 操作者操纵机构和其他显示装置用符号 第2部分：农用拖拉机和机械用符号(GB/T 4269.2—2000,idt ISO 3767-2:1991)

GB/T 4269.3 农林拖拉机和机械、草坪和园艺动力机械 操作者操纵机构和其他显示装置用符号 第3部分：草坪和园艺动力机械用符号(GB/T 4269.3—2000,idt ISO 3767-3:1991)

GB 4706.1 家用和类似用途电器的安全 第1部分：通用要求(GB 4706.1—2005,IEC 60335-1:2001)

GB/T 8420 土方机械 司机的身材尺寸与司机的最小活动空间(GB/T 8420—2000,eqv ISO 3411:1995)

GB 10396 农林拖拉机和机械、草坪和园艺动力机械 安全标志和危险图形 总则(GB 10396—2006,ISO 11684:1995,MOD)

GB/T 20341 农林拖拉机和自走式机械 操作者操纵机构 操纵力、位移量、操纵位置和方法(GB/T 20341—2006,ISO/TS 15077:2002,IDT)

GB/Z 20347 草坪和园艺动力机械 操作者操纵机构 操纵力、位移量、操纵位置和方法(GB/Z 20347—2006,ISO/TS 15079:2001,IDT)

3 术语和定义

下列术语和定义适用于GB 10395的本部分。

3.1

手扶(步行操纵)耕耘机 walk-behind (pedestrian-controlled) powered rotary tiller

具有动力旋转部件，带或不带主传动机构，用于碎土作业，通常由操作者在后面或侧面步行操纵的耕作机械。

3.1.1

前置耕耘机　front tine rotary tiller

由旋转刀片产生地面牵引力或旋转部件安装在驱动轮前面的手扶(步行操纵)耕耘机,见图1a)。

3.1.2

后置耕耘机　rear tine rotary tiller

由驱动轮产生地面牵引力且旋转部件安装在驱动轮后面的手扶(步行操纵)耕耘机,(见图1b)。

3.1.3

手持耕耘机　handheld rotary tiller

由旋转刀片产生地面牵引力,有或没有支撑轮,其旋转部件作为锄铲刀片产生向前驱进力的手扶(步行操纵)耕耘机,见图1c)。

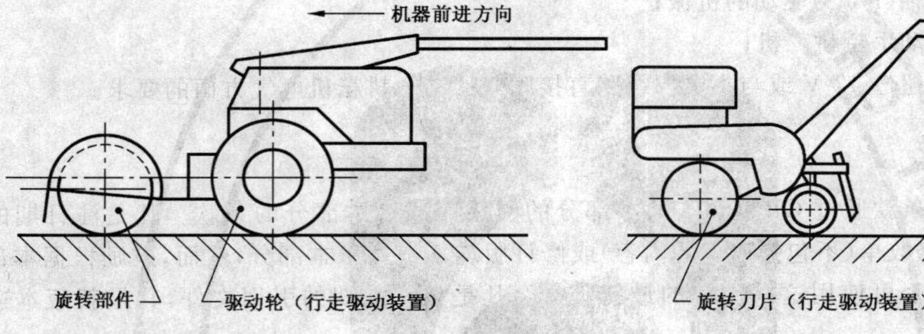

a) 前置耕耘机

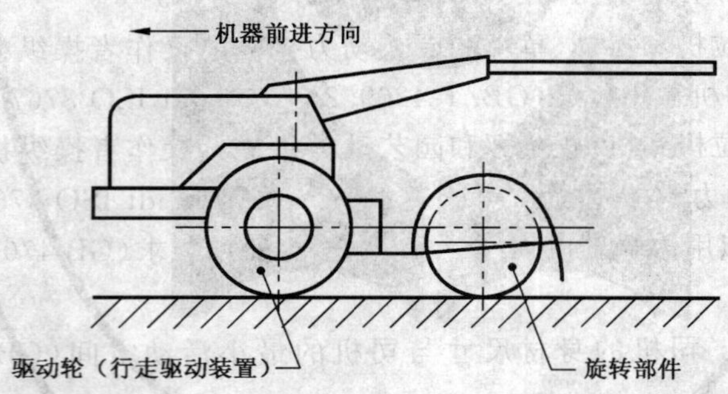

b) 后置耕耘机

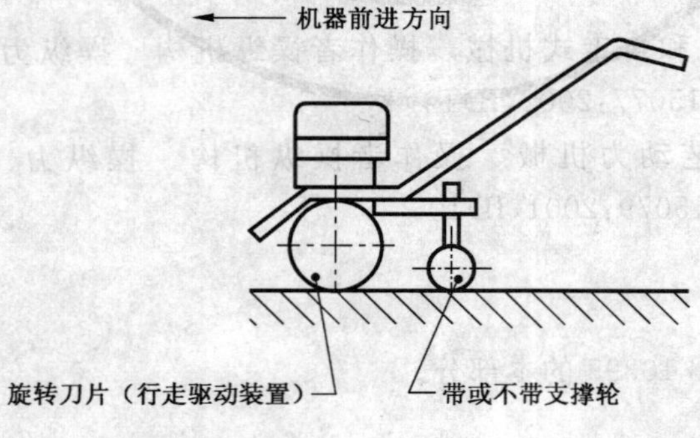

c) 手持耕耘机

图1　耕耘机的型式

3.2

动力源 power source

提供线性或旋转运动机械能的发动机或电动机。

3.3

离合器 clutch

传递或切断动力源动力的装置。

3.4

起动装置 starting device

激活起动机构的手柄、操纵杆、开关或类似的操纵机构。

3.5

扶手 handlebars

装有便于人工操纵机器把手的装置。

3.6

刀片(工作部件) tines (tools)

旋转部件中接触并插入土壤中的零件。

3.7

刀片隔离栅 tine barrier

阻止操作者进入旋转刀片的构件,如:支撑轮、部分耕耘机框架、支地柱,或这些部件的组合。

3.8

防护装置 guard

防护罩 shield

保护操作者的耕耘机部件或部件组合。

3.9

操作者持续操纵机构 operator presence control

操作者施加的操纵力消失后自动切断驱动力的操纵机构。

3.10

发动机(电动机)起动 engine (motor) start

发动机(电动机)由不产生动力到产生动力的状态改变。

3.11

人力起动 manual start

在起动装置上施加人力使发动机转动的起动方式。

3.12

操作者手操纵机构位置区 operator hand-control position

在操作者位置区能够操纵的所有手操纵机构的区域或空间。

3.13

操作者位置区 operator position

机器正常操纵期间操作者所处区域。

3.14

操作者区 operator zone

百分位排列的第95位男性操作者在正常操作者位置区能触及到的极限区域(见图5)。

3.15

正常操纵 normal operation

普通用户能够合理预见的机器所有使用方法,包括耕作、起动、停车、加油和运输操纵等。

3.16

耐久标签 durable label

能够永久保留的标签。

4 一般结构

4.1 动力传动部件(耕作部件除外)

4.1.1 动力传动齿轮、链条、链轮、皮带、摩擦传动装置、皮带轮、风扇、扇轮及其他运动部件,在机器正常起动和运行时能产生挤压或造成伤害的应置于适当的位置或加防护罩或类似的防护装置进行防护,以防止操作者与这些部件意外接触。传动轴应完全防护。

4.1.2 所有防护装置均应永久性地固定在机器上,不使用工具无法拆卸。必须使用工具才能打开防护装置,但是,打开或移开联锁防护装置(该类防护装置打开或移开后被防护的运动部件不起作用)、打开防止土壤抛出的挂接式防护装置和打开隔离发动机的挂接式防护装置除外。

4.2 热防护装置

4.2.1 外露部件的温度限值

发动机排气部件面积大于 10 cm^2 且在机器正常运行时环境温度(20±3)℃下,温度大于 80℃的表面应设防护装置或防护罩,以防止与其意外接触。

4.2.1.1 试验方法

试验应在遮阳篷内进行,发动机在最高空转转速下运行,直至表面温度稳定。

确定温度时,应根据规定环境温度和试验环境温度的差异对观测温度进行校正。

确定发动机排气系统的热表面区,若确定的热表面区与最近操纵机构的距离大于 100 mm,使用图 2 中锥体 A 测定;若确定的热表面区与最近操纵机构的距离小于等于 100 mm,使用图 2 中锥体 B 测定。

移动锥体 A,锥体的轴线与水平夹角应始终在 0°～180°之间,使锥体的鼻端或锥尖向下(相对于水平方向)指向热表面。锥体不能向上移动。移动锥体时,确定锥体的锥尖或锥面是否与热表面区相接触。锥体 B 可以沿任何方向移动指向排气表面。

4.2.1.2 验收条件

锥体 A 或锥体 B 的锥尖或锥面不能与排气系统的热表面接触。

4.3 排气的防护

发动机的排气方向应避开所有操纵位置上的操作者。

5 耕作部件的防护

5.1 后置耕耘机

后置刀片的防护应如图 3 所示。

耕耘机的后部应设防护装置,当刀片位于水平支撑表面上时,防护装置的后下缘离水平支撑面的距离应不大于 25 mm,防护装置的宽度至少为所有刀片的组合宽度。可移动式挡板放开后应能自动回位。防护装置应有侧盖板。

5.2 前置和手持耕耘机

前置和手持耕耘机的旋转部件应设牢固的固定防护装置,该防护装置应至少覆盖旋转部件后部与垂直方向夹角为 60°的区域,见图 4a)。

防护装置的最小宽度应符合表 1 规定。

表 1 单位为毫米

工作幅宽	防护装置宽度最小值
<600	工作幅宽
≥600	600

连接扶手末端直线的中点在水平面内的投影和旋转部件外缘在同一水平面内的投影之间的距离最小应为 900 mm，当水平扶手与机器前进方向不平行时该距离最小为 500 mm，见图 4b)。

两扶手间应设置横杆，以防止操作者接触工作部件，横杆与工作部件边缘的水平距离应大于 550 mm，见图 4b)。如果在离工作部件水平距离 550 mm 处两扶手间距离小于 320 mm，则不需要设置横杆，见图 4c)。

耕耘机扶手应牢固地固定在耕耘机上，以防止操纵过程中意外脱开，而失去控制。扶手和机体间的隔离栅在正常工作条件下不应变形。

单位为毫米

图 2 试验锥

单位为毫米

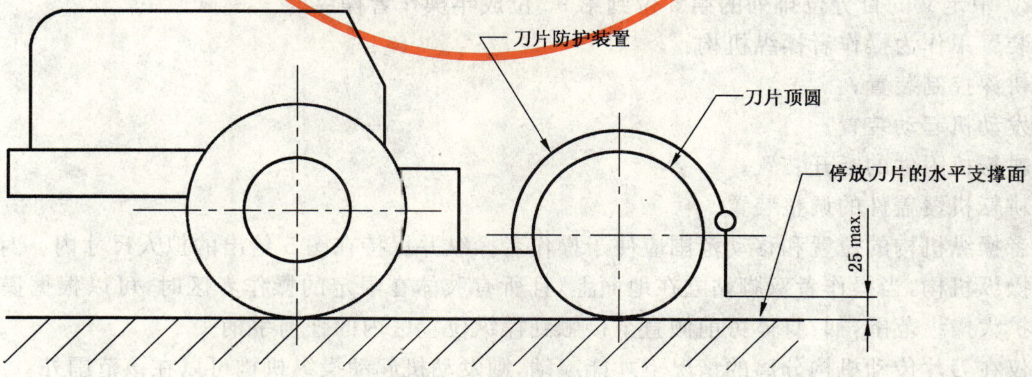

图 3 后置耕耘机耕作部件的防护

单位为毫米

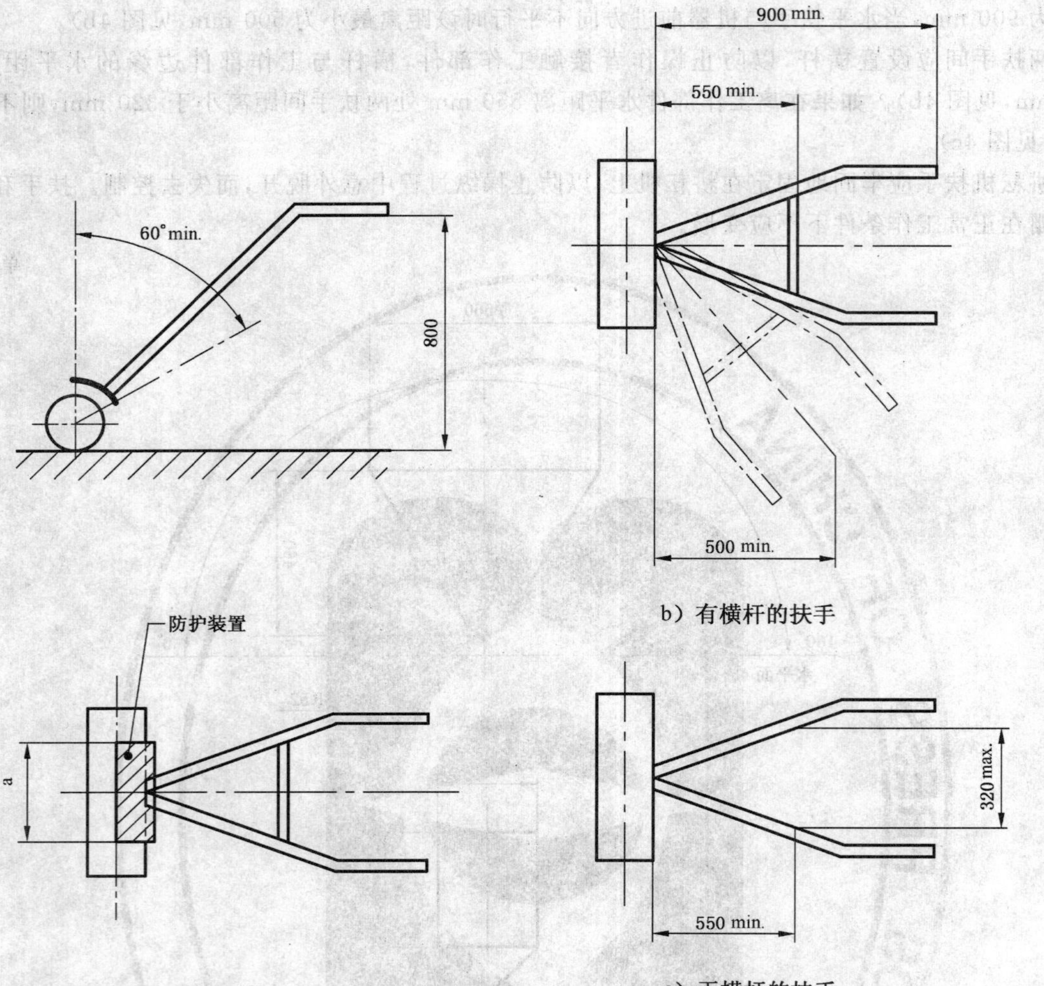

a）防护盖板

b）有横杆的扶手

c）无横杆的扶手

a 见表1。

图 4 前置和手持耕耘机耕作部件的防护

6 操纵机构

6.1 一般要求

操作者操纵机构应符合 GB/T 20341 和 GB/Z 20347 规定的要求。操纵机构还应适合于 GB/T 8420 中定义的百分位排列的第5位到第95位成年操作者操纵。

下列装置不作为操作者操纵机构：

——耕深控制装置；

——发动机起动装置；

——耕耘机附件的断开装置；

——耕耘机覆盖件的调整装置。

操作者操纵机构的位置和移动范围应便于操作者操纵并保持在图5给出的拟人尺寸内。对于不经常使用的操纵机构，当操作者双脚站立在地面上，且所有肢体在限定的操作者区时，可以根据操作者的身体情况扩大操纵范围，如：身体可前倾直至接触到操纵位置区内的任何手柄。

如果仅在刀片传动机构分离的情况下才能起动，则发动机起动操纵机构可以在该范围外。

操纵主传动的操纵机构使耕耘机倒退时，要求由沿传递传动方向连续动作实现，并且在松开操纵机构后能自动回到空挡位置。

对自走式耕耘机，在耕整部件作业时，主传动机构应能接合或分离。

机器操纵手柄上应有操作者手离开手柄后，使刀片自动停止运转的装置，可以通过停止驱动发动机(电动机)或中间刀片离合/制动机构来实现。

6.2 起动装置

机器应设置一种装置，该装置能防止所有在发动机(电动机)起动中使车轮和/或工作部件转动的起动方法。例如：某装置使发动机只有在变速杆处于空挡位置和工作部件分离时才允许起动，则可认为该装置满足该条要求。

如果使分离状态的起动系统接合时，操作者不处于危险区内，则不需要该类装置。危险区(见图6)为一纵向带，宽度由工作部件或装置的工作幅宽限定，向前延伸，向后至工作部件或装置的覆盖物外侧550 mm处。

倒退行驶时，危险区为整个向后的纵向带，仅由工作部件的工作幅宽限定宽度。

操作者不得不倾向机器起动发动机的，应指明适当的起动位置或支撑处，并有相应的标识符号。

发动机不能装用松散绳带操纵的起动器。

6.3 发动机转速控制装置

对于发动机转速控制手柄，如果处于操作者手操纵机构位置区内，则手柄远离操作者(通常向前和/或向上)移动应使发动机转速增加；手柄朝向操作者(通常向后和/或向下)移动应使发动机转速降低。

对于发动机转速推/拉操纵机构，如果处于操作者手操纵机构位置区内，则拉操纵机构应使发动机转速增加，推操纵机构应使发动机转速降低。

6.4 刀片/主传动操纵机构

6.4.1 一般要求

耕耘机应由位于操作者手操纵机构位置区内(见图5)的操作者持续操纵机构使主传动机构和刀片接合，实现耕耘机倒退行驶。

机器应具有切断供给刀片动力的装置，要求有意识地操纵该装置才能实现起动操作。

所有有倒挡的机器都应有空挡位置。对于带有驱动轮的后置和前置耕耘机，挂倒挡时工作部件应不被驱动。下列情况是允许的：

——挂倒挡的同时，工作部件分离；

——工作部件传动系接合时，不能挂倒挡。

6.4.2 动力传递切断试验

6.4.2.1 刀片传动系

除带有离心式离合器的动力耕耘机和电动耕耘机外，动力耕耘机应进行两次试验：首先使发动机在耕耘机制造厂推荐的发动机怠速下运行，然后使发动机在耕耘机制造厂推荐的最大调节转速下运行。

离开地面时，接合刀片传动机构。

当分离并降低到坚硬、平整的水平表面时，刀片应停止转动。

对带有离心式离合器的动力耕耘机，如果切断供给刀片动力的装置符合6.4.1的要求，则该装置为组合式减速/分离操纵机构，刀片离开地面并操纵该装置，应使刀片转动。

向上松开该操纵机构，当刀片降低到坚硬、平整的水平表面时，刀片应停止转动。

对电动耕耘机，仅进行1次试验，试验在耕耘机制造厂推荐的电动机怠速下进行。

离开地面时，接合刀片传动机构。

当分离并降低到坚硬、平整的水平表面时，刀片应停止转动。

6.4.2.2 主传动机构

将耕耘机所有车轮置于高25.4 mm的垂直台阶前，分离刀片和车轮的主传动机构，分别在耕耘机制造厂推荐的发动机怠速下和最大调节转速下试着爬上台阶。对电动耕耘机，试验仅在耕耘机制造厂推荐的电动机怠速下进行。

耕耘机不应横向越过垂直台阶，主传动机构分离时车轮不应转动。

单位为毫米

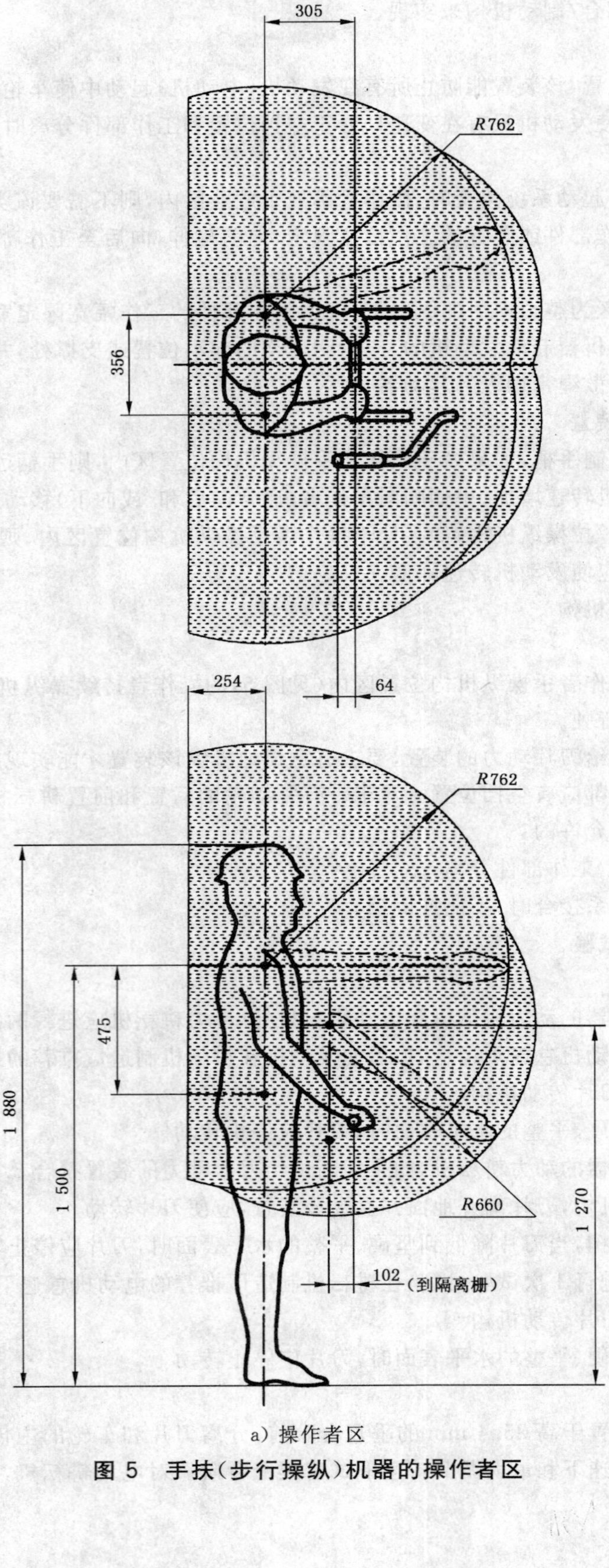

a) 操作者区

图 5 手扶（步行操纵）机器的操作者区

单位为毫米

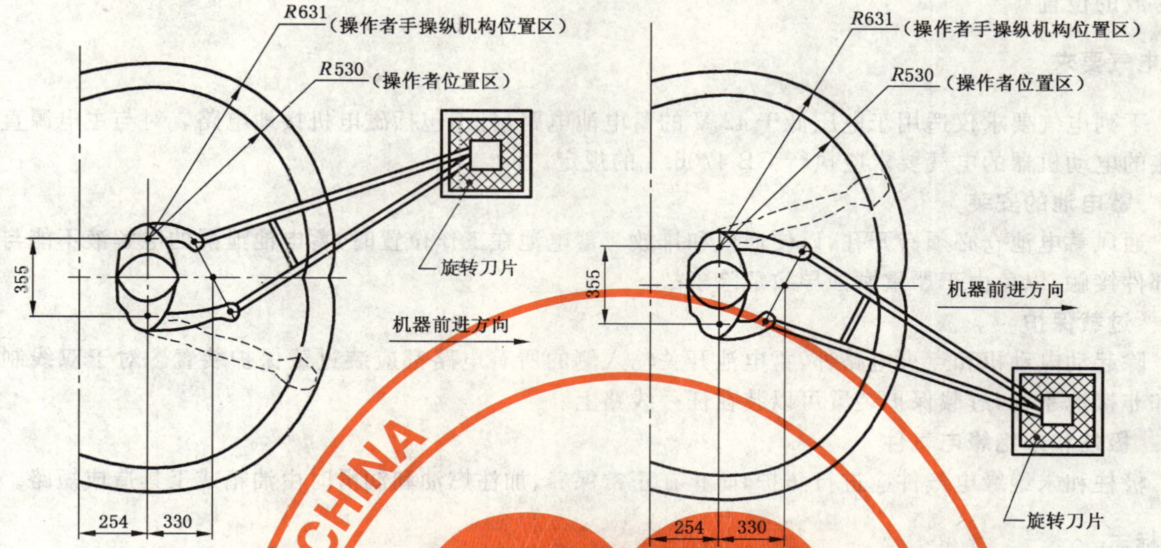

b）扶手右置时操作者区　　　　c）扶手左置时操作者区

注1：较低的向前区是百分位排列的第5位男性或第50位女性靠在扶手隔离栅上时能够触及的区域。对百分位排列的第95位男性向前倾斜靠在扶手隔离栅上时同样可触及该区域。

注2：由于隔离栅占有空间和起保护作用，操作者区内的所有隔离栅会使操作者区减少。

注3：操作者区限定了所有常用操作者操纵机构的最大移动范围，但并不意味着是操作者操纵机构的最佳位置。

图5（续）

单位为毫米

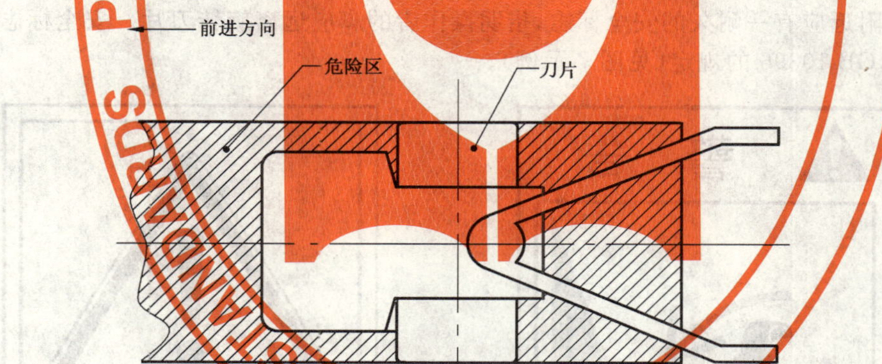

图6　未挂倒挡操纵机器起动装置时的危险区

6.5　发动机（电动机）停机

应具有停止发动机（电动机）运转的停机操纵机构。该装置应由人力有意识地操纵才能使发动机（电动机）起动。应具有防止意外起动发动机（电动机）的开关钥匙或类似的装置，除非人力起动是发动机的唯一起动方式。

6.6　操纵机构的标识

6.6.1　应用耐久标签或标志，清晰标明所有操纵机构的功能、操纵方向和/或操纵方法。

使用说明书中应给出所有操纵机构的浅显易懂且详细的操纵说明。

6.6.2　操作者符号应符合GB/T 4269.1、GB/T 4269.2和GB/T 4269.3规定。

6.6.3 带有反冲型起动机的耕耘机应在明显位置用标签，指出在人力起动发动机时操作者脚或不用的手应放的位置。

7 电气要求

下列电气要求仅适用于电压低于42 V的蓄电池电路，且不包括磁电机接地电路。对与主电源直接联接的电动机器的电气要求应执行GB 4706.1的规定。

7.1 蓄电池的安装

通风蓄电池仓必须有开孔，以便通风和排放。蓄电池在工作位置时，蓄电池泄漏的电解液不能与机器部件接触，以免由于严重腐蚀导致危险事故。

7.2 过载保护

除起动电动机和点火电路外，蓄电池开关输入侧的所有电路都应装过载保护装置。对于双线制电路和非接地系统，过载保护装置可以装在任一线路上。

7.3 极柱和未绝缘电气件

极柱和未绝缘电气件应进行防护，防止在正常保养、加注燃油和润滑时由油箱或工具造成短路。

8 标志

8.1 一般规定

8.1.1 每台机器都应明确标出制造厂名称、型号和/或系列序号及必要的警示信息(如燃油牌号和混合比例、建议带护耳罩、旁观者的安全距离、劝告阅读使用说明书和其他有用信息)。

8.1.2 每台机器都应在明显部位给出由“带护眼罩”或适当的危险图形构成的安全标志(见GB 10396)。

8.1.3 给出警示信息的标签应靠近所针对的危险部位，这些标签应采用机器所销售国家的官方语言，且易识别。

8.1.4 在刀片附近应有一耐久的安全标志，指明操作者的脚应远离旋转刀片。安全标志为3带式或2带式，并应符合GB 10396的规定(见图7示例)。

图7 指明旋转刀片危险的安全标志示例

8.2 标签

8.2.1 给出识别标记、方向标记及警示信息等的标签，在机器预定的工作环境下，应有适当长的寿命，并满足如下要求：

a) 标签应有与基底材料表面耐久结合的粘结带；

b) 标签应能经受各种环境条件，并在正常清洗时不退色、脱色、开裂或起泡，保持清晰；

c) 标签不应出现卷边，并且在溅上汽油或机油后其清晰度不受影响(见 8.2.2)；

d) 除电动机器上的外，标签应能经受高压冷水的冲洗。

8.2.2 手持 1 块浸水的布擦抹标志 15 s，再用浸汽油的布擦抹 15 s。试验后，标志仍应清晰可见，标签不应被轻易移动，也不应出现卷边。

9 维护保养

9.1 一般要求

应随机提供专门书写的说明书，说明书中应给出制造厂推荐的、在发动机运转时必须进行的维护保养的安全信息。

9.2 维护保养

应安装防止疏忽的操作者与危险的维护保养部位接触的防护罩或防护装置。

10 说明书

制造厂应随机提供如附录 A 所示的适当说明书。

附 录 A
（规范性附录）
耕耘机安全说明书

本附录给出了所有型式耕耘机的安全操纵规范。

本附录中给出的这些操纵规范并非详尽无遗，每台机器都应有安全说明书，并应根据耕耘机的特殊结构进行适当的改编。

A.1 培训

a) 仔细阅读操纵维护说明书。全面熟悉所有的操纵机构和机器正确使用的方法。掌握如何停机和快速分离操纵机构。

b) 决不允许儿童使用机器。决不允许没有阅读说明书的成人使用机器。

c) 保持工作区域无人，特别是无儿童和宠物。

A.2 准备

a) 全面检查机器将使用的区域，移走所有杂物。

b) 在起动发动机（电动机）之前，分离所有离合器，并挂空挡。

c) 没有穿适当的外套时不要操纵机器。穿防滑鞋将改善在易滑表面上立足的稳定性。

d) 小心处理燃油，它为易燃品。

  1) 使用适当的容器贮存燃油。

  2) 在发动机运行时或热机时，不得往油箱中加油。

  3) 应在室外特别小心地加油，不得在室内加油。

  4) 起动前，拧紧油箱盖，并擦净溢出的燃油。

e) 在发动机（电动机）运行时，不得进行任何调整（制造厂推荐的特殊调整除外）。

f) 进行任何操纵时，如：准备、运行和维修时，都应带安全眼镜。

A.3 操纵

a) 手和脚不得接近旋转部件或放在旋转部件下。

b) 在（或穿过）石子路面、人行道或公路上操纵时应特别小心，警惕潜在的危险、注意交通情况，不得载客。

c) 撞到杂物后，停下发动机（电动机），全面检查耕耘机是否损坏，如损坏应在修好后，才能重新起动和操纵耕耘机。

d) 始终注意脚下，避免滑倒或跌落。

e) 机器一旦发生异常振动，应立即停下发动机（电动机）查找原因，振动通常是故障的先兆。

f) 离开操纵位置时，清理刀片堵塞前，进行维修、调整或检查时，都应停下发动机（电动机）。

g) 当机器处于无人操纵状态时，应采取一切可能的预防措施：分离动力输出轴，降低附加装置，挂空挡，发动机熄火，并拔下开关钥匙。

h) 在清理、修理或检查机器前，发动机应熄火，并确认所有运动部件都已处于停止状态。

i) 发动机排出的废气有害，不要在室内运转。

j) 没有适当的防护装置、防护罩或其他防护装置不在位置上时，不得操纵耕耘机。

k) 远离儿童和宠物。

l) 不要因耕深大、速度快而致机器超载。

m) 机器不得在易滑路面上高速运行。倒退时要观察后面并小心。

n) 决不允许旁观者接近机器。

o) 只能使用耕耘机制造厂允许的附加装置和设备(如:车轮配重、平衡重块、驾驶室等)。

p) 视野或光线不好时,不得操纵耕耘机。

q) 在硬地上耕整作业时应小心,刀片可能钩入地面向前推动耕耘机。如果这种情况发生,放开扶手,不要去控制机器。

r) 耕耘机不要在陡坡上作业。

s) 耕耘机上下坡时,应防止倾翻。

A.4 维修和贮存

a) 保持机器、附加装置和设备,包括蓄电池处于安全工作状态。如果可能将蓄电池拆下储存,以防冰冻,并在必要时适当充电。

b) 每隔一段时间,检查受剪螺栓、发动机固定螺栓和其他螺栓的拧紧是否适当,以保证机器处于安全工作状态。

c) 机器应贮存在室内,并远离火源,机器贮存在室内前应将发动机冷却。

d) 如果耕耘机要长期贮存,应始终把使用说明书作为重要资料保存。

e) 不要随意修理机器,除非你有适用的工具和拆卸、装配及修理机器的说明书。

ICS 65.060.70
B 90

中华人民共和国国家标准

GB 10395.13—2006
代替 GB 10395.13—1996

农林拖拉机和机械　安全技术要求 第13部分：后操纵式和手持式动力草坪修剪机和草坪修边机

Tractors and machinery for agriculture and forestry—Technical means for ensuring safety—Part 13：Powered walk-behind and hand-held lawn trimmers and lawn edge trimmers

(ISO 10518：1991，MOD)

2006-03-29 发布　　　　2006-11-01 实施

中华人民共和国国家质量监督检验检疫总局
中国国家标准化管理委员会　发布

前　言

本部分的第 3 章为推荐性的，其余为强制性的。

GB 10395《农林拖拉机和机械　安全技术要求》分为以下几个部分：

——第 1 部分：总则；

——第 3 部分：拖拉机；

——第 5 部分：驱动式耕作机械；

——第 6 部分：植物保护机械；

——第 7 部分：联合收割机、饲料和棉花收获机；

——第 8 部分：排灌泵和泵机组；

——第 9 部分：播种、栽种和施肥机械；

——第 10 部分：手扶（微型）耕耘机；

——第 11 部分：动力草坪割草机；

——第 12 部分：便携式动力绿篱修剪机；

——第 13 部分：后操纵式和手持式动力草坪修剪机和草坪修边机；

——第 14 部分：动力粉碎机和切碎机；

——第 15 部分：配刚性切割装置的动力修边机。

本部分是 GB 10395《农林拖拉机和机械　安全技术要求》的第 13 部分，修改采用 ISO 10518:1991 和 ISO 10518:1991/Amd.1:1994《后操纵式和手持式动力草坪修剪机和草坪修边机　机械安全要求和试验方法》（英文版）。

本部分根据 ISO 10518:1991 和 ISO 10518:1991/Amd.1:1994 重新起草。

考虑到我国国情，在采用 ISO 10518:1991 和 ISO 10518:1991/Amd.1:1994 时，进行了如下修改：

——删除了 ISO 10518:1991/Amd.1:1994 范围中的注。

——引用了采用国际标准的我国标准，而非国际标准，但所引用的部分我国标准并非等同采用国际标准。

该技术性差异已编入正文中并在它们所涉及的条款的页边空白处用垂直单线标识。

为便于使用，本部分还对 ISO 10518:1991 和 ISO 10518:1991/Amd.1:1994 作了下列编辑性修改：

——"本国际标准"一词改为"本部分"；

——用小数点"."代替作为小数点的逗号"，"；

——删除 ISO 10518:1991 和 ISO 10518:1991/Amd.1:1994 的前言。

——删除 ISO 10518:1991/Amd.1:1994 第 1 章中的注。

本部分代替 GB 10395.13—1996《农林拖拉机和机械　安全技术要求　第 13 部分：后操纵式和手持式动力草坪修整机和草坪修边机》。

本部分与 GB 10395.13—1996 相比，除将部分条款调整为推荐性的和编写格式及个别文字做了调整外，主要技术内容没有变化。

本部分的附录 A 为规范性附录。

本部分由中国机械工业联合会提出。

本部分由全国农业机械标准化技术委员会归口。

本部分起草单位：中国农业机械化科学研究院、呼和浩特畜牧机械研究所。

本部分主要起草人：张咸胜、潘兴良、孔庆梅、王建平、关朋。

本部分所代替标准的历次版本发布情况为：

——GB 10395.13—1996。

农林拖拉机和机械　安全技术要求
第 13 部分:后操纵式和手持式
动力草坪修剪机和草坪修边机

1　范围

本部分规定了后操纵式和手持式动力草坪修剪机和草坪修边机的机械安全要求和试验方法。

本部分适用于切割部件为非金属柔线或自由定心式非金属切割器,每个切割部件的切割能力(动能)不大于 10 J,由操作者站立操作,主要用于割草的后操纵式和手持式动力草坪修剪机和草坪修边机。

本部分不适用于剪切式或具有刚性刀片的草坪修剪机或草坪修边机。

本部分也不适用于具有切割能力(动能)10 J 以上的非刚性切割装置的草坪修剪机。

本部分不包括直流电压超过 42 V 或与主电源直接联接的电动草坪修剪机和草坪修边机的电气要求。

2　规范性引用文件

下列文件中的条款通过 GB 10395 的本部分的引用而成为本部分的条款。凡是注日期的引用文件,其随后所有的修改单(不包括勘误的内容)或修订版均不适用于本部分,然而,鼓励根据本部分达成协议的各方研究是否可使用这些文件的最新版本。凡是不注日期的引用文件,其最新版本适用于本部分。

GB 4706.1　家用和类似用途电器的安全　第 1 部分:通用要求(GB 4706.1—2005,IEC 60335-1:1991,IDT)

ISO 5395:1990　动力草坪割草机、草坪拖拉机、草坪和园艺拖拉机、专用割草机和带割草机具的草坪和园艺拖拉机　定义、安全要求和试验规程

3　术语和定义

下列术语和定义适用于 GB 10395 的本部分。

3.1

手持　hand-held

用手支撑,也可辅以轮子、滑板或背带等。

3.2

后操纵　walk-behind

跟随在支地部件后面行走的操作者的常规控制方式。

3.3

草坪修剪机　lawn trimmer

具有切割能力(动能)不大于 10 J、在与地平面平行的平面内运转的非金属、非刚性切割装置的电动割草机。

3.4

草坪修边机　lawn edge trimmer

切割机构在与地平面接近垂直的平面内工作,修整草坪立边的割草机。

3.5

切割机构　cutting means

由一个或多个绕与切割平面垂直的轴旋转的切割部件的冲击性切割完成切割动作的机构。

3.6

切割部件　cutting element

单根非金属柔线或自由定心的非金属切割器。

3.7

传动装置　drive unit

支撑并驱动切割机构的系统。

4　一般结构

4.1　搬运要求

机器应能由一位带手套的操作者正常使用。

所配背带应为快释式，以确保在紧急情况下操作者能快速松开机器。

质量超过 5 kg 的手持式草坪修剪机和草坪修边机或其手持部件均应有两个把手。沿把手支轴的长度方向测量，两个把手的中心距应不小于 250 mm，此规定不适用于质量小于或等于 5 kg 的双手搬运的草坪修剪机。测定机器质量时，应装上所有附件和作业时需要的半箱液体或带 1 m 长的电缆。

本部分规定，所有把手的握持宽度应不小于 100 mm。

4.2　传动部件（不包括切割机构）

传动齿轮、链条、链轮、皮带、摩擦传动机构、皮带轮、风扇、扇轮及其他运动部件，在机器正常起动和运转中，凡能导致伤害的危险部位，均应置于适当的位置，或加挡板或类似的防护装置进行防护，防止与其意外接触。传动轴应完全防护。

在研制防护系统时，应执行 ISO 5395：1990 附录 A 所规定的原则。

4.2 的规定不适用于：

——与土壤接触的工作部件；

——地轮轮轴。

4.3　热防护

4.3.1　裸露部件的极限温度

在机器正常起动和运行中，面积大于 10 cm^2 的发动机排气部件的裸露表面和温度大于 80℃的热表面，应加防护装置或挡板，防止与其无意接触。

把手和持续操作的控制装置的温度应不超过 45℃，其他在机器正常运行中可能接触的控制装置和表面的温度应不超过 55℃。

4.3.2　试验方法

试验应在遮阳篷内进行，发动机以最高无负荷速度运行，直至温度稳定。测量的基准环境温度为 20℃±3℃。在确定温度时，应根据基准环境温度和试验环境温度的差值对观测温度进行校正。

4.3.3　排气防护表面的试验验收

图 1 所示的圆锥体的锥尖或锥面不应接触到面积大于 10 cm^2、温度大于 80℃的排气系统的热表面。

单位为毫米

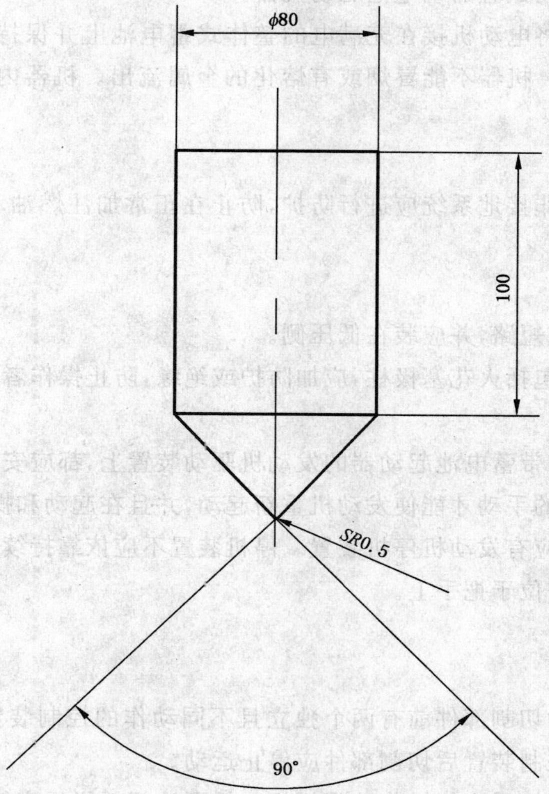

图 1 试验锥体(见 4.3.3)

4.4 防护装置的联接

4.2 和 4.3 规定的所有防护装置或挡板应永久性联接或永久性固定,不使用工具无法拆卸,或在机器的结构上使防护装置未安装到防护位置时机器不能使用。

4.5 排气防护

发动机排气方向不应朝向操作者。

4.6 电气要求

4.6.1 蓄电池电路

这些要求仅适用于电压低于 42 V 的蓄电池电路。对于与主电源直联的电动机器,其电气要求应符合 GB 4706.1 的规定。

4.6.1.1 电缆

电缆应加防护,或不靠近热表面或不靠近有潜在摩擦性接触的金属表面。

线束在可能的地方应系在一起、妥善支撑并固定,其任何部位不应接近排气系统或与化油器、金属油管、运动部件或锐边接触。可能与电缆接触的金属件的锐边应导圆或加防护,防止由于切割或摩擦损坏电缆。

4.6.1.2 蓄电池的安装

通风蓄电池仓应有开孔,以便通风和排放。蓄电池在工作位置时,电解液不能渗漏到部件上,否则由于腐蚀的严重影响会使部件产生危险。

4.6.1.3 过载保护

除起动器电动机和高压点火电路外,所有电路在接近蓄电池极柱或起动器电缆的非接地线上应装过载保护装置。对于双线制电路,过载保护装置可以装在任一线路上。

该规定不适用于能够通过下列试验的蓄电池驱动机器。

锁定电动机轴,防止其转动,将电动机接在充满电的整体式蓄电池上并保持此状态,直至蓄电池放完电或其中的任何部件出现故障。机器不能冒烟或有熔化的金属流出。机器内的爆炸应密封,防止任何材料从机器内弹出。

4.6.1.4 极柱和未绝缘电气件

极柱和未绝缘电气件及双线非接地系统应进行防护,防止在正常加注燃油和润滑养护时由油箱或工具造成短路。

4.6.2 点火电路

4.6.2.1 电路应具有点火断路或短路,并应装在低压侧。

4.6.2.2 电路的所有高压部件,包括火花塞极柱,应加防护或绝缘,防止操作者与其意外接触。

4.7 发动机停机与起动

4.7.1 在所有蓄电池驱动装置和带蓄电池起动器的发动机驱动装置上,都应安装发动机(电动机)停机控制装置。该装置应通过有意识的手动才能使发动机重新起动,并且在起动和操作位置上均可以操作。

4.7.2 在内燃机驱动的机器上,应有发动机停机装置。停机装置不应依靠持续的人力进行操作。对于带有背带的机器,停机控制机构应位于把手上。

4.8 控制装置

4.8.1 要求

电动机驱动的机器,应在驱动切割部件前有两个独立且不同动作的控制装置。不应有将控制装置锁定在“接通”位置的措施,松开控制装置后切割部件应停止运动。

内燃机驱动的机器,手不离开把手应能操作油门扳机。松开油门扳机后应能返回发动机怠速位置。油门锁定装置(如在发动机起动时需要)在拨动油门扳机后应能自动分离。

4.8.2 控制装置的识别标记

除作用非常明确的控制装置外,应用耐久标志明确标明控制装置的功能、操作方向和操作方法。

使用说明书中应给出所有控制装置的浅显易懂且详细的操作说明。

5 标志

5.1 一般规定

5.1.1 每台机器应明确地标出制造厂、型号和/或系列序号及适当的警示信息(如燃油牌号和混合比例、建议戴护耳罩、旁观者的安全距离、阅读使用说明书等必要的说明)。

5.1.2 每台机器应在明显部位标出警示“戴护目镜”或适当的标志。

5.1.3 如传动装置可更换或可互换,则应标出制造商的识别标记。

5.1.4 每台仅按8.1规定加防护装置的草坪修剪机应永久性标出警示“不能用于草坪修边”。

5.1.5 标志应清晰、耐久(见5.3)。

5.2 标签

5.2.1 给出识别标记、方向和警示信息的标签,在机器预定的工作环境下,应有适当长的寿命,并满足如下要求:

a) 标签的粘贴面应为粘结耐久的胶面;

b) 标签应能经受各种环境条件,在正常清洗时不褪色、脱色、开裂或起泡,并保持清晰。

c) 标签不应出现卷边,并且在溅上汽油或机油后不影响其清晰度;

d) 除电动机上的外,标签应能经受高压冷水的冲洗。

试验方法见 5.3。

5.2.2　含有警示信息的标签应尽可能接近针对的危险部位。这种标签应采用机器所销售国家或地区的官方语言，也可用适当的符号。

5.3　**试验方法**

手持一块浸过水的湿布擦抹标志 15 s，再手持浸过汽油的布擦抹 15 s。

试验后，标志仍应清晰可见，不应被轻易移动，也不应出现卷边。

6　使用说明书

制造厂应提供正确装配、安全操作和保养的使用说明书，并至少包括下列内容：

a)　戴护目镜的要求；

b)　使用的正确燃油或燃油/机油混合物提示标记；

c)　正确、安全操作和使用限制；

d)　更换切割部件和传动装置(必要时)的方法；

e)　防止修剪刀片柔线段打伤的警示(需要时)；

f)　穿戴防护器具(例如：手套、长裤、结实的鞋具、耳罩等)的建议。

g)　当标志使用符号时，对符号的功能的解释。

正确、安全操作和使用限制的说明应按附录 A。

7　切割机构

7.1　切割机构应由一个或多个安装或连接在一般为圆形的传动装置上的非金属切割部件组成。

7.2　切割部件应包括下列器件之一：

a)　一个非金属的自由定心的切割器；

b)　一根非金属柔线。

每个切割部件的动能不应大于 10 J。

动能按式(1)确定：

$$E_k = \frac{1}{2}mv^2 \qquad \cdots\cdots(1)$$

式中：

E_k——每个切割部件的动能，单位为焦耳(J)；

m——对切割器为从轴心拆下的切割部件的质量；对柔线为传动装置上拆下的切割部件的质量，单位为千克(kg)；

v——切割部件可达到的最高速度，对切割器在轴心至切割部件边缘的中点测量，对柔线在与传动装置的接点至切割部件边缘的中点测量，单位为米每秒(m/s)。

在由一个或多个连续柔线(例如：绕在传动装置或其他附件中的线轴上)组成的切割机构的机器上，应有在柔线伸展后和/或机器操作后将柔线自动限制在正确工作长度上的具体措施。

7.3　切割部件不能与从制造厂处可得到的金属切割部件互换。

8　切割机构的防护

8.1　**草坪修剪机**

草坪修剪机的操作者一侧应进行防护，其防护范围至少如图 2 所示。

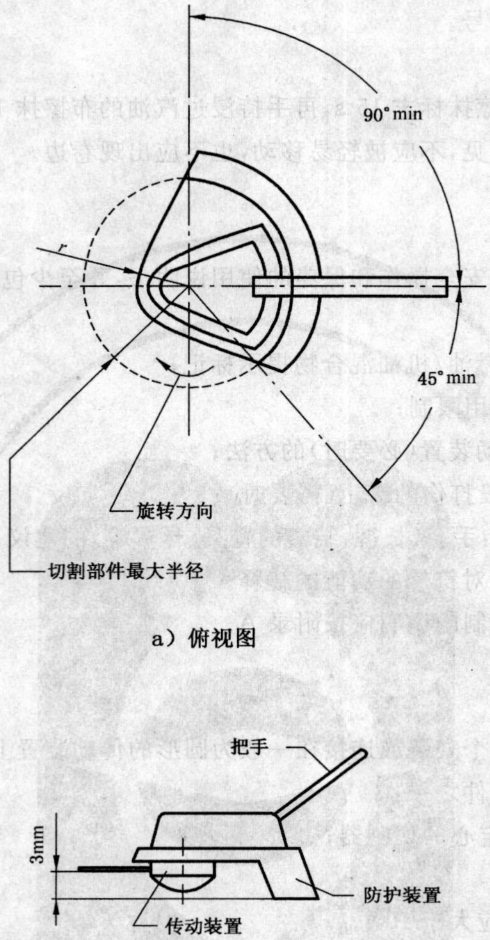

注 1：为了清楚，图中未绘出滑板或地轮。除尺寸和下文的专门要求外，此图不应对设计产生限制。

注 2：此图未按比例绘制。

图 2　草坪修剪机的防护（见 8.1）

防护装置半径 r 不应小于传动装置的最大摆动半径。

防护装置应超出切割部件所在平面至少 3 mm。

切割部件远离操作者方向移动的一侧，从把手轴心开始的防护范围至少为 45°；切割部件朝操作者方向移动的一侧，从把手轴心开始的防护范围至少为 90°。角度的顶点为传动装置心轴。

图 2a）所示为切割部件沿顺时针方向施转。如转向相反，45°和 90°的防护范围应相应地调换。

如防护范围小于 360°，应在机器上标明切割部件的施转方向。

8.2　草坪修边机

草坪修边机应进行防护，其防护范围至少如图 3 所示。

单位为毫米

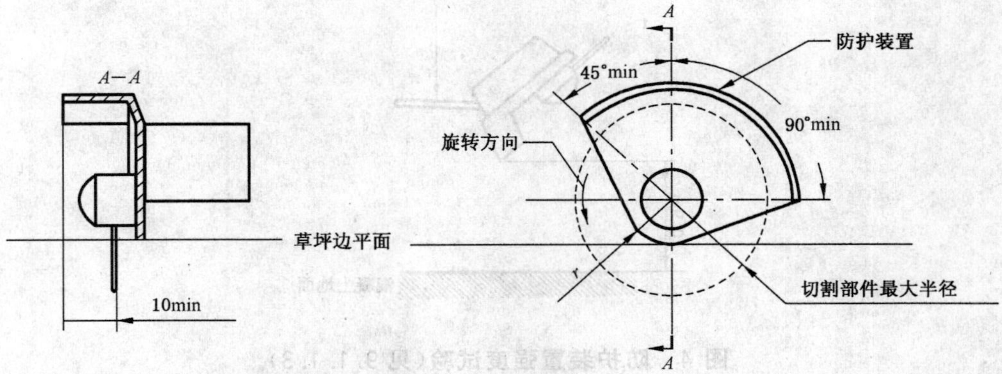

注 1：为了清楚，图中未绘出滑板或地轮。除尺寸和下文的专门要求外，此图不应对设计产生限制。

注 2：此图未按比例绘制。

图 3　草坪修边机的防护(见 8.2)

防护装置半径 r 不得小于传动装置的最大摆动半径。

防护装置应超出切割部件所在平面至少 10 mm。

在切割部件上移的一侧，从垂直位置向地面方向的防护范围至少为 90°；在切割部件下移的一侧，从垂直位置向地面方向的防护范围至少为 45°。角度的顶点为传动装置心轴。

8.3　防护装置的固定

不使用工具，防护装置应不能拆下。

9　机械强度和刚度

本章中的所有试验应在被试零件在 25℃±5℃的环境温度下温度达到稳定时进行。

9.1　切割机构的防护装置

9.1.1　后操纵和手持式草坪修剪机和草坪修边机，切割机构防护装置的机械强度和刚度应按 9.1.1.1 和 9.1.1.2 或 9.1.1.3 的试验进行检查。

9.1.1.1　在防护装置的任一点以最不利的方向加力 30 s，力的大小相当于草坪修剪机的质量，检查防护装置的刚度。

在试验中，防护装置变形后仍需符合 8.1 或 8.2 的规定，且螺钉和卡环仍保持紧固。

9.1.1.2　后操纵式草坪修剪机和草坪修边机放在平整、结实的水平面上，在防护装置最薄弱的部位用带一个球的装置进行撞击试验，测试防护装置的机械强度。

撞击试验用球为表面光滑、直径为 50 mm、质量为 0.45 kg 的钢球。如被试部件与水平面夹角不超过 45°，则使球由静止垂直落下撞击此部件。否则，用一定长度的绳索悬置钢球，使其从静止摆下撞击部件。两种情况下，球的垂直落差均为 1.3 m。

试验后，防护装置不应脱开，也不应出现明显裂纹，螺钉和卡环应保持紧固，并仍符合 8.1 或 8.2 的规定。

9.1.1.3　手持式草坪修剪机和草坪修边机防护装置的强度应用坠落试验进行测试。

取 3 台样机，将每台样机整机坠落 3 次，使防护装置由 0.9 m 高度垂直坠落在平整的混凝土地面上，对防护装置进行最为严格地测试(见图 4)。

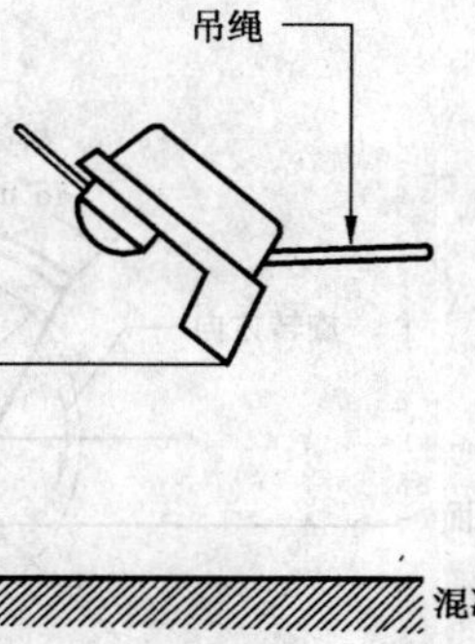

图 4 防护装置强度试验(见 9.1.1.3)

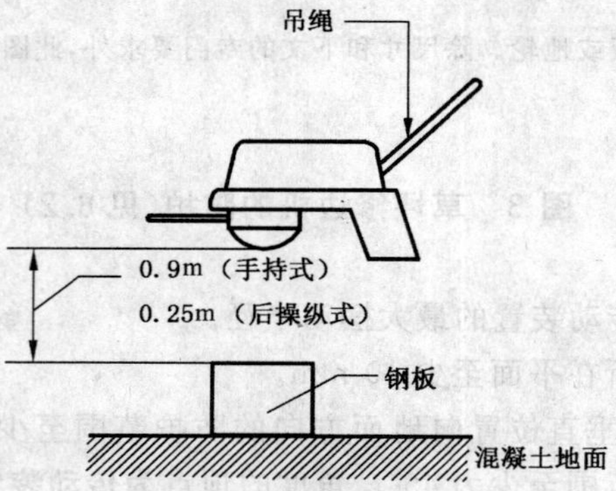

图 5 传动装置强度试验(见 9.2)

试验时,用于吊起机器的吊绳的长度应能使机器获得所需的定位。割断吊绳使机器沿正确的预定方向下落,测试防护装置。

试验后,防护装置不应脱开,不应出现明显裂纹,螺钉和卡环应保持紧固,并仍符合 8.1 或 8.2 的规定。

9.2 传动装置

按下列试验检查传动装置的机械强度。

坠落整机,使处于水平面的传动装置垂直下落一段距离后,落在一块带刚性支撑的水平钢板上。对手持式草坪修剪机和草坪修边机下落高度应为 0.9 m;对后操纵式草坪修剪机和草坪修边机下落高度应为 0.25 m(见图 5)。

试验时,用一定长度的吊绳将机器吊起并使机器获得所需的定位。割断吊绳使机器沿正确的预定方向下落,测试防护装置。

试验后,如果机器仍能操作,则立即继续如下试验:分别带和不带切割机构以最高速度开动机器 30 s,不应有零件松脱和产生明显的裂纹。

附 录 A
（规范性附录）
后操纵式和手持式草坪修剪机和草坪修边机安全说明

A.1 正确、安全操作和使用限制的说明可如下给出：

a) 仔细阅读说明书。熟悉设备的控制装置和正确使用方法。

b) 戴护目镜。

c) 严禁让儿童和不熟悉这些说明的人操作机器。

d) 在附近有人，特别有儿童或宠物时，严禁使用机器。

e) 只能在白天或有良好的人造光源时，才能使用机器。

f) 在防护装置或挡板损坏后或未安装到位时，严禁操作机器。

g) 小心起动发动机或电动机，起动时双手和双脚要远离切割机构。

h) 切忌安装金属切割部件。

i) 只能使用制造商推荐的备件和附件。

A.2 此外，对于仅按 8.1 规定加防护装置的草坪修剪机：

不能用于草坪修边。

A.3 此外，对于汽油机驱动的机器：

a) 警示：汽油为易燃品，应遵守下列事项：

1) 将汽油贮存在专门的容器内。

2) 只能在室外加油，且在加油或操作机器时严禁吸烟。

3) 确认使用了正确牌号的汽油或汽油/机油混合物。在开始工作前加油。在油箱盖未装好前严禁操作机器。在发动机运转或热机时严禁拧动油箱盖或加注燃油。

4) 如汽油溢出，严禁起动发动机，必须将机器移出污染区并避开火源，直至汽油蒸汽完全扩散。

b) 无论何时离开机器、加油前和调整切割部件时，都要将机器关停。

c) 在检查、清理和维护前都要将发动机关停。

d) 将机器存放在任何室内前都要将发动机冷却。

e) 在烟气可能触及明火或火星的建筑物内，严禁存放油箱中有汽油的机器。

f) 为减少火灾隐患，保持发动机和消音器无杂草、树叶和过多的油污。

g) 严禁改变发动机调速器的设置或使发动机超速运行。

h) 如安装了消音器和排烟火花抑止器，出现故障后应进行更换。

A.4 此外，对电动机驱动的机器：

有关说明和警示要求应符合 GB 4706.1 的规定。

ICS 65.060.70
B 90

中华人民共和国国家标准

GB 10395.14—2006

农林拖拉机和机械 安全技术要求 第14部分：动力粉碎机和切碎机

**Tractors and machinery for agriculture and forestry—
Technical means for ensuring safety—
Part 14：Powered Shredders and chippers**

(ISO 11448：1997，Powered Shredders and chippers—
Definitions，safety requirements and test procedures，MOD)

2006-07-19 发布　　　　2007-02-01 实施

中华人民共和国国家质量监督检验检疫总局
中国国家标准化管理委员会　发布

前　言

本部分的第 3 章为推荐性的，其余为强制性的。

GB 10395《农林拖拉机和机械　安全技术要求》分为以下几个部分：

——第 1 部分：总则；

——第 3 部分：拖拉机；

——第 5 部分：驱动式耕作机械；

——第 6 部分：植物保护机械；

——第 7 部分：联合收割机、饲料和棉花收获机；

——第 8 部分：排灌泵和泵机组；

——第 9 部分：播种、栽种和施肥机械；

——第 10 部分：手扶(微型)耕耘机；

——第 11 部分：动力草坪割草机；

——第 12 部分：便携式动力绿篱修剪机；

——第 13 部分：后操纵式和手持式动力草坪修剪机和草坪修边机；

——第 14 部分：动力粉碎机和切碎机；

——第 15 部分：配刚性切割装置的动力修边机。

本部分是 GB 10395《农林拖拉机和机械　安全技术要求》的第 14 部分，修改采用国际标准 ISO 11448：1997《动力粉碎机和切碎机　定义、安全要求和试验规程》(英文版)。

本部分根据 ISO 11448：1997 重新起草。

考虑到我国国情，在采用 ISO 11448：1997 时，进行了如下修改：

——引用了采用国际标准的我国标准，而非国际标准，但所引用的部分我国标准并非等同采用国际标准。

——删除国际标准 8.2.1 中引用的 ISO 5395：1990。

——删除国际标准的附录 E。

这些技术性差异已编入正文中并在它们所涉及条款的页边空白处用垂直单线标识。

为便于使用，本部分还对 ISO 11448：1997 作了下列编辑性修改：

——“本国际标准”改为“本部分”；

——用小数点“.”代替作为小数点的逗号“,”；

——删除 ISO 11448：1997 的前言。

本部分的附录 A、附录 B 和附录 C 为规范性附录，附录 D 为资料性附录。

本部分由中国机械工业联合会提出。

本部分由全国农业机械标准化技术委员会归口。

本部分起草单位：中国农业机械化科学研究院、呼和浩特畜牧机械研究所、山东省农业机械研究所。

本部分主要起草人：张咸胜、关朋、王建平、陈俊宝、王东岳。

农林拖拉机和机械　安全技术要求　第14部分:动力粉碎机和切碎机

1　范围

本部分规定了在固定状态下作业,主要用于加工树枝和木头等有机物料的手工喂入式动力粉碎机和切碎机,包括具有辅助真空收集装置的动力粉碎机和切碎机的术语及定义、安全要求和试验规程。本部分不适用于在距切割装置的相应安全距离下测得的喂料口尺寸大于400 mm×400 mm的粉碎机和切碎机。

本部分未规定由外部动力源驱动的粉碎机和切碎机以及播撒物料或给装载车装载的动力卸载型粉碎机和切碎机的要求。本部分不适用于机动喂入式粉碎机和切碎机,以及具有下列附件的粉碎机和切碎机,这些附件为:一个或多个非金属丝线的切割装置;固定在一般为圆形中央驱动装置上的一个或多个非金属丝线切割元件,这些切割元件借助于离心力进行切割,且每一个切割装置的动能小于10 J。

本部分不包括直流电压超过42 V或与主电源直接联接的动力粉碎机和切碎机电气方面的要求。

2　规范性引用文件

下列文件中的条款通过GB 10395的本部分的引用而成为本部分的条款。凡是注日期的引用文件,其随后所有的修改单(不包括勘误的内容)或修订版均不适用于本部分,然而,鼓励根据本部分达成协议的各方研究是否可使用这些文件的最新版本。凡是不注日期的引用文件,其最新版本适用于本部分。

GB/T 4269.1　农林拖拉机和机械、草坪和园艺动力机械　操作者操纵机构和其他显示装置用符号　第1部分:通用符号(GB/T 4269.1—2000,idt ISO 3767-1:1991)

GB/T 4269.3　农林拖拉机和机械、草坪和园艺动力机械　操作者操纵机构和其他显示装置用符号　第3部分:(idt ISO 3767-3:1995)

GB/T 4269.5　便携式林业机械　操作者控制符号和其他标记(GB/T 4269.5—2003,ISO 3767-5:1992,IDT)

GB 4706.1　家用和类似用途电器的安全　第1部分:通用要求(GB 4706.1—2005,IEC 60335-1:2001,IDT)

GB/T 9480　农林拖拉机和机械、草坪和园艺动力机械　使用说明书编写规则(GB/T 9480—2001,eqv ISO 3600:1996)

GB 10396　农林拖拉机和机械、草坪和园艺动力机械　安全标志和危险图形　总则(GB 10396—2006,ISO 11684:1995,MOD)

GB 12265.1　机械安全　防止上肢触及危险区的安全距离(GB 12265.1—1997,eqv EN 294:1992)

IEC 60335-2-93:2000　家用和类似用途的电器安全　动力粉碎机的特殊要求

3　术语和定义

下列术语和定义适用于GB 10395的本部分。

3.1

切碎机 chipper

有一个或多个切割装置，能将树枝和木头等有机物料切成碎片的固定式作业机械(见图1和图2)。

3.2

排料槽 discharge chute

排出被粉碎或切碎物料的排料口延伸通道。

3.3

排料区 discharge zone

从机器中排出的被粉碎或切碎物料的分布区域。

3.4

排气系统 exhaust system

将发动机废气从排气口输送至大气中的装置。

3.5

喂料口 feed intake opening

用于加入物料并喂入切割机构的开口。

3.6

防护装置 guard

防止操作者或附近人员受到伤害的部件。

3.7

排料导流器 material discharge deflector

给加工后的物料从机器中排出时导流的固定式或拆卸式部件。

3.8

发动机最高转速 maximum operating engine speed

切割装置接合时，发动机按制造厂技术规范和/或说明书进行调整能获得的最高转速。

3.9

正常操作 normal operation

机器合理预见的任何使用，这种使用包括如下活动：粉(切)碎有机物料、起动、停机、加油或与动力源连接或断开。

3.10

正常使用 normal use

正常操作，外加日常维护、保养、清理、运输、连接或拆除附件和根据制造厂说明书进行的常规调整。

3.11

动力源 power source

提供线性或回转运动机械能的发动机或电动机。

3.12

筛网 screen

栅格 grid

位于机器的切割装置和排料槽或排料口之间有助于将大块有机物料粉(切)碎成小块的多孔金属片或条组。

3.13

粉碎机 shredder

具有一个或多个切割装置，能将大块有机物料粉碎成小块的固定式作业机械(见图1和图2)。

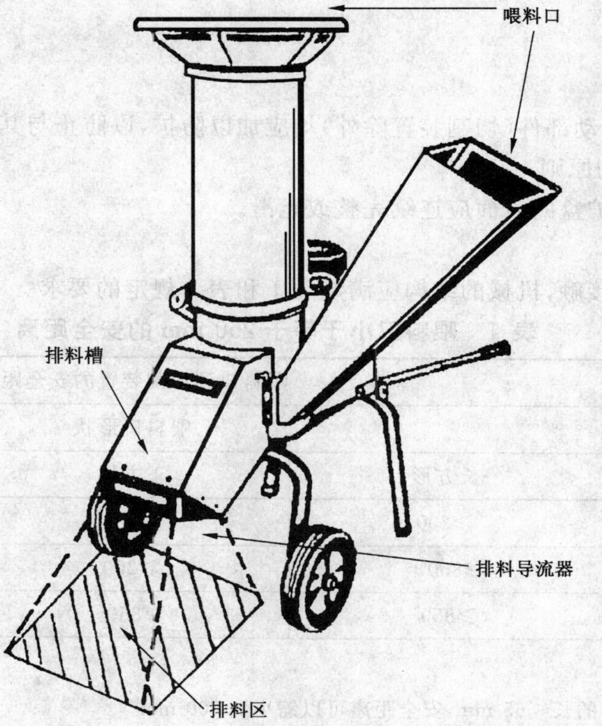

图 1　典型的粉碎机/切碎机示意图

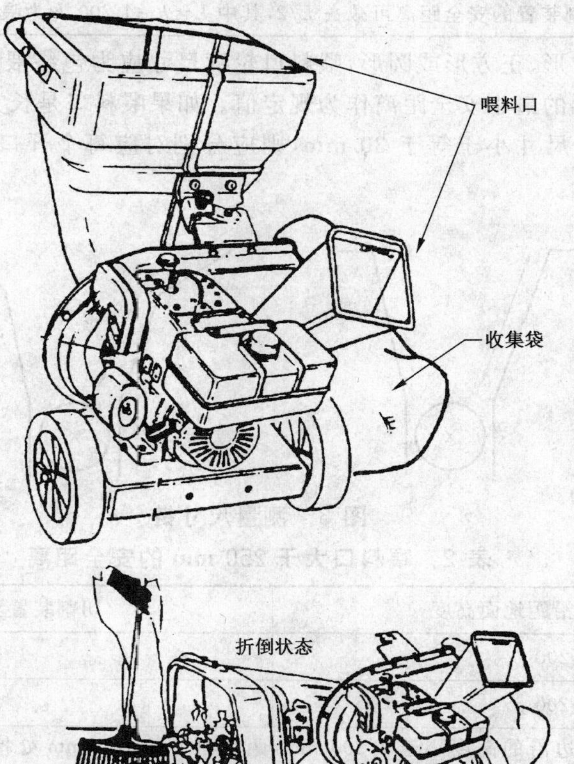

图 2　典型的粉碎机/切碎机示意图

4 一般结构

4.1 传动部件

正常操作时，所有传动部件(切割装置除外)均应加以防护，以防止与其接触。在研制防护系统时应遵循 GB 12265.1 规定的原则。

旋转的防护盖或防护盘的表面应连续完整或光滑。

4.2 喂料口和安全距离

为防止与切割装置接触，机械的结构应满足表 1 和表 2 规定的要求。

表 1 喂料口小于等于 250 mm 的安全距离 单位为毫米

喂料口尺寸[a]	喂料口到切割装置的安全距离		
	喂料口形状		
	长方形	正方形	圆形
≤40	≥200	≥200	≥120
>40～50	≥850[b,c]	≥200	≥200
>50～250	≥850[c]	≥850[c]	≥850[c]

a 在最窄两点处测量。

b 如果长方形喂料口的长≤65 mm，安全距离可以缩小到 200 mm。

c 如果挡板(杆)或喂料口本身最低外沿距地面高度≥1 200 mm，则测定的安全距离为从外沿测量的尺寸链(见图 3)。距地面高度<1 200 mm 的喂料口，安全距离为至喂料口平面的最短距离。如果喂料口距地面高度大于 1 200 mm，到切割装置的安全距离可减去 $L/2$，其中 $L=h-1\ 200$，h 为喂料口最低点距地面的高度。

如果喂料口不是长方形、正方形或圆形，喂料口轮廓尺寸应为包络喂料口的长方形、正方形或圆形的尺寸。对应该包络图形的最小安全距离作为规定值。如果喂料口是长方形、正方形和/或圆形的组合形状，且所形成的狭窄处尺寸小于等于 30 mm，则应分别对应每个开口形状确定喂料口尺寸和安全距离。

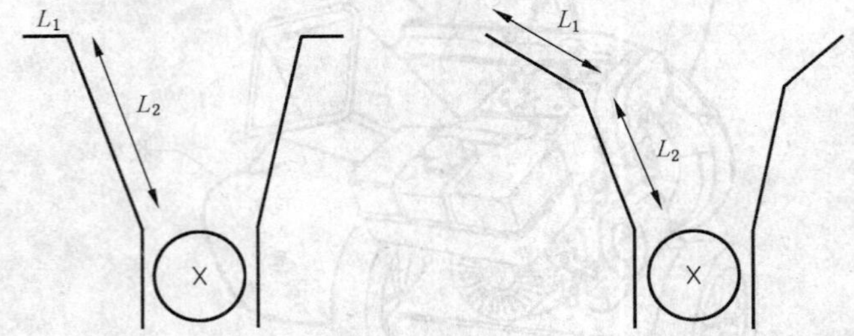

图 3 测量尺寸链

表 2 喂料口大于 250 mm 的安全距离 单位为毫米

喂料口最低边沿距地面高度	切割装置至喂料口边沿距离
≤1 200	≤1 200[a]
≥1 200	≥850[b]

a 如果喂料口的最低边沿的高度小于 1 200 mm，距切割装置 850 mm 处槽口的尺寸应限制在 400 mm×400 mm之内，且在任何方向上测量的喂料口的实际尺寸不应大于 1 000 mm(见图 4)。

b 如果挡板(杆)或喂料口本身最低外沿距地面高度≥1 200 mm，则测定的安全距离为从外沿测量的尺寸链(见图 3)。距地面高度<1 200 mm 的喂料口，安全距离为至喂料口平面的最短距离。如果喂料口距地面高度大于 1 200 mm，到切割装置的安全距离可减去 $L/2$，其中 $L=h-1\ 200$，h 为喂料口最低点距地面的高度。

单位为毫米

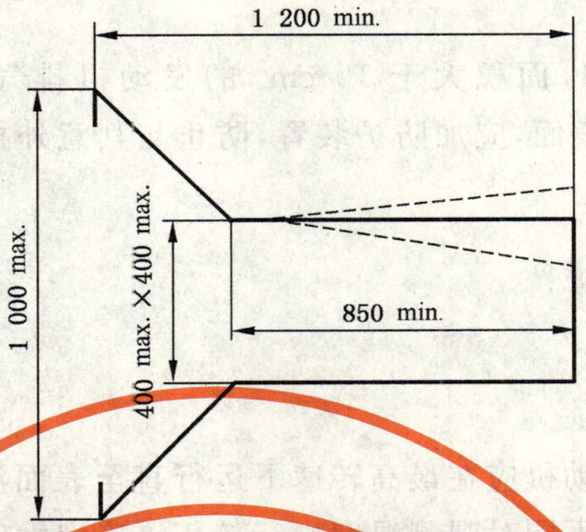

图 4　高度小于 1 200 mm、符合表 2 规定尺寸的示意图

4.3　排料口

设计的排料槽应避免直接通向和意外接触切割装置，排料槽外沿任何部分离地高度应不大于 350 mm。切割装置应至少比排料槽外沿最高处高出 3 mm，并且从排料槽边沿到危险点的最小距离为 230 mm(见图 5)。

单位为毫米

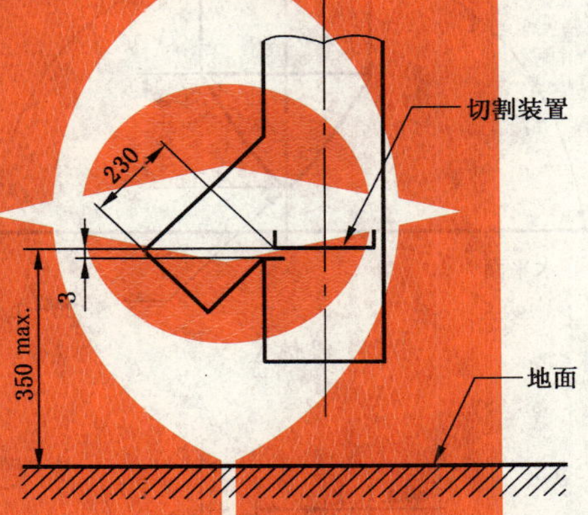

图 5　排料口距离要求

如果排料口边沿最高点离地高度大于 350 mm，且排料口小于 120 mm×120 mm，则安全距离应符合 GB 12265.1 的规定。

如果排料口边沿最高点离地高度大于 350 mm，且排料口大于等于 120 mm×120 mm，则安全距离至少为 850 mm，且排料口最大不应超过 250 mm×250 mm。

装有收集袋或收集器的排料口，当收集袋或收集器被拆下，排料口距离不符合上述要求时，则应装备使运动部件停止运动的联锁装置。切割装置裸露时发动机不应能起动。

4.4　防护装置的联接

允许进入切割装置的防护装置应为联锁型装置，以在进入切割装置前使运动部件停止运行。切割装置裸露时发动机不应能起动。其他防护装置应永久性的与机器联接，不使用工具无法拆卸，或者在机器的结构上使防护装置未安装到防护位置时机器不能使用。

机器应具有根据制造厂推荐对机器进行保养时防止意外触及危险部位的防护装置。制造厂使用说明书的保养要求中应有防护装置复位的要求。

如果设计的防护装置打开或移动后会面临危险，则防护装置上或危险附近位置应设安全标志。

如果设计的防护装置可兼作台阶，其应能承受 1 200 N 的力。

4.5 热防护

4.5.1 裸露部件的温度限值

在机器正常起动和运行期间，面积大于 10 cm^2 的发动机排气部件的裸露表面和环境温度在 20℃±3℃下温度大于 80℃的热表面，应加防护装置，防止与其意外接触。针对其作用，防护装置应作为发动机裸露排气部件的一部分。

4.5.2 试验设备和试验方法

4.5.2.1 试验设备

试验设备精度应为±4℃。

4.5.2.2 试验方法

试验应在遮阳篷内进行。发动机应在最高转速下运行直至表面温度稳定。在确定温度时，应根据规定环境温度和试验环境温度的不同对观测温度进行校正。确定发动机排气系统的热表面区，当确定的热表面区和最近的控制机构的距离大于 100 mm 时，使用锥体 A。当确定的热表面区和最近的控制机构的距离小于等于 100 mm 时，使用锥体 B，见图 6。

单位为毫米

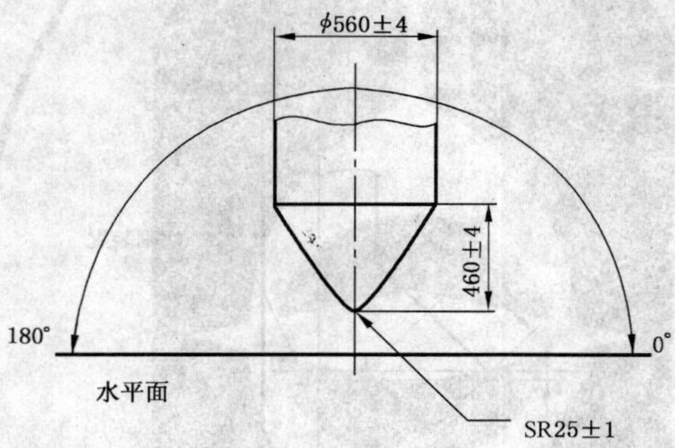

锥体A

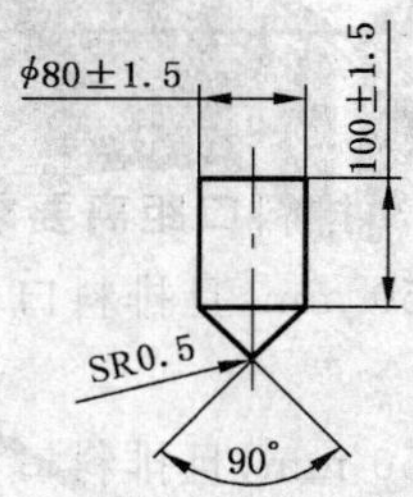

锥体B

图 6 试验锥体

对于锥体 A，移动锥体，锥体的轴线与水平面成 0°～180°间的任何角度，锥体锥鼻或锥尖相对水平方向向下朝向热表面，锥体不可向上移动。沿任何方向移动锥体 B，移动锥体时确定锥体锥尖或锥面是否接触热表面区域。

4.5.2.3 试验验收

锥体 A 或锥体 B 的锥尖或锥面不应能够接触到大于 10 cm^2 的排气系统的热表面。

4.6 控制机构

4.6.1 位置

停机、起动或速度控制装置不应设置在需要操作者在排料区或发动机排气口前面，方可进行操作的位置处。

4.6.2 发动机停机和起动

机器应具有发动机停机装置。停机装置不应依赖持续的人力来完成连续的操作。该装置应由人力有意识地操作才能使发动机重新起动，并应在起动位置上能够操作。

机器不应装备由松弛绳索起动的起动器。

利用摇把起动的机器在起动后摇把应能立即与轴脱开。

4.6.3 控制机构的标识

应使用耐久标签或标志明确标明控制机构的功能、操作方向和/或操作方法。

使用说明书中应给出所有控制机构浅显易懂且详细的操纵说明。

注：可以使用符合 GB/T 4269.1、GB/T 4269.3、GB/T 4269.5 规定的符号标识控制机构。

5 标志

5.1 机器识别标记

所有机器都应有包括下列信息的清晰耐久的识别标记：

——制造厂或供应商的名称；

——型号或型式；

——系列编号。

5.2 安全标志和符号

每台机器应在显著位置标注如下安全标志(危险图形)或适当符号：

——"危险：切割装置是旋转部件。机器运转时远离喂料口。"(应考虑根据机器特殊性调整警示用语)；

——"阅读使用说明书"；

——"戴护目镜"；

——"戴护耳罩"(需要时)；

——"戴护耳罩和护目镜"(需要时)；

——"切割装置的旋转方向"。

使用的符号应符合 GB/T 4269.1、GB/T 4269.3、GB/T 4269.5 的规定，安全标志(危险图形)应符合 GB10396 的规定。本部分不要求在机器上使用特殊的符号或危险图形，但应强调的是在设计适当的符号或危险图形时要符合惯例。附录 D 给出了粉碎机和切碎机上可使用的符号和安全标志(危险图形)示例。

使用的符号和安全标志(危险图形)应在使用说明书中解释。

5.3 标签

5.3.1 要求

给出识别标记、方向或安全信息的标签，在机器预定的工作环境下，应有适当长的寿命，并满足如下要求：

——标签应与基底耐久粘贴；

——标签应能经受各种环境条件，在正常清洗时不褪色、脱色、开裂或起泡，并保持清晰；

——给出安全信息的标志或标签应尽可能接近针对的危险部位，这种标签应采用机器所销售国家的官方语言。

5.3.2 耐久性试验

手持一块浸过水的湿布擦抹 15 s，再手持浸过汽油的布擦抹 15 s，测试标志和/或标签耐久性。

试验后标志仍应清晰可见，标签不应能被轻易移动，也不应出现卷边。

6 维护和操作要求

每台机器均应提供操作、保养和维护说明的使用说明书。使用说明书中应包括通常由操作者进行的有关操作的说明。

注：说明书格式见 GB/T 9480。

说明书应包括下列所需内容：

——如果提供的机器不是完全装配好的，说明书应给出正确装配的说明；

——机器正常调节的说明，包括旋转刀片危险的警示，例如："注意：不得接触旋转刀片"；

——安全和正确地操作机器的说明，应有下列所需各项：

- 断开储能装置的说明，如弹簧加载机构；
- 如必要，噪声声级及带护耳罩的警示；
- 该设备使用的所有符号和图形的解释；

——符合附录 C 的安全说明。

7 电气要求

7.1 一般规定

本部分规定的电气要求仅适用于电压 42 V 以下的蓄电池电路。对于与主电源直联的电动机器电气要求见 GB 4706.1 和 IEC 60335-2-93:2000。

7.2 低压蓄电池供电电路(不包括磁电机接地电路)

7.2.1 蓄电池的安装

通风蓄电池仓应有开孔，以便通风和排放。蓄电池在工作位置时，电解液不能渗漏到部件上，否则由于腐蚀的严重影响会使部件产生危险。

7.2.2 过载保护

除起动电动机和点火电路外，所有电路的开关接蓄电池一侧线路上应装过载保护装置。对于双线制电路和非接地系统，过载保护装置可以装在任一线路上。

7.2.3 极柱和未绝缘电气件

极柱和未绝缘电气件应加以保护，防止在正常保养、加注燃油和润滑时由油箱或工具造成短路。

7.2.4 电缆

与金属表面有潜在摩擦性接触的电缆应加以防护。

线束在可能的地方应系在一起，妥善支撑并固定，任何部位不能接近化油器、金属油管、排气系统、运动部件或锐边。可能与电缆接触的金属件的锐边应倒圆或加防护，防止由于切割或摩擦损害电缆。

8 试验规程

8.1 一般试验条件

机器应装配完整并置于水平表面。如有必要，每项试验均可以使用新机器。

试验应按规定顺序进行。

规定试验期间切割装置应运行的，应在发动机最高速下运转。当测定最高速转速时不应移动已封住的调节装置。

不应使用速度控制机构或使用普通工具进行调整，使发动机转速大于制造厂规定的最高速度。

在进行试验时，所有不使用工具可以拆卸的喂料口或排料口的防护装置应拆下，除非该防护装置为联锁型装置。

不使用工具就可拆卸的筛网或栅格应置于获得最差(或最不利)试验条件的位置(或拆下)。

机器应在制造厂使用说明书允许的最不利条件下进行试验。

8.2 抛掷物体试验

进行抛掷物体试验的目的是确定从喂料口和排料口是否有意外的抛掷物体抛出。下列试验不适用于切割装置转速≤50 r/min 的机器。

注意：该试验有一定风险因素。试验人员应远离试验区，或采取防止伤害的防护措施。

8.2.1 试验围靶和靶板的布置

用于抛掷物体试验的试验围靶构成一般应如图 7 和图 8 所示。

围靶由 8 块高 900 mm 的靶板组成，靶板应与试验装置的基座垂直并构成如图 7 所示的八边形。用 80 g/m² 的单层牛皮纸在 900 mm 高的靶板区之上围成 360°，高度至 2 000 mm 的附加区。在每块靶板上高度为 450 mm 处应画一条与基座平行的平行线。

试验装置基座和靶板的构成材料的规范应符合附录 A 和附录 B 的规定。

注：为便于撞击体的计数，至少有 1 个靶板的支架应设计成可向外和向里滑动。

如果先前试验撞击体在靶板上留下不能被边长 40 mm 的正方形胶质贴条遮盖的孔，则应更换靶板。任一区域上补缀的厚度应不超过 1 个胶质贴条的厚度。

通常，靶板应置于垂直于从机器排料口延伸 750^{+50}_{0} mm 的径向线上(见图 7)。如果靶板与机器、把手或轮子的任何部分相干涉，则应移动靶板使其刚好避免干涉。

单位为毫米

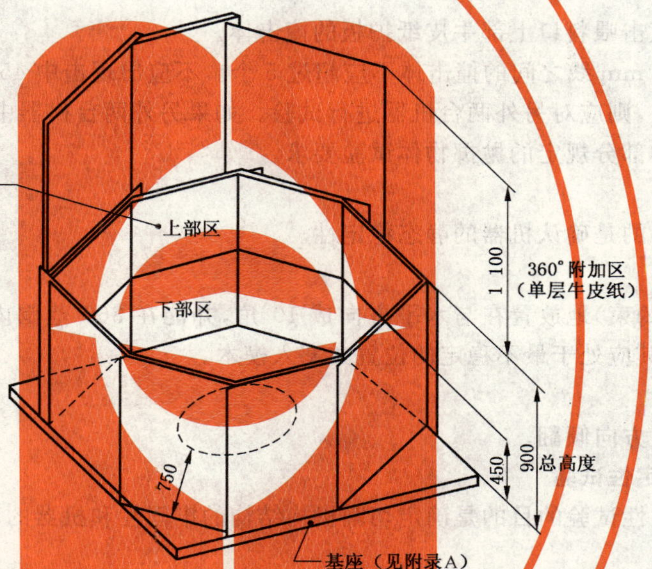

图 7　抛掷物体试验的总体布置图

固定在框架上单位面积质量为 80 g/m² 牛皮纸护板，应悬挂在喂料口 200 mm 之上并至少伸出喂料装置喂料口周边 200 mm。如果因机器的结构不能保证这些距离要求，则护板的布置应尽可能获得规定尺寸，见图 8。

单位为毫米

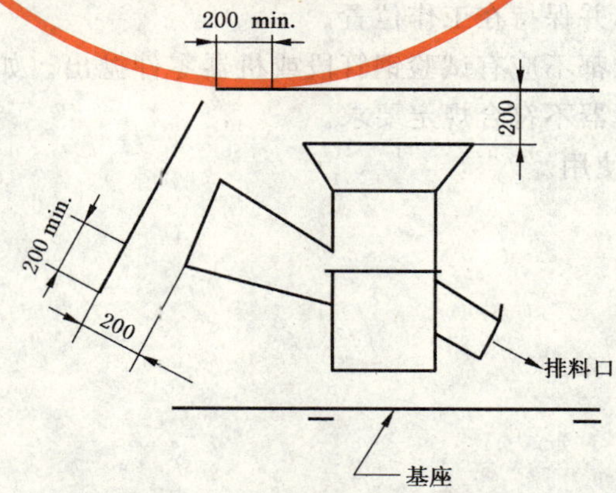

图 8　牛皮纸护板布置图

8.2.2 **试验设备**

机器应在 8.2.1 规定的试验围靶内进行试验，并应置于符合附录 A 规定的试验围靶基座上。

抛掷体应使用直径 20 mm±2 mm、长 50 mm 的圆柱形硬木钉。

8.2.3 **试验方法**

机器每个喂料口都应进行该项试验。

所有可移动式防护装置或挡板应调节至最大开口位置处(最坏条件下)。

每次试验，每个喂料口内放入 50 个抛掷体。对于有多个喂料口的机器，每个喂料口均应放入 50 个抛掷体。

在所有抛掷体放入喂料口后或所有抛掷体经机器加工并排出后，停机 10 min。

8.2.4 **试验结果**

确定是否有任何撞击体击中喂料口上部的牛皮纸和带牛皮纸的靶板。如果抛掷体或其任何部分完全通过靶板则记录为撞击体，检查靶板背面确定撞击体个数。

8.2.5 **试验验收**

机器不应出现撞击喂料口上部牛皮纸护板的撞击体。

击中基座至 450 mm 线之间的撞击体不应超过 5 个。不应出现击中 450 mm 线以上的撞击体。

如果试验不合格，则应对另外两台机器进行试验。如果另外两台机器中有一台试验不合格，则判定该型号机器不符合本部分规定的抛掷物体试验要求。

8.3 **稳定性试验**

稳定性试验的目的是确认机器的静态稳定性。

8.3.1 **试验方法**

将机器自由(无约束)地放置在与水平方向成 10°角，并能在 360°范围内回转的工作台上。如果脚轮不配备锁紧装置，其应处于最不稳定的位置并塞入楔木。

8.3.2 **试验验收**

机器不应向任何方向倾翻。

8.4 **撞击和动态稳定性试验**

撞击和动态稳定性试验的目的是确定切割机构结构的牢固性和机器的动态稳定性。

8.4.1 **试验方法**

将一根直径 30 mm、长 40 mm、壁厚 3 mm 的焊接或无缝低碳钢管插入处于未支撑状态的机器的喂料口，使回转部件突然停止运转。对于有多个喂料口的机器，每个喂料口都应用一根新的钢管进行试验。钢管可根据需要折弯以使其能与切割装置接触。

8.4.2 **试验验收**

如果机器在 15 s 内没有停止，试验应终止。

机器不应向任何方向倾翻，并保持在工作位置。

除排料口外，其他任何部位都不应有试验钢管段或机器零件抛出。如果应符合本部分规定的必要机器零件脱落或变形，则判定机器不符合规定要求。

不要求实验后的机器仍可使用。

附 录 A
（规范性附录）
试 验 围 靶

A.1 基座

8.2.1 规定的试验围靶的基座，下层为 19 mm 厚的胶合板，上层为边长 500 mm 的正方形椰物织品块，椰物织品用钉子钉在胶合板上，钉子的布置如图 A.1 和图 A.2 所示。

注 1：使用方形块，是为了在基底被磨损后，只置换被磨损部分而不必置换整个试验基座。

基座的最小尺寸应足够支撑图 7 所示的整个围靶区。

椰物织品厚大约 20 mm，底部嵌有重约 700 g/m² 的 PVC 膜。

注 2：在不影响试验结果的情况下，椰物织品表面可覆盖轻且柔软的塑料纸，以助于清理排出的木屑。

A.2 靶板的构成

附录 B 规定的用于穿透性试验的单个 900 mm 靶板（见图 A.2）应是下列中的 1 种：

——单张瓦楞纤维板；

——单张瓦楞纤维板靶板前面加贴单层牛皮纸；

——2 张重叠在一起的瓦楞纤维板。瓦楞纤维板结构可为 2～3 层，并有 1～2 个波纹。

单位为毫米

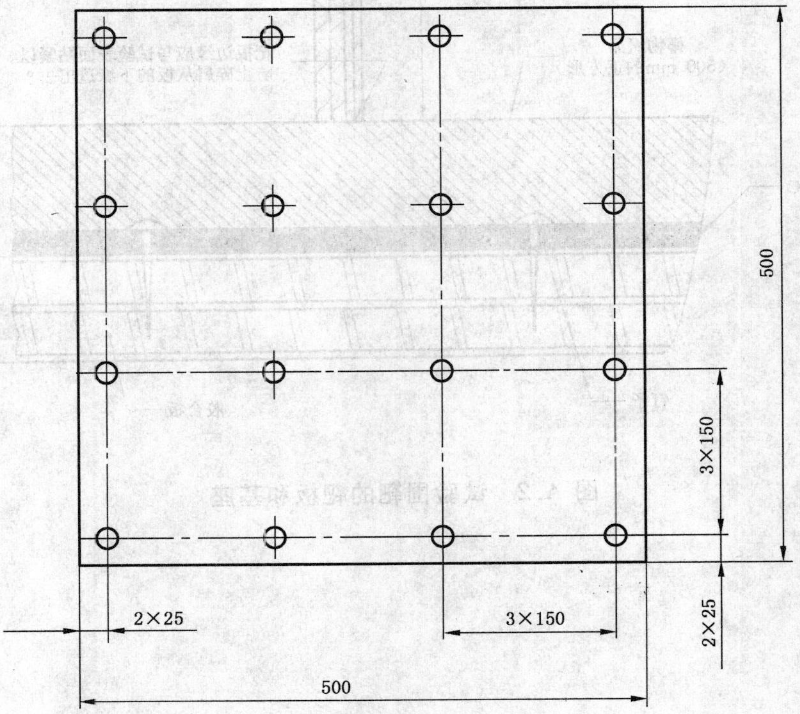

图 A.1 试验基座钉子的布置图

单位为毫米

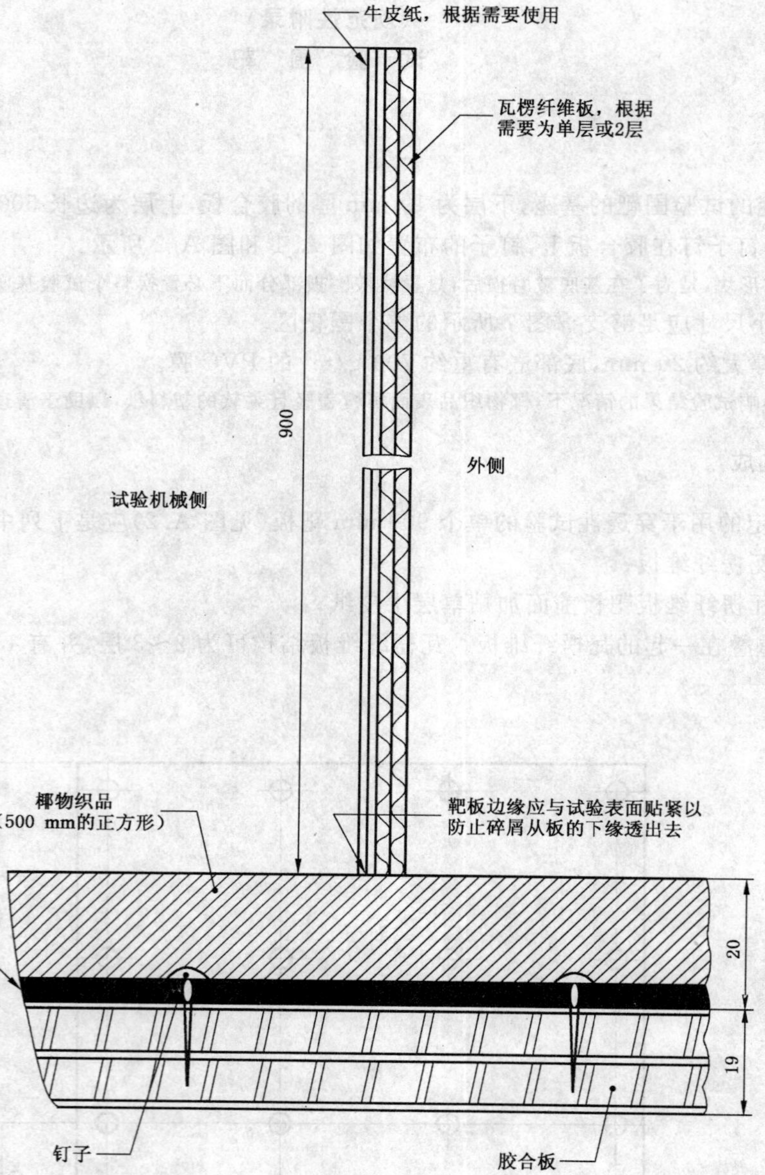

图 A.2　试验围靶的靶板和基座

附 录 B
（规范性附录）
用于试验靶板的瓦楞纤维板穿透性试验

B.1 目的

该试验的目的是为粉碎机和切碎机的抛掷物体试验提供选择均质靶板材料的方法。

B.2 试验装置

试验装置见图 B.1。

单位为毫米

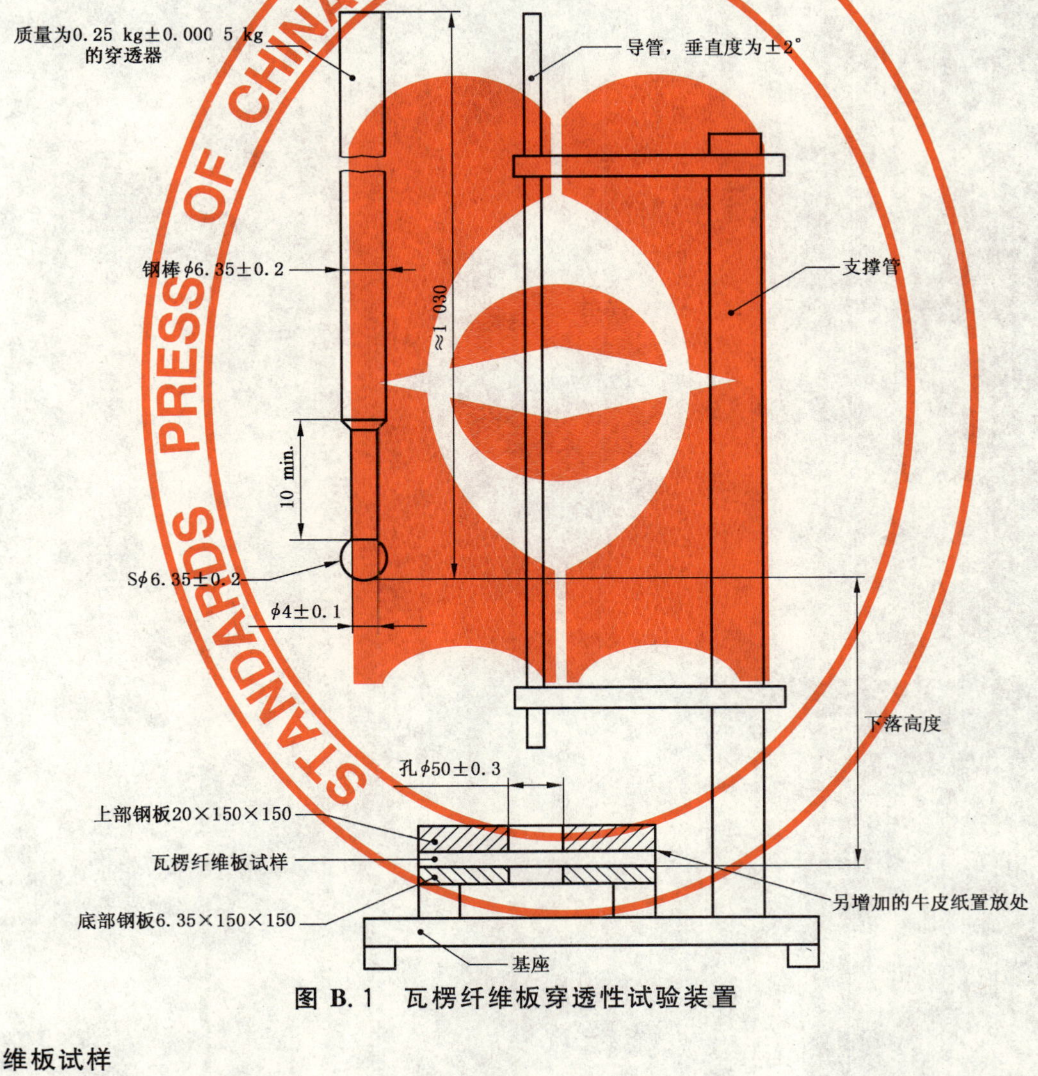

图 B.1 瓦楞纤维板穿透性试验装置

B.3 纤维板试样

瓦楞纤维板试样应为切成边长 150 mm 正方形块。

B.4 试验规程

在粉碎机和切碎机进行试验前、后都应立即对 5 块瓦楞纤维板试样进行试验，试验结果应符合 B.5

的要求。

将瓦楞纤维板试样置于底部平板的中心。在瓦楞纤维板试样边缘可用胶带或粘结剂固定。在瓦楞纤维板试样上面盖上平钢板，确认上、下两平钢板的中心孔已对齐，且瓦楞纤维板被上部钢板压平整。

将穿透器提升至图 B.1 所示高度后，使其下落到瓦楞纤维板试样上。

B.5 验收规范

下落高度为 300 mm 时，穿透器球端在 5 次下落中完全穿透试样的次数不应超过 2 次。

下落高度为 400 mm 时，穿透器球端在 5 次下落中完全穿透试样的次数至少为 4 次。

当下落高度为 300 mm 时，如果穿透器穿透瓦楞纤维板的次数超过规定的次数，则应在瓦楞纤维板靶板表面增加足够层数的牛皮纸以满足穿透性要求。

附 录 C
（规范性附录）
粉碎机和切碎机的安全说明

本附录列出的这些说明并非详尽无遗，每台机器都应提供包括下列适当内容的安全说明，对特殊类型的机器应提供改编的安全说明。

C.1 培训

a) 操作该机器前，仔细阅读使用说明书。
b) 严禁让儿童操作该机器。
c) 附近有旁观者时严禁操作该机器。
d) 在封闭空间内一氧化碳会非常危险！严禁在封闭空间内运行机器，因为发动机排出废气中含有无色、无味的一氧化碳气体。
e) 手或身体任何部位或衣服不得进入喂料槽、排料口或靠近任何运动部件。
f) 在检查或维修机器的任何部件前，切断电源，断开火花塞的导线，并确信所有运动部件已完全停止运行。

C.2 准备

a) 操作机器时要始终戴安全护目镜。
b) 避免穿宽松的衣服。
c) 在推荐的位置和坚实的平面操作机器。
d) 不可在碎石铺砌的地面上操作机器，否则排出物料会造成伤害。
e) 起动机器前，检查所有螺钉、螺母、螺栓和其他紧固件是否已恰当紧固，防护装置和筛网是否处于正确位置。更换已损坏或不清楚的安全标志和操作标签。
f) 燃油是易燃、易爆品，处置燃油时应特别小心。
   1) 仅能贮存在专门的容器内。
   2) 发动机运转中严禁打开燃油箱盖或加注燃油。加燃油前，须让发动机充分冷却。
   3) 严禁吸烟。
   4) 严禁在室内给机器加燃油。
   5) 严禁在有明火的地方存放机器或燃油容器，例如有热水加热器的地方。
   6) 如果燃油溢出，严禁起动发动机，在起动前应将机器移出溢有燃油的区域。
   7) 加油后盖上并拧紧燃油箱盖。

C.3 操作

a) 起动机器前，应确定机器喂料箱是空的。
b) 保持你的面部和身体远离喂料口。
c) 时刻保持平衡稳定站立。不要跨步过大，喂料时严禁站在比机器基面高的平面上。
d) 操作机器时始终与排料区保持安全距离。
e) 往机器中填加物料时，应特别注意物料中不要夹杂金属件、石块、瓶子、罐子或其他异物。
f) 如果切割机构碰到异物或机器起动时，产生不正常声响或振动，立刻关闭发动机，使机器停止工作。断开火花塞导线，并进行如下处理：
   1) 检查损坏情况。

2) 更换或修理任何已损坏的部件。

3) 检查并拧紧任何松动部件。

4) 除非你有资格，否则不得试图修理机器。

g) 不要让已加工的物料在排料区堆积，这会妨碍正常的排料，并能导致物料从喂料口反冲。

h) 如果机器堵塞，清理堵塞前，关闭发动机（或电动机）并断开火花塞导线（电动机无火花塞）。

i) 确保所有防护装置和导流器处于正常位置和良好工作状态。

j) 严禁调整机器的发动机调速器；调速器控制最高安全运转速度并保护发动机和所有运动部件不会因超速而损坏。如果存在问题请寻求权威部门维修。

k) 保持发动机无杂物和其他堆积物，以防止发动机损坏或可能的火灾。

l) 发动机运行时不得运输机器。

m) 无论何时离开工作位置均要关闭发动机。

C.4 维护和存放

a) 设备停止运转进行保养、检修或存放、或更换备件时，确信与火花塞连接的火花塞导线已断开。在进行任何检修、调整等工作前须让机器充分冷却。保养机器应小心并保持清洁。

b) 存放机器时，远离儿童和燃油蒸发气体可能触及明火或火星的地方。机器要长期存放时，应排空燃油箱。存放前一定要机器充分冷却。

C.5 配收集袋的机器的附加安全说明

a) 制造厂应提供在何时和如何将收集袋安装到机器上和从机器上卸下的说明。

b) 安装或卸下收集袋前必须关停机器。

附 录 D
（资料性附录）
安全标志和符号

图 D.1 给出的安全标志（危险图形）和符号示例可用于本部分规定的动力粉碎机和切碎机。

安全标志（危险图形）和符号的尺寸可以根据特定机器的结构进行调整。下列安全标志（危险图形）和符号并非详尽无遗。

a）警告：阅读使用说明书

b）发动机运行时严禁打开或拆下防护装置

c）与机器保持安全距离

d）带护耳罩

图 D.1 安全标志（危险图形）和符号示例

e）带护目镜

f）带护目镜和护耳罩

图 D.1（续）

ICS 65.060.70
B 90

中华人民共和国国家标准

GB 10395.15—2006

农林拖拉机和机械 安全技术要求 第15部分：配刚性切割装置的动力修边机

Tractors and machinery for agriculture and forestry—Technical means for ensuring safety—Part 15: Powered edgers with rigid cutting means

(ISO 11789:1999, Powered edgers with rigid cutting means—Definitions, safety requirements and test procedures, MOD)

2006-07-19 发布 2007-02-01 实施

中华人民共和国国家质量监督检验检疫总局
中国国家标准化管理委员会 发布

前　言

本部分的第3章、第9章、第10章为推荐性的，其余为强制性的。

GB 10395《农林拖拉机和机械　安全技术要求》分为以下几个部分：

——第1部分：总则；

——第3部分：拖拉机；

——第5部分：驱动式耕作机械；

——第6部分：植物保护机械；

——第7部分：联合收割机、饲料和棉花收获机；

——第8部分：排灌泵和泵机组；

——第9部分：播种、栽种和施肥机械；

——第10部分：手扶（微型）耕耘机；

——第11部分：动力草坪割草机；

——第12部分：便携式动力绿篱修剪机；

——第13部分：后操纵式和手持式动力草坪修剪机和草坪修边机；

——第14部分：动力粉碎机和切碎机；

——第15部分：配刚性切割装置的动力修边机。

本部分是GB 10395《农林拖拉机和机械　安全技术要求》的第15部分，修改采用国际标准ISO 11789：1999《带刚性切割装置的动力修边机　定义、安全要求和试验规程》（英文版）。

本部分根据ISO 11789：1999重新起草。

考虑到我国国情，在采用ISO 11789：1999时，进行了如下修改：

——引用了采用国际标准的我国标准，而非国际标准，但所引用的部分我国标准并非等同采用国际标准。

这些技术性差异已编入正文中并在它们所涉及的条款的页边空白处用垂直单线标识。

为便于使用，本部分还对ISO 11789：1999作了下列编辑性修改：

——“本国际标准”改为“本部分”；

——用小数点“.”代替作为小数点的逗号“,”；

——删除ISO 11789：1999的前言。

本部分的附录A为规范性附录，附录B为资料性附录。

本部分由中国机械工业联合会提出。

本部分由全国农业机械标准化技术委员会归口。

本部分起草单位：中国农业机械化科学研究院、呼和浩特畜牧机械研究所、洛阳拖拉机研究所。

本部分主要起草人：张咸胜、孔庆梅、王建平、尚项绳、关朋。

农林拖拉机和机械　安全技术要求
第15部分:配刚性切割装置的动力修边机

1　范围

本部分规定了刀尖回转圆直径不大于305 mm,刀尖回转圆平面与垂直方向夹角不大于15°,配刚性切割装置的后操纵式和便携手持式动力修边机的机械安全要求和试验方法。

本部分适用于刀尖回转圆直径不大于305 mm,配刚性切割装置的后操纵式和便携手持式动力修边机。

本部分还规定了噪声和振动的试验方法。

本部分不适用于切割装置为非金属柔线或自由定心式非金属切割器的修边机。

本部分也不适用于能够改变机器功能的附件或配件。

本部分未包括电动修边机的电气要求,电动修边机的电气要求应符合GB 4706.1的要求。

注:关于自走式机器的行驶控制要求,见ISO 5395。

2　规范性引用文件

下列文件中的条款通过GB 10395的本部分的引用而成为本部分的条款。凡是注日期的引用文件,其随后所有的修改单(不包括勘误的内容)或修订版均不适用于本部分,然而,鼓励根据本部分达成协议的各方研究是否可使用这些文件的最新版本。凡是不注日期的引用文件,其最新版本适用于本部分。

GB/T 4269.1　农林拖拉机和机械、草坪和园艺动力机械　操作者操纵机构和其他显示装置用符号　第1部分:通用符号(GB/T 4269.1—2000,idt ISO 3767-1:1991)

GB/T 4269.3　农林拖拉机和机械、草坪和园艺动力机械　操作者操纵机构和其他显示装置用符号　第3部分:草坪和园艺动力机械用符号(GB/T 4269.3—2000,idt ISO 3767-3:1991)

GB/T 4269.5　便携式林业机械　操作者控制符号和其他标记(GB/T 4269.5—2003,ISO 3767-5:1992,IDT)

GB 4706.1　家用和类似用途电器的安全　第1部分:通用要求(GB 4706.1—2005,IEC 60335-1:2001,IDT)

GB 10396　农林拖拉机和机械、草坪和园艺动力机械　安全标志和危险图形　总则(GB 10396—2006,ISO 11684:1995,MOD)

GB/T 13823.1　振动与冲击传感器的校准方法　第1部分:基本概念(GB/T 13823.1—2005,ISO 16063-1:1998,IDT)

GB/T 14412　机械振动与冲击　加速度计的机械安装(GB/T 14412—2005,ISO 5348:1998,IDT)

GB/T 17395　无缝钢管尺寸、外形、重量及允许偏差(GB/T 17395—1998,neq ISO 4200:1991)

GB/T 20341　农林拖拉机和自走式机械　操作者操纵机构　操纵力、位移量、操纵位置和方法(GB/T 20341—2006,ISO/TS 15077:2002,IDT)

ISO 3304:1985　平底无缝精密钢管　交货技术条件

ISO 3305:1985　平底焊接精密钢管　交货技术条件

ISO 3307:1985　平底焊接和定尺寸的精密钢管　交货技术条件

ISO 3789-3:1989　农林拖拉机和机械、草坪和园艺动力机械　驾驶员操纵装置的位置和操作方法　第3部分:草坪和园艺动力机械的操纵装置

ISO 5349:1986　机械振动　人体手传递振动的测量与评估指南

ISO 5395:1990　农林拖拉机和机械、草坪拖拉机、草坪和园艺拖拉机专用割草机、配割草装置的园艺拖拉机　定义、安全技术要求和试验规程

IEC 60651:1979　声级计

3　术语和定义

下列术语和定义适用于本部分。

注：不同型式的机器见图示，图1所示为后操纵式修边机，图2所示为手持式修边机。

3.1

刀片　blade

切割装置　cutting means

进行切割动作的修边机部件。

3.2

刀片定位器　blade retainer

将刀片固定在驱动部件上的部件。

3.3

刀片防护装置　blade guard

覆盖刀片弧形割刃部分的构件。

3.4

刀尖回转圆　blade-tip circle

切割装置绕其轴心旋转时，其割刃最外点形成的轨迹。

3.5

离合器　clutch

将传动机构与旋转动力源接合和分离的部件。

3.6

碎屑挡板　debris deflector

安装在机器上，由柔性材料制成的附加防护装置，其作为防护装置的延伸，防止抛出的碎屑抛向操作者。

3.7

切割深度　depth of cut

刀尖回转圆相对地表平面的垂直位置(见图9)。

3.8

修边机　edger

切割装置在与地平面接近垂直的平面内工作的草坪/土壤修整机器。

注：切割装置仅能在与垂直方向成±15°的角度范围内调整。

3.9

调速器　governor

限定发动机最高转速的装置。

3.10

导向把手　guiding handle

使操作者支撑机器最小比例重量的便携手持式机器的前把手(见图2)。

3.11

把手　handle

机器操作期间能使操作者把持并控制机器的构件。

3.12

手持 hand-held

用手支撑，也可辅以轮子或滑板。

3.13

最高发动机转速 maximum engine speed

发动机使用制造厂推荐的化油器，油门设置在全开位置时的转速或133%最大功率转速，取二者的较小值。

3.14

最高调节转速 maximum governed seed

发动机能够实现的最高转速，等于下列两者中的较大值：

——由调速器(3.9)或其他装置限定的转速值；

——制造厂声明的转速值。

3.15

正常操作 normal operation

普通使用者可合理预见的机器使用，这种使用包括如下活动：割草、起动、停机、加油或与动力源连接(或断开)。

3.16

操作者控制机构 operator control

需要操作者致动以执行特定功能的机构。

3.17

起动器 starter

使发动机转动以实现起动的装置。

3.18

支撑把手 support handle

使操作者支撑机器最大比例重量的便携手持式机器的把手。

3.19

油门 throttle

调节输送到内燃机燃烧室燃油和空气混合物容量的装置。

3.20

机器 unit，machine

完整的修边机。

3.21

后操纵 walk-behind

跟随在支地部件后面行走的操作者的常规控制方式。

4 一般结构

4.1 把手(手持式机器)

手持式修边机应配2个独立的把手，把手应：

a) 牢固定位，可调整导向把手除外；

b) 位于使刀尖回转圆最后点与导向把手最前点(按制造厂规定)之间水平距离(D)至少为450 mm的位置处，见图3。

4.2 动力传动部件

除和土壤接触的各部件和行走轮的各轴外，所有动力传动部件都应加以防护，防止正常操作时人与其接触。在研制防护系统时,应遵循 ISO 5395:1990 附录 A 规定的原则。

4.3 热防护

4.3.1 要求

在机器正常运行期间,面积大于 10 cm^2 的裸露发动机排气部件的热表面和在环境温度 20℃±3℃ 下温度大于 80℃的热表面,应加防护装置,防止与其意外接触。为满足该要求,防护装置可作为发动机裸露排气部件的一部分。

4.3.2 试验设备

试验设备精度应为±4℃。

4.3.3 试验方法

试验应在地面坚硬、平坦的遮阳篷内进行。发动机应在最高发动机转速或最高调节转速(无论哪个均合适)下运行直至表面温度稳定。在确定温度时,应根据规定环境温度和试验环境温度的不同对观测温度进行校正。确定发动机排气系统的热表面区,当确定的热表面区和最近的控制机构的距离大于 100 mm 时,使用图 4 中锥体 A。当确定的热表面区和最近的控制机构的距离小于等于 100 mm 时,使用图 4 中锥体 B。

使锥体的轴线与水平面成 0°～180°间的任何角度,锥体锥鼻或锥尖相对水平方向向下朝向热表面,移动锥体 A,锥体不可向上移动。移动锥体时确定锥体锥尖或锥面是否接触热表面区域。

沿任何方向移动锥体 B。

4.3.4 试验验收

锥体 A 或锥体 B 的锥尖或锥面不应接触到大于 10 cm^2 的排气系统的热表面。

4.4 排气防护

在正常操作期间,发动机排气不应直接朝向操作者。

4.5 防护装置的连接

4.2、4.3 和第 7 章规定的所有防护装置应永久性地与机器连接,只有使用工具才能拆卸,或者在机器的结构上使防护装置未安装到防护位置时机器不能使用。

4.6 电气要求

电动机器的电气要求见 GB 4706.1。

4.6.1 蓄电池电路

4.6.1.1、4.6.1.2、4.6.1.3 和 4.6.1.4 的要求仅适用于电压 42 V 以下的蓄电池电路。

4.6.1.1 电缆

位于与金属表面有潜在摩擦性接触位置处的电缆应加以防护。

线束在可能的地方应系在一起,妥善支撑并固定,任何部位不能接近化油器、金属油管、排气系统、运动部件或锐边。可能与电缆接触的金属件的边缘应倒圆或加防护,防止由于切割或摩擦损害电缆。

4.6.1.2 蓄电池的安装

通风蓄电池仓应有开孔,以便通风和排放。蓄电池在工作位置时,酸液不应渗漏到部件上,否则由于腐蚀的影响会使部件产生危险。

4.6.1.3 过载保护

除起动器电动机和高压点火电路外,所有其他电路接近蓄电池极柱处或起动器电缆的非接地线上应装过载保护装置。对于双线制电路,过载保护装置可以装在任一线路上。该规定不适用于能通过下列试验的蓄电池驱动的机器。

锁定电动机轴,防止其转动,将电动机接在充满电的整体式蓄电池上并保持此状态,直至蓄电池放完电或其中的任何部件出现故障。机器不应冒烟或有熔化的金属流出。机器内的爆炸应密闭,防止任何材料从机器内弹出。

4.6.1.4 极柱和未绝缘电器件

极柱和未绝缘电器件及双线非接地系统应加以防护，防止在正常加注燃油和润滑保养时由油箱或工具造成短路。

4.6.2 点火电路

4.6.2.1 电路应具有点火断路或短路保护装置，并应装在低压侧。

4.6.2.2 电路的所有高压部件，包括火花塞极柱，应进行电防护，防止操作者与其意外接触。

4.7 发动机(电动机)停机装置

机器应装有不依靠操作者施加的持续力进行操作即可使发动机完全停止运转的停机装置。停机装置应置于操作者带手套且双手握持机器时能够操作的位置。该装置的作用和操作方法应清晰耐久地标出。停机开关的颜色应与背景有明显的色差。

4.8 控制机构

操作者控制机构应符合 JB/T 6677.1 和 ISO 3789-3 规定的要求。

4.8.1 操作者持续控制机构要求

机器的把手上应装有当操作者手离开该把手时，刀片自动停止转动的装置。

注：对于后操纵式机器，可以通过停止驱动发动机(电动机)或中间刀片离合器制动装置实现。对于手持式机器，可以通过离心式离合器和在操作压力释放后会断开发动机传动机构的持续压力油门控制系统实现。

4.8.2 重新起动要求

要使刀片重新转动，该控制机构应需要 2 个独立的操作动作。如果这些动作由同一只手完成，则这些动作应截然不同，以防止意外起动。

4.9 控制机构的识别标记

除作用非常明确的控制机构外，应用耐久标签或标志明确标明控制机构的功能、操作方向和/或操作方法。

使用说明书中应给出所有控制机构浅显易懂且详细的操纵说明。

注：可以使用符合 GB/T 4269.1、GB/T 4269.3、GB/T 4269.5 规定的符号作控制机构的识别标记。

4.10 燃油箱

4.10.1 燃油箱加油口

燃油箱加油口应位于不受修边机部件妨碍加油的位置，按 4.10.1.1 描述的规程进行检验。对手持式修边机，燃油箱加油口直径应不小于 20 mm。

4.10.1.1 试验方法和验收规范

燃油箱加油口直径应使用测量装置进行检查。使用一长 100 mm、直径 20_{-1}^{0} mm 的试验探规检查加油口的可接近性。加油口中心应能与探规一端的中心对齐，且探规轴线和加油口中心线夹角在 15°以内。

5 标志

5.1 机器和刀片识别标记

所有机器都应有至少包括下列信息的清晰耐久标志：

——制造厂名称；

——型号或型式；

——系列编号。

每个刀片都应有能识别零件号、制造厂、进口商或供应商的标志。

5.2 安全标志和符号

每台机器都应有包括下列安全标志、危险图形或适当符号的永久性标志：

——警告；

——阅读使用说明书;
——戴护目镜;
——戴护耳罩(需要时);
——远离旁观者;
——修边机刀片旋转方向。

使用的符号应符合 GB/T 4269.1、GB/T 4269.3、GB/T 4269.5 的规定,安全标志和危险图形应符合 GB 10396 的规定。本部分未强制规定在机器上应使用的符号或危险图形,但应强调的是在设计适当的符号或危险图形时要符合国家标准的规定。

所有使用的符号和/或危险图形应在使用说明书中解释。

附录 B 给出了修边机上可使用的符号和危险图形示例。

5.3 标签要求

给出识别标记、方向和安全信息的标签,在机器预定的工作环境下,应有适当长的寿命,并满足如下要求:

a) 标签应与基底耐久粘贴;
b) 标签应能经受各种环境条件,在正常清洗时应不褪色、脱色、开裂或起泡,并应保持清晰;
c) 标签不应出现卷边,并且在溅上汽油或机油后仍应保持清晰。

给出安全信息的标志或标签应尽可能接近针对的危险,如果使用文字应采用机器所销售国家的官方语言。

5.3.1 试验方法

手持一块浸过水的湿布擦抹标志 15 s,再手持浸过燃油的布擦抹标志 15 s。

5.3.2 试验验收

试验后标志仍应清晰可见,标签不应能被轻易移动,也不应出现卷边。

6 安全说明

制造厂应随机器提供如附录 A 所列的相关说明。

7 机壳和防护装置(切割装置)

7.1 切割装置脚模型试探器试验

距离 D(如图 5 所示)小于 450 mm 的后操纵式机器应设置刀片防护装置,必要时机器的其他零部件可作防护装置。进行 7.1.1 描述的脚模型试探器试验时,修边机应置于平坦的水平面上,调整行走轮高度和刀片设定高度使机器处于最不利试验状态。

7.1.1 试验方法

图 6 所示脚模型试探器应沿任一角度在操作者侧插入,并沿与刀片所在平面平行的方向向前移动。试验期间脚模型试探器的底面应与支撑面保持平行。

7.1.2 试验验收

脚模型试探器不应接触到切割装置。

注:手持式机器不要求进行脚模型试探器试验,但应符合 4.1b)的规定。

7.2 抛掷物体防护

7.2.1 防护装置尺寸

当机器处于修边状态时应满足图 7 所示的防护范围(最低)要求,并满足 7.3 规定的要求。

当其他防护装置和/或机器构件具有该最低要求的等效防护效果时,则它们应被认为是符合该要求的构成部分。

7.2.2 防护装置强度

7.2.1 描述的切割装置的防护装置或防护措施，以及它们的固定装置应能经受 7.2.2.1 描述的球体撞击试验并满足 7.3 的要求。

7.2.2.1 试验方法

球体撞击试验应用表面光滑、直径为 50 mm、质量约为 0.45 kg 的钢球进行。如被试部件与水平面夹角不超过 45°，则应使球由静止垂直落下撞击此部件。否则，应用一定长度的绳索悬置钢球，使其从静止摆下撞击部件。两种情况下，球的垂直落差均为 1 300 mm。

7.2.2.2 试验验收

防护装置应承受 7.2.2.1 的试验，而不出现影响防护装置功能的开裂或变形。

7.2.3 碎屑挡板强度

当机器装有柔性材料制成的碎屑挡板时，应通过 7.2.3.1 规定的试验。

7.2.3.1 试验方法

在碎屑挡板的整个宽度上沿使挡板产生最大应力的方向施加 200 N 的力(对后操纵式修边机)或等于机器重量的力(对手持式修边机)并持续 10 s。

7.2.3.2 试验验收

试验后，碎屑挡板不应开裂或与修边机分离，或产生不符合本部分规定要求的永久变形。

7.3 抛掷物体防护试验

手持式修边机按 7.3.1 放置时应通过 7.3.3 规定的视线试验。

后操纵式修边机按 7.3.2 放置时应通过 7.3.3 规定的视线试验。

7.3.1 手持式修边机的试验状态

修边机应放置在平坦的平面上，如图 3 所示。握持长度起始位置上方 50 mm 处的后支撑把手轮廓较低点距离地面高度应为 775 mm±25 mm。

修边机切割深度应调至其总切割深度的 50%，如图 9 所示。

具有如图 8 所示操作者操作区截面的挡板应垂直置于试验平面上，且与切割装置后缘的后刀尖回转圆相距 850 mm。

操作者操作区截面中尺寸 x 是切割平面与通过支撑把手中心线且平行于切割平面的平面之间的距离。

7.3.2 后操纵式修边机的试验状态

修边机行走轮应放置在平坦的平面上，切割深度调整至 0。

具有如图 10 所示操作者操作区截面的挡板应垂直置于试验平面上，且与把手后部最后缘相距 330 mm。

7.3.3 试验方法和验收规范

在 7.3.1 和 7.3.2 确定的操作者操作区截面的操作者位置上的观察者视线不应与修边机刀片前导刃相交。小于等于 3 mm 的结构/装配间隙应忽略不计。

8 结构完整性

8.1 切割装置强度

处于修边状态的后操纵式修边机应通过 8.1.1、8.1.2 和 8.1.4 规定的撞击试验。

处于修边状态的手持式修边机应通过 8.1.1、8.1.3 和 8.1.4 规定的撞击试验。

注意：这些试验有一定风险因素。试验人员应远离试验区，或采取防止抛掷物伤害的防护措施。

8.1.1 试验设备

后操纵式修边机的撞击试验装置如图 11a) 所示。

手持式修边机的撞击试验装置如图 11b) 所示。

8.1.2 试验方法—后操纵式修边机

发动机应在最高发动机转速或最高调节转速(无论哪个均合适)下运行。

修边机应放置在已置于试验装置[图 11a)所示为一种试验装置示例]中的 30 mm×3 mm 焊接或无缝钢管上面或旁边。被试修边机刀片切割深度应调整至最接近 10 mm,其位置应使钢管插入旋转刀片轨迹时,刀片在刀尖回转圆内 10 mm~15 mm 处与钢管暴露部分撞击。每次试验都应用一根新钢管。

撞击后 1 s 内发动机应关闭。

当因修边机的结构使钢管不能在规定位置插入时,修边机应移动一必需的最小距离,以使钢管能够插入。

8.1.3 试验方法—手持式修边机

发动机应在最高发动机转速或最高调节转速(无论哪个均合适)下运行。

修边机应自由地悬挂在运行位置并能在如图 11b)所示的圆弧内摆动。切割元件应撞向被牢固支撑的直径 25 mm 的冷轧圆钢棒,如图 11b)所示。

应进行计算以使刀片与钢棒接触时,机器重心处于最低点。

撞击后 1 s 内发动机应关闭。

下落高度按下式计算:

$$h = \frac{(r_1/r_2)^2}{19.6}$$

式中:

h——下落高度,单位为米(m);

r_1 和 r_2——如图 11b)所示,单位为米(m)。

8.1.4 验收规范

机器安装的完整刀片、刀臂或刀盘不应脱落。刀片或刀片定位器的任何损坏或破裂都应判试验不合格。修剪装置(如果装有)断裂或刀片割刃碎裂不判试验不合格。

注:本试验不要求试验后的机器仍可使用。

9 噪声

如果需要测量声级,应按下列条款的规定进行试验。

9.1 试验值

噪声测定值应为 A 计权声压级,单位为分贝[dB(A)],测定时按 IEC 60651 规定,在"A"计权频率"慢"档下进行。

9.2 试验场地

9.2.1 自由场噪声的测量

试验场地应为平坦的开阔空间,地面自然覆盖物的高度应不超过 80 mm,距被试机器和传声器最小 30 m 范围内无任何较大的反射表面,如标志牌或建筑物。

在测量点由非被试验机器的其他声源产生的背景噪声(包括风的影响)应比被试机器的噪声至少低 10 dB(A)。

测量仅应在风速低于 5.4 m/s 的条件下进行。

9.2.2 声响室噪声的测量(选用方法)

只要消声室或半消声内的声级测量结果与自由场地声级测量结果相差不大于±1 dB(A),则可以使用消声室或半消声进行声级的测量;如果两种测量方法的结果差值超过±1 dB(A),声响室测量值和自由场地测量值之间的修正值应加到声响室测量值上作为结果 。

只要有足够数据证实某计算方法有效,超过消声室尺寸距离处的声级,可以通过消声室的测量数据计算获得。消声室地面允许覆盖人工草坪。

9.3 机器状态

9.3.1 试验条件

被试机器应配制造厂推荐的所有刀片，并由一名在操作位置的操作者操作。

发动机应按制造厂的规定进行全面调整并预热。

9.3.2 把手的调整

调整把手使机器设定为最小切割深度，并使机器处于如图12所示位置和握持状态。

9.4 测量装置

9.4.1 校准

在每个系列测量前后都应将精度至少为±0.5 dB(A)声校准计加到传声器上，在200 Hz～2 000 Hz范围内的一个或多个频率上对整个测量系统进行校准。

校准前测量设备温度应处于稳定状态。

9.4.2 发动机转速计

应使用发动机转速计检查发动机转速。

转速计精度为被测定值的±3%。

9.5 传声器位置(操作者耳旁)

9.5.1 传声器位置

传声器中心线应位于距操作者头部中心平面一侧(200±20)mm的位置处，见图12和图13。

传声器应垂直朝向地面。

注：传声器可装在操作者头盔上。

9.5.2 其他影响

除操作者和仪器观测读数人员外，在机器或传声器15 m以内仅应有1名其他人员，并且该人员应在仪器观测读数人员的正后面，处于通过传声器和观测读数人员的直线上。

9.6 试验规程

9.6.1 操作者耳旁噪声

在操作者每个耳旁应进行4次测量。4次测量值的差值应不大于3 dB(A)。如果差值超过3 dB(A)，应重新进行试验，直到4次连续试验测量值的差值在3 dB(A)以内。记录4次测量的每个结果和它们的算术平均数。

测量期间发动机转速变化量应保持在±200 r/min内。

9.6.2 运行状态

试验应在机器没进行修边，发动机输出轴转速为最高转速或最高调节速度(无论哪个均合适)±200 r/min下进行。

10 振动

如果需要测量振动级，应按下列条款的规定进行试验。

10.1 试验条件

被试机器应配制造厂推荐的所有刀片。

发动机应按制造厂的规定进行全面调整并预热。

10.2 试验规程

10.2.1 测量设备

10.2.1.1 校准

所有振动测量设备都应经过校准，每个试验序列前后都应立即进行校准。

10.2.1.2 频率响应

测量设备在8 Hz～1 500 Hz整个频率范围均应具有以加速度为单位的均衡响应(±2 dB)。在

31.5 Hz 参考频率下,误差范围应为±1 dB。测量值应按 IEC 60651 规定在“慢”档响应下读取。

10.2.1.3 传感器安装

如果使用传感器和机械滤波器,应牢固安装,例如使用粘接剂、螺栓或夹箍加以固定。在所有情况下,传感器的安装应符合制造厂说明书的规定。加速度计的安装应符合 GB/T 14412 的规定。

如果把手有软的弹性减振层,应取下或应在传感器安装处加一夹箍将减振层固实,或可使用一专用适配器。

如果机器装有弹性把手,试验报告中应说明采取的措施,例如:进行了固性夹持、将把手拆下或使用了适配器。

10.2.2 测量仪器

使用的测量仪器应符合 10.2.2.1~10.2.2.4 规定的要求。

10.2.2.1 加速度计

每个试验位置上的加速度计(包括安装支架,但不包括电缆)的质量应不超过 25 g。

每个加速度计都应符合 GB/T 14412 规定的要求。

横向轴线灵敏度应不大于被测量轴线灵敏度的 10%。

另外,在安装加速度计时应注意使所有三个方向的传递函数能平滑到 1 500 Hz。

10.2.2.2 放大器

使用的放大设备和幅值或电平指示仪应符合 GB/T 13823.1 规定的要求。

10.2.2.3 测量方法

作为直接测量的替代方法,可使用磁带记录仪、图形记录仪或指示计。

可以使用另一种测量技术,即具有适当的去假频滤波功能,在离散时间系列内记录连续测量值的采样网络技术。

只要符合 GB/T 13823.1 规定的要求,可使用单信号分析法对测量值进行处理。

10.2.2.4 转速计

应使用转速计测量发动机转速(r/min),转速计精度为被测值的±3%。

10.2.2.5 滤波器

用于计权每个轴上整个振动级的频率滤波器应符合图 14 的规定。

表 1 给出了 1/3 倍频程中心频率的计权因子。

滤波器计权频率符合表 1 规定的其他频谱技术也可以使用。

10.2.3 加速度计的安装与位置

加速度计应牢固安装,加速度计的重心距把手握持处外侧应小于 20 mm,加速度计安装位置应使操作者手位于正常操作位置。

加速度计的位置应尽量靠近手但不接触手。

应注意加速度计的尺寸、形状和安装,使加速度计的支架对振动向手的传递不应有显著影响。

传感器的最佳朝向如图 15 所示。

在如图 15 所示的直角坐标系方向上进行振动级的测量和记录。如果无法按该规程进行测量,加速度计相对于手在坐标系中的位置应在试验报告中说明。

10.3 机器操作

机器应调至制造厂推荐的最佳状态。

发动机转速应为非修边状态下,输出轴的最大转速。

机器应安装新刀片。

油箱应至少加入半箱燃油。

根据制造厂推荐,机器应在操作者直立姿态正常握持下运行。

10.4 测量

10.4.1 测量值

测量并处理3个互相垂直方向的加速值，得到每个把手的综合振动值，即计权加速度总和(WAS)。WAS用图解法表示，如图16所示；用数学法表示，WAS是每个轴的计权信号的均方根值(RMS)的总和。

WAS可利用按ISO 5349得到的1/3倍频程或1/1倍频程中心频率的计权因子计算得出。

另一种计算方法，当计权符合同一标准时，WAS可通过较高分辨率的FFT系统计算得出。

3个不同方向加速值可在不同时间测量。

10.4.2 结果

报告的测量结果应至少是5组值的算术平均值。

表1 1/3倍频程中心频率的计权因子

1/3倍频程中心频率/Hz	计权因子	计权值/dB
<8	0	—
8	1	0
10	1	0
12.5	1	0
16	1	0
20	8	−2
25	0.63	−4
31.5	0.5	−6
40	0.4	−8
50	0.315	−10
63	25	−12
80	0.2	−14
100	0.156	−16
125	0.125	−18
160	0.1	−20
200	0.078	−22
250	0.625	−24
315	0.05	−26
400	0.039	−28
500	0.031 25	−30
630	0.025	−32
800	0.02	−34
1 000	0.015 6	−36
>1 000	0	—

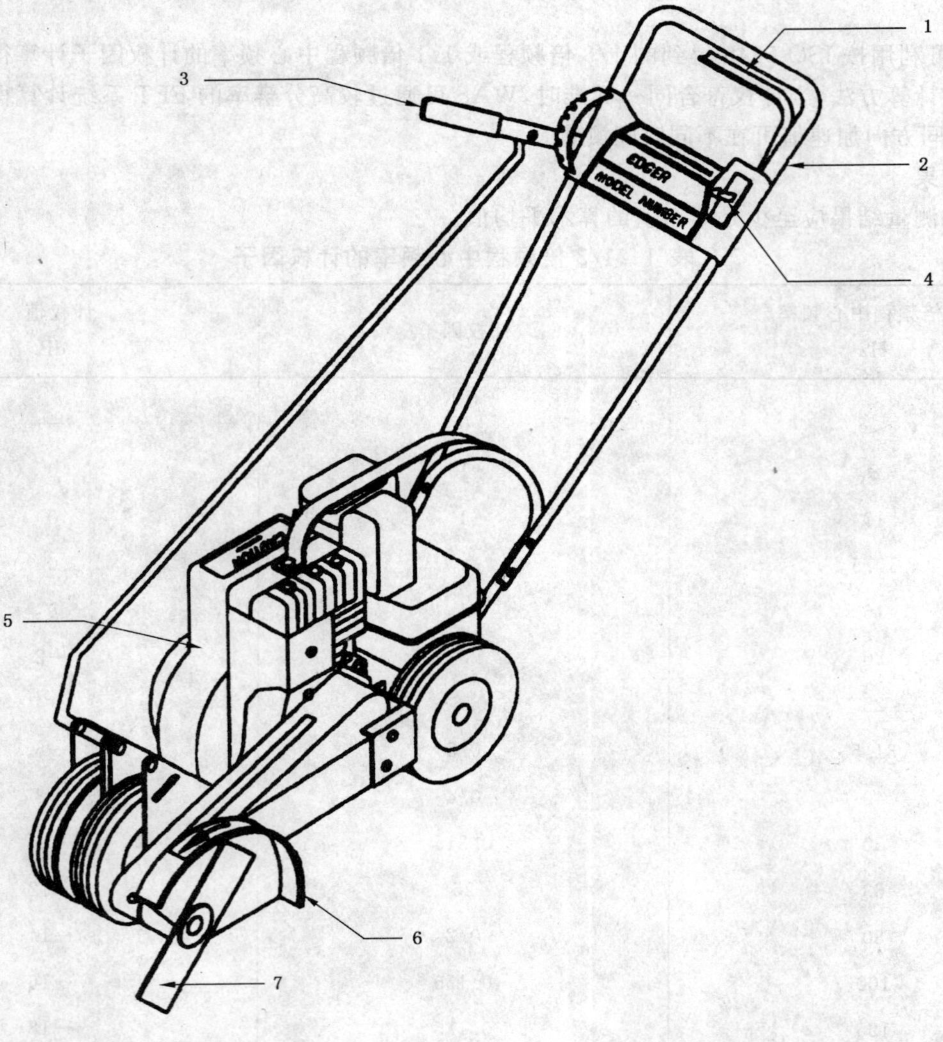

1——操作者持续控制机构；
2——把手；
3——切割深度调整装置；
4——油门控制机构；
5——发动机(电动机)；
6——防护装置；
7——切割装置。

图 1 后操纵式修边机术语示意图

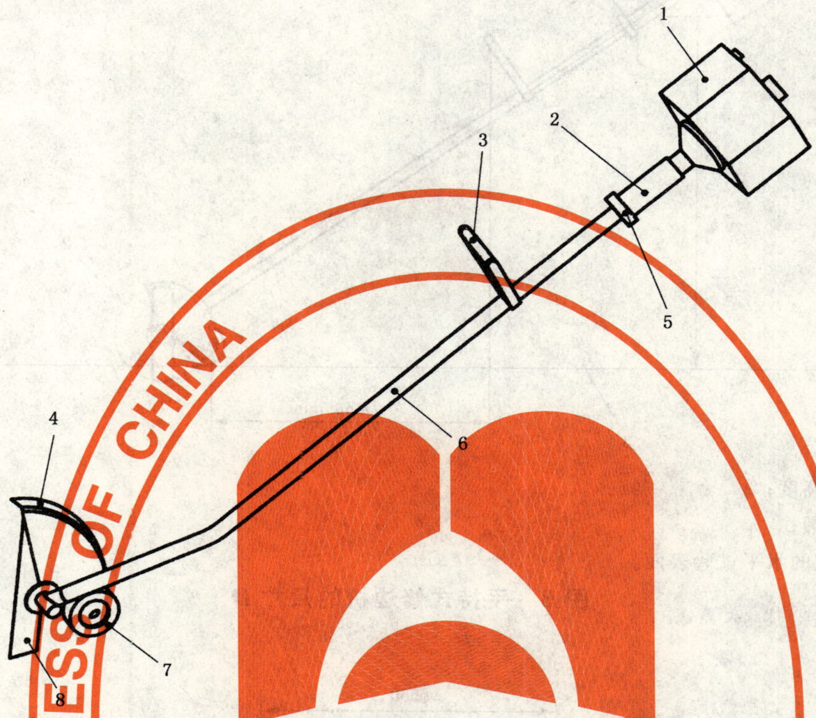

1——发动机(电动机);
2——支撑把手;
3——导向把手;
4——防护装置;
5——停机开关;
6——轴套;
7——支撑轮(深度轮);
8——切割装置。

图 2　手持式修边机术语示意图

单位为毫米

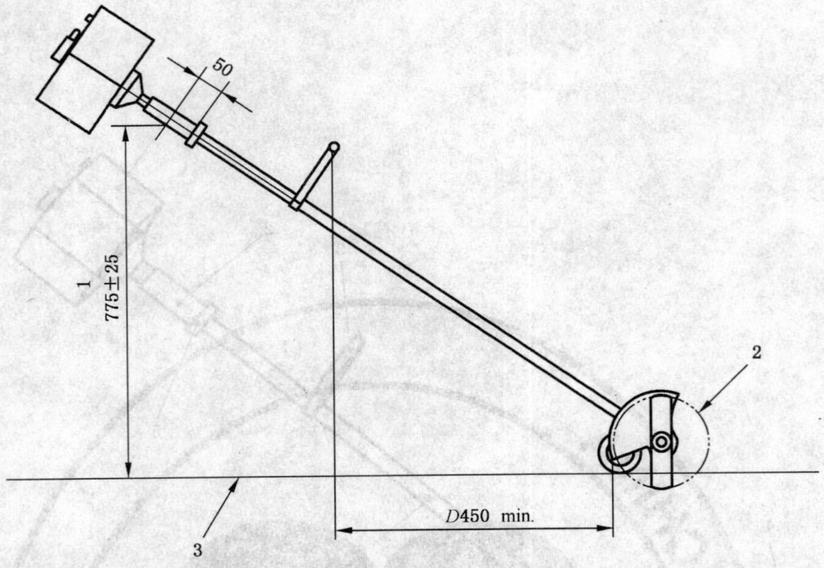

1——支撑把手高度；

2——刀尖回转圆；

3——坚硬、平坦的水平试验表面。

图 3 手持式修边机的尺寸 D

单位为毫米

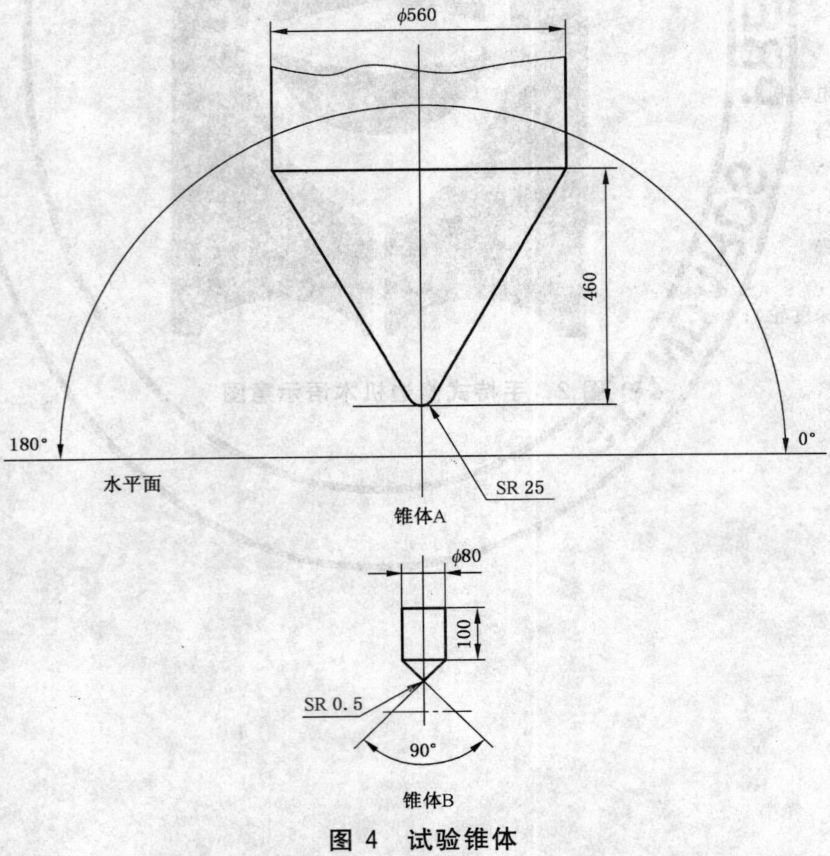

图 4 试验锥体

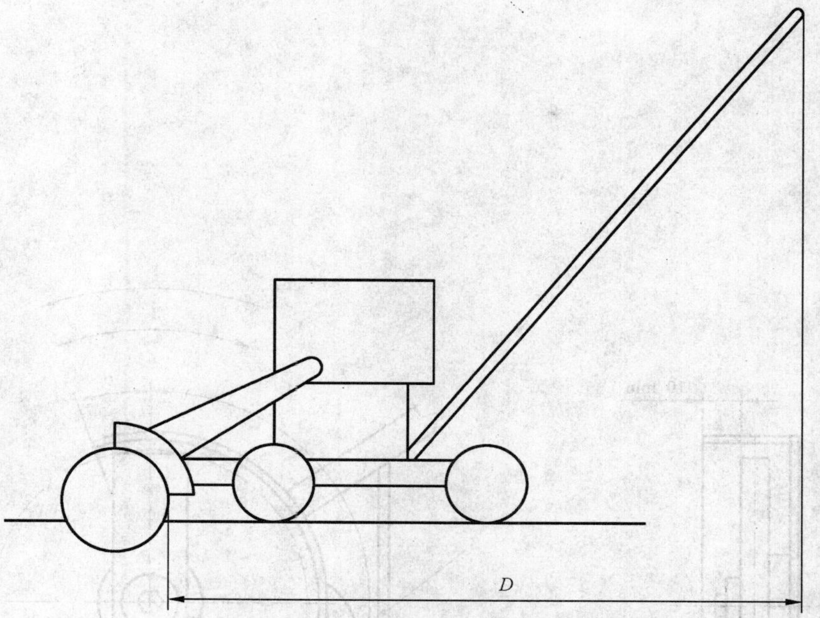

图 5 旋转的切割装置后部与在工作位置把手最前部间的距离

单位为毫米

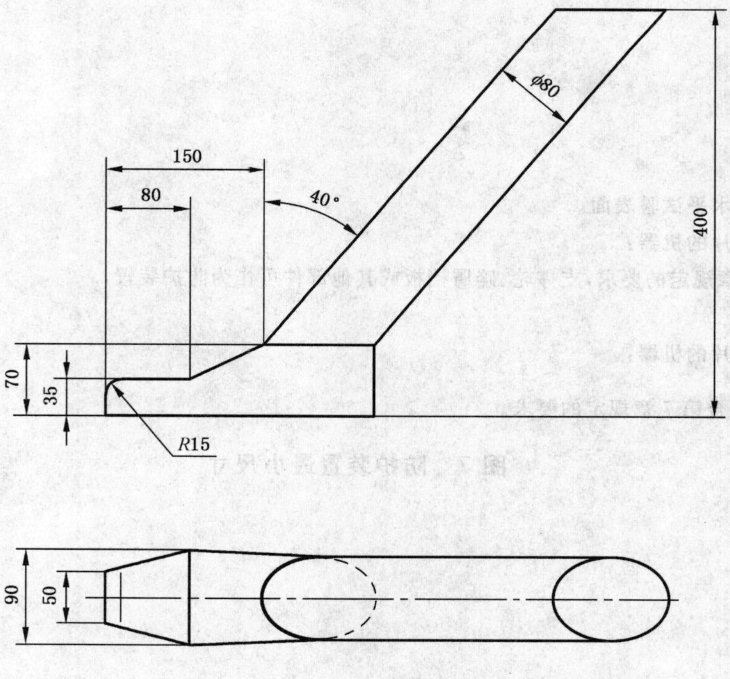

图 6 脚模型试探器

单位为毫米

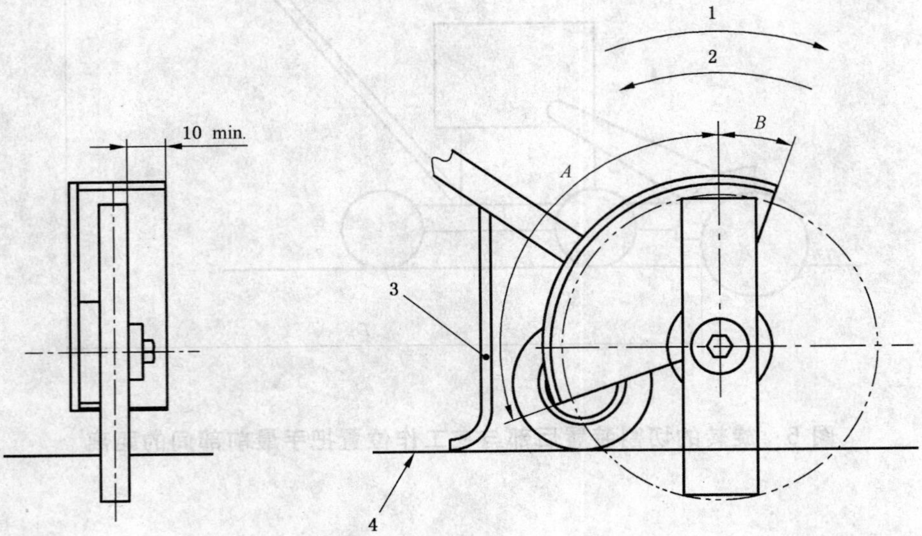

1——向前旋转；

2——向后旋转；

3——碎屑挡板；

4——坚硬、平坦的水平试验表面。

对于装向前旋转刀片的机器：

A——应符合第7章规定的要求，支撑轮、碎屑挡板或其他部件可作为防护装置；

B——≥0°。

对于装向后旋转刀片的机器：

A——≥0°
B——≥110° } 应符合第7章规定的要求。

图7　防护装置最小尺寸

单位为毫米

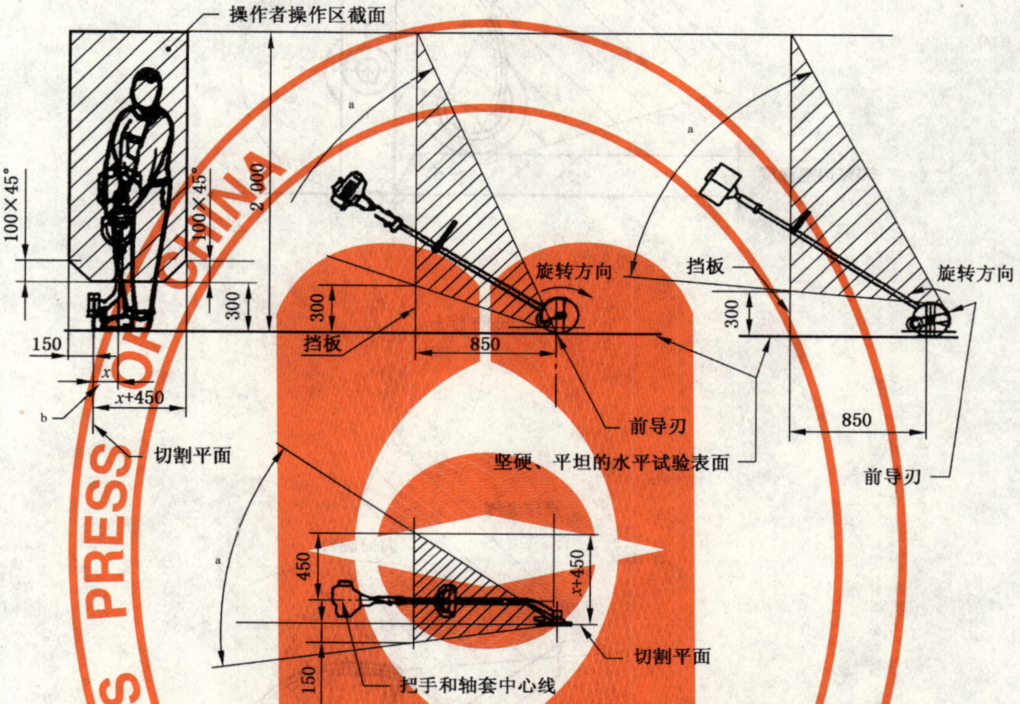

注：所示尺寸公差为±5 mm。

a 看不到刀片前导刃范围。

b x 因机器不同型号而异。

图 8　操作者抛掷物体防护试验

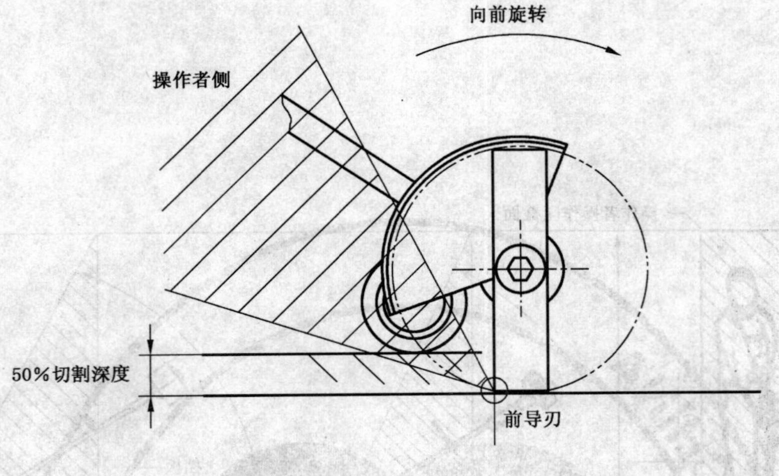

a） 刀片向前旋转

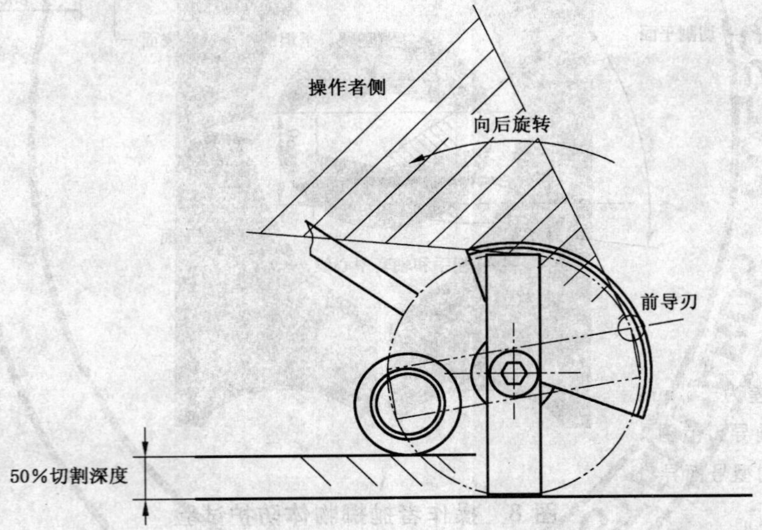

b） 刀片向后旋转

图 9 手持式修边机 50%切割深度

单位为毫米

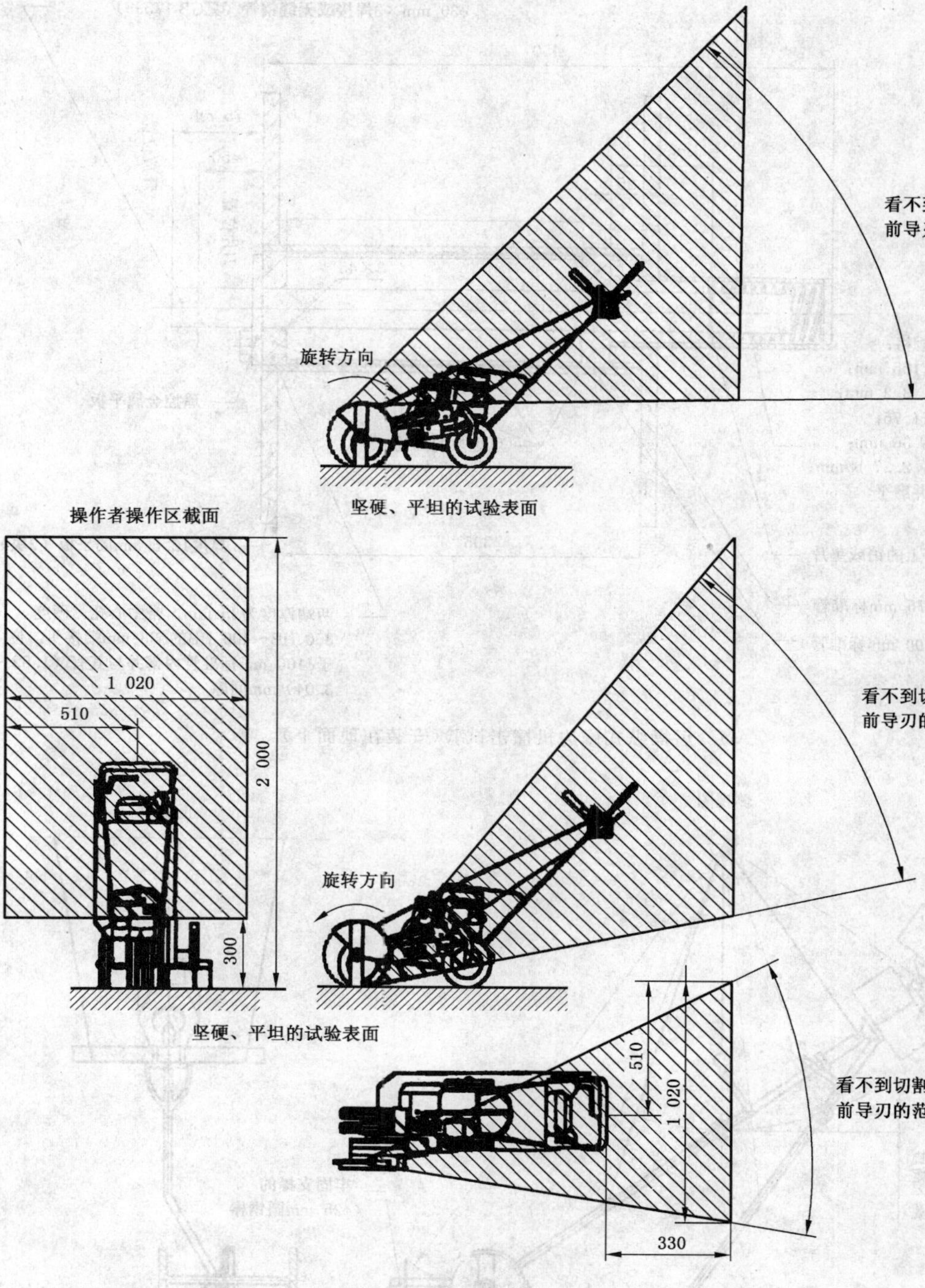

图 10　后操纵式修边机的操作者视线

单位为毫米

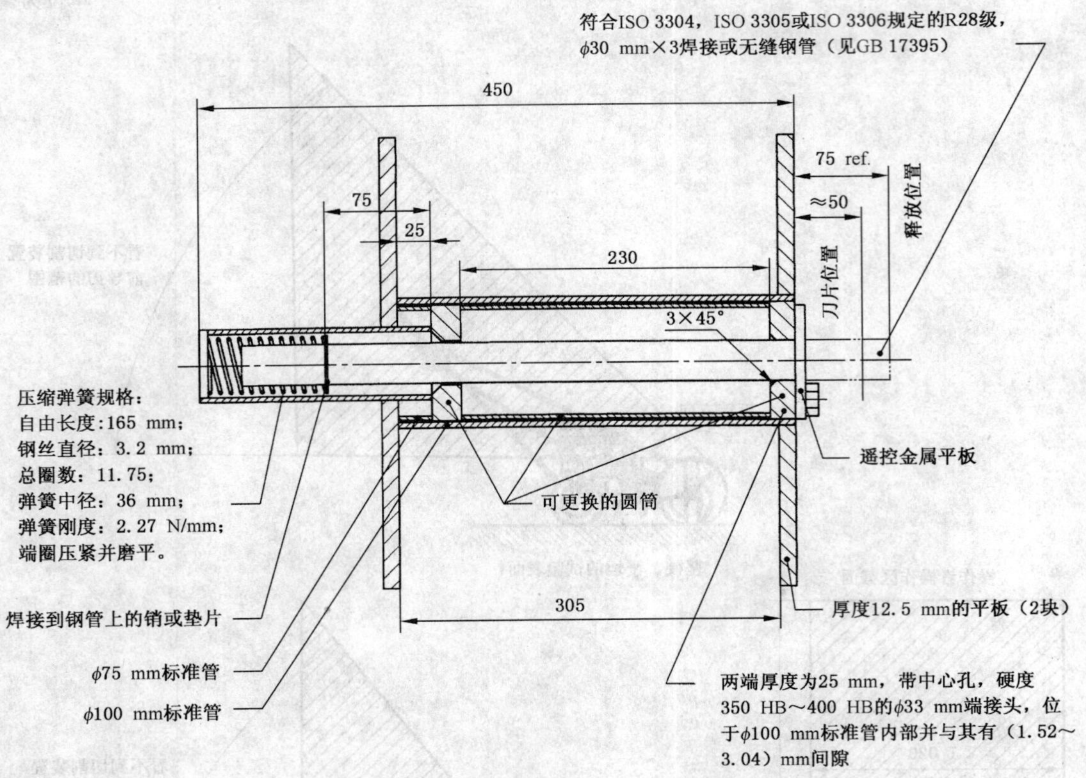

a） 后操纵式修边机撞击试验（安装在地面上）

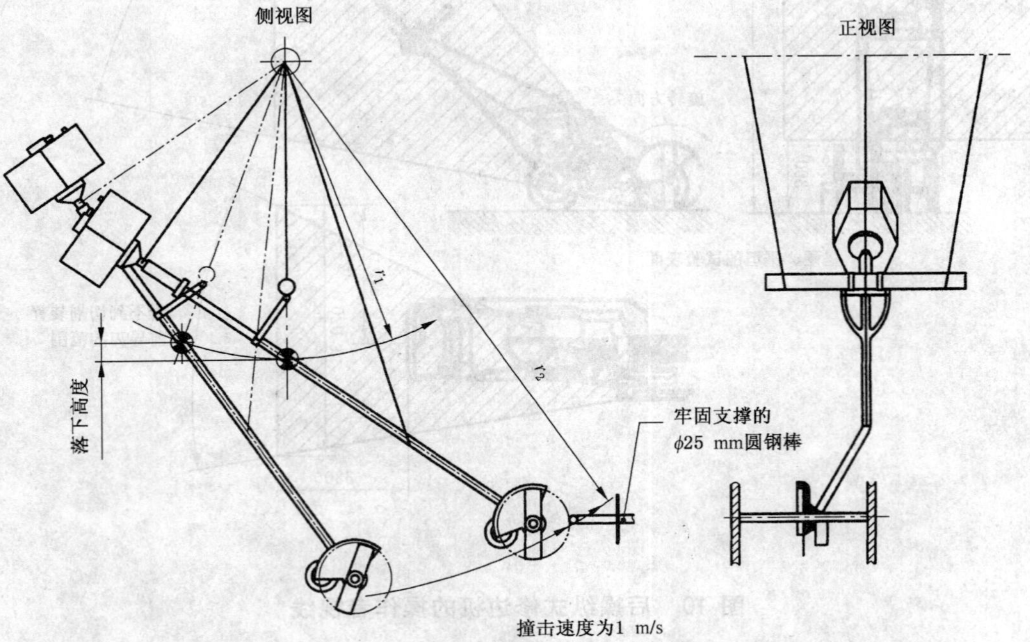

b） 手持式修边机撞击试验

图 11 撞击试验装置示意图

单位为毫米

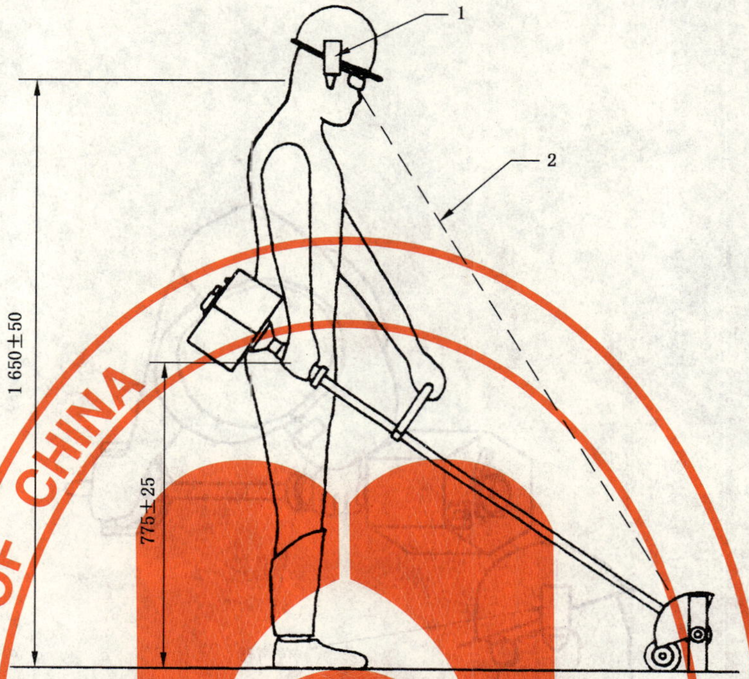

1——传声器；

2——操作者至刀片视线。

a） 手持式修边机

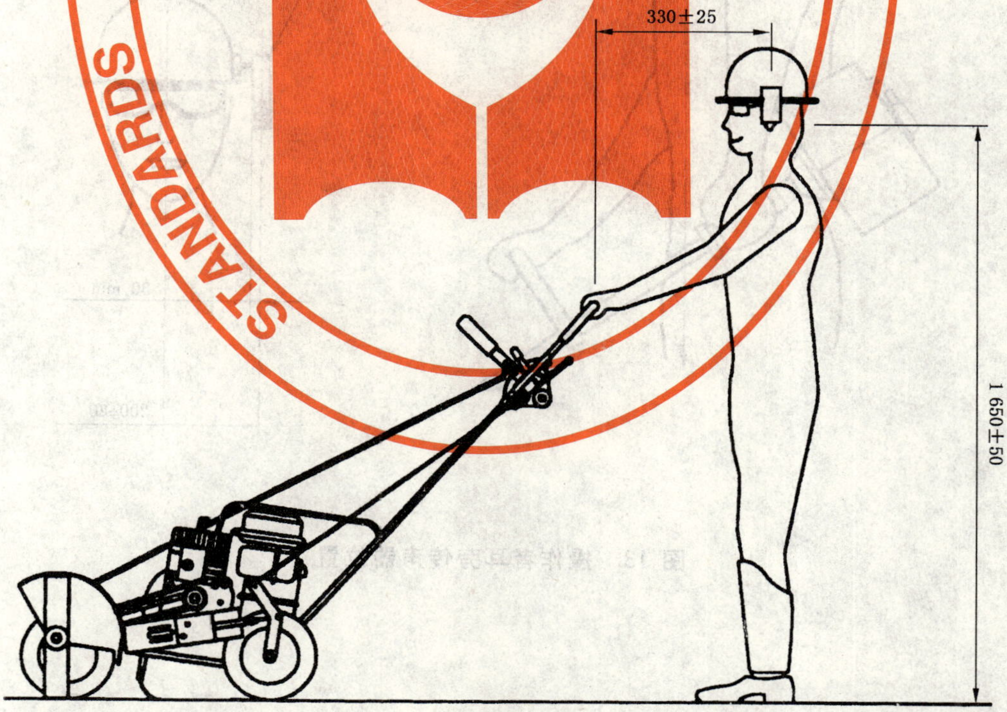

b） 后操纵式修边机

图 12 噪声试验机器状态

单位为毫米

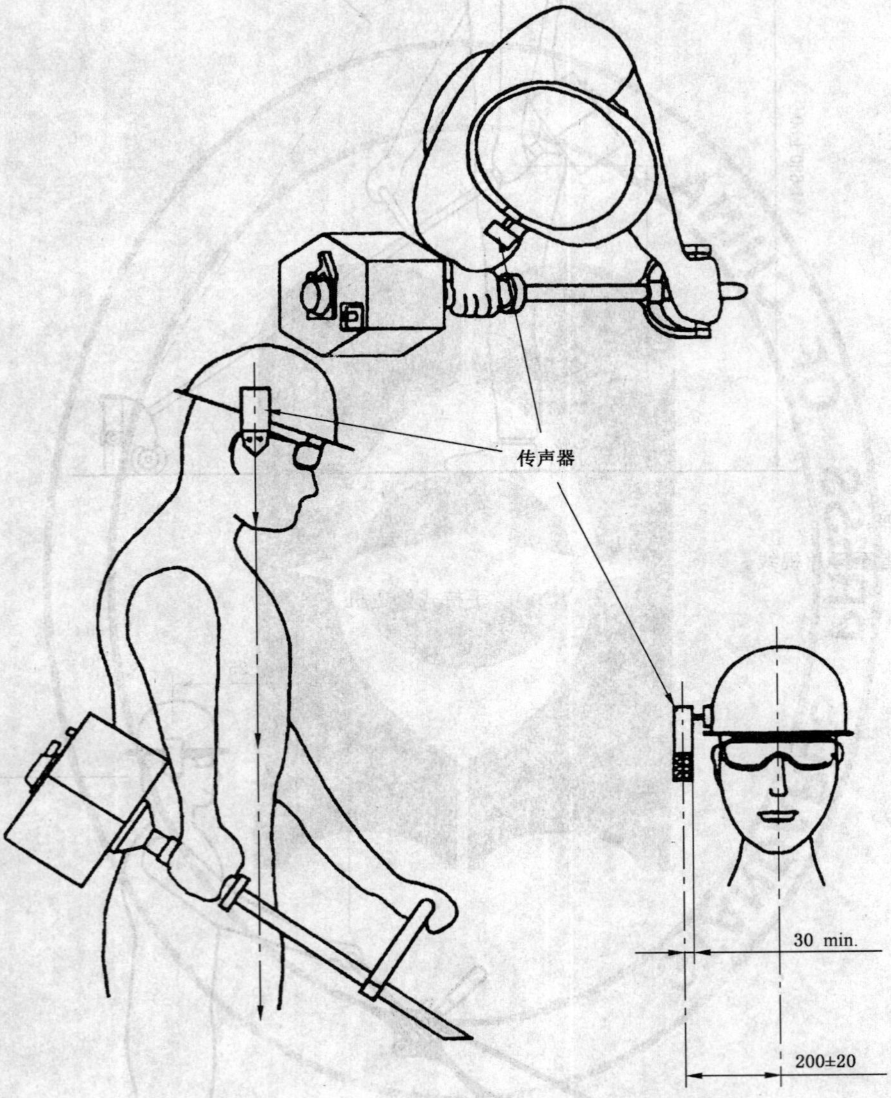

图 13 操作者耳旁传声器位置

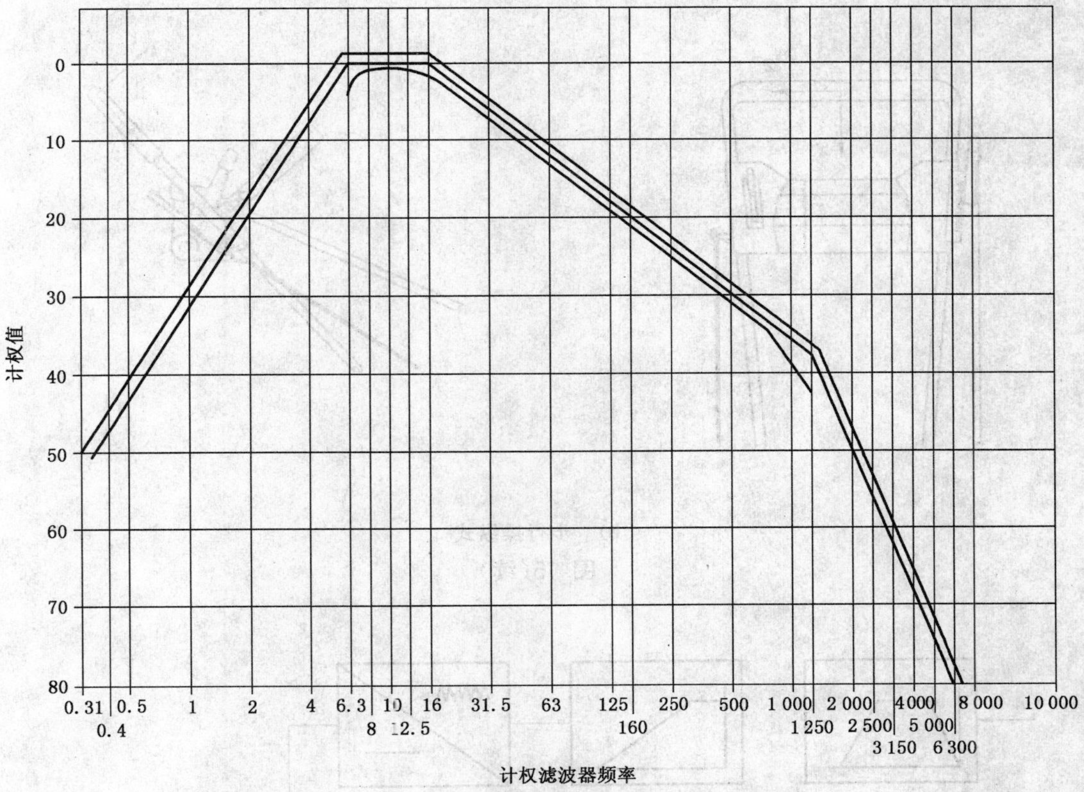

图 14 计权滤波器频率计权曲线

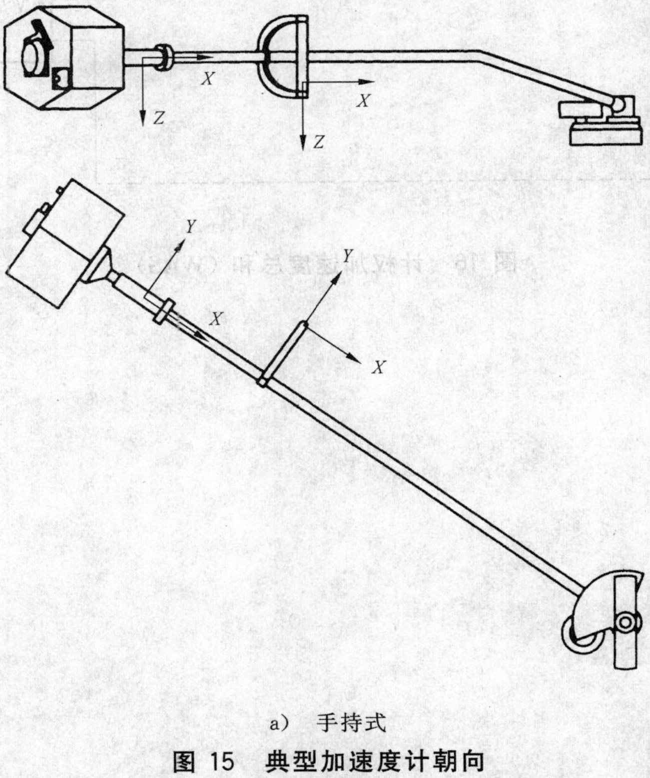

a) 手持式

图 15 典型加速度计朝向

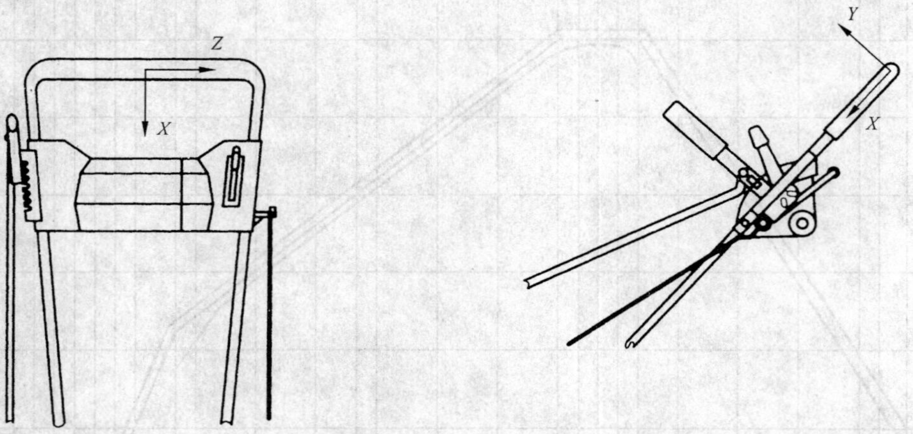

b) 步行操纵式

图 15(续)

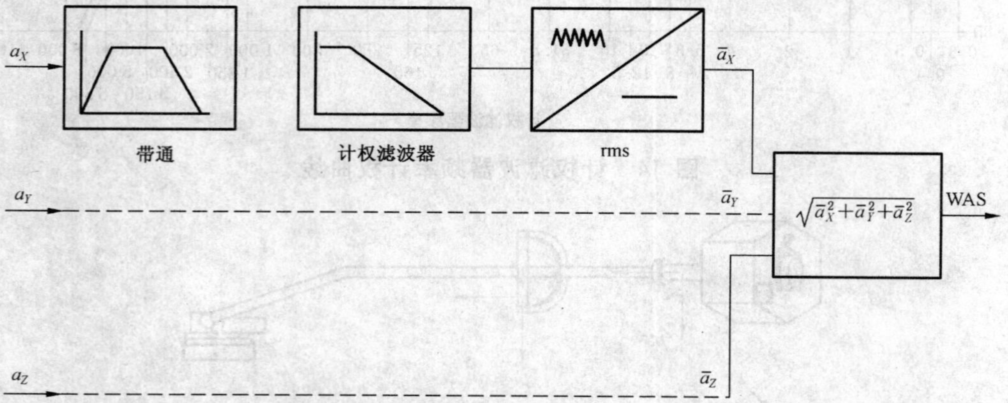

图 16 计权加速度总和（WAS）

附 录 A
（规范性附录）
修边机安全说明

本附录列出的这些说明并非详尽无遗，每台机器都应有该安全说明，对结构特殊的机器应提供改编的安全说明。

A.1 培训

a) 仔细阅读说明书，熟悉机器的所有控制机构和正确使用的方法。
b) 严禁让儿童或不熟悉安全使用说明的人使用修边机。当地法律可限定操作者的年龄。
c) 在附近有人，特别是有儿童或宠物时严禁使用修边机。
d) 切记操作者或使用者对他人或他人财产造成的意外事故或危险负有责任。

A.2 准备

a) 修边时，应始终戴护目镜和护耳罩，穿可靠的防护鞋和长裤。
b) 彻底检查要使用机器的地方，清除所有的石块、棍棒、金属物、骨头和其他杂物。
c) 警告：汽油高度易燃，应采取下列预防措施：
   1) 将燃油存储在专门设计的容器内。
   2) 只能在室外加注燃油，加油时禁止吸烟。
   3) 在发动机起动前加油。在发动机运转或热机时，严禁拧动燃油箱盖或加注燃油。
   4) 避免燃油溢出：如果燃油溢出，严禁起动发动机，必须将机器移离溢出区并避开任何火源，直至燃油蒸汽完全扩散。
   5) 拧紧所有的燃油箱盖和容器盖。
d) 更换有故障的消声器。
e) 每次使用前都应目测检查刀片、刀片固定螺栓和切割器总成是否磨损或损坏。成组更换已磨损或损坏的刀片和螺栓，以保证平衡。
f) 仅能使用制造厂推荐的备件和附件。

A.3 操作

a) 发动机严禁在封闭的空间中运行，这样会使一氧化碳气体聚集而产生危险。吸入废气会窒息。
b) 只有在白天或良好人造光源下，才能使用机器。
c) 坡地作业时，应始终注意你的立足处。
d) 只能走着作业，严禁跑着作业。
e) 当修边机倒退或被拉向你时应特别注意安全。
f) 在修边机穿越非草地和移进移出修边区域的运输过程中，切记刀片必须停止运行。
g) 修边机出现故障、安装的防护装置遗失或未安装到位时，严禁操作修边机。
h) 严禁改变发动机调速器的设置或使发动机超速运转。
i) 按说明书规定小心起动发动机或接通电动机电源，同时双脚应远离刀片。
j) 在起动发动机或接通电动机时，机器不得倾斜，除非修边机必须倾斜才能起动，在这种情况下，倾斜量绝对不能超过必需量，并且只能提起远离操作者的部分。
k) 有旁观者站在刀片前面时，不要起动发动机。
l) 严禁将手或脚靠近旋转部件或放在旋转部件的下面。

m） 在下列情况下，必须停下电动机，断开与主电源的连接，或关停发动机：
   1） 清除堵塞前；
   2） 检查、清理或维护刀片前；
   3） 撞到异物后：检查刀片损坏情况以及重新起动和操作修边机前进行维护时；
   4） 修边机出现不正常振动时(立即检查)。

n） 在下列情况下，应关停发动机：
   1） 无论何时离开修边机；
   2） 加油前。

o） 发动机空转期间应关小油门。如果发动机有节流阀，修边结束后应切断供油。

A.4 维护和存放

a） 拧紧螺母、螺栓和螺钉，确信机器处于安全工作状态。

b） 在烟气可能触及明火或火星的建筑内，严禁储存燃油箱内有燃油的机器。

c） 将机器存放在任何室内前，都要将发动机冷却。

d） 为减小火灾隐患，保持发动机、消声器、蓄电池仓和燃油储藏区内无杂草、树叶或过多的油污。

e） 更换已磨损或损坏的部件。

f） 如果要排空油箱，必须在室外进行。

g） 除非你有资格，否则严禁试图修理机器。

h） 仅能使用制造厂推荐的备件和附件。

附 录 B
（资料性附录）
符号和/或安全危险图形

B.1 本附录给出了本部分定义的配刚性切割装置的动力修边机可使用的安全危险图形和符号。

B.2 符号应符合 GB/T 4269.1、GB/T 4269.3 和 GB/T 4269.5 的规定，安全危险图形应符合 GB 10396的规定。

安全危险图形和符号的尺寸可以根据特定机器结构进行调整。本附录给出的图形和符号并非详尽无遗。

B.3 示例

B.3.1 警告

B.3.2 阅读使用说明书

B.3.3 修边机刀片旋转方向

B.3.4 戴护耳罩

B.3.5 戴护目镜

B. 3. 6　戴护耳罩和护目镜

B. 3. 7　与旁观者保持安全距离

B. 3. 8　抛掷物

B. 3. 9　旋转的切割刀片

ICS 01.080.20;65.060.01
B 90

中华人民共和国国家标准

GB 10396—2006
代替 GB 10396—1999

农林拖拉机和机械、草坪和园艺动力机械安全标志和危险图形　总则

Tractors, machinery for agriculture and forestry, powered lawn and garden equipment—Safety signs and hazard pictorials—General principles

(ISO 11684:1995, MOD)

2006-03-29 发布　　　　2006-11-01 实施

中华人民共和国国家质量监督检验检疫总局
中国国家标准化管理委员会　发布

前言

本标准的第 10 章、第 11 章、第 12 章、第 13 章和第 14 章为推荐性的，其余为强制性的。

本标准修改采用国际标准 ISO 11684：1995《农林拖拉机和机械、草坪和园艺动力机械 安全标志和危险图形 总则》。

本标准根据 ISO 11684：1995 重新起草。

考虑到我国国情，在采用 ISO 11684：1995 时进行了如下修改：

——去掉了 ISO 11684：1995 第 1 章中引用的两项国际标准及国际标准的第 2 章；

——有关图形中的英文改为中文；

——删除了 ISO 11684：1995 的附录 E《参考文献》。

这些技术性差异已编入正文中并在它们所涉及的条款的页边空白处用垂直单线标识。

为便于使用，本标准还作了下列编辑性修改：

——“本国际标准”改为“本标准”；

——删除 ISO 11684：1995 的前言；

——增加了国家标准前言。

本标准代替 GB 10396—1999《农林拖拉机和机械、草坪和园艺动力机械 安全标志和危险图形 总则》。本标准与 GB 10396—1999 相比主要变化如下：

——标准由全文强制变为条文强制。

本标准的附录 A、附录 B、附录 C 和附录 D 为资料性附录。

本标准由中国机械工业联合会提出。

本标准由全国农业机械标准化技术委员会归口。

本标准起草单位：中国农业机械化科学研究院、洛阳拖拉机研究所、呼和浩特畜牧机械研究所。

本标准主要起草人：张咸胜、尚项绳、王建平、陈俊宝、孔庆梅、关朋。

本标准所代替标准的历次版本发布情况为：

——GB 10396—1999。

农林拖拉机和机械、草坪和园艺动力机械安全标志和危险图形　总则

1　范围

本标准规定了农林拖拉机和机械、草坪和园艺动力机械用安全标志和危险图形的设计和使用原则。

本标准还给出了安全标志的作用、安全标志的基本型式和颜色、安全标志带的设计规范等。

2　通过设计减小风险

2.1　安全贯穿在机器设计、制造、操作、说明和检查过程中。在不过分降低产品功能的情况下，可通过下列措施充分减小或消除风险：

——选择适当的设计结构和构成材料，消除或减小危险；

——减少操作者介入危险区的需要，以限制其面临危险；

——通过设计不能恰当地消除或充分限制的危险，应采用防护装置或其他安全装置，以保护人们，避免危险。

2.2　尽管机器采取了恰当的设计结构和安全装置，但仍可能存在遗留风险，安全标志则用于警告操作者和其他人员存在的有关遗留风险。

3　安全标志的作用

3.1　安全标志的作用如下：

——提醒人们存在危险或有潜在危险；

——指示危险；

——描述危险的性质；

——解释危险可能造成潜在伤害的后果；

——指示人们如何避免危险。

3.2　为了实现上述作用，安全标志应鲜明、醒目，应位于清晰易见的位置，应最大程度地予以保护，防止其损坏和磨损，还应具有适当长的寿命。

4　安全标志的型式

4.1　安全标志由边框围绕的两个或两个以上的矩形带构成，用来传递与机器操作有关的危险信息。

4.2　安全标志有下列 4 种标准型式：

——符号带和文字带组成的两带式安全标志(见 4.4)；

——符号带、图形带和文字带组成的三带式安全标志(见 4.5)；

——图形带和文字带组成的两带式安全标志(见 4.6)；

——两个图形带组成的两带式安全标志(见 4.7)。

4.3　安全标志分竖排列和横排列两种排列形式，应优先采用竖排列式。应根据下列情况最终选择安全标志的型式和排列形式：能否最有效地传递信息；产品将被销往的地区和使用的语言；法规要求和安全标志可利用的空间。

4.4　符号带和文字带组成的两带式安全标志：见图 1，符号带由安全警戒符号和 3 个危险程度标志词

(**危险、警告和注意**)之一组成。文字带由描述危险、解释面临危险的后果和说明如何避免危险的文字组成。

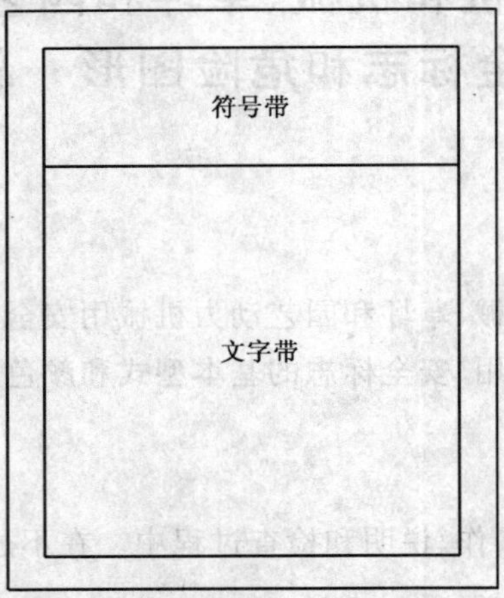

竖排列式

图 1 符号带和文字带组成的两带式安全标志

4.5 符号带、图形带和文字带组成的三带式安全标志：见图 2，符号带由安全警戒符号和 3 个危险程度标志词之一组成。图形带由描述危险图形，在某些情况下为描述危险和避免危险组合图形组成。文字带由描述危险、解释面临危险的后果和说明如何避免危险的文字组成。

竖排列式

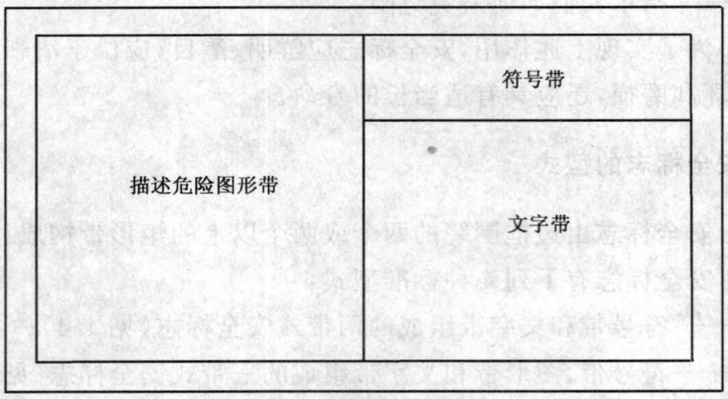

横排列式

图 2 符号带、图形带和文字带组成的三带式安全标志

4.6 图形带和文字带组成的两带式安全标志：见图 3，图形带由内含描述危险图形的安全警戒三角形或仅由安全警戒符号组成。文字带由描述危险、解释面临危险的后果和说明如何避免危险的文字组成。

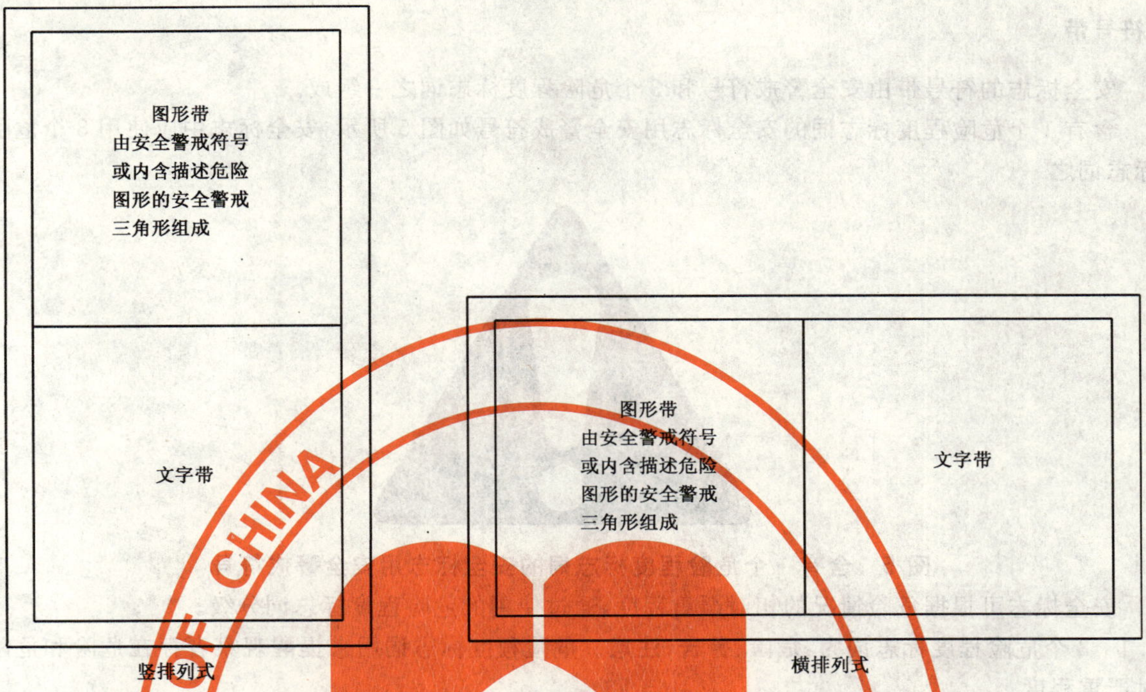

图 3　图形带和文字带组成的两带式安全标志

4.7　两个图形带组成的两带式安全标志:见图 4,第一个图形带为描述危险图形带,由内含危险描述图形的安全警戒三角形或仅由安全警戒符号组成。第二个图形带为避免危险图形带,由一个避免危险图形组成。

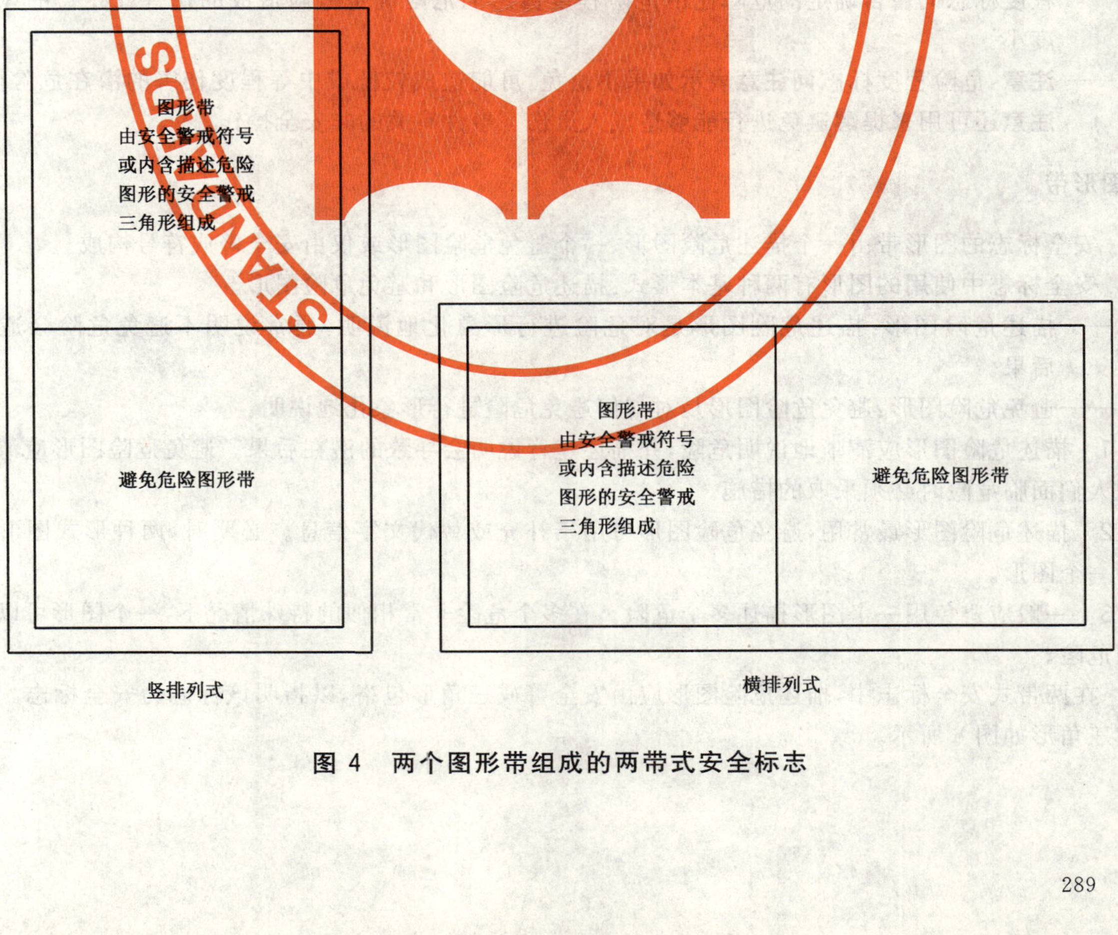

图 4　两个图形带组成的两带式安全标志

5 符号带

5.1 安全标志的符号带由安全警戒符号和3个危险程度标志词之一组成。

5.2 含有1个危险程度标志词的安全标志用安全警戒符号如图5所示，安全标志中应使用3个危险程度标志词之一。

图5 含有1个危险程度标志词的安全标志用安全警戒符号

5.3 安全标志可根据危险情况的相对严重程度，通过使用的危险程度标志词分级。

5.3.1 3个危险程度标志词为：**危险**、**警告**、**注意**。危险程度标志词用来提醒观察者存在危险和危险的相对严重程度。

5.3.2 3个危险程度标志词专用于表示人员伤害的危险，应根据面临危险的可能性和面临危险可能造成的后果选择危险程度标志词。

——**危险**：危险程度标志词**危险**表示如果不避免，将造成死亡或严重伤害的危急危险情况。由危险程度标志词**危险**确定的安全标志不能滥用，只有在存在最严重危险的情况下才能使用。

——**警告**：危险程度标志**警告**表示如果不避免，可能造成死亡或严重伤害的潜在危险情况。由危险程度标志词**警告**确定的危险比由危险程度标志词**危险**确定危险造成的伤害或死亡的风险程度小。

——**注意**：危险程度标志词**注意**表示如果不避免，可能造成较低或中等程度伤害的潜在危险情况。**注意**还可用来提醒避免进行能够造成人员伤害事件有关的非安全操作。

6 图形带

6.1 安全标志的图形带由一个描述危险图形、一个避免危险图形或仅由安全警戒符号构成。

6.2 安全标志中使用的图形有两种基本形式：描述危险图形和避免危险图形。

——描述危险图形：描述危险图形是对危险进行形象化地说明，通常说明不避免危险会造成的后果。

——避免危险图形：避免危险图形是对如何避免危险进行形象化地说明。

6.2.1 描述危险图形应清晰地说明危险，并描述违背说明会导致的潜在后果。避免危险图形应清晰地说明人们面临危险时必须采取的措施。

6.2.2 描述危险图形最常用，避免危险图形可用于补充或替代文字信息。必要时，两种形式图形可组合为一个图形。

6.2.3 一般应避免用一个图形描述多个危险。在多个危险非常相似的特殊情况下，一个图形可以描述多个危险。

6.3 在两带式安全标志中，描述危险图形应由安全警戒三角形包络，以指明该标志为安全标志。安全警戒三角形如图6所示。

图 6　安全警戒三角形

6.4　如果安全警戒三角形内没有描述危险图形，则应用惊叹号形成如图 7 所示的基本安全警戒符号。

图 7　基本安全警戒符号

7　文字带

7.1　安全标志文字带由文字性信息组成。文字带或文字带与图形带的组合可描述危险、解释面临危险的潜在后果，并说明如何避免危险。

7.2　如果描述危险图形恰当地描述了危险和危险的潜在后果，则可以从文字带中删去相应的内容。如果避免危险图形恰当地描述了如何避免危险，则可以从文字带中删去该项内容。如果没有图形，文字带中必须包括所有的 3 项内容。文字信息应简洁、明了，行数尽可能少。

8　语言、翻译和多种语言的安全标志

8.1　安全标志中的危险程度标志词或文字信息应使用产品使用地区的一种语言书写。无文字安全标志应浅显易懂，不需语言翻译，但是，使用无文字安全标志的产品应满足下列两条要求：

——应使用一种特殊安全标志指示操作者查阅使用说明书，了解该产品所用安全标志的解释；

——在使用说明书中以适当的语言给出与无文字安全标志相关的恰当文字信息。

8.2　图 8 所示为中文、法语、英语和荷兰语 4 种语言构成的“阅读使用说明书”安全标志示例。允许使用其他语言的组合或仅使用一种语言，只要安全标志中使用了产品使用地区的语言。

8.3　无文字“阅读使用说明书”安全标志如图 9 所示。该安全标志可以用来替代图 8 所示的具有一种或多种语言的安全标志。

图 8 使用无文字安全标志时使用的 4 种语言构成的“阅读使用说明书”安全标志

图 9 使用无文字安全标志时使用的无文字“阅读使用说明书”安全标志

9 安全标志的颜色

9.1 符号带的颜色

符号带的颜色取决于选定的危险程度标志词。

9.1.1 **危险**标志的符号带底色应为红色、危险程度标志词应为白色。安全警戒符号(见图 5)中惊叹号应为红色,三角形底色应为白色。

9.1.2 **警告**标志的符号带底色应为橙色、危险程度标志词应为黑色。安全警戒符号(见图 5)中惊叹号应为橙色,三角形底色应为黑色。

9.1.3 **注意**标志的符号带底色应为黄色、危险程度标志词应为黑色。安全警戒符号(见图 5)中惊叹号应为黄色,三角形底色应为黑色。

9.2 图形带的颜色

图形带的颜色取决于安全标志中是否包含 3 个危险程度标志词之一。

9.2.1 包含 3 个危险程度标志词之一的安全标志,图形带底色应为白色,图形应为黑色。

9.2.2 包含安全警戒三角形或基本安全警戒符号的安全标志,图形带图形和三角形应为黑色,底色应为黄色。

9.2.3 可以用其他颜色强调图形中的特殊方面(如:用红色表示火)。

9.2.4 如果用“×”或“⊘”或“**停**”表示禁止一项动作,禁止符应为红色。

9.3 文字带的颜色

文字带的颜色取决于安全标志是否包含 3 个危险程度标志词之一。

9.3.1 包含一个危险程度标志词的安全标志，文字带底色应为黑色，文字应为白色或底色为白色，文字为黑色。

9.3.2 不包含危险程度标志词的安全标志，文字带底色应为黄色，字应为黑色或底色为白色，文字为黑色。

9.4 边框的颜色

边框的颜色取决于选定的危险程度标志词和安全标志是否包含安全警戒三角形。

9.4.1 **危险**标志的边框应为红色。如果必须使安全标志的颜色与其贴附的表面有区别，可另加颜色为白色的边框。

9.4.2 **警告**标志的边框应为橙色。如果必须使安全标志的颜色与其贴附的表面有区别，可另加颜色为白色或黑色的边框。

9.4.3 **注意**标志的边框应为黄色。如果必须使安全标志的颜色与其贴附的表面有区别，可另加颜色为白色或黑色的边框。

9.4.4 含有安全警戒三角形的安全标志的边框应为黄色。如果必须使安全标志的颜色与其贴附的表面有区别，可另加颜色为白色或黑色的边框。

9.5 带分界线的颜色

所有带分界线的颜色均应为黑色。

10 尺寸

安全标志的推荐尺寸如图10～图13所示，单位为毫米(mm)。根据需要可以缩小或放大有关尺寸。只要有足够大的符号带或有恰当的文字带空间，且具有易识别的典型尺寸，可根据需要改变安全标志的尺寸比例。

单位为毫米

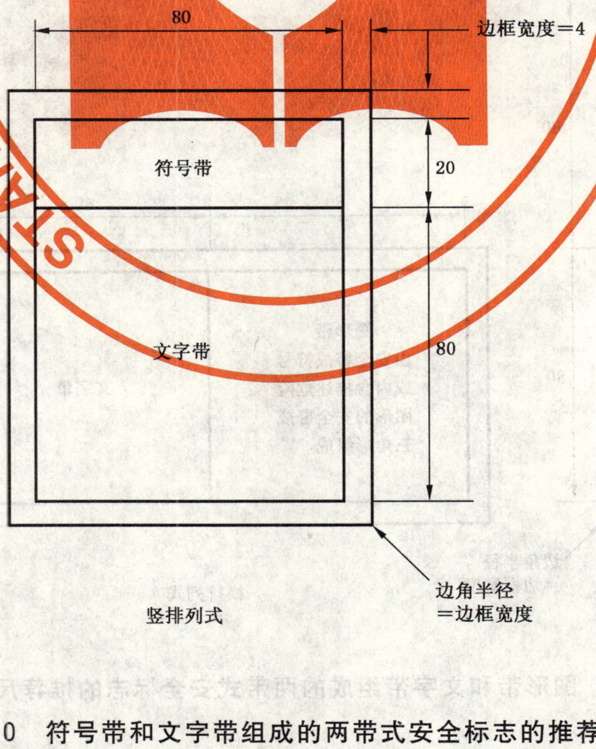

图10 符号带和文字带组成的两带式安全标志的推荐尺寸

单位为毫米

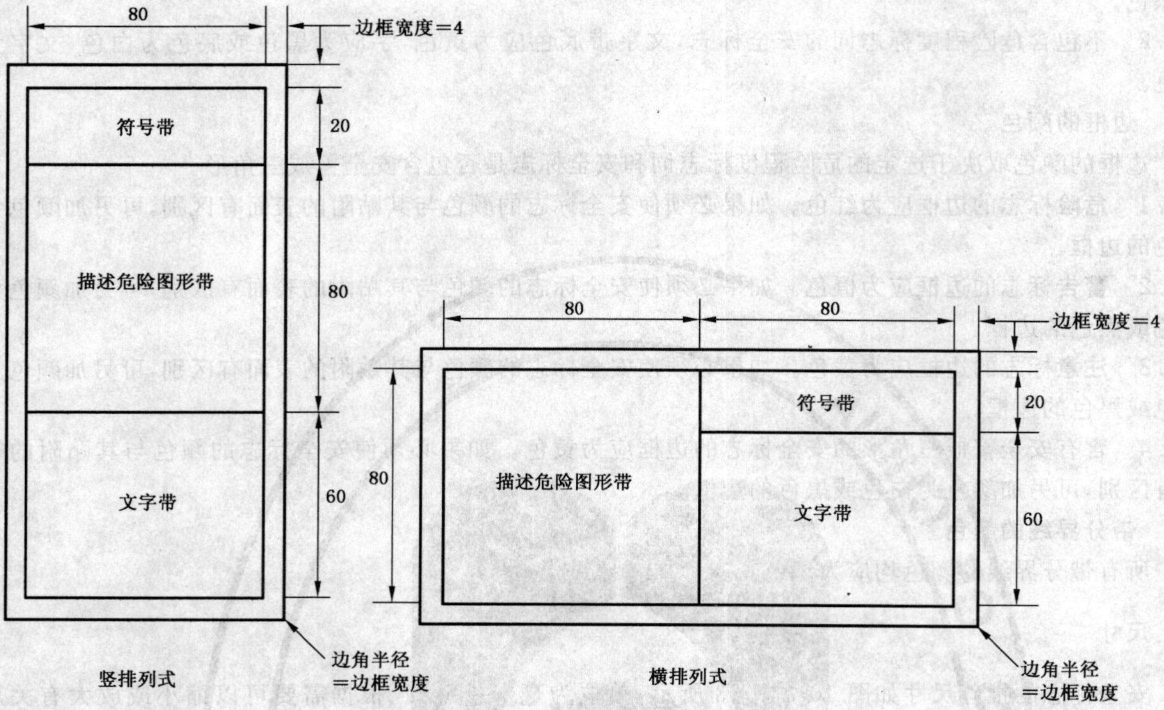

图 11　符号带、图形带和文字带组成的三带式安全标志的推荐尺寸

单位为毫米

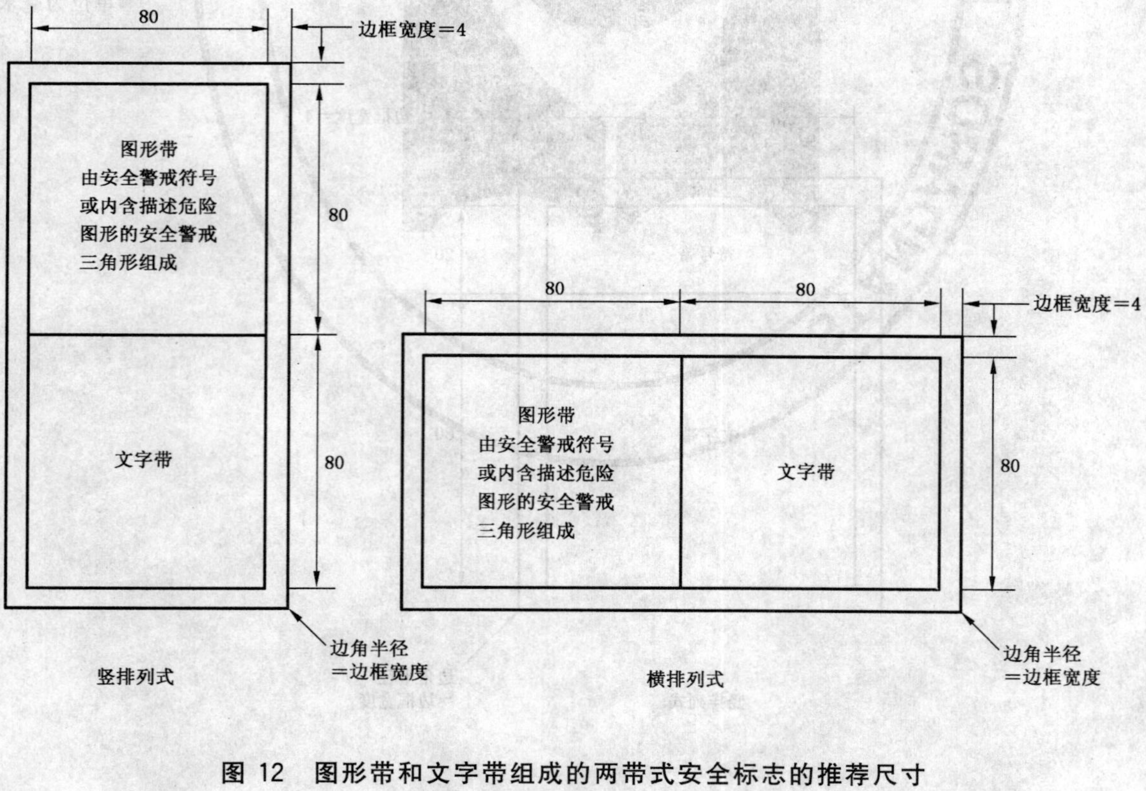

图 12　图形带和文字带组成的两带式安全标志的推荐尺寸

单位为毫米

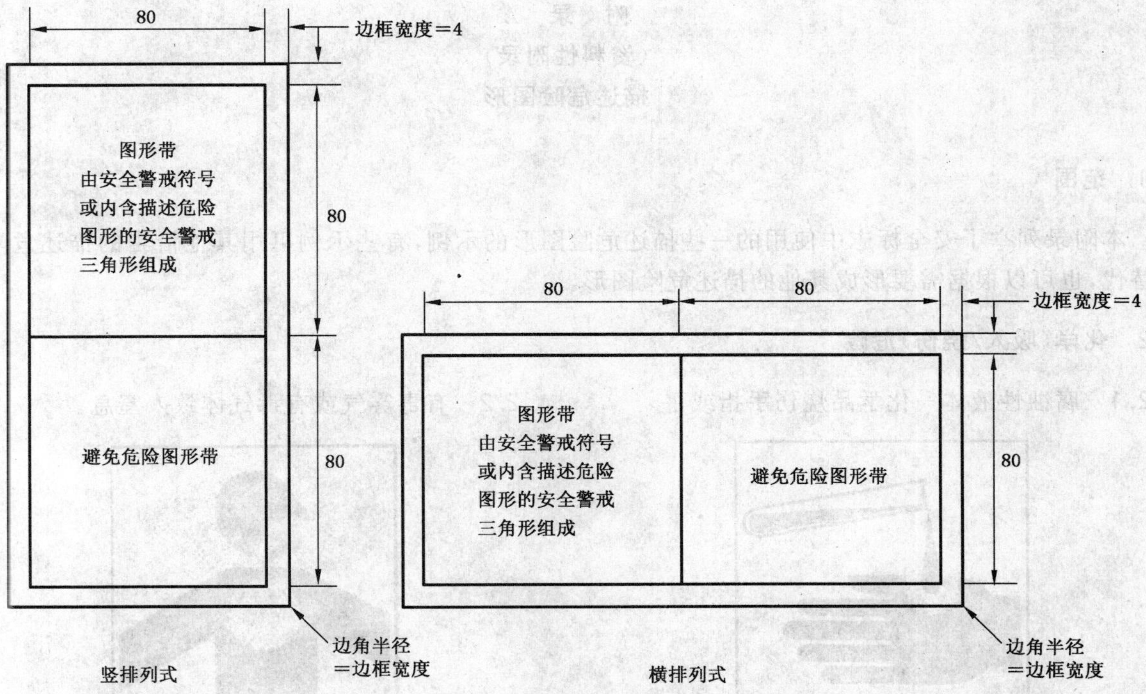

图 13　两个图形带组成的两带式安全标志的推荐尺寸

11　描述危险图形

附录 A 列举了安全标志中使用的一些描述危险图形的示例，有些示例可用其他恰当的描述危险图形替代，也可以根据需要形成其他的描述危险图形。

12　避免危险图形

附录 B 列举了安全标志中使用的一些避免危险图的示例，有些示例可以用其他恰当的避免危险图形替代，也可以根据需要形成其他的避免危险图形。

13　安全标志的示例

13.1　有文字带安全标志的示例

某种危险相对应的危险程度标志词和文字信息取决于许多易变因素，包括法规，因此本标准没有给出有文字带安全标志的具体示例。必要时，可按照本标准前文各条款中规定的有关目的和原则形成有文字带的安全标志。

13.2　无文字带安全标志的示例

附录 C 列举了一些无文字带安全标志的具体示例。可以根据需要形成涉及其他危险的安全标志。

14　危险图形设计导则

附录 D 给出了优秀危险图形的设计导则和人体图及其他图形要素的绘制方法。图形设计的一致性是传递描述危险图形和避免危险图形含义的重要因素。

附 录 A
（资料性附录）
描述危险图形

A.1 范围

本附录列举了安全标志中使用的一些描述危险图形的示例，有些示例可用其他恰当的描述危险图形替代，也可以根据需要形成其他的描述危险图形。

A.2 化学（吸入/烧伤）危险

A.2.1 腐蚀性液体—化学品烧伤手指或手。

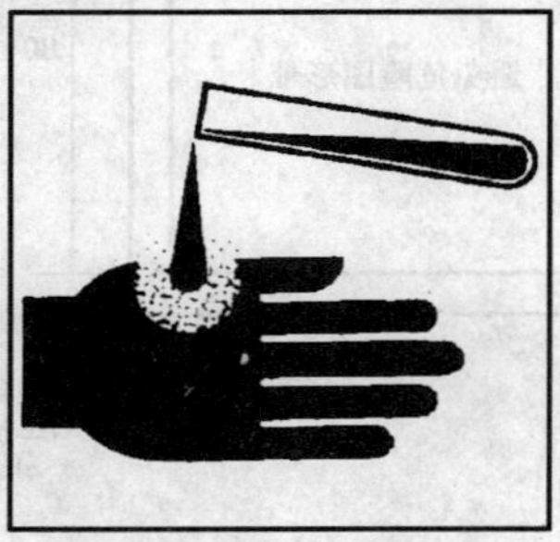

A.2.2 有毒雾气或有毒气体致人窒息。

A.3 电（击/烧伤）危险

A.3.1 电击/触电。

A.3.2 电击/触电。

A.3.3 电击/触电。

A.3.4 行标器电击/触电。

A.3.5 高地隙喷雾机电击/触电。

A.3.6 棉花收获机电击/触电。

A.3.7 装载机电击/触电。

A.3.8 联合收割机卸粮螺旋输送器电击/触电。

A.4 跌落危险

A.4.1 从高处跌落。

A.4.2 跌落到机器螺旋输送器中。

A.4.3 跌落到机器锋利的刃口上。

A.4.4 跌落到机器旋转齿轮副中。

A.4.5 跌落到机器轧辊中。

A.4.6 在湿表面上跌倒或滑倒。

A.4.7 从升起的装载机铲斗中跌落。

A.5 液体(喷射、泄漏/喷洒)危险

A.5.1 高压液体喷射到身体上。

A.5.2 高压喷洒物品侵蚀身体。

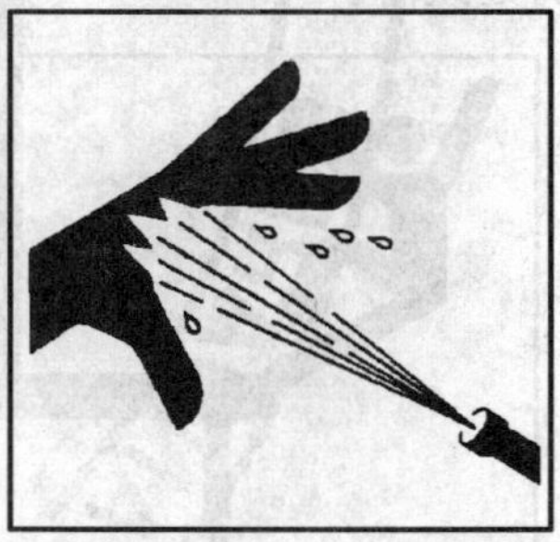

A.6 机械挤压危险

A.6.1 向下施加的力挤压手指或手。

A.6.2 向下施加的力挤压脚趾或脚掌。

A.6.3 向下施加的力挤压整个身体。

A.6.4 向下施加的力挤压躯干。

A.6.5 侧面施加的力挤压躯干。

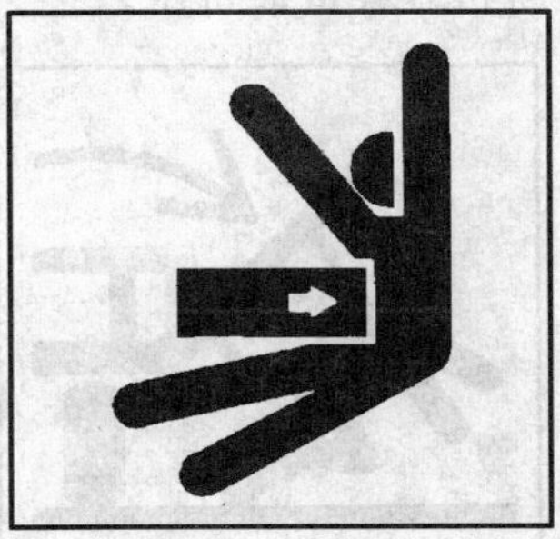

A.6.6 侧面施加的力挤压手指或手。

A.6.7 侧面施加的力挤压腿。

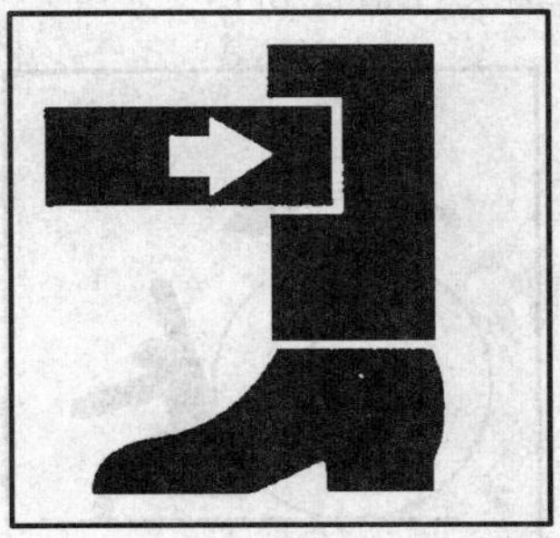

A.6.8 圆捆打捆机盖板升起时造成挤压。

A.6.9 圆捆打捆盖板落下时造成挤压。

A.6.10 拖拉机推土铲挤压手和手臂。

A. 6. 11　撒布器挤压头部、躯干和手臂。

A. 6. 12　种植器或谷物播种翼板造成挤压。

A. 6. 13　标志杆造成挤压。

A. 6. 14　中耕机外架造成挤压。

A. 6. 15　旋转切割器造成挤压。

A. 6. 16　圆捆失控造成挤压。

A. 6. 17　圆捆打捆机推杆造成挤压。

A. 6. 18　装载机铲斗造成挤压。

A.7 机械切割危险

A.7.1 切割手指或手。

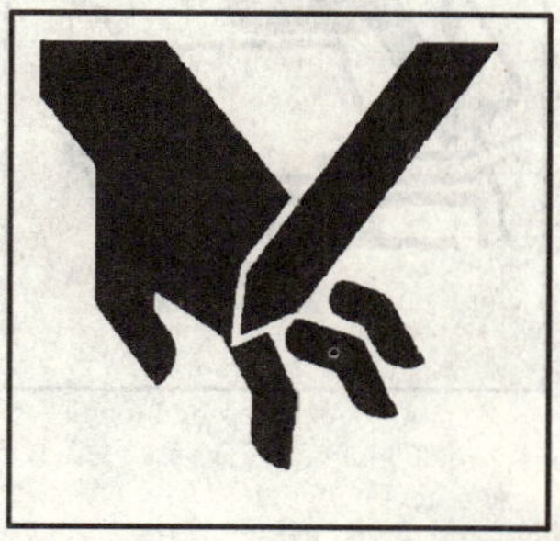

A.7.2 切割脚。

A.7.3 割草机刀片切断手指或手。

A.7.4 割草机刀片切断脚趾或脚。

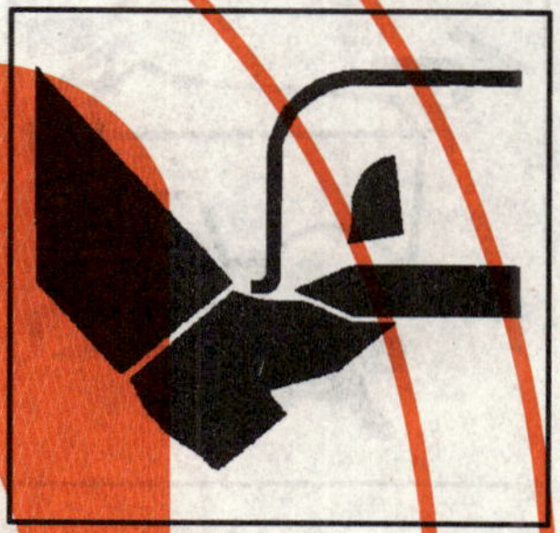

A.7.5 旋转割草机刀片切断脚趾或手指。

A.7.6 旋转的螺旋输送器切割或缠绕脚。

A.7.7 旋转刀片切断脚。

A.7.8 推进器叶片切断手指或手。

A.7.9 发动机后置式割草机前进时切断肢体。

A.7.10 发动机后置式割草机倒车时切断肢体。

A.7.11 发动机前置式割草机或草坪和园艺拖拉机前进时切断肢体。

A.7.12 发动机前置式割草机或草坪和园艺拖拉机倒车时割断肢体。

A.7.13 发动机风扇切断手指或手。

A.7.14 刺伤手掌或手指。

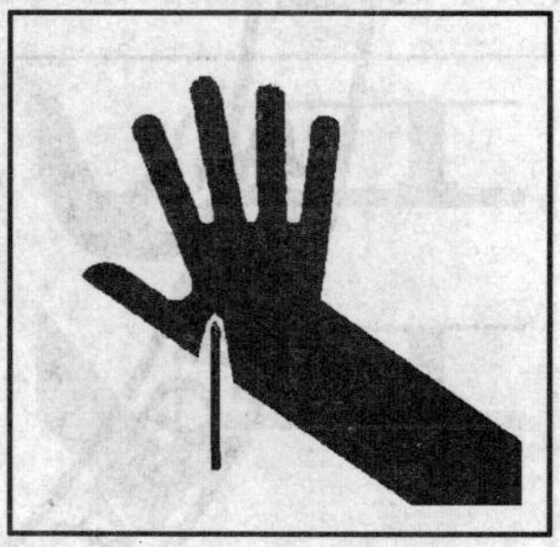

A.7.15 带软防护挡板的割草机刀片切断脚或脚趾。

A.7.16 修剪机切割腿。

A.8 机械缠绕危险

A.8.1 机器缠绕手臂。

A.8.2 机器缠绕腿。

A.8.3 机器缠绕腿。

A.8.4 旋转齿轮副缠绕手臂。

A.8.5 旋转齿轮副缠绕手指或手掌。

A.8.6 旋转轧辊缠绕手指或手掌。

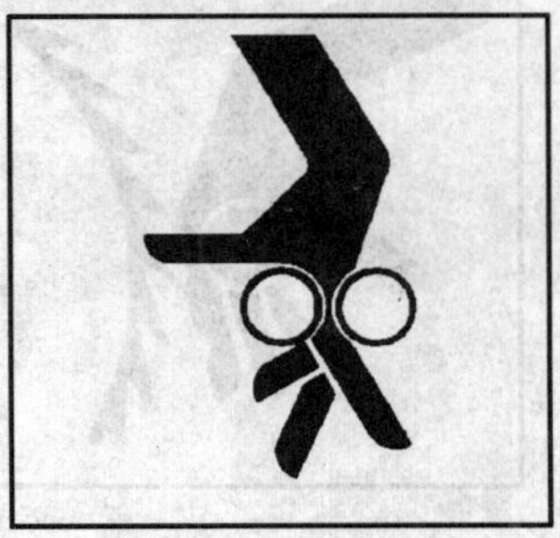

A.8.7 圆捆打捆机或自装载式拖车缠绕危险。

A.8.8 采棉机主轴缠绕危险。

A.8.9　机具动力输入传动轴缠绕整个身体。

A.8.10　联合收割机割台的缠绕危险。

A.8.11　喂入轧辊缠绕手臂。

A.8.12　旋转的螺旋输送器缠绕手臂或上肢。

A.8.13　棉花摘取清理器传动装置缠绕手指或手掌。

A.8.14　链条或齿带传动装置缠绕手或手臂。

A.8.15　挖坑机缠绕手臂。

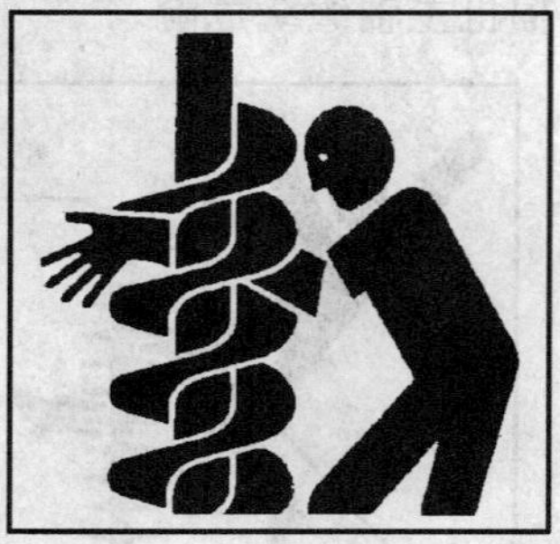

A.8.16　摊草机扒齿缠绕腿。

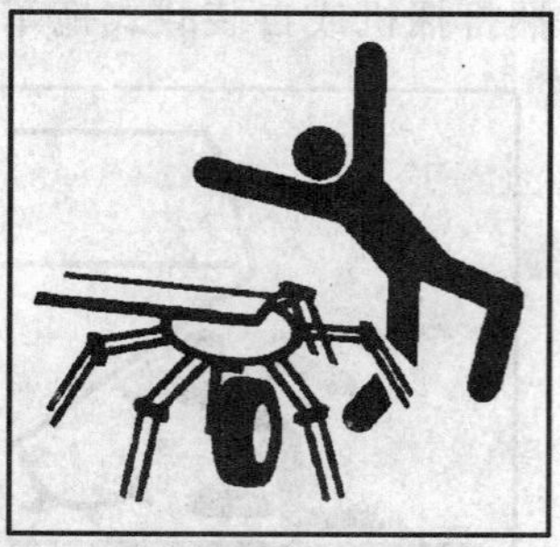

A.8.17 撒布器搅拌器缠绕手臂或上肢。

A.8.18 刮刷滚筒缠绕手臂。

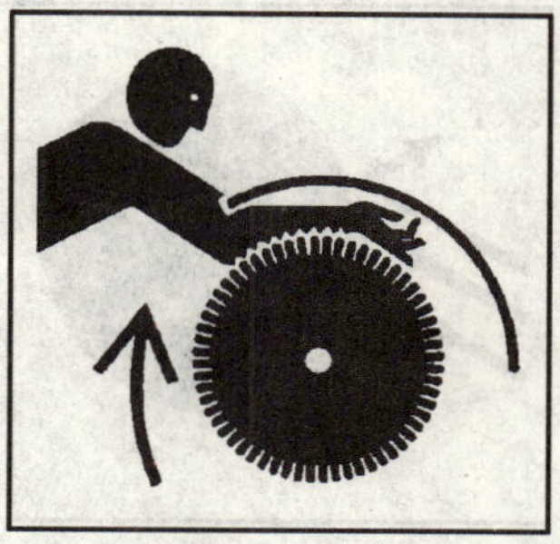

A.8.19 皮带传动装置缠绕手或手臂。

A.8.20 采棉机输送传动装置缠绕危险。

A.8.21 谷物喂入器缠绕危险。

A.9 机械抛出或飞出物体冲击危险

A.9.1 有大的抛出或飞出物体。

A.9.2 抛出或飞出物体冲击整个身体。

A.9.3　抛出或飞出物体冲击脸部。

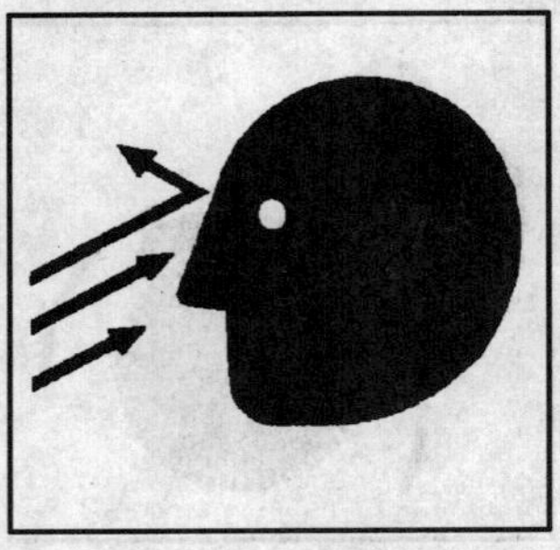

A.9.4　旋转切割器会抛出或飞出物体。

A.9.5　侧置式旋转割草机会抛出或飞出物体。

A.10　前碾压/后碾压/撞击危险

A.10.1　拖拉机前碾压/后碾压。

A.11　稳定性(翻滚/倾翻,滑动/跌落)危险

A.11.1　乘坐式割草机倾翻。

A.11.2　带倾翻防护装置的机器翻滚。

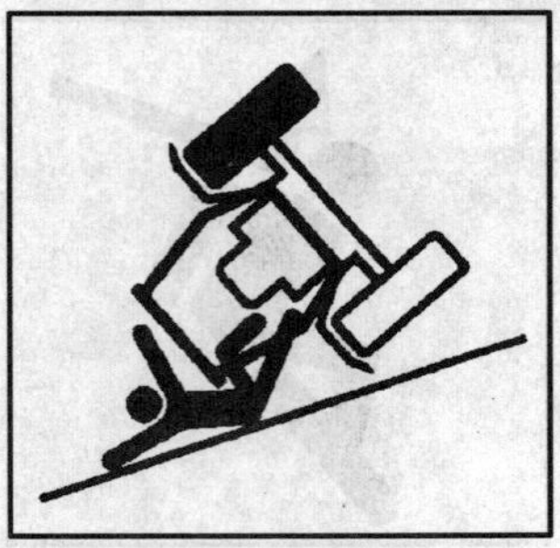

A.12 储能释放危险

A.12.1 圆捆打捆机捆扎手柄会反冲或向上运动。

A.13 热(烧伤/接触)危险

A.13.1 热表面烧伤手指或手掌。

A.14 热(燃烧/爆炸)危险

A.14.1 爆炸。

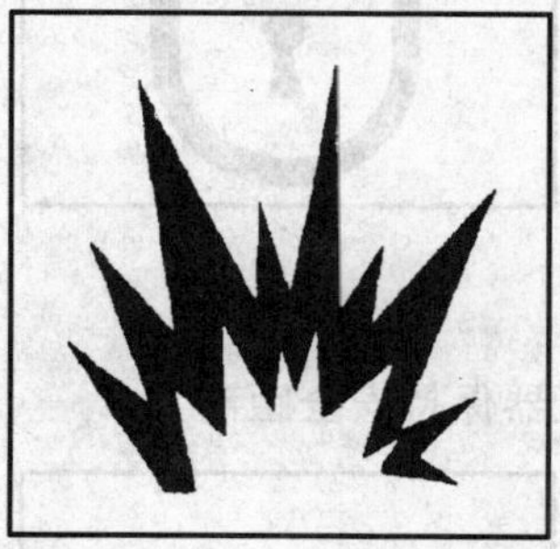

A.14.2 火或明火。

附 录 B
（资料性附录）
避免危险图形

B.1 范围

本附录给出了可在安全标志中使用的一些避免危险图形的示例，有些示例可以用其他恰当的避免危险图形替代，也可以根据需要形成其他的避免危险图形。

B.2 避免危险图形

B.2.1 远离提起的吊臂和铲斗。

B.2.2 进入危险区前，用安全锁紧装置锁定提升液压缸。

B.2.3 进入危险区前，接合支撑机构。

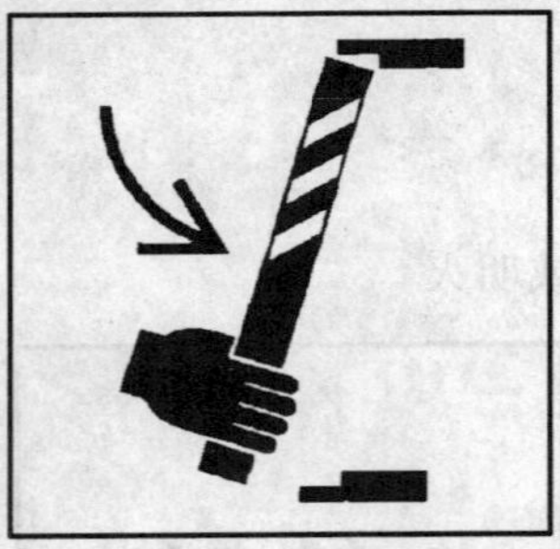

B.2.4 进入危险区前，插上安全锁紧装置。

B.2.5 禁止在松软地面或斜坡上倾卸拖车。

B.2.6 与机器保持安全距离。

B.2.7　提升杆控制机构工作时，远离拉杆提升区。

B.2.8　拖拉机发动机运转时，远离打捆机盖板摆动区。

B.2.9　远离提起的盖板，除非设定了安全锁定装置。

B.2.10　发动机运转时，远离铰接区。

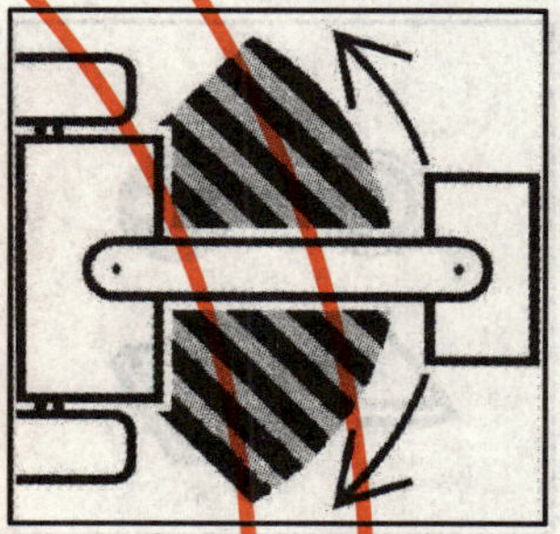

B.2.11　发动机运转时，不得打开或拆下安全防护罩。

B.2.12　发动机运转时，禁止进入粮箱。

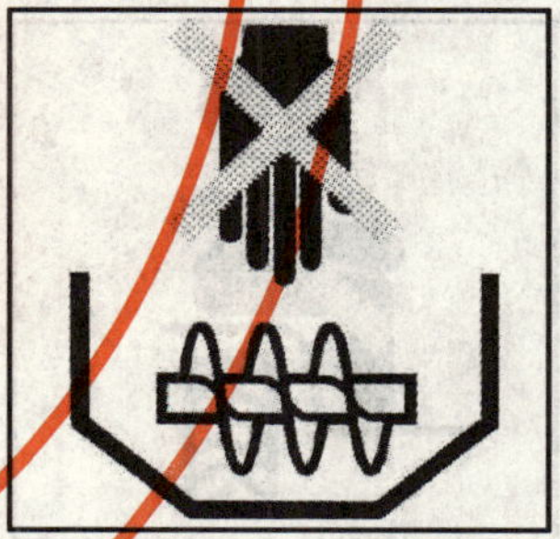

B.2.13　刀片运转时，安全防护罩应安装到位。

B.2.14　发动机运转时，不得站在与动力输出轴连接的加载平台上。

B.2.15 只有在机器的所有部件完全停止运转后，才能与其接触。

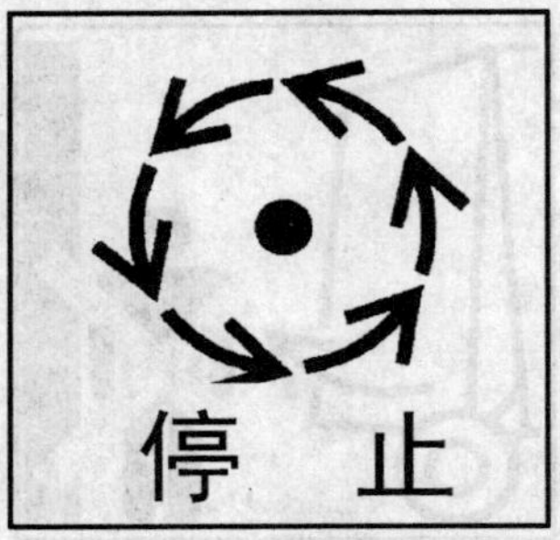

B.2.16 只能在驾驶座位上起动发动机。

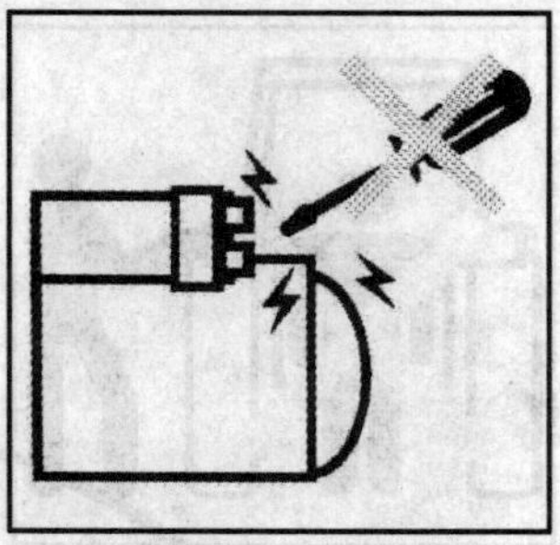

B.2.17 进行保养或维修前，发动机应熄火并拔下钥匙。

B.2.18 禁止乘坐工作台或阶梯。

B.2.19 该机器上的乘员只能乘坐在乘员座位上且不妨碍驾驶员的视线。

B.2.20 除在树下或在矮树丛中工作时必须折下外，倾翻保护装置应始终锁定在垂直位置。

B.2.21 与电源线保持足够的距离。

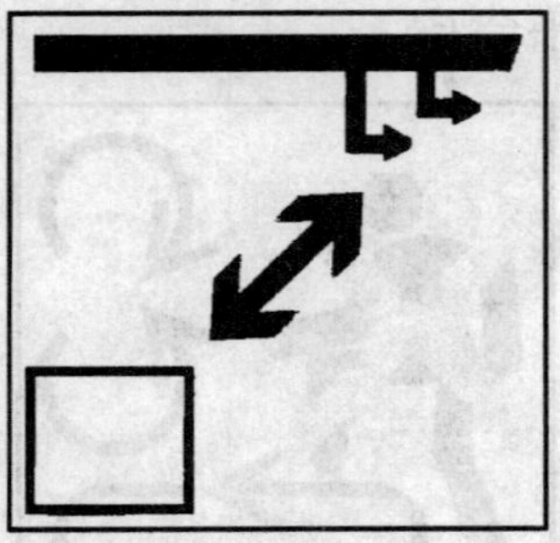

B.2.22 禁止进入可移动部件的挤压区。

B.2.23 刀片运转时，安全防护罩应安装到位。

B.2.24 查阅使用说明书了解正确的维修规程。

B.2.25 进行保养和维修前，发动机应熄火并拔下火花塞连接器。

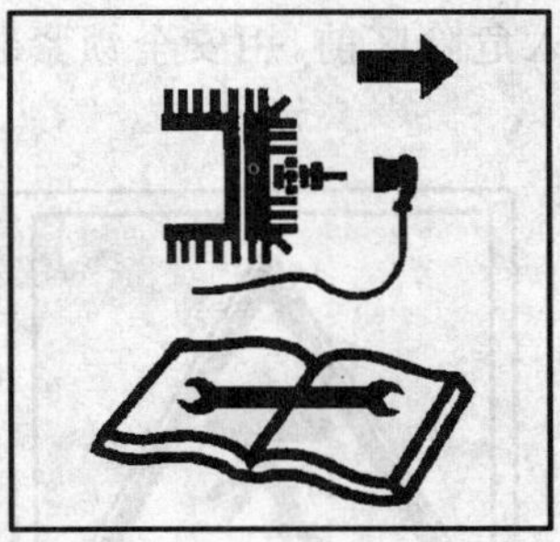

B.2.26 拖拉机运转且动力输出轴接合时，禁止进入捡拾区。

附 录 C
（资料性附录）
无文字安全标志示例

C.1 范围

本附录列举了一些无文字安全标志的具体示例。所示安全标志示例为竖排列两带式(无符号带，两个图形带，无文字带)。根据需要可形成涉及其他危险的安全标志。每个示例中的说明文字是对该安全标志的文字描述，它们应包括在使用说明书中。在使用说明书中，可根据所用安全标志的特殊需要，增加说明文字。

C.2 无文字安全标志示例

C.2.1 远离提起的吊臂和铲斗。

C.2.2 进入危险区前，用安全锁紧装置锁定提升液压缸。

C.2.3 进入危险区前，接合支撑机构。

C.2.4 进入危险区前，插上安全锁紧装置。

C.2.5 禁止在松软地面或斜坡上倾卸拖车。

C.2.6 与机器保持安全距离。

C.2.7 提升杆控制机构工作时，远离拉杆提升区。

C.2.8 拖拉机发动机运转时，远离打捆机盖板摆动区。

C.2.9 远离提起的盖板，除非设定了安全锁定装置。

C.2.10 发动机运转时，远离铰接区。

C.2.11　发动机运转时，不得打开或拆下安全防护罩。

C.2.12　发动机运转时，不得打开或拆下安全防护罩。

C.2.13　发动机运转时，不得打开或拆下安全防护罩。

C.2.14　发动机运转时，不得打开或拆下安全防护罩。

C.2.15　发动机运转时，不得打开或拆下安全防护罩。

C.2.16　发动机运转时，禁止进入粮箱。

C.2.17 刀片运转时，安全防护罩应安装到位。

C.2.18 发动机运转时，不得打开或拆下安全防护罩。

C.2.19 发动机运转时，不得打开或拆下安全防护罩。

C.2.20 发动机运转时，不得打开或拆下安全防护罩。

C.2.21 发动机运转时，不得打开或拆下安全防护罩。

C.2.22 发动机运转时，不得站在与动力输出轴连接的装载平台上。

C.2.23 只有在机器所有部件完全停止运转后，才能与其接触。

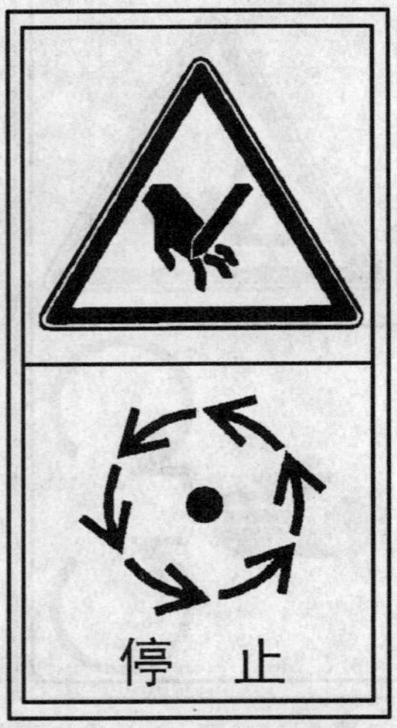

C.2.24 与机器保持安全距离。

C.2.25 只能在驾驶座位上起动发动机。

C.2.26 进行保养或维修前，发动机应熄火并拔下钥匙。

C.2.27 禁止乘坐工作台或/和阶梯。

C.2.28 禁止乘坐在机器的非乘员位置上。

C.2.29　除在树下或在矮树丛中工作时必须折下外，倾翻保护装置应始终锁定在垂直位置。

C.2.30　与电源线保持足够的距离。

C.2.31　在拖拉机发动机运转且动力输出轴接合时，禁止进入编织和打结区。

C.2.32　该操纵杆具有弹性载荷，操纵时应远离。

C.2.33　远离旋转的机器部件。

C.2.34　发动机运转时，远离割草机刀片。

C. 2. 35　禁止进入可移动部件的挤压区。

C. 2. 36　远离旋转的螺旋输送器。

C. 2. 37　在拖拉机发动机运转且动力输出轴接合时，远离割草机刀片区。

C. 2. 38　远离割台。维修或清理割台前，分离割台传动装置、发动机应熄火并拔下钥匙。

C. 2. 39　发动机运转时，应始终确保儿童远离割草机。

C. 2. 40　刀片运转时，安全防护罩应安装到位。

C.2.41 禁止进入旋转的螺旋输送器。

C.2.42 远离热表面。

C.2.43 为了避免眼睛损伤，在雷达传感器工作时，不要直视雷达传感器表面。

C.2.44 避免承压液体泄漏，查阅使用说明书了解正确的维修程序。

C.2.45 进行保养或维修前，发动机应熄火并拔下火花塞联接器。

C.2.46 拖拉机发动机运转且动力输出轴接合时，禁止进入捡拾区。

附　录　D
（资料性附录）
危险图形设计导则

D.1　范围

本附录给出了危险图形设计导则和人体图及其他图形要素的绘制方法。图形设计的一致性是传递描述危险图形和避免危险图形含义的重要因素。

D.2　图形设计导则

除必须考虑各个安全标志和安全图形的本身特征外，还应遵循下列优秀图形设计的原则：

——使用形象化图形而不用抽象符号；

——使用实体图表示人体要素或整个人体。为构图完整必须使用，但又不直接涉及危险的人体，可用轮廓图表示；

——表示肢体、面部或整个人体的图形，应使用最容易辨认的视图(通常是正视图和侧视图)；

——使用图形描述具体的动作和表示危险所涉及的人体和人体要素；

——使用简图描述造成危险的机器部件。如果机器部件涂黑不会降低人体图的易辨性，使用涂黑(实体)图表示造成危险的机器部件。使用整机或机器重要部分的轮廓图确定危险区或相关的机器部件；

——图形应十分明确地描述危险，尤其在危险的性质和位置不明显的情况下，仅在已有必要的信息恰当地给出了危险的性质和位置的情况下，才可一般性地描述危险和危险情况；

——需要时，使用箭头表示实际的和潜在的运动方向，在图形中机器部件的运动方向很明确的情况下，不需要使用箭头。应使用不同的箭头图形表示下列不同的运动类型或相互位置关系：跌落或飞出物体及其运动方向，机器部件运动方向，整机运动方向，压力和力施加方向和与危险保持安全距离，表示同一运动类型或相互位置关系的箭头应一致；

——使用禁止符(×，⦸)会使禁止动作难以确认或禁止符的含意不清晰时，应避免使用禁止符；

——不要用红色表示血。

D.3　人体图

D.3.1　基本人体图的绘制

人体图通常是图形的主要构成部分，必须简单明了，为了获得最佳效果，人体图的绘制应一致。人体图形必须形象易懂，不需要观察者研究图形，就能确定图形中涉及了身体的哪一部分或者是以什么方式表示的。本标准给出的人体图是为满足本标准的特殊需要而设计的，除 D.3.5 中规定外，它不应扭曲或需成比例。人体图的作用是警示看见安全标志的人，防止发生事故，它不是艺术品。

D.3.2　人体图单元体系

标准的人体图可在相同尺寸的正方形组成的格子系中绘制。一个完整的人体图高 12 个单元，躯干宽 2 个单元，头部为直径 1.75 个单元的圆形。绘制人体图的准确单元数量如图 D.1 所示，手和脚的末端为半圆。

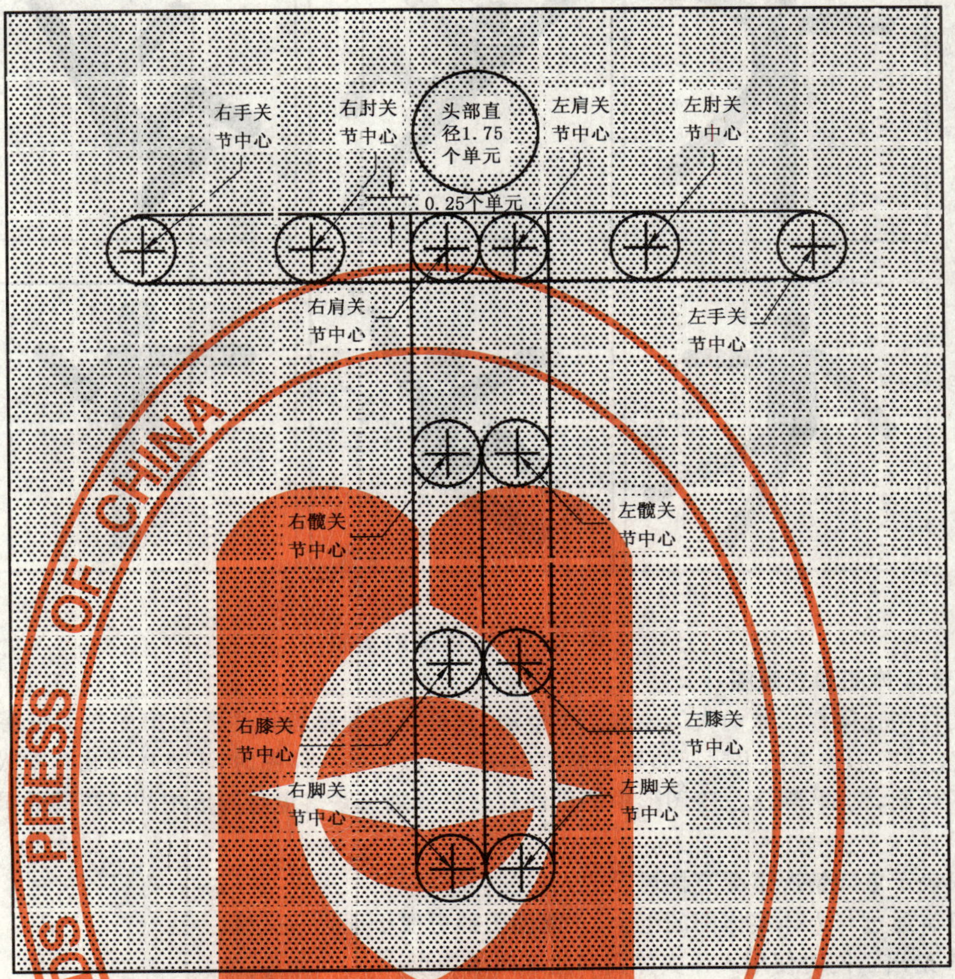

注：每一个正方形格为一个单元。

图 D.1　人体图单元体系

D.3.3　动态人体图

由图形中的关节中心就可以绘制出动态的或移动的人体图。除由于四肢重叠使四肢的视觉比例缩短外，单元比例保持不变。当缩短情况出现时，在肢体上增加 0.5 个单元作为补偿。图 D.2 给出了各种姿态的人体图。人体图在图形中的姿态通常由下列因素决定：

——危险的性质；

——危险的方位；

——由危险引起的移动或姿态改变；

——危险造成的伤害类型；

——操纵机器而引起的移动和姿态改变。

图 D.2 人体图的绘制

D.3.4 人体实体图和轮廓图

人体实体图比同样形状的人体轮廓图更生动，它更能使观察者将注意力集中在面临潜在危险情况的人上，这正是图形表现的主题。如果图形中出现一个以上的人体图时，不直接面临危险人的人体图可以用轮廓图绘制，例如：辗压危险图形中的机器驾驶员或乘员跌落危险图形中的机器驾驶员。人体轮廓图可以用于：

——只表示危险情况下无直接风险的人；

——只有通过与人体实体图的组合，才能使图形更便于理解和交流。

图 D.3 给出了同时使用人体实体图和轮廓图的图形。

图 D.3 同时使用人体实体图和轮廓图的图形示例

D.3.5 静止、自由站立的人体图（正视图或后视图）

通过标准人体图的变化，可绘制出静止、自由站立的人体图，在避免危险图形中，可用该人体图表示与危险保持安全距离（见 D.8.6），也可用于传递远离危险位置的意图（见 D.9.2）。图 D.4 给出了这种静止、自由站立的人体图。

图 D.4 静止、自由站立的人体图(正视图或后视图)

D.3.6 头侧面图

当危险涉及头部时,应使用面向左或向右的头侧面图。当整个人体或躯干上部侧面出现在图形中,为了强调人体或躯干上部处于侧面状态的效果,也应使用头侧面图。图 D.5 给出了使用头侧面图的危险图形示例。

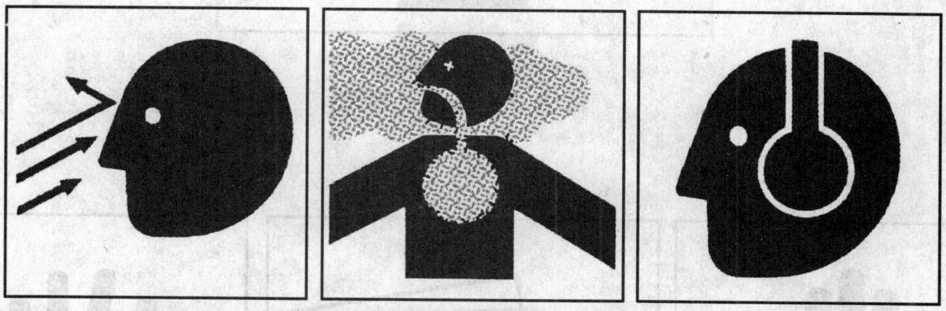

图 D.5 使用头侧面图的图形示例

D.4 上部躯干

涉及到手臂、手或头部的危险,最好使用上部躯干图绘制而不用整个躯干图。在大多数情况下,上部躯干应以侧面状态出现,并且采用头侧面图而不用正面或圆形图。使用侧面状态图描绘,还能更有效地表示上部躯干相对危险的移动方向。如果危险涉及到手或绘出手会增强视觉效果,则手上应添加手指(见 D.5.2)。图 D.6 给出了使用上部躯干图的危险图形示例。

图 D.6 使用上部躯干图的危险图形示例

D.5 手

D.5.1 手和手指图的绘制

手的复杂性和手指运动的诸多可能性使手成为绘制危险图形时最困难的图形要素之一。图 D.7 给出的设计图形十分注意手的形状,形式简单,以利于辨认。正全手视图中,拇指和其他手指不应移到其他位置,其他的全手视图中,手指可以展开。图 D.8 给出了使用全手视图的危险图形示例。

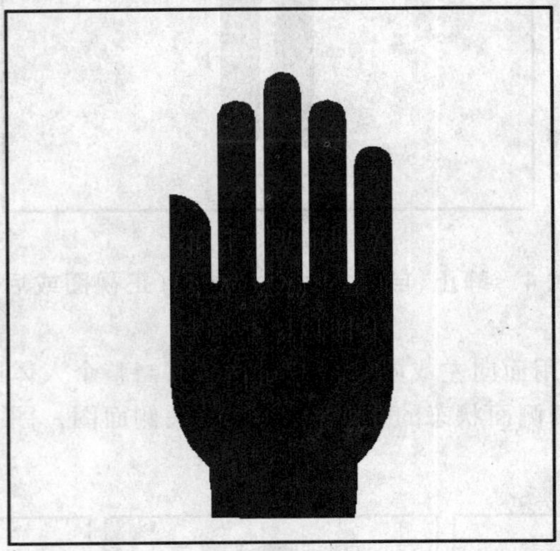

图 D.7 正全手视图

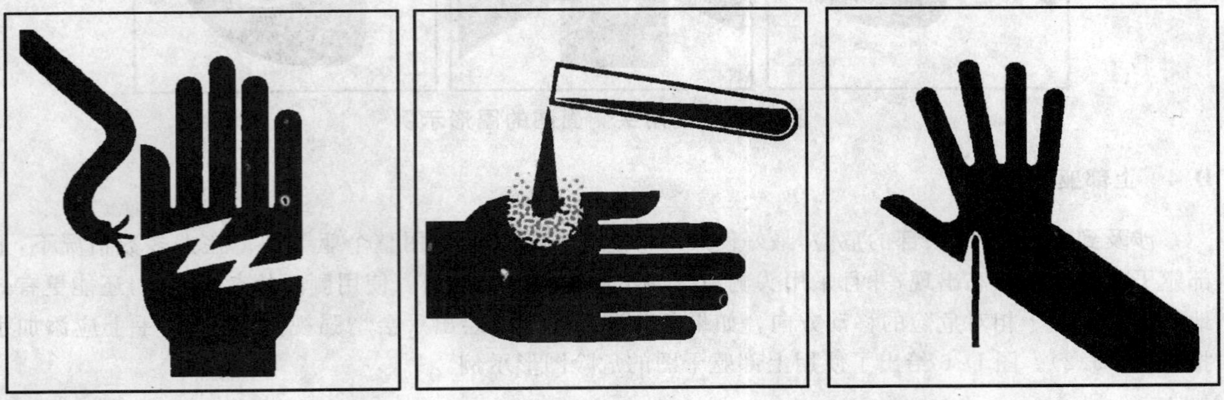

图 D.8 使用全手视图的危险图形示例

D.5.2 人体图上添加的手图形

危险涉及到手或手臂时,在人体图上添加手图形,能增强肢体要素的可辨性。图 D.9 给出了两种基本姿态的手图形。

——姿态 A 表示拇指沿着与手臂相同的方向伸出;

——姿态 B 表示手围绕手的关节中心旋转若干角度。

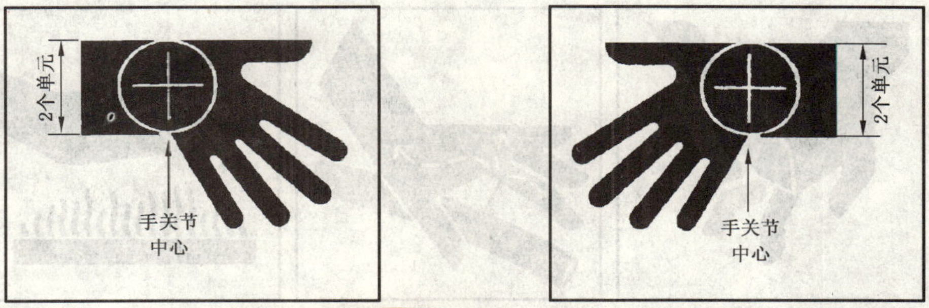

姿态 A:拇指沿着手臂方向伸出的手图形

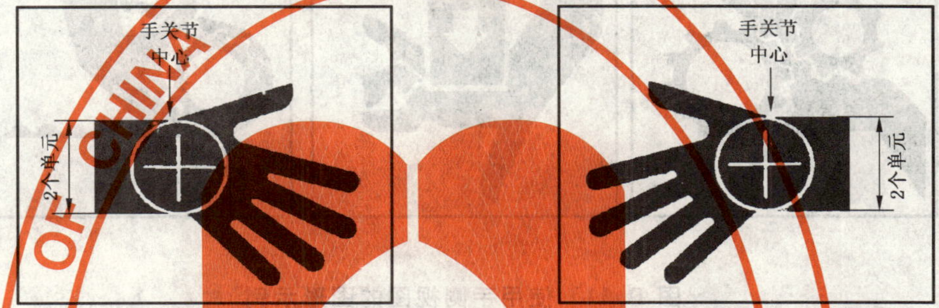

姿态 B:围绕手的关节中心旋转的手图形

图 D.9 人体图上添加手图形

选择姿态 A 还是姿态 B 取决于哪种姿态能更生动地描述涉及的危险。为设计的一致性,两只手臂同时出现,即使危险只涉及一只手臂,两只手臂也都应添加手图形。图 D.10 给出了人体图上已添加手图形的危险图形示例。

图 D.10 人体图上添加手图形的图形示例

D.5.3 手侧视图

手侧视图是传递感觉程度的最好图形,它能够增强图形的真实性、生动性、易理解性。手图形不是用透视法真实绘制的,但手指的位置变化能产生一种三维效果。

手侧视图是设计人体图时最困难的要素。图 D.11 所示的手侧视图给出了保持图形视觉一致性的一种设计方式。通过采用已有的图形和修改或重新确定已有的图形中手的有关位置绘制手侧视图能够节约宝贵的时间。需要的各种手指运动状态图,可以通过选择最接近所需手姿态的手图形加以修改绘制出。注意手指的绘制方法,手指不应逐渐变尖,尽管可能出现这种情况。指尖用 1/4 圆表示,手侧视图只画拇指和 3 个其他手指。

图 D.11 使用手侧视图的图形示例

D.6 脚

D.6.1 脚图形的绘制

图形中仅有腿的下部或脚时，应使用图 D.12 给出的鞋或脚的特定图形，使用时既可以向左也可以向右。图 D.13 给出了使用脚图形的危险图形示例。

图 D.12 脚图形

图 D.13 使用脚图形的危险图形示例

D.6.2 人体图上添加的脚图形

有些涉及脚或下肢的危险使用整个人体图描述效果更好，在人体图上添加脚图形能增强肢体要素的可辩性。对于这些图形，脚的关节中心上应添加上图 D.14 所示的脚图形。为了设计的一致性，脚图形不允许改变或扭曲。图 D.15 给出了人体图上已添加脚图形的危险图形示例。

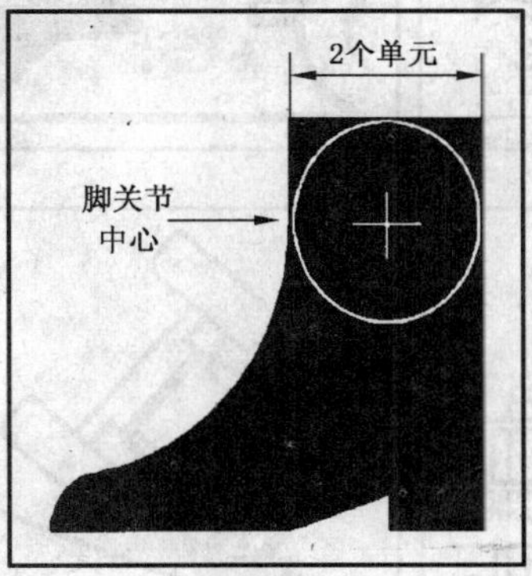

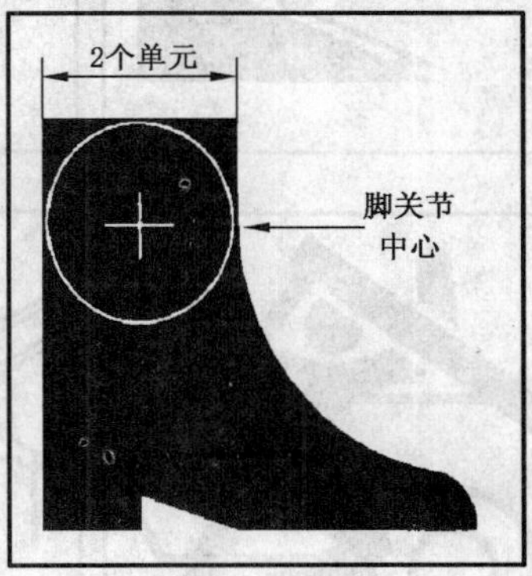

图 D.14 人体图上添加的脚图形

图 D.15 人体图上添加脚图形的危险图形示例

D.7 机器设备和部件图的绘制

D.7.1 通常，使用轮廓图表示整机或机器主要部件，以避免大面积的涂黑会减小与机器或产生危险的机器部件有关的人体图的可辨性。当绘制的人体图非常接近机器图形时，这一点尤为正确。单独部件图形是绘成轮廓图还是实体图，应根据哪种图形具有的视觉可辨性和清晰度更好确定。涂黑区一般会产生一种量大致密的效果，但还是应常用机器的轮廓图，因轮廓图能详细、真实地描述机器部件，并能使这些部件产生危险的性质易于确认。减少涂黑面积或使用加粗的轮廓图能够使产生危险的机器部件更突出。

D.7.2 图 D.16 给出了使用整机或机器主要部件图形的描述危险图形示例。图 D.17 给出了使用产生危险的单独机器部件图的描述危险图形示例，示例中没有给出这些部件在机器中的具体位置。

图 D.16　使用机器和产生危险的主要部件图的图形示例

图 D.17　使用产生危险的单独部件图的图形示例

D.8　箭头

D.8.1　箭头的使用原则

为传递安全标志的基本信息，图形中必须使用视觉要素表现各种事物、情况和意图。这些事物、情况和意图主要是：跌落或飞出物体及其运动方向，机器部件运动方向，整机运动方向，压力或力施加方向和与危险保持安全距离。在传递信息的图形中，使用5种类型的箭头表示这些要素。

D.8.2 表示跌落或飞出物体及其运动方向的箭头

这类箭头通常是白色背景下的一个黑色箭头，它可以是直的、斜的或弯曲的。当涉及一个或几个物体时，箭头的尾部应是连续的；当涉及连续的干扰物体或微粒时，箭头的尾部应是断开的。箭头尺寸见图 D.18。这类箭头的大小通常与图形中它所表示跌落或飞出的物体的大小成比例。图 D.19 给出了使用这类箭头表示跌落或飞出物体及其运动方向的危险图形示例。

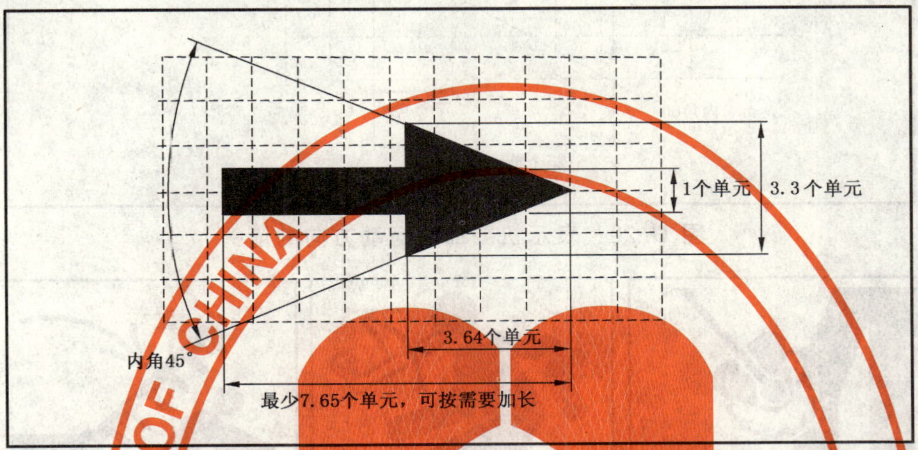

图 D.18 表示跌落或飞出物体及其运动方向的箭头

图 D.19 使用表示跌落或飞出物体及其运动方向的箭头的图形示例

D.8.3 表示机器部件运动方向的箭头

这类箭头通常是白色背景下的一个黑色箭头，它可以是直的、斜的或弯曲的。箭头尺寸见图 D.20。使用这类箭头时，一般应 100%地按 D.20 所示的实际单元比例尺寸绘制，当然为适应个别的图形，单元尺寸可有所不同。图 D.21 给出了使用这类箭头表示机器部件运动方向的危险图形示例。由于图D.20 和图 D.22 中的箭头的唯一区别是线条的相对粗细不同，同时出现两个几乎相同的箭头的情况是可能的，这时，使用图 D.20 中的箭头表示机器部件运动方向，使用图 D.22 中的箭头表示整机运动方向。

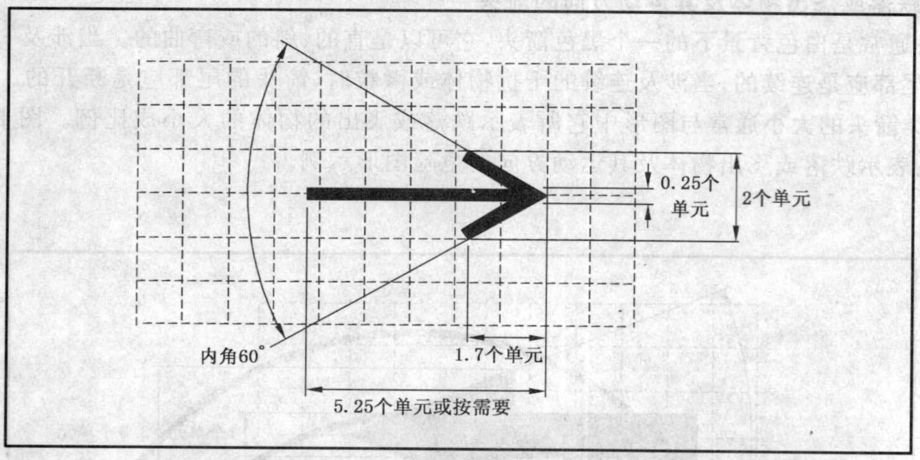

图 D.20　表示机器部件运动方向的箭头

图 D.21　使用表示机器部件运动方向的箭头的图形示例

D.8.4　表示整机运动方向的箭头

这类箭头通常是白色背景下的一个黑色箭头，它可以是直的、斜的或弯曲的。箭头尺寸见图 D.22。使用这类箭头时，一般应 100%地按 D.22 所示的实际单元比例尺寸绘制，当然为适应个别的图形，单元尺寸可有所不同。图 D.23 给出了使用这类箭头表示整机运动方向的危险图形示例。由于图 D.20 和图 D.22 中的箭头的唯一区别是线条的相对粗细不同，同时出现两个几乎相同的箭头的情况是可能的，这时，使用图 D.20 中的箭头表示机器部件运动方向，使用图 D.22 中的箭头表示整机运动方向。

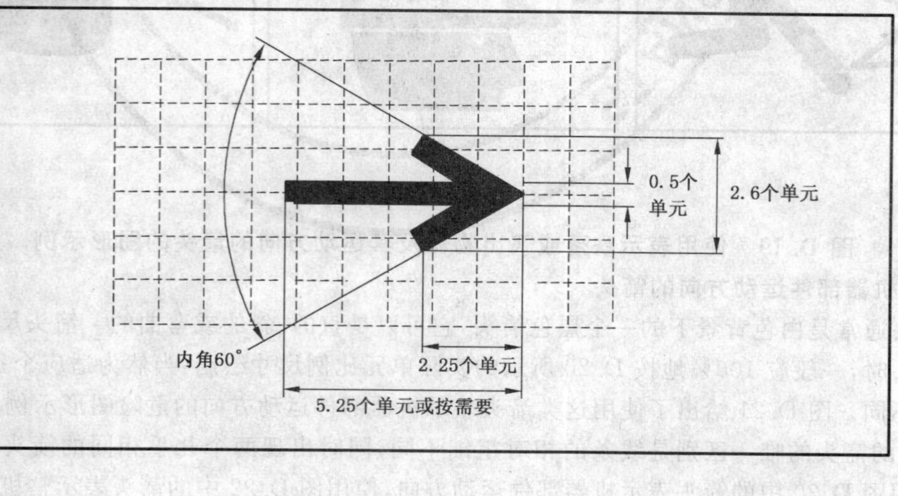

图 D.22　表示整机运动方向的箭头

图 D.23　使用表示整机运动方向的箭头的图形示例

D.8.5　表示压力和力施加方向的箭头

这类箭头通常是黑色轮廓下的一个白色箭头，表示压力或力源。对特殊的压力或力源，它也可是白色背景下的一个黑色箭头。箭头尺寸见图 D.24。使用这类箭头时，一般应 100%地按图 D.24 所示的实际单元比例尺寸绘制，当然为适应个别的图形，单元尺寸可有所不同。图 D.25 给出了使用表示压力或力施加方向的箭头的危险图形示例。

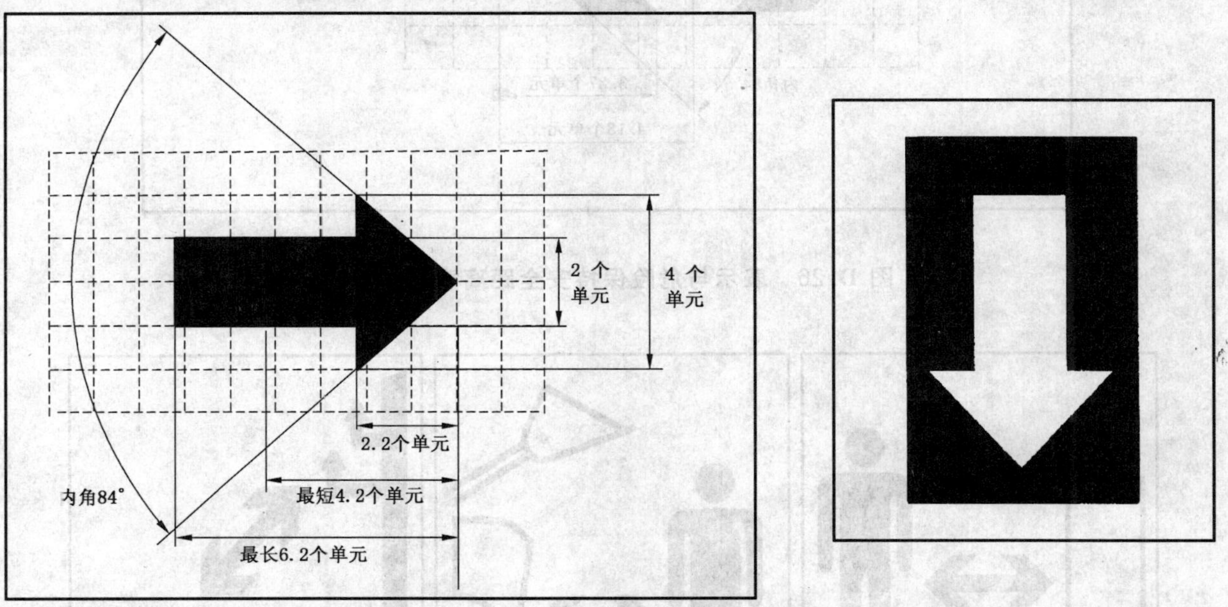

图 D.24　表示压力和力的施加方向的箭头

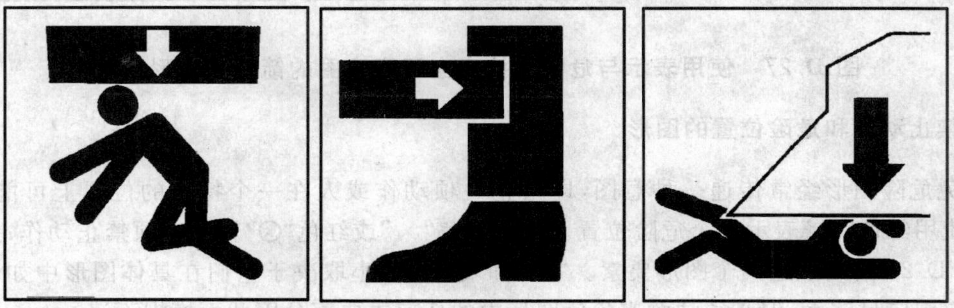

图 D.25　使用表示压力和力的施加方向的箭头的图形示例

D.8.6　表示与危险保持安全距离的箭头

这类箭头一般用于避免危险图形中，对于有文字带的安全标志是白色背景下的一个黑色箭头；对于无文字带的安全标志是黄色背景下的一个黑色箭头。箭头尺寸见图 D.26。使用这类箭头时，一般应按图 D.26 所示 60％的实际单元比例尺寸绘制，当然为适应个别的图形，单元尺寸可有所不同。图 D.27 给出了使用表示与危险保持安全距离意图的箭头的危险图形示例。

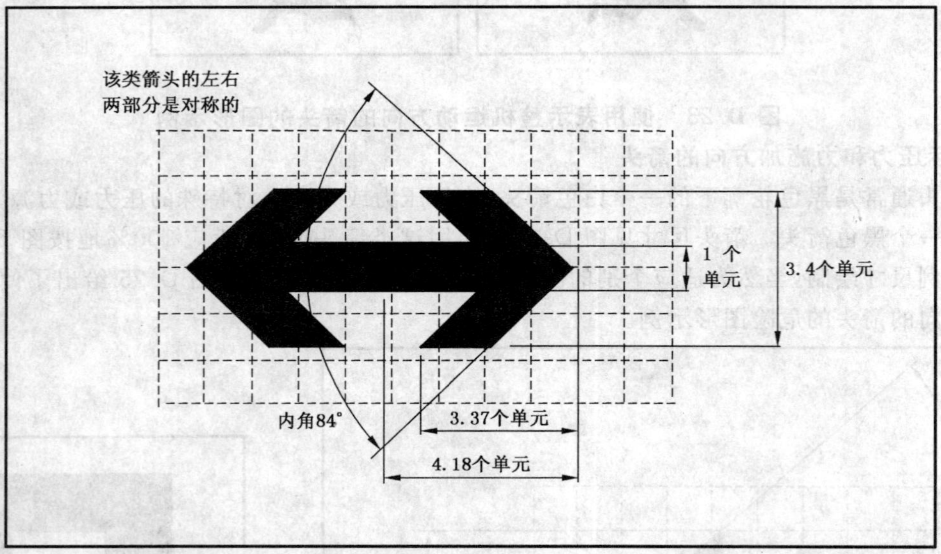

图 D.26　表示与危险保持安全距离意图的箭头

图 D.27　使用表示与危险保持安全距离意图的箭头的图形示例

D.9　表示禁止动作和危险位置的图形

D.9.1　避免危险图形经常传递一种意图，即禁止一项动作或人在一个特定的位置上可能是危险的。一般来说，使用红色“×”表示一个危险位置。使用红色“×”或红色“⊘”表示一项禁止动作；优先选用红色“×”。图 D.28 给出了这两个图形要素。“×”和“⊘”的大小取决于它们在具体图形中如何使用。为易于辨认，它们应足够大，但必须注意避免使图形中的任何重要部分因此而模糊不清。

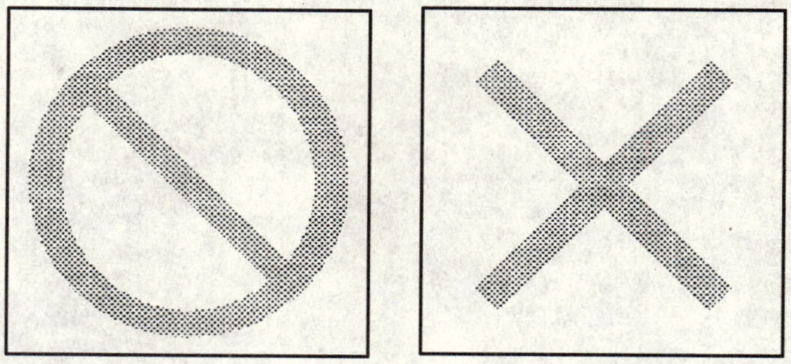

图 D.28 表示禁止动作和危险位置的红色“×”和“⃠”

D.9.2 红色“×”用来表示禁止动作或危险位置：红色“×”可以放置在进行禁止动作的人体图上或放置在处于危险位置的人体图上；红色“×”传递一种否定信息，即所描述的动作是禁止的或指明的位置是危险的，应该避免。“×”的两条线应互相垂直并与图形边框呈45°。图D.29给出了使用红“×”表示禁止动作或危险位置的危险图形示例。

图 D.29 使用红色“×”表示禁止动作和危险位置的图形示例

D.9.3 红色“⃠”用来表示禁止动作：红色“⃠”可以放置在描述禁止动作的图形要素上；“⃠”传递一种否定信息，即所描述的动作是禁止的。“⃠”中的斜线通常从圆圈的左上方起到圆圈的右下方止；标准的斜线与水平呈45°，有时为避免重要的图形信息不清晰，角度或多或少地进行调整。只有在图形含义清楚时才使用“⃠”。图D.30给出了使用红色“⃠”表示禁止动作的危险图形示例。

图 D.30 使用红色“⃠”表示禁止动作的图形示例

ICS 23.100
J 19

中华人民共和国国家标准

GB/T 10429—2006
代替 GB/T 10429—1989

单级向心涡轮液力变矩器 型式和基本参数

Single-stage centripetal turbine torque converters— Types and basic parameters

2006-07-19 发布 2007-01-01 实施

中华人民共和国国家质量监督检验检疫总局
中国国家标准化管理委员会 发布

前　言

本标准代替 GB/T 10429—1989《单级向心涡轮液力变矩器　型式和基本参数》。

本标准与 GB/T 10429—1989 相比主要变化如下：

——修改了术语；

——对部分有效直径的泵轮最高转速、功率范围和极限输入力矩进行了调整。

本标准由中国机械工业联合会提出。

本标准由机械工业工程机械标准化技术委员会归口。

本标准起草单位：天津工程机械研究院、天津鼎盛工程机械有限公司。

本标准主要起草人：黄德彬、李淑萍。

本标准所代替标准的历次发布情况为：

——JB 3246—1983、GB/T 10429—1989。

单级向心涡轮液力变矩器型式和基本参数

1 范围

本标准规定了单级向心涡轮液力变矩器的术语和定义、型式与基本参数。

本标准适用于工程建筑、起重运输、林业集材、矿山油田等机械用单级向心涡轮液力变矩器。

2 规范性引用文件

下列文件中的条款通过本标准的引用而成为本标准的条款。凡是注日期的引用文件，其随后所有的修改单(不包括勘误的内容)或修订版均不适用于本标准，然而，鼓励根据本标准达成协议的各方研究是否可使用这些文件的最新版本。凡是不注日期的引用文件，其最新版本适用于本标准。

GB/T 3858 液力传动术语

GB/T 10856 双涡轮液力变矩器 技术条件

3 术语和定义

GB/T 3858 和 GB/T 10856 确立的以及下列术语和定义适用于本标准。

3.1

公称力矩 nominal torque

在牵引工况区的变矩段，泵轮转速等于 1 000 r/min 和高转速比区最高效率工况时，泵轮所吸收的力矩。

$$M_{Bg}=\frac{M_{B\eta}}{(n_B/1\ 000)^2}$$

式中：

M_{Bg}——公称力矩，单位为牛米(N·m)；

$M_{B\eta}$——在牵引工况区的变矩段，泵轮转速等于 n_B 和高转速比区最高效率工况时泵轮所吸收的力矩，单位为牛米(N·m)；

n_B——泵轮试验转速，单位为转每分钟(r/min)。

4 型式与基本参数

4.1 型式

按照叶轮与单向离合器配合所能组成的工作状态的数目，将液力变矩器分为如下 3 种型式：

a) 单相型——导轮固定不动；

b) 二相型——导轮装在单向离合器上，可单向旋转；

c) 三相型——两个导轮分别装在各自的单向离合器上，可分别单向旋转，结构示意如图 1。

4.2 基本参数

单级向心涡轮液力变矩器的基本参数应符合表 1 规定。

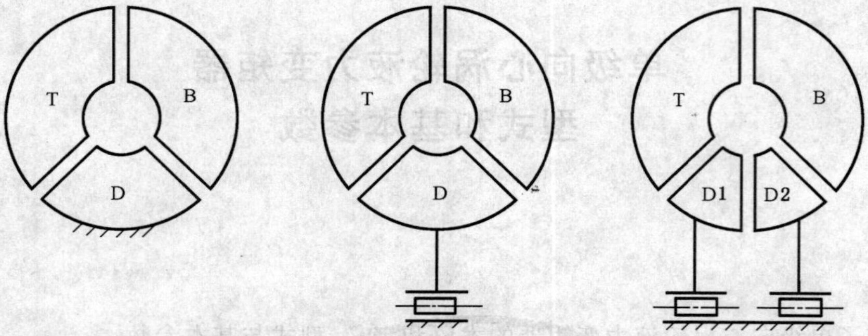

a） 单相型　　b） 二相型　　c） 三相型

图 1　液力变矩器型式

表 1

有效直径/ mm	公称力矩/ （N·m）	最高泵轮转速/ （r/min）	功率范围/ kW	极限输入力矩/ （N·m）
206	5.0～12.5			
224	7.5～19.0	4 000	10～75	240
243	11.2～28.0			
265	18.0～45.0			
280	23.6～60.0	3 300	20～130	450
300	33.5～85.0			
315	42.5～106.0			
335	56.0～140.0	2 800	32～210	800
355	75.0～190.0			
375	100.0～250.0	2 400	60～320	1 280
400	140.0～355.0			
425	190.0～475.0	2 400	120～500	2 000
450	250.0～630.0			
475	335.0～850.0			
500	425.0～1060.0	2 200	200～736	3 200
530	560.0～1 400.0			

ICS 45.060
S 52

中华人民共和国国家标准

GB/T 10478—2006
代替 GB 10478—1989

液化气体铁道罐车

Railway tank car for liquefied gases

2006-12-15 发布 2007-05-01 实施

中华人民共和国国家质量监督检验检疫总局
中国国家标准化管理委员会 发布

前　言

本标准代替 GB 10478—1989《液化气体铁道罐车技术条件》。

本标准与 GB 10478—1989 相比较，主要变化如下：

——标准名称由“液化气体铁道罐车技术条件”改为“液化气体铁道罐车”。

——增加了总论。

——增加了术语和定义。

——材料一章中增加了：

a) 压力容器用材料的采购和复验等要求，将低温压力容器用材料和高强钢材料（$R_m \geqslant 540$ MPa 的钢材）列入本标准。

b) 罐体主要受压元件（仅限人孔凸缘和法兰）可采用碳素钢和低合金钢铸件材料，并规定了选用铸钢件材料时的制造及检验要求。

c) 压力容器用材料的采购和复验等要求，将低温压力容器用材料和高强钢材料（$R_m \geqslant 540$ MPa 的钢材）列入本标准。

——增加了设计一章。

——制造一章中，提出了罐体制造要求，增加了安全附件的安装与检验要求。

——检验规则一章中增加了型式试验、出厂检验项目和要求。

——增加了一个规范性附录和三个资料性附录。

本标准的附录 A 为规范性附录，附录 B、附录 C、附录 D 为资料性附录。

本标准由全国锅炉压力容器标准化技术委员会（SAC/TC 262）提出。

本标准由全国锅炉压力容器标准化技术委员会（SAC/TC 262）归口。

本标准由全国锅炉压力容器标准化技术委员会移动式压力容器分技术委员会组织起草。

本标准起草单位：中国北车集团西安车辆厂、锦西化工机械（集团）有限责任公司、上海化工装备有限公司、中国石油化工集团公司经济技术研究院，中国北车集团青岛四方车辆研究所、吉化集团机械有限责任公司、上海市特种设备检验技术研究院、大连市锅炉压力容器检验研究所、铁道部运输局。

本标准主要起草人：许子平、张向东、周伟明、寿比南、郝文生、张进德、肖江石、王丽萍、王敏、罗运康、沈伯康、张超、陈朝晖。

本标准于 1989 年首次发布。

液化气体铁道罐车

1 范围

1.1 本标准规定了液化气体铁道罐车(以下简称罐车)的材料、设计、制造、涂装与标记、检验规则的要求。

1.2 本标准适用于设计压力大于等于0.1 MPa、设计温度不高于50℃,装运介质为液化气体的钢制罐体标准轨距罐车。

1.3 本标准不适用于下列罐车:

——罐体为有色金属或非金属材料的;

——罐体为真空绝热结构的;

——罐体为国防军事装备用有特殊要求的。

1.4 对不能采用本标准进行设计的罐车,允许采用以下方法设计,但需经全国锅炉压力容器标准化技术委员会评定、认可:

——包括有限元法在内的应力分析;

——验证性试验分析(如实验应力分析、验证性液压试验);

——用可比的已投入使用的结构进行对比经验设计。

2 规范性引用文件

下列文件中的条款通过本标准的引用而成为本标准的条款。凡是注日期的引用文件,其随后所有的修改单(不包括勘误的内容)或修订版均不适用于本标准,然而,鼓励根据本标准达成协议的各方研究是否可使用这些文件的最新版本。凡是不注日期的引用文件,其最新版本适用于本标准。

GB 146.1 标准轨距铁路机车车辆限界

GB 150—1998 钢制压力容器

GB 190 危险货物包装标志

GB/T 196—2003 普通螺纹 基本尺寸(ISO 724:1993,MOD)

GB/T 197—2003 普通螺纹 公差(ISO 965-1:1998,MOD)

GB/T 1804—2000 一般公差 未注公差的线性和角度尺寸的公差(eqv ISO 2768-1:1989)

GB 3181—1995 漆膜颜色标准

GB 3531 低温压力容器用低合金钢板

GB/T 4237—1992 不锈钢热轧钢板

GB/T 4549.1~4549.12—2004 铁道车辆词汇

GB/T 5601—1985 铁道货车组装后的检查与试验规则

GB/T 5599—1985 铁道车辆动力学性能评定和试验鉴定规范

GB 6654 压力容器用钢板

GB 6944 危险货物分类和品名编号

GB/T 7233—1987 铸钢件超声探伤及质量评级方法

GB/T 8163—1999 输送流体用无缝钢管(neq ISO 559:1991)

GB/T 9444—1988 铸钢件磁粉探伤及质量评级方法

GB 9969.1 工业产品使用说明书 总则

GB/T 14976—2002 流体输送用不锈钢无缝钢管

HG/T 2741—1995 压力容器用碳钢铸件技术条件

HG 20592—1997 钢制管法兰型式、参数(欧洲体系)

HG 20660—2000 压力容器中化学介质毒性危害和爆炸危险程度分类

JB/T 4700 压力容器法兰分类与技术条件

JB/T 4701 甲型平焊法兰

JB/T 4702 乙型平焊法兰

JB/T 4703 长颈对焊法兰

JB/T 4704 非金属软垫片

JB/T 4705 缠绕垫片

JB/T 4706 金属包垫片

JB/T 4707 等长双头螺柱

JB 4708 钢制压力容器焊接工艺评定

JB/T 4709 钢制压力容器焊接规程

JB/T 4711 压力容器涂敷与运输包装

JB 4726 压力容器用碳素钢和低合金钢锻件

JB 4727 低温压力容器用低合金钢锻件

JB 4728 压力容器用不锈钢锻件

JB 4730.1～4730.6 承压设备无损检测

JB 4732 钢制压力容器 分析设计标准

JB 4733 压力容器用爆炸不锈钢复合钢板

JB/T 4736 补强圈

JB 4744 钢制压力容器产品焊接试板的力学性能检验

JB/T 4746 钢制压力容器用封头

JB/T 4747 压力容器用钢焊条订货技术条件

JJG 184—1993 液化气体铁路罐车容积检定规程

TB/T 1.1—1995 铁道车辆标记 一般规则

TB/T 1.2—1995 铁道车辆标记 文字与字体

TB/T 493—2004 铁道车辆车钩缓冲装置组装技术条件

TB/T 1335—1996 铁道车辆强度设计及试验鉴定规范

TB/T 1492—2002 铁道车辆制动机单车试验方法

TB 1560—2002 货车安全技术的一般规定

TB/T 2879.1—1998 铁路机车车辆涂料及涂装 第1部分:涂料供货技术条件

TB/T 2879.2—1998 铁路机车车辆涂料及涂装 第2部分:涂料检验方法

TB/T 2879.3—1998 铁路机车车辆涂料及涂装 第3部分:金属和非金属材料表面处理技术条件

TB/T 2879.4—1998 铁路机车车辆涂料及涂装 第4部分:货车防护和涂装技术条件

锅炉压力容器制造监督管理办法 国家质量监督检验检疫总局令第22号

压力容器压力管道设计单位资格许可与管理规则(2002年版) 国家质量监督检验检疫总局颁布

锅炉压力容器压力管道焊工考试与管理规则(2002年版) 国家质量监督检验检疫总局颁布

3 术语和定义

GB 150 及 GB/T 4549.1～4549.12 确定的以及下列术语和定义适用于本标准。

3.1

设计温度 design temperature

设计温度指罐车在正常使用时，设定的罐体元件的金属温度（沿罐体金属元件截面的温度平均值）。设计温度与设计压力一起作为设计载荷条件。

3.2

压力 pressure

除注明者外，压力均指表压力。

3.3

工作压力 operating pressure

在正常工作情况下，罐体顶部可能达到的最高压力，单位为 MPa。

3.4

设计压力 design pressure

设计压力指设定的罐体顶部的最高压力，与相应的设计温度一起作为设计载荷条件，其值不低于罐体工作压力，单位为 MPa。

3.5

等效压力 equivalent pressure

罐车在运行过程中，由于罐车惯性力的影响，罐内介质所产生的液体冲击压力。该压力等于液体惯性力除以罐体端面的投影面积。液体惯性力按相应工况的纵向力乘以载重与罐车总重的比值求得，单位为 MPa。

3.6

计算压力 calculat pressure

计算压力指在相应设计温度下，用于确定罐体元件厚度的压力，其中包括等效压力，单位为 MPa。

3.7

第一工况 the first operating condition

指罐车在高速运行过程中开始变速或制动时的工况。

3.8

第二工况 the second operating condition

指罐车在调车作业时的工况。

3.9

自重 dead weight of tank car

空车时，罐车自身具备的质量。

3.10

整备质量 addition mass

罐车的附加质量，主要指设有押运间的罐车，押运间内在装满备足情况下所考虑的附加质量（包括押运员自身及所携带的生活用品，必备的检修工具等）。

3.11

主要受压元件 main pressure parts

指罐体的筒体、封头、人孔盖、人孔接管、人孔法兰、人孔凸缘、开孔补强圈以及公称直径大于等于250 mm 的凸缘、接管和法兰等。

3.12

安全附件 safety attachments

指安全泄放装置(安全阀、爆破片装置、安全阀与爆破片串联组合安全泄放装置)、紧急切断装置、液位计、压力表、温度计、装卸阀门等能起安全保护作用的附件总称。

3.13

无中梁罐车 girderless tank car

在罐体两端用牵引梁取代贯通中梁,将牵引梁与枕梁装置和罐体焊为一体,以罐体自身作为车辆承载结构一部分的罐车。

3.14

走行装置 walk device

走行装置指转向架、车钩、缓冲器、制动、底架等部件的总成。对有中梁罐车应包括罐体与底架连接的并组焊在底架上的零部件。

3.15

车钩高 coupler height

空车时,车钩中心线至轨面的垂直距离。

3.16

车辆长度(罐车全长) full length of tank car

罐车不受纵向外力时,两端车钩钩舌内侧面连接线(车钩闭锁状态)间的水平距离。

3.17

车辆定距 distance between supports of tank car

罐车底架两心盘中心间的水平距离。

3.18

换长 conversion length

车辆长度(单位为 m)与数值 11 的比值,保留小数点后一位。

3.19

载重 loading capacity

罐车标记中所注明的允许最大充装介质质量。

3.20

自重系数 dead weight factor

罐车自重与载重的比值。

3.21

轴重 weight per axle

罐车总重(自重+载重+整备质量)与全车轴数的比值。

3.22

每延米重 load per linear meter

罐车总重(自重+载重+整备质量)与罐车全长的比值。

4 总论

4.1 总则

4.1.1 罐车设计、制造、检验和验收除应符合本标准的规定外,还应遵守国家颁布的有关法令、法规和规章。

4.1.2 罐车的设计、制造单位按《压力容器压力管道设计单位资格许可与管理规则》和《锅炉压力容器制造监督管理办法》的有关规定,应分别持有国务院特种设备安全监督管理部门颁发的相应资格证书。

4.1.3 罐车制造单位应按型号进行样车型式试验，由国家主管部门认可的检测机构出具该样车的型式试验报告。

4.1.4 当罐车的主要设计参数、主体材料、结构型式和关键制造工艺等变更时，应重新进行型式试验。

4.1.5 罐车制造单位在按型号完成样车型式试验后，应将设计总图、罐体图、管路图、型式试验报告报国务院特种设备安全监督管理部门备案，方可投入正式生产。

4.1.6 进口罐车设计图样及设计文件应报国务院特种设备安全监督管理部门审查、备案。

4.1.7 罐车应为整车设计、制造。当制造单位无罐车走行装置制造资格时，经铁道部批准可委托走行装置制造单位生产。

4.2 职责

4.2.1 设计单位

4.2.1.1 设计单位应对设计文件的正确性和完整性负责。

4.2.1.2 罐车的设计文件至少包括以下文件：

a) 设计任务(建议)书或技术协议书；

b) 设计说明书；

c) 设计计算书(包括罐体主要受压元件强度计算或应力分析报告、罐体安全泄放量计算及有关铁道标准规定的车辆计算书等)；

d) 设计图样(包括设计总图、罐体图、管路图等)；

e) 产品技术条件；

f) 使用说明书。

4.2.1.3 罐车的设计总图及罐体设计图应盖有压力容器设计单位资格印章。

4.2.1.4 罐车设计总图上，至少应注明下列内容：

a) 产品名称、型号及容器类别；

b) 罐车性能参数(包括轨距、商业运营速度、使用温度、载重、自重、自重系数、轴重、车辆定距、每延米重、换长、车辆限界、通过最小曲线半径、设计寿命等)；

c) 罐体设计参数[包括设计压力、设计温度、充装介质(组分)、最高工作压力、总容积、单位容积充装质量、焊接接头系数、腐蚀裕量等]；

d) 罐车技术要求(包括制造要求、防腐蚀处理要求、耐压试验、气密性试验要求、安全阀的规格和性能参数等)；

e) 特殊要求包括：有夹套的罐体应分别注明罐体和夹套的试验压力、允许的内外差值，以及试验的步骤和试验要求等。为防止介质造成的腐蚀(应力腐蚀)，应注明对介质纯净度成分的要求。当罐内需气体置换时，应提出相应要求；

f) 罐车铭牌的安装位置。

4.2.1.5 罐体设计图上，至少应注明下列内容：

a) 主要受压元件材料牌号、规格和要求；

b) 设计压力、设计温度、腐蚀裕量及单位容积充装质量等主要设计参数；

c) 无损检测要求；

d) 热处理要求；

e) 耐压试验和气密性试验要求。

4.2.2 制造单位

4.2.2.1 制造单位应按经规定程序批准的设计图样进行罐车制造。如需对原设计修改，应取得原设计单位同意修改的书面证明文件，且对修改部位详细记录。

4.2.2.2 罐车制造单位的检验部门在整车制造过程中和完工后，应按本标准、设计图样和技术文件的规定进行各项具体检测和试验，出具检测和试验报告，并对报告的正确性和完整性负责。

4.2.2.3 罐车制造单位对其制造的每辆罐车至少应具有下列技术文件备查，技术文件的保存期应不少于罐车设计寿命。

a) 制造工艺图或制造工艺卡；

b) 罐体受压元件材料质量证明文件及材料表；

c) 焊接和热处理记录；

d) 无损检测报告和底片；

e) 安全附件的检验记录；

f) 罐车制造过程中及完工后的检测和试验报告；

g) 原设计图和竣工图(至少包括总图、罐体图和管路图等)；

h) 产品质量证明书；

i) 监检单位出具的《锅炉压力容器产品安全性能监督检验证书》。

4.2.2.4 罐车制造单位在确认罐车制造质量符合本标准和设计图样的要求后，应填写产品质量证明书，且经国务院特种设备安全监督管理部门授权的检验机构确认后方可交付用户。

5 材料

5.1 一般要求

5.1.1 罐体用材料的质量及规格除应符合相应国家标准、行业标准的规定外，且应考虑与介质的相容性。

5.1.2 罐体受压元件用材料应符合 GB 150—1998 第 2 章的相关要求。

5.1.3 罐体受压元件采用国外材料应符合下列要求：

a) 应选用国外压力容器规范允许使用且国外已有使用实例的材料，其使用范围应符合材料生产国相应规范和标准的规定，并有该材料的质量证明书；

b) 制造单位首次使用前，应分别按 JB 4708 和《锅炉压力容器压力管道焊工考试与管理规则》进行焊接工艺评定和焊工考试，并对材料的化学成分、力学性能进行复验，满足使用要求后，才能投料制造；

c) 材料的技术要求不应低于国内相应材料的技术指标，当不符合国内相应材料的技术指标时，应通过全国锅炉压力容器标准化技术委员会技术评审；

d) 国内首次使用且标准抗拉强度下限值 $R_m \geqslant 540$ MPa 的钢材，应报国务院特种设备安全监督管理部门审查、批准。

5.1.4 罐体受压元件采用新研制的材料(包括国内没有应用实例的进口材料)或未列入 GB 150 等标准的材料时，材料的研制生产单位应将试验验证资料和第三方的检测报告经全国锅炉压力容器标准化技术委员会技术评审合格，且报国务院特种设备安全监督管理部门批准后方可使用。

5.1.5 罐体受压元件用材料的使用状态和范围不应超出相应标准的规定。

5.2 罐体受压元件用材料

5.2.1 钢板

5.2.1.1 罐体采用的碳素钢板和低合金钢板应符合 GB 3531 或 GB 6654 的规定，且在钢板的明显部位应有清晰、牢固的钢印标志。标志至少包括标准代号、材料牌号及规格、炉(批)号、国务院特种设备安全监督管理部门认可的监督检验标志、材料生产单位名称及检验印鉴标志等内容，并具有加盖国务院特种设备安全监督管理部门认可印章的材料质量证明书原件。

5.2.1.2 罐体采用不锈钢板应符合 GB/T 4237 的规定，不锈钢复合板应符合 JB 4733 的规定。厚度大于 4 mm 的不锈钢板，订货时应注明压力容器用钢板；厚度不大于 4 mm 的不锈钢板，设计单位应注明钢板表面质量的组别。

5.2.1.3 碳素钢板和低合金钢板应逐张进行超声检测，超声检测按 JB 4730.2 进行，合格等级应不低于Ⅱ级。

5.2.1.4 用于制造罐体的碳素钢板和低合金钢板，每批钢板中应至少抽2张进行夏比(V型缺口)低温冲击试验，试验温度按设计图样的规定温度选取，且不高于－20℃，试件取样方向为横向。冲击试验要求和冲击功合格指标应符合相应钢板标准的规定。

5.2.1.5 奥氏体不锈钢板可免做冲击试验。

5.2.2 锻件

碳素钢和低合金钢锻件、不锈钢锻件应分别符合JB 4726、JB 4727及JB 4728的规定，且不低于Ⅲ级。锻件的级别应在设计图样上注明(在钢号后附上级别符号，如16MnⅢ)。

5.2.3 铸钢件

用于罐体主要受压元件(仅限人孔凸缘和法兰)的碳素钢和低合金钢铸件材料应符合下列要求：

a) 铸钢件不可用于装运介质毒性程度为极度或高度危害的罐体；

b) 铸钢件应符合HG/T 2741的规定；

c) 铸钢件的使用状态应为正火＋回火状态；

d) 铸钢件应逐件进行超声检测和磁粉检测，超声检测合格级别不低于GB/T 7233—1987规定的2级要求，磁粉检测合格级别不低于GB/T 9444—1988规定的1级要求，且不应有任何裂纹存在。

5.2.4 管材

碳素钢、低合金钢钢管应符合GB/T 8163的规定。不锈钢钢管应符合GB/T 14976的规定。

5.2.5 焊接材料

焊接材料应符合JB/T 4747规定，且应有质量证明书和清晰、牢固的标志。

5.2.6 材料复验

罐体用主要受压元件用材在使用前应进行复验。

5.2.6.1 罐体用钢板的复验至少包括下列内容：

a) 逐张检查钢板表面质量和材料标志；

b) 按炉号复验钢板的化学成分；

c) 按批号复验钢板的力学性能、冷弯性能；

d) 碳素钢板和低合金钢板，每批钢板中应至少抽2张复验夏比(V型缺口)低温冲击试验，试验要求按5.2.1.4；

e) 当钢厂未提供碳素钢板和低合金钢板的超声检测保证书时，应逐张进行超声检测，合格等级不低于JB 4730.1～4730.6的Ⅱ级要求。

5.2.6.2 对钢板上印有国务院特种设备安全监督管理部门认可标志，且取得加盖国务院特种设备安全监督管理部门认可印章的材料质量证明书原件的钢板，可免除复验。

5.2.6.3 锻件应按JB 4726、JB 4727及JB 4728规定的项目进行复验。罐体制造单位锻制，且供本单位使用的锻件可免做复验。

5.2.6.4 罐体主要受压元件(仅限人孔凸缘和法兰)用铸钢件应按HG/T 2741的规定及设计图样要求的项目复验。罐体制造单位铸造，且供本单位使用的铸件可免做复验。

5.3 保温材料

5.3.1 保温材料应具有良好的化学稳定性，对设备和管路无腐蚀作用，当遭受火灾时不应大量逸散有毒气体。

5.3.2 保温材料应在不超过650℃温度下保持保温性能不失效，且保温层材料(包括保温层外壳材料)应采用熔点不低于700℃的材料。

5.3.3 保温材料的导热率应不超过0.67 W/(m^2·K)。

5.4 罐车用其他材料应符合相应国家标准、行业标准和铁道部的有关规程、文令。

6 设计

6.1 一般要求

6.1.1 罐车设计时,应合理布置罐体及附件,且安全可靠,能满足操作和运输要求。

6.1.2 罐车强度设计及试验鉴定应符合本标准及 TB/T 1335 的规定。

6.1.3 罐车动力学性能应符合 GB/T 5599 的规定。

6.1.4 罐车结构安全性应符合 TB 1560 的规定。

6.1.5 罐车轮廓应符合 GB 146.1 的规定。

6.1.6 罐车商业运营速度不大于 120 km/h。

6.1.7 罐车通过最小曲线半径 145 m。

6.2 结构要求

6.2.1 罐体

6.2.1.1 罐体应采用钢制直圆筒或带斜锥圆筒的焊接结构。

6.2.1.2 封头按 JB/T 4746 有关规定选用。

6.2.1.3 罐体内部一般不设防波板。

6.2.1.4 罐体上部应至少设置一个公称直径不小于 450 mm 的人孔。

6.2.1.5 罐体开孔补强应符合 GB 150 或 JB 4732 的规定,补强圈可按 JB/T 4736 选用。

6.2.1.6 罐体的对接接头以及罐体人孔、接管和凸缘与罐体之间的 T 型接头或角接接头应采用全焊透结构。

6.2.1.7 罐体用管法兰的型式与参数应符合 HG 20592 的规定,人孔法兰、垫片和紧固件应按 JB/T 4700～4707 的规定选取。选用的法兰、垫片压力等级应高于罐体的设计压力,当罐车装运表 1 所列介质时,法兰的类型应选用带颈对焊法兰,法兰密封面型式选用凹凸面,螺栓的性能等级应不低于 8.8 级。选用的垫片材料应考虑与罐内介质的相容性,不应采用石棉橡胶板。

6.2.1.8 罐体液面以下不应开孔。

6.2.1.9 罐车罐体外若设有夹套装置时,夹套装置应满足下列要求:

a) 夹套装置的结构可为整体夹套、半管夹套等,夹套与罐体的连接应采用焊接结构;
b) 夹套腔的引出管路不应妨碍罐车制动装置的正常操作,引出管路应设置必要的支撑和紧固装置,引出管路与罐车制动装置可动部分之间的间隙不应小于 25 mm;
c) 装运爆炸危险类介质的罐车不应设置夹套装置。

6.2.2 罐车装卸装置

6.2.2.1 罐车应采用上装上卸的装卸方式,阀件应尽量集中设置,并设置保护罩。

6.2.2.2 罐车上不应装设充装介质的充装泵。

6.2.3 底架

罐车底架可采用有中梁或无中梁的结构形式。

6.2.4 转向架

罐车的转向架应满足铁路运输要求。

6.2.5 制动装置、车钩缓冲装置

罐车制动装置、车钩缓冲装置应采用铁道部批准的结构。

6.2.6 罐体与底架的连接

有中梁罐车应设有罐体与底架的连接装置,且牢固、安全、可靠。连接方式可采用上、下鞍板螺栓紧固与卡带调整器(或弹簧卡带调整器)组合结构或鞍式支座组合结构。上、下鞍板连接螺栓的强度应满足铁路运输的安全要求。

无中梁罐车的罐体与牵枕装置应焊为一体。

6.2.7 押运间

设有押运间的罐车，其押运间内的设施应满足押运人员工作、休息的需要，且满足下列要求：

a) 应具有安全、防火、防盗、保温、通风等基本功能；

b) 押运间与底架的连接应采用螺栓连接；

c) 押运间内的地板、墙壁应采用阻燃材料制成；

d) 押运间内应配备必要的灭火器具；

e) 押运间的顶部应设有与大气相通的通气孔；

f) 押运间墙体应有牢固的钢骨架结构；

g) 押运间应设置必要的吊装结构。

6.2.8 罐车附属设施

6.2.8.1 罐车应按铁道部的有关规定安装车辆车号自动识别标签。

6.2.8.2 罐车应设有外扶梯，车顶操作平台及护栏，操作平台应有足够的操作空间，操作平台踏板应采用钢板网或钢格板，其钢板网的丝梗厚度应不小于 5.0 mm，钢格板的扁钢厚度应不小于 3.0 mm。操作平台护栏栏杆的高度应符合铁道标准有关规定。罐体内应设有内梯，内梯与罐体的连接应采用螺栓连接。

6.2.8.3 罐车上可拆卸的阀盖、人孔罩盖等附件应设置防止丢失的安全链或防止意外开启或拆卸的装置。

6.2.8.4 罐车上人孔罩盖及需引出或穿过人孔保护罩的管路与人孔保护罩之间应设置橡胶垫。

6.2.8.5 罐体设有遮阳装置时，遮阳装置应满足下列要求：

a) 遮阳装置应覆盖罐体上部 2/3 以上，但不超过 1/2 的面积，遮阳装置与罐体之间应有约 40 mm～50 mm 的通气空间，该空间不应填充保温材料；

b) 遮阳装置应不妨碍罐车附件和装卸装置的操作；

c) 遮阳装置与罐体的连接应牢固，若采用螺栓连接，应具有防松功能结构；

d) 遮阳装置中遮阳罩钢板的厚度应不小于 3.0 mm，遮阳装置应具有牢固的钢骨架结构。

6.2.9 罐车其他结构要求应符合设计图样的规定。

6.3 罐车车体强度设计

6.3.1 罐车车体基本作用载荷及其组合

6.3.1.1 罐车设计时车体应考虑以下基本作用载荷，若需要考虑其他载荷由设计单位确定。

a) 内压载荷：内压载荷取罐体设计压力；

b) 垂向静载荷：车体自重、载重和整备质量；

c) 垂向动载荷：垂向静载荷乘以垂向动载荷系数，垂向动载荷系数按 TB/T 1335 的规定计算。

d) 纵向载荷：罐车在各种运行状态时，车钩间所产生的拉伸力和压缩力。纵向载荷值按照 TB/T 1335 或铁道部的有关规定选取；

e) 顶车载荷：用千斤顶或其他工具在一端枕梁两侧或其他顶车位将重车顶起的载荷。

6.3.1.2 车体基本作用载荷的组合应按以下 3 种载荷组合校核车体的强度：

a) 第一工况载荷组合：内压载荷、第一工况纵向载荷、垂向静载荷、垂向动载荷联合作用；

b) 第二工况载荷组合：内压载荷、第二工况纵向载荷、垂向静载荷联合作用；

c) 顶车载荷组合：顶车载荷和垂向静载荷的联合作用。

6.3.2 罐车车体强度设计方法及要求

6.3.2.1 罐体的强度设计按 GB 150 的规定。

6.3.2.2 车体的强度设计按 TB/T 1335 的规定。

6.3.2.3 当某些特殊结构的罐体受压元件按 GB 150 的无法解决强度问题时，局部可参照 JB 4732 规定的方法进行分析计算，但应经设计单位技术负责人批准。

6.3.3 许用应力

6.3.3.1 罐体受压元件按 GB 150 进行设计及罐体局部参照 JB 4732 规定的方法进行应力分析时，材料的许用应力应符合 GB 150 的有关规定。

6.3.3.2 当罐体主要受压元件（仅限人孔凸缘和法兰）采用碳素钢和低合金钢铸件时，用设计温度下材料的抗拉强度确定材料许用应力时的安全系数应不小于 4.0，并考虑不大于 0.9 倍的铸造质量系数。

6.3.3.3 罐车其他零部件进行设计时，材料的许用应力按 TB/T 1335 的有关规定。

6.3.4 罐体

6.3.4.1 罐车罐体的设计温度应符合下列要求：

a) 罐体结构为裸式或带遮阳罩的，其设计温度为 50℃；

b) 罐体结构有保温层的，其设计温度应不低于元件金属在工作状态可能达到的最高温度。对于 0℃以下的金属温度，则设计温度不应高于元件金属可能达到的最低温度。

c) 罐体设计温度的最低值应考虑环境温度对其影响。

6.3.4.2 罐体的计算压力应不低于按下列条件所确定的压力的较大值，常见介质的设计压力按表 1 选取。

a) 在运输或装卸过程中罐体顶部可能出现的最大工作压力；

b) 设计压力与等效压力之和，等效压力不应小于 0.035 MPa。

6.3.4.3 罐体应有足够的腐蚀裕量，腐蚀裕量应根据预期的罐体设计寿命和介质对材料的腐蚀速率确定，还应考虑介质流动时对罐体或受压元件的冲蚀量和磨损量。常见介质的腐蚀裕量按表 1 选取。

6.3.4.4 罐车允许最大充装质量按式(1)计算确定，罐车允许最大充装质量应不超过罐车转向架（轴载荷）所允许的承载能力。常见介质的单位容积充装质量按表 1 选取。

$$W = \Phi_V \times V \qquad \cdots\cdots (1)$$

式中：

W——罐车允许最大充装质量，单位为吨(t)；

V——罐体设计总容积，单位为立方米(m^3)；

Φ_V——单位容积充装质量，单位为吨每立方米(t/m^3)。按下列规定确定：

a) 罐体结构为裸式或带遮阳罩的，按介质在 50℃时罐体内留有 8%气相空间及该温度下的介质密度确定；

b) 罐体结构有保温层的，按介质在罐体设计温度时罐体内留有 8%气相空间及该温度下的介质密度确定。

6.3.4.5 液化气体的分类应符合 GB 6944 的规定，其毒性危害和爆炸危险程度的划分应符合 HG 20660 的规定。当研制开发装运表 1 以外的介质的罐车时，设计单位应将其罐体设计技术参数、设计方案（设计压力、设计温度、腐蚀裕量、单位容积充装质量、安全泄放装置设置、介质主要物理和化学性质数据、设计说明与依据）报全国锅炉压力容器标准化技术委员会进行技术评审，且经国务院特种设备安全监督管理部门批准后，方可正式设计。

6.3.4.6 罐体焊接接头系数取 1.0。

表 1 常见介质的设计压力、腐蚀裕量、单位容积充装质量

介质种类	设计压力/MPa	罐体腐蚀裕量/mm	单位容积充装质量/t/m^3
液氨	2.16	≥2	0.52
液氯	1.62	≥4	1.20
液态二氧化硫	0.98	≥4	1.20
丙烯	2.16	≥1	0.43

表 1(续)

介质种类		设计压力/MPa	罐体腐蚀裕量/mm	单位容积充装质量/t/m^3
丙烷		1.77	≥1	0.42
液化石油气	50℃饱和蒸气压大于1.62 MPa	2.16	≥1	0.42
	其余情况	1.77	≥1	0.42
正丁烷		0.79	≥1	0.51
异丁烷		0.79	≥1	0.49
丁烯、异丁烯		0.79	≥1	0.50
丁二烯		0.79	≥1	0.55

6.4 罐体外压稳定性校核

6.4.1 罐体应按不小于 0.04 MPa 的外压进行刚度校核。当装卸时罐体受到有效真空的影响，则设计时应按 0.1 MPa 的外压进行罐体刚度校核。

6.4.2 当罐体设有外夹套装置时，应按最大压差、夹套设计压力及 0.1 MPa 中的最大值校核罐体外压稳定性。

6.5 罐体耐压试验

6.5.1 罐体制成后应进行液压试验。由于结构或支承原因，不能充满液体的，以及运行条件不允许残留试验液体的罐体，可按设计图样规定采用气压试验。

6.5.2 罐体耐压试验压力的确定应符合式(2)、式(3)的规定：

a) 液压试验

$$p_T = 1.3p \quad \cdots\cdots(2)$$

b) 气压试验

$$p_T = 1.15p \quad \cdots\cdots(3)$$

式中：

p——设计压力，单位为兆帕(MPa)；

p_T——试验压力，单位为兆帕(MPa)。

6.5.3 压力试验前，应按式(4)进行应力校核：

$$\sigma_T = \frac{p_T(D_i + \delta_e)}{2\delta_e} \quad \cdots\cdots(4)$$

式中：

σ_T——试验压力下圆筒的应力，单位为兆帕(MPa)；

D_i——圆筒内直径，单位为毫米(mm)；

p_T——试验压力，单位为兆帕(MPa)；

δ_e——圆筒的有效厚度，单位为毫米(mm)。

6.5.4 罐体耐压试验应力 σ_T 应满足式(5)，式(6)条件：

液压试验 $\sigma_T \leqslant 0.9R_{eL}(R_{P0.2})$ ……(5)

气压试验 $\sigma_T \leqslant 0.8R_{eL}(R_{P0.2})$ ……(6)

式中：

$R_{eL}(R_{P0.2})$——罐体材料在试验温度下的屈服强度(或 0.2% 规定非比例延伸强度)，单位为兆帕(MPa)。

6.6 罐体气密性试验

罐体气密性试验压力等于罐体设计压力。

7 安全附件

7.1 一般要求

7.1.1 罐车罐体的安全附件至少应包括安全阀、爆破片等安全泄放装置、紧急切断装置、装卸阀门、液位计、压力表、温度计等。

7.1.2 安全附件应符合相应国家标准或行业标准的规定。

7.1.3 选用的安全附件应考虑与介质的相容性。安全附件的受压零部件不应采用非金属及铸铁材料制造。

7.1.4 压力表、液位计、温度计等接口与罐体连接不应采用螺纹连接。

7.1.5 制造安全阀、爆破片、紧急切断阀、液位计、装卸软管及快速接头的单位应持有国务院特种设备安全监督管理部门颁发的制造许可证。

7.2 安全泄放装置

7.2.1 罐车罐体顶部应设置全启式弹簧安全阀，安全阀的弹性元件应与罐体内的介质隔离。

7.2.2 安全阀的开启压力应为罐体设计压力的1.05～1.10倍。安全阀的额定排放压力应不高于罐体设计压力的1.2倍。回座压力应不低于开启压力的0.9倍。

7.2.3 安全阀开启压力的允许偏差为规定值的±3%。

7.2.4 安全阀与罐体之间不应设置过渡连接阀门。

7.2.5 装运下列介质的罐车应设置安全阀与爆破片串联组合安全泄放装置：

a) 毒性程度为极度或高度危害的介质；

b) 强腐蚀性介质。

7.2.6 安全阀与爆破片串联组合安全泄放装置应符合下列要求：

a) 安全阀与爆破片串联组合装置应与罐体气相相通；

b) 组合装置的排放能力应大于等于罐体的安全泄放量；

c) 爆破片的爆破压力应高于安全阀开启压力，但不应超过安全阀开启压力的10%；

d) 爆破片应与安全阀串联组合，且在非排放状态下与介质接触的是爆破片；

e) 组合装置中爆破片面积应大于安全阀喉径截面积；

f) 爆破片不应使用脆性材料制作，破裂后不应产生碎片和脱落；

g) 安全阀与爆破片之间的腔体应设置排气阀、压力表或其他合适的指示器等，用以检查爆破片是否渗漏或破裂，并及时排放腔体内蓄积的压力，避免因背压而影响爆破片的爆破压力。

7.2.7 安全阀或安全阀与爆破片组合装置的排放能力应考虑发生火灾和罐内压力出现异常情况下，均能迅速排放，其排放能力应不小于罐体的安全泄放量。

7.2.8 多个安全泄放装置的排放能力可认为是各安全泄放装置排放能力之和。

7.2.9 安全泄放装置设计计算按附录A的规定。

7.3 紧急切断装置

7.3.1 罐车应在罐体液相口和气相口处，分别装设紧急切断阀，且应设置在靠近罐体处。

7.3.2 紧急切断装置一般由紧急切断阀、过流控制阀、远程控制系统及易熔元件等组成。紧急切断装置应动作灵活、性能可靠且便于检修。

7.3.3 远程控制系统的开闭操作装置应装在人员易于到达的位置。

7.3.4 紧急切断装置应符合下列要求：

a) 易熔元件的易熔合金熔融温度为75℃±5℃；

b) 紧急切断阀应保证在工作压力下全开，并持续放置48 h不致引起自然闭止；

c） 易熔元件应设在当环境温度升高时，能自动关闭紧急切断阀的位置；

d） 紧急切断阀自始闭止起：通径不大于DN50 mm的应在5 s内完全闭止，通径不小于DN65 mm的应在10 s内完全闭止；

e） 紧急切断阀和装卸阀门、过流控制阀应采用整体组合形式；

f） 紧急切断阀制成后应经耐压试验和气密性试验合格；

g） 受液化气体直接作用的部件，其耐压试验压力应不低于阀的公称压力的1.5倍，保压时间应不少于10 min；耐压试验前、后，分别以0.1 MPa和罐体设计压力进行气密性试验；

h） 受油压或气压直接作用的部件，其耐压试验压力应不低于工作介质最高工作压力的1.5倍，保压时间应不少于10 min。

7.4 液位计

7.4.1 液位计应符合相应国家或行业标准的规定，且灵敏准确、结构牢固、操作方便。

7.4.2 液位计可采用磁力浮球式或滑管式结构。当使用滑管式液位计时，滑管应有可靠的轴向锁紧机构。液位计应设置在便于观察和操作的位置，其最高安全液位应有明显标记。

7.5 压力表

7.5.1 罐体压力测量装置所用压力表应与罐内介质相适应，且为防震型。

7.5.2 装运强腐蚀性介质的隔膜式压力表精度等级应不低于2.5级，其余压力表精度等级应不低于1.6级。

7.5.3 压力表量程应为最高工作压力的1.5～2.0倍，表盘直径应不小于100 mm。

7.6 温度计

温度计的测温范围应与罐内介质的工作温度相适应。

8 制造

8.1 一般要求

8.1.1 罐车应按经规定程序批准的设计图样、技术条件及本标准的要求进行制造与检验。

8.1.2 罐车转向架、车钩、缓冲器、制动装置、底架等零部件的制造单位，应经铁道部的技术审查和批准后，方能进行制造、检验及验收。

8.1.3 罐车走行装置、罐体安全附件、罐体受压元件（封头、锻件等）等为外购、外协件时，罐车制造单位应通过对供货单位进行考察、追踪、评审等方法，确保外购、外协件的质量满足设计图样及本标准的要求。外购、外协件在投入使用前应进行必要的检验，并检查有效的质量证明文件，不合格的不应投入使用。

8.1.4 罐体的焊接应由持有相应类别的“锅炉压力容器压力管道特种设备操作人员（焊接）资格证”的人员担任。

8.1.5 罐体的无损检测应由持有相应方法的“锅炉压力容器无损检测人员资格证”的人员担任。

8.1.6 罐体主要受压及承受纵向载荷部分的焊接接头分为A、B、C、D、E 5类（见图1），并符合下列规定：

a） 直圆筒及锥形圆筒部分的纵向接头、凸形封头的所有拼接接头均属A类焊接接头；

b） 壳体部分的环向接头、带颈法兰与接管连接的接头，均属B类焊接接头；

c） 法兰与接管连接的非对接接头均属C类焊接接头；

d） 接管、人孔、凸缘、补强圈等与壳体连接的接头均属D类焊接接头；

e） 牵引梁、上鞍等与罐体连接的焊接接头均属E类焊接接头。

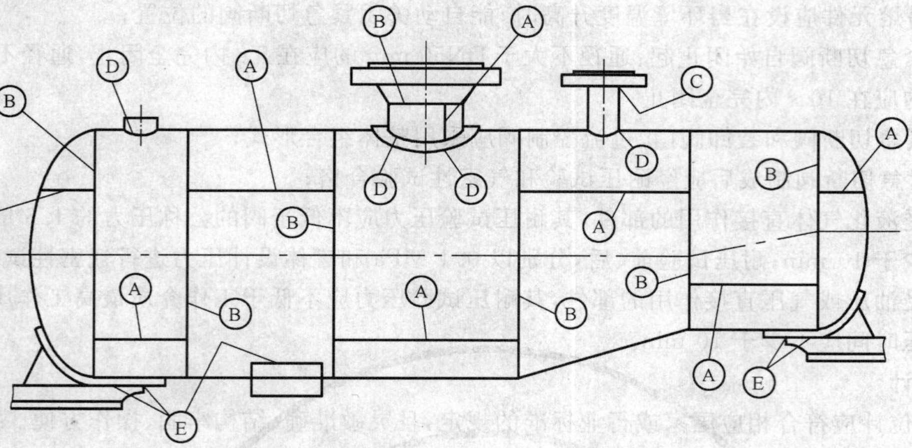

图 1 罐体焊接接头分类

8.1.7 凡制造罐体受压元件的材料应有确认的标记。在制造过程中,如原有的确认标记被裁掉(或加工)或材料分成几块,应于材料切割(或加工)前完成标记移植。确认标记的表达方式由制造单位规定。对于有防腐要求的不锈钢以及复合钢板制罐体,不应在与介质接触面采用硬印作为材料的确认标记。

8.1.8 用于制造不锈钢制罐体及其受压元件的加工成形设备和焊接设备,应能满足不锈钢罐体制造的需要,且采取必要的防护措施,防止铁离子污染。

8.1.9 奥氏体不锈钢及其复合钢板制造的罐体其不锈钢表面应进行酸洗、钝化处理。

8.2 罐体成形

8.2.1 基本要求

8.2.1.1 根据制造工艺确定加工裕量,封头和筒节成形后的最小厚度应满足下列要求:

a) 封头厚度不应小于设计厚度,若封头有开孔,则封头厚度不应小于名义厚度减去钢板负偏差;

b) 冷卷筒节不应小于名义厚度减去钢板负偏差。

8.2.1.2 制造中应严格控制钢板表面的机械损伤。对于尖锐伤痕以及不锈钢罐体表面的局部伤痕、刻槽等缺陷应予修磨,修磨范围的斜度至少为 1∶3。修磨的深度应不大于该部位钢材厚度的 5%,且不大于 2 mm,否则应予焊补。

对于复合板的成形件,其修磨深度应不大于复层厚度的 30%,且不大于 1.0 mm,否则应予焊补。

8.2.1.3 坡口表面质量应符合下列要求:

a) 坡口表面不应有裂纹、分层、夹杂等缺陷;

b) 标准抗拉强度下限值 $R_m \geqslant 540$ MPa 的钢材经火焰切割的坡口表面应进行磁粉或渗透检测;

c) 施焊前,应清除坡口及其母材两侧表面 20 mm 范围内(以距坡口边缘的距离计)的氧化物,油污、熔渣及其他有害杂质。

8.2.2 封头

8.2.2.1 先拼板后成形的封头,其拼接焊缝的内表面以及影响成形质量的拼接焊缝的外表面,在成形前应打磨至与母材齐平。封头的制造应符合设计图样及 JB/T 4746 的规定。

8.2.2.2 封头拼接焊缝应按图 2 布置,其焊缝距封头中心线应小于封头内径 D_i 的 1/4,中间板的宽度应不小于 200 mm,拼板的总块数应不多于 3 块。

8.2.3 圆筒与罐体

8.2.3.1 A、B 类焊接接头对口错边量 b(见图 3)应符合表 2 的规定。复合钢板的对口错边量 b(见图 4)不大于钢板复层厚度的 50%,且不大于 2.0 mm。

8.2.3.2 在焊接接头环向形成的棱角 E,用弦长等于 1/6 内径 D_i,且不小于 300 mm 的内样板或外样板检查(见图 5),其 E 值不应大于(δ_s/10+2)mm,且不大于 5.0 mm。

在焊接接头轴向形成的棱角 E(见图 6),用长度不小于 300 mm 的直尺检查,其 E 值不应大于(δ_s/10+2)mm,且不大于 5 mm。

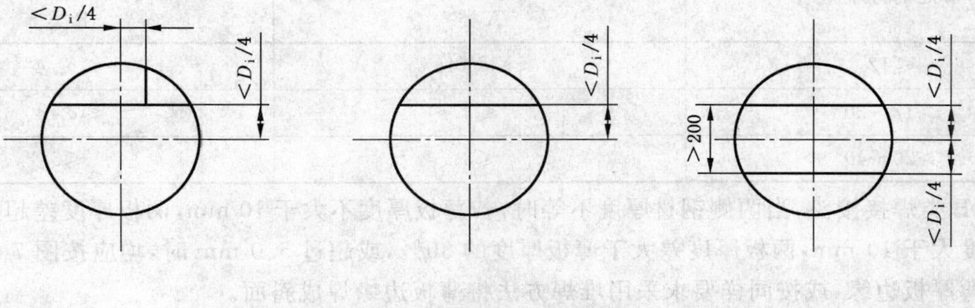

图 2 封头拼接焊缝布置图

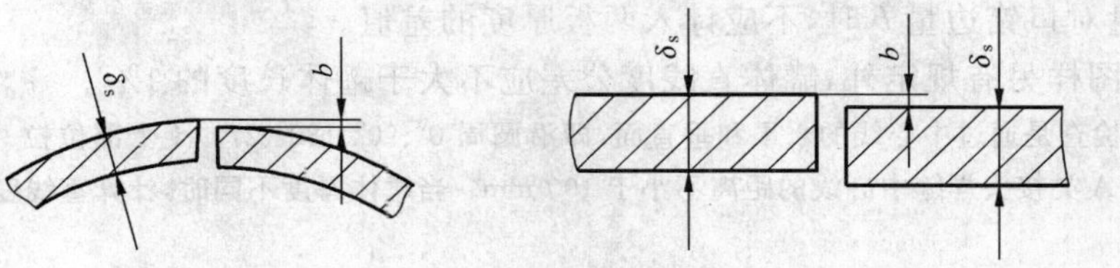

图 3 A、B 类焊接接头对口错边量 b

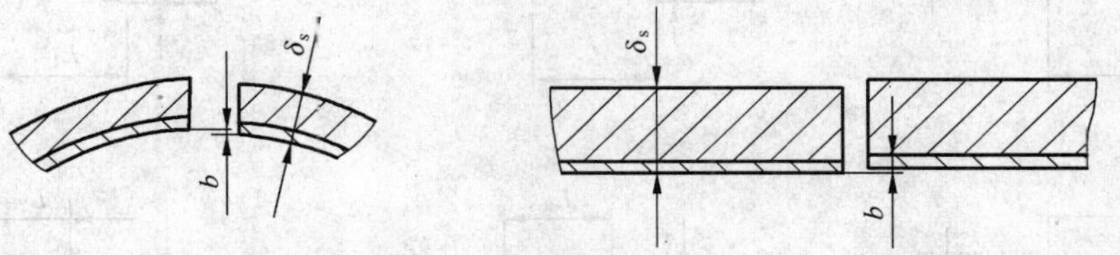

图 4 复合钢板 A、B 类焊接接头对口错边量 b

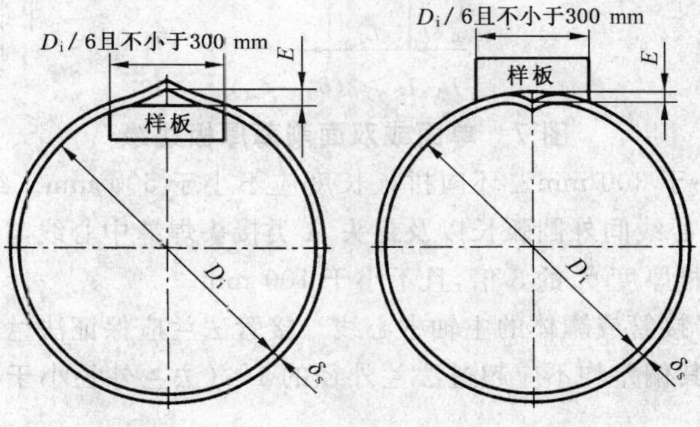

图 5 内样板或外样板检查环向棱角 E

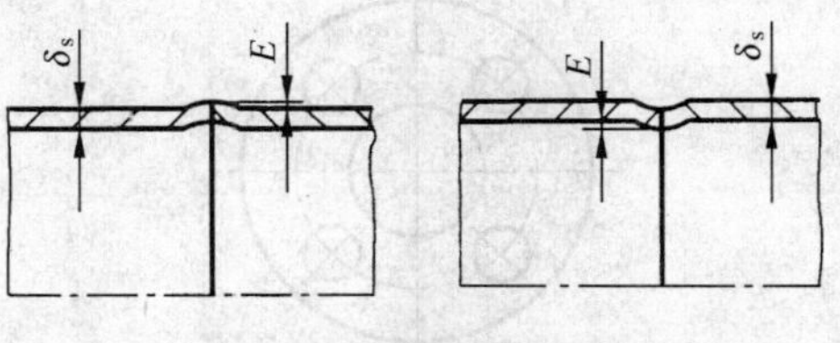

图 6 直尺检查轴向棱角 E

表 2 A、B 类焊接接头对口错边量　　单位为毫米

对口处钢材厚度 δ_s	按焊接接头类别划分对口错边量 b	
	A 类	B 类
≤12	$\leqslant\delta_s/4$	$\leqslant\delta_s/4$
>12～20	≤3	$\leqslant\delta_s/4$
>20～40	≤3	≤5

8.2.3.3　B 类焊接接头，当两侧钢材厚度不等时，若薄板厚度不大于 10 mm，两板厚度差超过 3.0 mm；若薄板厚度大于 10 mm，两板厚度差大于薄板厚度的 30%，或超过 5.0 mm 时，均应按图 7 的要求单面或双面削薄厚板边缘，或按同样要求采用堆焊方法将薄板边缘焊成斜面。

当两板厚度差小于上列数值时，则对口错边量 b 按 8.2.3.1 要求，且对口错边量 b 以较薄板厚度为基准确定。在测量对口错边量 b 时，不应计入两板厚度的差值。

8.2.3.4　除设计图样另有规定外，罐体直线度公差应不大于罐体长度的 1‰。

注：罐体直线度检查是通过中心线的水平和垂直面，即沿圆周 0°、90°、180°、270° 4 个部位拉 ϕ0.5 mm 的细钢丝测量。测量位置离 A 类接头焊缝中心线的距离不小于 100 mm。当罐体厚度不同时，计算直线度时应减去厚度差。

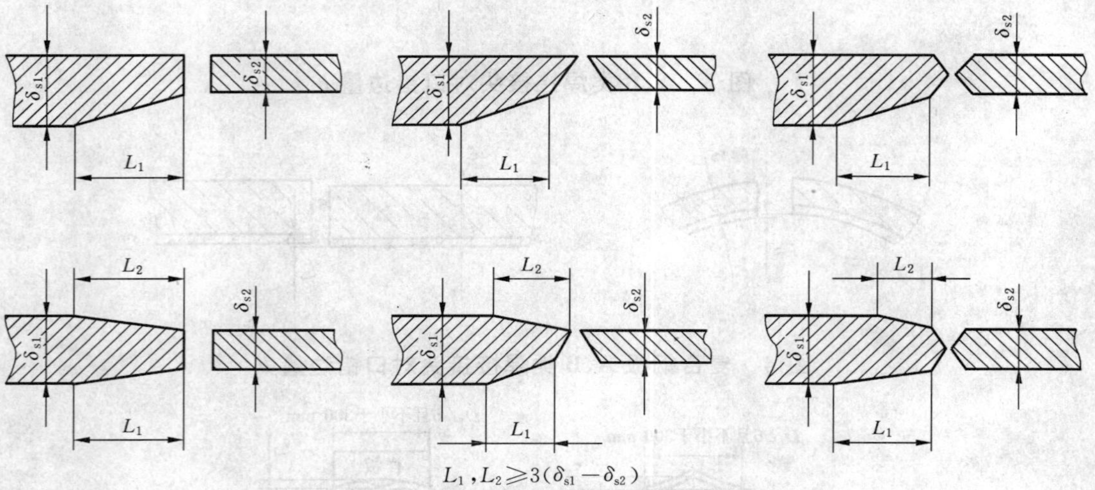

图 7　单面或双面削薄厚板边缘

8.2.3.5　筒节长度应不小于 300 mm。环向拼板长度应不小于 500 mm。组装时不应采用十字焊缝，相邻筒节 A 类接头焊缝中心线间外圆弧长以及封头 A 类接头焊缝中心线与相邻筒节 A 类接头焊缝中心线间外圆弧长应大于钢材厚度 δ_s 的 3 倍，且不小于 100 mm。

8.2.3.6　法兰面应垂直于接管或罐体的主轴中心线。接管法兰应保证法兰面的水平或垂直(有特殊要求的应按设计图样规定)，其偏差均不应超过法兰外径的 1%(法兰外径小于 100 mm 时，按 100 mm 计算)，且不大于 3.0 mm。

法兰、凸缘的螺孔应与壳体主轴线或铅垂线跨中布置(见图 8)。有特殊要求时，应在设计图样上注明。

图 8　法兰、凸缘的螺孔与壳体主轴线或铅垂线跨中布置

8.2.3.7 筒体纵焊缝不应布置在筒体横截面中心与最低点连接半径的左右两侧各40°范围内。罐体上的支撑件、连接件和罐体焊接的焊缝应尽量避开筒节间对接焊缝及圆筒与封头对接的焊缝。

8.2.3.8 罐体上凡被补强圈、支座、垫板等覆盖的焊缝，均应打磨至与母材齐平。

8.2.3.9 罐体组装完成后，按下列要求检查罐体的圆度。有开孔补强时应距补强圈边缘100 mm以外的位置测量：

a) 罐体同一断面上最大内径与最小内径之差 e 应不大于该断面内径 D_i 的1%，且不大于25 mm（见图9）；

b) 当被检测断面位于开孔中心一倍开孔内径范围内时，则该断面最大内径与最小内径之差 e，应不大于该断面内径 D_i 的1%与开孔内径的2%之和，且不大于25 mm。

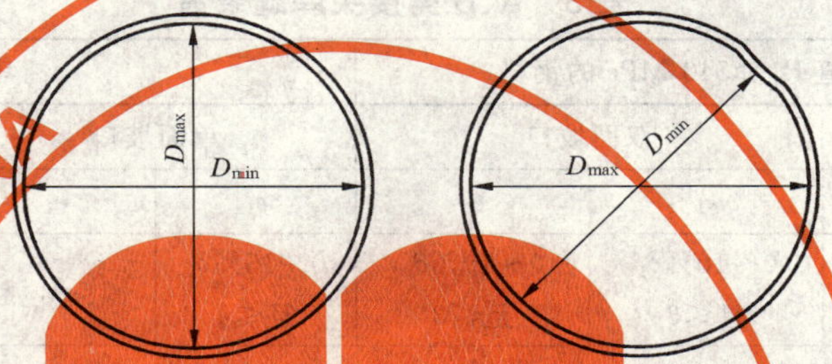

图9 罐体同一断面最大内径与最小内径之差 e

8.2.3.10 罐体开孔补强圈应在罐体耐压试验前通入0.4 MPa～0.5 MPa的压缩空气检查焊接接头质量。

8.2.4 法兰、平盖与凸缘

法兰、平盖与凸缘按相应标准或设计图样要求进行制造、检验及验收，并应满足如下要求：

a) 螺柱孔或通孔的中心圆直径以及相邻两孔弦长极限偏差为±0.6 mm，任意两孔弦长极限偏差为±1.0 mm；

b) 螺孔中心线与端面的垂直度公差不应大于螺孔直径的0.25%；

c) 螺纹基本尺寸与公差分别按GB/T 196、GB/T 197的规定；

d) 螺孔的螺纹精度按相应国家标准选取，一般为中等精度。

8.2.5 紧固件

紧固件按相应标准制造。

8.2.6 未注公差

机械加工表面和非机械加工表面的未注线性尺寸的极限偏差，分别按GB/T 1804—2000中的m级和c级的规定。

8.3 罐体焊接

8.3.1 焊接工艺

8.3.1.1 罐体施焊前应按JB 4708的规定进行焊接工艺评定，焊接要求应符合JB/T 4709的规定。

8.3.1.2 焊接工艺评定完成后，焊接工艺评定报告和焊接工艺指导书应经制造单位焊接责任工程师审核，技术总负责人批准，并存入技术档案。焊接工艺评定技术档案及焊接工艺评定试样应保存至该工艺评定失效为止。

8.3.1.3 焊工应按焊接工艺卡施焊。制造单位应建立焊工技术档案。制造单位检查人员应对实际的焊接工艺参数进行检查，并做好记录。

8.3.1.4 罐体主要受压元件焊缝附近50 mm处的指定部位，应打上焊工代号钢印。对无法打钢印的，应用简图记录焊工代号，并将简图列入产品质量证明书中提供给用户。

8.3.1.5 罐体上焊接的临时吊耳和拉筋的垫板等，应采用与罐体相同或在力学性能和焊接性能方面相似的材料，并用相适应的焊材及焊接工艺进行焊接。

临时吊耳和拉筋的垫板割除后留下的焊疤应打磨平滑，并按设计图样规定进行渗透检测或磁粉检测，确保表面无裂纹等缺陷。打磨后的厚度不应小于该部位的设计厚度。

8.3.1.6　不应强力组装。

8.3.1.7　受压元件之间或受压元件组装时的定位焊，若保留成为焊缝金属的一部分，则应按受压元件的焊缝要求施焊。

8.3.2　焊缝外观质量

8.3.2.1　罐体 A、B 类接头焊缝余高 e_1、e_2（见图 10）按表 3 或按设计图样的规定。

8.3.2.2　C、D、E 类接头的焊脚，在设计图样无规定时，取焊件较薄者之厚度。

表 3　A、B 类接头焊缝余高　　单位为毫米

标准抗拉强度下限值 $R_m \geqslant 540$ MPa 的钢材				其他钢材			
单面坡口		双面坡口		单面坡口		双面坡口	
e_1	e_2	e_1	e_2	e_1	e_2	e_1	e_2
$0 \sim 10\% \delta_s$ 且 $\leqslant 3$	$\leqslant 1.5$	$0 \sim 10\% \delta_1$ 且 $\leqslant 3$	$0 \sim 10\% \delta_2$ 且 $\leqslant 3$	$0 \sim 15\% \delta_s$ 且 $\leqslant 4$	$\leqslant 1.5$	$0 \sim 15\% \delta_1$ 且 $\leqslant 4$	$0 \sim 15\% \delta_2$ 且 $\leqslant 4$
注：表中百分数计算值小于 1.5 时按 1.5 计。							

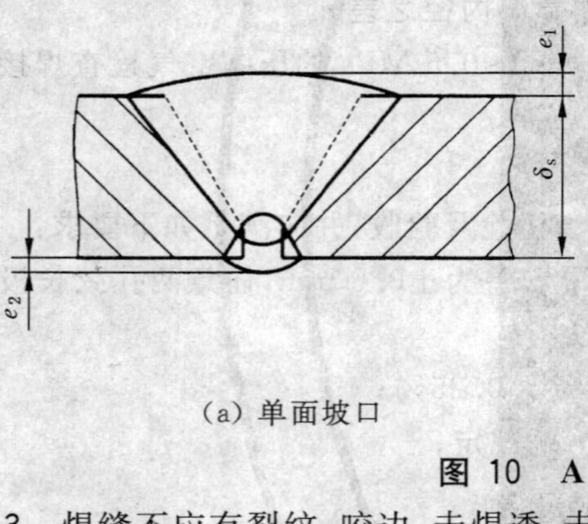

(a) 单面坡口

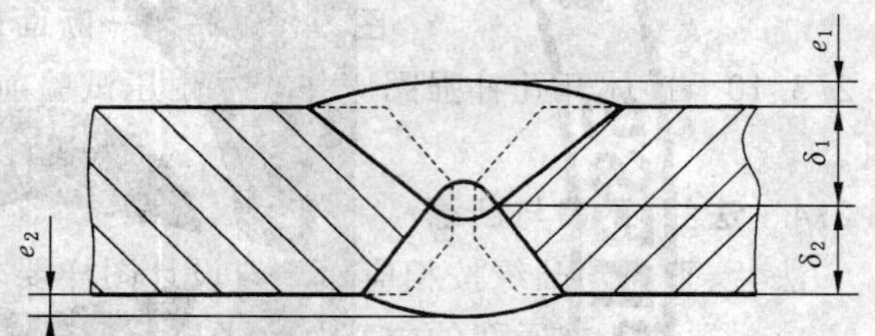

(b) 双面坡口

图 10　A、B 类接头焊缝余高 e_1、e_2

8.3.2.3　焊缝不应有裂纹、咬边、未焊透、未熔合、气孔、弧坑、未填满和夹渣等缺陷。

8.3.2.4　C、D、E 类接头焊缝应与母材圆滑过渡。

8.3.2.5　焊缝上的熔渣和两侧的飞溅物应清除干净。

8.3.3　焊缝返修

8.3.3.1　应分析返修焊缝缺陷产生的原因，提出相应的返修方案。

8.3.3.2　返修应编制详细的返修工艺，经焊接责任工程师批准后才能实施。返修工艺至少应包括缺陷产生的原因；避免再次产生缺陷的技术措施；焊接工艺参数的确定；返修焊工的指定；焊材的牌号及规格；返修工艺编制人、批准人的签字。

8.3.3.3　焊缝同一部位的返修次数不宜超过 2 次。超过 2 次以上的返修，应经制造单位技术总负责人批准，并应将返修的次数、部位、返修后的无损检测结果记入罐体质量证明书。

8.3.3.4　返修的现场记录应详尽，其内容至少包括坡口形式、尺寸、返修长度、焊接工艺参数（焊接电流、电弧电压、焊接速度、预热温度、层间温度、后热温度和保温时间、焊材牌号及规格、焊接位置等）和施焊者及其钢印等。

8.3.3.5　返修前需将缺陷清除干净，必要时可采用表面无损检测确认。

8.3.3.6　焊缝返修应在热处理之前进行。如在热处理后返修时，返修后应按 8.6.1.4 重做热处理。

8.3.3.7　有抗晶间腐蚀要求的奥氏体不锈钢制罐体，返修部位仍需保证原有的抗晶间腐蚀性能。

8.3.3.8　返修后的焊缝应按原无损检测要求检测合格。由于焊接接头或接管泄漏而进行返修的，或返修深度大于1/2壁厚的罐体，还应重新进行耐压试验。

8.4　产品试板和试样

8.4.1　产品焊接试板

8.4.1.1　罐体应制作筒体纵向焊接接头产品焊接试板。

8.4.1.2　凡符合下列条件之一者，应按每台制备产品焊接试板。

a)　用标准抗拉强度下限值 $R_m \geqslant 540$ MPa 钢材制造的罐体；

b)　设计图样注明装运毒性程度为极度或高度危害介质的罐体；

c)　GB 150 要求按台制作产品焊接试板的罐体。

8.4.1.3　除符合8.4.1.2以外的罐体，若制造单位能提供连续30台同牌号材料、同焊接工艺、同热处理规范的产品焊接试板的测试数据（焊接试板试件和检验报告应存档备查），证明焊接质量稳定，由制造单位技术负责人批准，可以批代台制作产品焊接试板，具体规定如下：

a)　按同一设计图样批量生产的罐体，连续生产（生产间断不超过半年）每批不超过10台，由制造单位从中抽一台产品制作产品焊接试板；

b)　采用以批代台制作产品焊接试板，如有一块试板不合格，应加倍制作试样，进行复验并做金相检验，如仍不合格，此钢号应恢复逐台制作产品焊接试板，直至连续30台同牌号材料、同焊接工艺、同热处理规范产品焊接试板的测试数据合格为止。

8.4.2　产品试板和试样的制备

产品焊接试板和焊接接头试样的制备除应符合JB 4744外，还应符合下列要求：

8.4.2.1　试板应由焊接罐体的焊工焊接。焊接后的产品试板应打上焊工和检验员代号钢印。产品焊接试板还应有工作令号或产品编号、材料钢号；

8.4.2.2　要求做晶间腐蚀倾向试验的奥氏体不锈钢罐体，可从产品焊接试板上切取检查试样，试样的数量应不少于两个。试样的型式、尺寸加工和试验方法，应符合相应国家标准的规定。试验结果评定，按设计图样或技术文件的要求。

8.4.3　产品焊接试板的力学性能检验

产品焊接试板的力学性能检验应符合JB 4744的规定。当焊接试板材料为碳素钢和低合金钢时应进行低温冲击试验，试验温度按设计图样的规定温度选取，且不应高于－20℃，冲击功合格指标应符合JB 4744的规定。

8.5　无损检测

8.5.1　无损检测范围和检测方法的选择

8.5.1.1　罐体的焊接接头，应先进行形状尺寸和外观质量的检查且合格后，才能进行无损检测。

8.5.1.2　射线和超声检测

8.5.1.2.1　罐体需按设计图样规定的方法，对其A类和B类焊接接头，进行100%的射线或超声检测。附加局部射线或超声检测的比例为焊接接头的20%。检测方法的选择要求如下：

a)　罐体壁厚小于等于38 mm时，对接接头应采用射线检测。由于结构等原因，不能采用射线检测时，应采用可记录的超声检测。

b)　罐体壁厚大于38 mm（或不大于38 mm，但大于20 mm且使用标准抗拉强度下限值 $R_m \geqslant 540$ MPa 钢材制造的罐体）时，其对接接头如采用射线检测，则每条焊缝还应附加局部超声检测；如采用超声检测，则每条焊缝还应附加局部射线检测。无法进行射线或超声检测时，应采用其他检测方法进行附加局部无损检测。附加局部检测应包括所有的焊缝交叉部位。

8.5.1.2.2　补强圈的拼接焊缝应进行100%射线或超声检测。

8.5.1.3　表面无损检测

凡符合下列条件之一的焊接接头，需按图样规定的方法，对其表面进行磁粉或渗透检测。

a) 罐体的C、D、E类焊接接头以及人孔法兰盖与接管、凸缘的角接接头应进行磁粉或渗透检测；

b) 复合钢板的复合层焊接接头；

c) 标准抗拉强度下限值 $R_m \geqslant 540$ MPa 的材料经火焰切割的坡口表面，以及该罐体的缺陷修磨或补焊处的表面，卡具和拉筋等拆除处的焊痕表面。

8.5.1.4 其他受压元件焊接接头和需要做无损检测的部位应符合设计图样的规定。

8.5.2 无损检测标准

8.5.2.1 按 JB 4730.1～4730.6 对罐体焊接接头进行射线、超声、磁粉和渗透检测。其合格指标如下：

——射线检测的透照质量不应低于 AB 级，其合格级别不低于Ⅱ级；

——超声检测的合格级别为Ⅰ级；

——磁粉或渗透检测的合格级别为Ⅰ级。

8.5.2.2 当采用射线和超声两种方法对罐体对接接头进行检测时，均应合格。其质量要求和合格级别，应按各自合格标准确定。

8.5.2.3 当罐体经无损检测发现超标缺陷时，应对缺陷部位进行返修，返修应按 8.3.3 进行，并对该部位采用原检测方法重新检测，直至合格。

8.5.3 检测记录的保存

制造单位应保存完整的无损检测原始记录，检测部位图应清晰、准确地反映实际检测的方位(如：射线照相位置、编号、方向等)，正确填发报告，妥善保管好无损检测档案和底片(包括原缺陷的底片)或超声自动记录资料，保存期限应不少于罐车设计寿命。

8.6 热处理

8.6.1 热处理要求

8.6.1.1 罐体焊接完成并经检测合格后，应进行炉内整体热处理。与罐体焊接连接件应在热处理之前施焊。

8.6.1.2 热处理炉应配有自动记录时间温度曲线的测温仪表，热处理应有详细的记录。

8.6.1.3 焊后热处理时，应采取适当措施，防止罐体变形。热处理后，应将罐体内部清扫干净。

8.6.1.4 焊后热处理规范和工艺应符合 JB/T 4709 的规定，罐体焊后热处理后的焊接接头的缺陷返修部位允许采用局部热处理方法。局部热处理时，靠近加热区的部位应采取保温措施，使温度梯度不致影响罐体材料的组织和性能。加热带宽度及布置应满足如下要求：

a) A类焊接接头加热带宽度应不小于缺陷部位长度与缺陷两端各延长 2 倍壳体厚度之和，加热带应沿壳体圆周整圈布置；

b) B类焊接接头加热带宽度应不小于焊缝两侧各 2 倍壳体厚度，加热带应沿壳体圆周整圈布置；

c) C、D类焊接接头应不小于壳体厚度的 6 倍，加热带应沿焊缝整圈布置。

8.6.2 除设计图样另有规定，奥氏体不锈钢罐体可不进行热处理。

8.7 底架

8.7.1 底架长度极限偏差为基本尺寸的±0.8‰，宽度极限偏差应不大于±5 mm。

8.7.2 两心盘中心距的极限偏差为基本尺寸的±0.7‰，两枕梁间对角线之差应不大于 7 mm。

8.7.3 两上心盘安装面的平面度公差为 1.5 mm，上心盘中心线对枕梁处的底架中心线对称度公差为 6 mm。

8.7.4 牵引梁、侧梁的水平及垂直位置偏差均不大于 5 mm。

8.7.5 有中梁底架的两枕梁间中梁应上挠，其挠度应不大于两枕梁间距离的 1‰，其在水平方向上的直线度公差应不大于两枕梁间距离的 1.4‰。

8.7.6 有中梁底架的鞍座与底架组装后，鞍座中心线偏移在纵横方向上均应不大于 2 mm。

8.8 转向架

转向架的制造应符合铁道部有关规程、文令、设计图样和技术文件的规定。

8.9 制动装置

8.9.1 制动梁、制动拉杆、制动链条应按有关标准进行拉力试验。

8.9.2 制动装置应按 TB/T 1492—2002 或设计图样的规定进行单车试验和闸调器性能试验。空重车调整装置、手制动机的试验应符合设计图样和技术文件的规定。

8.10 车钩缓冲装置

8.10.1 车钩缓冲装置各零部件应按设计图样和有关标准的规定制造和试验。

8.10.2 车钩缓冲装置的组装应符合 TB/T 493 的规定。

8.11 其他

罐车其他零部件制造要求应符合设计图样的规定。

8.12 落成要求

8.12.1 罐车落成前，车体两上心盘与基准平台平面的间隙应不大于 0.5 mm。检查时，应将车体落在基准平台上，用 0.5 mm 厚度的塞尺插入心盘面与平台面之间，插入深度应不超过 20 mm。

8.12.2 罐体纵向中心线与车辆定距中心线的偏移量 f(见图 11)应不大于 15 mm(对于设计需要偏置罐体的罐车，如带押运间的罐车，f 值为减去设计偏移量后的值)，罐体横向中心线与牵引梁横向中心线的偏移量 g(见图 12)应不大于 3 mm。

图 11 罐体纵向中心线与车辆定距中心线的偏移

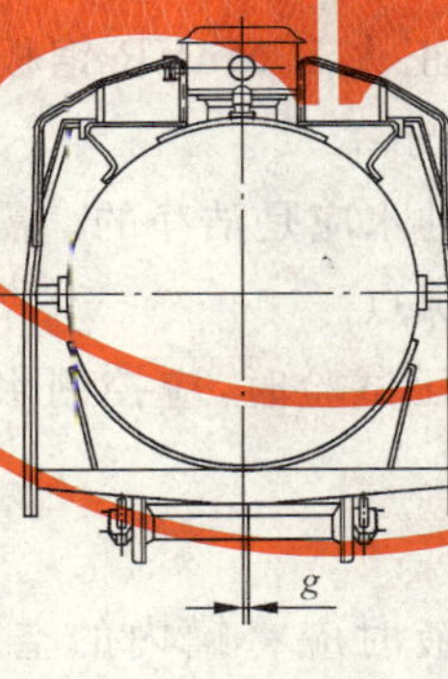

图 12 罐体横向中心线与牵引梁横向中心线的偏移

8.12.3 无中梁罐车落成后车辆定距极限偏差为±10 mm。

8.12.4 有中梁罐车，罐体与底架间木垫应符合如下要求：

a) 纵木垫厚度应在 52 mm～72 mm 范围内，且应高出木垫槽钢上边沿 5 mm；

b) 木垫与罐体至少应有 2/3 的接触面积，且应尽量密贴，局部间隙不大于 1 mm，个别间隙应不大于 2 mm。

8.12.5 有中梁罐车上、下鞍连接螺栓紧固后应密贴，用 0.5 mm 塞尺检查不应触及螺栓杆部；上、下鞍

纵向错位 h(见图 13)应不大于 15 mm。

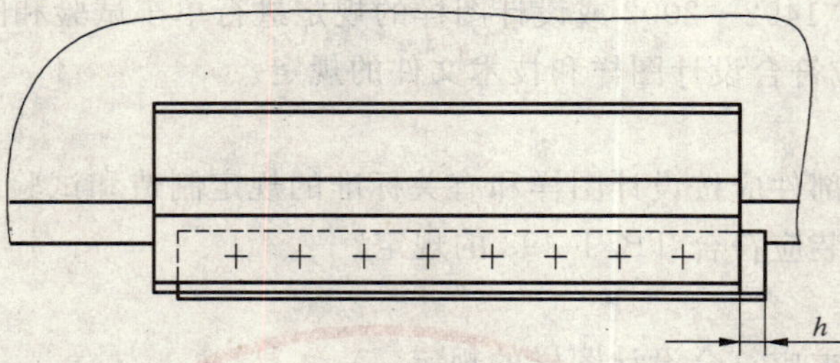

图 13 上、下鞍纵向错位

8.12.6 采用卡带连接的罐车,在卡带被紧固后,卡带与罐体应密贴,其局部间隙应不大于 1 mm,长度应不大于 100 mm,每根卡带局部间隙应不超过 3 处。卡带下有焊缝时,其接触部位的焊缝应打磨至与母材齐平。

8.12.7 旁承的组装间隙应符合设计图样及相关技术条件的规定。

8.12.8 车钩中心线距轨面高度为 880 mm±10 mm,同一辆车两车钩高度差应不大于 10 mm。

8.12.9 车辆同一位端梁上平面距轨面高度差应不大于 12 mm。

8.12.10 对有押运间的罐车,押运间的落成应满足如下要求:

a) 押运间纵向中心线与牵引梁纵向中心线偏移应不大于 5 mm;

b) 押运间下平面与底架端梁上平面间隙应不大于 5 mm。

8.12.11 罐车落成后需施焊时,不应将带电导体与底架以下部位连接。

8.13 罐体耐压试验和气密性试验

8.13.1 罐体液压试验

8.13.1.1 罐体在热处理合格后进行液压试验。

8.13.1.2 液压试验应用两个量程相同,精度不低于 1.6 级并经过校验合格的压力表。压力表的量程为试验压力的 2 倍左右为宜,且不应低于 1.5 倍和高于 3 倍的试验压力。压力表应安装在被试验罐体顶部便于观察的位置。

8.13.1.3 碳素钢、16MnR、15MnNbR 和正火 15MnVR 钢板制罐体液压试验时,液体温度不应低于 5℃,其他低合金钢制罐体,液体温度不应低于 15℃。

8.13.1.4 试验液体一般采用水。其所用的水应是洁净的。需要时也可采用不会导致发生危险的其他介质。试验时液体的温度应低于其闪点或沸点。

8.13.1.5 奥氏体不锈钢罐体用水进行液压试验时,应控制水中的氯离子不超过 25 mg/L,试验合格后,应立即将水渍去除干净。

8.13.1.6 液压试验方法:

a) 试验时罐体顶部应设排气口,充液时应将罐内的空气排净。试验过程中,应保持罐体表面干燥。

b) 当罐体壁温与液体温度接近时,才能缓慢升压至设计压力,确认无泄漏后继续升压到规定的试验压力,保压 30 min。然后将压力降至设计压力,保压足够长的时间以对所有焊接接头和连接部位进行检查。检查期间压力应保持不变,不应采用连续加压来维持压力不变。

c) 罐体液压试验过程中,不应带压紧固螺栓或向受压元件施加外力;液压试验完毕,应将液体排尽并用压缩空气将内部吹干。

8.13.1.7 液压试验后的罐体,符合下列条件为合格:

——无渗漏；

——无可见的异常变形；

——试验过程中无异常响声；

——对标准抗拉强度下限值 R_m≥540 MPa 的材料，焊缝表面经无损检测应无裂纹。

8.13.2　**罐体气压试验**

8.13.2.1　试验所用气体应为干燥洁净的空气、氮气或其他惰性气体。

8.13.2.2　碳素钢和低合金钢制罐体的试验用气体温度应不低于 15℃。其他材料制罐体，其试验用气体温度应符合设计图样规定。

8.13.2.3　气压试验时，试验单位的安全部门应进行现场监督。

8.13.2.4　气压试验方法

试验时应先缓慢升压至规定试验压力的 10%，保压 5 min～10 min，并对所有焊缝和连接部位进行初次检查。如无泄漏可继续升压到规定试验压力的 50%。如无异常现象，其后按规定试验压力的 10% 逐级升压，直到试验压力，保压 10 min。然后降到设计压力，保压足够时间进行检查，检查期间压力应保持不变。不应采用连续加压来维持试验压力不变。气压试验过程中不应带压紧固螺栓。

8.13.2.5　气压试验后的罐体，符合下列条件为合格：

罐体无异常响声，经肥皂液或其他可靠的检漏方法检查无漏气，无可见变形条件时即为合格。

8.13.3　**罐体气密性试验**

8.13.3.1　罐体的气密性试验应在罐体液压试验合格及罐体安全附件装备齐全后进行，对设计图样要求做气压试验的罐体，是否再做气密性试验，应在设计图样上规定。

8.13.3.2　试验用气体应为干燥、洁净的氮气或空气。对于低合金钢制罐体试验用气体温度应不低于 5℃，其他钢种罐体的试验用气体温度按设计图样或技术条件规定。

8.13.3.3　试验时，压力应缓慢上升，达到规定的试验压力后保压足够长时间，同时检查罐体焊接接头和各阀件及连接面，不应有泄漏现象。

8.13.4　**气体置换**

对装运液氨和爆炸危险介质的罐车，罐体气密性试验合格后，应进行氮气置换处理，处理后的罐体内含氧量应小于 3%，并保留 0.05 MPa～0.1 MPa 的氮气余压出厂。

8.14　**罐车罐体容积检定**

罐车罐体经耐压试验并检验合格后应逐台按 JJG 184 的规定进行容积检定。

8.15　**安全附件的安装与检验**

安全附件应有产品出厂检验质量证明书和产品质量合格证。

8.15.1　**安装**

8.15.1.1　罐体耐压试验合格后，方可进行安全附件的安装。

8.15.1.2　安全附件安装前应进行必要的验收和调试，要求如下：

a)　安全阀应进行开启压力和密封压力的验收和调试。安全阀的检验应由具有相应检验资格的人员担任，检验合格后应重新铅封。

b)　压力表应进行校验并加铅封，且在刻度盘上应划出指示最高工作压力的红线，注明下次校验日期。压力表的校验和维护应符合国家计量部门的有关规定。

8.15.2　**检验**

8.15.2.1　安全附件与罐体的组装完成后，紧急切断装置及管路应按设计图样及下述规定进行性能试验与气密性检验，本试验可与罐体气密性试验同时进行。

8.15.2.2　将氮气或空气管路与气、液相阀连接，打开紧急切断阀门，向罐体内充压。压力应缓慢上升，当罐内压力达到 0.4 MPa～0.6 MPa 时，按下列要求进行紧急切断装置性能试验。

a) 用手压泵升压，在手压泵压力表压力不大于 3.5 MPa 情况下，应能顶开紧急切断阀阀杆，此时可观察到紧急切断阀凸轮应转动一定角度。

b) 少许开启气、液相紧急切断阀主阀，应有大量气体喷出。

c) 当紧急切断阀处于开启状态时，打开手压泵回流手柄，通径不大于 DN50 mm 的，气流应于 5 s 内完全闭止，通径不小于 DN65 mm 的，气流应在 10 s 内完全闭止。当采用远程控制的手动切断直通阀卸压时，效果亦相同。

d) 当紧急切断阀处于闭止状态时(主阀开启)，其泄漏量应符合相关行业标准的规定。

8.15.2.3 上述试验检查合格后，继续向罐内充压至罐体气密性试验压力，在此压力下应按 8.15.2.2 再进行紧急切断装置性能试验。

气密性检验在不打开主阀的情况下应同时按下列要求进行检查：

a) 各安全附件与罐体的连接面不应有任何泄漏现象；

b) 拧紧气、液相阀门外部连接管的法兰盖，打开紧急切断阀，检查外部接管焊缝及连接面不应有任何泄漏现象；

8.15.2.4 油压管路系统的强度试验：关闭远程控制手动切断用直通截止阀及手压泵回流手柄，用手压泵升压至 1.5 倍的手压泵公称压力，保压 10 min，检查油压管路系统和元件不应有泄漏、变形和脱落。

8.15.2.5 安全附件试验完成并合格后，应检查手压泵油杯油位高度，当油位不足油杯的 75%时应补足。

8.15.2.6 油压管路系统中的油品，应使用符合相应国家标准的液压油，并应满足使用环境温度。

9 涂装与标记

9.1 涂装前的准备及要求

罐车涂装前所有零部件表面应清除油污、锈垢，电焊飞溅等杂物，其碳钢钢结构表面应按 TB/T 2879.3的规定进行除锈处理，除锈后钢材表面的清洁度等级应满足下列要求：

a) 当除锈方法采用喷射或抛射除锈时，应达到 Sa2 1/2 级，即钢材表面无可见油脂、污垢、氧化皮、铁锈和油漆层等附着物，任何残留的痕迹应仅是点状或条纹状的轻微色斑；

b) 当除锈方法采用手工或动力工具除锈时，应达到 St2 级，即钢材表面应无可见的油脂和污垢，并且没有附着不牢的氧化皮，铁锈和油漆涂层等附着物；

c) 罐体的除锈处理应在罐车未落成前进行，罐车落成后不应进行罐体的喷射或抛射除锈处理。

9.2 涂装

9.2.1 罐车罐体的涂装应符合 JB/T 4711 的规定，罐体及押运间的外表面涂防锈底漆及银灰色面漆。油漆应符合相应国家或行业标准的规定，油漆干膜厚度应符合表 4 的规定，对不锈钢制罐体的涂装要求按设计图样规定。

表 4 油漆干膜厚度

单位为微米

介质种类	底漆干膜厚度	面漆干膜厚度	油漆干膜总厚度
强腐蚀性介质[a]	≥60	≥60	≥120
一般腐蚀性介质[b]	≥40	≥40	≥80

[a] 强腐蚀性介质：对碳素钢或低合金钢，年腐蚀速率≥0.2 mm 的介质(如：液氯、液态二氧化硫等)。

[b] 一般腐蚀性介质：对碳素钢或低合金钢，年腐蚀速率＜0.2 mm 的介质(如：液氨、丙烯、液化石油气、丙烷等)。

9.2.2 罐车其他部位的涂装应符合 TB/T 2879.4 的规定。涂料及检验应符合 TB/T 2879.1、

TB/T 2879.2 的规定。除摩擦面外，铸钢件、轮对涂醇酸清漆，其余部件均涂防锈底漆及黑色（或按规定的其他颜色）的调合漆。

9.3 标记

9.3.1 罐车除应按《铁路危险货物运输管理规则》、TB/T 1.1 和 TB/T 1.2 的规定涂打标记外，还应符合以下规定。

9.3.1.1 沿罐体水平中心线在罐车上涂一条环形色带，色带宽 300 mm，由蓝色与其他颜色分层涂刷，上层 200 mm 宽涂蓝色，下层 100 mm 宽按表 5 液化气体分类涂色。与其他标记重叠处的色带可断开。

9.3.1.2 罐体色带上方且靠近中间的位置应有图形标志。图形标志应根据充装介质选用 GB 190 中规定的图形标志。图形标志的尺寸不小于 500 mm×500 mm。

9.3.1.3 罐车的车种编码为 GY，车型编码及车号应符合铁道部有关文件规定，字体应为 200 号字。

9.3.1.4 罐车产权单位及到站站名：字体应为 200 号字。

表 5 常见介质色带颜色

介质特性	介质名称	色带颜色	介质名称颜色
有毒	液氯　液态二氧化硫　液氨	黄色	蓝色
易燃	丙烯　丙烷　液化石油气　正丁烷　异丁烷 丁烯　异丁烯丁二烯	红色	蓝色

9.3.1.5 在罐体中或侧部色带断开处，涂打介质名称、介质危险性和车辆警示性字体（如："有毒"和"严禁烟火和溜放"等）。字体应为 300 号字。字体颜色除有规定外，应为红色。

9.3.1.6 罐车性能：包括载重(t)、自重(t)、容积(m^3)、换长等，字体应为 70 号字，小数位的字体应为 50 号字。

9.3.1.7 车辆自重标记应用轨道衡称重后涂打，以五辆车重量的平均值标记该型车辆自重（单位以 t 计，保留小数点后 1 位，并计入罐车质量证明书，打在罐车铭牌上）。

9.3.1.8 在罐车性能标记的下方应涂打下列标记：

禁止上驼峰标记：应按 TB/T 1.1 规定的图形、尺寸涂打。

全面检验标记：罐体下次全面检验日期××××年××月，字体为 100 号字。

9.3.1.9 在罐体中下方涂打罐车制造单位的名称，字体为 200 号字。

9.3.1.10 罐体上各阀门按下列要求涂色：

液相阀—黄色；

气相阀—红色；

安全阀—红色；

其他阀—银灰色。

9.3.1.11 罐车罐体中的液相、气相阀门及紧急切断系统中的泄压阀门附近应有能反映阀门用途的提示性标记，其尺寸、内容及方式按设计图样规定。

9.3.1.12 罐车其他标记应符合铁道部有关文令、设计图样和技术文件的规定。

9.3.2 罐车标记中的文字颜色除另有规定外，应为黑色。标记中的汉字应为宋体字；汉语拼音应为大写直体字母；数字应为阿拉伯直体字；计量单位符号应为直体拉丁文字母。

9.3.3 罐车的标记应在罐车两侧对称涂打，字迹应清晰、工整，牢固永久。标记的位置按图 14 的规定。其他标记的位置按有关规定涂打。

9.3.4 油漆颜色应符合 GB 3181—1995 的规定，其编号见表 6。

表 6 颜色编号

颜色	银灰色	蓝色	黄色	红色
编号	B04	PB05	Y06	R03

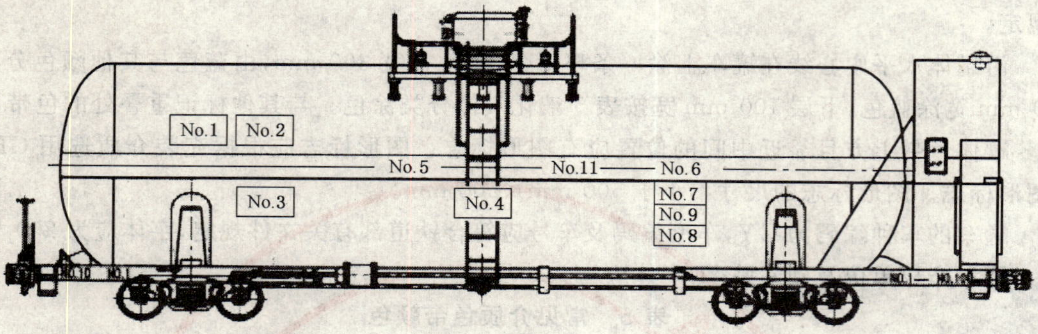

NO.1——车种、车型及车号；
No.2——罐车产权单位；
No.3——到站；
No.4——制造厂名称；
No.5——车辆警示性标记或介质特征标记；
No.6——介质名称；
No.7——罐车技术性能；
No.8——罐体下次全面检验日期；
No.9——禁止上驼峰标记；
No.10——车辆厂修、段修标记；
No.11——图形标志。

图 14 罐车标记位置图

9.4 铭牌

应在罐体的明显部位装设罐车产品铭牌，铭牌尺寸不小于 300 mm×200 mm。铭牌内容和格式应符合附录 B 的规定。

10 检验规则

罐车检验应符合本标准、GB/T 5601 及设计图样和技术文件的规定。

10.1 检验类型

罐车检查与试验类型如下：

a) 型式试验：对车辆的基本参数、结构、性能等是否符合设计要求所做的全面考核，试验项目一般在 1～2 辆罐车上进行。

b) 出厂检验：对批量生产的每辆出厂罐车，对其外观、结构、性能而做的常规性检查与试验。

c) 线路运用考核试验：是对新设计的罐车在正式鉴定投产之前所做的运用考核。

10.2 检验项目

10.2.1 型式试验

10.2.1.1 凡具有下列情况之一者应做型式试验：

a) 罐车的定型鉴定；

b) 正常生产后，技术性能有重大改变后的罐车；

c) 停产两年或两年以上，再次恢复生产时；

d) 转厂后的罐车。

10.2.1.2 型式试验的检验项目按表 7 的规定执行。

10.2.2 出厂试验检验

批量生产的罐车，出厂前的每一辆罐车均应按表 7 的出厂检验项目进行检验。

表 7　检验项目

序号	检　验　项　目	试验方法及要求	型式试验	出厂检验
1	车辆外观检查	按 GB/T 5601 的规定	T	S
2	车体、转向架尺寸检查	按 GB/T 5601 的规定	T	S
3	车辆外观检查	按 GB/T 5601 的规定	T	S
4	车体、转向架尺寸检查	按 GB/T 5601 的规定	T	S
5	罐体及安全附件尺寸检查	按图样的规定	T	S
6	车辆限界检查	按 GB/T 5601 及 GB 146.1 的规定	T	S*
7	车辆称重检查	按 GB/T 5601 的规定	T	S*
8	车辆曲线通过检查	按 GB/T 5601 的规定	T	
9	罐体焊接、无损检测、热处理检验	按本标准及图样的规定	T	S
10	空气制动装置检验	GB/T 5601 及 TB/T 1492 的规定	T	S
11	空重车调整装置检验	按 GB/T 5601 的规定	T	S
12	基础制动装置检验	按 GB/T 5601 的规定	T	S
13	手制动装置检验	按 GB/T 5601 的规定	T	S
14	车钩及缓冲装置检验	按 GB/T 5601 及 TB/T 493 的规定	T	S
15	罐体耐压、气密性试验	按本标准及图样的规定	T	S
16	罐体容积检定	按 JJG 184 的规定	T	S
17	罐体安全附件检验	按本标准及图样的规定	T	S
18	车辆静强度试验	按 TB/T 1335 及 JB 4732 的规定	T	
19	动力学性能试验	按 GB/T 5599 的规定	T	
20	线路运用考核试验	按 GB/T 5601 的规定	T	
21	特殊检验(如果需要)	按设计图样	T	S

注：T、S 为检验项目，S* 为简化了的检验项目，按 GB/T 5601 规定的辆数检验。

11　出厂文件

11.1　罐车出厂时，罐车的制造单位至少应向用户提供以下技术文件和资料：

a)　产品质量证明书(格式和内容见附录 D)；

b)　产品竣工图(总图、罐体图)、罐体强度计算书及罐体安全泄放量计算书；

c)　产品使用说明书；

d)　罐车铭牌拓印件；

e)　产品合格证(格式和内容见附录 C)；

f)　罐车罐体安全质量监督检验证书；

g） 罐体安全附件质量证明文件；

h） 罐体容积检定证书；

i） 货车技术履历表；

j） 新造货车验收记录。

11.2 罐车产品使用说明书除应符合 GB 9969.1 的规定外，还应至少包含以下内容：

a） 罐车主要技术性能参数；

b） 罐车结构简介，其中装卸与安全附件应有平面布置示意图、紧急切断装置示意图、阀件和仪表的型号和简介；

c） 使用说明，其中应有操作规程、最大允许充装质量的控制（液位计应有 H-V 图）；

d） 使用注意事项；

e） 罐车的维护和保养；

f） 常见故障的排除。

附 录 A
（规范性附录）
安全泄放装置设计计算

A.1 罐体安全泄放量计算

液化气体铁道罐车装运介质为易燃液化气体或位于有可能发生火灾环境下工作的非易燃液化气体。

A.1.1 无保温层的罐体安全泄放量按式(A.1)计算：

$$W_S = \frac{2.55\times10^5 A_r^{0.82}}{q} \qquad \cdots\cdots (A.1)$$

A.1.2 有完善保温层的罐体安全泄放量按式(A.2)计算：

$$W_S = \frac{2.61(650-t)\lambda A_r^{0.82}}{\delta q} \qquad \cdots\cdots (A.2)$$

式中：

W_S——罐体的安全泄放量，单位为千克每小时(kg/h)；

q——在泄放压力下液化气体的汽化潜热，单位为千焦每千克(kJ/kg)；

λ——常温下保温材料的导热系数，单位为千焦每米小时摄氏度[kJ/(m·h·℃)]；

δ——保温层厚度，单位为米(m)；

t——泄放压力下介质的饱和温度，单位为摄氏度(℃)；

A_r——罐体的受热面积，单位为平方米(m^2)；

椭圆形封头的卧式罐体 $A_r=3.14D_o(L+0.3D_o)$；

D_o——罐体的外直径，单位为米(m)；

L——罐体的总长，单位为米(m)。

A.2 安全泄放装置排放能力计算

A.2.1 安全阀排放能力按式(A.3)、式(A.4)计算。

a) 临界条件 $\frac{p_o}{p_d}\leqslant\left(\frac{2}{k+1}\right)^{\frac{k}{k-1}}$ 时：

$$W_S = 7.6\times10^{-2}CKp_dA\sqrt{\frac{M}{ZT}} \qquad \cdots\cdots (A.3)$$

b) 亚临界条件 $\frac{p_o}{p_d}>\left(\frac{2}{k+1}\right)^{\frac{k}{k-1}}$ 时：

$$W_S = 55.84Kp_dA\sqrt{\frac{k}{k-1}\left[\left(\frac{p_o}{p_d}\right)^{\frac{2}{k}}-\left(\frac{p_o}{p_d}\right)^{\frac{k+1}{k}}\right]}\sqrt{\frac{M}{ZT}} \qquad \cdots\cdots (A.4)$$

式中：

W_S——安全阀的排放能力，单位为千克每小时(kg/h)；

K——安全阀的额定泄放系数，与安全阀结构有关，应根据实验数据确定。无参考数据时，可按下述规定选取：

全启式安全阀 $K=0.60\sim0.70$；

当采用安全阀与爆破片串联组合装置时，安全阀的额定泄放系数 K 应乘以修正系数0.9；

A——安全阀最小排气截面积，单位为平方毫米(mm^2)；

对于全启式安全阀，即 $h \geqslant \frac{1}{4} d_1$ 时：$A = 0.785 d_1^2$；

h——阀瓣开启高度，单位为毫米（mm）；

d_1——安全阀的最小流道直径（阀座喉部直径），单位为毫米（mm）；

C——气体特性系数，可查表 A.1 或按下式求取：

$$C = 520\sqrt{k\left(\frac{2}{k+1}\right)^{\frac{k+1}{k-1}}}$$

k——气体绝热指数，$k = C_p / C_v$；

C_p——标准状态下气体定压比热；

C_v——标准状态下气体定容比热；

M——气体的摩尔质量，单位为千克每千摩尔（kg/kmol）；

T——额定排放压力下，饱和气体绝对温度，单位为开（K）；

Z——额定排放压力下，饱和气体的压缩系数，无法确定时取 1；

p_d——安全阀的压力排放（绝压），$p_d = 1.1 p_s + 0.1$，单位为兆帕（MPa）；

p_o——安全阀出口侧压力（绝压），单位为兆帕（MPa）；

p_S——安全阀的开启压力，单位为兆帕（MPa）。

A.2.2 爆破片的排放面积按式（A.5）、式（A.6）计算。

a) 临界条件 $\frac{p_o}{p_b} \leqslant \left(\frac{2}{k+1}\right)^{\frac{k}{k-1}}$ 时：

$$A \geqslant \frac{W_S}{7.6 \times 10^{-2} C K' p_b \sqrt{\frac{M}{ZT}}} \qquad \text{(A.5)}$$

b) 亚临界条件 $\frac{p_o}{p_d} > \left(\frac{2}{k+1}\right)^{\frac{k}{k-1}}$ 时：

$$A \geqslant \frac{W_S}{55.84 K' p_b \sqrt{\frac{k}{k-1}\left[\left(\frac{p_o}{p_b}\right)^{\frac{2}{k}} - \left(\frac{p_o}{p_b}\right)^{\frac{k+1}{k}}\right]} \sqrt{\frac{M}{ZT}}} \qquad \text{(A.6)}$$

式中：

A——爆破片的排放面积，单位为平方毫米（mm^2）；

p_b——爆破片的设计爆破压力（绝压），单位为兆帕（MPa）；

p_o——泄放侧压力，单位为兆帕（MPa）；

K'——爆破片的额定泄放系数，与爆破片装置人口管道形状有关（见下图）；

W_S——罐体的安全泄放量，单位为千克每小时（kg/h）。

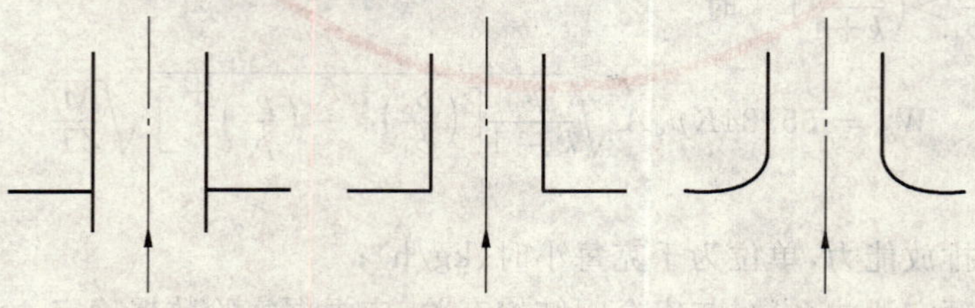

$K'=0.68$　　$K'=0.73$　　$K'=0.80$

A.2.3 各安全装置的总排放能力的计算

选用的多个泄放装置的安全泄放量（在标准条件下，每秒的空气排放量）之和，不应小于式（A.7）计算出罐车所需泄放装置的总排放能力 Q。

$$Q \geqslant 6\,448 \frac{FA_r^{0.82}}{qC}\sqrt{\frac{ZT}{M}}$$ [1] ……………………(A. 7)

式中：

Q——在标准条件(0.1 MPa,0℃)下，安全泄放装置的总排放能力(以每秒空气的最小排放量表示)，单位为立方米每秒(m^3/s)；

F——系数，按下述规定选取：

1) 对于无保温层时，$F=1.0$；

2) 对于具有能减小液化气体运输车安全泄放量的保温层时，$F=\lambda(650-t)/13.6\times\delta$，但在任何情况下均不得小于0.25；

保温层应满足：a) 在不超过650℃温度下保持有效；

b) 用熔点等于或大于700℃的材料裹覆起来。

表 A.1 气体特性系数

k	C	k	C	k	C	k	C
1.00	315	1.20	337	1.40	356	1.60	372
1.02	318	1.22	339	1.42	358	1.62	374
1.04	320	1.24	341	1.44	359	1.64	376
1.06	322	1.26	343	1.46	361	1.66	377
1.08	324	1.28	345	1.48	363	1.68	379
1.10	327	1.30	347	1.50	364	1.70	380
1.12	329	1.32	349	1.52	366	2.00	400
1.14	331	1.34	351	1.54	368	2.20	412
1.16	333	1.36	352	1.56	369		
1.18	335	1.38	354	1.58	371		

1) 该公式仅用于临界温度远在积累条件温度之上的液化气体。对于临界温度接近或在积累条件温度之下的液化气体，安全泄放装置的排放能力应进一步考虑气体的热动力学特性。

附 录 B
（资料性附录）
产品铭牌与注册铭牌的格式和内容

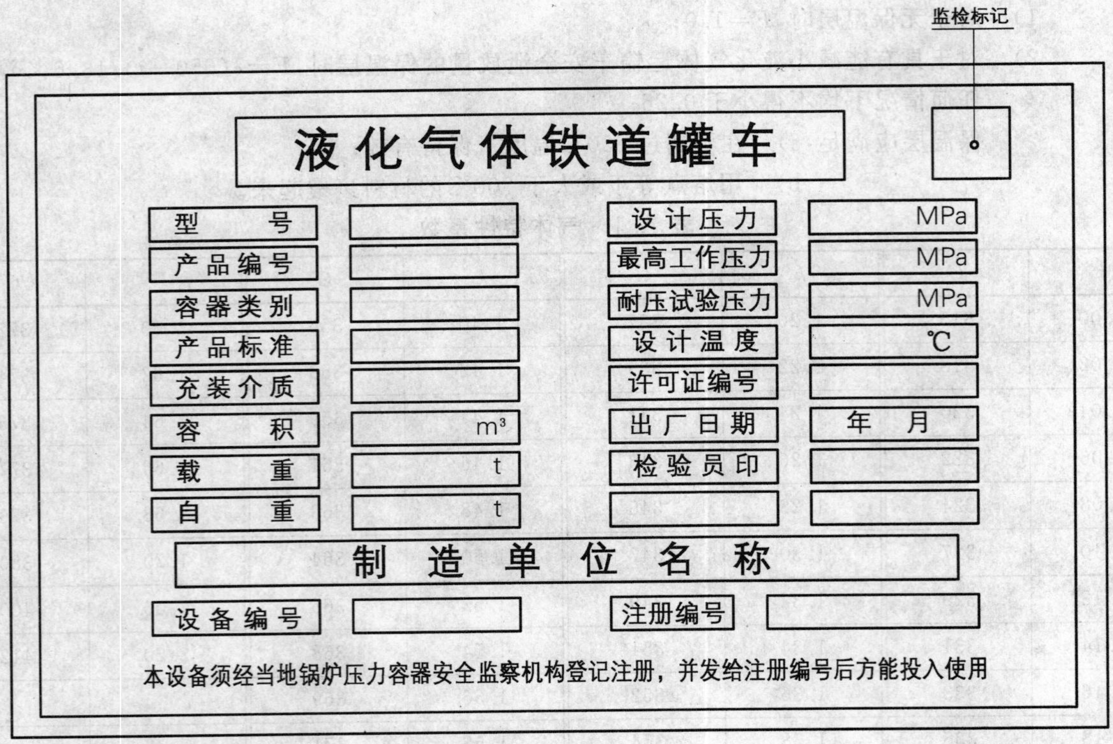

附 录 C
（资料性附录）
产品合格证的格式和内容

（制造单位名称）

产 品 合 格 证

制造许可证编号：	产 品 合 同 号：
产 品 名 称：	容 器 类 别：
设 计 单 位：	设计许可证编号：
图 号：	订 货 单 位：
出 厂 编 号：	制 造 编 号：
产 品 型 号：	罐 车 车 号：
罐 体 尺 寸：	制造完成日期：

本压力容器经质量检验符合 GB/T 10478—2006《液化气体铁道罐车》、《液化气体铁道罐车安全技术监察规程》、设计图样和技术条件的要求。

质量检验员：　　　年　　月　　日

质量总检验员：　　　年　　月　　日　　　质量检验专用章（公章）

附 录 D
（资料性附录）
产品质量证明书的格式和内容

液化气体铁道罐车

产 品 质 量 证 明 书

产品名称：________________

合 同 号：________________

图　　号：________________

产品编号：________________

质量保证工程师（签章）______________

单位法定代表人（签章）______________

质量检验专用章（公章）______________

制造单位______________________________

表 D.1 产品技术特性

产品编号：　　　　产品名称：　　　　产品型号：　　　　产品出厂编号：　　　　报告编号：

	项目		数据		项目		数据
罐车	介质			罐体	设计压力		MPa
	载重		t		设计温度		℃
	自重		t		主体材料		
	自重系数				容积		m^3
	每延米重		t/m		单位容积充装质量		t/m^3
	换长				焊缝系数		
	轨距		mm		腐蚀裕量		mm
	商业运营速度		km/h		容器类别		
	转向架型号				热处理方式		
	车钩缓冲装置				耐压试验压力		MPa
	制动装置				气密性试验压力		MPa
	外形尺寸（长×宽×高）		mm× mm× mm		外形尺寸（内径×壁厚×长度）		mm× mm× mm
紧急切断装置	型号			安全阀（爆破片）	型号		
	公称压力		MPa		型式		
	公称直径	气相	mm		公称压力		MPa
		液相	mm		公称直径		mm
	操作方式				开启压力		MPa
					（额定爆破压力）		MPa
	闭止时间		s		回座压力		> MPa
	熔闭温度		℃		全开压力		≤ MPa
液位计	型号			装卸阀门	阀门型号		
	型式				阀门形式		
	公称压力		MPa		公称压力		MPa
	测示范围		mm		公称直径	气相阀	mm
	精度		级			液相阀	mm
施工依据	设计标准：________ 制造标准：________ 无损检测标准：________						

表 D.2 主要受压元件使用材料一览表
（含焊接材料）

产品编号：　　　产品名称：　　　产品型号：　　　产品出厂编号：　　　报告编号：

序号	主要受压元件 名称	主要受压元件 件号	主要受压元件 图号	主要受压元件用材料 入厂材料标志	主要受压元件用材料 牌号	主要受压元件用材料 规格 mm	主要受压元件用材料 炉批号	主要受压元件用材料 生产单位	主要受压元件用材料 供货状态	数据来源	化学成分/% C	化学成分/% Mn	化学成分/% Si	化学成分/% P	化学成分/% S	化学成分/%	化学成分/%	化学成分/%	力学性能 屈服强度 R_{ei}/MPa	力学性能 抗拉强度 R_m/MPa	力学性能 伸长率 δ_5/%	力学性能 冲击试验 温度/℃	力学性能 冲击试验 冲击功 A_{KV}/J	弯曲试验 弯曲角度	弯曲试验 弯轴直径 $D=a$
										供应值															
										复验值															
										供应值															
										复验值															
										供应值															
										复验值															
										供应值															
										复验值															
										供应值															
										复验值															
										供应值															
										复验值															
										供应值															
										复验值															
										供应值															
										复验值															
										供应值															
										复验值															
										供应值															
										复验值															
										供应值															
										复验值															
										供应值															
										复验值															
										供应值															
										复验值															

审核　　　　　　填表人　　　　　　年　月　日

表 D.3　产品焊接试板力学和弯曲性能检验报告

产品编号：　　　　产品名称：　　　　产品型号：　　　　产品出厂编号：　　　　报告编号：

试板编号						
试板代表部位						
试板代表的产品批次						
试板力学性能试验报告编号						
试板母材	钢号					
	厚度/mm					
焊接材料	焊条牌号和规格					
	焊丝牌号和规格					
	焊剂牌号					
力学性能	试板热处理状态					
	抗拉强度/MPa					
	拉伸试样断裂位置					
	冲击试验	温度/℃				
		冲击功 A_{KV}/J				
弯曲性能	面弯/(°)	α=	件		件	
	背弯/(°)	α=	件		件	
	侧弯/(°)	α=	件		件	
	弯轴直径/mm					

试验方法标准：JB 4744

检验结论：

报　　告　　人：__________年　　月　　日

理化责任工程师：__________年　　月　　日

表 D.4 罐体外观及几何尺寸检验报告

产品编号： 产品名称： 产品型号： 产品出厂编号： 报告编号：

序号	检验项目	规定值	实测结果	检验结论
1	产品□总长□总高 mm			□合格 □不合格
2	罐体内径 mm			□合格 □不合格
3	罐体长度 mm			□合格 □不合格
4	罐体直线度 mm			□合格 □不合格
5	罐体圆度 mm			□合格 □不合格
6	冷卷圆筒投料的钢板厚度 mm			□合格 □不合格
7	封头成形后最小厚度 mm			□合格 □不合格
8	封头内表面形状偏差 mm			□合格 □不合格
9	A类接头最大棱角 mm			□合格 □不合格
10	B类接头最大棱角 mm			□合格 □不合格
11	A类接头最大错边 mm			□合格 □不合格
12	B类接头最大错边 mm			□合格 □不合格
13	焊缝最大咬边深度/长度/连续长度 mm			□合格 □不合格
14	焊缝余高 单面坡口 mm			□合格 □不合格
	焊缝余高 双面坡口 mm			
15	焊缝外观质量	符合图样及标准	□符合 □不符合	□合格 □不合格
16	角焊缝外观质量	符合图样及标准	□符合 □不符合	□合格 □不合格
17	法兰面垂直于接管或筒体	符合图样及标准	□符合 □不符合	□合格 □不合格
18	法兰密封面质量	无径向贯穿伤痕	□符合 □不符合	□合格 □不合格
19	法兰螺栓孔与罐体主轴中心线位置	对中/跨中	□符合 □不符合	□合格 □不合格
20	管口方位及尺寸	符合图样及标准	□符合 □不符合	□合格 □不合格
21	补强圈	符合图样及标准		
22	罐体内外表面质量	符合图样及标准	□符合 □不符合	□合格 □不合格
23	铭牌安装位置及拓印件	符合图样及标准	□符合 □不符合	□合格 □不合格
24	标志、油漆、包装	符合图样及标准	□符合 □不符合	□合格 □不合格

结论：

检 验 员： 年 月 日

检验责任工程师： 年 月 日

表 D.5 焊缝射线检测报告

产品编号：　　产品名称：　　产品型号：　　产品出厂编号：　　报告编号：

工件	材料牌号		板厚　　mm	
检测条件及工艺参数	源种类	□×□Ir192□Co60	设备型号	
	焦点尺寸	mm	胶片牌号	
	增感方式	□Pb□fe 前屏 后屏	胶片规格　mm	
	像质计型号		冲洗条件	□自动　□手动
	显影液配方		显影条件	时间　min;温度　℃
	照相质量等级	□AB　□B	底片黑度　D	～

检测条件及工艺参数	焊缝编号								
	透照方式								
	L_1(焦距)　mm								
	能量/kV								
	管电流(源活度)/mA(Bq)								
	曝光时间/min								
	要求像质指数								
	焊缝长度/mm								
	一次透照长度/mm								
合格级别　(级)									
要求检测比例　%									
实际检测比例　%									

检测标准					检测工艺编号：				
合格片数	A类焊缝/张	B类焊缝/张	相交焊缝/张	共计/张	最终评定结果	Ⅰ级/张	Ⅱ级/张	Ⅲ级/张	Ⅳ级/张

缺陷及返修情况说明	检　测　结　果
1. 本台产品返修共计____处,最高返修次数____次。 2. 超标缺陷部位返修后经复验合格。 3. 返修部位原缺陷情况见焊缝射线检测底片评定表。	1. 本台产品焊缝质量符合____级的要求,结果合格。 2. 检测位置及底片情况详见焊缝射线底片评定表及射线检测位置示意图(另附)。

报告人(资格)：	审核人(资格)：	监检员：	无损检测专用章：
年　月　日	年　月　日	年　月　日	年　月　日

表 D.6 焊缝超声检测报告

产品编号：　　　　产品名称：　　　　产品型号：　　　　产品出厂编号：　　　　报告编号：

<table>
<tr><td rowspan="4">工件</td><td colspan="2">部件名称</td><td colspan="6"></td><td colspan="2">板厚　　mm</td><td colspan="2"></td></tr>
<tr><td colspan="2">部件编号</td><td colspan="6"></td><td colspan="2">材料牌号</td><td colspan="2"></td></tr>
<tr><td colspan="2">表面状态</td><td colspan="6"></td><td colspan="2">焊接方法</td><td colspan="2"></td></tr>
<tr><td colspan="2">检测区域</td><td colspan="6"></td><td colspan="2">坡口形式</td><td colspan="2"></td></tr>
<tr><td rowspan="5">器材及参数</td><td colspan="2">仪器型号</td><td colspan="6"></td><td colspan="2">检测方法</td><td colspan="2"></td></tr>
<tr><td colspan="2">探头型号</td><td colspan="6"></td><td colspan="2">评定灵敏度</td><td colspan="2">dB</td></tr>
<tr><td colspan="2">试块型号</td><td colspan="6"></td><td colspan="2">扫查方式</td><td colspan="2"></td></tr>
<tr><td colspan="2">耦合剂</td><td colspan="6">□水　□机油　□甘油　□工业浆糊</td><td colspan="2">表面补偿</td><td colspan="2">dB</td></tr>
<tr><td colspan="2">扫描调节</td><td colspan="6"></td><td colspan="2">检测面</td><td colspan="2"></td></tr>
<tr><td rowspan="2">技术要求</td><td colspan="2">检测比例</td><td colspan="6"></td><td colspan="2">合格级别</td><td colspan="2">级</td></tr>
<tr><td colspan="2">检测标准</td><td colspan="6"></td><td colspan="2">检测工艺编号</td><td colspan="2"></td></tr>
<tr><td rowspan="10">评定结果</td><td rowspan="3">焊缝编号</td><td rowspan="3">焊缝长度/mm</td><td colspan="3">检测结果</td><td colspan="6">返修情况</td><td rowspan="3">备注</td></tr>
<tr><td rowspan="2">最终检测长度/mm</td><td rowspan="2">扩检长度/mm</td><td rowspan="2">最终级别级</td><td colspan="2">一次返修</td><td colspan="2">二次返修</td><td colspan="2">超次返修</td></tr>
<tr><td>部位数/处</td><td>长度/mm</td><td>部位数/处</td><td>长度/mm</td><td>部位数/处</td><td>长度/mm</td></tr>
<tr><td></td><td></td><td></td><td></td><td></td><td></td><td></td><td></td><td></td><td></td><td></td><td></td></tr>
<tr><td></td><td></td><td></td><td></td><td></td><td></td><td></td><td></td><td></td><td></td><td></td><td></td></tr>
<tr><td></td><td></td><td></td><td></td><td></td><td></td><td></td><td></td><td></td><td></td><td></td><td></td></tr>
<tr><td></td><td></td><td></td><td></td><td></td><td></td><td></td><td></td><td></td><td></td><td></td><td></td></tr>
<tr><td></td><td></td><td></td><td></td><td></td><td></td><td></td><td></td><td></td><td></td><td></td><td></td></tr>
<tr><td></td><td></td><td></td><td></td><td></td><td></td><td></td><td></td><td></td><td></td><td></td><td></td></tr>
<tr><td colspan="12"></td></tr>
<tr><td colspan="7">缺陷及返修情况说明</td><td colspan="6">检测结果</td></tr>
<tr><td colspan="7">1. 本台产品返修部位共计____处，最高返修次数____次。
2. 超标缺陷部位返修后经复验合格。
3. 返修部位原缺陷情况见焊缝超声检测评定表。</td><td colspan="6">1. 本台产品焊缝质量符合——级的要求，结果合格。
2. 检测部位详见超声检测位置示意图(另附)，各部位检测情况详见超声检测评定。</td></tr>
<tr><td colspan="3">报告人(资格)：

年　月　日</td><td colspan="3">审核人(资格)：

年　月　日</td><td colspan="3">监检员：

年　月　日</td><td colspan="4">无损检测专用章：

年　月　日</td></tr>
</table>

表 D.7 磁粉检测报告

产品编号： 产品名称： 产品型号： 产品出厂编号： 报告编号：

工件	部件名称		材料牌号	
	部件编号		表面状态	
	检测部位			
检测器材及参数	仪器型号		磁化方法	
	磁粉种类		灵敏度试片型号	
	磁悬液浓度		磁化方向	
	磁化电流		提升力	N
	磁化时间		触头(磁轭)间距	mm
技术要求	检测比例		合格级别	级
	检测标准		检测工艺编号	

检测部位缺陷情况	序号	焊缝（工件）部位编号	缺陷编号	缺陷类型	缺陷迹痕尺寸/mm	缺陷处理方式及结果：打磨后复检缺陷 性质	打磨后复检缺陷 迹痕尺寸/mm	补焊后复检缺陷 性质	补焊后复检缺陷 迹痕尺寸/mm	最终评级（级）

检测结论：

1. 本产品符合　　　　　　　　　　标准要求，评定为合格。
2. 检验部位及缺陷位置见检测部位示意图(另附)。

报告人(资格)：	审核人(资格)：	监检员：	无损检测专用章：
年 月 日	年 月 日	年 月 日	年 月 日

表 D.8 渗透检测报告

产品编号：　　　　产品名称：　　　　产品型号：　　　　产品出厂编号：　　　　报告编号：

工件	部件名称		材料牌号	
	部件编号		表面状态	
	检测部位			
检测器材及参数	渗透剂种类		检测方法	
	渗透剂		乳化剂	
	清洗剂		显像剂	
	渗透剂施加方法	□喷□刷□浸□浇	渗透时间	min
	乳化剂施加方法	□喷□刷□浸□浇	乳化时间	min
	显像剂施加方法	□喷□刷□浸□浇	显像时间	min
	工件温度	℃	对比试块类型	□铝合金□镀铬
技术要求	检测比例		合格级别	级
	检测标准		检测工艺编号	

	序号	焊缝（工件）部位编号	缺陷编号	缺陷类型	缺陷迹痕尺寸/mm	缺陷处理方式及结果				最终评级（级）
						打磨后复检缺陷		补焊后复检缺陷		
						性质	迹痕尺寸/mm	性质	迹痕尺寸/mm	
检测部位缺陷情况										

检测结论：

1. 本产品符合　　　　　　　　　　标准要求，评定为合格。
2. 检验部位及缺陷位置见检测部位示意图（另附）。

报告人（资格）： 年　月　日	审核人（资格）： 年　月　日	监检员： 年　月　日	无损检测专用章： 年　月　日

表 D.9　钢板、锻件超声检测报告

产品编号：　　　产品名称：　　　产品型号：　　　产品出厂编号：　　　报告编号：

部件	钢板(锻件)编号		钢板(锻件)炉批号	
	钢板(锻件)牌号		钢板(锻件)规　格	mm
	检测部位		表面状态	
检测器材及参数	仪器型号		检测方法	
	探头型号		扫查方式	
	试块型号		扫描调节	
	试块厚度	mm	耦合剂	□水□机油□甘油□工业浆糊
	检测灵敏度	dB	表面补偿	dB
技术要求	检测标准		检测比例	
	合格级别		检测工艺编号	

检测报告	序号	钢板(锻件)编号	缺陷情况	评定级别(级)	备注

检测结论：

1. 检测结果符合______级要求的钢板(锻件)编号为____。

2. 检测部位及缺陷位置、缺陷尺寸详见钢板(锻件)超声检测评定表及超声检测部位示意图。

报告人(资格)： 年　月　日	审核人(资格)： 年　月　日	监检员： 年　月　日	无损检测专用章： 年　月　日

表 D.10　焊缝射线检测底片评定表

产品编号：　　　　产品名称：　　　　产品型号：　　　　产品出厂编号：　　　　报告编号：

序号	焊缝编号	底片编号	相交焊缝接头	底片黑度/D	像质指数	板厚/mm	缺陷性质及数量	评定级别级	一次透照长度/mm	备注

初评人(资格)： 年　月　日	复评人(资格)： 年　月　日

表 D.11 罐体焊后热处理报告

产品编号：　　产品名称：　　产品型号：　　产品出厂编号：　　报告编号：

部件名称	部件图号	热处理方式	炉次号	试板编号	试板热处理状态	热处理工艺要求						
					□同炉热处理 □无试板	入炉温度/℃	升温速度/℃/h	保温温度/℃	保温时间/h	降温速度/℃/h	出炉温度/℃	冷却方式及时间

实际热处理温度-时间记录曲线

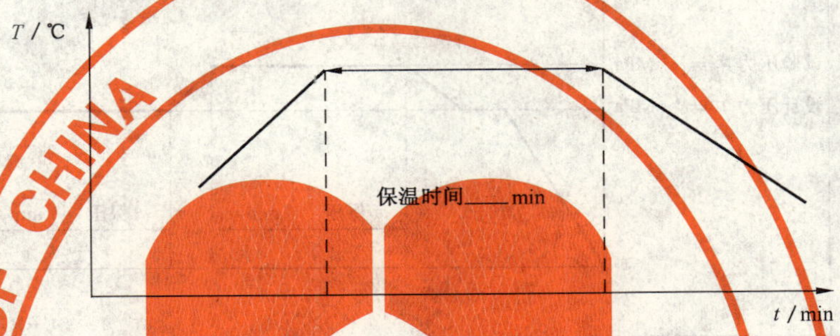

附：热处理温度-时间自动记录曲线图

结论：□合格　□不合格

报告人： 年　月　日	审核人： 年　月　日	监检员： 年　月　日

表 D.12　罐体耐压试验报告

产品编号：　　　　产品名称：　　　　产品型号：　　　　产品出厂编号：　　　　报告编号：

<table>
<tr><td>试验方法</td><td colspan="5">□液压试验　　□气压试验</td></tr>
<tr><td>试压部位</td><td></td><td>试验日期</td><td></td><td>工艺过程卡编号</td><td></td></tr>
<tr><td>压力表精度等级</td><td></td><td>压力表量程</td><td></td><td>压力表检定日期</td><td>年　月　日</td></tr>
<tr><td>压力表编号</td><td></td><td>压力表盘直径/mm</td><td></td><td>试验介质</td><td></td></tr>
<tr><td>氯离子含量/(mg/L)</td><td></td><td>环境温度/℃</td><td></td><td>介质温度/℃</td><td></td></tr>
<tr><td>设计要求
压力试验
曲　　线</td><td colspan="5">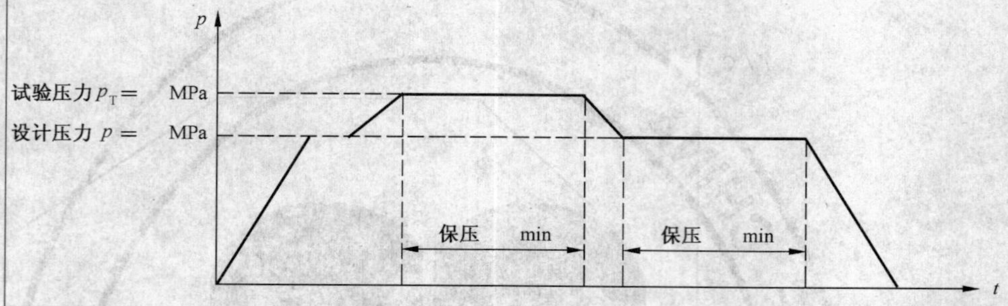
</td></tr>
<tr><td>实　　际
压力试验
曲　　线</td><td colspan="5">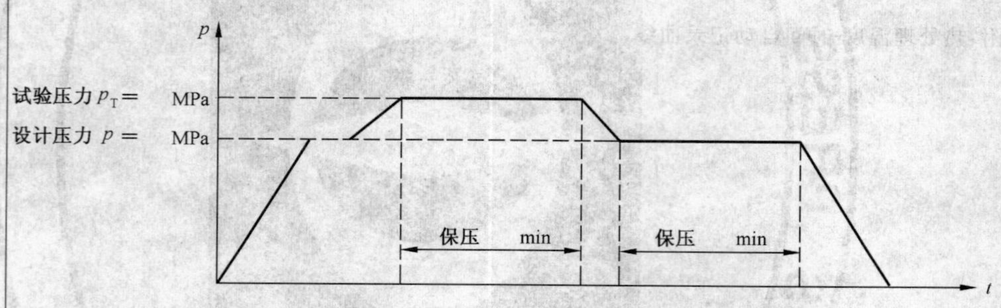
</td></tr>
<tr><td colspan="6">结论：
本产品经______MPa 试验，无渗漏；无可见的异常变形；无异常响声；试验结论合格。

监检员：　　　　　　检验责任师：　　　　　　检验员：　　　年　　月　　日</td></tr>
</table>

表 D.13 气密性试验报告

产品编号：　　　　产品名称：　　　　产品型号：　　　　产品出厂编号：　　　　报告编号：

<table>
<tr><td>试验方法</td><td colspan="5">□液压试验　　□气压试验　　□气密性试验</td></tr>
<tr><td>试压部位</td><td></td><td>试验日期</td><td></td><td>工艺过程卡编号</td><td></td></tr>
<tr><td>压力表精度等级</td><td></td><td>压力表量程</td><td></td><td>压力表检定日期</td><td>年　月　日</td></tr>
<tr><td>压力表编号</td><td></td><td>压力表盘直径/mm</td><td></td><td>试验介质</td><td></td></tr>
<tr><td>氯离子含量/(mg/L)</td><td></td><td>环境温度/℃</td><td></td><td>介质温度/℃</td><td></td></tr>
<tr><td>设计要求
压力试验
曲　　线</td><td colspan="5">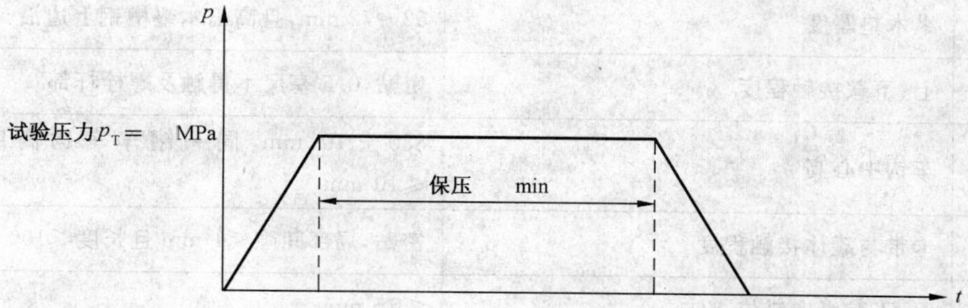</td></tr>
<tr><td>实　　际
压力试验
曲　　线</td><td colspan="5">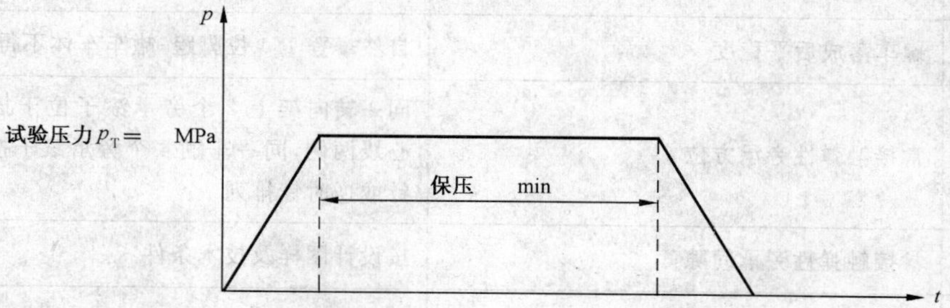</td></tr>
<tr><td colspan="6">结论：
本产品经______MPa 试验，无渗漏，试验结论合格。

检验员：　　　　年　月　日　　　　检验责任师：　　　　年　月　日</td></tr>
</table>

表 D.14 罐车落成检验报告

产品编号：　　产品名称：　　产品型号：　　产品出厂编号：　　报告编号：

序号	检验项目	要求值	实测值	结论
1	罐体纵向中心与车辆定距中心偏移	≤15 mm 或按设计图样		
2	罐体横向中心与牵引梁横中心偏移	≤3 mm		
3	罐体与底架组装后两上心盘平面度	≤0.5 mm 和插入深度≤20 mm		
4	罐体与中、纵木座接触程度	2/3 面积密贴，局部间隙不大于 1 mm，个别间隙不大于 2 mm		
5	纵木垫厚度	52～72 mm，且高出木垫槽钢上边沿 5 mm		
6	上、下鞍接触程度	密贴，0.5 塞尺不得触及螺栓杆部		
7	车钩中心高	880 ± 10 mm，同一罐车车钩高度差≤10 mm		
8	卡带与罐体接触程度	密贴，局部间隙≤1 mm 且长度≤100 mm		
9	上、下鞍纵向错位	≤15 mm		
10	上、下心盘表面清洁度	无杂物，无钙基润滑脂		
11	罐车落成后平稳度	自然攀登 1.4 位脚蹬，罐车车体不得晃动		
12	常接触弹性旁承方位	同一转向架上 2 个旁承滚子位于摇枕中心线两侧，同一车辆 4 个旁承滚子按顺时针或逆时针排列		
13	常接触弹性旁承间隙	按设计图样及技术条件		
14	旁承调整垫板厚度	总厚度在 2～14 mm，不超过 2 块		
15	罐车同一位于端梁上平面距轨面高度差	≤12 mm		
16	押运间内件配置	齐全，满足设计图样及标准要求		
17	押运间侧门开关程度	灵活，锁具牢固		
18	押运间组装精度	中心线偏移≤3 mm，上、下平面间隙，平面平行度≤5 mm		
19	车辆定距	允差±10 mm		
20	罐车安全附件情况	齐全，满足设计图样及标准要求		
21	罐车整车油漆、标志	符合设计图样及标准要求		

罐车落成检验结论：

检验员： 年　月　日	检验责任师： 年　月　日

表 D.15　产品制造变更报告

产品编号：　　产品名称：　　产品型号：　　产品出厂编号：　　报告编号：

产品制造变更内容	
报告人：　　年　月　日	审核人：　　年　月　日

ICS 13.060
G 77

中华人民共和国国家标准

GB 10531—2006
代替 GB 10531—1989

水处理剂　硫酸亚铁

Water treatment chemicals—Ferrous sulphate

2006-03-14 发布　　2006-12-01 实施

中华人民共和国国家质量监督检验检疫总局
中国国家标准化管理委员会　发布

前　言

本标准中Ⅰ类产品的技术要求为强制性的，Ⅱ类产品的指标和其他条文为推荐性的。

本标准代替GB 10531—1989《水处理剂　硫酸亚铁》。

本标准与GB 10531—1989的主要差异为：

——取消了产品的分等分级。

——按用途分为两类。

本标准由中国石油和化学工业协会提出。

本标准由全国化学标准化技术委员会水处理剂分会(SAC/TC 63/SC 5)归口。

本标准负责起草单位：天津化工研究设计院、同济大学、南京化学工业总公司精细化工厂。

本标准主要起草人：朱传俊、邵宏谦、李风亭、尹显才、白莹。

本标准委托全国化学标准化技术委员会水处理剂分会负责解释。

本标准首次发布于1989年。

水处理剂 硫酸亚铁

1 范围

本标准规定了水处理剂硫酸亚铁的技术要求、分类、试验方法、检验规则以及标志、标签和包装。

本标准适用于水处理剂硫酸亚铁。该产品除用于饮用水和工业用水的处理外，也可作为铁系水处理剂的生产原料使用。

分子式：$FeSO_4 \cdot 7H_2O$

分子量：278.01（按2000年国际原子量）

2 规范性引用文件

下列文件中的条款通过本标准的引用而成为本标准的条款。凡是注日期的引用文件，其随后所有的修改单（不包括勘误的内容）或修订版均不适用于本标准，然而，鼓励根据本标准达成协议的各方研究是否可使用这些文件的最新版本。凡是不注日期的引用文件，其最新版本适用于本标准。

GB/T 601 化学试剂 标准滴定溶液的制备

GB/T 602 化学试剂 杂质测定用标准溶液的制备（GB/T 602—2002，ISO 6353-1:1982，NEQ）

GB/T 603 化学试剂 试验方法中所用制剂及制品的制备（GB/T 603—2002，ISO 6353-1:1982，NEQ）

GB/T 610.1—1988 化学试剂 砷测定通用方法（砷斑法）

GB/T 1250 极限数值的表示方法和判定方法

GB/T 6678 化工产品采样总则

3 产品分类

硫酸亚铁按用途分为二类：

Ⅰ类：饮用水处理用及铁系水处理剂的生产原料用。

Ⅱ类：工业用水、废水和污水处理用。

4 技术要求

4.1 外观：淡绿色或淡黄绿色结晶。

4.2 水处理剂硫酸亚铁应符合表1要求。

表 1

指标项目		指标	
		Ⅰ类	Ⅱ类
硫酸亚铁（$FeSO_4 \cdot 7H_2O$）的质量分数/%	≥	90.0	90.0
二氧化钛（TiO_2）的质量分数/%	≤	0.75	1.00
水不溶物的质量分数/%	≤	0.50	0.50
游离酸（以 H_2SO_4 计）的质量分数/%	≤	1.00	—
砷（As）的质量分数/%	≤	0.000 1	—
铅（Pb）的质量分数/%	≤	0.000 5	—

5 试验方法

本标准所用试剂,除非另有规定,仅使用分析纯试剂。

试验中所需标准溶液、杂质标准溶液、制剂及制品,在没有注明其他要求时,均按 GB/T 601、GB/T 602、GB/T 603 之规定制备。

安全提示:本标准所使用的强酸、强碱具有腐蚀性,使用时应注意。溅到身上时,用大量水冲洗,避免吸入或接触皮肤。

5.1 硫酸亚铁($FeSO_4 \cdot 7H_2O$)含量的测定

5.1.1 原理

在酸性介质中,用高锰酸钾标准滴定溶液滴定,使二价铁氧化成三价铁,以滴定液自身指示终点。

5.1.2 试剂和材料

5.1.2.1 硫酸溶液:1+1。

5.1.2.2 磷酸溶液:1+1。

5.1.2.3 高锰酸钾标准滴定溶液:$c(1/5KMnO_4)$约 0.1 mol/L。

5.1.3 测定

称量约 1 g 试样,精确到 0.000 2 g。置于 250 mL 锥形瓶中。用 50 mL 水溶解。加 10 mL 硫酸溶液和 4 mL 磷酸溶液。以高锰酸钾标准滴定溶液滴定至溶液呈粉红色(30 s 不褪)即为终点。

5.1.4 结果表述

硫酸亚铁含量以质量分数 w_1 计,数值以%表示,按式(1)计算:

$$w_1 = \frac{VcM}{1\,000 \times m} \times 100 \quad \cdots\cdots(1)$$

式中:

V——滴定时消耗高锰酸钾标准滴定溶液体积的数值,单位为毫升(mL);

c——高锰酸钾标准滴定溶液浓度的准确数值,单位为摩尔每升(mol/L);

M——硫酸亚铁摩尔质量的数值,单位为克每摩尔(g/mol)[$M(Fe_2SO_4 \cdot 7H_2O)=278.01$];

m——试料质量的数值,单位为克(g)。

5.1.5 允许差

取平行测定结果的算术平均值为测定结果。平行测定结果的绝对差值不大于 0.4%。

5.2 二氧化钛(TiO_2)含量的测定

5.2.1 金属铝还原法(仲裁法)

5.2.1.1 方法提要

试样以浓硫酸和硫酸铵溶解,在二氧化碳气氛下用金属铝将钛(Ⅳ)还原成钛(Ⅲ),还原后的溶液以硫氰酸铵作指示剂,用硫酸铁铵标准滴定溶液滴定。

5.2.1.2 试剂和材料

5.2.1.2.1 金属铝片:质量分数不小于 99.5%,厚度为 0.1 mm。

5.2.1.2.2 硫酸铵。

5.2.1.2.3 盐酸。

5.2.1.2.4 硫酸。

5.2.1.2.5 碳酸氢钠饱和溶液。

5.2.1.2.6 硫酸铁铵标准滴定溶液:$c[NH_4Fe(SO_4)_2]=0.06$ mol/L。

称取 30 g 硫酸铁铵[$NH_4Fe(SO_4)_2 \cdot 12H_2O$]置于 1 000 mL 容量瓶中,加入含 30 mL 硫酸的 300 mL水溶解。滴加 $c(1/5KMnO_4)=0.1$ mol 的高锰酸钾溶液,直至溶液呈粉红色,用水稀释至刻度,并摇匀。如溶液不清,则过滤,用 0.19 g~0.21 g 二氧化钛标准参比物质按 5.2.1.4 规定的操作步骤进行标定。

硫酸铁铵标准滴定溶液的浓度 $c[NH_4Fe(SO_4)_2]$，数值以摩尔每升(mol/L)表示，按式(2)计算：

$$c[NH_4Fe(SO_4)_2]=\frac{w(TiO_2)m\times 1\,000}{VM} \qquad (2)$$

式中：

$w(TiO_2)$——标准参比物质中 TiO_2 质量分数(如光谱纯 TiO_2，则 $w(TiO_2)$ 以100%计)；

m——二氧化钛标准参比物质质量的数值，单位为克(g)；

V——滴定时消耗硫酸铁铵标准滴定溶液体积的数值，单位为毫升(mL)；

M——二氧化钛摩尔质量的数值，单位为克每摩尔(g/mol)$[M(TiO_2)=79.90]$。

5.2.1.2.7 硫氰酸铵指示剂：95 g/L 溶液。

5.2.1.3 仪器、设备

一般实验室仪器和玻璃液封管：见图1(或其他合适的吸收器)。

图1 玻璃液封管

5.2.1.4 分析步骤

移取预先在105℃～110℃干燥2 h的试样0.19 g～0.21 g，精确至0.000 1 g。将试样置于500 mL锥形瓶中，加入10 g硫酸铵、20 mL硫酸，摇匀。开始徐徐加热，再强热至试样全部溶解成澄清溶液，冷却后加50 mL水、25 mL盐酸，摇匀。再加入金属铝片2.5 g，装上液封管，塞紧胶塞，并在该管中加入碳酸氢钠饱和溶液至该管体积的2/3左右。待铝片溶完，继续微沸3 min～5 min，此时溶液变为透明清晰的紫色，在流水中冷却至室温，在这个过程中应随时补加碳酸氢钠饱和溶液(注意不能让其吸入空气)。冷却后移去锥形瓶上的液封管，将其中的碳酸氢钠饱和溶液倒入锥形瓶中，迅速用硫酸铁铵标准滴定溶液滴定，近终点时加入硫氰酸铵指示剂2 mL，继续滴定至淡橙色为止。

5.2.1.5 结果的表述

二氧化钛含量以质量分数 w_2 计，数值以%表示，按式(3)计算：

$$w_2=\frac{VcM}{1\,000\times m}\times 100 \qquad (3)$$

式中：

V——滴定时消耗硫酸铁铵标准滴定溶液体积的数值，单位为毫升(mL)；

c——硫酸铁铵标准滴定溶液浓度的准确数值，单位为摩尔每升(mol/L)；

M——二氧化钛摩尔质量的数值，单位为克每摩尔(g/mol)$[M(TiO_2)=79.90]$；

m——试料质量的数值，单位为克(g)。

5.2.2 分光光度法

5.2.2.1 原理

用稀硫酸溶解试样，加入硫磷混酸和过氧化氢使其显色，用分光光度计测定吸光度。

5.2.2.2 试剂和材料

5.2.2.2.1 硫酸。

5.2.2.2.2 硫酸铵。

5.2.2.2.3 二氧化钛(光谱纯)。

5.2.2.2.4　硫酸铁铵。

5.2.2.2.5　硫酸溶液:1+99。

5.2.2.2.6　硫酸溶液:1+1。

5.2.2.2.7　磷酸溶液:1+1。

5.2.2.2.8　30%过氧化氢溶液:1+30。

5.2.2.2.9　钛标准溶液:1 mL 含 0.2 mg TiO_2。

称取 0.200 0 g 二氧化钛置于 250 mL 烧杯中,加入 50 mL 硫酸、30 g 硫酸铵,充分搅匀,于电炉上徐徐加热再强热至试样完全溶解,冷却后,转移至 1 000 mL 容量瓶中,加水稀释至刻度,摇匀。

5.2.2.2.10　铁标准溶液:1 mL 含 2 mg Fe。

称取 17.26 g 硫酸铁铵,用硫酸溶液(1+99)溶解后,移入 1 000 mL 容量瓶中,用硫酸溶液(1+99)稀释至刻度,摇匀。

5.2.2.3　仪器、设备

一般实验室用仪器和分光光度计:带有厚度为 3 cm 的吸收池。

5.2.2.4　校准曲线的绘制

5.2.2.4.1　校准溶液的配制

在 7 个 100 mL 容量瓶中,分别加入 0.00、0.50 mL、1.00 mL、2.00 mL、3.00 mL、4.00 mL、5.00 mL钛标准溶液。

5.2.2.4.2　显色

每个容量瓶都按下述规定同时同样处理:

加水至约 50 mL,加 10 mL 硫酸溶液(1+1)、5 mL 磷酸溶液,摇匀。冷却至室温后,加入 5 mL 过氧化氢溶液,用水稀释至刻度。摇匀。

5.2.2.4.3　吸光度的测量

使用分光光度计,在 410 nm 波长下,用 3 cm 吸收池,以水为参比,测量吸光度。

5.2.2.4.4　校准曲线的绘制

从每个校准参比溶液的吸光度中减去试剂空白溶液的吸光度,以二氧化钛的含量(mg)为横坐标。对应的吸光度为纵坐标,绘制校准曲线。

5.2.2.5　测定

5.2.2.5.1　试液的制备

称量(5.00±0.01)g 试样于 200 mL 烧杯中。用硫酸溶液(1+99)溶解后,移入 500 mL 容量瓶中,用硫酸溶液(1+99)稀释至刻度。摇匀。

5.2.2.5.2　空白试液的制备

在 100 mL 容量瓶中,用移液管移入 10 mL 铁标准溶液。

5.2.2.5.3　显色

用移液管移取 10 mL 试液,置于 100 mL 容量瓶中,将试液和空白试液分别按(5.2.2.4.2 条)的规定同时同样处理。

5.2.2.5.4　吸光度的测定

使用分光光度计,在 410 nm 波长下,用 3 cm 吸收池,以水为参比,测量吸光度。

5.2.2.6　分析结果的表述

二氧化钛(TiO_2)含量以质量分数 w_3 计,数值以%表示,按式(4)计算:

$$w_3 = \frac{m \times 10^{-3}}{m_0 \times 10/500} \times 100 = \frac{5m}{m_0} \qquad \cdots\cdots(4)$$

式中:

m——根据测定的试液的吸光度中减去空白试液的吸光度,从工作曲线上查出(TiO_2)质量的数值,单位为毫克(mg)；

m_0——试料质量的数值，单位为克(g)。

5.2.2.7 **允许差**

取平行测定结果的算术平均值为测定结果。平行测定结果的绝对差值不大于0.02%。

5.3 **水不溶物含量的测定**

5.3.1 **试剂和材料**

5.3.1.1 硫酸。

5.3.1.2 硫酸溶液：1+99。

5.3.2 **仪器、设备**

一般实验室仪器和坩埚式过滤器：滤板孔径为5 μm～15 μm。

5.3.3 **测定**

称量约10 g试样，精确到0.01 g，置于250 mL烧杯中。加入200 mL水和2 mL硫酸。搅拌。充分溶解后，用已在105℃～110℃下干燥至恒重的坩埚式过滤器过滤，用硫酸溶液洗涤8次～10次(每次约5 mL)。再用水洗涤8次～10次(每次约5 mL)。于105℃～110℃下干燥至恒重。

5.3.4 **结果的表述**

不溶物含量以质量分数 w_4 计，数值以%表示，按式(5)计算：

$$w_4 = \frac{m_2 - m_1}{m} \times 100 \quad \cdots\cdots(5)$$

式中：

m_1——坩埚式过滤器质量的数值，单位为克(g)；

m_2——水不溶物连同坩埚式过滤器质量的数值，单位为克(g)；

m——试料质量的数值，单位为克(g)。

5.3.5 **允许差**

取平行测定结果的算术平均值为测定结果。平行测定结果的绝对差值不大于0.04%。

5.4 **游离酸(以 H_2SO_4 计)含量的测定**

5.4.1 **原理**

将试样用异丙醇溶解，过滤。以酚酞作指示剂，用氢氧化钠标准滴定溶液滴定。

5.4.2 **试剂和材料**

5.4.2.1 异丙醇。

5.4.2.2 盐酸溶液：1+7。

5.4.2.3 氢氧化钠溶液：50 g/L。

5.4.2.4 酸洗石棉：取适量酸洗石棉，加盐酸溶液后煮沸20 min。用水洗至中性[用pH试纸检查]。再加氢氧化钠溶液煮沸20 min。用水洗至中性[用pH试纸检查]。用水调成稀糊状备用。

5.4.2.5 氢氧化钠标准滴定溶液：$c(NaOH)=0.05$ mol/L。

5.4.2.6 酚酞指示剂：10 g/L乙醇溶液。

5.4.3 **仪器和设备**

一般实验室用仪器和古氏坩埚：25 mL。

在古氏坩埚筛板上下各均匀地铺1 mm～2 mm厚的酸洗石棉层，用热水抽滤洗涤至滤出液不含石棉毛絮为止。将此坩埚在105℃～110℃下烘干。

5.4.4 **测定**

称量约5 g试样，精确到0.01 g，置于250 mL碘量瓶中。加50 mL异丙醇，摇动10 min。用古氏坩埚过滤。尽可能将硫酸亚铁遗留在瓶中。每次用10 mL异丙醇将瓶中的残渣洗涤三次。最后用10 mL异丙醇洗涤古氏坩埚。在滤液中加3～4滴酚酞指示剂。用氢氧化钠标准滴定溶液滴定滤液至出现粉红色即为终点。同时用同样量的异丙醇按同样步骤进行空白试验。

5.4.5 **结果的表述**

游离酸(以 H_2SO_4 计)含量以质量分数 w_5 计,数值以%表示,按式(6)计算:

$$w_5 = \frac{(V - V_0)cM}{1\,000 \times m} \times 100 \qquad \cdots\cdots(6)$$

式中:

V——滴定时消耗氢氧化钠标准滴定溶液体积的数值,单位为毫升(mL);

V_0——滴定空白时消耗氢氧化钠标准滴定溶液体积的数值,单位为毫升(mL);

c——氢氧化钠标准滴定溶液浓度的准确数值,单位为摩尔每升(mol/L);

M——硫酸摩尔质量的数值,单位为克每摩尔(g/mol)[$M(1/2H_2SO_4)=49.0$];

m——试样质量的数值,单位为克(g)。

5.4.6 **允许差**

取平行测定结果的算术平均值为测定结果。平行测定结果的绝对差值不大于0.05%。

5.5 **砷(As)含量的测定**

5.5.1 **原理**

在酸性介质中,金属锌将砷化合物还原为砷化氢。砷化氢在溴化汞试纸上形成砷斑,与标准砷斑进行比较。

5.5.2 **试剂和溶液**

5.5.2.1 盐酸。

5.5.2.2 碘化钾。

5.5.2.3 氯化亚锡:400 g/L 盐酸溶液。

5.5.2.4 三氧化二砷。

5.5.2.5 砷标准溶液:1 mL 含 0.001 mg As。按 GB/T 602 制备后,稀释100倍。稀溶液现用现配。

5.5.2.6 无砷金属锌。

5.5.2.7 溴化汞试纸。

5.5.2.8 乙酸铅棉花。

5.5.3 **仪器和设备**

一般实验室用仪器和定砷器:用 GB/T 610.1—1998 中图1所示装置。

5.5.4 **测定**

称量(0.50±0.01)g 试样,置于广口瓶中。加 70 mL 水溶解后,加 6 mL 盐酸,1 g 碘化钾,滴加氯化亚锡溶液至溶液无色,摇匀。放置 10 min。加 2.5 g 无砷金属锌,立即将已装好乙酸铅棉花和溴化汞试纸的定砷器装上。在25℃~30℃下于暗处放置 1 h。溴化汞试纸呈现的颜色不得深于标准。

标准是取 2.50 mL 砷标准溶液,与试样同时同样处理。

5.6 **铅含量的测定**

5.6.1 **方法提要**

用电加热原子吸收光谱法,在波长 283.3 nm 处测定吸光度。

5.6.2 **试剂和材料**

5.6.2.1 水,GB/T 6682,三级。

5.6.2.2 硝酸溶液:1+1。

5.6.2.3 铅标准贮备液:1 mL 含 0.1 mg Pb。

5.6.2.4 铅标准溶液:1.00 mL 含 0.01 mg Pb。

移取 10.00 mL 铅标准贮备液于 1 000 mL 容量瓶中,加 20 mL 硝酸溶液,并用水稀释至刻度,摇匀。

5.6.3 **仪器、设备**

一般实验室仪器和电加热原子吸收光谱仪。

5.6.3.1 铅空心阴极灯。

5.6.4 **分析步骤**

5.6.4.1 称取约(5.00±0.01)g 试样，置于 250 mL 烧杯中，加水 30 mL、硝酸溶液 10 mL，盖上表面皿煮沸约 1 min，冷至室温后转移至 100 mL 容量瓶中，稀释至刻度，摇匀。此为试液 B，必要时干过滤。

5.6.4.2 分别移取 5.00 mL 试液 B，置于 4 个 50 mL 容量瓶中，并依次加入 0.00、1.00 mL、2.00 mL、3.00 mL 铅标准贮备溶液，用水稀释至刻度，摇匀。用微量进液装置将配好的试样注入发热炉，经干燥、灰化、原子化后，在 283.3 nm 处测其吸光度。以加入标准溶液的铅浓度为横坐标，相应的吸光度为纵坐标，绘制曲线，将曲线反向延长与横坐标相交，交点即为所测试样中铅的含量。

5.6.5 **分析结果的表述**

铅的含量以质量分数 w_6 计，按式(7)计算：

$$w_6 = \frac{m \times 10^{-3}}{m_0 \times 5/100} \times 100 \qquad \cdots\cdots(7)$$

式中：

m——试样中铅质量的数值，单位为毫克(mg)；

m_0——试料质量的数值，单位为克(g)。

5.6.6 **允许差**

取平行测定结果的算术平均值为测定结果，平行测定结果的绝对差值不大于 0.000 2%。

6 检验规则

6.1 水处理剂 硫酸亚铁应由生产厂的质量检验部门按本标准的规定进行检验。生产厂应保证每批出厂的产品都符合本标准的要求。每批出厂的产品都应附有质量证明书，内容包括：生产厂名、产品名称、类别、净含量、批号或生产日期、产品质量符合本标准的证明和本标准编号。

6.2 使用单位有权按照本标准的规定对所收到的产品进行验收。

6.3 每批产品质量不得超过 60 t。

6.4 按 GB/T 6678 的规定确定采样单元数。对于袋装产品，采样时应将采样器垂直插入到袋深的四分之三处采样，每袋所采样品不少于 100 g。对散装产品，从产品散装面积上均匀分布的 10 个取样点取样，每点取样不得少于 100 g。将所取试样迅速混匀。按四分法缩分至 500 g，分装于两个清洁、干燥、带磨口塞的瓶中。瓶上贴标签，注明：生产厂名称、产品名称、类别、批号、采样日期和采样者姓名。一瓶供检验用，另一瓶保存一周备查。

6.5 按 GB/T 1250 规定的修约值比较法判定检验结果是否符合标准。检验结果有一项指标不符合本标准要求时，应重新自两倍量的包装或取样点中取样核验。重新核验的结果即使有一项指标不符合本标准要求，则该批产品为不合格。

6.6 当供需双方对产品质量发生异议时，按照《中华人民共和国产品质量法》的规定办理。

7 标志、标签和包装

7.1 水处理剂 硫酸亚铁用内衬塑料袋，外套编织袋的双层包装，内袋扎口(或热合)，外袋应牢固封口。本产品也可散装。

7.2 包装袋上应标明生产厂名称、产品名称、类别、生产日期、批号、净质量、商标和本标准编号。每袋净质量 50 kg。散装产品应在装货清单上注明以上内容。

7.3 装运过程中应小心轻放，防止包装破损，不得日晒、雨淋、禁止与有毒有害物质混贮、共运。

参 考 文 献

GB/T 6682 分析实验室用水规格和试验方法(GB/T 6682—1992,neq ISO 3696:1987)

ICS 29.035.99
K 15

GB

中华人民共和国国家标准

GB/T 10581—2006/IEC 60345:1971
代替 GB/T 10581—1989

绝缘材料在高温下电阻和电阻率的试验方法

Method of test for electrical resistance and resistivity of insulating materials at elevated temperatures

(IEC 60345:1971,IDT)

2006-02-15 发布 2006-06-01 实施

中华人民共和国国家质量监督检验检疫总局
中国国家标准化管理委员会 发布

前　言

本标准等同采用 IEC 60345:1971《绝缘材料在高温下电阻和电阻率的试验方法》(英文版)。

为便于使用,本标准做了下列编辑性修改:

a) 删除国际标准的序言和前言;

b) 增加了第 2 章规范性引用文件;

c) 图按 GB/T 1.1—2000 标注。

本标准代替 GB/T 10581—1989《固体绝缘材料在高温下绝缘电阻和体积电阻率的试验方法》。

本标准由中国电器工业协会提出。

本标准由全国绝缘材料标准化技术委员会归口。

本标准起草单位:桂林电器科学研究所。

本标准主要起草人:王先锋。

本标准于 1989 年 2 月首次发布,本次为第一次修订。

绝缘材料在高温下电阻和电阻率的试验方法

1 范围

本标准规定了绝缘材料在800℃及以下的绝缘电阻和体积电阻率的测定方法。

本标准适用于耐高温的绝缘材料电阻的测定。

2 规范性引用文件

下列文件中的条款通过本标准的引用而成为本标准的条款。凡是注日期的引用文件，其随后所有的修改单(不包括勘误的内容)或修订版均不适用于本标准，然而，鼓励根据本标准达成协议的各方研究是否可使用这些文件的最新版本。凡是不注日期的引用文件，其最新版本适用于本标准。

GB/T 1410—2006 固体绝缘材料体积电阻率和表面电阻率试验方法(IEC 60093:1980,IDT)

GB/T 10064—2006 测定固体绝缘材料绝缘电阻的试验方法(IEC 60167:1964,IDT)

GB/T 10580—2003 固体绝缘材料在试验前和试验时采用的标准条件(IEC 60212:1971,IDT)

3 电极和试样的准备

测量绝缘电阻时，试样可以是任何合适的尺寸和形状，见GB/T 10064—2006。测量体积电阻率时，最好采用圆板试样及三电极系统。其中有一个电极是保护电极。试样任何两处的厚度偏差不应大于平均厚度的5%。电极最好是圆形的。由烧熔导电涂料或经蒸发或喷涂于试样表面而制成的导电覆层组成电极。金或铂是合适的电极材料。银不能用，因为高温下银要迁移。薄层的金在较高温下会产生烧结作用，从而降低导电率。对多孔的试样不应采用蒸发或喷镀电极，为了减小试样边缘表面的影响，若不用保护电极，推荐电极至试样边缘的最小距离为5 mm。

4 试验设备

4.1 电阻测量(见图1)

应采用灵敏度和精确度符合要求的合适装置进行测量(见GB/T 1410—2006)。

4.2 加热室

应采用合适的电热烘箱或电炉加热试样，其结构应能使整个试样均匀受热，温度的波动要尽量小。用合适的隔热罩遮蔽试样，避免试样受到加热元件的直接辐射。隔热罩可以用陶瓷做成，例如氧化铝或类似于这类的材料。烘箱内要安装银、不锈钢或类似材料的接地金属屏蔽，防止加热回路与测量回路之间发生漏电流。在试样电阻很高的情况下，测量期间必须断开加热元件电源，以免测量受到干扰。

4.3 试样架

试样应紧密地放在加热室内两块金属电极之间，金属电极及它的引线用耐高温抗氧化及足够机械稳定性的金属或合金制成，如不锈钢等。此外，试验也可在惰性气体中进行，两块电极应具有足够的厚度，以防翘曲并保证试样和两块电极温度均等。两块电极的接触面的尺寸等于试样上的电极尺寸，其中一块可以移动，以使试样可插入或取出。

4.4 测量导线

为防止泄漏电流影响试验结果，采月带有绝缘的测量导线穿过高电阻的陶瓷绝缘子而进入加热室内，绝缘子应处在冷的区域中并要有合适的保护。

注：也可以通过炉顶或炉墙上的孔引入接线(炉身应接地)，若用硬导线作接线，则导线能依附在支撑物上，接线仅与支撑物接触，该支撑物是较冷的，可用任何硬质绝缘材料制成。

4.5 温度控制

应采用一种温度控制措施，温度公差按 GB/T 10580—2003 的要求。推荐用两支热电偶或温度计，其中一支放在加热室内用来控制温度，另一支用来直接测量试样温度。

测量试样温度用的热电偶，应放在离试样尽可能近的地方，并使在测量电阻时不产生电场干扰。例如热电偶可直接插到电极的孔中，孔的底部尽可能接近试样(见图 1)。可在电极的反面垂直于试样表面钻孔，或在垫板的侧面平行于试样表面钻孔。热电偶装在电极内时，必须很好绝缘否则测量时应把热电偶断开或拿出。

4.6 测量期间要点

因接线的绝缘在烘箱内承受热，使绝缘电阻降低而影响测量。由于，电流测量仪表和电源之间的回路是接地的(试样的两边都对地绝缘)，若在电源上构成一个不太大的电流流失，则高电位接线和地电位之间的电导可忽略。低电位接线和地电位之间的电导组成一个电流测量仪器并联的分流器。测量电极的对地电阻应比电流测量仪表的输入电阻高 10～100 倍(对最灵敏的电流测量仪表而言，其输入电阻可高达 10^{11} Ω)。泄漏电阻必须在每个温度下分别测定，若不同的金属用在接线和电极架上时，不同金属之间的热电偶电势能引起测量误差，用一个短路回路代替电源，测量电流便能指示出该热电偶电势效应大小。

5 条件处理

试样条件处理由材料规范规定，或从 GB/T 10580—2003 表 1 所列的条件中选择。

6 试验程序

6.1 连续升温(方法 A)

本方法适用快速获得在很宽温度范围内试样电阻和温度之间关系的试验，且只适用于介电吸收[1]作用可以忽略的材料或者类似的材料进行比较。

试样上施加规定的电压，并以一定速度升温，升温速度取决于材料的厚度，且不大于 5℃/min。

随着温度的升高，为了很好地确定电阻和温度之间关系，要进行足够次数的电阻测量。

6.2 分段升温(方法 B)

本方法适用于比连续升温更精确的电阻和温度之间关系的试验。对于有介电吸收作用的试样也能采用。若要对几个试样进行测量时，最好每个试样都能在不打开加热室的情况下提供测量端，则可避免等候每个试样达到热平衡的时间。

将试样放入两金属电极之间并保持紧密接触，试样的温度应尽快地从室温升到所要求的试验温度[2]。

当电极的温度稳定在所要求的试验温度的±2℃或±1%(按较大值计)温度范围内，按材料规范要求在试样上施加规定的电压 1 min(或按规定的其他时间)，然后再升温到下一个试验温度测量电阻。测量完成后，应除去电压，并把高压极、测量极和保护极(如必要时)互相短接(短路)。

应选择不少于 5 个试验温度来确定所要求的温度范围内电阻和温度之间的关系。在较低温度时，选择温度间隔小，例如 10℃，随着试验温度的升高，温度间隔适当增大。

注：电阻和温度的关系以电阻(电阻率)的对数与温度的倒数的关系表示。

6.3 注意事项

由于介电吸收问题，在规定的测量时间里电流不能达到稳定时，就需要测出电阻与时间的函数关系，从而估算出稳态下的电阻值。

---

1) 介电吸收在有些情况下可使短时电阻降低到正常电阻值的 1/100。

2) 调节加热室的温度应使电极底板的温度不超过所要求的试验温度。

当被试材料的电阻相对低时，需要降低电压进行测量，避免试样的发热效应。

对于那些有极化效应的试样，由于电荷集中在一个或两个电极上，其试验结果易出现误差。

除非对热降解影响有特殊要求外，试样在试验温度下应保持足够长的时间以达到热平衡。按试验所要求的时间间隔或更长时间间隔，用另一个试样定时地测量其电阻值(1 min 电化时间)，再比较这些测量值，从而决定暴露于试验温度下的最大允许时间。

在一系列逐级升温下试验后，还要在起始温度上再进行测量，以便观察试样暴露在高温下是否产生永久性变化。

7 结果表示

7.1 绝缘电阻

取测得的电阻 R 值作为绝缘电阻，单位为欧姆(Ω)。

7.2 体积电阻率

根据下列公式计算体积电阻率，单位为欧姆米(Ω·m)。

$$\rho_V = \frac{A}{h}R_V$$

式中：

R_V——体积电阻，单位为欧姆(Ω)；

A——测量电极的有效面积，单位为平方毫米(mm^2)；

h——试样在面积 A 以内的平均厚度，单位为毫米(mm)。

8 试验报告

试验报告至少应包括下列项目：

a) 材料名称、规格、生产单位；

b) 试样尺寸；

c) 电极型式、材料、尺寸；

d) 电阻的测量方法；

e) 试验电压和电化时间；

f) 升温的方法，即 A 法或 B 法；

g) 测量时的温度；

h) 每一温度下的个别值；

i) 体积电阻率。

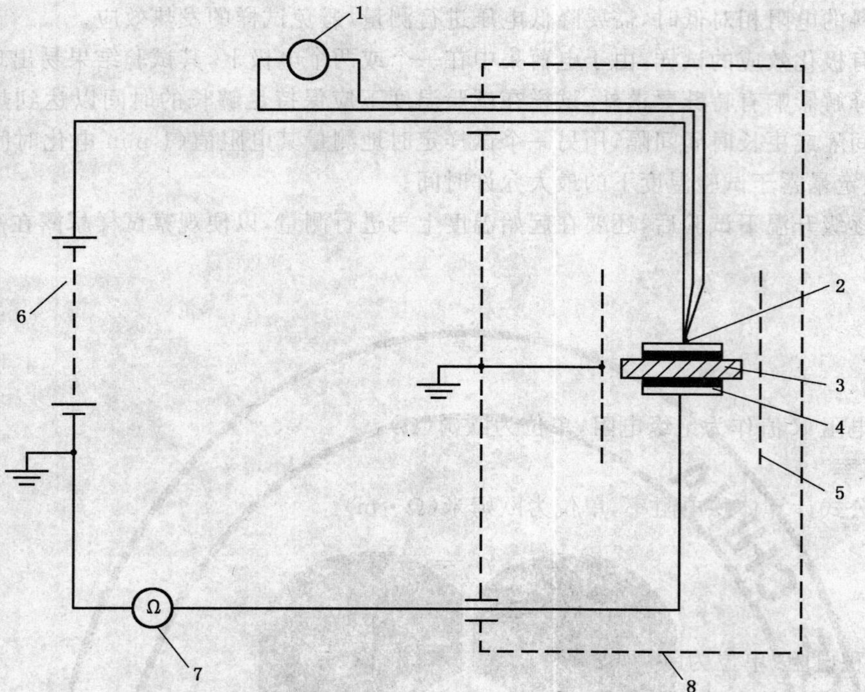

1——温度指示仪；
2——热电偶；
3——试样；
4——电极板；
5——金属屏蔽罩；
6——电源；
7——电阻测量装置；
8——烘箱臂。

图 1 电阻测量

ICS 190.040
N 04

中华人民共和国国家标准

GB/T 10586—2006
代替 GB/T 10586—1989

湿热试验箱技术条件

Specifications for damp heat testing chambers

2006-04-03 发布 2006-10-01 实施

中华人民共和国国家质量监督检验检疫总局
中国国家标准化管理委员会 发布

前　言

本标准是“环境试验设备技术条件”系列标准之一。该系列标准由以下几项标准组成：

——GB/T 10586—2006　湿热试验箱技术条件

——GB/T 10587—2006　盐雾试验箱技术条件

——GB/T 10588—2006　长霉试验箱技术条件

——GB/T 10589—1989　低温湿热箱技术条件

——GB/T 10590—2006　高低温/低气压试验箱技术条件

——GB/T 10591—2006　高温/低气压试验箱技术条件

——GB/T 10592—1989　高低温试验箱技术条件

——GB/T 11158—1989　高温试验箱技术条件

本标准自实施之日起代替 GB/T 10586—1989《湿热试验箱技术条件》。

本标准与 GB/T 10586—1989 相比的主要变化如下：

a）本标准增加了“术语和定义”一章，内容采用 IEC 60068-3-5 和 IEC 60068-3-6 的相关部分；

b）按 IEC 60068-3-5 的温度波动度的概念，温度波动度指标改为 1℃（见表 1）；

c）按 IEC 60068-3-5 的温度数据记录要求，改为每分钟记录一次数据（见 6.4）；

d）按 IEC 60068-3-5 的升温速率测试方法修改了升温速率测试方法（见 6.4.3.8）；

e）使用环境条件中扩大了大气压的范围（见 4.1）；

f）对冷却水的水质提出了要求（见 4.3a））；

g）扩大了Ⅱ类产品的温、湿度调节范围（见表 1）；

h）增加了电绝缘强度的要求（见 5.3.1）；

i）温湿度性能的测试改在空载条件下进行（见 6.2.2）；

j）增加了温度偏差测量不确定度的评定方法及其应用信息（见附录 B）。

本标准的附录 A 和附录 B 是资料性附录。

本标准由中国机械工业联合会提出。

本标准由机械工业仪器仪表综合技术经济研究所归口。

本标准由上海爱斯佩克环境设备有限公司、重庆银河试验仪器有限公司、广州电器科学研究院和重庆万达仪器有限公司负责起草，无锡苏南试验设备有限公司、上海实验仪器厂有限公司和成都天宇试验设备有限公司参加起草。

本标准主要起草人：陆礼明、许清禄、廖青、陈云生、倪一明、冯明康、蒯正心。

本标准所代替标准的历次版本发布情况为：

——GB/T 10586—1989。

湿热试验箱技术条件

1 范围

本标准规定了湿热试验箱(以下简称“试验箱”)的术语和定义、使用条件、技术要求、试验方法、检验规则及标志、包装、贮存。

本标准适用于对电工、电子及其他产品、零部件及材料进行湿热试验的试验箱。

2 规范性引用文件

下列文件中的条款通过本标准的引用而成为本标准的条款。凡是注日期的引用文件,其随后所有的修改单(不包括勘误的内容)或修订版均不适用于本标准,然而,鼓励根据本标准达成协议的各方研究是否可使用这些文件的最新版本。凡是不注日期的引用文件,其最新版本适用于本标准。

GB/T 191—2000 包装储运图示标志(eqv ISO 780:1997)

GB/T 2423.3—1993 电工电子产品基本环境试验规程 试验Ca:恒定湿热试验方法(eqv IEC 60068-2-3:1984)

GB/T 2423.4—1993 电工电子产品基本环境试验规程 试验Db:交变湿热试验方法(eqv IEC 60068-2-30:1980)

GB/T 2423.9—2001 电工电子产品环境试验 第2部分:试验方法 试验Cb:设备用恒定湿热(idt IEC 60068-2-56:1988)

GB/T 14048.1—2000 低压开关设备和控制设备 总则(eqv IEC 60947-1:1999)

JB/T 9512—1999 气候环境试验设备与试验箱 噪声声功率级的测定

JJF 1059—1999 测量不确定度评定与表示

3 术语和定义

下列术语和定义适用于本标准。

3.1

试验箱 test chamber

密闭的箱体或空间,其中某部分能满足规定的试验条件。

3.2

温度设定值 temperature setpoint

用试验箱控制装置设定的期望温度。

3.3

实际温度 achieved temperature

稳定后,试验箱工作空间内任意一点的温度。

3.4

温度稳定 temperature stabilization

工作空间内所有点的温度均达到温度设定值并维持在给定的容差范围内。

3.5

温度波动度 temperature fluctuation

稳定后,在给定的任意时间间隔内,工作空间内任一点的最高和最低温度之差。

3.6

工作空间 working space

试验箱内能将规定的条件维持在规定容差范围内的部分。

3.7

温度梯度 temperature gradient

稳定后,在任意时间间隔内,工作空间内任意两点的温度平均值之差的最大值。

3.8

温度变化速率 temperature rate of change

在工作空间中心测得的两个给定温度之间的转变率,以℃/min 为单位。

3.9

工作空间的温度偏差 temperature variation in space

稳定后,在任意时间间隔内,工作空间中心温度的平均值和工作空间内其他点的温度的平均值之差。

3.10

极限温度 temperature extremes

稳定后,工作空间内所达到的最高和最低测得温度。

3.11

饱和水气压 saturation vapour pressure

在恒定温度下,当给定体积空气中的水分不能再增加时的水汽压。

3.12

水汽分压力 partial vapour pressure

在恒定温度下,在给定的体积空气中,大气压力中的水汽压力部分。

3.13

相对湿度(RH) relative humidity

在恒定温度时,在给定的体积空气中,水汽分压力与饱和水汽压力的比率,用百分数表示。

注:相对湿度是表示空气中水汽含量最常用的方法。

3.14

湿度稳定 humidity stabilization

工作空间中所有各点的湿度均达到湿度设定值并维持在给定容差范围内。

3.15

实际湿度 achieved humidity

稳定后,试验箱工作空间内任意点的湿度。

3.16

工作空间的相对湿度偏差 relative humidity variation in space

稳定后,在任意时间间隔内,工作空间中心相对湿度的平均值和工作空间内其他点的相对湿度的平均值之差。

4 使用条件

4.1 环境条件

a) 温度:15℃~35℃;

b) 相对湿度:不大于85%;

c) 大气压:80 kPa~106 kPa;

d) 周围无强烈振动;

e) 无阳光直接照射或其他热源直接辐射;

f) 周围无强烈气流。当周围空气需强制流动时,气流不应直接吹到箱体上;

g） 周围无强电磁场影响；

h） 周围无高浓度粉尘及腐蚀性物质。

4.2 供电条件

a） 电压：220 V±22 V 或 380 V±38 V；

b） 频率：50 Hz±0.5 Hz。

4.3 供水条件

a） 冷却水

宜使用满足下列条件的自来水或循环水：

——水温：不高于 30℃；

——水压：0.1 MPa～0.3 MPa；

——水质：满足工业用水标准。

b） 加湿用水

当用水与空气直接接触的方法加湿空气时，水的电阻率应不低于 500 Ω·m。

4.4 试验负载条件

试验负载应同时满足以下条件：

a） 负载的总质量在每立方米工作室容积内放置不超过 80 kg；

b） 负载的总体积不大于工作室容积的 1/5；

c） 在垂直于主导风向的任意截面上，负载面积之和应不大于该处工作室截面积的 1/3，负载置放时不可阻塞气流的流动。

5 技术要求

5.1 产品性能

试验箱按使用性能分为Ⅰ、Ⅱ两类，其性能指标见表 1。

5.2 产品结构及外观要求

5.2.1 工作室内壁应用耐腐蚀材料制造，表面应易于清洁。

5.2.2 凝结水不允许滴落在工作空间内。且应连续排除，未经处理不得作为加湿用水。

5.2.3 工作室应设有观察窗和照明装置。

5.2.4 应设有引线孔。

5.2.5 应设有放置或悬挂样品的样品架。

5.2.6 箱体、通风管道和制冷系统应密封可靠，不应漏气、漏水、漏油。

5.2.7 箱门应密封良好，密封条应不易在湿热条件下发粘变形，并便于更换。

5.2.8 外观涂镀层应平整光滑、色泽均匀，不得有露底、起泡、起层或擦伤痕迹。

5.3 安全和环境保护要求

5.3.1 接线端子对箱体金属外壳之间的绝缘电阻值应满足：冷态 2 MΩ 以上，热态 1 MΩ 以上（用 500 V，准确度为 1.0 级兆欧表测量）；并能承受 50 Hz 交流电压 1 500 V、施压时间 5 s 的耐电压试验。

表 1 试验箱的性能指标

参数		类别 Ⅰ	类别 Ⅱ
调节范围	温度/℃	（室温+10）～60	20～80
	相对湿度/%	环境湿度至 100	75～100

表 1(续)

<table>
<tr><td colspan="2" rowspan="2">参　　数</td><td colspan="2">类　　别</td></tr>
<tr><td>Ⅰ</td><td>Ⅱ</td></tr>
<tr><td colspan="2">温度梯度/℃</td><td colspan="2">≤1</td></tr>
<tr><td colspan="2">温度波动度/℃</td><td colspan="2">≤1</td></tr>
<tr><td rowspan="2">容许偏差</td><td>温度/℃</td><td>±2</td><td rowspan="4">交变试验应满足GB/T 2423.4—1993 图 2[a] 和其他商定要求</td></tr>
<tr><td>相对湿度/%</td><td>+2
−3</td></tr>
<tr><td colspan="2">升温速率/(℃/min)</td><td>≤1</td></tr>
<tr><td colspan="2">降温速率/(℃/min)</td><td>—</td></tr>
<tr><td colspan="2">风速/(m/s)</td><td colspan="2">≤1</td></tr>
<tr><td colspan="2">交变能力</td><td>恒定</td><td>恒定、交变</td></tr>
<tr><td colspan="4">a　Ⅰ型试验箱符合 GB/T 2423.3—1993，降温阶段的相对湿度分为不小于 95%和不小于 85%两种。</td></tr>
</table>

5.3.2　保护接地端子应与试验箱外壳有良好的电气联接并能方便牢固地接线，应符合 GB/T 14048.1—2000 的 7.1.9 的规定。

5.3.3　应有超温、过电流、缺水等保护及报警装置。

5.3.4　整机噪声应不高于 75 dB(A)。

6　试验方法

6.1　主要测试仪器与装置

6.1.1　风速仪

风速仪的感应量应不低于 0.05 m/s。

6.1.2　温度计

采用由铂电阻、热电偶或其他温度传感器组成并满足下列要求的测温系统：

传感器时间常数：20 s～40 s；

测温系统的扩展不确定度($k=2$)：不大于 0.4℃。

6.1.3　湿度计

可采用干湿球温度计或由其他传感器组成的测湿系统。

测湿系统的扩展不确定度($k=2$)应不大于被测湿度容差的 1/3。

6.2　测试条件

6.2.1　测试条件应满足 4.1、4.2 和 4.3 的要求。

6.2.2　测试在空载的条件下进行。

6.3　测试点的位置及数量

6.3.1　在试验箱工作室内定出上、中、下三个水平测试面，简称上、中、下层。上层与工作室的顶面的距离是工作室高度的 1/10，中层通过工作室几何中心，下层在最低层样品架上方 10 mm 处。

注：工作室具有斜顶或尖顶时，顶面为通过斜面与垂直壁面交线的假想水平面。

6.3.2　测试点位于三个测试面上，中心测试点位于工作室几何中心，其余测试点到工作室壁的距离为各自边长的 1/10(见图 1)。但对工作室容积不大于 1 m^3 的试验箱，该距离不小于 50 mm。

6.3.3　测试点的数量与工作室容积大小的关系为：

a)　工作室容积不大于 2 m^3 时，温度测试点为 9 个，相对湿度测试点为 3 个，布放位置见图 1。

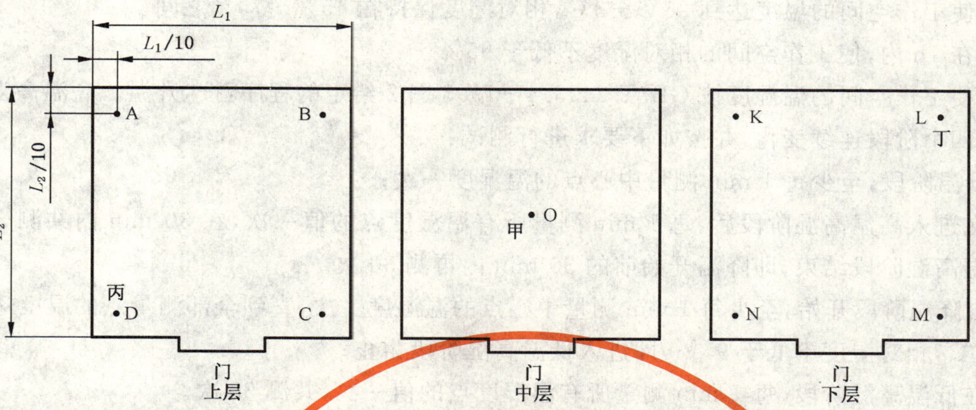

A,B,……,M,N——温度测试点；

甲,丙,丁——湿度测试点。

图 1

b) 工作室容积大于 2 m^3 时,温度测试点为 15 个,相对湿度测试点为 4 个,布放位置如图 2。

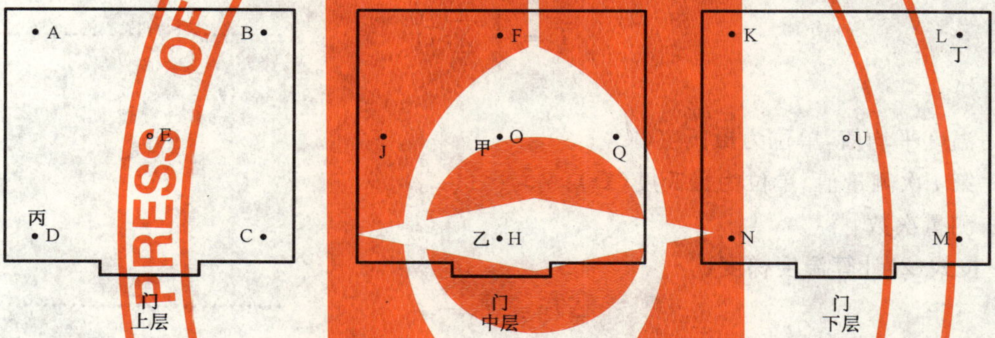

A,B,……,N,U——温度测试点；

甲,乙,丙,丁——湿度测试点。

图 2

c) 当工作室容积大于 50 m^3 时,温湿度测试点的数量可以适当增加。

6.4 温湿度测试方法

6.4.1 Ⅰ类(恒定)湿热试验箱

6.4.1.1 按试验箱工作室容积的大小,根据 6.3 的规定确定温湿度测量点,安装温湿度测量传感器。

6.4.1.2 测量湿度测量点的风速(用于 GB/T 2423.3—1993 试验 Ca 时)或全部测试点的风速(用于 GB/T 2423.9—2001 试验 Cb 时),风速测量方法见 6.5。

6.4.1.3 缓慢升温至规定的试验温度(≤40℃),升温期间,应每 1 min 测量中心点的温度一次,升温速率不应超过 1℃/min。

6.4.1.4 在 2 h 内,使相对湿度达到有关标准规定值($93\%^{+2}_{-3}\%$)。

6.4.1.5 在工作空间中心点的温湿度达到规定值并稳定 2 h,在 30 min 内,每 1 min 测试全部测试点的温湿度值 1 次,共测 30 次。

6.4.2 Ⅱ类(交变)湿热试验箱

6.4.2.1 按试验箱工作室容积的大小,根据 6.3 的规定确定温湿度测试点,安装温湿度测试传感器。

6.4.2.2 测量相对湿度测试点的风速(见 6.5)。

6.4.2.3 使工作空间的温度达到25℃±3℃,相对湿度保持在45%~75%之间。

6.4.2.4 在1h内,使工作空间的相对湿度不低于95%。

6.4.2.5 使工作空间的温湿度按GB/T 2423.4—1993图2给定的程序,按“升温—高温高湿—降温—低温高湿”四个阶段连续变化,并按如下要求进行测试:

a) 升温阶段,至少每1 min测量中心点的温湿度一次;

b) 在进入高温高湿阶段后,每1 min测量所有温湿度点的值一次,在30 min内共测30次;在高温高湿阶段结束,即降温开始前的30 min内再测30次。

c) 自降温阶段开始,至少每1 min测量中心点的温湿度一次,直到全部测量点的温度达到25℃±3℃,相对湿度不低于95%,即进入低温高湿阶段为止;

d) 在低温高湿阶段,每1 min测量所有温湿度点的值一次,共测30次。

6.4.3 数据处理和试验结果

6.4.3.1 对测得的温湿度数据,按测试仪表的修正值进行修正。

6.4.3.2 剔除可疑数据(参考附录A)。

6.4.3.3 对在温度恒定阶段测得的数据(即在6.4.1.5、6.4.2.5b)、6.4.2.5d)测得的数据),按式(1)计算每点30次测得值的温度平均值:

$$\overline{T} = \frac{1}{n}\sum_{i=1}^{n} T_i \qquad \cdots\cdots (1)$$

式中:

$\overline{T}$——温度平均值,单位为摄氏度(℃);

T_i——第i次测量值,单位为摄氏度(℃);

n——测量次数。

6.4.3.4 按式(2)计算温度梯度:

$$\Delta T_{\mathrm{j}} = \overline{T}_{\mathrm{h}} - \overline{T}_{\mathrm{L}} \qquad \cdots\cdots (2)$$

式中:

ΔT_{j}——温度梯度,单位为摄氏度(℃);

$\overline{T}_{\mathrm{h}}$——温度平均值的最大值,单位为摄氏度(℃);

$\overline{T}_{\mathrm{L}}$——温度平均值的最小值,单位为摄氏度(℃)。

6.4.3.5 按式(3)计算温度波动度:

$$\Delta T_{\mathrm{b}} = T_{i\mathrm{h}} - T_{i\mathrm{L}} \qquad \cdots\cdots (3)$$

式中:

ΔT_{b}——温度波动度,单位为摄氏度(℃);

$T_{i\mathrm{h}}$——工作空间第i点的最高温度值,单位为摄氏度(℃);

$T_{i\mathrm{L}}$——工作空间第i点的最低温度值,单位为摄氏度(℃)。

6.4.3.6 按式(4)计算温度偏差:

$$\Delta T_i = \overline{T}_i - \overline{T}_0 \qquad \cdots\cdots (4)$$

式中:

ΔT_i——温度偏差,单位为摄氏度(℃);

$\overline{T}_0$——工作空间中心点的温度平均值,单位为摄氏度(℃);

$\overline{T}_i$——工作空间其他点的温度平均值,单位为摄氏度(℃)。

6.4.3.7 试验箱控制仪表的设定值与中心测试值之差应满足表1的容许偏差要求。以上计算结果及相对湿度值均应符合表1的规定。

6.4.3.8 按式(5)计算恒定湿热试验箱的升温平均速率：

$$V_{T}=\frac{0.8\times(T_{2}-T_{1})}{t} \quad \cdots\cdots(5)$$

式中：

V_T——升温平均速率，单位为摄氏度每分钟(℃/min)；

T_1——最低规定温度，单位为摄氏度(℃)；

T_2——最高规定温度，单位为摄氏度(℃)；

t——温度从温度范围的10%升到90%的时间。

6.4.3.9 交变湿热试验箱的升降温特性按下述方法求得：

a) 按 GB/T 2423.4—1993 图 2 的规定，绘出升温阶段(包括升温开始前 30 min 和结束后30 min)温湿度范围图；

b) 将在升温阶段测得的值描绘成升温特性曲线；

c) 按 GB/T 2423.4—1993 图 2 的规定，绘出降温阶段(包括降温开始前 30 min 和结束后30 min)温湿度范围图；

d) 将降温阶段测得的值描绘成降温特性曲线。

6.4.3.10 以上计算结果都应满足相关标准的要求；升、降温特性曲线应在 6.4.3.9 要求的温湿度范围图内。

6.4.3.11 根据实际需要，评定测量结果的不确定度(参考附录 B)。

6.5 风速测试方法

6.5.1 本测试在空载和室温条件下进行。

6.5.2 测试点的数量及位置与 6.3 相同。

6.5.3 测试程序

6.5.3.1 将细棉纱线或其他轻飘物体悬挂于测试点，关闭箱门，开启风机，找出各测试点处的主导风向。

6.5.3.2 将风速传感器悬挂于测试点，关闭箱门，开启风机，测出各测试点主导风向的风速值。

6.5.4 试验结果的计算与判定

6.5.4.1 将测得的风速值按风速仪的修正值修正。

6.5.4.2 按式(6)计算所有测试点风速的平均值：

$$V=(V_{A}+V_{B}+\cdots\cdots+V_{M})/n \quad \cdots\cdots(6)$$

式中：

V——试验箱风速，单位为米每秒(m/s)；

V_A,……,V_M——测量点的风速，单位为米每秒(m/s)；

n——测量点的数量。

计算结果应符合表 1 的规定。

6.6 噪声测试及评定方法

试验箱整机噪声的测试方法见 JB/T 9512—1999，结果应符合 5.3.4 的规定。

6.7 安全保护及装置的性能试验方法

6.7.1 本试验在空载条件下进行。

6.7.2 保护接地端子和绝缘电阻应在 6.4 的试验前后各进行一次，每次均应符合要求。

6.7.3 报警和保护装置的试验程序

6.7.3.1 Ⅰ类试验箱选择 42℃，Ⅱ类试验箱选择 42℃和 57℃作为试验温度。

6.7.3.2 将报警和保护装置的温度设定在试验温度上，使试验箱升温。当中心点的温度达到设定温度时，报警装置应发出信号，安全保护装置应立即动作进行保护。本试验应连续进行3次，每次均应合格。

6.8 箱门密封性能的检查及评定方法

6.8.1 本检查在6.4的试验开始前及结束后各进行1次。

6.8.2 将厚0.1 mm、宽50 mm、长200 mm的纸条垂直夹在箱门与门框之间的任一部位，用手轻拉纸条，如纸条不能自由滑动，即符合5.2.7的规定。

6.9 工作空间内凝露水滴落情况的检查及评定方法

6.9.1 该项检查对Ⅰ类试验箱，应在6.4.1.4和6.4.1.5的试验期间进行；对Ⅱ类试验箱，应在6.4.2.4和6.4.2.5的试验期间进行。

6.9.2 用肉眼观察工作室顶面和内壁上凝露水珠的大小及是否滴落在工作空间内。如无水珠滴在工作空间内，即符合5.2.2的规定。

6.10 外观质量检查及评定方法

6.10.1 本检查在6.4的试验开始前及结束后各进行1次。

6.10.2 用肉眼检查试验箱外观涂镀层的质量，结果应符合5.2.8的要求。

7 检验规则

7.1 试验箱检验分型式检验和出厂检验两类。

7.2 型式检验

7.2.1 有下列情况之一时应进行型式检验：

a) 新产品试制定型鉴定；

b) 正式生产的产品在结构、材料、工艺、生产设备和管理等方面有较大改变，可能影响产品性能时；

c) 国家质量监督检验机构进行质量监督检验时；

d) 出厂试验结果与上次型式试验结果有较大差异时；

e) 产品停产一年以上再生产时；

f) 产品批量生产时，每两年至少一次的定期抽检。

7.2.2 型式检验项目及试验方法

型式检验项目及试验方法见表2。

表2 检验项目及试验方法

<table>
<tr><th rowspan="2">检验项目</th><th rowspan="2">技术要求
章、条号</th><th rowspan="2">试验方法
章、条号</th><th colspan="2">检验类别</th></tr>
<tr><th>型式检验</th><th>出厂检验</th></tr>
<tr><td>温度梯度、温度波动度、温湿度容许偏差及升降温特性</td><td rowspan="2">5.1表1</td><td>6.4</td><td colspan="2">○</td></tr>
<tr><td>风速</td><td>6.5</td><td>○</td><td>—</td></tr>
<tr><td>噪声</td><td>5.3.4</td><td>6.6</td><td>○</td><td>—</td></tr>
<tr><td>安全保护装置的性能</td><td>5.3.1～5.3.3</td><td>6.7</td><td colspan="2">○</td></tr>
<tr><td>箱门密封性能</td><td>5.2.7</td><td>6.8</td><td colspan="2">○</td></tr>
<tr><td>凝露水滴落情况</td><td>5.2.2</td><td>6.9</td><td>○</td><td>—</td></tr>
<tr><td>外观质量</td><td>5.2.8</td><td>6.10</td><td colspan="2">○</td></tr>
<tr><td colspan="5">注：要求检验的项目用“○”表示。</td></tr>
</table>

7.2.3 抽样及判定规则

7.2.3.1 成批生产的试验箱，批量在20台以上时，抽检2台；不足20台时，抽检1台。

7.2.3.2 抽检样品的型式检验项目应全部合格，否则，对不合格项目加倍抽检。第二次抽检合格时，仅将第一次抽检不合格项目返修，检验合格后允许出厂；如第二次抽检样品中仍有1台不合格，则判该批产品不合格，如第二次抽检样品全部合格，则判该批产品合格。

7.3 出厂检验

7.3.1 出厂检验由制造厂质量检验部门负责。

7.3.2 本检验在空载条件下进行。

7.3.3 检验项目及检验方法

7.3.3.1 检验项目及检验方法见表2。

7.3.3.2 除温度梯度及温度容许偏差采用抽样检验外，其他项目应逐台进行检验，检验项目均应合格。

7.3.4 抽样及评定规则

7.3.4.1 温度梯度及温度容许偏差的出厂抽检量按产品批量的10%计算，但不得少于2台。

7.3.4.2 检验项目应全部合格，如有1台不合格，应加倍抽检；第二次抽检合格时，仅将第一次抽样不合格产品返修，检验合格后允许出厂，如第二次抽检仍有1台不合格，则应对该批产品逐台检验。

8 标志、包装、贮存

8.1 标志

8.1.1 试验箱的铭牌，字迹应清晰耐久，固定牢靠。

8.1.2 铭牌内容应包括：

a) 产品型号、名称；

b) 重量；

c) 电压、频率及总功率；

d) 产品序号，制造日期；

e) 制造厂名称。

8.2 包装

8.2.1 包装箱的文字及标志应符合GB/T 191—2000的规定。

8.2.2 包装箱应牢固可靠。

8.2.3 包装箱应防雨淋、防潮气聚集。

8.2.4 试验箱的附件、备件和专用工具应单独包装，牢靠地固定在包装箱内。

8.2.5 试验箱的技术文件如装箱清单、产品使用说明书、产品合格证等应密封防潮，固定在包装箱内明显的地方。

8.3 贮存

8.3.1 试验箱的运输包装件应贮存在通风良好，无腐蚀性气体及化学药品的库房内。

8.3.2 贮存期长达一年以上的试验箱，应按型式检验抽样及判定规则，按出厂检验项目检验，合格后方可出厂。

附 录 A
（资料性附录）
可疑数据判别方法

对一组修正后的测试数据的某个极大或极小值有怀疑时，应利用专业知识找出原因，在未判明它是否合理前，既不要轻易保留，也不要随意剔除，可用下述方法判别，决定取舍。

A.1 利用式(1)、式(A.1)算出数据的平均值及单次测得值的标准偏差：

$$S(T_i)=\sqrt{\frac{\sum_{i=1}^{n}(T_i-\overline{T})^2}{n-1}} \quad \cdots\cdots\cdots\cdots (\mathrm{A}.1)$$

式中：

T_i——第 i 次测量值，单位为摄氏度(℃)；

$\overline{T}$——温度平均值，单位为摄氏度(℃)；

$S(T_i)$——单次测得值的标准偏差，单位为摄氏度(℃)；

n——测量次数。

A.2 求格拉布斯准则计算统计量：

$$G(n)=(T_{(n)}-\overline{T})/S(T_i) \quad \cdots\cdots\cdots\cdots (\mathrm{A}.2)$$

式中：

$T_{(n)}$——测量数据的极大值或极小值，单位为摄氏度(℃)。

A.3 对于本标准，取显著水平 $\alpha=0.01$，临界值 $G_{99}(n)$ 为：

当 $n=30$ 时，$G_{99}(n)=3.103$；

$n=29$ 时，$G_{99}(n)=3.085$；

$n=28$ 时，$G_{99}(n)=3.068$；

$n=27$ 时，$G_{99}(n)=3.049$。

当 $|G(n)|>G_{99}(n)$ 时，则舍去该 $T_{(n)}$ 值，并重新按式(1)、式(A.1)和式(A.2)计算剩下数值的平均值及标准偏差和 $G(n)$，按本法检验直到无可疑数据为止。

附　录　B
（资料性附录）
温度偏差的测量不确定度评定

B.1　温度偏差的测量不确定度评定依据为 JJF 1059—1999。

B.2　温度偏差的测量不确定度评定的主要流程如下：

a)　建立数学模型，确定被测量 Y 与输入量 X_1，……，X_n 的关系；

b)　求最佳值，由 X_i 的最佳值 x_i 求得 Y 的最佳值 y；

c)　列出测量不确定度来源；

d)　标准不确定度分量评定：A 类评定和 B 类评定；

e)　计算合成标准不确定度；

f)　评定扩展不确定度；

g)　不确定度报告。

B.3　温度偏差的测量不确定度评定的主要步骤如下：

a)　根据温度偏差的定义，其测量过程的数学模型为式(4)。

b)　求最佳值

T_i 的最佳值为工作空间其他点在 30 min 内的温度测量值的算术平均值 $\overline{T}_i$，T_0 的最佳值为工作空间中心点在 30 min 内的温度测量值的算术平均值 $\overline{T}_0$，均按式(1)计算。

因此，温度偏差的最佳值 ΔT_i 就是式(4)。

c)　列出测量不确定度来源

温度偏差的测量不确定度主要来源有：

- 由于各种随机因素影响，工作空间其他点在 30 min 内的温度测量值数据不重复引入的标准不确定度 u_1；
- 测试工作空间其他点的温度时，由于测温系统的不准确引入的标准不确定度 u_2；
- 由于各种随机因素影响，工作空间中心点在 30 min 内的温度测量值数据不重复引入的标准不确定度 u_3；
- 测试工作空间中心点的温度时，由于测温系统的不准确引入的标准不确定度 u_4。

d)　标准不确定度分量评定

- 根据实测数据按 A 类评定，工作空间其他点在 30 min 内的温度测量值的算术平均值 T_i 的实验标准差就是标准不确定度 u_1；工作空间中心点在 30 min 内的温度测量值的算术平均值 T_0 的实验标准差就是标准不确定度 u_3；均按式(A.1)和式(B.1)计算：

$$S(\overline{T}) = \frac{S(T_i)}{\sqrt{n}} \qquad \cdots\cdots (\text{B.1})$$

- 标准不确定度 u_2 应是测温系统测试工作空间其他点温度时的合成标准不确定度，标准不确定度 u_4 应是测温系统测试工作空间中心点温度时的合成标准不确定度。

其中，标准不确定度分量 u_1、u_2、u_3 和 u_4 互不相关，不确定度传播律公式为(B.2)：

$$u_c^2 = u_1^2 + u_2^2 + u_3^2 + u_4^2 \qquad \cdots\cdots (\text{B.2})$$

e)　计算合成标准不确定度 u_c（见式(B.3)）

$$u_c = \sqrt{u_1^2 + u_2^2 + u_3^2 + u_4^2} \qquad \cdots\cdots (\text{B.3})$$

f)　评定扩展不确定度 U

按置信水平 $P=0.95$，取包含因子 $k=2$，扩展不确定度为式(B.4)：

$$U = 2 \times u_c \quad \text{(B.4)}$$

g) 不确定度报告

温度偏差的测量不确定度可用式(B.5)形式表示：

$$\Delta T_i = \overline{T}_i - \overline{T}_0 \pm U \quad \text{(B.5)}$$

例如：上偏差 $\Delta T_{max}=(1.0\pm0.3)$℃，$k=2$；

下偏差 $\Delta T_{min}=(-1.5\pm0.2)$℃，$k=2$。

h) 如果温度偏差的测量不确定度为最大温度偏差值的 1/3～1/10 时，测量不确定度对判定测试结论的影响可忽略不计。若计算出的温度偏差合格，则说明试验箱的该项技术指标满足要求。

B.4 试验箱其他技术性能的测量不确定度评定亦可参照上述方法进行。

ICS 190.040
N 04

中华人民共和国国家标准

GB/T 10587—2006
代替 GB/T 10587—1989

盐雾试验箱技术条件

Specifications for salt mist testing chambers

2006-04-03 发布　　　　2006-10-01 实施

中华人民共和国国家质量监督检验检疫总局
中国国家标准化管理委员会　发布

前　言

本标准是“环境试验设备技术条件”系列标准之一。该系列标准由以下几项标准组成：

——GB/T 10586—2006　湿热试验箱技术条件

——GB/T 10587—2006　盐雾试验箱技术条件

——GB/T 10588—2006　长霉试验箱技术条件

——GB/T 10589—1989　低温湿热箱技术条件

——GB/T 10590—2006　高低温/低气压试验箱技术条件

——GB/T 10591—1989　高温/低气压试验箱技术条件

——GB/T 10592—1989　高低温试验箱技术条件

——GB/T 11158—2006　高温试验箱技术条件

本标准自实施之日起代替 GB/T 10587—1989《盐雾试验箱技术条件》。

本标准与 GB/T 10587—1989 相比的主要变化如下：

a）本标准增加了“术语和定义”一章，内容采用 IEC 60068-3-5 和 IEC 60068-3-6 的相关部分；

b）按 IEC 60068-3-5 的温度波动度的概念，温度波动度指标改为 1℃（见 5.1.2）；

c）按 IEC 60068-3-5 的温度数据记录要求，改为每分钟记录一次数据（见 6.3）；

d）扩大了使用环境条件中大气压的范围（4.1）；

e）修改了试验负载条件要求（4.3）；

f）对盐雾箱的结构要求作了补充；

g）工作室内的测试点数量与位置按 GB/T 5170.8 作了调整；

h）增加了电绝缘强度的要求（见 5.3.1）；

i）温度与盐雾沉降率性能的测试改在空载条件下进行（见 6.2.2）；

j）增加了温度偏差测量不确定度评定方法及其应用的信息（见附录 B）。

本标准的附录 A 和附录 B 为资料性附录。

本标准由中国机械工业联合会提出。

本标准由机械工业仪器仪表综合技术经济研究所归口。

本标准由上海实验仪器厂有限公司、无锡苏南试验设备有限公司和广州电器科学研究院负责起草，重庆银河试验仪器有限公司和重庆万达仪器有限公司参加起草。

本标准主要起草人：冯明康、倪一明、廖青、陈云生、许清禄。

本标准所代替标准的历次版本发布情况为：

——GB/T 10587—1989。

盐雾试验箱技术条件

1 范围

本标准规定了盐雾试验箱(以下简称“试验箱”)的术语和定义、使用条件、技术要求、试验方法、检验规则及标志、包装、贮存。

本标准适用于对电工、电子及其他产品、零部件及材料进行盐雾试验的试验箱。

2 规范性引用文件

下列文件中的条款通过本标准的引用而成为本标准的条款。凡是注日期的引用文件,其随后所有的修改单(不包括勘误的内容)或修订版均不适用于本标准,然而,鼓励根据本标准达成协议的各方研究是否可使用这些文件的最新版本。凡是不注日期的引用文件,其最新版本适用于本标准。

GB/T 191—2000 包装储运图示标志(eqv ISO 780:1997)

GB/T 14048.1—2000 低压开关设备和控制设备 总则(eqv IEC 60947-1:1999)

JB/T 9512—1999 气候环境试验设备与试验箱 噪声声功率级的测定

JJF 1059—1999 测量不确定度评定与表示

3 术语和定义

下列术语和定义适用于本标准。

3.1

试验箱 test chamber

密闭的箱体或空间,其中某部分能满足规定的试验条件。

3.2

温度设定值 temperature setpoint

用试验箱控制装置设定的期望温度。

3.3

实际温度 achieved temperature

稳定后,试验箱工作空间内任意一点的温度。

3.4

温度稳定 temperature stabilization

工作空间内所有点的温度均达到温度设定值并维持在给定的容差范围内。

3.5

温度波动度 temperature fluctuation

稳定后,在给定的任意时间间隔内,工作空间内任一点的最高和最低温度之差。

3.6

工作空间 working space

试验箱内能将规定的条件维持在规定容差范围内的部分。

3.7

温度梯度 temperature gradient

稳定后,在任意时间间隔内,工作空间内任意两点的温度平均值之差的最大值。

3.8

工作空间的温度偏差　temperature variation in space

稳定后，在任意时间间隔内，工作空间中心温度的平均值和工作空间内其他点的温度的平均值之差。

3.9

极限温度　temperature extremes

稳定后，工作空间内所达到的最高和最低测得温度。

3.10

相对湿度(RH)　relative humidity

在某一恒定温度时，在给定的体积空气中，水汽分压力与饱和水汽压力的比率，用百分数表示。

注：相对湿度是表示空气中水汽含量最常用的方法。

4　使用条件

4.1　环境条件

a)　温度：15℃～35℃；

b)　相对湿度：不大于85%；

c)　大气压：80 kPa～106 kPa；

d)　周围无强烈振动；

e)　无阳光直接照射或其他冷、热源直接辐射；

f)　周围无强烈气流，当周围空气需强制流动时，气流不应直接吹到箱体上；

g)　周围无强电磁场影响；

h)　周围无高浓度粉尘及腐蚀性物质。

4.2　供电条件

a)　电压：220 V±22 V，380 V±38 V；

b)　频率：50 Hz±0.5 Hz。

4.3　试验负载条件

试验箱的负载应同时满足下列条件：

a)　负载的总质量在每立方米工作室容积内放置不超过80 kg；

b)　负载的总体积不大于工作室容积的1/5；

c)　负载不得相互接触，其间隔距离应不影响盐雾能自由降落在试验负载上，以及盐溶液由一个负载滴落至其他负载上。

5　产品性能

5.1　性能要求

5.1.1　试验温度和容许偏差为：35℃±2℃。

5.1.2　温度波动度不大于1℃。

5.1.3　温度梯度不大于2℃。

5.1.4　工作室内的盐雾沉降率为(1.0～2.0) mL/(h·80 cm^2)。

5.2　产品结构及外观要求

5.2.1　试验箱内与盐溶液和盐雾直接接触的材料不应与盐溶液和盐雾起化学反应，不直接接触的部分应耐盐雾腐蚀。

5.2.2　盐雾不应直接喷射到试验样品上。

5.2.3　箱内顶部和内壁上以及其他部位的冷凝液不应滴落在试验样品上。

5.2.4 箱内外压力必须平衡，应设压力平衡排气孔，排气时不应使工作空间的气流过分湍动。

5.2.5 应设有放置或悬挂样品的样品架。样品架不应与试验样品产生电化学腐蚀。

5.2.6 喷雾器产生的盐雾应微小分散、湿润、浓密；经雾化后的收集液除挡板挡回部分外，不得重复用于喷雾。

5.2.7 应设有温度调节、指示等仪器仪表或装置。

5.2.8 有盐雾沉降量指示装置。

5.2.9 当用压缩空气雾化盐溶液时应满足下列条件：

a) 压缩空气在进入雾化器前应完全滤除油污、尘埃等杂质；

b) 应加热到不低于工作温度；

c) 应充分加湿，喷雾出口处的空气相对湿度应不低于 85%；

d) 压缩空气的压力应能在(70～170) kPa 范围内调节，并应能保持稳定。

5.2.10 设有盐溶液过滤器。

5.2.11 箱盖(门)应密封可靠，不应漏气和有盐雾溢出。

5.2.12 外观涂镀层应平整光滑、色泽均匀，不得有露底、起泡、起层或擦伤痕迹。

5.3 安全和环境保护要求

5.3.1 接线端子对箱体金属外壳之间的绝缘电阻值应满足：冷态 2 MΩ 以上，热态 1 MΩ 以上；并能承受 50 Hz 交流电压 1500 V、施压时间 5 s 的耐电压试验。

5.3.2 保护接地端子应与试验箱外壳有良好的电气联接并能方便牢固地接线，应符合 GB/T 14048.1—2000 的 7.1.9 的规定。

5.3.3 应有超温和过电流等保护及报警装置。

5.3.4 整机噪声应不高于 75 dB(A)。

6 试验方法

6.1 测试仪器与装置

6.1.1 温度计

采用铂电阻、热电偶或其他类似温度传感器组成的并满足下列要求的测温系统：

传感器时间常数：20 s～40 s。

测温系统的扩展不确定度($k=2$)：不大于 0.4℃。

6.1.2 玻璃漏斗

采用直径 100 mm 的玻璃漏斗。

6.1.3 量筒

采用容量 50 mL 的量筒。

6.2 测试条件

6.2.1 测试条件应满足 4.1 和 4.2 的要求。

6.2.2 测试在空载条件下进行。

6.3 温度测试方法

6.3.1 测试点的位置及数量

6.3.1.1 在试验箱工作室内，定出上、中、下三个水平测试面，简称上、中、下层。上层与工作室顶面的距离是工作室高度的 1/10，中层通过工作室几何中心，下层在底层样品架上方 10 mm 处。

注：工作室具有斜顶或尖顶时，顶面为通过斜顶面与垂直壁面交线的假想水平平面。

6.3.1.2 测试点位于三个测试面上。除中心测试点位于工作室几何中心外，其余各测试点到工作室壁的距离为各自边长的 1/10(图 1)。但对工作室不大于 2 m^3 的试验箱，该距离不小于 100 mm。

6.3.1.3 测试点的数量与工作室容积大小的关系为：

a) 工作室容积不大于 2 m^3 时，测试点为 9 个，0 点为工作室几何中心处，布放位置如图 1。

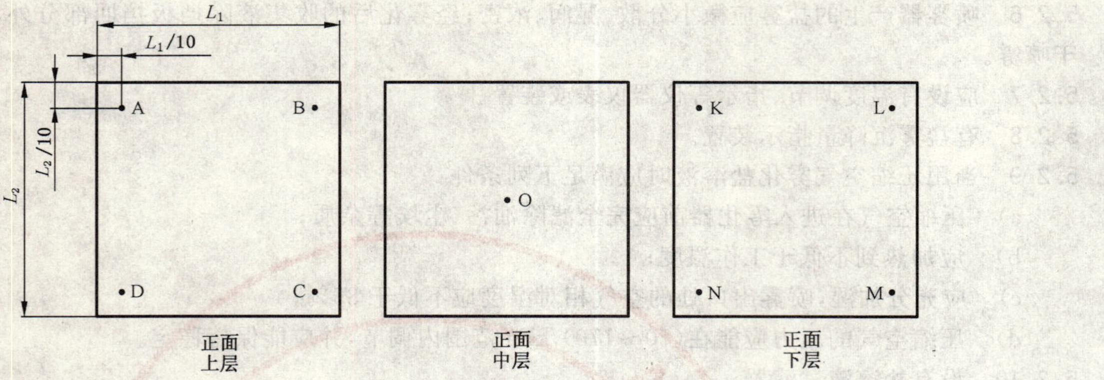

A,B,……,M,N——温度测试点。

图 1

b) 工作室容积大于 2 m^3 到 10 m^3 时，测试点为 15 个，E、O、U 分别位于上、中、下层的几何中心处，布放位置如图 2。

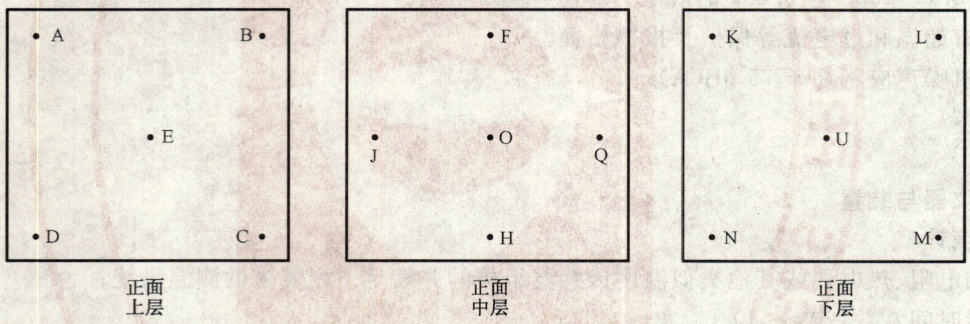

A,B,……,N,U——温度测试点。

图 2

注 1：对于卧式试验箱，图 1 和图 2 中正面的位置可视作喷雾装置的位置。

注 2：对于带有可移动的喷雾塔的试验箱，中心点的位置可按具体情况由供需双方协商确定。

6.3.2 测试程序

6.3.2.1 将试验箱的温度调节到试验温度，并使其升温且连续喷雾。

6.3.2.2 当工作空间中心点的温度值第一次达到规定值并稳定 2 h，在 30 min 内每隔 1 min 对全部测试点的温度值测量 1 次，共测 30 次。

6.3.3 数据处理和试验结果

6.3.3.1 对测得的温度数据，按测试仪表的修正值进行修正。

6.3.3.2 剔除可疑数据(参考附录 A)。

6.3.3.3 将测得的数据，按式(1)计算每点 30 次测得值的平均温度：

$$\overline{T} = \frac{1}{n}\sum_{i=1}^{n} T_i \qquad \cdots\cdots (1)$$

式中：

$\overline{T}$——温度平均值，单位为摄氏度(℃)；

T_i——第 i 次测量值，单位为摄氏度(℃)；

n——测量次数。

6.3.3.4 按式(2)计算温度梯度：

$$\Delta T_j = \overline{T}_h - \overline{T}_L \qquad (2)$$

式中：

ΔT_j——温度梯度，单位为摄氏度(℃)；

$\overline{T}_h$——温度平均值的最大值，单位为摄氏度(℃)；

$\overline{T}_L$——温度平均值的最小值，单位为摄氏度(℃)。

6.3.3.5 按式(3)计算温度波动度：

$$\Delta T_b = T_{ih} - T_{iL} \qquad (3)$$

式中：

ΔT_b——温度波动度，单位为摄氏度(℃)；

T_{ih}——工作空间第 i 点的最高温度值，单位为摄氏度(℃)；

T_{iL}——工作空间第 i 点的最低温度值，单位为摄氏度(℃)。

6.3.3.6 按式(4)计算温度偏差：

$$\Delta T_i = \overline{T}_i - \overline{T}_0 \qquad (4)$$

式中：

ΔT_i——温度偏差，单位为摄氏度(℃)；

$\overline{T}_0$——工作空间中心点的温度平均值，单位为摄氏度(℃)；

$\overline{T}_i$——工作空间其他点的温度平均值，单位为摄氏度(℃)。

6.3.3.7 试验箱控制仪表的设定值与中心测试值之差应满足 5.1.1 的容许偏差要求。计算结果均应符合 5.1.1，5.1.2，5.1.3 的规定。

6.3.3.8 根据实际需要，评定测量结果的不确定度(参考附录 B)。

6.4 盐雾沉降率测试方法

6.4.1 测试点的位置与数量

6.4.1.1 测试点位于试验箱的工作空间内，玻璃漏斗的上表面距工作室底面的高度为工作室高度的 1/3。

6.4.1.2 工作室的容积不大于 2 m^3 时，测试点为 5 个，漏斗中心与内壁的距离为 150 mm。布放位置如图 3。中心位置有喷雾塔时，中心点可离喷雾塔适当距离。

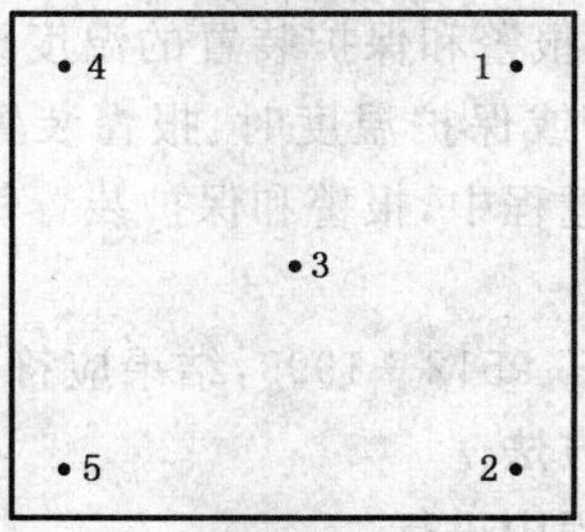

1，2，……，5——盐雾沉降率测试点。

图 3

6.4.1.3 工作室的容积大于 2 m^3 到 10 m^3 时，测试点为 9 个，漏斗中心与内壁距离为 170 mm，布放位置如图 4。中心位置有喷雾塔时，中心点可离喷雾塔适当距离。

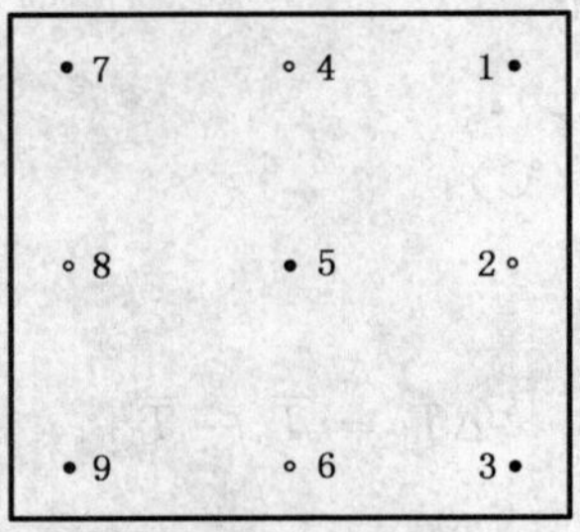

1,2,……,9——盐雾沉降率测试点。

图 4

6.4.2 本测试在空载条件下进行。

6.4.3 测试程序

6.4.3.1 将直径 100 mm 的玻璃漏斗穿过橡皮塞并固定在 50 mL 的量筒上,并将量筒按 3.1 要求置放在工作室底面上。

6.4.3.1.1 待试验箱的温度上升到规定的温度后,连续喷雾 16 h。

6.4.3.1.2 喷雾停止后,立即取出量筒,记下各量筒中盐溶液的量。

6.4.3.2 试验结果的计算与判定

6.4.3.2.1 按式(5)计算各测试点的盐雾沉降率:

$$G = V/t \qquad \cdots\cdots (5)$$

式中:

G——盐雾沉降率,mL/(h·80 cm^2);

t——连续喷雾时间,h;

V——盐雾沉降量,mL/80 cm^2。

6.4.3.2.2 计算结果应符合 5.1.4 的规定。

6.5 安全保护装置的性能试验方法

6.5.1 保护接地端子检查和绝缘电阻测量应在 6.3 和 6.4 的试验前后各进行一次,每次均应符合要求。

6.5.2 耐电压强度测试

按 GB/T 14048.1—2000 有关规定进行。

6.5.3 绝缘电阻测试

按 GB/T 14048.1—2000 有关规定进行(其中热态绝缘电阻测量应在试验箱正常工作条件,停机后 10 min 内完成测试。

6.5.4 超温报警及保护装置试验时,将报警和保护装置的温度设定在选定的试验温度上,并使试验箱升温。当中心点的温度达到设定的报警或保护温度时,报警装置应发出信号,安全保护装置应立即动作。本试验连续进行 3 次,在每次试验过程中,报警和保护装置每次均动作为合格。

6.6 噪声测试方法

试验箱整机噪声的测试方法见 JB/T 9512—1999,结果应符合 5.3.4 的规定。

6.7 箱门(盖)密封性能的检查及判定方法

6.7.1 本检查在 6.3 及 6.4 的试验过程中进行。

6.7.2 用肉眼检查试验箱门(盖)的密封情况,是否有盐雾逸出。

6.8 外观涂镀层质量检查

在 6.3 及 6.4 的试验开始前及全部结束后,用肉眼检查外观涂镀层各检查 1 次。

7 检验规则

7.1 检验类型

试验箱的检验分型式检验和出厂检验两类。

7.2 型式检验

7.2.1 有下列情况之一时应进行型式检验：

a) 新产品试制定型鉴定；

b) 正式生产的产品在结构、材料、工艺、生产设备和管理等方面有较大改变，可能影响产品性能时；

c) 国家质量监督检验机构进行质量监督检验时；

d) 出厂试验结果与上次型式试验结果有较大差异时；

e) 产品停产一年以上再生产时；

f) 产品批量生产时，每两年至少一次的定期抽检。

7.2.2 型式检验项目及试验方法

型式检验项目及试验方法见表1。

表1 检验项目及试验方法

序号	检验项目	技术要求章条号	试验方法章条号	检验类别	
				型式检验	出厂检验
1	温度容许偏差	5.1.1	6.3	○	○
2	温度波动度	5.1.2		○	○
3	温度梯度	5.1.3		○	○
4	盐雾沉降率	5.1.4	6.4	○	○
5	安全保护装置的性能	5.3.1～5.3.3	6.5	○	○
6	噪声	5.3.4	6.6	○	—
7	箱盖(门)密封性能	5.2.11	6.7	○	○
8	外观质量	5.2.12	6.8	○	○
注：要求检验项目用"○"表示，无"○"者表示不要求检验。					

7.2.3 抽样及评定规则

7.2.3.1 成批生产的试验箱，批量在20台以上时，抽检2台，不足20台时抽检1台。

7.2.3.2 抽检样品的型式检验项目应全部合格，否则，对不合格项目加倍抽检，第二次抽检全部合格时，判该批产品合格，仅将第一次抽检不合格产品返修，检验合格后允许出厂；如第二次抽检样品中有1台不合格，则判该批产品不合格。

7.3 出厂检验

7.3.1 出厂检验由制造厂质量检验部门负责，检验合格后，挂(发)合格证(书)方可出厂。

7.3.2 本检验在空载条件下进行。

7.3.3 检验项目及试验方法

7.3.3.1 检验项目及试验方法见表1。

7.3.3.2 试验箱除温度梯度及温度容许偏差采用抽样检验外，应逐台进行出厂检验，检验项目均应合格。

7.3.4 抽样及评定规则

7.3.4.1 温度梯度及温度容许偏差的出厂抽检量按产品一次批量的10%计算，但不得少于2台。

7.3.4.2 检验项目应全部合格，如有1台不合格，应加倍抽检；第二次抽检合格时，仅将第一次抽检不合格产品返修，检验合格后允许出厂：如第二次抽检仍有1台不合格，则应对该批产品逐台检验。

8 标志、包装、贮存

8.1 标志

8.1.1 试验箱的铭牌、字迹应清晰耐久。

8.1.2 铭牌内容应包括：

a) 产品型号、名称；

b) 温度范围；

c) 盐雾沉降率；

d) 电压、频率及功率；

e) 产品序号、制造日期；

f) 制造单位名称。

8.2 包装

8.2.1 包装箱的文字及标志应符合 GB/T 191—2000 的规定。

8.2.2 包装箱应牢固可靠。

8.2.3 包装箱应防雨、防潮气聚集。

8.2.4 试验箱的附件、备件和专用工具应单独包装，牢固地固定在包装箱内。

8.2.5 试验箱的技术文件如装箱清单、产品使用说明书、产品合格证等应密封防潮，固定在包装箱内明显的地方。

8.3 贮存

8.3.1 试验箱运输包装应贮存在通风良好、无腐蚀性气体及化学药品的库房内。

8.3.2 贮存期长达一年以上的试验箱，应按型式检验抽样规则抽样，按出厂检验项目检验，合格后方能出厂。

附 录 A
（资料性附录）
可疑数据判别方法

对一组修正后的测试数据的某个极大或极小值有怀疑时，应利用专业知识找出原因，在未判明它是否合理前，既不要轻易保留，也不要随意剔除，可用下述方法判别，决定取舍。

A.1 利用式(1)、式(A.1)算出数据的平均值及单次测的值的标准偏差：

$$S(T_i)=\sqrt{\frac{\sum_{i=1}^{n}(T_i-\overline{T})^2}{n-1}} \qquad \cdots\cdots(\text{A.1})$$

式中：

T_i——第 i 次测量值，单位为摄氏度(℃)；

$\overline{T}$——温度平均值，单位为摄氏度(℃)；

$S(T_i)$——单次测得值的标准偏差，单位为摄氏度(℃)；

n——测量次数。

A.2 求格拉布斯准则计算统计量：

$$G(n)=(T_{(n)}-\overline{T})/S(T_i) \qquad \cdots\cdots(\text{A.2})$$

式中：

$T_{(n)}$——测量数据的极大值或极小值，单位为摄氏度(℃)。

A.3 对于本标准，取显著水平 $\alpha=0.01$，临界值 $G_{99}(n)$ 为：

当 $n=30$ 时，$G_{99}(n)=3.103$；

$n=29$ 时，$G_{99}(n)=3.085$；

$n=28$ 时，$G_{99}(n)=3.068$；

$n=27$ 时，$G_{99}(n)=3.049$。

当 $|G(n)|>G_{99}(n)$ 时，则舍去该 $T_{(n)}$ 值，并重新按式(1)、式(A.1)和式(A.2)计算剩下数值的平均值及标准偏差和 $G(n)$，按本法检验直到无可疑数据为止。

附 录 B
（资料性附录）
温度偏差的测量不确定度评定

B.1 温度偏差的测量不确定度评定依据为 JJF 1059—1999。

B.2 温度偏差的测量不确定度评定的主要流程如下：

a) 建立数学模型，确定被测量 Y 与输入量 X_1，……，X_n 的关系；

b) 求最佳值，由 X_i 的最佳值 x_i 求得 Y 的最佳值 y；

c) 列出测量不确定度来源；

d) 标准不确定度分量评定：A 类评定和 B 类评定；

e) 计算合成标准不确定度；

f) 评定扩展不确定度；

g) 不确定度报告。

B.3 温度偏差的测量不确定度评定的主要步骤如下：

a) 根据温度偏差的定义，其测量过程的数学模型为式(4)。

b) 求最佳值：

T_i 的最佳值为工作空间其他点在 30 min 内的温度测量值的算术平均值 $\overline{T}_i$，T_0 的最佳值为工作空间中心点在 30 min 内的温度测量值的算术平均值 $\overline{T}_0$，均按式(1)计算。

因此，温度偏差的最佳值 ΔT_i 就是式(4)。

c) 列出测量不确定度来源。

温度偏差的测量不确定度主要来源有：

- 由于各种随机因素影响，工作空间其他点在 30 min 内的温度测量值数据不重复引入的标准不确定度 u_1；
- 测试工作空间其他点的温度时，由于测温系统的不准确引入的标准不确定度 u_2；
- 由于各种随机因素影响，工作空间中心点在 30 min 内的温度测量值数据不重复引入的标准不确定度 u_3；
- 测试工作空间中心点的温度时，由于测温系统的不准确引入的标准不确定度 u_4。

d) 标准不确定度分量评定

- 根据实测数据按 A 类评定，工作空间其他点在 30 min 内的温度测量值的算术平均值 T_i 的实验标准差就是标准不确定度 u_1；工作空间中心点在 30 min 内的温度测量值的算术平均值 T_0 的实验标准差就是标准不确定度 u_3。均按式(A.1)和式(B.1)计算：

$$S(\overline{T}) = \frac{S(T_i)}{\sqrt{n}} \qquad \cdots\cdots\cdots (B.1)$$

- 标准不确定度 u_2 应是测温系统测试工作空间其他点温度时的合成标准不确定度；标准不确定度 u_4 应是测温系统测试工作空间中心点温度时的合成标准不确定度。

其中，标准不确定度分量 u_1、u_2、u_3 和 u_4 互不相关，不确定度传播律公式为式(B.2)：

$$u_c^2 = u_1^2 + u_2^2 + u_3^2 + u_4^2 \qquad \cdots\cdots\cdots (B.2)$$

e) 计算合成标准不确定度 u_c（见式(B.3)）：

$$u_c = \sqrt{u_1^2 + u_2^2 + u_3^2 + u_4^2} \qquad \cdots\cdots\cdots (B.3)$$

f) 评定扩展不确定度 U

按置信水平 $P=0.95$，取包含因子 $k=2$，扩展不确定度为式(B.4)：

$$U = 2 \times u_c \qquad \cdots\cdots\cdots (B.4)$$

g) 不确定度报告

温度偏差的测量不确定度可用如式(B.5)形式表示：

$$\Delta T_i = \overline{T}_i - \overline{T}_0 \pm U \qquad \text{(B.5)}$$

例如：上偏差 $\Delta T_{max}=(1.0\pm0.3)$℃，$k=2$；

下偏差 $\Delta T_{min}=(-1.5\pm0.2)$℃，$k=2$。

h) 如果温度偏差的测量不确定度为最大温度偏差值的1/3～1/10时，测量不确定度对判定测试结论的影响可忽略不计。若计算出的温度偏差合格，则说明试验箱的该项技术指标满足要求。

B.4 试验箱其他技术性能的测量不确定度评定亦可参照上述方法进行。

ICS 190.040
N 04

中华人民共和国国家标准

GB/T 10588—2006
代替 GB/T 10588—1989

长霉试验箱技术条件

Specifications for mould growth testing chambers

2006-04-03 发布 2006-10-01 实施

中华人民共和国国家质量监督检验检疫总局
中国国家标准化管理委员会 发布

前　言

本标准是“环境试验设备技术条件”系列标准之一。该系列标准由以下几项标准组成：

——GB/T 10586—2006　湿热试验箱技术条件

——GB/T 10587—2006　盐雾试验箱技术条件

——GB/T 10588—2006　长霉试验箱技术条件

——GB/T 10589—1989　低温湿热箱技术条件

——GB/T 10590—2006　高低温/低气压试验箱技术条件

——GB/T 10591—1989　高温/低气压试验箱技术条件

——GB/T 10592—1989　高低温试验箱技术条件

——GB/T 11158—2006　高温试验箱技术条件

本标准自实施之日起代替 GB/T 10588—1989《长霉试验箱技术条件》。

本标准与 GB/T 10588—1989 相比的主要变化如下：

a）增加了“术语和定义”一章，内容采用 IEC 60068-3-5 和 IEC 60068-3-6 的相关部分；

b）按 IEC 60068-3-5 的温度波动度的概念，温度波动度指标改为 1℃（见 5.1.3）；

c）按 IEC 60068-3-5 的温度数据记录要求，改为每分钟记录一次数据（见 6.3）；

d）扩大了使用环境条件大气压的范围（4.1）；

e）对冷却水质提出了要求（4.3a））；

f）将电源断相保护改为过电流保护（见 5.3.3）；

g）增加了电绝缘强度的要求（见 5.3.1）；

h）温湿度性能的测试改在空载条件下进行（见 6.2.2）；

i）增加了温度偏差测量不确定度评定方法及其应用的信息（见附录 B）。

本标准的附录 A 和附录 B 是资料性附录。

本标准由中国机械工业联合会提出。

本标准由机械工业仪器仪表综合技术经济研究所归口。

本标准由重庆银河试验仪器有限公司、无锡苏南试验设备有限公司、广州电器科学研究院和重达万达仪器有限公司负责起草，上海实验仪器厂有限公司参加起草。

本标准主要起草人：许清禄、倪一明、廖青、陈云生、冯明康。

本标准所代替标准的历次版本发布情况为：

——GB/T 10588—1989。

长霉试验箱技术条件

1 范围

本标准规定了长霉试验箱(以下简称“试验箱”)的术语和定义、使用条件、技术要求、试验方法、检验规则及标志、包装、贮存。

本标准适用于对电工、电子及其他产品、零部件、材料进行长霉试验的试验箱。

2 规范性引用文件

下列文件中的条款通过本标准的引用而成为本标准的条款。凡是注日期的引用文件,其随后所有的修改单(不包括勘误的内容)或修订版均不适用于本标准,然而,鼓励根据本标准达成协议的各方研究是否可使用这些文件的最新版本。凡是不注日期的引用文件,其最新版本适用于本标准。

GB/T 191—2000 包装储运图示标志(eqv ISO 780:1997)

GB/T 6999—1986 环境试验用相对湿度查算表

GB/T 14048.1—2000 低压开关设备和控制设备 总则(eqv IEC 60947-1:1999)

JB/T 9512—1999 气候环境试验设备与试验箱 噪声声功率级的测定

JJF 1059—1999 测量不确定度评定与表示

3 术语和定义

下列术语和定义适用于本标准。

3.1

试验箱 test chamber

密闭的箱体或空间,其中某部分能满足规定的试验条件。

3.2

温度设定值 temperature setpoint

用试验箱控制装置设定的期望温度。

3.3

实际温度 achieved temperature

稳定后,试验箱工作空间内任意一点的温度。

3.4

温度稳定 temperature stabilization

工作空间内所有点的温度均达到温度设定值并维持在给定的容差范围内。

3.5

温度波动度 temperature fluctuation

稳定后,在给定的任意时间间隔内,工作空间内任一点的最高和最低温度之差。

3.6

工作空间 working space

试验箱内能将规定的条件维持在规定容差范围内的部分。

3.7

温度梯度 temperature gradient

稳定后,在任意时间间隔内,工作空间内任意两点的温度平均值之差的最大值。

3.8

温度变化速率　temperature rate of change

在工作空间中心测得的两个给定温度之间的转变率，以℃/min 为单位。

3.9

工作空间的温度偏差　temperature variation in space

稳定后，在任意时间间隔内，工作空间中心温度的平均值和工作空间内其他点的温度的平均值之差。

3.10

极限温度　temperature extremes

稳定后，工作空间内所达到的最高和最低测得温度。

3.11

饱和水气压　saturation vapour pressure

在恒定温度下，当给定体积空气中的水分不能再增加时的水汽压。

3.12

水汽分压力　partial vapour pressure

在恒定温度下，在给定的体积空气中，大气压力中的水汽压力部分。

3.13

相对湿度(RH)　relative humidity

在恒定温度时，在给定的体积空气中，水汽分压力与饱和水汽压力的比率，用百分数表示。

注：相对湿度是表示空气中水汽含量最常用的方法。

3.14

湿度稳定　humidity stabilization

工作空间中所有各点的湿度均达到湿度设定值并维持在给定容差范围内。

3.15

实际湿度　achieved humidity

稳定后，试验箱工作空间内任意点的湿度。

4　使用条件

4.1　环境条件

a)　温度：15℃～35℃；

b)　相对湿度：不大于 85%；

c)　大气压：80 kPa～106 kPa；

d)　周围无强烈振动；

e)　无阳光直接照射或其他热源直接辐射；

f)　周围无强烈气流。当周围空气需强制流动时，气流不应直接吹到箱体上；

g)　周围无强电磁场影响；

h)　周围无高浓度粉尘及腐蚀性物质。

4.2　供电条件

a)　电压：220 V±22 V 或 380 V±38 V；

b)　频率：50 Hz±0.5 Hz。

4.3　供水条件

a)　冷却水

宜使用满足下列条件的自来水或循环水：

——水温：不高于 30℃；

——水压：0.1 MPa～0.3 MPa；

——水质：满足工业用水标准。

b） 加湿用水

当用水与空气直接接触的方法加湿空气时，水的电阻率不应低于 500 Ω·m。

4.4 试验负载条件

试验箱的负载应同时满足下列条件：

a） 负载的总质量在每立方米工作室容积内放置不超过 80 kg；

b） 负载的总体积不大于工作室容积的 1/5；

c） 在垂直于主导风向的任意截面上，负载面积之和应不大于该处工作室截面积的 1/3，负载置放时不可阻塞气流的流动。

5 技术要求

5.1 产品性能

5.1.1 试验温度和容许偏差为 29℃±1℃。

5.1.2 温度梯度应不大于 1℃。

5.1.3 温度波动度应不大于 1℃。

5.1.4 试验箱内的相对湿度不低于 90%。

5.1.5 试验箱内的风速应不大于 1 m/s。

5.2 产品结构及外观要求

5.2.1 工作室内壁应使用耐腐蚀的材料制造，表面应易于清洁。

5.2.2 凝结水不允许滴落在工作空间内。且应连续排除，未经处理不得作为加湿用水。

5.2.3 加热元件的辐射热不应直接作用在试验样品上。

5.2.4 工作室应设有观察窗和照明装置。

5.2.5 箱门、通风管道和制冷系统应密封可靠，不应漏气、漏水、漏油。

5.2.6 应设有放置或悬挂样品的样品架。

5.2.7 外观涂镀层应平整光滑、色泽均匀，不得有露底、起泡、起层或擦伤痕迹。

5.3 安全和环境保护要求

5.3.1 接线端子对箱体金属外壳之间的绝缘电阻值应满足：冷态 2 MΩ 以上，热态 1 MΩ 以上（用 500 V，准确度为 1.0 级兆欧表测量）；并能承受 50 Hz 交流电压 1 500 V、施压时间 5 s 的耐电压试验。

5.3.2 保护接地端子应与试验箱外壳有良好的电气联接并能方便牢固地接线，应符合 GB/T 14048.1—2000 的 7.1.9 的规定。

5.3.3 应有超温、过电流等保护及报警装置。

5.3.4 整机噪声应不高于 75 dB(A)。

6 试验方法

6.1 主要测试仪器与装置

6.1.1 风速仪

风速仪的感应量应不低于 0.05 m/s。

6.1.2 温度计

采用由铂电阻、热电偶或其他类似温度传感器组成并满足下列要求的测温系统：

传感器时间常数：20 s～40 s；

测温系统的扩展不确定度（$k=2$）：不大于 0.4℃。

6.1.3 湿度计

可采用干湿球温度计或由其他传感器组成的测湿系统。

测湿系统的扩展不确定度($k=2$)应不大于被测湿度容差的1/3。

6.2 测试条件

6.2.1 测试条件应满足4.1、4.2和4.3的要求。

6.2.2 测试在空载条件下进行。

6.3 温度、湿度测试方法

6.3.1 测试点的位置及数量

6.3.1.1 在试验箱工作室内定出上、中、下三个水平测试面,简称上、中、下层。上层与工作室顶面的距离为工作室高度的1/10,中层通过工作室几何中心,下层在最低层样品架以上10 mm处。

注:工作室具有斜顶或尖顶时,顶面为通过斜面与垂直壁面交线的假想水平面。

6.3.1.2 测试点位于三个测试面上,中心点位于工作室几何中心,其余测试点到工作室壁的距离为各自边长的1/10(图1)。但对工作室容积不大于1 m^3 的试验箱,该距离不小于50 mm。

6.3.1.3 测试点的数量与工作室容积大小的关系为:

a) 工作室容积不大于2 m^3 时,温度测试点为9个,相对湿度测试点为3个,布放位置如图1。

b) 工作室容积大于2 m^3 时,温度测试点为15个,相对湿度测试点为4个,布放位置如图2。

c) 当工作室容积大于50 m^3 时,温湿度测试点的数量可以适当增加。

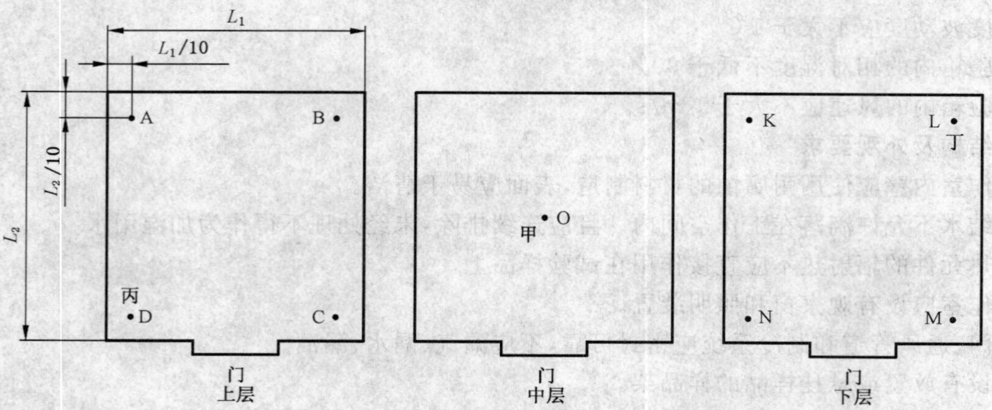

A,B,……,M,N——温度测试点;

甲,丙,丁——湿度测试点。

图1

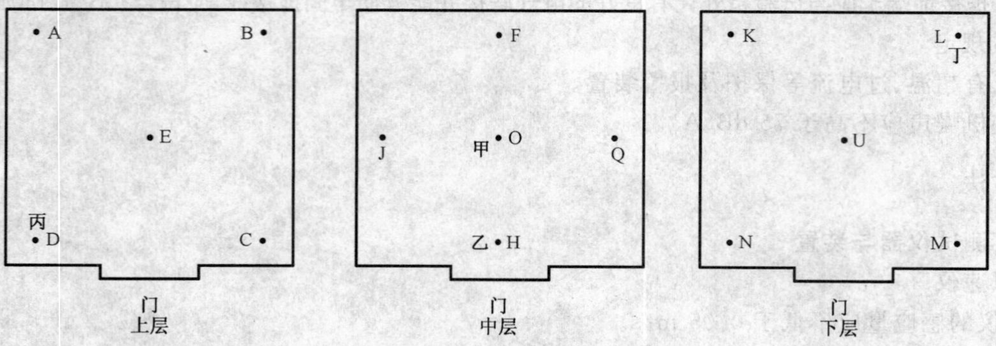

A,B,……,N,U——温度测试点;

甲,乙,丙,丁——湿度测试点。

图2

6.3.2 测试程序

6.3.2.1 使试验箱工作空间内的温度值达到29℃及相对湿度值达到93%。

6.3.2.2 在工作空间中心点的温湿度第一次达到规定值并稳定 2 h,在 30 min 内,每隔 1 min 测试所有测试点的温湿度值 1 次,共测 30 次。

6.3.3 **数据处理和试验结果**

6.3.3.1 对测得的温湿度数据,按测试仪表的修正值进行修正。

6.3.3.2 剔除可疑数据(参考附录 A)。

6.3.3.3 对测得的温度数据(即在 6.3.2.2 测得的数据),按式(1)计算每点 30 次测得值的平均温度:

$$\overline{T} = \frac{1}{n}\sum_{i=1}^{n} T_i \qquad (1)$$

式中:

$\overline{T}$——温度平均值,单位为摄氏度(℃);

T_i——第 i 次测量值,单位为摄氏度(℃);

n——测量次数。

6.3.3.4 按式(2)计算温度梯度:

$$\Delta T_j = \overline{T}_h - \overline{T}_L \qquad (2)$$

式中:

ΔT_j——温度梯度,单位为摄氏度(℃);

$\overline{T}_h$——温度平均值的最大值,单位为摄氏度(℃);

$\overline{T}_L$——温度平均值的最小值,单位为摄氏度(℃)。

6.3.3.5 按式(3)计算温度波动度:

$$\Delta T_b = T_{ih} - T_{iL} \qquad (3)$$

式中:

ΔT_b——温度波动度,单位为摄氏度(℃);

T_{ih}——工作空间第 i 点的最高温度值,单位为摄氏度(℃);

T_{iL}——工作空间第 i 点的最低温度值,单位为摄氏度(℃)。

6.3.3.6 按式(4)计算温度偏差:

$$\Delta T_i = \overline{T}_i - \overline{T}_0 \qquad (4)$$

式中:

ΔT_i——温度偏差,单位为摄氏度(℃);

$\overline{T}_0$——工作空间中心点的温度平均值,单位为摄氏度(℃);

$\overline{T}_i$——工作空间其他点的温度平均值,单位为摄氏度(℃)。

6.3.3.7 试验箱控制仪表的设定值与中心测试值之差应满足 5.1.1 的容许偏差要求。计算结果及相对湿度值均应符合 5.1.1、5.1.2 和 5.1.3 的规定。

6.3.3.8 利用 GB/T 6999—1986 列出的与各湿度测试点的风速相当的相对湿度查算表,查出各点的相对湿度值,应符合 5.1.4 的规定。

6.3.3.9 根据实际需要,评定测量结果的不确定度(参考附录 B)。

6.4 **风速测试方法**

6.4.1 本测试在空载和室温条件下进行。

6.4.2 测试点数量及布放位置与本标准 6.3.1 规定相同。

6.4.3 **测试程序**

6.4.3.1 将细棉纱线或其他轻飘物体悬挂在测试点位置,关闭箱门后开启风机,找出各测试点处主导风向。

6.4.3.2 将风速传感器置于测试点,关闭箱门,开启风机,测出各测试点的主导风向风速值。

6.4.4 **试验结果的计算与评定**

6.4.4.1 将测得的风速值按风速仪的修正值修正。

6.4.4.2　按式(5)计算所有测试点风速的平均值：

$$V=(V_A+V_B+\cdots\cdots+V_M)/n \qquad (5)$$

式中：

V——试验箱风速，单位为米每秒(m/s)；

$V_A,\cdots,V_M$——测量点的风速，单位为米每秒(m/s)；

n——测量点的数量。

计算结果应符合5.1.5的规定。

6.5　**噪声测试及评定方法**

试验箱噪声测试方法见JB/T 9512—1999，测试结果应符合5.3.4的规定。

6.6　**安全保护及装置的性能试验方法**

6.6.1　本试验在空载条件下进行。

6.6.2　保护接地端子及绝缘电阻的测试应在6.3试验前后各进行一次，每次均应符合要求。

6.6.3　超温报警及保护装置试验时，将报警和保护装置的温度设定在32℃，并使试验箱升温。当中心点的温度达到设定的报警或保护温度时，报警装置应发出信号，安全保护装置应立即动作进行保护。本试验应连续进行3次，在每次均应合格。

6.7　**箱门密封性能的检查及判定方法**

6.7.1　本检查在6.3的试验开始前及结束后各进行1次。

6.7.2　将厚0.1 mm、宽50 mm、长200 mm的纸条垂直夹在箱门与门框之间的任一部位，用手轻拉纸条，如纸条不能自由滑动，即符合5.2.5的规定。

6.8　**工作空间内凝露水滴落情况的检查及评定方法**

6.8.1　该项检查应在6.3.2的试验期间进行；

6.8.2　用肉眼观察工作室顶面和内壁上凝露水珠的大小及是否滴落在工作空间内。如无水珠滴在工作空间内，即符合5.2.2的规定。

6.9　**外观质量检查及判定方法**

6.9.1　本检查在6.3的试验开始前及结束后各进行1次。

6.9.2　用肉眼检查试验箱外观涂镀层的质量，结果应符合5.2.7的要求。

7　检验规则

7.1　试验箱的检验分型式检验和出厂检验两类。

7.2　检验在空载条件下进行。

7.3　型式检验和出厂检验的项目及试验方法见表1。

7.4　型式检验

7.4.1　有下列情况之一时应进行型式检验：

a)　新产品试制定型鉴定；

b)　正式生产的产品在结构、材料、工艺、生产设备和管理等方面有较大改变，可能影响产品性能时；

c)　国家质量监督机构进行质量监督检验时；

d)　出厂试验结果与上次型式检验结果有较大差异时；

e)　产品停产一年以上再生产时；

f)　产品批量生产时，每两年至少一次的定期抽检。

7.4.2　抽样及判定规则

7.4.2.1　成批生产的试验箱，批量在20台以上时，抽检2台；不足20台时，抽检1台。

7.4.2.2　抽检样品的型式检验项目应全部合格，否则，对不合格项目加倍抽检。第二次抽检合格时，仅将第一次抽检不合格项目返修，检验合格后允许出厂；如第二次抽检样品中仍有1台不合格，则判该批产品不合格，如第二次抽检样品全部合格，则判该批产品合格。

表1　检验项目及试验方法

序号	检验项目	技术要求章条号	试验方法章条号	型式检验	出厂检验
1	温度偏差	5.1.1	6.3	○	○
2	温度梯度	5.1.2			
3	温度波动度	5.1.3			
4	相对湿度	5.1.4			
5	风速	5.1.5	6.4	○	—
6	噪声	5.3.4	6.5	○	—
7	安全保护性能	5.3.1～5.3.3	6.6	○	○
8	箱门密封性能	5.2.5	6.7	○	○
9	凝露水滴落情况	5.2.2	6.8	○	—
10	外观质量	5.2.7	6.9	○	○
注：有“○”者为应检验项目。					

7.5　出厂检验

7.5.1　除温度梯度及温度偏差采用抽样检验外，其他项目应逐台进行检验，检验项目均应合格。

7.5.2　抽样及判定规则

7.5.2.1　温度梯度及温度偏差的出厂抽检量按产品批量的10%计算，但不得少于2台。

7.5.2.2　检验项目应全部合格，如有1台不合格，应加倍抽检；第二次抽检合格时，仅将第一次抽样不合格产品返修，检验合格后允许出厂，如第二次抽检仍有1台不合格，则应对该批产品逐台检验。

8　标志、包装、贮存

8.1　标志

8.1.1　试验箱的铭牌，字迹应清晰耐久，固定牢靠。

8.1.2　铭牌内容应包括：

a)　产品型号、名称；

b)　重量；

c)　电压、频率及总功率；

d)　产品序号，制造日期；

e)　制造单位名称。

8.2　包装

8.2.1　包装箱的文字及标志应符合GB/T 191—2000的规定。

8.2.2　包装箱应牢固可靠。

8.2.3　包装箱应防雨淋、防潮气聚集。

8.2.4　试验箱的附件、备件和专用工具应单独包装，牢靠地固定在包装箱内。

8.2.5　试验箱的技术文件如装箱清单、产品使用说明书、产品合格证等应密封防潮，固定在包装箱内明显的地方。

8.3　贮存

8.3.1　试验箱的运输包装件应贮存在通风良好，无腐蚀性气体及化学药品的库房内。

8.3.2　贮存期长达一年以上的试验箱，应按型式检验抽样及判定规则，按出厂检验项目检验，合格后方可出厂。

附 录 A
（资料性附录）
可疑数据判别方法

对一组修正后的测试数据的某个极大或极小值有怀疑时，应利用专业知识找出原因，在未判明它是否合理前，既不要轻易保留，也不要随意剔除，可用下述方法判别，决定取舍。

A.1 利用式(1)、式(A.1)算出数据的平均值及单次测得值的标准偏差：

$$S(T_i)=\sqrt{\frac{\sum_{i=1}^{n}(T_i-\overline{T})^2}{n-1}} \quad \cdots\cdots\cdots (A.1)$$

式中：

T_i——第 i 次测量值，单位为摄氏度(℃)；

$\overline{T}$——温度平均值，单位为摄氏度(℃)；

$S(T_i)$——单次测得值的标准偏差，单位为摄氏度(℃)；

n——测量次数。

A.2 求格拉布斯准则计算统计量：

$$G(n)=(T_{(n)}-\overline{T})/S(T_i) \quad \cdots\cdots\cdots (A.2)$$

式中：

$T_{(n)}$——测量数据的极大值或极小值，单位为摄氏度(℃)。

A.3 对于本标准，取显著水平 $\alpha=0.01$，临界值 $G_{99}(n)$ 为：

当 $n=30$ 时，$G_{99}(n)=3.103$；

$n=29$ 时，$G_{99}(n)=3.085$；

$n=28$ 时，$G_{99}(n)=3.068$；

$n=27$ 时，$G_{99}(n)=3.049$。

当 $|G(n)|>G_{99}(n)$ 时，则舍去该 $T_{(n)}$ 值，并重新按式(1)、式(A.1)和式(A.2)计算剩下数值的平均值及标准偏差和 $G(n)$，按本法检验直到无可疑数据为止。

附 录 B
（资料性附录）
温度偏差的测量不确定度评定

B.1 温度偏差的测量不确定度评定依据为 JJF 1059—1999。

B.2 温度偏差的测量不确定度评定的主要流程如下：

a) 建立数学模型，确定被测量 Y 与输入量 $X_1,\cdots\cdots,X_n$ 的关系；

b) 求最佳值，由 X_i 的最佳值 x_i 求得 Y 的最佳值 y；

c) 列出测量不确定度来源；

d) 标准不确定度分量评定：A 类评定和 B 类评定；

e) 计算合成标准不确定度；

f) 评定扩展不确定度；

g) 不确定度报告。

B.3 温度偏差的测量不确定度评定的主要步骤如下：

a) 根据温度偏差的定义，其测量过程的数学模型为式(4)。

b) 求最佳值

T_i 的最佳值为工作空间其他点在 30 min 内的温度测量值的算术平均值 $\overline{T}_i$，T_0 的最佳值为工作空间中心点在 30 min 内的温度测量值的算术平均值 $\overline{T}_0$，均按式(1)计算。

因此，温度偏差的最佳值 ΔT_i 就是式(4)。

c) 列出测量不确定度来源

温度偏差的测量不确定度主要来源有：

- 由于各种随机因素影响，工作空间其他点在 30 min 内的温度测量值数据不重复引入的标准不确定度 u_1；
- 测试工作空间其他点的温度时，由于测温系统的不准确引入的标准不确定度 u_2；
- 由于各种随机因素影响，工作空间中心点在 30min 内的温度测量值数据不重复引入的标准不确定度 u_3；
- 测试工作空间中心点的温度时，由于测温系统的不准确引入的标准不确定度 u_4。

d) 标准不确定度分量评定

- 根据实测数据按 A 类评定，工作空间其他点在 30 min 内的温度测量值的算术平均值 T_i 的实验标准差就是标准不确定度 u_1；工作空间中心点在 30 min 内的温度测量值的算术平均值 T_0 的实验标准差就是标准不确定度 u_3；均按式(A.1)和式(B.1)计算：

$$S(\overline{T})=\frac{S(T_i)}{\sqrt{n}} \qquad \cdots\cdots\cdots\cdots\cdots\cdots\cdots\cdots\cdots\cdots\cdots \text{(B.1)}$$

- 标准不确定度 u_2 应是测温系统测试工作空间其他点温度时的合成标准不确定度，标准不确定度 u_4 应是测温系统测试工作空间中心点温度时的合成标准不确定度。

其中，标准不确定度分量 u_1、u_2、u_3 和 u_4 互不相关，不确定度传播律公式为(B.2)：

$$u_c^2=u_1^2+u_2^2+u_3^2+u_4^2 \qquad \cdots\cdots\cdots\cdots\cdots\cdots\cdots\cdots\cdots\cdots\cdots \text{(B.2)}$$

e) 计算合成标准不确定度 u_c(见式(B.3))

$$u_c=\sqrt{u_1^2+u_2^2+u_3^2+u_4^2} \qquad \cdots\cdots\cdots\cdots\cdots\cdots\cdots\cdots\cdots\cdots\cdots \text{(B.3)}$$

f) 评定扩展不确定度 U

按置信水平 $P=0.95$，取包含因子 $k=2$，扩展不确定度为式(B.4)：

$$U=2\times u_c \qquad \cdots\cdots\cdots\cdots\cdots\cdots\cdots\cdots\cdots\cdots\cdots \text{(B.4)}$$

g) 不确定度报告

温度偏差的测量不确定度可用式(B.5)形式表示：

$$\Delta T_i = \overline{T}_i - \overline{T}_0 \pm U \quad \text{(B.5)}$$

例如：上偏差 $\Delta T_{max}=(1.0\pm0.3)$℃，$k=2$；

下偏差 $\Delta T_{min}=(-1.5\pm0.2)$℃，$k=2$。

h) 如果温度偏差的测量不确定度为最大温度偏差值的1/3～1/10时，测量不确定度对判定测试结论的影响可忽略不计。若计算出的温度偏差合格，则说明试验箱的该项技术指标满足要求。

B.4 试验箱其他技术性能的测量不确定度评定亦可参照上述方法进行。

ICS 19.040
N 04

中华人民共和国国家标准

GB/T 10590—2006
代替 GB/T 10590—1989,GB/T 11159—1989

高低温/低气压试验箱技术条件

Specifications for high and low temperature/low air pressure testing chambers

2006-04-03 发布　　2006-10-01 实施

中华人民共和国国家质量监督检验检疫总局
中国国家标准化管理委员会　发布

前　言

本标准是“环境试验设备技术条件”系列标准之一。该系列标准由以下几项标准组成：

——GB/T 10586—2006　湿热试验箱技术条件

——GB/T 10587—2006　盐雾试验箱技术条件

——GB/T 10588—2006　长霉试验箱技术条件

——GB/T 10589—1989　低温湿热箱技术条件

——GB/T 10590—2006　高低温/低气压试验箱技术条件

——GB/T 10591—2006　高温/低气压试验箱技术条件

——GB/T 10592—1989　高低温试验箱技术条件

——GB/T 11158—1989　高温试验箱技术条件

本标准自实施之日起代替 GB/T 10590—1989《低温/低气压试验箱技术条件》和 GB/T 11159—1989《低气压试验箱技术条件》。

本标准与 GB/T 10590—1989 及 GB/T 11159—1989 的主要区别如下：

a)　增加了“术语和定义”一章，内容采用 IEC 60068-3-5 的相关部分；

b)　按 IEC 60068-3-5 的温度波动度的概念，温度波动度指标改为 1℃（见表 1）；

c)　按 IEC 60068-3-5 的温度数据记录要求，改为每分钟记录一次数据（见 6.3）；

d)　按 IEC 60068-3-5 的升降温速率测试方法修改了升降温速率测试方法（见 6.6）；

e)　使用环境条件中扩大了大气压的范围（见 4.1）；

f)　产品工作温度等级稍有调整，其中低温等级增加了 −30℃，高温等级减少了 200℃ 一级（见表 1）；

g)　温度偏差指标根据气压不同进行了分级规定（见表 1）；

h)　对冷却水的水质提出了要求（见 4.3c））；

i)　增加了电绝缘强度的要求（见 5.3.1）；

j)　温度性能的测试改在空载条件下进行（见 6.3.2）；

k)　增加了温度偏差测量不确定度评定方法及其应用的信息（见附录 B）。

本标准的附录 A 和附录 B 是资料性附录。

本标准由中国机械工业联合会提出。

本标准由机械工业仪器仪表综合技术经济研究所归口。

本标准由重庆万达仪器有限公司、成都天宇试验设备有限公司、信息产业部电子第五研究所和重庆银河试验设备有限公司等负责起草。

本标准主要起草人：陈云生、蒯正心、赖文光、许清禄。

本标准所代替标准的历次版本发布情况为：

——GB/T 10590—1989、GB/T 11159—1989。

高低温/低气压试验箱技术条件

1 范围

本标准规定了高低温低气压试验箱(以下简称试验箱)的术语和定义、使用条件、技术要求、试验方法、检验规则及标志、包装、贮存。

本标准适用于对电工、电子产品及其他产品、零部件及材料进行高低温低气压试验的试验箱。

2 规范性引用文件

下列文件中的条款通过本标准的引用而成为本标准的条款。凡是注日期的引用文件,其随后所有的修改单(不包括勘误的内容)或修订版均不适用于本标准,然而,鼓励根据本标准达成协议的各方研究是否可使用这些文件的最新版本。凡是不注日期的引用文件,其最新版本适用于本标准。

GB/T 191—2000 包装储运图示标志(eqv ISO 780:1997)

GB/T 14048.1—2000 低压开关设备和控制设备 总则(eqv IEC 60947-1:1999)

JB/T 9512—1999 气候环境试验设备与试验箱 噪声声功率级的测定

JJF 1059—1999 测量不确定度评定与表示

3 术语和定义

下列术语和定义适用于本标准。

3.1

试验箱 test chamber

密闭的箱体或空间,其中某部分能满足规定的试验条件。

3.2

温度设定值 temperature setpoint

用试验箱控制装置设定的期望温度。

3.3

实际温度 achieved temperature

稳定后,试验箱工作空间内任意一点的温度。

3.4

温度稳定 temperature stabilization

工作空间内所有点的温度均达到温度设定值并维持在给定的容差范围内。

3.5

温度波动度 temperature fluctuation

稳定后,在给定的任意时间间隔内,工作空间内任一点的最高和最低温度之差。

3.6

工作空间 working space

试验箱内能将规定的条件维持在规定容差范围内的部分。

3.7

温度梯度 temperature gradient

稳定后,在任意时间间隔内,工作空间内任意两点的温度平均值之差的最大值。

3.8

温度变化速率　temperature rate of change

在工作空间中心测得的两个给定温度之间的转变率，以℃/min 为单位。

3.9

工作空间的温度偏差　temperature variation in space

稳定后，在任意时间间隔内，工作空间中心温度的平均值和工作空间内其他点的温度的平均值之差。

3.10

极限温度　temperature extremes

稳定后，工作空间内所达到的最高和最低测得温度。

4　使用条件

4.1　环境条件

a)　温度：15℃～35℃；

b)　相对湿度：不大于 85%；

c)　大气压：80 kPa～106 kPa；

d)　周围无强烈振动，无腐蚀气体；

e)　无阳光直接照射或其他冷、热源直接辐射；

f)　周围无强烈气流，当周围空气需强制流动时，气流不应直接吹到箱体上；

g)　周围无干扰试验箱控制电路的磁场影响；

h)　周围无高浓度粉尘及腐蚀性物质。

4.2　供电条件

a)　交流电压：220 V±22 V 或 380 V±38 V；

b)　频率：50 Hz±0.5 Hz。

4.3　供水条件

宜使用满足下列条件的自来水或循环水：

a)　水温：不高于 30℃；

b)　水压：0.1 MPa～0.3 MPa；

c)　水质：符合工业用水标准。

4.4　试验负载条件

试验箱的负载应同时满足下列条件：

a)　负载的总质量按每立方米工作室容积内放置不大于 80 kg；

b)　负载的总体积不大于工作室容积的 1/5；

c)　在垂直于主导风向的任意截面上，负载面积之和应不大于该处工作室截面积的 1/3，负载置放时不可阻塞气流的流动。

5　技术要求

5.1　产品性能

试验箱性能项目及指标见表 1。

表 1 试验箱性能项目及指标

<table>
<tr><th>序号</th><th>性能项目</th><th>单位</th><th>规定值</th></tr>
<tr><td rowspan="2">1</td><td rowspan="2">温度等级</td><td rowspan="2">℃</td><td>30、40、55、70、85、100、125、155、175</td></tr>
<tr><td>5、−5、−25、−30、−40、−55、−65</td></tr>
<tr><td rowspan="2">2</td><td rowspan="2">温度偏差</td><td rowspan="2">℃</td><td>常压温度试验时:±2℃</td></tr>
<tr><td>温度低气压综合试验时[a]:≤100℃时:±3℃
>100℃～200℃时:±5℃</td></tr>
<tr><td>3</td><td>温度梯度</td><td>℃</td><td>≤2</td></tr>
<tr><td>4</td><td>温度波动度</td><td>℃</td><td>≤1.0</td></tr>
<tr><td>5</td><td>工作室内壁温度与
工作空间温度之差</td><td>K</td><td>高温等级时:应不高于试验箱温度的 3%
低温等级时:应不高于试验箱温度的 8%</td></tr>
<tr><td>6</td><td>气压等级</td><td>kPa</td><td>84、79.5、70、61.5、55、40、25、15、8、4、2、1</td></tr>
<tr><td>7</td><td>气压偏差</td><td>kPa</td><td>84 kPa～40 kPa 时:±2 kPa;
25 kPa～4 kPa 时:±0.5 kPa;
≤2 kPa 时:±0.1 kPa</td></tr>
<tr><td>8</td><td>升、降温速率[b]</td><td>℃/min</td><td>每 5 min 计算,平均速率不大于 1℃/min;或规定最快升、降温时间</td></tr>
<tr><td>9</td><td>气压变化速率</td><td>kPa/min</td><td>≤10</td></tr>
<tr><td>10</td><td>风速[c]</td><td>m/s</td><td>≤1 或可调</td></tr>
<tr><td colspan="4">a 低温低气压试验时,若气压低于 10 kPa,或高温低气压试验时,若气压低于 4 kPa,温度偏差可适当放宽。
b 由制造商在产品技术文件中规定最快升温时间和降温时间。
c 由制造商在产品技术文件中规定风逐可调范围。</td></tr>
</table>

5.2 产品结构及外观要求

5.2.1 试验箱内壁应使用耐热、不易氧化和腐蚀并具有一定机械强度的材料制造。

5.2.2 保温材料应能耐高温和低温并具有阻燃性能。

5.2.3 保温层厚度应使试验箱外部表面温度不高于 50℃,保温层厚度在环境温度 15℃～35℃、相对湿度小于 85%条件下运行时,不应有明显的凝露现象。

5.2.4 加热及制冷器件不得对试样直接辐射。

5.2.5 应设有观察窗和照明装置。

5.2.6 应避免试验箱辅助装置和箱内壁的材料等对箱内空气产生污染。

5.2.7 箱门的密封条不应在低温条件下硬化而失去密封性能。

5.2.8 制冷系统管路应密封可靠,不得漏气、漏水、漏油。

5.2.9 应有测试接线装置。

5.2.10 外观涂镀层应平整光滑、色泽均匀,不得有露底、起层、起泡或擦伤痕迹。

5.2.11 应有放置或悬挂样品的样品架。

5.3 安全和环境保护要求

5.3.1 接线端子对箱体金属外壳之间的绝缘电阻值应满足:冷态 2 MΩ 以上,热态 1 MΩ 以上(用 500 V,准确度为 1.0 级兆欧表测量);并能承受 50 Hz 交流电压 1 500 V、施压时间 5 s 的耐电压试验。

5.3.2 保护接地端子应与试验箱外壳有良好的电气联接并能方便牢固地接线,应符合 GB/T 14048.1—2000的 7.1.9 的规定。

5.3.3 应有超温、过电流、缺水等保护及报警装置。

5.3.4 整机噪声应不高于 85 dB(A)。

6 测试方法

6.1 主要测试仪器

6.1.1 风速仪

感应量应不低于 0.05 m/s 的风速仪。

6.1.2 温度计

采用铂电阻、热电偶或其他类似温度传感器组成的并满足下列要求的测温系统：

传感器时间常数：20 s～40 s。

测温系统的扩展不确定度($k=2$)：不大于 0.4℃。

6.1.3 表面温度计

采用铂电阻或其他类似传感器组成并满足下列要求的测量系统：

传感器时间常数：20 s～40 s。

测温系统扩展不确定度($k=2$)：不大于 1.0℃。

6.1.4 气压测试仪器

采用扩展不确定度不大于被测气压允许偏差 1/3 的气压表(计)。

6.2 测试条件

6.2.1 测试条件应满足 4.1、4.2 和 4.3 的要求。

6.2.2 测试在空载的条件下进行。

6.3 温度测试方法

6.3.1 测试点的位置及数量

6.3.1.1 在试验箱工作室内定出上、中、下三个水平测试面，简称上、中、下层。上层与工作室的顶面的距离是工作室高度的 1/10，中层通过工作室几何中心，下层在最低层样品架上方 10 mm 处。

注：工作室具有斜顶或尖顶时，顶面为通过斜顶面与垂直面的交线的假想平面。

6.3.1.2 测试点位于三个测试面上，中心测试点位于工作室几何中心，其余测试点到工作室壁的距离为各自边长的 1/10(图 1)。但对工作室容积不大于 1 m^3 的试验箱，该距离不小于 50 mm。

6.3.1.3 测试点数量与工作室容积大小的关系：

a) 工作室容积不大于 2 m^3 时，温度测试点为 9 个，布放位置如图 1；

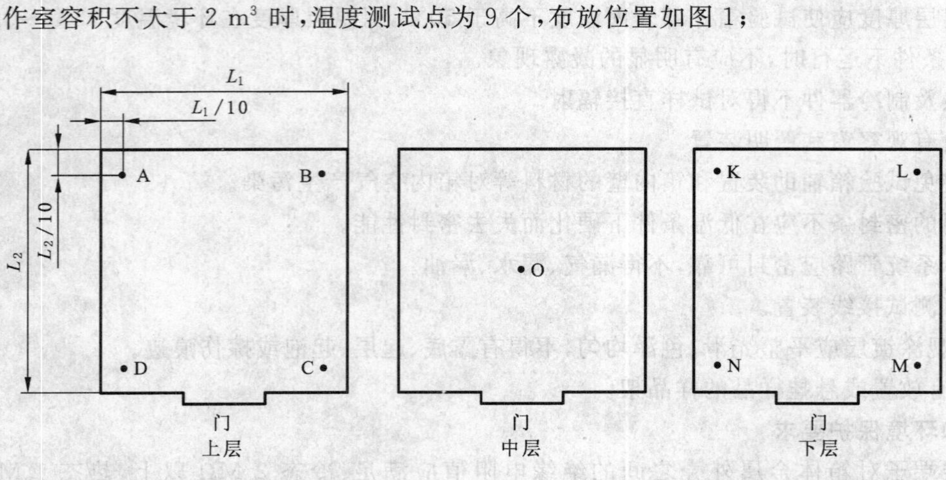

A，B，……，M，N——温度测试点。

图 1

b) 工作室容积大于 2 m^3 时，温度测试点为 15 个，布放位置如图 2。

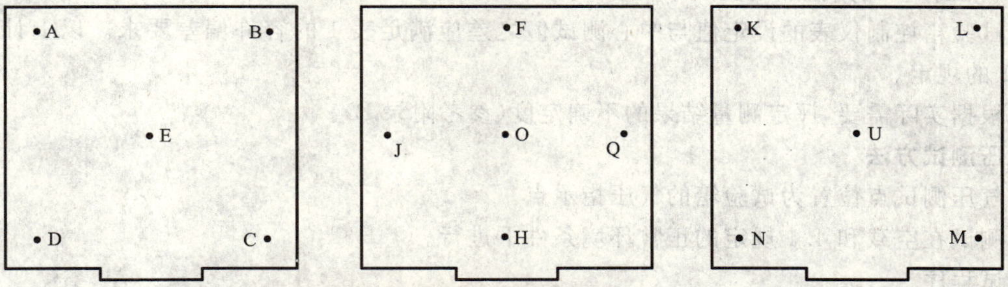

A,B,……,N,U——温度测试点。

图 2

6.3.2　本测试在空载和正常大气压力条件下进行。

6.3.3　测试程序

6.3.3.1　在试验箱可调范围内,分别选取最低和最高标称温度作为测试温度。

6.3.3.2　在工作空间中心测试点温度第一次达到测试温度并稳定 2 h,每隔 1 min 测试所有测试点温度值 1 次,在 30 min 内共测 30 次。

6.3.4　数据处理和试验结果

6.3.4.1　将各测试点的温度值按测试仪表的修正值修正。

6.3.4.2　剔除可疑数据(参考附录 A)。

6.3.4.3　对在温度稳定阶段测得的数据,按式(1)计算每点 30 次测得值的平均温度:

$$\overline{T} = \frac{1}{n}\sum_{i=1}^{n} T_i \qquad \cdots\cdots(1)$$

式中:

$\overline{T}$——温度平均值,单位为摄氏度(℃);

T_i——第 i 次测试值,单位为摄氏度(℃);

n——测量次数。

6.3.4.4　按式(2)计算温度梯度:

$$\Delta T_j = \overline{T}_h - \overline{T}_L \qquad \cdots\cdots(2)$$

式中:

ΔT_j——温度梯度,单位为摄氏度(℃);

$\overline{T}_h$——温度平均值的最大值,单位为摄氏度(℃);

$\overline{T}_L$——温度平均值的最小值,单位为摄氏度(℃)。

6.3.4.5　按式(3)计算温度波动度:

$$\Delta T_b = T_{ih} - T_{iL} \qquad \cdots\cdots(3)$$

式中:

ΔT_b——温度波动度,单位为摄氏度(℃);

T_{ih}——工作空间第 i 点的最高温度值,单位为摄氏度(℃);

T_{iL}——工作空间第 i 点的最低温度值,单位为摄氏度(℃)。

6.3.4.6　按式(4)计算温度偏差:

$$\Delta T_i = \overline{T}_i - \overline{T}_0 \qquad \cdots\cdots(4)$$

式中:

ΔT_i——温度偏差,单位为摄氏度(℃);

$\overline{T}_0$——工作空间中心点的温度平均值,单位为摄氏度(℃);

$\overline{T}_i$——工作空间其他点的温度平均值,单位为摄氏度(℃)。

6.3.4.7　试验箱控制仪表的设定值与中心测试值之差应满足表1的容许偏差要求。以上计算结果均应符合表1的规定。

6.3.4.8　根据实际需要,评定测量结果的不确定度(参考附录B)。

6.4　低气压测试方法

6.4.1　低气压测试点位置为试验箱的气压指示点。

6.4.2　本测试在空载和4.1规定的正常环境条件下进行。

6.4.3　测试程序

在试验箱气压可调范围内,选取最低的试验标称气压值,使箱内的工作室空间从常压降至试验气压值,稳定30 min后,立即进行测试,每隔1 min测试1次,共测30次。

6.4.4　试验结果的计算与评定

6.4.4.1　将测试点的气压值分别按测试仪器的温度和重力修正值进行修正。

6.4.4.2　在30 min测试数据中,其最高和最低值与试验气压值之差为试验箱在该标称值下的气压偏差。

6.4.4.3　以上计算结果均应符合表1的规定。

6.5　高低温低气压综合测试方法

6.5.1　温度测试点的位置及数量与6.3.1相同。

6.5.2　低气压测试点为试验箱的气压指示点。

6.5.3　测试在空载条件下进行。

6.5.4　测试程序

6.5.4.1　在试验箱温度与低气压可调范围内,选取最高、最低标称温度和最低的试验标称气压为综合测试值(低温低气压试验时,气压不低于10 kPa,或高温低气压试验时,气压不低于4 kPa)。

当工作空间中的测试点温度达到测试温度时稳定2 h,启动降压设备,降压至试验气压时,使气压和温度同时稳定30 min,立即对气压和温度同时进行测试。

6.5.4.2　气压测试:观察或记录气压值,在30 min内每隔1 min测试1次气压值,共测试30次。

6.5.4.3　温度测试:测试所有点的温度值,在30 min内每隔1 min测试1次,共测试30次。

6.5.5　试验结果的计算与判定

6.5.5.1　将测试点的温度气压值分别按测试仪器的温度和气压修正值进行修正。

6.5.5.2　在30次气压测试数据中,其最高和最低值与标称气压值之差为试验箱在该标称值下的气压偏差。

6.5.5.3　在30 min内30次温度测试数据中,按照6.3.4.3、6.3.4.4、6.3.4.5、6.3.4.6的方法计算平均温度、温度梯度、温度波动度和温度偏差。

6.5.5.4　以上计算结果均应符合表1的规定。

6.6　升温及降温速率测试方法

6.6.1　测试点为工作空间几何中心点。

6.6.2　本测试在空载和4.1规定的常压条件下进行。

6.6.3　在试验箱温度可调范围内,选择最低标称温度为最低规定温度,最高标称温度为最高规定温度。供方与需方协商,可确定其他温度值为最高规定温度或最低规定温度。

6.6.4　开启开关,使试验箱由室温降到最低规定温度,至少稳定2 h,调至最高规定温度,检测试验箱温度范围的10%升到90%的时间;使试验箱在最高规定温度下,至少稳定2 h,再调至最低规定温度,检测试验箱温度从温度范围的90%降到10%的时间。

6.6.5　将测得的温度值按测试仪表的修正值修正。

6.6.6　按式(5)计算升、降温平均速率:

$$V_T = \frac{0.8 \times (T_2 - T_1)}{t} \quad \cdots\cdots\cdots\cdots (5)$$

式中：

V_T——升温平均速率，单位为摄氏度每分钟(℃/min)；

T_1——最低规定温度，单位为摄氏度(℃)；

T_2——最高规定温度，单位为摄氏度(℃)；

t——从温度范围的10%升到90%的升温时间或从温度范围的90%降到10%的降温时间，单位为分钟(min)。

6.6.7 其结果应符合表1的规定。

6.7 气压变化速率测试方法

6.7.1 低气压测试点为试验箱的气压指示点。

6.7.2 本测试在空载和4.1规定的常温条件下进行。

在试验箱气压可调范围内选取最低的试验气压值，当试验箱开始降压时，记录从常压到试验气压的时间；然后使其试验箱开始升压，记录从试验气压升常压的时间。

按式(6)和式(7)分别计算出升、降压的平均速率：

$$\overline{V_{降}} = \frac{|P_0 - P|}{t_{降}} \quad \cdots\cdots\cdots\cdots (6)$$

$$\overline{V_{升}} = \frac{|P_0 - P|}{t_{升}} \quad \cdots\cdots\cdots\cdots (7)$$

式中：

$\overline{V_{降}}$——降压平均变化速率，单位为千帕每分钟(kPa/min)；

$\overline{V_{升}}$——升压平均变化速率，单位为千帕每分钟(kPa/min)；

P_0——常压值，单位为千帕(kPa)；

P——试验气压值，单位为千帕(kPa)；

$t_{降}$——降压时间，单位为分钟(min)；

$t_{升}$——升压时间，单位为分钟(min)。

其结果应符合表1的规定。

6.8 风速测试方法

6.8.1 测试点数量及布放位置与6.3.1相同。

6.8.2 本测试在空载和室温条件下进行。

6.8.3 测试程序

将风速仪探头置于测试点，沿任意方向测量每一点的风速，取其最大值作为该测量点的风速。

6.8.4 试验结果的计算与判定

6.8.4.1 将测得风速按风速仪的修正值修正。

6.8.4.2 计算所有测试点风速的平均值。

6.9 工作室内壁与工作室空间温差测试方法

6.9.1 本测试在空载及正常气压条件下进行。

6.9.2 测试点布放位置及数量

6.9.2.1 在试验箱工作空间几何中心布放一个温度传感器，在工作室六面内壁几何中心各放一个表面温度传感器。

6.9.2.2 工作室壁中心有引线孔或其他装置时，测试点与孔壁或其他装置的距离应不小于100 mm。

6.9.3 测试程序

6.9.3.1 在试验箱温度可调范围内，以最高标称温度和最低标称温度为测试温度。

6.9.3.2 在工作空间几何中心点的温度第一次达到测试温度并稳定 2 h，每隔 2 min 测试所有测试点的温度值 1 次，共测 5 次。

6.9.4 试验结果的计算与评定

6.9.4.1 将各测试点的温度值按测试仪表的修正值修正。

6.9.4.2 分别计算各测试点温度的算术平均值。

6.9.4.3 按式(8)计算工作室内壁与工作室空间的温差：

$$A = \frac{|\overline{T}_n - \overline{T}_0|}{\overline{T}_0} \times 100\% \qquad \cdots\cdots(8)$$

式中：

A——工作室内壁与工作室热力学温度之差的百分比；

$\overline{T}_n$——工作室内壁测试点的平均温度，单位为开尔文(K)；

$\overline{T}_0$——工作空间几何中心测试点的平均温度，单位为开尔文(K)。

其结果应符合表 1 的规定。

6.10 安全保护性能测试方法

6.10.1 电绝缘及保护接地端子的测试应在 6.3 试验前后各进行一次，均应符合要求。

6.10.2 安全保护装置测试程序

6.10.2.1 在试验箱温度可调范围内，按表 1 的温度范围中任选 3 个温度作为试验温度。

6.10.2.2 将超温保护及报警温度设定为测试温度，然后降温或升温。当工作空间几何中心点的温度到达设定温度时超温保护装置应动作(停止制冷或加热)并同时发出报警信号即符合 5.3.3 的要求，本试验应连续进行三次。

6.10.2.3 试验结果的判定

在试验过程中，如报警及保护装置每次均动作即符合要求。

6.11 制冷系统密封性能检查及判定方法

用卤素灯或肥皂水检查制冷系统管道接头的密封状况，如无泄漏迹象，则符合 5.2.8 的规定。

6.12 保温性能测试方法

6.12.1 本测试在 6.3 规定的测试期间进行。

6.12.2 试验箱温度稳定在最高工作温度点 2 h，用表面温度计检查试验箱外壁的温度；稳定在最低工作温度点 2 h，观察试验箱外壁的凝露情况，以上结果应符合本标准 5.2.3 的要求(观察窗框架、引线孔及门框边 100 mm 范围除外)。

6.13 噪声测试方法

试验箱整机噪声的测试方法见 JB/T 9512—1999，结果应符合 5.3.4 的规定。

6.14 外观涂镀层质量检查及判定方法

6.14.1 本检查在 6.3～6.13 的试验开始前及全部结束后各检查 1 次。

6.14.2 肉眼观察外观涂镀层，结果应符合 5.2.10 要求。

7 检验规定

7.1 试验箱检验分型式检验和出厂检验两类。

7.2 型式检验和出厂检验的项目及试验方法见表 2。

7.3 型式检验

7.3.1 有下列情况之一时，应进行型式检验，试验项目见表 2：

a) 新产品试制定型鉴定；

b) 正式生产的产品在结构、材料、工艺、生产设备和管理等方面有较大改变，可能影响产品性能时；

c) 国家质量监督检验机构进行质量监督检验时；

d) 出厂试验结果与上次型式检验结果有较大差异时；

e) 产品停产一年以上再生产时；

f) 产品批量生产时，每两年至少一次的定期抽检。

7.3.2 抽样及评定规则

7.3.2.1 成批生产的试验箱，批量在20台以上时，抽检2台，不足20台时，抽检1台。

7.3.2.2 抽检样品的型式检验项目应全部合格，否则，对不合格项目加倍抽检。第二次抽检合格时，仅将第一次抽检不合格项目返修，检验合格后允许出厂；如第二次抽检样品中仍有一台不合格时，则认为该批产品不合格。如第二次抽检样品全部合格，则认为该批产品合格。

7.4 出厂检验

7.4.1 出厂检验由制造厂质量检验部门负责。

7.4.2 本检验在空载条件下进行。

7.4.3 检验项目及试验方法见表2。

表2 检验项目及试验方法

序号	检验项目	技术要求章条号	试验方法章条号	型式检验	出厂检验
1	温度偏差	表1序号2项	6.3	○	○
2	综合测试温度偏差	表1序号2项	6.5	○	○
3	温度梯度	表1序号3项	6.3	○	○
3	温度波动度	表1序号4项	6.3	○	○
4	气压偏差	表1序号7项	6.4	○	○
5	气压变化速率	表1序号9项	6.7	○	○
6	升温降温速率	表1序号8项	6.6	○	○
7	工作室内壁温度与工作空间温度之差	表1序号5项	6.9	○	—
8	风速	表1序号10项	6.8	○	—
9	外观涂镀层质量检验	5.2.10	6.14	○	○
10	安全和保护装置检验	5.3	6.10	○	○
11	保温性能	5.2.3	6.12	○	—
12	噪声	5.3.4	6.13	○	○
13	制冷系统密封性	5.2.8	6.11	○	—
注：有"○"者为应检验项目。					

7.4.4 试验箱除温度梯度及偏差采用抽样检验外，应逐台进行出厂检验，检验项目均应合格。

7.4.5 抽样及评定规则

7.4.5.1 温度梯度及偏差的出厂抽检量按产品一次批量的10%计算，但不得少于2台。

7.4.5.2 检验项目应全部合格，如有1台不合格，应加倍抽检：第2次抽检合格时，仅将第1次抽检不合格项目返修，检验合格后允许出厂；如第2次抽检仍有1台不合格，则应对该产品逐台检验。

8 标志、包装、贮存

8.1 标志

8.1.1 试验箱的铭牌，字迹应清晰耐久，固定牢靠。

8.1.2 铭牌内容应包括：

a) 产品型号、名称；

b) 质量；

c) 电压、频率及总功率；

d) 产品序号，制造日期；

e) 制造单位名称。

8.2 包装

8.2.1 包装箱的文字及标志应符合 GB/T 191—2000 的规定。

8.2.2 包装箱应牢固可靠。

8.2.3 包装箱应防雨淋、防潮气聚集。

8.2.4 试验箱的附件、备件和专用工具应单独包装，牢靠地固定在包装箱内。

8.2.5 试验箱的技术文件如装箱清单、产品使用说明书、产品合格证等应密封防潮，固定在包装箱内明显的地方。

8.3 贮存

8.3.1 试验箱的运输包装件应贮存在通风良好，无腐蚀性气体及化学药品的库房内。

8.3.2 贮存期长达一年以上的试验箱，应按型式检验抽样及判定规则，按出厂检验项目检验，合格后方可出厂。

附 录 A
（资料性附录）
可疑数据判别方法

对一组修正后的测试数据的某个极大或极小值有怀疑时，应利用专业知识找出原因，在未判明它是否合理前，既不要轻易保留，也不要随意剔除，可用下述方法判别，决定取舍。

A.1 利用式(1)、式(A.1)算出数据的平均值及单次测得值的标准偏差：

$$S(T_i)=\sqrt{\frac{\sum_{i=1}^{n}(T_i-\overline{T})^2}{n-1}} \qquad \cdots\cdots(A.1)$$

式中：

T_i——第 i 次测量值，单位为摄氏度(℃)；

$\overline{T}$——温度平均值，单位为摄氏度(℃)；

$S(T_i)$——单次测得值的标准偏差，单位为摄氏度(℃)；

n——测量次数。

A.2 求格拉布斯准则计算统计量：

$$G(n)=(T_{(n)}-\overline{T})/S(T_i) \qquad \cdots\cdots(A.2)$$

式中：

$T_{(n)}$——测量数据的极大值或极小值，单位为摄氏度(℃)。

A.3 对于本标准，取显著水平 $\alpha=0.01$，临界值 $G_{99}(n)$ 为：

当 $n=30$ 时，$G_{99}(n)=3.103$；

$n=29$ 时，$G_{99}(n)=3.085$；

$n=28$ 时，$G_{99}(n)=3.068$；

$n=27$ 时，$G_{99}(n)=3.049$。

当 $|G(n)|>G_{99}(n)$ 时，则舍去该 $T_{(n)}$ 值，并重新按式(1)、式(A.1)和式(A.2)计算剩下数值的平均值及标准偏差和 $G(n)$，按本法检验直到无可疑数据为止。

附 录 B
（资料性附录）
温度偏差的测量不确定度评定

B.1 温度偏差的测量不确定度评定依据为 JJF 1059—1999。

B.2 温度偏差的测量不确定度评定的主要流程如下：

a） 建立数学模型，确定被测量 Y 与输入量 X_1，……，X_n 的关系；

b） 求最佳值，由 X_i 的最佳值 x_i 求得 Y 的最佳值 y；

c） 列出测量不确定度来源；

d） 标准不确定度分量评定：A 类评定和 B 类评定；

e） 计算合成标准不确定度；

f） 评定扩展不确定度；

g） 不确定度报告。

B.3 温度偏差的测量不确定度评定的主要步骤如下：

a） 根据温度偏差的定义，其测量过程的数学模型为式(4)。

b） 求最佳值

T_i 的最佳值为工作空间其他点在 30 min 内的温度测量值的算术平均值 $\overline{T}_i$，T_0 的最佳值为工作空间中心点在 30 min 内的温度测量值的算术平均值 $\overline{T}_0$，均按式(1)计算。

因此，温度偏差的最佳值就是式(4)中 ΔT_i。

c） 列出测量不确定度来源

温度偏差的测量不确定度主要来源有：

- 由于各种随机因素影响，工作空间其他点在 30 min 内的温度测量值数据不重复引入的标准不确定度 u_1；
- 测试工作空间其他点的温度时，由于测温系统的不准确引入的标准不确定度 u_2；
- 由于各种随机因素影响，工作空间中心点在 30 min 内的温度测量值数据不重复引入的标准不确定度 u_3；
- 测试工作空间中心点的温度时，由于测温系统的不准确引入的标准不确定度 u_4。

d） 标准不确定度分量评定

- 根据实测数据按 A 类评定，工作空间其他点在 30 min 内的温度测量值的算术平均值 T_i 的实验标准差就是标准不确定度 u_1；工作空间中心点在 30 min 内的温度测量值的算术平均值 T_0 的实验标准差就是标准不确定度 u_3；均按式(A.1)和式(B.1)计算：

$$S(\overline{T}) = \frac{S(T_i)}{\sqrt{n}} \qquad \text{……………………………（B.1）}$$

- 标准不确定度 u_2 应是测温系统测试工作空间其他点温度时的合成标准不确定度，标准不确定度 u_4 应是测温系统测试工作空间中心点温度时的合成标准不确定度。

其中，标准不确定度分量 u_1、u_2、u_3 和 u_4 互不相关，不确定度传播律公式为(B.2)：

$$u_c^2 = u_1^2 + u_2^2 + u_3^2 + u_4^2 \qquad \text{……………………………（B.2）}$$

e） 计算合成标准不确定度 u_c（见式(B.3)）

$$u_c = \sqrt{u_1^2 + u_2^2 + u_3^2 + u_4^2} \qquad \text{……………………………（B.3）}$$

f） 评定扩展不确定度 U

按置信水平 $P=0.95$，取包含因子 $k=2$，扩展不确定度为式(B.4)：

$$U = 2 \times u_c \qquad \text{……………………………（B.4）}$$

g) 不确定度报告

温度偏差的测量不确定度可用如式(B.5)形式表示：

$$\Delta T_i = \overline{T}_i - \overline{T}_0 \pm U \qquad \cdots\cdots(B.5)$$

例如：上偏差 $\Delta T_{max}=(1.0\pm0.3)$℃，$k=2$；

下偏差 $\Delta T_{min}=(-1.5\pm0.2)$℃，$k=2$。

h) 如果温度偏差的测量不确定度为最大温度偏差值的1/3～1/10时，测量不确定度对判定测试结论的影响可忽略不计。若计算出的温度偏差合格，则说明试验箱的该项技术指标满足要求。

试验箱其他技术性能的测量不确定度评定亦可参照上述方法进行。

ICS 19.040
N 04

中华人民共和国国家标准

GB/T 10591—2006
代替 GB/T 10591—1989

高温/低气压试验箱技术条件

Specifications for high temperature/low air pressure testing chambers

2006-04-03 发布

2006-10-01 实施

中华人民共和国国家质量监督检验检疫总局
中国国家标准化管理委员会 发布

前　言

本标准是“环境试验设备技术条件”系列标准之一。该系列标准由以下几项标准组成：

——GB/T 10586—2006　湿热试验箱技术条件

——GB/T 10587—2006　盐雾试验箱技术条件

——GB/T 10588—2006　长霉试验箱技术条件

——GB/T 10589—1989　低温湿热箱技术条件

——GB/T 10590—2006　高低温/低气压试验箱技术条件

——GB/T 10591—2006　高温/低气压试验箱技术条件

——GB/T 10592—1989　高低温试验箱技术条件

——GB/T 11158—1989　高温试验箱技术条件

本标准自实施之日起代替 GB/T 10591—1989《高温/低气压试验箱技术条件》。

本标准与 GB/T 10591—1989 的主要变化如下：

a)　增加了“术语和定义”一章，采用 IEC 60068-3-5 的相关内容；

b)　按 IEC 60068-3-5 的温度波动度的概念，温度波动度指标改为 1℃（见表 1）；

c)　按 IEC 60068-3-5 的温度数据记录要求，改为每分钟记录一次数据（见 6.3）；

d)　按 IEC 60068-3-5 的升温速率测试方法修改了升温速率测试方法（见 6.7）；

e)　使用环境条件中扩大了大气压的范围（见 4.1）；

f)　增加了电绝缘强度的要求（见 5.3.1）；

g)　温度性能的测试改在空载条件下进行（见 6.2.2）；

h)　增加了温度偏差测量不确定度评定方法及其应用的信息（见附录 B）。

本标准的附录 A 和附录 B 是资料性附录。

本标准由中国机械工业联合会提出。

本标准由机械工业仪器仪表综合技术经济研究所归口。

本标准由成都天宇试验设备有限责任公司、重庆万达仪器有限责任公司、信息产业部电子第五研究所和重庆银河试验仪器有限公司负责起草。

本标准主要起草人：蒯正心、陈云生、赖文光、许清禄。

本标准所代替标准的历次版本发布情况为：

——GB/T 10591—1989。

高温/低气压试验箱技术条件

1 范围

本标准规定了高温/低气压试验箱(以下简称“试验箱”)的术语和定义、使用条件,技术要求,试验方法,检验规则及标志、包装、贮存。

本标准适用于对电工、电子及其他产品、零部件及材料进行高温/低气压试验的试验箱。

2 规范性引用文件

下列文件中的条款通过本标准的引用而成为本标准的条款。凡是注日期的引用文件,其随后所有的修改单(不包括勘误的内容)或修订版均不适用于本标准,然而,鼓励根据本标准达成协议的各方研究是否可使用这些文件的最新版本。凡是不注日期的引用文件,其最新版本适用于本标准。

GB/T 191—2000 包装储运图示标志(eqv ISO 780:1997)

GB/T 14048.1—2000 低压开关设备和控制设备 总则(eqv IEC 60947-1:1999)

JB/T 9512—1999 气候环境试验设备与试验箱 噪声声功率级的测定

JJF 1059—1999 测量不确定度评定与表示

3 术语和定义

下列术语和定义适用于本标准。

3.1

试验箱 test chamber

密闭的箱体或空间,其中某部分能满足规定的试验条件。

3.2

温度设定值 temperature setpoint

用试验箱控制装置设定的期望温度。

3.3

实际温度 achieved temperature

稳定后,试验箱工作空间内任意一点的温度。

3.4

温度稳定 temperature stabilization

工作空间内所有点的温度均达到温度设定值并维持在给定的容差范围内。

3.5

温度波动度 temperature fluctuation

稳定后,在给定的任意时间间隔内,工作空间内任一点的最高和最低温度之差。

3.6

工作空间 working space

试验箱内能将规定的条件维持在规定容差范围内的部分。

3.7

温度梯度 temperature gradient

稳定后,在任意时间间隔内,工作空间内任意两点的温度平均值之差的最大值。

3.8

温度变化速率　temperature rate of change

在工作空间中心测得的两个给定温度之间的转变率，以℃/min为单位。

3.9

工作空间的温度偏差　temperature variation in space

稳定后，在任意时间间隔内，工作空间中心温度的平均值和工作空间内其他点的温度的平均值之差。

3.10

极限温度　temperature extremes

稳定后，工作空间内所达到的最高和最低测得温度。

4　推荐使用条件

4.1　环境条件

a)　温度：15℃～35℃；

b)　相对湿度：不大于85%；

c)　大气压：80 kPa～106 kPa；

d)　周围无强烈振动；

e)　无阳光直接照射或其他热源直接辐射；

f)　周围无强烈气流。当周围空气需强制流动时，气流不应直接吹到箱体上；

g)　周围无强电磁场影响；

h)　周围无高浓度粉尘及腐蚀性物质。

4.2　供电条件

a)　电压：220 V±22 V或380 V±38 V；

b)　频率：50 Hz±0.5 Hz。

4.3　负载条件

试验箱的负载应同时满足下列条件：

a)　负载的总质量在每立方米工作室容积内放置不超过80 kg；

b)　负载的总体积不大于工作室容积的1/5；

c)　在垂直于主导风向的任意截面上，负载面积之和应不大于该处工作室截面积的1/3，负载置放时不可阻塞气流的流动。

5　技术要求

5.1　产品性能

试验箱的性能项目及指标见表1。

5.2　产品结构及外观要求

5.2.1　试验箱内壁应使用耐热、不易氧化和具有一定机械强度的材料制造。

5.2.2　保温材料应能耐高温并具有阻燃烧性。

5.2.3　保温层的厚度应保证试验箱外部易触及部位的温度不高于50℃。

5.2.4　加热器件不得对试验样品直接辐射。

5.2.5　应设有观察窗和照明装置。

表 1　试验箱的性能项目及指标

序号	性能项目	单位	规定值
1	温度等级	℃	30、40、55、70、85、100、125、155、175、200
2	温度偏差	℃	常压温度试验时：±2℃ 温度低气压综合试验时[a]：≤100℃时：±3℃ >100℃～200℃时：±5℃
3	温度梯度	℃	≤2
4	温度波动度	℃	≤1.0
5	工作室内壁温度与工作空间温度之差	K	应不高于试验箱工作空间温度的 3%
6	气压等级	kPa	84、79.5、70、61.5、55、40、25、15、8、4、2、1
7	气压偏差	kPa	84 kPa～40 kPa 时：±2 kPa 25 kPa～4 kPa 时：±0.5 kPa ≤2 kPa 时：±0.1 kPa
8	升温速率[b]	℃/min	每 5 min 计算，平均速率不大于 1℃/min；或规定最快升温时间
9	气压变化速率	kPa/min	≤10
10	风速[c]	m/s	≤1 m/s 或可调

a　若气压低于 4 kPa，温度偏差可适当放宽。

b　由制造商在产品技术文件中规定最快升温时间。

c　由制造商在产品技术文件中规定风速可调范围。

5.2.6　应避免试验箱的辅助装置和箱内壁材料等对箱内空气产生污染。

5.2.7　箱门的密封条应在高温条件下不易老化、发粘、变形、失去密封性能，并便于更换。

5.2.8　应具有测试接线装置。

5.2.9　外观涂镀层应平整光滑、色泽均匀，不得有露底、起层、起泡或擦伤痕迹。

5.2.10　样品架在高温条件下具有一定的机械强度并应便于装卸。

5.3　安全和环境保护要求

5.3.1　接线端子对箱体金属外壳之间的绝缘电阻值应满足：冷态 2 MΩ 以上，热态 1 MΩ 以上（用 500 V，准确度为 1.0 级兆欧表测量）；并能承受 50 Hz 交流电压 1 500 V、施压时间 5 s 的耐电压试验。

5.3.2　保护接地端子应与试验箱外壳有良好的电气联接并能方便牢固地接线，应符合 GB/T 14048.1—2000的 7.1.9 的规定。

5.3.3　应有超温、过电流等保护及报警装置。

5.3.4　整机噪声应不高于 85 dB(A)。

6　测试方法

6.1　主要测试仪器

6.1.1　风速仪

感应量应不低于 0.05 m/s 的风速仪。

6.1.2　温度计

采用铂电阻、热电偶或其他类似温度传感器组成的并满足下列要求的测温系统：

传感器时间常数：20 s～40 s。

测温系统的扩展不确定度（$k=2$）：不大于 0.4℃。

6.1.3 **表面温度计**

采用铂电阻或其他类似传感器组成并满足下列要求的测量系统：

传感器时间常数：20 s～40 s。

测温系统扩展不确定度($k=2$)：不大于 1.0℃。

6.1.4 **气压测试仪器**

采用扩展不确定度($k=2$)不大于被测气压允许偏差 1/3 的气压表(计)。

6.2 **测试条件**

6.2.1 测试条件应满足 4.1 和 4.2 的要求。

6.2.2 测试在空载条件下进行。

6.3 **温度测试方法**

6.3.1 测试点的位置及数量

6.3.1.1 在试验箱工作空间内定出上、中、下三个测试面，简称上、中、下层。上层与工作室顶面的距离为工作室高度的 1/10；中层通过工作室几何中心；下层在最底层样品架上方 10 mm 处。

注：工作室具有斜顶或尖顶时，顶面为通过斜顶面与垂直面的交线的假想平面。

6.3.1.2 测试点位于三个测试面上，中心测试点位于工作室几何中心，其余测试点到工作室壁的距离为各自边长的 1/10(图 1)。但对工作室容积不大于 1 m^3 的试验箱，该距离不小于 50 mm。

6.3.1.3 测试点数量与工作室容积的关系：

a) 工作室容积不大于 2 m^3 时，温度测试点为 9 个，布放位置如图 1。

b) 工作室容积大于 2 m^3 时，温度测试点为 15 个，布放位置如图 2。

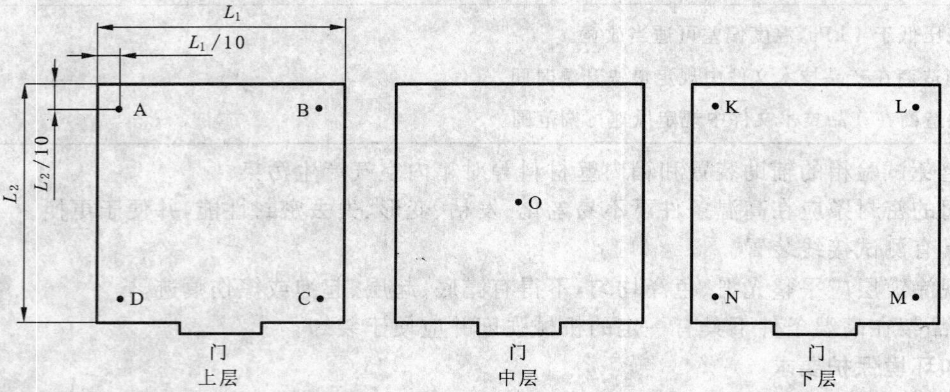

A,B,……,M,N——温度测试点。

图 1

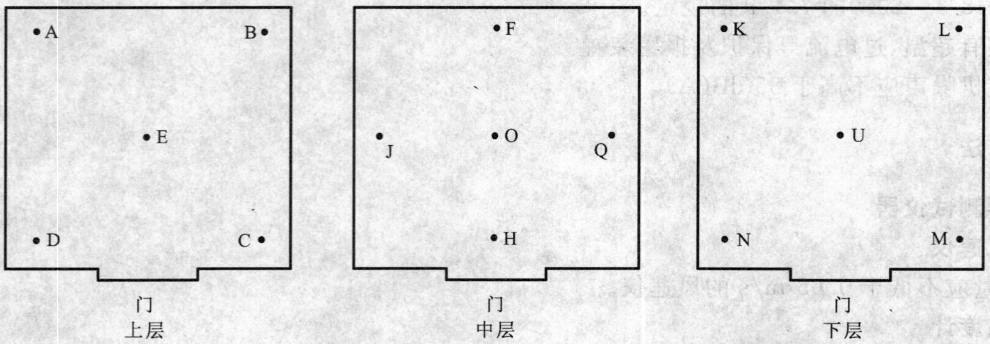

A,B,……,N,U——温度测试点。

图 2

6.3.2 本测试应按4.1规定的正常大气压力条件下进行。

6.3.3 测试程序

6.3.3.1 在试验箱温度可调范围内，选取最高标称温度或用户要求的温度作为测试温度。

6.3.3.2 在工作空间中心测试点温度达到测试温度并稳定2 h，每隔1 min测试所有的测试点温度值1次，在30 min内共测30次。

6.3.4 数据处理和试验结果

6.3.4.1 对测得的温度数据，按测试仪表的修正值进行修正。

6.3.4.2 剔除可疑数据(参考附录A)。

6.3.4.3 对在温度恒定阶段测得的数据，按式(1)计算每点30次测得值的平均温度：

$$\overline{T}=\frac{1}{n}\sum_{i=1}^{n}T_i \qquad \cdots\cdots(1)$$

式中：

$\overline{T}$——温度平均值，单位为摄氏度(℃)；

T_i——第i次测试值，单位为摄氏度(℃)；

n——测量次数。

6.3.4.4 按式(2)计算温度梯度：

$$\Delta T_{\mathrm{j}}=\overline{T}_{\mathrm{h}}-\overline{T}_{\mathrm{L}} \qquad \cdots\cdots(2)$$

式中：

ΔT_{j}——温度梯度，单位为摄氏度(℃)；

$\overline{T}_{\mathrm{h}}$——温度平均值的最大值，单位为摄氏度(℃)；

$\overline{T}_{\mathrm{L}}$——温度平均值的最小值，单位为摄氏度(℃)。

6.3.4.5 按式(3)计算温度波动度：

$$\Delta T_{\mathrm{b}}=T_{i\mathrm{h}}-T_{i\mathrm{L}} \qquad \cdots\cdots(3)$$

式中：

ΔT_{b}——温度波动度，单位为摄氏度(℃)；

$T_{i\mathrm{h}}$——工作空间第i点的最高温度值，单位为摄氏度(℃)；

$T_{i\mathrm{L}}$——工作空间第i点的最低温度值，单位为摄氏度(℃)。

6.3.4.6 按式(4)计算温度偏差：

$$\Delta T_i=\overline{T}_i-\overline{T}_0 \qquad \cdots\cdots(4)$$

式中：

ΔT_i——温度偏差，单位为摄氏度(℃)；

$\overline{T}_0$——工作空间中心点的温度平均值，单位为摄氏度(℃)；

$\overline{T}_i$——工作空间其他点的温度平均值，单位为摄氏度(℃)。

6.3.4.7 试验箱控制仪表的设定值与中心测试值之差应满足表1的容许偏差要求。以上计算结果均应符合表1的规定。

6.3.4.8 根据实际需要，评定测量结果的不确定度(参考附录B)。

6.4 工作室内壁与工作空间的温度差的测试方法

6.4.1 本测试在空载和4.1规定的常玉条件下进行。

6.4.2 测试点布放位置及数量

6.4.2.1 在工作空间几何中心布放1个温度传感器，在工作室六面内壁几何中心各布放1个表面温度传感器。

6.4.2.2 若工作室内壁中心有引线孔或其他装置，则测试点与孔壁或其他装置的距离应不小于100 mm。

6.4.3 测试程序

6.4.3.1 在试验箱温度可调范围内，选用最高标称温度为测试温度。

6.4.3.2 在工作空间几何中心点的温度第一次达到测试温度并稳定 2 h，每隔 2 min 测试所有测试点的温度值 1 次，共测 5 次。

6.4.4 试验结果的计算与判定

6.4.4.1 将测得的温度值按测试仪表的修正值修正。

6.4.4.2 分别计算各测试点温度的算术平均值。

6.4.4.3 将工作室内壁与工作空间温度代入式(5)：

$$A=\frac{|\overline{T}_n-\overline{T}_0|}{\overline{T}_0}\times 100\% \qquad \cdots\cdots(5)$$

式中：

A——工作室内壁与工作室热力学温度之差的百分比，%；

$\overline{T}_n$——工作室内壁测试点的平均温度，单位为开尔文(K)；

$\overline{T}_0$——工作空间几何中心测试点的平均温度，单位为开尔文(K)。

其结果应符合本标准表 1 的规定。

6.5 低气压测试方法

6.5.1 低气压测试点位置为试验箱中气压指示点。

6.5.2 测试在空载和室温条件下进行。

6.5.3 测试程序

在试验箱气压可调范围内，选取最低的试验标称气压值，当工作空间从常压降至试验气压值，稳定 30 min，立即进行测试，每 1 min 测试 1 次，共测 30 次。

6.5.4 试验结果的计算与评定

6.5.4.1 将测试点的气压值分别按测试系统修正值进行修正。

6.5.4.2 在 30 min 测试数据中，其最高和最低值与标称气压值之差，为试验箱在该标称值下的气压偏差。

6.5.4.3 以上计算结果均应符合表 1 的规定。

6.6 高温低气压综合测试方法

6.6.1 温度测试点的位置及数量与 6.3.1 中相同。

6.6.2 低气压测试点为试验箱的气压指示点。

6.6.3 测试程序

6.6.3.1 在试验箱高温低气压可调范围内，选取最高温度和最低的试验标称气压值(不低于 4 kPa)为综合测试值。当工作空间中以测试点温度达到测试温度时稳定 1 h，启动降压设备，降压至试验气压时，使气压和温度同时保持 30 min，立即同时对气压和温度进行测试。

6.6.3.2 气压测试：在 30 min 内每隔 1 min 测试 1 次气压值，共测 30 次。

6.6.3.3 温度测试：测试所有测试点的温度值，在 30 min 内每 1 min 测试 1 次，共测试 30 次。

6.6.4 试验结果的计算与判定

6.6.4.1 对测得的气压和温度数据，按测试仪表的修正值分别进行修正。

6.6.4.2 在 30 min 内气压测试数据中，其最高和最低值与标称气压值之差为试验箱在该标称值下的气压偏差，以上计算结果均应符合表 1 的规定。

6.6.4.3 在 30 min 内 30 次温度测试数据中，按照 6.3.4 的方法计算温度偏差，以上计算结果均应符合表 1 的规定。

6.7 升温速率测试方法

6.7.1 本测试在空载和 4.1 规定的常压条件下进行。

6.7.2 温度测试点的位置为试验箱的工作空间中心点。

6.7.3 测试程序

6.7.3.1 在试验箱温度可调范围内，选取室温为最低规定温度，最高标称温度为最高规定温度。

6.7.3.2 开启热源，使试验箱由室温升高至最高规定温度，检测试验箱温度从温度范围的10%升到90%的时间。使试验箱在最高规定温度下，至少稳定2 h，再调至最低规定温度，检测试验箱温度从温度范围的90%降到10%的时间。

6.7.4 试验结果的计算与评定

6.7.4.1 将测试温度值按测试仪表的修正值修正。

6.7.4.2 按式(6)计算升温平均速率：

$$V_T = \frac{0.8 \times (T_2 - T_1)}{t} \qquad \cdots\cdots(6)$$

式中：

V_T——升温平均速率，单位为摄氏度每分钟(℃/min)；

T_1——最低规定温度，单位为摄氏度(℃)；

T_2——最高规定温度，单位为摄氏度(℃)；

t——从温度范围的10%升到90%的升温时间，单位为分钟(min)。

其结果应符合表1序号8的规定。

6.8 气压变化速率测试方法

6.8.1 低气压测试点为试验箱的气压指示点。

6.8.2 测试程序

在试验箱气压可调范围内，选取最低的试验气压值，当箱内工作空间开始降压时，记录从常压降到试验气压的时间；然后关机，开启放气阀，当箱内工作空间开始升压时，记录从试验气压升到常压的时间。

6.8.3 试验结果的计算和评定

按式(7)和式(8)分别计算出升、降压的平均速率：

$$\overline{V_{降}} = \frac{|P_0 - P|}{t_{降}} \qquad \cdots\cdots(7)$$

$$\overline{V_{升}} = \frac{|P_0 - P|}{t_{升}} \qquad \cdots\cdots(8)$$

式中：

$\overline{V_{降}}$——降压平均变化速率，单位为千帕每分钟(kPa/min)；

$\overline{V_{升}}$——升压平均变化速率，单位为千帕每分钟(kPa/min)；

P_0——常压值，单位为千帕(kPa)；

P——试验气压值，单位为千帕(kPa)；

$t_{降}$——降压时间，单位为分钟(min)；

$t_{升}$——升压时间，单位为分钟(min)。

其结果应符合表1序号9的规定。

6.9 风速测试方法

6.9.1 测试点数量及布放位置与6.3.1相同。

6.9.2 本测试在空载和室温条件下进行。

6.9.3 测试程序

将风速仪探头置于测试点，沿任意方向测量每一点的风速，取其最大值作为该测量点的风速。

6.9.4 试验结果的计算与评定

6.9.4.1 将测得风速按风速仪的修正值修正。

6.9.4.2 计算所有测试点风速的平均值。其结果应符合表1的规定。

6.10 安全保护性能测试方法

6.10.1 电绝缘及保护接地端子的测试应在6.3试验前后各进行一次，均应符合要求。

6.10.2 安全保护装置测试程序

6.10.2.1 在试验箱温度可调范围内，按表1序号1的温度范围中任选3个温度作为试验温度。

6.10.2.2 将超温保护及报警温度设定为测试温度，然后降温或升温。当工作空间几何中心点的温度到达设定温度时超温保护装置应动作(停止制冷或加热)并同时发出报警信号即符合5.3.3的要求，本试验应连续进行三次。

6.10.3 试验结果的评定

在试验过程中，如报警及保护装置每次均动作即符合要求。

6.11 噪声测试方法

试验箱整机噪声的测试方法见JB/T 9512—1999，结果应符合5.3.4的规定。

6.12 保温性能检查及评定方法

6.12.1 在6.3测试结束时进行。

6.12.2 试验箱温度稳定在最高工作温度点2 h，用表面温度计检查试验箱外壁的温度，以上结果应符合本标准5.2.3的要求(观察窗框架、引线孔及门框边100 mm范围除外)。

6.13 外观涂镀层质量的检查及评定方法

在6.3～6.12的试验前及结束后，用肉眼检查试验箱外观涂镀层，结果应符合5.2.9的规定。

7 检验规则

7.1 试验箱检验分型式检验和出厂检验两类。

7.2 型式检验和出厂检验的项目及试验方法见表2。试验箱除温度均匀度及容差采用抽样检验外，应逐台进行出厂检验，检验项目均应合格。

表2 检验项目及试验方法

序号	检验项目	技术要求章、条号	测试方法章、条号	检验类别	
				型式检验	出厂检验
1	温度偏差	表1序号2	6.3	○	○
2	综合测试温度偏差	表1序号2	6.6	○	○
3	温度梯度	表1序号3	6.3	○	○
4	气压偏差	表1序号7	6.5	○	○
5	升温速率	表1序号8	6.7	○	○
6	气压变化速率	表1序号9	6.8	○	○
7	风速	表1序号10	6.9	○	—
8	工作室内壁温度与工作空间温度之差	表1序号5	6.4	○	—
9	安全和保护装置性能	5.3	6.10	○	○
10	噪声	5.3.4	6.11	○	—
11	外观涂镀层质量检查	5.2.9	6.13	○	—
12	保温性能	5.2.3	6.12	○	—
注："○"为应检项目。					

7.3 型式检验

7.3.1 有下列情况之一时，应进行型式检验，试验项目见表 2：

a) 新产品试制定型鉴定；

b) 正式生产的产品在结构、材料、工艺、生产设备和管理等方面有较大改变，可能影响产品性能时；

c) 国家质量监督检验机构进行质量监督检验时；

d) 出厂试验结果与上次型式试验结果有较大差异时；

e) 产品停产一年以上再生产时；

f) 产品批量生产时，每两年至少一次的定期抽检。

7.3.2 抽样及评定规则

7.3.2.1 成批生产的试验箱，批量在 20 台以上时，抽检 2 台，不足 20 台时，抽检 1 台。

7.3.2.2 抽检样品的型式试验项目应全部合格，否则，对不合格项目加倍抽检，第二次抽检合格时，仅将第一次抽检不合格项目返修，检验合格后允许出厂，如第二次抽检样品中仍有 1 台不合格时，则认为该批产品不合格。如第二次抽检样品全部合格，则认为该批产品合格。

7.4 出厂检验

7.4.1 出厂检验由制造厂质量检验部门负责。

7.4.2 出厂检验在空载条件下进行。

7.4.3 抽样及评定规则

7.4.3.1 温度梯度及容差的出厂抽检量按产品一次批量的 10% 计算，但不得少于 2 台。

7.4.3.2 检验项目应全部合格，如有 1 台不合格，应加倍抽检；第二次抽检合格时，仅将第一次抽检不合格产品返修，检验合格后允许出厂，如第二次抽检仍有 1 台不合格，则应对该产品逐台检验。

8 标志、包装、贮存

8.1 标志

8.1.1 试验箱的铭牌，字迹应清晰耐久，固定牢靠。

8.1.2 铭牌内容应包括：

a) 产品型号、名称；

b) 质量；

c) 电压、频率及总功率；

d) 产品序号，制造日期；

e) 制造单位名称。

8.2 包装

8.2.1 包装箱的文字及标志应符合 GB/T 191—2000 的规定。

8.2.2 包装箱应牢固可靠。

8.2.3 包装箱应防雨淋、防潮气聚集。

8.2.4 试验箱的附件、备件和专用工具应单独包装，牢靠地固定在包装箱内。

8.2.5 试验箱的技术文件如装箱清单、产品使用说明书、产品合格证等应密封防潮，固定在包装箱内明显的地方。

8.3 贮存

8.3.1 试验箱的运输包装件应贮存在通风良好，无腐蚀性气体及化学药品的库房内。

8.3.2 贮存期长达一年以上的试验箱，应按型式检验抽样及判定规则，按出厂检验项目检验，合格后方可出厂。

附 录 A
（资料性附录）
可疑数据判别方法

对一组修正后的测试数据的某个极大或极小值有怀疑时，应利用专业知识找出原因，在未判明它是否合理前，既不要轻易保留，也不要随意剔除，可用下述方法判别，决定取舍。

A.1 利用式(1)、式(A.1)算出数据的平均值及单次测得值的标准偏差：

$$S(T_i)=\sqrt{\frac{\sum_{i=1}^{n}(T_i-\overline{T})^2}{n-1}} \qquad \text{(A.1)}$$

式中：

T_i——第 i 次测量值，单位为摄氏度(℃)；

$\overline{T}$——温度平均值，单位为摄氏度(℃)；

$S(T_i)$——单次测得值的标准偏差，单位为摄氏度(℃)；

n——测量次数。

A.2 求格拉布斯准则计算统计量：

$$G(n)=(T_{(n)}-\overline{T})/S(T_i) \qquad \text{(A.2)}$$

式中：

$T_{(n)}$——测量数据的极大值或极小值，单位为摄氏度(℃)；

A.3 对于本标准，取显著水平 $\alpha=0.01$，临界值 $G_{99}(n)$ 为：

当 $n=30$ 时，$G_{99}(n)=3.103$；

$n=29$ 时，$G_{99}(n)=3.085$；

$n=28$ 时，$G_{99}(n)=3.068$；

$n=27$ 时，$G_{99}(n)=3.049$。

当 $|G(n)|>G_{99}(n)$ 时，则舍去该 $T_{(n)}$ 值，并重新按式(1)、式(A.1)和式(A.2)计算剩下数值的平均值及标准偏差和 $G(n)$，按本法检验直到无可疑数据为止。

附 录 B
（资料性附录）
试验箱技术性能的测量不确定度评定

B.1 试验箱技术性能的测量不确定度评定依据为 JJF 1059—1999。

B.2 试验箱技术性能的测量不确定度评定的主要流程如下：

a) 建立数学模型，确定被测量 Y 与输入量 $X_1,\cdots\cdots,X_n$ 的关系；

b) 求最佳值，由 X_i 的最佳值 x_i 求得 Y 的最佳值 y；

c) 列出测量不确定度来源；

d) 标准不确定度分量评定；A 类评定和 B 类评定；

e) 计算合成标准不确定度；

f) 评定扩展不确定度；

g) 不确定度报告。

B.3 温度偏差的测量不确定度评定的主要步骤如下：

a) 根据温度偏差的定义，其测量过程的数学模型为式(4)。

b) 求最佳值

T_i 的最佳值为工作空间其他点在 30 min 内的温度测量值的算术平均值 $\overline{T}_i$，T_0 的最佳值为工作空间中心点在 30 min 内的温度测量值的算术平均值 $\overline{T}_0$，均按式(1)计算。

因此，温度偏差的最佳值就是式(4)中 ΔT_i。

c) 列出测量不确定度来源

温度偏差的测量不确定度主要来源有：

● 由于各种随机因素影响，工作空间其他点在 30 min 内的温度测量值数据不重复引入的标准不确定度 u_1；

● 测试工作空间其他点的温度时，由于测温系统的不准确引入的标准不确定度 u_2；

● 由于各种随机因素影响，工作空间中心点在 30 min 内的温度测量值数据不重复引入的标准不确定度 u_3；

● 测试工作空间中心点的温度时，由于测温系统的不准确引入的标准不确定度 u_4。

d) 标准不确定度分量评定

● 根据实测数据按 A 类评定，工作空间其他点在 30 min 内的温度测量值的算术平均值 T_i 的实验标准差就是标准不确定度 u_1；工作空间中心点在 30 min 内的温度测量值的算术平均值 T_0 的实验标准差就是标准不确定度 u_3；均按式(A.1)和式(B.1)计算：

$$S(\overline{T}) = \frac{S(T_i)}{\sqrt{n}} \qquad \cdots\cdots\cdots\cdots (B.1)$$

● 标准不确定度 u_2 应是测温系统测试工作空间其他点温度时的合成标准不确定度，标准不确定度 u_4 应是测温系统测试工作空间中心点温度时的合成标准不确定度。

其中，标准不确定度分量 u_1、u_2、u_3 和 u_4 互不相关，不确定度传播律公式为(B.2)：

$$u_c^2 = u_1^2 + u_2^2 + u_3^2 + u_4^2 \qquad \cdots\cdots\cdots\cdots (B.2)$$

e) 计算合成标准不确定度 u_c(见式(B.3))

$$u_c = \sqrt{u_1^2 + u_2^2 + u_3^2 + u_4^2} \qquad \cdots\cdots\cdots\cdots (B.3)$$

f) 评定扩展不确定度 U

按置信水平 $P=0.95$，取包含因子 $k=2$，扩展不确定度为式(B.4)：

$$U = 2 \times u_c \qquad \cdots\cdots\cdots\cdots (B.4)$$

g) 不确定度报告

温度偏差的测量不确定度可用如式(B.5)形式表示：

$$\Delta T_i = \overline{T}_i - \overline{T}_0 \pm U \qquad \cdots\cdots(B.5)$$

例如：上偏差 $\Delta T_{max}=(1.0\pm0.3)$℃，$k=2$；

下偏差 $\Delta T_{min}=(-1.5\pm0.2)$℃，$k=2$。

h) 如果温度偏差的测量不确定度为最大温度偏差值的1/3～1/10时，测量不确定度对判定测试结论的影响可忽略不计。若计算出的温度偏差合格，则说明试验箱的该项技术指标满足要求。

B.4 试验箱其他技术性能的测量不确定度评定亦可参照上述方法进行。

ICS 67.220.20;71.060.20
X 42

GB

中华人民共和国国家标准

GB 10621—2006
代替 GB 10621—1989,GB 1917—1994

食品添加剂　液体二氧化碳

Food additive liquid carbon dioxide

2006-03-01 发布　　2006-12-01 实施

中华人民共和国国家质量监督检验检疫总局
中国国家标准化管理委员会　发布

前言

本标准中第5章检验方法是推荐性的，其余为强制性的。

本标准非等效采用"国际饮料技术学会(ISBT)"1999年发布的《二氧化碳》，是对GB 10621—1989《食品添加剂　液体二氧化碳(石灰窑法和合成氨法)》和GB 1917—1994《食品添加剂　液体二氧化碳》的修订。

在非等效采用ISBT《二氧化碳》时，增加了对甲醇、乙醇、其他含氧有机物、氯乙烯、氰化氢的控制要求及其试验方法，删去了可由总硫控制的硫化氢、氧硫化碳两项指标。对部分试验方法进行了相应的更改，如：以溶液比色法代替检气管法，用微库仑法代替光度法等。

本标准对GB 10621—1989和GB 1917—1994的技术内容进行了全面修订，取消了对生产原料及生产工艺的限定。控制项目扩充到22项，并建立了相应的试验方法。

本标准自实施之日起，同时代替GB 10621—1989、GB 1917—1994。

本标准的附录A、附录B为资料性附录。

本标准由原国家石油和化学工业局提出。

本标准由全国气体标准化技术委员会，全国食品发酵标准化中心和卫生部食品卫生监督检验所归口。

本标准负责起草单位：光明化工研究院、西南化工研究院。

本标准参加起草单位：江苏华扬液碳有限责任公司、河南天冠集团二氧化碳有限公司、比欧西气体(中国)有限公司、上海林德二氧化碳有限公司、淄博北威二氧化碳开发有限公司、杭州娃哈哈集团公司。

本标准主要起草人：赵敏、何道善、迟国新、于国辉、常侠。

本标准于1989年首次发布。

食品添加剂　液体二氧化碳

1　范围

本标准规定了食品添加剂液体二氧化碳的要求、检验规则、试验方法，以及包装、标志、贮存、运输等。

本标准适用于食品添加剂液体二氧化碳。

该产品主要用于碳酸饮料，也可用于食品加工、食品保鲜及贮存等。

分子式：CO_2

相对分子质量：44.01（按 1999 年国际相对原子质量）

2　规范性引用文件

下列文件中的条款通过本标准的引用而成为本标准的条款。凡是注日期的引用文件，其随后所有的修改单(不包括勘误的内容)或修订版均不适用于本标准，然而，鼓励根据本标准达成协议的各方研究是否可使用这些文件的最新版本。凡是不注日期的引用文件，其最新版本适用于本标准。

GB/T 601　化学试剂　标准滴定溶液的制备

GB/T 603　化学试剂　试验方法中所用制剂及制品的制备

GB 5099　钢制无缝气瓶(neq ISO 4705)

GB/T 5274　气体分析　校准用混合气体的制备　称量法(eqv ISO 6142)

GB/T 5832.2　气体中微量水分的测定　露点法

GB/T 6285　气体中微量氧的测定　电化学法

GB/T 6682　分析实验室用水规格和试验方法(neq ISO 3696)

GB 7144　气瓶颜色标志

GB/T 7445　纯氢、高纯氢和超纯氢

GB/T 8984.1—1997　气体中一氧化碳、二氧化碳和碳氢化合物的测定　第 1 部分：气体中一氧化碳、二氧化碳和甲烷的测定　气相色谱法

GB/T 8984.3—1997　气体中一氧化碳、二氧化碳和碳氢化合物的测定　第 3 部分：气体中总烃的测定　火焰离子化法

GB/T 11061—1997　天然气中总硫的测定　氧化微库仑法

GB 14193　液化气体气瓶充装规定

GB/T 16031—1995　车间空气中氨的纳氏试剂分光光度法测定方法

GB/T 16032—1995　车间空气中氧化氮的盐酸萘乙二胺分光光度测定方法

GB/T 16033—1995　车间空气中氰化氢及氢氰酸盐的异菸酸钠-巴比妥酸钠分光光度测定方法

JB 6897　低温液体运输槽车

JB 6898　低温液体储存设备　使用安全规范

气瓶安全监察规程

压力容器安全技术监察规程

3　要求

食品添加剂液体二氧化碳应符合表 1 的要求。

表 1

序号	项目		指标
1	二氧化碳的体积分数/10^{-2}	≥	99.9
2	水分的体积分数/10^{-6}	≤	20
3	酸度		按 5.4 检验合格
4	一氧化氮的体积分数/10^{-6}	≤	2.5
5	二氧化氮的体积分数/10^{-6}	≤	2.5
6	二氧化硫的体积分数/10^{-6}	≤	1.0
7	总硫的体积分数(除二氧化硫外,以硫计)/10^{-6}	≤	0.1
8	碳氢化合物总的体积分数(以甲烷计)/10^{-6}	≤	50(其中非甲烷烃不超过 20)
9	苯的体积分数/10^{-6}	≤	0.02
10	甲醇的体积分数/10^{-6}	≤	10
11	乙醇的体积分数/10^{-6}	≤	10
12	乙醛的体积分数/10^{-6}	≤	0.2
13	其他含氧有机物[a] 的体积分数/10^{-6}	≤	1.0
14	氯乙烯的体积分数/10^{-6}	≤	0.3
15	油脂的质量分数/10^{-6}	≤	5
16	水溶液气味、味道及外观		按 5.10 检验合格
17	蒸发残渣的质量分数/10^{-6}	≤	10
18	氧气的体积分数/10^{-6}	≤	30
19	一氧化碳的体积分数/10^{-6}	≤	10
20	氨的体积分数/10^{-6}	≤	2.5
21	磷化氢的体积分数/10^{-6}	≤	0.3
22	氰化氢的体积分数/10^{-6}	≤	0.5

[a] 其他含氧有机物包括二甲醚、环氧乙烷、丙酮、正丙醇、异丙醇、正丁醇、异丁醇、乙酸乙酯、乙酸异戊酯。

4 检验规则

4.1 二氧化碳含量、水分、二氧化硫、总硫、碳氢化合物总量、油脂、水溶液气味、味道及外观以及在型式检验中发现的不合格或边缘值项目为出厂检验项目。当型式试验合格时,油脂项目的出厂检验可以采用油斑试验方法。

4.2 瓶装食品添加剂液体二氧化碳的出厂检验以一个班连续生产的产品为一批,按表 2 随机抽样进行检验。当检验结果中有任何一项不符合本标准要求时,应从该批产品中加倍抽样检验,若仍有一项不符合,则该批产品不合格。

表 2

批量/瓶	采样数量/瓶
1	1
2～25	2
26～150	3
151～1 200	5
1 201～3 500	8
≥3 501	13

对于罐(槽车)装产品，自每罐(槽车)中采样进行检验。当检验结果中有任何一项不符合本标准要求时，应从该罐(槽车)装产品中再次采样进行检验，若仍有一项不符合本标准要求时，则该罐(槽车)装产品不合格。

4.3 除4.1中规定的检验项目之外，表1中的其他项目为型式检验项目。型式检验的样品数量为1～2个，由生产厂的质量检验部门或委托其他质检机构进行检验。

4.4 正常生产情况下，型式检验每1年不得少于1次。对于如下情况，必须进行型式检验：

a) 新工艺、工艺更改、原料变化时；

b) 企业确认执行本标准时；

c) 产品质量出现事故时。

4.5 生产厂应保证出厂产品符合本标准要求；用户有权按本标准规定验收。

4.6 用户和生产厂对产品质量发生异议时，由双方共同检验或提请仲裁。

5 试验方法

本标准所用试剂和水，在没有注明其他要求时，均指分析纯试剂和GB/T 6682中规定的三级水。检验中所用的标准滴定溶液、制剂及制品，在没有注明其他要求时均按GB/T 601、GB/T 603的规定制备。

5.1 采样

5.1.1 瓶装液体二氧化碳

瓶装食品添加剂液体二氧化碳按4.2抽样后，直接作为样品进行检验。

5.1.2 罐(槽车)装液体二氧化碳

罐(槽车)装液体二氧化碳采集到取样钢瓶中作为样品进行分析。

5.1.2.1 取样钢瓶

液体二氧化碳取样钢瓶结构参见附录A图A.1所示。瓶的两端带有阀门，阀门的阀体上均装有爆破压力为15 MPa的爆破片。液体导入端为开关阀，气体排出端为流量调节阀。流量调节阀上配一段虹吸管，虹吸管的内径不小于5 mm，插入深度应确保取样钢瓶中液体二氧化碳的量符合6.2规定。取样钢瓶瓶体、阀门及虹吸管应选用不锈钢或其他确保不会导致样品中水、硫化物、氮氧化物等吸附或分解的材质。

5.1.2.2 采样准备

用不锈钢管线及连接件将罐(槽车)的液体样品出口与取样钢瓶的液体导入端开关阀连接起来，应确保管线及连接件在采样过程中不发生泄、渗漏。保持取样钢瓶呈直立状态，液体导入端在下，气体排出端朝上。

5.1.2.3 采样

在将样品导入取样钢瓶之前，应确保采样系统已被充分置换。

依次打开罐(槽车)的液体样品出口阀、取样钢瓶液体导入端的开关阀，适当开启气体排出端流量调节阀，液体二氧化碳进入取样钢瓶。当观察到气体排出端的二氧化碳以汽-液混合状态喷出时，立即依次关闭取样钢瓶液体导入端的开关阀、罐(槽车)的液体样品出口阀、气体排出端流量调节阀。自采样管路上，小心卸下取样钢瓶，称量，确认充装量符合6.2规定。

5.2 二氧化碳含量的测定

5.2.1 原理

将二氧化碳用氢氧化钾溶液吸收，吸收前后气体体积的差值与吸收前气体体积之比，即为二氧化碳含量。

5.2.2 试剂和材料

氢氧化钾溶液：300 g/L。

5.2.3 仪器

L型二氧化碳测定仪，参见附录A图A.2所示。吸收器容积(100±0.5)mL，其中(99～100)mL处的最小分度值为0.05 mL，误差不超过±0.01 mL。

5.2.4 测定

从样品钢瓶的液相取样。经气化、减压后，调节气体流量适中、稳定。

打开L型二氧化碳测定仪的两通旋塞C和D，用橡胶管将样品钢瓶减压阀出口与C处的玻璃管连接起来，让样品气充分置换测定仪及其连接管道中的空气(置换用气应大于被置换容积的10倍)，关闭D，再关闭C，取下橡胶管。迅速旋转D数次，使仪器内的压力与大气压相平衡。

向滴液漏斗B中注入105 mL氢氧化钾溶液。缓慢开启D，让氢氧化钾溶液流入吸收器A，当二氧化碳已被吸收完全，氢氧化钾溶液不再流入A时，关闭D，读取A细管液面所指刻度值，即为二氧化碳的含量。

以两次平行测定的平均值为测定结果，两次平行测定结果之差不得大于0.05×10^{-2}。

5.3 水分的测定

按GB/T 5832.2规定进行，从样品钢瓶的气相取样。

5.4 酸度的测定

5.4.1 试剂和材料

5.4.1.1 盐酸溶液：0.01 mol/L。

5.4.1.2 甲基橙指示液：1 g/L。

5.4.2 仪器

5.4.2.1 比色管：50 mL，示意图参见附录A图A.3。

5.4.2.2 气体流量计：(20～100)mL/min。

5.4.3 测定

取新煮沸并冷却至室温的水100 mL，加入0.2 mL甲基橙指示液混匀后均分于甲、乙两支比色管中。用移液管向乙管中加入1.00 mL盐酸溶液，向甲管中以(20～100)mL/min的流量通入1 000 mL取自液相的二氧化碳样品气体，然后目视比色。若甲管显示的颜色深于乙管，则判为不合格。

5.5 一氧化氮、二氧化氮含量的测定

5.5.1 从样品钢瓶的液相取样，气化后，以(200～500)mL/min流量，采气(5～10)L。按GB/T 16032规定测定氮氧化物总量。

5.5.2 卸去双球形氧化管，按5.5.1操作，测定二氧化氮含量。

5.5.3 结果计算

样品气中一氧化氮的体积分数按式(1)计算

$$\varphi_1=\frac{(A_1-A_2-A_0)\times V_1\times 0.49}{V_2\times K} \quad \cdots\cdots(1)$$

样品气中二氧化氮的体积分数按式(2)计算

$$\varphi_2=\frac{(A_2-A_0)\times V_1\times 0.49}{V_3\times K} \quad \cdots\cdots(2)$$

式中：

φ_1——样品气中一氧化氮的体积分数，10^{-6}；

φ_2——样品气中二氧化氮的体积分数，10^{-6}；

A_0——试剂空白中NO_2^-含量，单位为微克每毫升(μg/mL)；

A_1——氮氧化物总量测定样品溶液中NO_2^-含量，单位为微克每毫升(μg/mL)；

A_2——二氧化氮测定样品溶液中NO_2^-含量，单位为微克每毫升(μg/mL)；

V_1——采样吸收液体积，单位为毫升(mL)；

V_2、V_3——换算成标准状况下的采样体积,单位为升(L);

0.49——NO_2 质量与体积间的换算系数,L/g;

K——NO_2 转化为 NO_2^- 的经验转化系数,$K=0.76$。

5.6 硫化物的测定

5.6.1 从样品钢瓶的液相取样,气化后,进样(5～10)mL,按 GB/T 11061 规定进行总硫的测定。

5.6.2 测定二氧化硫含量时,样品气不经过转化炉直接导入滴定池进行测定。

5.6.3 测定总硫时,以氮为底气的氧硫化碳或硫化氢标准气定标;测定二氧化硫时,以氮为底气的二氧化硫标准气定标。标准气的体积分数应不大于被测样品的 200%,也不小于 50%。按 GB/T 5274 规定制备成体积分数为(5～50)×10^{-6}的含量,临用前稀释。

5.6.4 总硫、二氧化硫的体积分数按式(3)计算:

$$\varphi_i = \frac{m_{i1} V_{s1} \varphi_{s1}}{m_{s1} V_i} \quad \cdots\cdots (3)$$

式中:

φ_i——样品中硫化物的体积分数,10^{-6};

m_{i1}——样品气中硫化物的测定读数(ng);

m_{s1}——标准气中硫化物的测定读数(ng);

V_i——样品气进样体积(mL);

V_{s1}——标准气进样体积(mL);

φ_{s1}——标准气中硫化物的体积分数,10^{-6}。

5.6.5 总硫(不包括二氧化硫)的含量为按 5.6.1 测得的总硫与按 5.6.2 测得的二氧化硫的差值。

5.7 碳氢化合物总量、除甲烷外的碳氢化合物总量的测定

5.7.1 碳氢化合物总量的测定

从样品钢瓶的液相取样,气化后,按 GB/T 8984.3 规定进行测定。

5.7.2 甲烷的测定

色谱柱:柱长 1 m,内径(3～4)mm 的不锈钢柱,内装直径(0.17～0.25)mm 的 TDX-01 或等效固定相。柱温(50～80)℃。

其他同 5.7.1。

5.7.3 除甲烷外的碳氢化合物总量

碳氢化合物总量与甲烷含量的差值即为除甲烷外的碳氢化合物总量。

5.8 苯、甲醇、乙醇、乙醛、其他含氧有机物、氯乙烯含量的测定

5.8.1 方法提要

采用气相色谱法测定。样品中的待测组分经色谱柱分离后,进入氢火焰离子化检测器测定。以保留时间定性,外标法定量。

5.8.2 仪器

带有氢火焰离子化检测器的气相色谱仪,对苯试样的灵敏度不低于 1×10^{-11} ng/s。

5.8.3 测定参考条件

色谱柱 1:柱长 1 m,内径 3 mm 的玻璃或不锈钢柱,内装直径(0.17～0.25)mm 的 GDX-104 固定相。

色谱柱 2:柱长 2 m,内径 3 mm 的玻璃或不锈钢柱,内装涂敷质量分数为 10×10^{-2} 的聚乙二醇 20 M固定液、直径(0.17～0.25)mm 的 101 白色担体。

载气:氮气,纯度大于 99.99%,其中碳氢化合物体积分数不大于 0.02×10^{-6},流量按仪器说明书。

燃烧气:高纯氢,符合 GB/T 7445 的规定,流量按仪器说明书。

助燃气：无油空气，流量按仪器说明书。

进样体积：(3～5)mL。

柱温：(70～150)℃；

5.8.4 测定

5.8.4.1 样品测定

从样品钢瓶液相取样，气化后进样。

按色谱仪使用说明书启动仪器，调整各项操作条件以得到最佳信噪比。待仪器工作稳定后进样，测定并记录被测组分的保留时间和色谱峰响应值。

5.8.4.2 标定

采用以氮气为底气的待测组分标准气定标。标准混合气中各待测组分的体积分数应不大于被测样品该组分体积分数的200%，也不小于50%。按GB/T 5274规定制备成体积分数为$(10\sim100)\times10^{-6}$，临用前稀释。典型色谱图参见附录B。

5.8.5 结果计算

5.8.5.1 二氧化碳中各待测组分的体积分数按式(4)计算：

$$\varphi_j = \varphi_{s2}\frac{A_i}{A_s} \quad \cdots\cdots(4)$$

式中：

φ_j——样品中被测组分的体积分数，10^{-6}；

φ_{s2}——标准气中被测组分的体积分数，10^{-6}；

A_i——样品气中被测组分的响应值；

A_s——标准气中被测组分的响应值。

5.8.5.2 其他含氧有机物总的体积分数为各含氧有机物的体积分数之和，各组分的检测限的体积分数为0.3×10^{-6}。

5.8.5.3 以两次测定的算术平均值为测定结果，平行测定的相对偏差不大于10%。

5.9 油脂的测定

5.9.1 油斑实验

使用干燥无油的布口袋，从储样容器的液相放出适量干冰。迅速称取约10 g干冰，置于实验室用的定量滤纸上，待二氧化碳蒸发后，滤纸上不应有油迹。

5.9.2 油脂含量的测定

5.9.2.1 方法提要

用冰乙酸将干冰蒸发后残留的油脂溶解，加水后乙酸溶液变混浊，比浊定量。

5.9.2.2 试剂和材料

5.9.2.2.1 冰乙酸；

5.9.2.2.2 压缩机油(工业用油)。

5.9.2.3 仪器

5.9.2.3.1 天平：最大称量100 kg，感量0.02 kg；

5.9.2.3.2 分析天平，感量0.001 g；

5.9.2.3.3 烧杯：(200～500)mL；

5.9.2.3.4 比色管：20 mL。

5.9.2.4 测定

5.9.2.4.1 制备标准浊阶管：用分析天平准确称取1.00 g压缩机油，加适量冰乙酸溶解后转移到500 mL容量瓶中，用冰乙酸定容至刻度为油标准溶液。取20 mL比色管6只，按表3制备成标准浊阶。

表 3

浊阶管号	0	1	2	3	4	5
油标准溶液加入量/mL	0.00	0.10	0.20	0.50	0.70	1.00
冰乙酸加入量/mL	10.0	9.9	9.8	9.5	9.3	9.0
水加入量/mL	10.0	10.0	10.0	10.0	10.0	10.0
油脂量/10^{-4} g	0	2	4	10	14	20

5.9.2.4.2 样品测定:将待测样品钢瓶称量(准确称量至 0.02 kg)后,从液体出口直接向预先恒重的烧杯中排放约 50 g 干冰(可用无油布罩住烧杯,以防止干冰溅射损失)。再次对钢瓶进行称量,计算自样品钢瓶中排放出的二氧化碳质量,该值不得小于 200 g。

将盛装干冰的烧杯置于室温下,待干冰自然蒸发完全后,用 10 mL 冰乙酸将油脂移入 20 mL 比色管中,加入 10 mL 水,摇匀后,与标准浊阶比浊定量。

样品中油脂的质量分数按式(5)计算:

$$w_1 = \frac{m_1}{m_2} \times 10^6 \qquad \cdots\cdots(5)$$

式中:

w_1——样品中油脂的质量分数,10^{-6};

m_1——与样品浊度相同的标准浊阶油脂的质量,g;

m_2——从钢瓶中放出的二氧化碳样品质量,g。

以两次平行测定的平均值为测定结果,两次平行测定值之间的相对偏差不得大于 20%。

5.10 水溶液气味、味道及外观的测定

气味、味道及外观的检测凭人的嗅觉、感观。

在 500 mL 烧杯中加入 200 mL 水,以(0.5~1)L/min 的流速通入取自液相的样品气 20 min。气体导管应通到水的底部。

通气完毕,用表面皿罩住烧杯并摇动,评估上部空间的气味,仅能有弱酸味,而不能有异味。

尝少量水,不能有异常味道。

观察水的外观,不应有颜色、浑浊、颗粒物及油。

5.11 蒸发残渣的测定

5.11.1 方法提要

液体二氧化碳中的蒸发残渣采用称量法进行测定。蒸发残渣包括非挥发的颗粒物和油脂等。

5.11.2 仪器

天平,最大称量 100 kg,感量 0.02 kg;

分析天平,感量 0.000 1 g。

5.11.3 测定

用天平对盛装待测样品的钢瓶进行称量,精确至 0.02 kg,从液体出口直接向在 105℃ 的温度下干燥至质量恒定的烧杯中排放出约 50 g 干冰(可用无油、不脱絮的纤维布罩住烧杯,以防止干冰溅射损失)后。再次对钢瓶进行称量,计算排放出的二氧化碳质量,该值不得小于 200 g。

将盛装干冰的烧杯置于室温下,待干冰自然蒸发完全后,将烧杯置于烘箱中,在 105℃ 的温度下干燥 20 min,冷却至室温,用分析天平称量。

5.11.4 计算

样品中残渣的质量分数按式(6)计算:

$$w_2 = \frac{m_4 - m_3}{m_5} \times 10^6 \qquad \cdots\cdots(6)$$

式中：

w_2——样品中残渣的质量分数，10^{-6}；

m_3——烧杯质量，g；

m_4——残渣加烧杯的质量，g；

m_5——从钢瓶排放出的二氧化碳的质量，g。

以两次平行测定的平均值为测定结果，两次平行测定值之间的相对偏差不得大于10%。

5.12　氧气的测定

从样品钢瓶的气相取样，按 GB/T 6285 规定进行测定。

5.13　氨含量的测定

从样品钢瓶液相取样，气化后，采气(2～5)L。使用 20 mL 的具塞比色管，加入 5.0 mL 纳氏试剂，按 GB/T 16031 规定进行操作。氨的体积分数按式(7)计算：

$$\varphi_3 = \frac{(m_6 - m_7) \times 1.32}{V_4} \quad \cdots\cdots\cdots\cdots (7)$$

式中：

φ_3——样品中氨的体积分数，10^{-6}；

m_6——样品溶液中氨的质量，μg；

m_7——试剂空白中氨的质量，μg；

V_4——换算成标准状态下的采样体积，L；

1.32——氨质量与体积间的换算系数。

5.14　一氧化碳含量的测定

从样品钢瓶的气相取样，按 GB/T 8984.1 规定进行测定。

5.15　磷化氢的测定

5.15.1　方法、仪器

采用配有火焰光度检测器的气相色谱仪，使用波长 526 nm 的磷滤光片测定磷化氢，检测限的体积分数为 0.03×10^{-6}。

5.15.2　测定参考条件

载气、燃气、助燃气按仪器说明书。

色谱柱：柱长 1 m、内径(3～4)mm 的玻璃或聚四氟乙烯柱，内装(0.2～0.3)mm 的 Poropark QS 或等效固定相。

柱温：50℃。

5.15.3　测定

样品测定：按色谱仪使用说明书启动仪器，调整各项操作条件以得到最佳信噪比。待仪器工作稳定后，在常温下，将取自样品钢瓶气相的样品用玻璃注射器或聚四氟乙烯材质的定量管导入色谱仪，测定并记录待测组分的保留时间和色谱峰响应值。

标定：采用以氮为底气的磷化氢标准气。标准气中磷化氢的体积分数应不大于被测样品该组分的体积分数的200%，也不小于被测样品的50%，按 GB/T 5274 规定制备成体积分数为$(5\sim50)\times10^{-6}$，临用前稀释。

5.15.4　结果处理

二氧化碳中磷化氢的体积分数按式(4)计算。

两次测定的算术平均值为测定结果，平行测定的相对偏差不大于10%。

5.16　氰化氢的体积分数的测定

从样品钢瓶液相取样，气化后，用水作为吸收液，采气(2～5)L，按 GB/T 16033 规定进行操作。按式(8)计算氰化氢的体积分数：

$$\varphi_4 = \frac{0.83m_8}{V_5} \qquad \cdots\cdots (8)$$

式中：

φ_4——样品中氰化氢的体积分数，10^{-6}；

m_8——测定样品溶液中氰化氢的质量，μg；

V_5——换算成标准状态下的采样体积，L；

0.83——氰化氢质量与体积间的换算系数。

安全警示：本方法使用的氰化钾试剂是剧毒品，其使用、贮存及废液处理应按国家关于危险品的规定执行。

6 包装、标志、贮存、运输

6.1 充装食品添加剂二氧化碳的钢瓶和运输贮槽(车)应符合《气瓶安全监察规程》、《压力容器安全技术监察规程》和 GB 5099、JB 6897、JB 6898 标准。

6.2 钢瓶或运输贮槽(车)充装食品添加剂液体二氧化碳的充装量和充装压力应符合 GB 14193 规定。对于公称工作压力 20.0 MPa 的气瓶，充装系数为 0.74 kg/L；公称工作压力 15.0 MPa 的气瓶，充装系数为 0.60 kg/L；

6.3 充装食品添加剂液体二氧化碳的钢瓶和运输贮槽(车)应专用，按 GB 7144 的规定，表面漆色为铝白色，并有明显的"食品添加剂"字样。

6.4 用户将空瓶或运输贮槽(车)返回生产厂时，钢瓶或运输贮槽(车)应按国家有关规定留有余压，并不得低于 0.2 MPa。

6.5 食品添加剂二氧化碳出厂时，应附有产品合格证。其内容包括：生产厂名、厂址、生产日期、净质量(kg)、本标准号。

6.6 液体二氧化碳钢瓶应竖立式存放在阴凉、通风、干燥处，所有充装二氧化碳的容器都应避免受热或在日光下曝晒。

6.7 生产厂应保证钢瓶装食品添加剂液体二氧化碳的贮存期，从生产之日起为 1 年。罐(槽车)装食品添加剂液体二氧化碳的贮存期，从生产之日起为 6 个月。

7 其他

生产厂及经营者应保证食品添加剂液体二氧化碳产品对使用者不产生毒性。

附 录 A
（资料性附录）
设备装置图

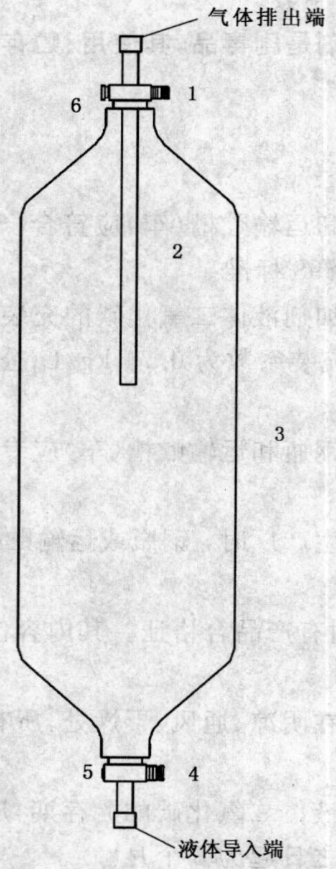

1,4——开关阀；
2——液位管；
3——瓶体；
5,6——安全阀。

图 A.1 液体二氧化碳取样钢瓶

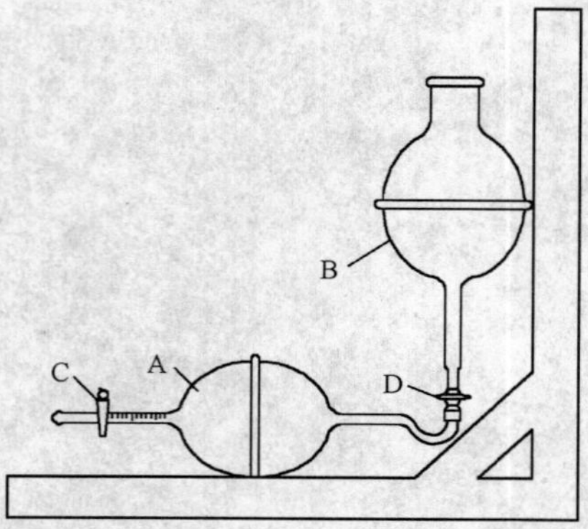

A——吸收器，容积 100 mL±0.5 mL；
B——滴液漏斗，容积 120 mL，在 105 mL 处有一刻度线；
C、D——两通旋塞。

图 A.2 L型二氧化碳测定仪

单位为毫米

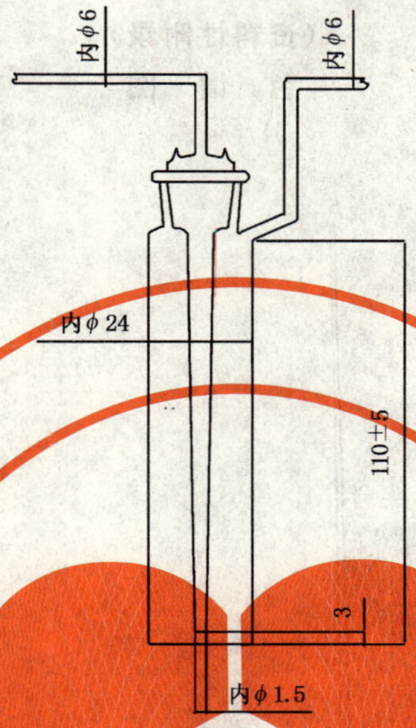

图 A.3 比色管

附 录 B
（资料性附录）
色 谱 图

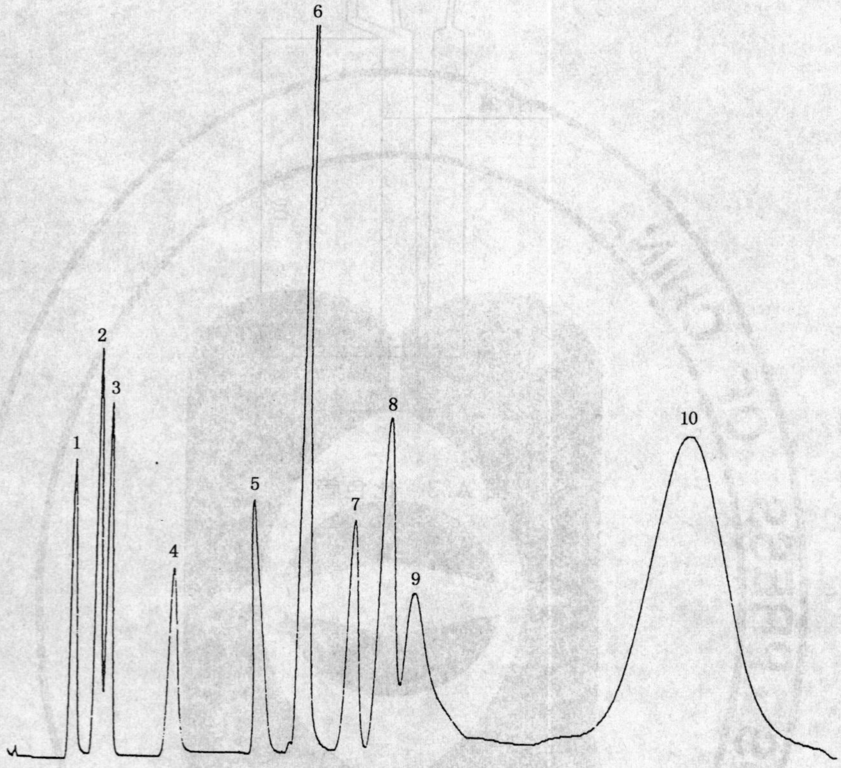

色谱峰：1——二甲醚；
2——氯乙烯＋乙醛；
3——环氧乙烷；
4——甲醇；
5——乙醇；
6——异丙醇；
7——乙酸乙酯；
8——苯；
9——正丁醇；
10——乙酸异戊酯。

色谱柱：柱 1。

柱温：(60～150)℃。

图 B.1 GDX-104 柱典型色谱图

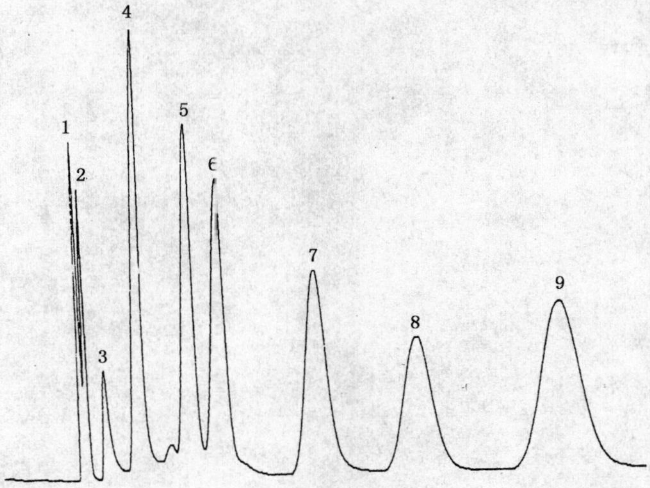

色谱峰:1——二甲醚;

2——氯乙烯;

3——乙醛+环氧乙烷;

4——丙酮;

5——异丙醇+乙酸乙酯+乙醇;

6——苯;

7——正丙醇;

8——异丁醇;

9——正丁醇+乙酸异戊酯。

色谱柱:柱 2。

柱温:75℃。

图 B.2 聚乙二醇柱典型色谱图

ICS 81.060.20
Q 32

中华人民共和国国家标准

GB/T 10700—2006
代替 GB/T 10700—1989

精细陶瓷弹性模量试验方法 弯曲法

Test methods for elastic moduli of fine ceramics (advanced ceramics, advanced technical ceramics)—Bending method

2006-02-22 发布　　　　2006-09-01 实施

中华人民共和国国家质量监督检验检疫总局
中国国家标准化管理委员会　发布

前　言

本标准对 GB/T 10700—1989《工程陶瓷弹性模量试验方法》进行了修订。

本标准代替 GB/T 10700—1989。

本标准与 GB/T 10700—1989 相比主要变化如下：

——标题“工程陶瓷”修改为“精细陶瓷”。

——删除了原标准中动弹性模量部分。

——将第一节的标题“主题内容与适用范围”改为“适用范围”。

——增加了千分表的使用和测量精度的要求说明(见 4.1.3)。

——加载速率改为小于等于 0.1 mm/min(1989 版的 4.3.3,本版的 4.3.3)。

——压头曲率半径由原来的 0.5 mm～3 mm 改为 1 mm～3 mm。主要考虑到半径为 0.5mm 时的压头刚度不够(见 4.1.4)。

——为方便试验增加了载荷的取值范围的说明(见 4.3)。

——位移测量的修正中建议用碳化钨作修正试样。修正试样的厚度由原来的试样的 4.6 倍改为 5 倍(见 4.3.4.2)。

本标准由中国建筑材料工业协会提出。

本标准由全国工业陶瓷标准化技术委员会归口。

本标准起草单位：中国建筑材料科学研究院、深圳新三思计量技术有限公司。

本标准起草人：包亦望、曹增辰、马春荣、仇沱、雷庆安、周丽玮。

本标准所代替标准的历次版本发布情况为：

——GB/T 10700—1989。

精细陶瓷弹性模量试验方法
弯　曲　法

1　范围

本标准规定了利用弯曲试验测试精细陶瓷的弹性模量的试验方法、试验原理、试验器具、试样和检验报告的要求。

本标准适用于精细陶瓷在室温下弹性模量的测定。其他陶瓷材料也可参照执行。

2　规范性引用文件

下列标准中的条文，通过本部分的引用而构成本部分的条文。凡是注日期的引用文件，其随后所有的修改单（不包括勘误的内容）或修订版均不适用于本部分，然而，使用本部分的各方应探讨使用下列标准最新版本的可能性。凡是不注日期的引用文件，其最新版本适用于本部分。

GB/T 1031　表面粗糙度参数及其数值（GB/T 1031—1995，neq ISO 468-1982）

GB/T 1182　形状和位置公差　通则、定义、符号和图样表示法（GB/T 1182—1996，eqv ISO 1101-1996）

GB/T 6569—2006　精细陶瓷弯曲强度试验方法（ISO 14704:2000，MOD）

3　术语和定义

下列术语和定义适用于本标准。

3.1

弹性模量　elastic modulus

试样在受力弹性变形过程中的应力增量与应变增量的比值。

3.2

弯曲挠度　bending deflection

梁在弯曲载荷作用下相对于支撑点的最大弯曲变形量。

4　试验

4.1　试验设备

4.1.1　试验机：可用位移控制加载，载荷示值相对误差不大于±1%的材料试验机。

4.1.2　应变试验仪：电阻应变仪或其他能够测量应变信号的仪器，应变示值相对误差不大于±1%。

4.1.3　位移测量装置：能够测量试样弯曲挠度的引伸计、千分表、应变片式位移计或其他能够测量位移的装置（精度为 1 μm）。

4.1.4　夹具：基本构造和尺寸参照 GB/T 6569—2006 中 5.2 的弯曲试验夹具。

4.1.5　量具：精度为 0.02 mm 的游标卡尺，精度为 0.01 mm 的千分尺。

4.2　试样

4.2.1　试样从待测制品上切取或用与待测制品相同的工艺制成，每组试样的数量不少于 5 个。其尺寸如图 1 所示。按照 GB/T 1182 的规定试样相对面的平行度不大于 0.02 mm，相邻面的垂直度不大于 0.02 mm。

4.2.2　按 GB/T 1031 规定试样上下面的表面粗糙度 Rz 不大于 1.60 μm。

4.3　**试验步骤**

4.3.1　测量试样中部的宽度和厚度，精确至 0.01 mm。

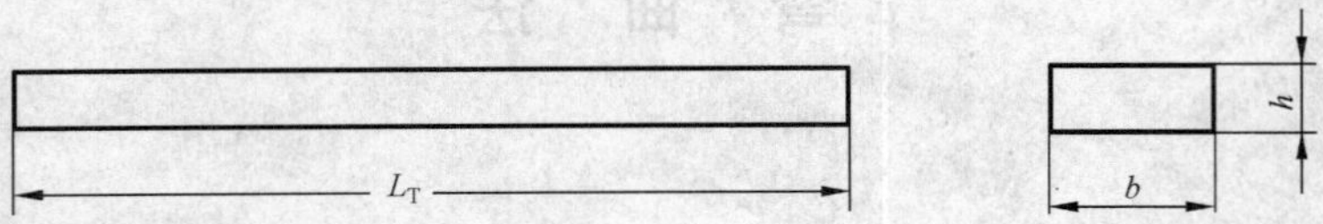

L_T——试样全长，L+6 mm；

b——试样宽度，4 mm；

h——试样厚度，采用应变片或采用位移计三点弯曲时：1 mm<h<0.06 L；

采用位移计四点弯曲时：1 mm<h<0.045 L；

L——支撑跨距。

图 1　试样尺寸示意图

4.3.2　测量跨距，精确至 0.01 mm。把试样放在支座正中，使试样与支撑辊轴线垂直。

4.3.3　按 GB/T 6569 方法所测弯曲强度的 70％的载荷作为加载的载荷上限，在应力-应变曲线的直线范围内，以小于或等于 0.1 mm/min 的位移速率加载。每次记录下一对初载荷和末载荷及其对应的挠度值。载荷增量应在材料的线弹性范围内。

4.3.4　应变测量或位移测量

4.3.4.1　应变测量：采用应变测量装置测量试样应变时，在三点弯曲时应变片的长度不得大于 1 mm，在四点弯曲时应变片长度不得大于 5 mm。应变片粘贴于试样跨距的中央，记录加载过程中载荷与应变的变化值。

4.3.4.2　位移测量：采用位移测量装置测量弯曲挠度或加载点位移时，为使所测挠度不包含有系统的接触变形（特别是对于厚度与跨距比值大于 0.06 的情况），应进行挠度修正试验。可采用弹性模量不低于被测试样的材料制成大刚度的修正试样（可用碳化钨，E=600 GPa）。修正试样的长和宽与试样一致，厚度应不小于试样的 5 倍以上。也可采用相同跨距，宽度和厚度立方的乘积为原试样的 100 倍的修正试样。假设修正试样在与试样相同的载荷范围内，其弯曲挠度近似为零，所测修正试样的弯曲挠度实际上是接触变形，以此作为被测试样挠度的修正值。即实际挠度值 $Y_t = Y_m - Y_c$（Y_m 为挠度测量值，Y_c 为挠度修正值）。

4.4　**结果计算**

4.4.1　**三点弯曲加载方式测量的弹性模量**

4.4.1.1　使用应变片时，参照图 2，按式(1)计算弹性模量：

$$E_{b3} = \frac{3L(P_2 - P_1)}{2bh^2(\varepsilon_2 - \varepsilon_1)} \times 10^{-3} \qquad \cdots\cdots\cdots\cdots\cdots\cdots\cdots\cdots(1)$$

式中：

E_{b3}——三点弯曲加载方式测量的弹性模量，单位吉帕(GPa)；

P_1，P_2——分别为材料在线性范围内加载的初载荷和末载荷，单位牛顿(N)；

L——试样支座间的距离，单位毫米(mm)；

b——试样宽度，单位毫米(mm)；

h——试样厚度，单位毫米(mm)；

ε_1，ε_2——分别为与 P_1 和 P_2 对应的试样跨中的应变，无量纲。

4.4.1.2　采用位移测量装置测量试样弯曲挠度或加载点位移时，以试样位移测量值 Y_m 与试样位移测量修正值 Y_c 之差作为实际挠度 Y_t。参照图 3，按式(2)用载荷增量和挠度增量来计算弹性模量：

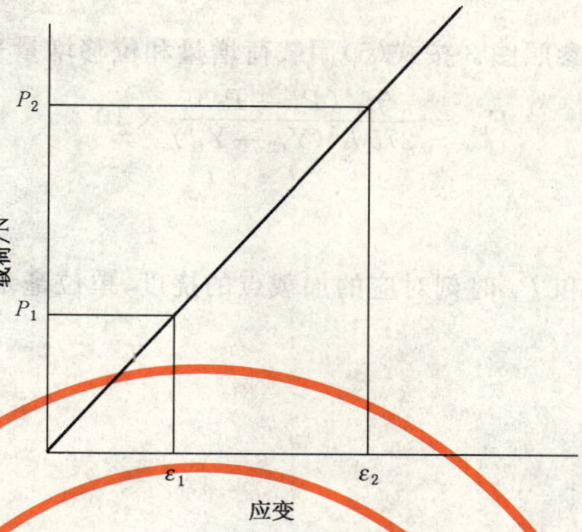

图 2　载荷-应变曲线

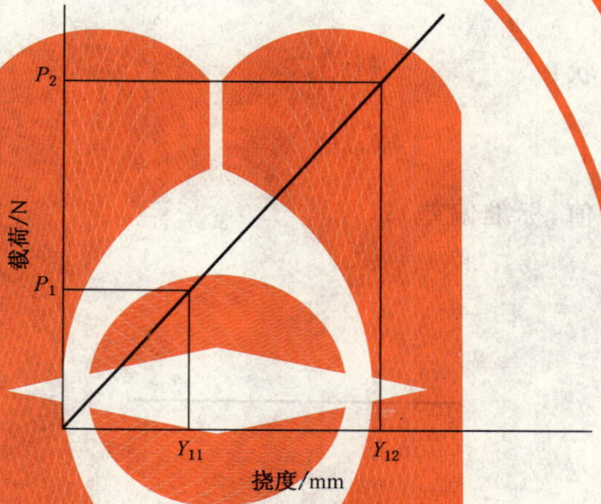

图 3　载荷-挠度曲线

$$E_{b3} = \frac{L^3(P_2 - P_1)}{4b\,h^3(Y_{t2} - Y_{t1})} \times 10^{-3} \qquad \cdots\cdots(2)$$

式中：

Y_{t1}，Y_{t2}——分别为与载荷 P_1 和 P_2 对应的跨中挠度，单位毫米(mm)；

其余各项同式(1)。

4.4.2　四点弯曲加载方式测量的弹性模量

4.4.2.1　使用应变片时，参照图 2 按式(3)载荷增量和应变增量来计算弹性模量：

$$E_{b4} = \frac{L(P_2 - P_1)}{b\,h^2(\varepsilon_2 - \varepsilon_1)} \times 10^{-3} \qquad \cdots\cdots(3)$$

式中：

E_{b4}——四点弯曲加载方式测量的弹性模量，单位吉帕(GPa)；

其余各项同式(1)。

4.4.2.2　测量试样跨中位移时，参照图 3 按式(4)用载荷增量和挠度增量来计算弹性模量：

$$E_{b4} = \frac{23L^3(P_2 - P_1)}{108b\,h^3(Y_{t2} - Y_{t1})} \times 10^{-3} \qquad \cdots\cdots(4)$$

式中：

E_{b4}——同式(3)；单位吉帕(GPa)；

Y_{t1}，Y_{t2}——分别为与载荷 P_1 和 P_2 对应的跨中挠度，单位毫米(mm)；

其余各项同式(1)。

4.4.2.3　测量加载点位移时，参照图3按式(5)用载荷增量和位移增量来计算：

$$E_{b4}=\frac{5L^3(P_2-P_1)}{27bh^3(Y_{t2}-Y_{t1})}\times10^{-3} \qquad \cdots\cdots(5)$$

式中：

E_{b4}——同式(3)；

Y_{t1}，Y_{t2}——分别为在载荷 P_1 和 P_2 时刻对应的加载点的挠度，单位毫米(mm)；

其余各项同式(1)。

5　试验报告

试验报告应包含下列信息：

a）试验部门；

b）使用的设备；

c）试验日期，样品数量；

d）试样的质量和几何形状；

e）试验人员；

f）试验细节记录；

g）试验结果(单值，平均值，标准偏差)；

h）样品描述；

i）其他有关信息。

ICS 67.160.10
X 61

中华人民共和国国家标准

GB/T 10781.1—2006
代替 GB/T 10781.1—1989,GB/T 11859.1—1989

浓香型白酒

Strong flavour Chinese spirits

2006-07-18 发布　　2007-05-01 实施

中华人民共和国国家质量监督检验检疫总局
中国国家标准化管理委员会　发布

前　言

本标准代替 GB/T 10781.1—1989《浓香型白酒》和 GB/T 11859.1—1989《低度浓香型白酒》。

本标准与 GB/T 10781.1—1989 和 GB/T 11859.1—1989 相比主要变化如下：

——将 GB/T 10781.1—1989 和 GB/T 11859.1—1989 修订后合并为一项标准；

——增加了术语和定义、产品分类、分析方法、检验规则和标志、包装、运输、贮存等章条；

——分别规定了高度酒和低度酒的感官和理化要求；

——高度酒的酒精度上限由 GB/T 10781.1—1989 的 59.0%调整为 68%vol；

——低度酒的酒精度下限由 GB/T 11859.1—1989 的 35.0%调整为 25%vol；

——质量等级分为优级、一级，去掉 GB/T 10781.1—1989 和 GB/T 11859.1—1989 中的二级；

——理化指标相应进行了调整。

本标准由中国轻工业联合会提出。

本标准由全国食品发酵标准化中心归口。

本标准起草单位：中国食品发酵工业研究院、四川宜宾五粮液集团有限公司、江苏洋河集团有限公司、泸州老窖集团有限责任公司。

本标准主要起草人：康永璞、郭新光、刘凤翔、沈才洪、杨廷栋、张宿义、王述荣、彭心海。

本标准所代替标准的历次版本发布情况为：

——GB/T 10781.1—1989；

——GB/T 11859.1—1989。

浓 香 型 白 酒

1 范围

本标准规定了浓香型白酒的术语和定义、产品分类、要求、分析方法、检验规则和标志、包装、运输、贮存。

本标准适用于浓香型白酒的生产、检验与销售。

2 规范性引用文件

下列文件中的条款通过本标准的引用而成为本标准的条款。凡是注日期的引用文件,其随后所有的修改单(不包括勘误的内容)或修订版均不适用于本标准,然而,鼓励根据本标准达成协议的各方研究是否可使用这些文件的最新版本。凡是不注日期的引用文件,其最新版本适用于本标准。

GB 2757 蒸馏酒及配制酒卫生标准

GB 10344 预包装饮料酒标签通则

GB/T 10345 白酒分析方法

GB/T 10346 白酒检验规则和标志、包装、运输、贮存

JJF 1070 定量包装商品净含量计量检验规则

国家质量监督检验检疫总局[2005]第 75 号令 定量包装商品计量监督管理办法

3 术语和定义

下列术语和定义适用于本标准。

3.1

浓香型白酒 strong flavour Chinese spirits

以粮谷为原料,经传统固态法发酵、蒸馏、陈酿、勾兑而成的,未添加食用酒精及非白酒发酵产生的呈香呈味物质,具有以已酸乙酯为主体复合香的白酒。

4 产品分类

按产品的酒精度分为:

高度酒:酒精度 41%vol~68%vol;

低度酒:酒精度 25%vol~40%vol。

5 要求

5.1 感官要求

高度酒、低度酒的感官要求应分别符合表 1、表 2 的规定。

表 1 高度酒感官要求

项目	优级	一级
色泽和外观	无色或微黄,清亮透明,无悬浮物,无沉淀[a]	
香气	具有浓郁的已酸乙酯为主体的复合香气	具有较浓郁的已酸乙酯为主体的复合香气
口味	酒体醇和谐调,绵甜爽净,余味悠长	酒体较醇和谐调、绵甜爽净,余味较长
风格	具有本品典型的风格	具有本品明显的风格

[a] 当酒的温度低于 10℃时,允许出现白色絮状沉淀物质或失光。10℃以上时应逐渐恢复正常。

表 2 低度酒感官要求

项目	优级	一级
色泽和外观	无色或微黄，清亮透明，无悬浮物，无沉淀[a]	
香气	具有较浓郁的己酸乙酯为主体的复合香气	具有己酸乙酯为主体的复合香气
口味	酒体醇和谐调，绵甜爽净，余味较长	酒体较醇和谐调、绵甜爽净
风格	具有本品典型的风格	具有本品明显的风格

[a] 当酒的温度低于10℃时，允许出现白色絮状沉淀物质或失光。10℃以上时应逐渐恢复正常。

5.2 理化要求

高度酒、低度酒的理化要求应分别符合表3、表4的规定。

表 3 高度酒理化要求

项目		优级	一级
酒精度/(%vol)		41～68	
总酸(以乙酸计)/(g/L)	≥	0.40	0.30
总酯(以乙酸乙酯计)/(g/L)	≥	2.00	1.50
己酸乙酯/(g/L)		1.20～2.80	0.60～2.50
固形物/(g/L)	≤	0.40[a]	

[a] 酒精度41%vol～49%vol的酒，固形物可小于或等于0.50 g/L。

表 4 低度酒理化要求

项目		优级	一级
酒精度/(%vol)		25～40	
总酸(以乙酸计)/(g/L)	≥	0.30	0.25
总酯(以乙酸乙酯计)/(g/L)	≥	1.50	1.00
己酸乙酯/(g/L)		0.70～2.20	0.40～2.20
固形物/(g/L)	≤	0.70	

5.3 卫生要求

应符合GB 2757的规定。

5.4 净含量

按国家质量监督检验检疫总局[2005]第75号令执行。

6 分析方法

感官要求、理化要求的检验按GB/T 10345执行。

净含量的检验按JJF 1070执行。

7 检验规则和标志、包装、运输、贮存

检验规则和标志、包装、运输、贮存按 GB/T 10346 执行。

酒精度按 GB 10344 的规定，可表示为“%vol”。酒精度实测值与标签标示值允许差为±1.0%vol。

ICS 67.160.10
X 61

中华人民共和国国家标准

GB/T 10781.2—2006
代替 GB/T 10781.2—1989, GB/T 11859.2—1989

清香型白酒

Mild flavour Chinese spirits

2006-07-18 发布　　　　2007-05-01 实施

中华人民共和国国家质量监督检验检疫总局
中国国家标准化管理委员会　发布

前言

本标准代替 GB/T 10781.2—1989《清香型白酒》和 GB/T 11859.2—1989《低度清香型白酒》。

本标准与 GB/T 10781.2—1989 和 GB/T 11859.2—1989 相比主要变化如下：

——将 GB/T 10781.2—1989 和 GB/T 11859.2—1989 修订后合并为一项标准；

——增加了术语和定义、产品分类、分析方法、检验规则和标志、包装、运输、贮存等章条；

——分别规定了高度酒和低度酒的感官和理化要求；

——高度酒的酒精度上限由 GB/T 10781.2—1989 的 59.0％调整为 68％vol；

——低度酒的酒精度下限由 GB/T 11859.2—1989 的 35.0％调整为 25％vol；

——质量等级分为优级、一级，去掉 GB/T 10781.2—1989 和 GB/T 11859.2—1989 中的二级；

——理化指标相应进行了调整。

本标准由中国轻工业联合会提出。

本标准由全国食品发酵标准化中心归口。

本标准起草单位：中国食品发酵工业研究院、山西杏花村汾酒集团有限责任公司。

本标准主要起草人：田栖静、杜小威、康健、郭新光、张素芳、史静霞。

本标准所代替标准的历次版本发布情况为：

——GB/T 10781.2—1989；

——GB/T 11859.2—1989。

清 香 型 白 酒

1 范围

本标准规定了清香型白酒的术语和定义、产品分类、要求、分析方法、检验规则和标志、包装、运输、贮存。

本标准适用于清香型白酒的生产、检验与销售。

2 规范性引用文件

下列文件中的条款通过本标准的引用而成为本标准的条款。凡是注日期的引用文件，其随后所有的修改单（不包括勘误的内容）或修订版均不适用于本标准，然而，鼓励根据本标准达成协议的各方研究是否可使用这些文件的最新版本。凡是不注日期的引用文件，其最新版本适用于本标准。

GB 2757 蒸馏酒及配制酒卫生标准

GB 10344 预包装饮料酒标签通则

GB/T 10345 白酒分析方法

GB/T 10346 白酒检验规则和标志、包装、运输、贮存

JJF 1070 定量包装商品净含量计量检验规则

国家质量监督检验检疫总局[2005]第75号令 定量包装商品计量监督管理办法

3 术语和定义

下列术语和定义适用于本标准。

3.1

清香型白酒 mild flavour Chinese spirits

以粮谷为原料，经传统固态法发酵、蒸馏、陈酿、勾兑而成的，未添加食用酒精及非白酒发酵产生的呈香呈味物质，具有以乙酸乙酯为主体复合香的白酒。

4 产品分类

按产品的酒精度分为：

高度酒：酒精度 41%vol～68%vol；

低度酒：酒精度 25%vol～40%vol。

5 要求

5.1 感官要求

高度酒、低度酒的感官要求应分别符合表1、表2的规定。

表1 高度酒感官要求

项 目	优 级	一 级
色泽和外观	无色或微黄，清亮透明，无悬浮物，无沉淀[a]	
香 气	清香纯正，具有乙酸乙酯为主体的优雅、谐调的复合香气	清香较纯正，具有乙酸乙酯为主体的复合香气
口 味	酒体柔和谐调，绵甜爽净，余味悠长	酒体较柔和谐调、绵甜爽净，有余味
风 格	具有本品典型的风格	具有本品明显的风格

[a] 当酒的温度低于10℃时，允许出现白色絮状沉淀物质或失光。10℃以上时应逐渐恢复正常。

表 2　低度酒感官要求

项　　目	优　　级	一　　级
色泽和外观	无色或微黄，清亮透明，无悬浮物，无沉淀[a]	
香　　气	清香纯正，具有乙酸乙酯为主体的清雅、谐调的复合香气	清香较纯正，具有乙酸乙酯为主体的香气
口　　味	酒体柔和谐调，绵甜爽净，余味较长	酒体较柔和谐调，绵甜爽净，有余味
风　　格	具有本品典型的风格	具有本品明显的风格

a　当酒的温度低于10℃时，允许出现白色絮状沉淀物质或失光。10℃以上时应逐渐恢复正常。

5.2　理化要求

高度酒、低度酒的理化要求应分别符合表3、表4的规定。

表 3　高度酒理化要求

项　　目		优　　级	一　　级
酒精度/(%vol)		41～68	
总酸(以乙酸计)/(g/L)	≥	0.40	0.30
总酯(以乙酸乙酯计)/(g/L)	≥	1.00	0.60
乙酸乙酯/(g/L)		0.60～2.60	0.30～2.60
固形物/(g/L)	≤	0.40[a]	

a　酒精度41%vol～49%vol的酒，固形物可小于或等于0.50 g/L。

表 4　低度酒理化要求

项　　目		优　　级	一　　级
酒精度/(%vol)		25～40	
总酸(以乙酸计)/(g/L)	≥	0.25	0.20
总酯(以乙酸乙酯计)/(g/L)	≥	0.70	0.40
乙酸乙酯/(g/L)		0.40～2.20	0.20～2.20
固形物/(g/L)	≤	0.70	

5.3　卫生要求

应符合GB 2757的规定。

5.4　净含量

按国家质量监督检验检疫总局[2005]第75号令执行。

6　分析方法

感官要求、理化要求的检验按GB/T 10345执行。

净含量的检验按JJF 1070执行。

7 检验规则和标志、包装、运输、贮存

检验规则和标志、包装、运输、贮存按 GB/T 10346 执行。

酒精度按 GB 10344 的规定，可表示为“%vol”。酒精度实测值与标签标示值允许差为±1.0%vol。

ICS 67.160.10
X 61

中华人民共和国国家标准

GB/T 10781.3—2006
代替 GB/T 10781.3—1989,GB/T 11859.3—1989

米香型白酒

Rice flavour Chinese spirits

2006-07-18 发布　　2007-05-01 实施

中华人民共和国国家质量监督检验检疫总局
中国国家标准化管理委员会　发布

前　言

本标准代替 GB/T 10781.3—1989《米香型白酒》和 GB/T 11859.3—1989《低度米香型白酒》。

本标准与 GB/T 10781.3—1989 和 GB/T 11859.3—1989 相比主要变化如下：

——将 GB/T 10781.3—1989 和 GB/T 11859.3—1989 修订后合并为一项标准；

——增加了术语和定义、产品分类、分析方法、检验规则和标志、包装、运输、贮存等章条；

——分别规定了高度酒和低度酒的感官和理化要求；

——高度酒的酒精度上限由 GB/T 10781.3—1989 的 57.0%调整为 68%vol；

——低度酒的酒精度下限由 GB/T 11859.3—1989 的 35.0%调整为 25%vol；

——质量等级分为优级、一级，去掉 GB/T 10781.3—1989 和 GB/T 11859.3—1989 中的二级；

——理化指标相应进行了调整。

本标准由中国轻工业联合会提出。

本标准由全国食品发酵标准化中心归口。

本标准起草单位：中国食品发酵工业研究院、桂林三花股份有限公司。

本标准主要起草人：张蔚、崔维东、张晓梅、李勇、郭新光。

本标准所代替标准的历次版本发布情况为：

——GB/T 10781.3—1989；

——GB/T 11859.3—1989。

米 香 型 白 酒

1 范围

本标准规定了米香型白酒的术语和定义、产品分类、要求、分析方法、检验规则和标志、包装、运输、贮存。

本标准适用于米香型白酒的生产、检验与销售。

2 规范性引用文件

下列文件中的条款通过本标准的引用而成为本标准的条款。凡是注日期的引用文件，其随后所有的修改单（不包括勘误的内容）或修订版均不适用于本标准，然而，鼓励根据本标准达成协议的各方研究是否可使用这些文件的最新版本。凡是不注日期的引用文件，其最新版本适用于本标准。

GB 2757 蒸馏酒及配制酒卫生标准

GB 10344 预包装饮料酒标签通则

GB/T 10345 白酒分析方法

GB/T 10346 白酒检验规则和标志、包装、运输、贮存

JJF 1070 定量包装商品净含量计量检验规则

国家质量监督检验检疫总局[2005]第 75 号令 定量包装商品计量监督管理办法

3 术语和定义

下列术语和定义适用于本标准。

3.1

米香型白酒 rice flavour Chinese spirits

以大米等为原料，经传统半固态法发酵、蒸馏、陈酿、勾兑而成的，未添加食用酒精及非白酒发酵产生的呈香呈味物质，具有以乳酸乙酯、β-苯乙醇为主体复合香的白酒。

4 产品分类

按产品的酒精度分为：

高度酒：酒精度 41%vol～68%vol；

低度酒：酒精度 25%vol～40%vol。

5 要求

5.1 感官要求

高度酒、低度酒的感官要求应分别符合表 1、表 2 的规定。

表 1 高度酒感官要求

项 目	优 级	一 级
色泽和外观	无色，清亮透明，无悬浮物，无沉淀[a]	
香 气	米香纯正，清雅	米香纯正
口 味	酒体醇和，绵甜、爽冽，回味怡畅	酒体较醇和，绵甜、爽冽，回味较畅
风 格	具有本品典型的风格	具有本品明显的风格
[a] 当酒的温度低于 10℃时，允许出现白色絮状沉淀物质或失光。10℃以上时应逐渐恢复正常。		

表 2　低度酒感官要求

项　目	优　级	一　级
色泽和外观	无色，清亮透明，无悬浮物，无沉淀[a]	
香　气	米香纯正，清雅	米香纯正
口　味	酒体醇和，绵甜、爽冽，回味较怡畅	酒体较醇和、绵甜、爽冽，有回味
风　格	具有本品典型的风格	具有本品明显的风格

[a] 当酒的温度低于 10℃时，允许出现白色絮状沉淀物质或失光。10℃以上时应逐渐恢复正常。

5.2　理化要求

高度酒、低度酒的理化要求应分别符合表 3、表 4 的规定。

表 3　高度酒理化要求

项　目		优　级	一　级
酒精度/(%vol)		41～68	
总酸(以乙酸计)/(g/L)	≥	0.30	0.25
总酯(以乙酸乙酯计)/(g/L)	≥	0.80	0.65
乳酸乙酯/(g/L)	≥	0.50	0.40
β-苯乙醇/(mg/L)	≥	30	20
固形物/(g/L)	≤	0.40[a]	

[a] 酒精度 41%vol～49%vol 的酒，固形物可小于或等于 0.50 g/L。

表 4　低度酒理化要求

项　目		优　级	一　级
酒精度/(%vol)		25～40	
总酸(以乙酸计)/(g/L)	≥	0.25	0.20
总酯(以乙酸乙酯计)/(g/L)	≥	0.45	0.35
乳酸乙酯/(g/L)	≥	0.30	0.20
β-苯乙醇/(mg/L)	≥	15	10
固形物/(g/L)	≤	0.70	

5.3　卫生要求

应符合 GB 2757 的规定。

5.4　净含量

按国家质量监督检验检疫总局[2005]第 75 号令执行。

6　分析方法

感官要求、理化要求的检验按 GB/T 10345 执行。

净含量的检验按 JJF 1070 执行。

7 检验规则和标志、包装、运输、贮存

检验规则和标志、包装、运输、贮存按 GB/T 10346 执行。

酒精度按 GB 10344 的规定,可表示为"%vol"。酒精度实测值与标签标示值允许差为±1.0%vol。

ICS 67.080
X 24

中华人民共和国国家标准

GB/T 10782—2006
代替 GB/T 10782—1989,GB/T 11860—1989

蜜饯通则

General rule for preserved fruits

2006-09-18 发布　　2007-01-01 实施

中华人民共和国国家质量监督检验检疫总局
中国国家标准化管理委员会　发布

前 言

本标准参考了 SB/T 10051—1992《丁香榄》、SB/T 10052—1992《雪花应子》、SB/T 10053—1992《桃脯》、SB/T 10054—1992《梨脯》、SB/T 10055—1992《海棠脯》、SB/T 10056—1992《糖桔饼》、SB/T 10057—1992《山楂糕、条、片》、SB/T 10085—1992《苹果脯》、SB/T 10086—1992《杏脯》、SB/T 10087—1992《话梅(类)技术条件》行业标准，并将其主要内容纳入了本标准。

本标准代替 GB/T 10782—1989《蜜饯产品通则》和 GB/T 11860—1989《蜜饯食品理化检验方法》。本标准与 GB/T 10782—1989 和 GB/T 11860—1989 相比主要变化如下：

——修改了 GB/T 10782—1989 中的术语和定义；

——修改了 GB/T 10782—1989 中的产品分类；

——删去了 GB/T 10782—1989 中的等级；

——修改了 GB/T 11860—1989 中的试验方法；

——增加了各类产品的理化要求。

本标准由中国商业联合会和中国焙烤食品糖制品工业协会共同提出。

本标准由中国商业联合会归口。

本标准起草单位：中国商业联合会商业标准中心、中国焙烤食品糖制品工业协会蜜饯专业委员会、中国食品发酵工业研究院、广东佳宝集团有限公司、广东雅士利集团(广东好味佳食品有限公司)、北京红螺食品集团、北京御食园食品有限公司、福建东方食品集团、山西维之王食品有限公司、山东滕州市荆河酒业有限责任公司果脯厂、河北怡达食品集团、石家庄市永兴果脯厂。

本标准主要起草人：陈岩、赵燕萍、林木材、杨应林、李孟春、肖金芳、郅文菊、王龙池、宋永祥、孙广东、王树林、齐胜利。

本标准所代替标准的历次版本发布情况为：

——GB/T 10782—1989、GB/T 11860—1989。

蜜 饯 通 则

1 范围

本标准规定了蜜饯的产品分类、技术要求、试验方法、检验规则和标签要求等内容。

本标准适用于蜜饯的生产和销售。

2 规范性引用文件

下列文件中的条款通过本标准的引用而成为本标准的条款。凡是注日期的引用文件，其随后所有的修改单(不包括勘误的内容)或修订版均不适用于本标准，然而，鼓励根据本标准达成协议的各方研究是否可使用这些文件的最新版本。凡是不注日期的引用文件，其最新版本适用于本标准。

GB 2760 食品添加剂使用卫生标准

GB/T 5009.3 食品中水分的测定

GB 7718 预包装食品标签通则

GB 14884 蜜饯卫生标准

国家质量监督检验检疫总局第75号令《定量包装商品计量监督管理办法》

3 术语和定义

下列术语和定义适用于本标准。

3.1

蜜饯 preserved fruit

以果蔬等为主要原料，添加(或不添加)食品添加剂和其他辅料，经糖或蜂蜜或食盐腌制(或不腌制)等工艺制成的制品。

4 产品分类

4.1 糖渍类

原料经糖(或蜂蜜)熬煮或浸渍、干燥(或不干燥)等工艺制成的带有湿润糖液面或浸渍在浓糖液中的制品，如糖青梅、蜜樱桃、蜜金橘、红绿瓜、糖桂花、糖玫瑰、炒红果等。

4.2 糖霜类

原料经加糖熬煮、干燥等工艺制成的表面附有白色糖霜的制品，如糖冬瓜条、糖橘饼、红绿丝、金橘饼、姜片等。

4.3 果脯类

原料经糖渍、干燥等工艺制成的略有透明感，表面无糖霜析出的制品，如杏脯、桃脯、苹果脯、梨脯、枣脯、海棠脯、地瓜脯、胡萝卜脯、番茄脯等。

4.4 凉果类

原料经盐渍、糖渍、干燥等工艺制成的半干态制品，如加应子、西梅、黄梅、雪花梅、陈皮梅、八珍梅、丁香榄、福果、丁香李等。

4.5 话化类

原料经盐渍、糖渍(或不糖渍)、干燥等工艺制成的制品，分为不加糖和加糖两类，如话梅、话李、话杏、九制陈皮、甘草榄、甘草金橘、相思梅、杨梅干、佛手果、芒果干、陈皮丹、盐津葡萄等。

4.6 果糕类

原料加工成酱状，经成型、干燥(或不干燥)等工艺制成的制品，分为糕类、条类和片类，如山楂糕、山楂条、果丹皮、山楂片、陈皮糕、酸枣糕等。

4.7 其他类

上述六类以外的蜜饯产品。

5 技术要求

5.1 原料

采用的原辅材料及食品添加剂应符合相应的标准要求，不应使用腐烂变质的果蔬原料。

5.2 感官

具有品种应有的形态、色泽、组织、滋味和气味，无异味，无霉变，无杂质。

5.3 净含量

参见国家质量监督检验检疫总局第75号令《定量包装商品计量监督管理办法》。

5.4 理化指标

5.4.1 糖渍类

水分≤35%，总糖(以葡萄糖计)≤70%，氯化钠≤4%。

5.4.2 糖霜类

水分≤20%，总糖(以葡萄糖计)≤85%。

5.4.3 果脯类

水分≤35%，总糖(以葡萄糖计)≤85%。

5.4.4 凉果类

水分≤35%，总糖(以葡萄糖计)≤70%，氯化钠≤8%。

5.4.5 话化类

5.4.5.1 不加糖类

水分≤30%，总糖(以葡萄糖计)≤6%，氯化钠≤35%。

5.4.5.2 加糖类

水分≤35%，总糖(以葡萄糖计)≤60%，氯化钠≤15%。

5.4.6 果糕类

5.4.6.1 糕类

水分≤55%，总糖(以葡萄糖计)≤75%。

5.4.6.2 条(果丹皮)类

水分≤30%，总糖(以葡萄糖计)≤70%。

5.4.6.3 片类

水分≤20%，总糖(以葡萄糖计)≤80%。

5.5 卫生指标

应符合 GB 14884 的规定。

5.6 食品添加剂

食品添加剂的使用应符合 GB 2760 的规定。

6 试验方法

6.1 样品处理

称取 200 g 可食部分样品，剪碎、切碎或捣碎，充分混匀，装入干燥的磨口样品瓶内。糖渍类样品在称取样品前应先沥干糖液(沥卤断线 1 min)；糖霜类样品应连同附着的糖霜一起称样。

6.2 **感官检验**

6.2.1 **色泽、形态、杂质**

将试样放在白搪瓷盘中，在自然光下用肉眼直接观察。

6.2.2 **组织**

用不锈钢刀将样品切开，用目测、手感、口尝检验内部组织结构。

6.2.3 **滋味与气味**

嗅其气味，品尝其滋味。

6.3 **净含量**

用感量为0.1 g的天平称其质量。

6.4 **水分**

按GB/T 5009.3规定的方法测定。

6.5 **总糖**

6.5.1 **原理**

样品中原有的和水解后产生的糖具有还原性，它可以还原斐林氏试剂而生成红色氧化亚铜。

6.5.2 **试剂**

a) 浓盐酸：（体积分数为37%，密度为1.19 g/cm^3）。

b) 氢氧化钠溶液（0.3 g/mL）。

c) 甲基红指示剂（0.001 g/mL）。

d) 斐林氏试剂：

甲液：溶解15 g硫酸铜（化学纯）及0.05 g次甲基蓝于1 000 mL容量瓶中，加蒸馏水至刻度摇匀，过滤备用。

乙液：溶解50 g酒石酸钾钠（化学纯），75 g氢氧化钠（化学纯）及4 g亚铁氰化钾于蒸馏水中定容至1 000 mL，摇匀，过滤备用。

e) 葡萄糖标准滴定溶液：准确称取0.2 g（精确至0.000 1 g），经过98℃～100℃干燥至恒重的葡萄糖，加水溶解后置于250 mL的容量瓶中，然后加入5 mL盐酸，并以水稀释至250 mL，摇匀，定容备用。

f) 斐林氏溶液的标定：准确吸取斐林氏甲液和乙液各5.00 mL于150 mL锥形瓶中，加水10 mL，玻璃珠数粒，从滴定管滴加约10 mL葡萄糖标准溶液，控制在2 min内加热至沸，趁沸以每2 s 1滴的速度滴加葡萄糖标准溶液，滴定至蓝色退尽为终点。记录消耗葡萄糖标准溶液的体积。同时平行操作三次，取其平均值，计算每10.00 mL（甲、乙液各5.00 mL）斐林氏混合液相当于葡萄糖的质量。

计算方法见式(1)。

$$A = \frac{m \times V}{250} \quad \cdots\cdots\cdots\cdots(1)$$

式中：

A——相当于10 mL斐林氏甲及乙混合液的葡萄糖的质量，单位为克(g)；

m——葡萄糖的质量，单位为克(g)；

V——滴定时所消耗葡萄糖溶液的体积，单位为毫升(mL)；

250——葡萄糖稀释液的总体积，单位为毫升(mL)。

6.5.3 **仪器**

a) 高速组织捣碎机；

b) 恒温水浴锅；

c) 调温电炉。

6.5.4 试样的制备

称取处理好的试样(6.1)10 g(精确至 0.001 g),加水浸泡 1 h~2 h,放入高速组织捣碎机中,加少量水捣碎,全部转移到 250 mL 容量瓶中,用水定容至刻度,摇匀,过滤,滤液备用。

6.5.5 分析步骤

准确吸取 10.00 mL 滤液于 250 mL 三角瓶中,加水 30 mL,加入盐酸 5 mL,置于水浴锅中,待温度升至 68℃~70℃时,计算时间共转化 10 min,然后用流水冷却至室温,全部转移到 250 mL 容量瓶中,加 0.001 g/mL 甲基红指示剂 2 滴,再用 0.3 g/mL 氢氧化钠溶液中和至中性,用水稀释至刻度,摇匀,注入滴定管中备用。

预备试验:用移液管吸取斐林氏甲、乙液各 5.00 mL 于 150 mL 三角瓶中,在电炉上加热至沸,从滴定管中滴入转化好的试液至蓝色变为浅黄色,即为终点,记下滴定所消耗试液的体积。

正式试验:取斐林氏甲、乙液各 5.00 mL 于三角瓶中,滴入转化好的试液,较预备试验少 1 mL,加热沸腾 1 min,再以每 min30 滴的速度滴入试液至终点,记下所消耗试液的体积,同时平行操作两次。

6.5.6 结果计算

试样中总糖(以葡萄糖计)含量的计算方法见式(2)。

$$X_1 = \frac{A \times 6\,250}{m \times V} \times 100 \qquad \cdots\cdots(2)$$

式中:

X_1——试样中总糖(以葡萄糖计)含量,单位为克每百克(g/100 g);

A——10 mL 斐林氏混合液相当于葡萄糖的质量,单位为克(g);

m——试样的质量,单位为克(g);

V——滴定时消耗试液的体积,单位为毫升(mL);

6 250——稀释倍数。

6.5.7 允许差

在重复性条件下获得的两次独立测定结果的绝对差值不得超过算术平均值的 2%。

6.6 氯化钠

6.6.1 原理

用已知浓度的硝酸银溶液,滴定试样中的氯化钠,生成氯化银沉淀后,过量的硝酸银与铬酸钾指示剂生成铬酸银,使溶液呈橘红色,即为终点,由硝酸银溶液消耗量计算氯化钠的含量。

6.6.2 试剂

a) 铬酸钾溶液(50 g/L)。

b) 硝酸银标准滴定液:0.1 mol/L 或 0.05 mol/L。

配制:称取硝酸银 17.5 g 加适量水溶解并稀释至 1 000 mL,此硝酸银溶液浓度约为 0.1 mol/L,用此液稀释 1 倍为 0.05 mol/L 的硝酸银溶液,备用。

标定:准确称取 500℃~600℃干燥至恒重的基准氯化钠 0.2 g(精确到 0.000 1 g),加入 50 mL 蒸馏水使之溶解,加入 1 mL 50 g/L 铬酸钾溶液,边摇边用硝酸银溶液滴定至初显红色,记下消耗硝酸银溶液的体积。平行操作三次。同时,量取 50.00 mL 水作空白试验。

计算:

硝酸银标准滴定液的实际浓度的计算方法见式(3)。

$$c = \frac{m}{(V_1 - V_2) \times 0.058\,4} \qquad \cdots\cdots(3)$$

式中:

c——硝酸银标准滴定液的实际浓度,单位为摩尔每升(mol/L);

m——氯化钠的质量,单位为克(g);

V_1——氯化钠消耗硝酸银标准滴定液的体积，单位为毫升(mL)；

V_2——空白滴定消耗硝酸银标准滴定溶液的体积，单位为毫升(mL)；

0.058 4——与 1.00 mL 硝酸银标准滴定溶液[$c(AgNO_3)=1.000$ mol/L]相当的以克表示的氯化钠的质量。结果保留四位小数。

6.6.3 仪器

a) 高速组织捣碎机；

b) 可调电炉。

6.6.4 试样的制备

称取处理好的试样(6.1)5 g～10 g(精确至 0.001 g)，加水浸泡 1 h～2 h，放入高速组织捣碎机中捣碎。然后转移到烧杯中，放在电炉上小火煮沸 0.5 h，冷却。全部转移到 250 mL 容量瓶中，定容至刻度。过滤液备用。

6.6.5 分析步骤

吸取 5.00 mL～10.00 mL 滤液置于三角瓶中，加 50 mL 水及 1 mL 铬酸钾溶液，用硝酸银标准溶液滴定至初显橘红色，记录消耗硝酸银的体积，平行操作二次。同时，量取 5.00 mL 水作空白试验。

6.6.6 结果计算

氯化钠含量的计算方法见式(4)。

$$X_3=\frac{c(V_1-V_2)\times 0.058\,4}{m}\times 100 \qquad \cdots\cdots(4)$$

式中：

X_3——试样中氯化钠的含量，单位为克每百克(g/100 g)；

c——硝酸银标准滴定溶液的实际浓度，单位为摩尔每升(mol/L)；

V_1——试样消耗硝酸银标准滴定溶液的体积，单位为毫升(mL)；

V_2——空白滴定消耗硝酸银标准滴定溶液的体积，单位为毫升(mL)；

m——试样的质量，单位为克(g)；

0.058 4——与 1.00 mL 硝酸银标准滴定溶液[$c(AgNO_3)=1.000$ mol/L]相当的以克表示的氯化钠的质量。结果保留两位小数。

6.6.7 允许差

在重复性条件下获得的两次独立测定结果的绝对差值不得超过算术平均值的 2%。

6.7 卫生指标

按 GB 14884 规定的方法检验。

7 检验规则

7.1 批

同品种、同一批投料生产的产品为一检验批次。

7.2 抽样方法和抽样量

7.2.1 抽样应具有代表性，在整批产品的不同部位，按规定件数随机抽取样品。

7.2.2 每批产品在 100 件以下时，抽样数量按 3%抽取；超过 100 件时，每增加 100 件增抽 1 件，增加部分不足 100 件时按 100 件计算。

7.2.3 瓶装及其他小包装产品，同一批次取样件数，250 g 以上的包装，每件不得少于 3 个，250 g 以下的包装，每件不得少于 6 个。

7.2.4 从每个产品的上、中、下三部分分别取样，每个取样数量应基本一致，将全部样品充分混匀后，以四分法抽取 1.5 kg 供作试样。

7.2.5 所取样品装入清洁干燥的容器内供检验，用作微生物检验的样品应按无菌操作程序进行取样。

7.3 出厂检验

7.3.1 出厂检验的项目包括感官、净含量、水分、总糖、氯化钠、菌落总数和大肠菌群。

7.3.2 每批产品应经生产厂检验部门按本标准的规定进行检验，并出具产品合格证后方可出厂。

7.4 型式检验

7.4.1 型式检验项目包括本标准中规定的全部项目。

7.4.2 每半年应对产品进行一次型式检验。

7.4.3 发生下列情况之一时亦应进行型式检验：

——更改原料；

——更改工艺；

——长期停产后恢复生产时；

——出厂检验与上次型式检验有较大差异时；

——国家质量监督机构提出进行型式检验的要求时。

7.5 判定规则

7.5.1 检验结果全部项目符合本标准规定时，判该批产品为合格品。

7.5.2 检验结果中微生物指标有一项不符合本标准规定时，判该批产品为不合格品。

7.5.3 检验结果中除微生物指标外，其他项目不符合本标准规定时，可以在原批次产品中双倍抽样复验一次，复检结果全部符合本标准规定时，判该批产品为合格品；复检结果中如仍有一项指标不合格，判该批产品为不合格品。

8 标签

预包装食品的标签应符合 GB 7718 的规定。

ICS 67.040
X 70

中华人民共和国国家标准

GB/T 10784—2006
代替 GB/T 10784—1989

罐头食品分类

Classification of canned food

2006-07-18 发布　　　　2006-12-01 实施

中华人民共和国国家质量监督检验检疫总局
中国国家标准化管理委员会　发布

前　言

本标准代替 GB/T 10784—1989《罐头食品分类》。

本标准与 GB/T 10784—1989 相比主要变化如下：

——对产品类别进行了重新分类；

——增加了罐头新品种。

本标准由中国轻工业联合会提出。

本标准由全国食品工业标准化技术委员会罐头分技术委员会归口。

本标准起草单位：中国食品发酵工业研究院、中国罐头工业协会。

本标准主要起草人：王柏琴、杨邦英、郭淑明。

本标准所代替标准的历次版本发布情况为：

——GB/T 10784—1989。

罐头食品分类

1 范围

本标准规定了各类罐头食品的分类范围和要求。

本标准适用于界定罐头食品的类别。

2 分类

2.1 畜肉类罐头 canned meat

按加工及调味方法不同，分成下列种类。

2.1.1 清蒸类畜肉罐头 canned meat of domestic animal with brine

将处理后的原料直接装罐，在罐中按不同品种分别加入食盐、胡椒、洋葱和月桂叶等而制成的罐头产品。如清蒸猪肉、原汁猪肉、清蒸牛肉等罐头。

2.1.2 调味类畜肉罐头 canned meat of domestic animal with sauce

将经过处理、预煮或烹调的肉块装罐后加入调味汁液而制成的罐头产品。这类罐头按烹调方法不同又可分成红烧、五香、浓汁、油炸、豉汁、咖喱、沙茶等不同类别。如红烧猪肉、五香牛肉、红烧牛肉、浓汁排骨等罐头。

2.1.3 腌制类畜肉罐头 canned cured meat of domestic animal

将处理后的原料经混合盐(食盐、亚硝酸钠、砂糖等按一定配比组成的盐类)腌制等工序制成的罐头产品。如火腿、午餐肉、咸牛肉、咸羊肉等罐头。

2.1.4 烟熏类畜肉罐头 canned smoked meat of domestic animal

将经处理后的原料经预腌制、烟熏而制成的罐头产品。如火腿蛋、烟熏肋肉等罐头。

2.1.5 香肠类畜肉罐头 canned sausage

处理后原料经腌制、加香辛料斩拌成肉糜装入肠衣，再经烟熏(烘烤)等工序制成的罐头产品。如香肠、对肠等罐头。

2.1.6 内脏类畜肉罐头 canned edible offal

以猪、牛、羊等内脏及副产品为原料，经处理、调味或腌制后加工成的罐头产品。如猪舌、卤猪杂等罐头。

2.2 禽类罐头 canned poultry

按加工及调味方法不同，分成下列种类。

2.2.1 白烧类禽罐头 canned poultry with brine

将处理好的原料经切块、装罐，加入少许盐(或稀盐水)等工序制成的罐头产品。如白烧鸡等罐头。

2.2.2 去骨类禽罐头 canned poultry without bones

将处理好的原料经去骨、切块、预煮后，加入调味盐(精盐、胡椒粉、味精等)等工序制成的罐头产品。如去骨鸡、去骨鸭等罐头。

2.2.3 调味类禽罐头 canned dressing poultry

将处理好的原料切块(或不切块)调味预煮(或油炸)后装罐，再加入汤汁、油等工序制成的罐头产品。这类产品又可分为红烧、咖喱、油炸、陈皮、五香、酱汁、整只、香菇等不同类别。如红烧鸡、咖喱鸭、炸子鸡、全鸡等罐头。

2.3 水产动物类罐头 canned animality aquqtic product

按加工及调味方法不同，分成下列种类。

2.3.1　油浸(熏制)类水产罐头　canned animality aquqtic product with oil

将处理过的原料预煮(或熏制)后装罐,再加入精炼植物油等工序制成的罐头产品。如油浸鲭鱼、油浸烟熏鳗鱼等罐头。

2.3.2　调味类水产罐头　canned dressing animality aquqtic product

将处理好的原料盐渍脱水(或油炸)后装罐,加入调味料等工序制成的罐头产品。这类产品又可分为红烧、茄汁、葱烤、鲜炸、五香、豆豉、酱油等,如茄汁鲭鱼、葱烤卿鱼、豆豉鲮鱼等罐头。

2.3.3　清蒸类水产罐头　canned animality aquqtic product

将处理好的原料经预煮脱水(或在柠檬酸水中浸渍)后装罐,再加入精盐、味精而制成的罐头产品。如清蒸对虾、清蒸蟹、原汁贻贝等罐头。

2.4　水果类罐头　canned fruit

按加工方法不同,分成下列种类。

2.4.1　糖水类水果罐头　canned fruit with sweet water

把经分级去皮(或核)、修整(切片或分瓣)、分选等处理好的水果原料装罐,加入不同浓度的糖水而制成的罐头产品。如糖水橘子、糖水菠萝、糖水荔枝等罐头。

2.4.2　糖浆类水果罐头　canned fruit with sirup

处理好的原料经糖浆熬煮至可溶性固形物达45%～55%后装罐,加入高浓度糖浆等工序制成的罐头产品。又称为液态蜜饯罐头。如糖浆金橘等罐头。

2.4.3　果酱类水果罐头　canned jam

按配料及产品要求的不同,分成下列种类。

2.4.3.1　果冻罐头　canned jelly

将处理过的水果加水或不加水煮沸,经压榨、取汁、过滤、澄清后加入白砂糖、柠檬酸(或苹果酸)、果胶等配料,浓缩至可溶性固形物65%～70%装罐等工序制成的罐头产品。

2.4.3.1.1　果汁果冻罐头　jelly with syrup

以一种或数种果汁混合,加白砂糖、柠檬酸、增稠剂(或不加)等按比例配料后加热浓缩制成。

2.4.3.1.2　含果块(或果皮)的果冻　jelly with fruit part

以果汁、果块(或先用糖渍成透明的果皮)、白砂糖、柠檬酸、增稠剂等调配而成。如马茉兰。

2.4.3.2　果酱罐头　canned jam

将一种或几种符合要求的新鲜水果去皮(或不去皮)、核(芯)的水果软化磨碎或切块(草莓不切),加入砂糖,熬制(含酸及果胶量低的水果须加适量酸和果胶)成可溶性固形物65%～70%和45%～60%两种固形物浓度,装罐而制成的罐头产品。分为块状或泥状两种。如草莓酱、桃子酱等罐头。

2.4.4　果汁类罐头　canned syrup

将符合要求的果实经破碎、榨汁、筛滤或浸取提汁等处理后制成的罐头产品。按产品品种要求不同可分为:

2.4.4.1　浓缩果汁罐头　canned concentrated syrup

将原果汁浓缩成两倍以上(质量计)的果汁。

2.4.4.2　果汁罐头　canned fumet

由鲜果直接榨出(或浸提)的果汁或由浓缩果汁兑水复原的果汁。分为清汁和浊汁。

2.4.4.3　果汁饮料罐头　canned ade

在果汁中加入水、糖液、柠檬酸等调制而成,其果汁含量不低于10%。

2.5　蔬菜类罐头　canned vegetable

按加工方法和要求不同,分成下列种类。

2.5.1　清渍类蔬菜罐头　canned vegetable with brine

选用新鲜或冷藏良好的蔬菜原料,经加工处理、预煮漂洗(或不预煮),分选装罐后加入稀盐水或糖盐混合液等而制成的罐头产品。如青刀豆、清水笋、清水荸荠、蘑菇等罐头。

2.5.2 醋渍类蔬菜罐头 canned vegetable with vinegar

选用鲜嫩或盐腌蔬菜原料，经加工修整、切块装罐，再加入香辛配料及醋酸、食盐混合液而制成的罐头产品。如酸黄瓜、甜酸藠头等罐头。

2.5.3 盐渍（酱渍）蔬菜罐头 canned salted vegetable

选用新鲜蔬菜，经切块（片）（或腌制）后装罐，再加入砂糖、食盐、味精等汤汁（或酱）而制成的罐头产品。如雪菜、香菜心等罐头。

2.5.4 调味类蔬菜罐头 canned dressing vegetable

选用新鲜蔬菜及其他小配料，经切片（块）、加工烹调（油炸或不油炸）后装罐而制成的罐头产品。如油焖笋、八宝斋等罐头。

2.5.5 蔬菜汁（酱）罐头 canned vegetabale juice and vegetable jam

将一种或几种符合要求的新鲜蔬菜榨成汁（或制酱），并经调配、装罐等工序制成的罐头产品。如番茄汁、番茄酱、胡萝卜汁等罐头。

2.6 干果和坚果类罐头 canned nut

以符合要求的坚、干果原料，经挑选、去皮（壳），油炸拌盐（糖或糖衣）后装罐而制成的罐头产品。如花生米、核桃仁等罐头。

2.7 谷类和豆类罐头 canned cereals and pulses

经过处理后的谷类、干果及其他原料（桂圆、枸杞、蔬菜等）装罐制成的罐头产品。如八宝粥、八宝饭、蔬菜粥、茄汁黄豆等罐头。也包括经过处理后的面条、米粉等经油炸或蒸煮、调配装罐制成的罐头产品。如茄汁肉末面、鸡丝炒面等罐头。

2.8 其他类罐头 other canned food

2.8.1 汤类罐头 canned soup

以符合要求的肉、禽、水产及蔬菜原料，经切块（片或丝）、烹调等加工后装罐而制成的罐头产品。如水鱼汤、猪肚汤、牛尾汤等罐头。

2.8.2 调味类罐头 canned dressing food

以发酵面酱或番茄等为基料，加入多种辅料及香辛料加工制成各种不同口味的调味料，经装罐制成的罐头产品。如香菇肉酱、番茄沙司等罐头。

2.8.3 混合类罐头 canned mixed food

将动物和植物类食品原料分别加工处理，经调配装罐制成的罐头产品。如榨菜肉丝、豆干猪肉等罐头。

2.8.4 婴幼儿辅食罐头 canned infant food

根据婴幼儿不同月龄营养素的要求，将食品原料经加工、研磨等处理制成的泥状罐头食品。如肝泥、菜泥、肉泥等罐头。

ICS 67.040
X 70

中华人民共和国国家标准

GB/T 10786—2006
代替 GB/T 10786—1989,GB/T 10787—1989,GB/T 10788—1989

罐头食品的检验方法

Analytical methods of canned food

2006-07-18 发布　　2006-12-01 实施

中华人民共和国国家质量监督检验检疫总局
中国国家标准化管理委员会　发布

前言

本标准为以下标准的整合修订：

——GB/T 10786—1989《罐头食品的 pH 测定》；

——GB/T 10787—1989《罐头食品中干燥物的测定》；

——GB/T 10788—1989《罐头食品中可溶性固形物含量的测定　折光计法》；

——QB/T 1007—1990《罐头食品净重和固形物含量的测定》；

——QB/T 3599—1999《罐头食品的感官检验》(原 ZB X70 044—1989)。

本标准代替 GB/T 10786—1989、GB/T 10787—1989 和 GB/T 10788—1989。

本标准由中国轻工业联合会提出。

本标准由全国食品工业标准化技术委员会罐头分技术委员会归口。

本标准起草单位：中国食品发酵工业研究院、广东省微生物研究所、广州市产品质量监督检验所。

本标准主要起草人：王柏琴、吴清平、邓穗兴、张菊梅、吴玉銮。

本标准所代替标准的历次版本发布情况为：

——GB/T 10786—1989；

——GB/T 10787—1989；

——GB/T 10788—1989。

罐头食品的检验方法

1 范围

本标准规定了罐头食品感官检验的方法、可溶性固形物含量的测定方法、净含量和固形物含量的测定方法、pH 测定方法和干燥物含量的测定方法。

本标准适用于各种罐头食品感官质量的检验、净含量和固形物含量的测定；黏稠制品、含悬浮物质的制品以及重糖制品可溶性固形物含量的测定和其他溶解性的物质可溶性固形物含量近似值的测定；果蔬类罐头干燥物含量和 pH 的测定。

2 罐头食品的感官检验

2.1 工具

白瓷盘，匙，不锈钢圆筛(丝之直径 1 mm、筛孔 2.8 mm×2.8 mm)，烧杯，量筒，开罐刀等。

2.2 组织与形态检验

2.2.1 畜肉、禽、水产类罐头先经加热至汤汁溶化(有些罐头如午餐肉、凤尾鱼等，不经加热)，然后将内容物倒入白瓷盘中，观察其组织、形态是否符合标准。

2.2.2 糖水水果类及蔬菜类罐头在室温下将罐头打开，先滤去汤汁，然后将内容物倒入白瓷盘中观察组织、形态是否符合标准。

2.2.3 糖浆类罐头开罐后，将内容物平倾于不锈钢圆筛中，静置 3 min，观察组织、形态是否符合标准。

2.2.4 果酱类罐头在室温(15℃～20℃)下开罐后，用匙取果酱(约 20 g)置于干燥的白瓷盘上，在1 min 内视其酱体有无流散和汁液析出现象。

2.2.5 果汁类罐头打开后内容物倒在玻璃容器内静置 30 min 后，观察其沉淀程度，分层情况和油圈现象。

2.2.6 其他类罐头参照上述类似的方法。

2.3 色泽检验

2.3.1 畜肉、禽、水产类罐头在白瓷盘中观察其色泽是否符合标准，将汤汁注入量筒中，静置 3 min 后，观察其色泽和澄清程度。

2.3.2 糖水水果类及蔬菜类罐头在白瓷盘中观察其色泽是否符合标准，将汁液倒在烧杯中，观察其汁液是否清亮透明，有无夹杂物及引起浑浊之果肉碎屑。

2.3.3 糖浆类罐头将糖浆全部倒入白瓷盘中观察其是否浑浊，有无胶冻和有无大量果屑及夹杂物存在。将不锈钢圆筛上的果肉倒入盘内，观察其色泽是否符合标准。

2.3.4 果酱类罐头及番茄酱罐头将酱体全部倒入白瓷盘中，随即观察其色泽是否符合标准。

2.3.5 果汁类罐头倒在玻璃容器中静置 30 min 后，观察其色泽是否符合标准。

2.4 滋味和气味检验

2.4.1 畜肉、禽及水产类罐头，检验其是否具有该产品应有的滋味与气味，有无哈喇味及异味。

2.4.2 果蔬类罐头，检验其是否具有与原果、蔬相近似之香味。果汁类罐头应先嗅其香味(浓缩果汁应稀释至规定浓度)，然后评定酸甜是否适口。

2.4.3 参加感官检验人员须有正常的味觉与嗅觉，感官鉴定过程不得超过 2 h。

3 可溶性固形物含量的测定方法　折光计法

3.1 原理

在20℃用折光计测量试验溶液的折光率，并用折光率与可溶性固形物含量的换算表或折光计上直接读出可溶性固形物的含量。用折光计法测定的可溶性固形物含量，在规定的制备条件和温度下，水溶液中蔗糖的浓度和所分析的样品有相同的折光率，此浓度以质量分数表示。

3.2 仪器

3.2.1 阿贝折光计或糖度计。

3.2.2 组织捣碎器。

3.3 分析步骤

3.3.1 测试溶液的制备

3.3.1.1 透明的液体制品

充分混匀待测样品后直接测定。

3.3.1.2 非黏稠制品(果浆、菜浆制品)

充分混匀待测样品，用四层纱布挤出滤液，用于测定。

3.3.1.3 黏稠制品(果酱、果冻等)

3.3.1.3.1 称取适当量(40 g以下)(精确到0.01 g)的待测样品到已称重的烧杯中，加100 mL～150 mL蒸馏水，用玻璃棒搅拌，并缓和煮沸2 min～3 min，冷却并充分混匀。

3.3.1.3.2 20 min后称重，精确到0.01 g，然后用槽纹漏斗或布氏漏斗过滤到干燥容器里，留滤液供测定用。

3.3.1.4 固相和液相分开的制品

按固液相的比例，将样品用组织捣碎器捣碎后，用四层纱布挤出滤液用于测定。

3.3.2 测定

3.3.2.1 折光计在测定前按说明书进行校正。

3.3.2.2 分开折光计的两面棱镜，以脱脂棉蘸乙醚或酒精擦净。

3.3.2.3 用末端熔圆之玻璃棒蘸取制备好的样液2滴～3滴，仔细滴于折光计棱镜平面之中央(注意勿使玻璃棒触及棱镜)。

3.3.2.4 迅速闭合上下两棱镜，静置1 min，要求液体均匀无气泡并充满视野。

3.3.2.5 对准光源，由目镜观察，调节指示规，使视野分成明暗两部。再旋动微调螺旋，使两部界限明晰，其分线恰在接物镜的十字交叉点上，读取读数。

3.3.2.6 如折光计标尺刻度为百分数，则读数即为可溶性固形物的百分率，按可溶性固形物对温度校正表(见表1和表2)换算成20℃时标准的可溶性固形物百分率。

表1　可溶性固形物对温度校正表(减校正值)

温度/℃	可溶性固形物含量读数/(%)									
	5	10	15	20	25	30	40	50	60	70
15	0.29	0.31	0.33	0.34	0.34	0.35	0.37	0.38	0.39	0.40
16	0.24	0.25	0.26	0.27	0.28	0.28	0.30	0.30	0.31	0.32
17	0.18	0.19	0.20	0.21	0.21	0.21	0.22	0.23	0.23	0.24
18	0.13	0.13	0.14	0.14	0.14	0.14	0.15	0.15	0.16	0.16
19	0.06	0.06	0.07	0.07	0.07	0.07	0.08	0.08	0.08	0.08

表 2　可溶性固形物对温度校正表(加校正值)

温度/℃	可溶性固形物含量读数/(%)									
	5	10	15	20	25	30	40	50	60	70
21	0.07	0.07	0.07	0.07	0.08	0.08	0.08	0.08	0.08	0.08
22	0.13	0.14	0.14	0.15	0.15	0.15	0.15	0.16	0.16	0.16
23	0.20	0.21	0.22	0.22	0.23	0.23	0.23	0.24	0.24	0.24
24	0.27	0.28	0.29	0.30	0.30	0.31	0.31	0.31	0.32	0.32
25	0.35	0.36	0.37	0.38	0.38	0.39	0.40	0.40	0.40	0.40

3.3.2.7　如折光计读数标尺刻度为折光率，可读出其折光率，然后按折光率与可溶性固形物换算表(见表 3)查得样品中之可溶性固形物的百分率，再按可溶性固形物对温度校正表(见表 1 和表 2)换算成 20℃标准的可溶性固形物百分率。

表 3　折光率与可溶性固形物换算表

折光率 n_D^{20}	可溶性固形物含量/(%)	折光率 n_D^{20}	可溶性固形物含量/(%)	折光率 n_D^{20}	可溶性固形物含量/(%)	折光率 n_D^{20}	可溶性固形物含量/(%)
1.333 0	0	1.367 2	22	1.407 6	44	1.455 8	66
1.334 4	1	1.368 9	23	1.409 6	45	1.458 2	67
1.335 9	2	1.370 6	24	1.411 7	46	1.460 6	68
1.337 3	3	1.372 3	25	1.413 7	47	1.463 0	69
1.338 8	4	1.374 0	26	1.415 8	48	1.465 4	70
1.340 3	5	1.375 8	27	1.417 9	49	1.467 9	71
1.341 8	6	1.377 5	28	1.430 1	50	1.470 3	72
1.343 3	7	1.379 3	29	1.422 2	51	1.472 8	73
1.344 8	8	1.381 1	30	1.424 3	52	1.475 3	74
1.346 3	9	1.382 9	31	1.426 5	53	1.477 8	75
1.347 8	10	1.384 7	32	1.428 6	54	1.480 3	76
1.349 4	11	1.386 5	33	1.430 8	55	1.482 9	77
1.350 9	12	1.388 3	34	1.433 0	56	1.485 4	78
1.352 5	13	1.390 2	35	1.435 2	57	1.488 0	79
1.354 1	14	1.392 0	36	1.437 4	58	1.490 6	80
1.355 7	15	1.393 9	37	1.439 7	59	1.493 3	81
1.357 3	16	1.395 8	38	1.441 9	60	1.495 9	82
1.358 9	17	1.397 8	39	1.444 2	61	1.498 5	83
1.360 5	18	1.399 7	40	1.446 5	62	1.501 2	84
1.362 2	19	1.401 6	41	1.448 8	63	1.503 9	85
1.363 8	20	1.403 6	42	1.451 1	64		
1.365 5	21	1.405 6	43	1.453 5	65		

3.3.3　测定温度

测定时温度最好控制在 20℃左右观测，尽可能缩小校正范围。

3.3.4　测定次数

同一个试验样品进行两次测定。

3.4　分析结果的表示法

3.4.1　如果是不经稀释的透明液体或非黏稠制品或固相和液相分开的制品，可溶性固形物含量与折光计上所读得的数相等。

3.4.2　如果是经稀释的黏稠制品，则可溶性固形物含量按式(1)计算。

$$X = \frac{D \times m_1}{m_0} \qquad \cdots\cdots\cdots(1)$$

式中：

X——可溶性固形物含量；

D——稀释溶液里可溶性固形物的质量分数，%；

m_1——稀释后的样品质量，单位为克(g)；

m_0——稀释前的样品质量，单位为克(g)。

3.4.3　如果测定的重现性已能满足要求，取两次测定的算术平均值作为结果。

3.4.4　由同一个分析者紧接着进行两次测定的结果之差，应不超过0.5%。

4　净含量和固形物含量的测定方法

4.1　圆筛的规格

4.1.1　净含量小于1.5 kg的罐头，用直径200 mm的圆筛。

4.1.2　净含量等于或大于1.5 kg的罐头，用直径300 mm的圆筛。

4.1.3　圆筛用不锈钢丝织成，其直径为1 mm，孔眼为2.8 mm×2.8 mm。

4.2　测定步骤

4.2.1　净含量

擦净罐头外壁，用天平称取罐头总质量。

畜肉、禽及水产类罐头需将罐头加热，使凝冻溶化后开罐。果蔬类罐头不经加热，直接开罐。内容物倒出后，将空罐洗净、擦干后称重。按式(2)计算净含量：

$$m = m_3 - m_2 \qquad \cdots\cdots\cdots(2)$$

式中：

m——罐头净含量，单位为克(g)；

m_3——罐头总质量，单位为克(g)；

m_2——空罐质量，单位为克(g)。

4.2.2　固形物含量

4.2.2.1　水果、蔬菜类罐头

开罐后，将内容物倾倒在预先称重的圆筛上，不搅动产品，倾斜筛子，沥干2 min后，将圆筛和沥干物一并称重。按式(3)计算固形物的质量分数，其数值以%表示。

$$X_1 = \frac{m_5 - m_4}{m_7} \times 100 \qquad \cdots\cdots\cdots(3)$$

式中：

X_1——固形物的质量分数，%；

m_5——果肉或蔬菜沥干物加圆筛质量，单位为克(g)；

m_4——圆筛质量，单位为克(g)；

m_7——罐头标明净含量，单位为克(g)。

注：带有小配料的蔬菜罐头，称量沥干物时应扣除小配料。

4.2.2.2　畜肉禽罐头、水产类罐头和黏稠的粥类罐头

将罐头在(50±5)℃的水浴中加热10 min～20 min或在100℃水中加热2 min～7 min(视罐头大小而定)，使凝冻的汤汁溶化，开罐后，将内容物倾倒在预先称重的圆筛上，圆筛下方配接漏斗，架于容量合适的量筒上，不搅动产品，倾斜圆筛，沥干3 min(黏稠的粥类罐头沥干5 min)后，将筛子和沥干物一并称量(g)。将量筒静置5 min，使油与汤汁分为两层，量取油层的毫升数乘以密度0.9，即得油层质量

(g)。按式(4)计算固形物的质量分数,其数值以%表示:

$$X_2 = \frac{(m_5 - m_4) + m_6}{m_7} \times 100 \quad \cdots\cdots\cdots\cdots\cdots\cdots\cdots\cdots(4)$$

式中:

X_2——固形物的质量分数,%;

m_5——沥干物加圆筛质量,单位为克(g);

m_4——圆筛质量,单位为克(g);

m_6——油脂质量,单位为克(g);

m_7——罐头标明净含量,单位为克(g)。

5 pH 测定方法

5.1 原理

测量浸在被测液体中两个电极之间的电位差。

5.2 仪器

5.2.1 pH 计

刻度为 0.1 pH 单位或更小些。如果仪器没有温度校正系统,此刻度只适用于在 20℃进行测量。

5.2.2 玻璃电极

各种形状的玻璃电极都可以用,这种电极应浸在蒸馏水中保存。

5.2.3 甘汞电极

按制造厂的说明书保存甘汞电极。如果没有说明书,此电极应保存在饱和氯化钾溶液中。

5.3 测定步骤

5.3.1 试液的制备

5.3.1.1 液态制品混匀备用,固相和液相分开的制品则取混匀的液相部分备用。

5.3.1.2 稠厚或半稠厚制品以及难以从中分出汁液的制品[比如:糖浆、果酱、果(菜)浆类、果冻等]:取一部分样品在混合机或研钵中研磨,如果得到的样品仍太稠厚,加入等量的刚煮沸过的蒸馏水,混匀备用。

5.3.2 pH 计的校正

用已知精确 pH 的缓冲溶液(尽可能接近待测溶液的 pH),在测定采用的温度下校正 pH 计。如果 pH 计无温度校正系统,缓冲溶液的温度应保持在(20±2)℃的范围之内。

5.3.3 测定

将电极插入被测试样液中,并将 pH 计的温度校正器调节到被测液的温度。如果仪器没有温度校正系统,被测试样液的温度应调到(20±2)℃的范围之内。采用适合于所用 pH 计的步骤进行测定。当读数稳定后,从仪器的标度上直接读出 pH,精确到 0.05 pH 单位。

同一个制备试样至少要进行两次测定。

5.4 分析结果的表示法

5.4.1 计算方法

如果有关重现性的要求已能满足,取两次测定的算术平均值作为结果,报告精确到 0.05 pH 单位。

5.4.2 重现性

同一人操作,同时或紧接的两次测定结果之差应不超过 0.1 pH 单位。

5.5 缓冲液

下列各缓冲溶液可作校正之用。

5.5.1 pH3.57(20℃时)的缓冲溶液配制:用分析试剂级的酒石酸氢钾($KHC_4H_4O_6$)在 25℃配制的饱和水溶液。此溶液的 pH 在 25℃时为 3.56,而在 30℃时为 3.55。

5.5.2　pH6.88(20℃时)的缓冲溶液配制：称取 3.402 g(精确到 0.001 g)磷酸二氢钾(KH_2PO_4)和 3.549 g磷酸氢二钠(Na_2HPO_4)，溶解于蒸馏水中，并稀释到 1 000 mL。此溶液的 pH 在 10℃时为 6.92，而在 30℃时为 6.85。

5.5.3　pH4.0（20℃时）的缓冲溶液配制：称取 10.211 g（精确到 0.001 g）苯二甲酸氢钾[$KHC_6H_4(COO)_2$](在 125℃烘过 1 h 至恒重)溶解于蒸馏水中，并稀释到 1 000 mL。此溶液的 pH 在 10℃时为 4.00，而在 30℃时为 4.01。

5.5.4　pH5.00(20℃时)的缓冲溶液[配制：将分析试剂级的柠檬酸氢二钠($Na_2HC_6H_5O_7$)配制成 0.1 mol/L溶液即可]。

5.5.5　pH5.45(20℃时)的缓冲溶液制备：取 500 mL 0.067 mol/L 柠檬酸水溶液与 375 mL 的 0.2 mol/L 氢氧化钠水溶液混匀。此溶液的 pH 在 10℃时为 5.42，而在 30℃时为 5.48。

6　干燥物含量的测定方法

6.1　原理

以真空干燥至恒重，计算干燥物含量，以质量分数表示。

6.2　仪器

扁形玻璃称量瓶，真空干燥箱，玻璃干燥器，不锈钢小勺或玻璃棒，一般干热烘箱。

6.3　分析步骤

取 10 g～15 g 干净细砂(40 目海砂)于扁平玻璃称量瓶中，并与不锈钢小勺或玻璃棒一起置于 100℃～105℃烘箱中烘干至恒重。取出，置于干燥器内冷却 30 min，称量(精确至 0.001 g)。以减量法在瓶中称取试样约 5 g(精确至 0.001 g)，用勺或玻璃棒将试样与砂搅匀，铺成薄层，于水浴上蒸发至近干，移入温度 70℃、压力 13 332.2 Pa(100 mmHg)以下的真空干燥箱内烘 4 h。取出，置于干燥器中冷却 30 min，称量后再烘，每两小时取出冷却称量一次(两次操作应相同)，直至两次质量差不大于0.003 g 为止。

6.4　结果计算

干燥物的质量分数按式(5)计算，其数值以%表示。

$$X_3 = \frac{m_9 - m_8}{m_{10}} \times 100 \qquad \cdots\cdots(5)$$

式中：

X_3——干燥物的质量分数，%；

m_9——烘干后试样、不锈钢小勺(或玻璃棒)、净砂及称量瓶质量，单位为克(g)；

m_8——不锈钢小勺(或玻璃捧)、净砂及称量瓶质量，单位为克(g)；

m_{10}——试样质量，单位为克(g)。

6.5　允许差

平行试样结果允许 0.5%误差。

ICS 83.100
G 32

中华人民共和国国家标准

GB/T 10802—2006
代替 GB/T 10802—1989

通用软质聚醚型聚氨酯泡沫塑料

General flexible polyether polyurethane cellular plastics

2006-09-04 发布

2007-02-01 实施

中华人民共和国国家质量监督检验检疫总局
中国国家标准化管理委员会 发布

前言

请注意本标准的某些内容有可能涉及专利。本标准的发布机构不应承担识别这些专利的责任。

本标准是对 GB/T 10802—1989《软质聚氨酯泡沫塑料》的修订，技术内容参考了 ASTM D 3453：2001《软质泡沫塑料规范——家具、汽车软垫、床垫及类似用途的聚氨酯泡沫》和 ISO 5999：1982《聚合物泡沫材料承载用柔性泡沫聚合物材料（不包括地毯衬垫）规范》。

本标准与 GB/T 10802—1989 的主要差异：

——标准名称改为《通用软质聚醚型聚氨酯泡沫塑料》；

——适用范围由原标准适用于“聚醚型或聚酯型软质聚氨酯泡沫塑料”改为“聚醚型软质聚氨酯泡沫塑料”；

——产品分类由原标准按“表观密度”划分规格改为按“25％压陷硬度”和“恒定负荷反复压陷疲劳性能”两种方式分类和划分规格；

——增加干热老化后的拉伸性能和湿热老化后的拉伸性能要求；

——增加恒定负荷反复压陷疲劳性能要求；

——增加燃烧性能要求；

——取消原标准对产品表观密度的要求；

——取消原标准中质量分级；

——增加时效说明；

——增加附录 A。

本标准的附录 A 为资料性附录。

本标准自实施之日起，代替 GB/T 10802—1989。

本标准由中国轻工业联合会提出。

本标准由全国塑料制品标准化技术委员会归口。

本标准起草单位：北京工商大学、东莞市圣诺盟控股集团公司、江苏绿源新材料有限公司、北京北泡塑料集团公司、成都锦江泡沫有限公司、江苏省化工研究所有限公司。

本标准主要起草人：陈倩、钱洪祥、林永飞、王珏、叶庆宪、王燕。

本标准的历次版本发布情况为：

——GB/T 10802—1989。

引　　言

本标准鼓励在生产中使用对人体和环境无害的工艺和原料，鼓励相关厂商主动采取改进措施。

本标准鼓励进行产品质量及环境标志认证。

通用软质聚醚型聚氨酯泡沫塑料

1 范围

本标准规定了通用软质聚醚型聚氨酯泡沫塑料的分类、要求、试验方法、检验规则和标志、包装、运输、贮存。

本标准适用于块状、片状和条状或切割成以上形状的聚醚型软质聚氨酯泡沫塑料。

2 规范性引用文件

下列文件中的条款通过本标准的引用而成为本标准的条款。凡是注日期的引用文件，其随后所有的修改单(不包括勘误的内容)或修订版均不适用于本标准，然而，鼓励根据本标准达成协议的各方研究是否可使用这些文件的最新版本。凡是不注日期的引用文件，其最新版本适用于本标准。

GB/T 2918—1998 塑料试样状态调节和试验的标准环境(idt ISO 291:1997)

GB/T 6342—1996 泡沫塑料与橡胶 线性尺寸的测定(idt ISO 1923:1981)

GB/T 6344—1996 软质泡沫聚合物材料 拉伸强度和断裂伸长率的测定(idt ISO 1798:1983)

GB/T 6669—2001 软质泡沫聚合材料 压缩永久变形的测定(idt ISO 1856:1980)

GB/T 6670—1997 软质聚氨酯泡沫塑料回弹性能的测定(neq ASTM D 3574:1981)

GB 8410 汽车内饰材料的燃烧特性

GB/T 9640—1988 软质泡沫聚合材料加速老化试验方法(idt ISO 2440:1983)

GB/T 10807—2006 软质泡沫聚合材料 硬度的测定(压陷法)(ISO 2439:1997,IDT)

GB/T 10808—2006 高聚物多孔弹性材料 撕裂强度的测定(ISO 8067:1989,IDT)

ISO 3385:1989 软质泡沫聚合材料——恒定负荷反复压陷疲劳性能的测定

3 分类

3.1 产品按25%压陷硬度分8个等级，为245N,196N,151N,120N,93N,67N,40N,22N。

3.2 产品按恒定负荷反复压陷疲劳性能分为AP,BP,CP,DP四类，其适用类型和应用参见附录A。

4 要求

4.1 长度、宽度偏差应符合表1要求。

表1 长度、宽度极限偏差

单位为毫米

长度、宽度	极限偏差
<250	+5 0
>250～500	+10 0
>500～1 000	+20 0
>1 000～2 000	+30 0

表 1(续) 单位为毫米

长度、宽度	极限偏差
＞2 000～3 000	+40 0
＞3 000～4 000	+50 0
＞4 000	+70 0

4.2 厚度偏差应符合表 2 要求。

表 2 厚度极限偏差 单位为毫米

厚度	极限偏差
＜25	±1.5
＞25～75	+3.0 −1.5
＞75～125	+4.5 −1.5
＞125	+4.5 −3.0

4.3 感官要求应符合表 3 要求。

表 3 感官要求

项目	要求
色泽	颜色应均匀，允许轻微杂色、黄芯。
气孔	不允许有长度大于 6 mm 的对穿孔和长度大于 10 mm 的气孔。
裂缝	每平方米内弥和裂缝总长小于 100 mm，最大裂缝小于 30 mm。
两侧表皮	片材两侧斜表皮宽度不超过厚度的一倍，并且最大不得超过 40 mm。
污染	不允许严重污染。
气味	无刺激性气味。

4.4 物理力学性能应符合表 4 要求 。

表 4 物理力学性能

项 目	性能指标							
等级/N	245	196	151	120	93	67	40	22
25%压陷硬度/N	245±18	196±18	151±14	120±14	93±12	67±12	40±8	22±8
65%/25%压陷比	≥1.8							
75% 压缩永久变形/(%)	≤8							
回弹率/(%)	≥35							
拉伸强度/kPa	≥100		≥90			≥80		
伸长率/(%)	≥100		≥130			≥150		

表 4(续)

项 目	性 能 指 标		
撕裂强度/(N/cm)	≥1.8	≥2.0	≥2.5
干热老化后拉伸强度/kPa	≥55		
干热老化后拉伸强度变化率/(%)	±30		
湿热老化后拉伸强度/kPa	≥55		
湿热老化后拉伸强度变化率/(%)	±30		

4.5 恒定负荷反复压陷疲劳性能应符合表 5 要求。

表 5 恒定负荷反复压陷疲劳性能

类别	恒定负荷反复压陷疲劳后 40%压陷硬度损失值/(%)
AP	≤20
BP	≤30
CP	≤35
DP	≤40

4.6 应用于汽车领域的产品燃烧性能应符合 GB 8410 规定。产品应用于其他领域时，燃烧性能应符合该领域相关标准要求。

5 试验方法

5.1 时效和状态调节

自生产之日起在自然条件下放置 72 h 后进行。试验按 GB/T 2918—1998 中 23/50 二级环境条件进行，试样在温度(23±2)℃，相对湿度 40%～60%的条件下进行不少于 16 h 的状态调节。

5.2 尺寸测量

5.2.1 按 GB/T 6342—1996 规定用最小分度值 1 mm 的卷尺测量长度、宽度各三点。

5.2.2 按 GB/T 6342—1996 规定用精度 0.1 mm 量具测量厚度，在距边缘 30 mm 处开始测量，测量点不少于 5 点，每测量点间间隔应均匀。距长度方面边缘 80 mm 以外测量。

5.3 感官

5.3.1 色泽、污染在正常光线下目测。

5.3.2 气孔、两侧表皮用精确度为 0.5 mm 量具测量，裂缝长度用最小分度值 1 mm 卷尺测量。

5.3.3 气味：用鼻闻。

5.4 压陷性能

按 GB/T 10807—2006 规定的方法 B 进行。试样尺寸(380±20)mm×(380±20)mm×(50±2)mm，试样数量 3 个，测定压陷 25%和 65%时的压陷硬度。计算压陷 65%和 25%时的压陷硬度之比。

5.5 压缩永久变形的测定

按 GB/T 6669—2001 方法 A 规定进行，试验温度 70℃±2℃，试验时间 22 h，压缩试样厚度的 75%(压缩至试样厚度的 25%)。试样尺寸(50±1)mm×(50±1)mm×(25±1)mm，试样数量 5 个。

5.6 回弹性

按 GB/T 6670—1997 规定进行，试样尺寸(100±3)mm×(100±3)mm×(50±2)mm，试样数量

3个。

5.7 拉伸强度和伸长率

按GB/T 6344—1996规定进行，试验速度(500±50)mm/min，试样厚度10 mm，有效标距50 mm。试样数量5个。

5.8 撕裂强度

按GB/T 10808—2006规定进行，试验速度50 mm/min。试样尺寸(25±0.5)mm×(25±0.5)mm×(150±1)mm，试样一端切一50mm长的切口，试样数量3个。

5.9 干热老化后的拉伸强度及其变化率

按GB/T 9640—1988规定进行干热老化试验，试验温度140℃，放置16 h后，再按5.7测量拉伸强度。

干热老化后的拉伸强度变化值为干热老化前后拉伸强度之差与干热老化前拉伸强度之比。

5.10 湿热老化后的拉伸强度及其变化率

按GB/T 9640—1988规定进行湿热老化试验，试验温度105℃和100%相对湿度或过饱和蒸汽条件下放置3 h。再按5.7测量拉伸强度。

湿热老化后的拉伸强度变化值为湿热老化前后拉伸强度之差与湿热老化前拉伸强度之比。

5.11 恒定负荷反复压陷疲劳性能

5.11.1 按GB/T 10807—1989的方法A测量试样初始压陷硬度指数。试样尺寸(380±20)mm×(380±20)mm×(50±2)mm，试验速度(100±20)mm/min，压入试样厚度40%±1%。

5.11.2 按ISO 3385:1989规定进行试验，恒定负荷750 N，连续循环次数80 000次。

5.11.3 试样在无应力状态下调节(10.0±0.5)min后，再按5.11.1测量恒定负荷反复压陷疲劳后压陷硬度。

5.11.4 恒定负荷反复压陷疲劳后40%压陷硬度损失值为压陷疲劳前后的压陷硬度之差与压陷疲劳前的压陷硬度之比。

5.11.5 测量3个试样的恒定负荷反复压陷疲劳试验后40%压陷硬度损失值，结果取3个试样结果的平均值。

5.12 燃烧性能

燃烧性能的测定按GB 8410规定进行。

6 检验规则

6.1 检验分类

6.1.1 出厂检验

出厂检验项目为4.1、4.2、4.3、4.4中25%压陷硬度、65%/25%压陷比、拉伸强度、伸长率、撕裂强度、回弹率。

6.1.2 型式检验

型式检验为4.1、4.2、4.3、4.4、4.6的项目。有下列情况之一时应进行型式检验：

a) 新产品试制的定型鉴定；
b) 正式生产后，如结构、原料、工艺有重大改变，可能影响产品性能时；
c) 正常生产时每半年进行一次检验；
d) 产品长期停产半年后，恢复生产时；
e) 出厂检验结果与上次型式检验结果有较大差异时；
f) 国家质量监督机构提出进行型式检验的要求时。

6.1.3 鉴定检验

鉴定检验项目为第4章的全部项目。新产品试制定型鉴定时或产品质量有争议时进行。

6.2 组批和抽样

6.2.1 组批

同一原料、同一配方、同一工艺条件，连续生产数量不超过 100 t 为一批，箱式生产的数量不超过 10 t 为一批。

6.2.2 抽样

尺寸偏差及感官从切割后的产品中抽取三块。物理力学性能、恒定负荷反复压陷疲劳性能、燃烧性能试样从该批产品随机抽取。仲裁检验的试样从产品的中部切取。

6.3 判定规则

6.3.1 尺寸偏差及外观三块全部合格，该批为合格。其中一块任何一项不合格时，逐件剔除该批中的不合格品。

6.3.2 凡是 4.4、4.5 和 4.6 性能中的任何一项不合格时应重新从原批中双倍取样，对不合格项目进行复验，复验结果全部合格，则该批为合格。复验结果仍不合格则该批为不合格。

7 标志、包装、运输和贮存

7.1 产品应有合格证。产品应标志名称、类别、等级、数量、生产日期、批号、生产厂名称、生产厂地址和检验员章、本标准号等。

7.2 产品可用塑料袋、编织袋等包装。

7.3 产品在运输中严禁烟火，防止日晒、雨淋，避免长期受压和机械损伤。

7.4 产品应贮存在干净、通风、干燥的库房内，不得接近热源，不得与化学药品接触。

附 录 A
（资料性附录）
压陷性能类别、适用类型和应用领域

表 A.1 中给出了按恒定负荷反复疲劳压陷性能进行分类的类别、适用类型和应用领域。

表 A.1 类别、适用类型和应用领域

类别	适用类型	应用领域
AP	非常严峻	运输机械坐椅
BP	严峻	垫子、床垫
CP	一般	手扶椅、靠背
DP	轻微	其他的缓冲物

ICS 83.100
G 32

GB

中华人民共和国国家标准

GB/T 10807—2006/ISO 2439:1997
代替 GB/T 10807—1989

软质泡沫聚合材料 硬度的测定(压陷法)

Flexible cellular polymeric materials—Determination of hardness (indentation technique)

(ISO 2439:1997,IDT)

2006-03-10 发布 2006-10-01 实施

中华人民共和国国家质量监督检验检疫总局
中国国家标准化管理委员会 发布

前　言

本标准等同采用ISO 2439:1997《软质泡沫聚合材料——硬度的测定(压陷法)》。本标准除作了一些编辑性修改外,在技术内容上和编写方法上与ISO 2439:1997相同。

本标准代替GB/T 10807—1989《软质泡沫聚合材料压陷硬度试验方法》。

本标准与GB/T 10807—1989主要变化如下:

——“压头直径 200^{+3}_{0} mm,底部边缘有 $10^{+0.05}_{0}$ mm倒圆”更改为:“压头直径 200^{+3}_{0} mm,底部边缘倒圆半径为 $1.0^{+0.5}_{0}$ mm”;

——在状态调节中增加:“如果可以证明经放置16 h或48 h与72 h的试验结果之差不大于±10%,试验可以在放置16 h或48 h后进行”;

——增加一组状态调节条件。

——删除方法B试验结果中:“压陷65%的力除以压陷25%的之比”。

本标准由中国轻工业联合会提出。

本标准由全国塑料制品标准化技术委员会归口。

本标准由轻工业塑料加工应用研究所负责起草。

本标准主要起草人:曾新榕、史国庆。

本标准所代替标准的历次版本发布情况为:GB/T 10807—1989。

软质泡沫聚合材料　硬度的测定(压陷法)

1　范围

本标准规定了三种测定软质泡沫聚合材料压陷硬度的方法。

——方法 A:压陷硬度指数,给出了试验室的压陷测量方法;

——方法 B:压陷硬度特性,给出了硬度曲线测量方法;

——方法 C:压陷硬度检验,给出了用于质量控制的快速方法。

本标准适用于乳胶、聚氨酯(PU)、聚氯乙烯(PVC)开孔泡沫塑料。

本方法所得到的测试结果与测试条件有关。通常这个结果不能直接用于对产品进行的设计。

注:软质泡沫聚合材料压陷硬度是其承载性能的测定。本方法可用于对最终制品的测试和块状材料的性能表征。

2　规范性引用文件

下列文件中的条款通过本标准的引用而成为本标准的条款。凡是注日期的引用文件,其随后所有的修改单(不包括勘误的内容)或修订版均不适用于本标准,然而,鼓励根据本标准达成协议的各方研究是否可使用这些文件的最新版本。凡是不注日期的引用文件,其最新版本适用于本标准。

GB/T 2941—1991　橡胶试样环境调节和试验的标准温度、湿度及时间(eqv ISO 471:1983)

3　术语和定义

下列术语和定义适用于本标准。

3.1

压陷硬度

在规定条件、仪器及试验程序下,使标准试样达到一定变形所需要的力,单位为牛顿。

4　原理

在规定的试验条件下,测量产生规定压陷所需要的力。

5　仪器

5.1　试验机

试验机的压头应能垂直支撑表面方向匀速运动,运动速度为 100 mm/min±20 mm/min。

试验机的测力精度为±1%或±1 N,或更高的精度;应能测量载荷下试样厚度精度为±0.25 mm。

方法 C 中的试验机应有指针式压力计和/或自动绘制压陷曲线的装置。

试验机还应具有在规定的时间内,保持规定压陷变形量,精度为±0.25 mm。

5.2　支撑板

支撑板为刚性材料,表面应光滑、平整,并大于试样,支撑板具有直径约 6 mm 的多个孔,孔间距 20 mm,以便在试验过程中产生的气体的排出。

5.3　压头

压头表面光滑,但不需抛光,采用防止垂直运动的球型连接件进行装配或其他宜方法。压头直径为 200^{+3}_{0} mm,底部边缘倒圆半径为 $1.0^{+0.5}_{0}$ mm。

6 试样

6.1 形状和尺寸

试样边长 380^{+20}_{0} mm,厚度为(50±2) mm。小于标准厚度的试样应叠加以达到标准厚度。根据供需双方协商也可对最终制品进行测试。

注:叠加试样与标准试样的试验结果可能会有所不同。

6.2 试样取向

如果试样的泡孔结构具有方向性,则压陷力所施加的方向应由供需双方商定。通常,试验时的压陷方向应与产品实际使用时的受力方向一致。

6.3 状态调节

材料在生产后放置 72 h 后方可进行试验,如果可以证明经放置 16 h 或 48 h 与 72 h 的试验结果之差不大于±10%,试验可以在放置 16 h 或 48 h 后进行。

试验前将试样放在不受弯曲变形和破坏的条件下,选择 GB/T 2941—1991 给定的下列其中一种环境条件,进行不少于 16 h 的状态调节。

温度:(23±2)℃,相对湿度:(50±5)%;或

温度:(27±2)℃,相对湿度:(65±5)%。

这一状态调节时间可包括在生产之后 72 h 内。

试验应在同等环境下进行。

7 试验步骤

7.1 预压

按 6.3 的规定状态调节后立即进行试验。把试样放在支撑板表面上,使试样中心或商定的位置,置于压头下方,一侧有凹的试样应使有凹的一侧向支撑板。使压头缓慢下降,在试样表面施加 5^{0}_{-2} N 的力,测量其试样厚度。压头以(100±20) mm/min 的速度压陷试样,压入试样厚度的(70±2.5)%后,再以同样的速度卸载。重复加载和卸载两次,然后按照方法 A 或方法 B 或方法 C 进行试验。

7.2 方法 A——压陷硬度指数的测定

按 7.1 进行三次预压后,立即压陷试样,压入试样厚度(40±1)%,保持(30±1) s,记录相应的力(N),然后卸载。

采用非叠加的标准试样,按方法 A 测得的结果为压陷硬度指数。

7.3 方法 B——压陷硬度特性

按 7.1 进行三次预压后立即进行:

a) 压入试样厚度(25±1)%;

b) 保持此变形(30±1) s;

c) 测量力值;

d) 增加压力,压入试样厚度(40±1)%;

e) 保持此变形(30±1) s;

f) 测量力值;

g) 增加压力,压入试样厚度(65±1)%;

h) 保持此变形(30±1) s;

i) 测量力值。

采用标准试样,按方法 B 测得的结果称为压陷硬度特性,如果对产品直接进行测试,其结果为产品的压陷硬度特性。

注:方法 B 所测结果用压陷力值比表示,即压陷 25%、65%时测量的力值与 40%压陷力值的比。

7.4 方法C——压陷硬度检验

按7.1进行三次预压后，立即开始自动绘图记录或拨回测力仪表指针。压陷试样至(40±1)%，记录瞬时最大力值，以牛顿计。然后卸载。

方法C试验结果为压陷硬度检验。

注：方法C是压陷硬度的快速质量控制试验。该方法测得的结果变化较大，其结果与方法A的结果有关，但通常偏高。

8 重复试验

在同一块试样上做重复试验，至少要有16 h的恢复期。

9 试验报告

试验报告应包括下列内容：

a) 本标准编号；

b) 所使用的试验方法(如产品的压陷硬度特性)；

c) 试验条件(温度、湿度)；

d) 试验使用的材料或最终产品；

e) 试样尺寸及厚度；

f) 试样的重叠层数；

g) 试样的结皮情况；

h) 压陷硬度：100 N以下精确到1 N，大于100 N精确到5 N；

i) 与本标准的其他差别。

ICS 83.100
G 32

中华人民共和国国家标准

GB/T 10808—2006/ISO 8067:1989
代替 GB/T 10808—1989

高聚物多孔弹性材料 撕裂强度的测定

Flexible cellular polymeric materials—Determination of tear strength

(ISO 8067:1989,IDT)

2006-03-10 发布　　2006-10-01 实施

中华人民共和国国家质量监督检验检疫总局
中国国家标准化管理委员会　发布

前　言

本标准等同采用国际标准 ISO 8067:1989(E)《高聚物多孔弹性材料——撕裂强度的测定》,技术内容上完全等同 ISO 8067:1989,仅在文字上进行编辑性修改。

本标准与 ISO 8067:1989 的主要差异为:

——取消 ISO 前言;

——第 2 章的引导语按 GB/T 1.1—2000 规定编写。

本标准代替 GB/T 10808—1989《软质泡沫塑料撕裂性能试验方法》。

本标准与 GB/T 10808—1989 相比主要变化如下:

——修改了采用标准;

——修改了标准名称;

——修改了第 2 章内容;

——修改了试样长度和切口长度(本版第 4 章和 1989 版的 4.1);

——修改了拉伸速度范围(本版 7.3 和 1989 版的 6.2);

——增加了状态调节条件(本版第 6 章和 1989 版的第 5 章);

——修改了撕裂强度单位(本版 8.1 和 1989 版的第 8 章);

——修改了最大撕裂力值的有效记录长度(本版 7.5 和 1989 版的 6.2);

——增加图 2。

本标准由中国轻工业联合会提出。

本标准由全国塑料制品标准化技术委员会归口。

本标准起草单位:山东省塑料工业检测中心、北京工商大学、轻工业塑料加工应用研究所、山东省产品质量监督检验所。

本标准主要起草人:李莉、萧扬眉、陈倩、王兴东、刘路兴。

本标准所代替标准的历次版本发布情况为:GB/T 10808—1989。

高聚物多孔弹性材料 撕裂强度的测定

1 范围

本标准规定了厚度不小于24 mm的高聚物多孔弹性材料撕裂强度的测定方法。本标准测定的值代表在本试验方法条件下该材料的抗撕裂性能。

2 规范性引用文件

下列文件中的条款通过本标准的引用而成为本标准的条款。凡是注日期的引用文件,其随后所有的修改单(不包括勘误的内容)或修订版均不适用于本标准,然而,鼓励根据本标准达成协议的各方研究是否可使用这些文件的最新版本。凡是不注日期的引用文件,其最新版本适用于本标准。

GB/T 6342—1996 泡沫塑料与橡胶 线性尺寸的测定(idt ISO 1923:1981)

GB/T 17200—1997 橡胶塑料拉力、压力、弯曲试验机 技术要求(idt ISO 5893:1993)

3 仪器

所用仪器应满足下列要求:拉力试验机应能通过表盘指针、记录笔所绘制的曲线或显示屏来显示试样撕裂后的最大力值。拉力试验机以带有小惯性测力系统为佳,应符合GB/T 17200—1997中的2级要求。

4 试样

试样应为无表皮、孔洞以及模线的长方体。可用刀或模刀从片材上切取。如图1所示,每个试样的一边应有45 mm~55 mm长的切口,如果材料泡孔结构的主要方向(泡孔的取向性)明显,则进行撕裂的试样切口面应和此方向一致,即切口的长度方向应与泡孔的主上升方向相垂直。若不明显,试样切口的长度方向应考虑泡孔的主上升方向,并在报告中加以注明。

单位为毫米

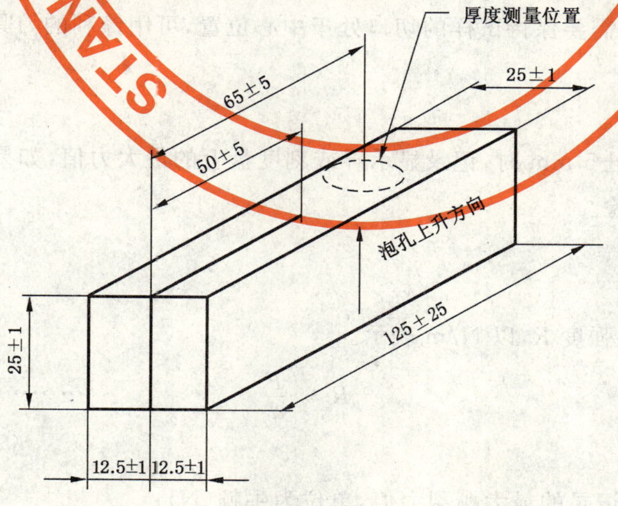

图1 撕裂试样

试样厚度的测量按照 GB/T 6342—1996 进行。

5 试样数量

试样数量为 3 个。

如果试验结果离散太大(见 8.2),或为补偿撕裂过程中的偏离 (见 7.5)时,需增加试样。

6 状态调节

试样在其生产后的 72 h 内不应进行试验,但对于特殊材料,这段时间可不同。

试验前试样应在下列条件之一中至少放置 16 h。

23℃±2℃,相对湿度 50%±5% 或

27℃±2℃,相对湿度 65%±5%

此阶段属于材料生产后的后阶段期。

注:建议仲裁检验应在材料生产的 7 d 后进行。

7 试验步骤

7.1 按图 1 所示的位置和方向测量试样的厚度。

7.2 小心将试片展开,置于试验机的夹具上,调到合适位置,如图 2 所示的方向给试片施加力。

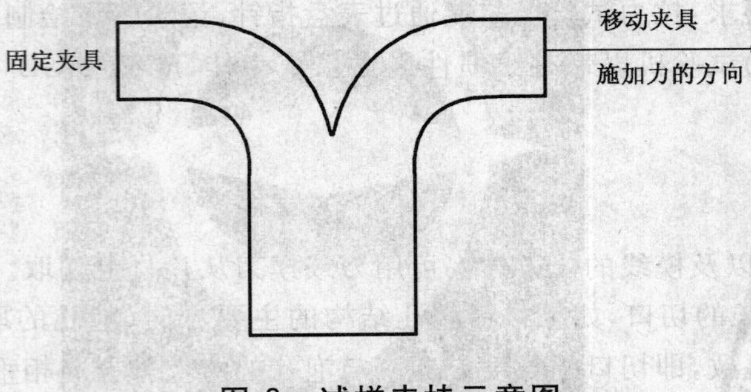

图 2 试样夹持示意图

7.3 夹具移动速度为 50 mm/min～500 mm/min。

注:仲裁时夹具移动速度应使用 50 mm/min±5 mm/min。

7.4 在撕裂过程中,如有需要保持试样的切口处于中心位置,可用锋利的刀具进行辅助切割,例如用单面剃须刀。

使用剃须刀时应当心。

7.5 当试样撕至 25 mm±5 mm 时,记录显示屏或刻度盘上的最大力值,如果试样在撕开 30 mm 前破坏,则应重新取样进行试验。

8 结果表示

8.1 用公式(1)计算撕裂强度 R,以 N/m 表示。

$$R = \frac{F}{d} \qquad \cdots\cdots(1)$$

式中:

F——试验仪器上所记录的最大撕裂力值,单位为牛顿(N);

d——试样初始的平均厚度,单位为米(m)。

8.2 取三个试样撕裂强度的中值出具报告。

如果一个或多个值超过中值的20%时，则需另外取两个试样进行测试，最终取五个试样的中值出具报告。

9 试验报告

试验报告应包括以下内容：

a) 本标准编号；

b) 材料说明以及试样使用的切割方法；

c) 状态调节条件；

d) 拉力机夹具移动速度；

e) 试样的切割位置，有必要时指出泡孔结构的主上升方向；

f) 撕裂过程中的任何偏离(造成额外取样试验的所有因素)；

g) 撕裂强度的中值。

ICS 11.040.70
Y 89

GB

中华人民共和国国家标准

GB 10810.2—2006

眼镜镜片 第2部分:渐变焦镜片

Uncut finished spectacle lenses—
Part 2:Progressive power spectacle lenses

(ISO 8980-2:2004,Ophthalmic optics—Uncut finished spectacle lenses—Part 2:Specifications for progressive power lenses,MOD)

2006-09-04 发布　　2007-02-01 实施

中华人民共和国国家质量监督检验检疫总局
中国国家标准化管理委员会　发布

前 言

GB 10810《眼镜镜片》分为：

——第 1 部分：单光和多焦点镜片；

——第 2 部分：渐变焦镜片；

——第 3 部分：透射比规范及测量方法；

——第 4 部分：抗反射膜的技术规范及测量方法；

——第 5 部分：表面耐磨性的最低要求。

本部分为 GB 10810 的第 2 部分。

本部分的第 4、6、7 章为强制性的，其余为推荐性的。

本部分修改采用 ISO 8980-2：2004《眼科光学——毛边眼镜镜片——第 2 部分：渐进焦眼镜镜片规范》。

本部分根据 ISO 8980-2：2004 重新起草，与 ISO 8980-2：2004 的技术差异为：

——引用 GB 17341—1998《光学和光学仪器　焦度计》(neq ISO 8598：1996)代替 ISO 8598《焦度计》和 ISO 7944《参考波长》。GB 17341 规定使用的波长为 $\lambda_e = 546.07$ nm，ISO 8598 规定使用的波长为 $\lambda_e = 546.07$ nm 或 $\lambda_d = 587.56$ nm；

——引用 GB 10810.1《眼镜镜片　第 1 部分：单光和多焦点镜片》替代 ISO 8980-1：2004《眼科光学——毛边眼镜镜片——第 1 部分：单光及多焦点眼镜镜片的规范》；

——将 ISO 13666 中的相关条款直接引入本部分；

——将 ISO 8980-2：2004 附录 A 中的“评价”和“试验方法”部分分别列入本部分 4.4 和 5.5 中；

——将 ISO 8980-2：2004 附录 A 中的内容改为渐变焦眼镜镜片各基准点位置示意图；

——删除了 ISO 8980-2：2004 的前言，增加了本部分的前言、目次和附录 B。

本部分的附录 A 和附录 B 为资料性附录。

本部分由中国轻工业联合会提出。

本部分由全国光学和光学仪器标准化技术委员会眼镜光学分技术委员会(SAC/TC 103/SC 3)归口。

本部分起草单位：东华大学、国家眼镜玻璃搪瓷制品质量监督检验中心、豪雅(上海)光学有限公司、苏拿(广州)树脂镜片制造有限公司、镇江万新光学眼镜有限公司。

本部分主要起草人：孟建国、唐玲玲、顾伟强、张松挺、杨志敏、欧阳晓勇。

本部分为首次发布。

眼镜镜片　第2部分:渐变焦镜片

1　范围

GB 10810 的本部分规定了毛边渐变焦眼镜镜片的要求、试验方法、标志和标识。

本部分适用于毛边渐变焦眼镜镜片。

2　规范性引用文件

下列文件中的条款通过 GB 10810 的本部分的引用而成为本部分的条款。凡是注日期的引用文件,其随后所有的修改单(不包括勘误的内容)或修订版均不适用于本部分,然而,鼓励根据本部分达成协议的各方研究是否可使用这些文件的最新版本。凡是不注日期的引用文件,其最新版本适用于本部分。

GB 10810.1　眼镜镜片　第1部分:单光和多焦点镜片(GB 10810.1—2005,ISO 8980-1:2004,MOD)

GB 17341—1998　光学和光学仪器　焦度计(neq ISO 8598:1996)

3　术语和定义

GB 10810 中确立的以及下列术语和定义适用于 GB 10810 的本部分。

3.1

渐变焦眼镜镜片　progressive power spectacle lenses

镜片的一个表面不是旋转对称的,在镜片的某一部分或整个镜片上,其顶焦度是连续变化的。

3.2

配适点　fitting point position

由制造商规定的,在镜片或半成品前表面上一点,作为在配镜者眼前对镜片定位的基准点。

3.3

配适点高度　fitting point height

配适点在镜片外缘最低点水平切线之上的垂直距离。

注:若镜片已倒角,其外缘就是倒角的尖端。

3.4

镜片的子午面　meridian of a lens

含有镜片光轴的各平面。

3.5

主子午面　principal meridian

与散光镜片的两焦线垂直或平行的两个相互正交的子午面。

3.6

FOA 焦度计　FOA focimeter (focimeter, focal point on axis)

当所试镜片的测量点处的棱镜度不为零时,焦度计的聚焦(测量点)仍在焦度计的光轴上。见图1。

注:本例包括手动调焦式焦度计及部分自动式焦度计。

3.7

IOA 焦度计　IOA focimeter (focimeter, infinite on axis)

当所试镜片的测量点处的棱镜度不为零时,测量光束是与焦度计光轴一致的准直光束,但焦度计的聚焦(测量)点不在焦度计的光轴上。见图2。

注:部分自动式焦度计使用本原理。

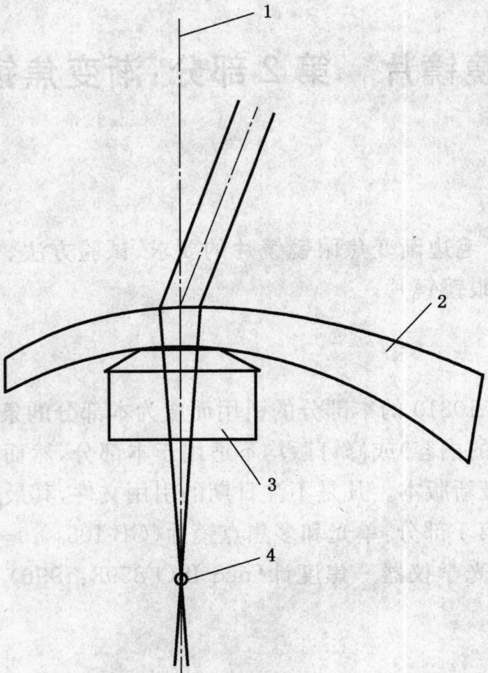

1——焦度计的光轴；

2——镜片；

3——焦度计支座；

4——在光轴上的聚焦点。

图 1 FOA 焦度计

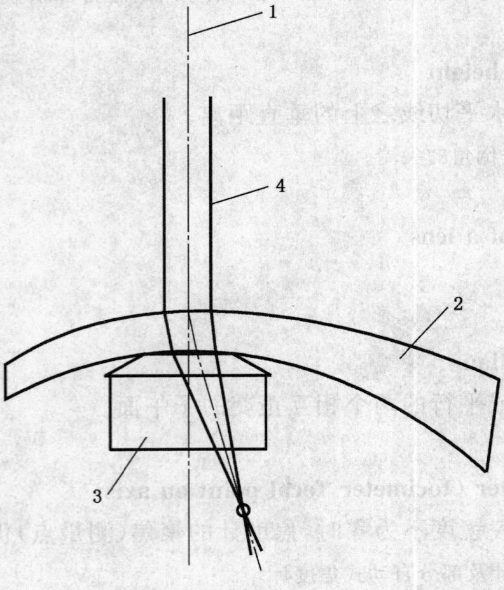

1——焦度计的光轴；

2——镜片；

3——焦度计支座；

4——轴上无限远。

图 2 IOA 焦度计

4 要求

4.1 测试条件

所有指标均应在测试温度为(23±5)℃的条件下适用。

4.2 光学要求

4.2.1 总则

光学参数允差应在镜片的相应基准点上进行测量。

配戴位置可能会使人眼的视觉焦度与由焦度计测定的结果有所不同。

如果制造商明示用修正值补偿所谓的配戴位置,允差就适用于修正后的数值,制造商应在包装或附件上表明修值(见7.1)。

测定的附加顶焦度值,在很大程度上受镜片的表面形状及其顶焦度影响,如:斜柱镜或高度负顶焦度镜片,渐变焦镜片的附加顶焦度测得值的偏差有可能超出上述的允差范围。必要时,制造商应提供修正值(见7.1)。

4.2.2 渐变焦镜片远用区后顶焦度

顶焦度值应使用符合GB 17341的规定的焦度计进行测定。

4.2.2.1 镜片顶焦度

镜片的远用区后顶焦度应符合表1中各主子午面允差A及柱镜顶焦度允差B。

表1 镜片顶焦度允差

单位为屈光度(D)

绝对值最大的主子午面上的顶焦度值	各主子午面顶焦度允差,*A*	柱镜顶焦度允差,*B*			
		0.00~0.75	>0.75~4.00	>4.00~6.00	>6.00
≥0.00~6.00	±0.12	±0.12	±0.18	±0.18	±0.25
>6.00~9.00	±0.18	±0.18	±0.18	±0.18	±0.25
>9.00~12.00	±0.18	±0.18	±0.18	±0.25	±0.25
>12.00~20.00	±0.25	±0.18	±0.25	±0.25	±0.25
>20.00	±0.37	±0.25	±0.25	±0.37	±0.37

4.2.2.2 柱镜轴位方向

柱镜轴位方向允差应符合表2规定,按5.2描述的方法进行测定。

表2 柱镜轴位方向允差

柱镜顶焦度值/*D*	≤0.50	>0.50~0.75	>0.75~1.50	>1.50
轴位允差(°)	±7	±5	±3	±2

4.2.3 附加顶焦度

近用附加顶焦度允差应符合表3规定,按5.4描述的方法进行测定。

表3 附加顶焦度允差

单位为屈光度(D)

近用区镜片附加顶焦度值	≤4.00	>4.00
允　差	±0.12	±0.18

4.2.4 光学中心和棱镜度

在棱镜基准点所测得的处方棱镜和减薄棱镜的总和偏差应符合表4的规定,按5.3描述的方法进行测定。

表4 光学中心和棱镜度的允差

单位为棱镜屈光度(Δ)

标称棱镜度	水平棱镜允差	垂直棱镜允差
0.00～2.00	$\pm(0.25+0.1\times S_{max})$	$\pm(0.25+0.05\times S_{max})$
>2.00～10.00	$\pm(0.37+0.1\times S_{max})$	$\pm(0.37+0.05\times S_{max})$
>10.00	$\pm(0.50+0.1\times S_{max})$	$\pm(0.50+0.05\times S_{max})$
注1：S_{max}表示绝对值最大的子午面上的顶焦度值。 注2：标称棱镜度包括处方棱镜及减薄棱镜。		

4.2.5 棱镜度基底取向

将标称棱镜度按其基底取向分解为水平和垂直方向的分量，各分量实测值的偏差应符合表4的规定。

附录B列举了棱镜度允差的几个计算实例。

4.3 几何尺寸允差

4.3.1 镜片直径

镜片直径分为下列几类：

a) 标称直径(d_n)：由制造厂标明的直径(mm)；

b) 有效直径(d_e)：镜片的实际直径(mm)；

c) 使用直径(d_u)：光学使用区的直径(mm)。

对应于镜片的标称直径的偏差应符合下列要求：

a) 有效尺寸(d_e)：$d_n-1\ \text{mm}<d_e\leqslant d_n+2\ \text{mm}$；

b) 使用尺寸(d_u)：$d_u\geqslant d_n-2\ \text{mm}$。

为处方特制的镜片由于其尺寸和厚度必须要满足所配装眼镜架的尺寸和形状的需要，其允差可以由供需双方协商决定，本条款不适用于这种镜片。

4.3.2 厚度

在镜片凸面的基准点上，垂直于该表面测定镜片的有效厚度值，测定值不应偏离标称值±0.3 mm。

4.4 表面质量和内在疵病

4.4.1 镜片表面应光洁，透视清晰，表面不允许有桔皮和霉斑。

4.4.2 在以棱镜基准点为中心，直径30 mm的区域内不能存在有影响视力的霍光、螺旋形等表面缺陷及内在疵病。

5 试验方法

5.1 远用区顶焦度和棱镜度

使用焦度计分别在制造商提供的远用基准点(DRP)处测定镜片的远用顶焦度以及在棱镜基准点(PRP)处测定镜片的棱镜度，各基准点的位置参见附录A。

5.2 柱镜轴位和棱镜基底取向

以制造商提供的永久性装配基准标记的连线为水平基准线，在远用基准点处测定柱镜轴位方向，在棱镜基准点处测定镜片的棱镜基底取向。

注：某些渐变焦眼镜镜片为达到减薄效应，在棱镜基准点处可能会出现垂直方向的棱镜度，但制造商必须标明该棱镜度值并在配镜时加以平衡。

5.3 光学中心和棱镜度

把镜片的后表面放在焦度计支座上对中，在镜片棱镜基准点进行测量，所测得的光学中心和棱镜度值按表4考核。

5.4 附加顶焦度

附加顶焦度有两种测量方法:前表面和后表面测量方法。除非生产商有特别声明,应选择含有渐变面上进行测量。

5.4.1 前表面的测量方法

将镜片前表面对着焦度计支座,把镜片安放好,使镜片的近用基准点在镜片支座上对中并测量近用顶焦度。

保持镜片前表面对着焦度计支座,将镜片的远用区基准点对中并测量远用顶焦度。

近光顶焦度和远光顶焦度的差值为该渐变焦镜片近用附加顶焦度。

5.4.2 后表面的测量方法

将镜片后表面对着焦度计支座,把镜片安放好,使镜片的近用基准点在镜片支座上对中并测量近用顶焦度。

保持镜片后表面对着焦度计支座,将镜片的远用区基准点对中并测量远用顶焦度。

近光顶焦度和远光顶焦度的差值为该渐变焦镜片近用附加顶焦度。

注:测量近用顶焦度和远用顶焦度也可以用聚焦式焦度计使标觇上垂直线聚焦最清晰或采用等效球镜法。

5.5 表面质量和内在疵病

不借助光学放大装置,在明或暗背景视场中进行镜片的检验。图 3 为推荐的检验系统。检验室周围光照约为 200 lx。检验灯的光通量至少为 400 lm,例如可用 15 W 的荧光灯或带有灯罩的 40 W 无色白炽灯。

注:检验者应经过培训并需要熟练的操作水平。

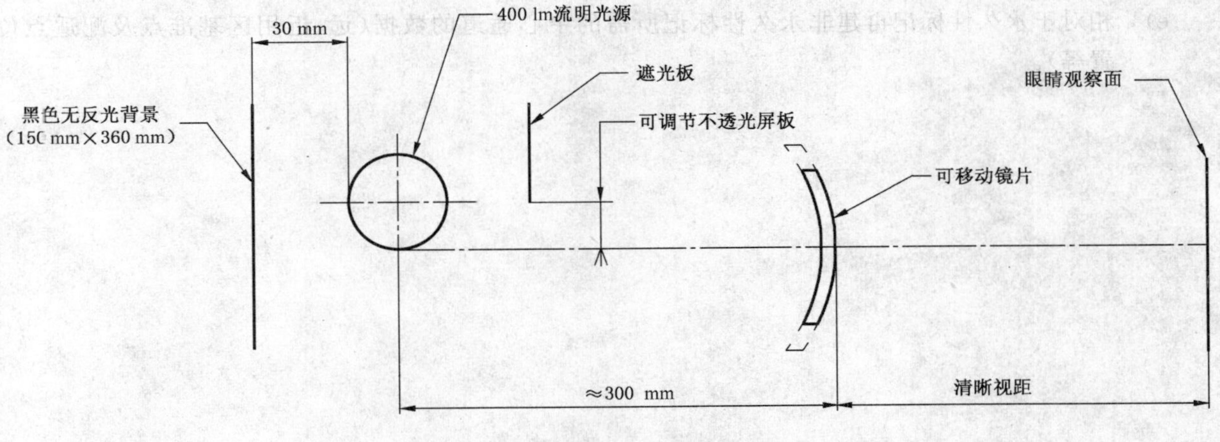

图 3 目视法检验镜片疵病的检测系统

6 标志

6.1 永久性标记

镜片至少有以下几个永久性标记(参见附录 A):

a) 配装基准:由两相距为 34 mm 的标记点组成,两标记点分别与一含有配适点或棱镜基准点的垂面等距;

b) 附加顶焦度值(D)。

6.2 非永久性选择性标记

a) 配装基准线;

b) 远用区基准点;

c) 近用区基准点;

d） 配适点；

e） 棱镜基准点。

7 标识

7.1 应在镜片包装袋上注明或在附件中说明的参数

a） 远用顶焦度(D)；

b） 附加顶焦度(D)；

c） 镜片标称尺寸(mm)；

d） 色泽(若非无色)；

e） 镀层的情况；

f） 材料牌号或折射率及制造商或供应商的名称；

g） 右眼或左眼；

h） 设计款式或商标；

i） 减薄棱镜。

7.2 信息

制造商应提供：

a） 中心或边缘厚度(mm)；

b） 基弯(D)；

c） 光学特性(包括色散系数及光谱透射比)；

d） 减薄棱镜(若应用)；

e） 相对于永久性标记再建非永久性标记所需的中心通道的数据(远、近用区基准点及配适点位置等)。

附　录　A
（资料性附录）
渐变焦眼镜镜片各基准点位置示意图

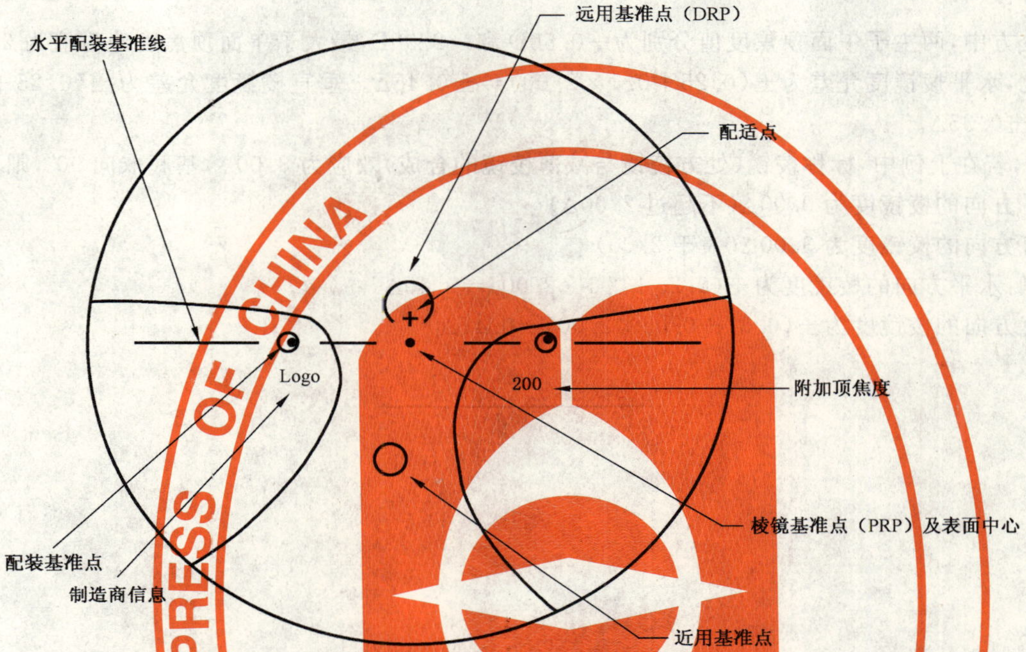

图 A.1　渐变焦眼镜镜片各基准点位置示意图

附　录　B
（资料性附录）
棱镜度允差的计算方法

例1，渐变焦远用区顶焦度：＋0.50/－2.50×20，标称棱镜度不超过2.00Δ。其棱镜度偏差的计算方法如下：

本处方中，两主子午面顶焦度值分别为＋0.50D和－2.00D，最大子午面顶焦度绝对值为2.00D。

因此，水平棱镜度允差为±(0.25＋0.1×2.00)＝±0.45Δ。垂直棱镜度允差为±(0.25＋0.05×2.00)＝±0.35Δ。

例2，若在上例中，标称棱镜（处方棱镜与减薄棱镜的合成）效应为3.00Δ，基底取向90°，则：

水平方向的棱镜度为0.00Δ(不超过2.00Δ)

垂直方向的棱镜度为3.00Δ(大于2.00)

所以：水平方向的棱镜度为±(0.25＋0.1×2.00)＝0.45Δ

垂直方向的棱镜度为±(0.37＋0.05×2.00)＝0.47Δ

ICS 11.040.70
Y 89

中华人民共和国国家标准

GB 10810.3—2006

眼镜镜片及相关眼镜产品 第3部分:透射比规范及测量方法

Spectacle lenses and related eye wear—Part 3: Transmittance specifications and test methods

(ISO 8980-3:2003, Ophthalmic optics—Uncut finished spectacle lenses—Part 3: Transmittance specifications and test methods, MOD)

2006-03-31 发布 2006-11-01 实施

中华人民共和国国家质量监督检验检疫总局
中国国家标准化管理委员会 发布

前　言

GB 10810 的本部分条文强制。第 5 章为强制性要求，其余为推荐性要求。

我国已经颁布 GB 10810.1—2005《眼镜镜片　第 1 部分：单光和多焦点镜片》，该部分对应于 ISO 8980-1的内容，规定了“单光或多焦点镜片”的顶焦度等技术指标及测量方法。本部分对应于 ISO 8980-3的内容。

GB 10810《眼镜镜片及相关眼镜产品》预计分为以下五个部分：

——第 1 部分：单光和多焦点镜片(对应于 ISO 8980-1)；

——第 2 部分：渐进多焦点镜片（对应于 ISO 8980-2)；

——第 3 部分：透射比技术规范及测量方法（对应于 ISO 8980-3)；

——第 4 部分：抗反射膜的技术规范及测量方法（对应于 ISO 8980-4)；

——第 5 部分：表面耐磨性的最低要求（对应于 ISO 8980-5)。

本部分为 GB 10810 的第 3 部分，对应于 ISO 8980-3《眼科光学——毛边镜片——第 3 部分：透射比技术规范及测量方法》。本部分修改采用 ISO 8980-3，修改内容如下：

——增加了对处方镜片、处方装成镜和装成太阳镜(含非处方镜和平光太阳镜镜片)等的要求。

——按照用途和透射比特性将眼镜产品分为四类。

——将眼镜镜片及处方镜的透射比要求用表 1 给出，将太阳镜镜片及装成太阳镜的透射比要求用表 2 给出。

——表 1 严格了对眼镜产品在紫外 UV-A 和 UV-B 波段透射比的要求，将眼镜产品的抗紫外线能力分为 UV-1、UV-2 和 UV-3 三档。其中对可见光光谱区域(380 nm～780 nm)的透射比要求统一简化为＞80％，对紫外 UV-B 波段(280 nm～315 nm)的透射比要求统一简化为＜1％，对紫外 UV-A 波段(315 nm～380 nm)的透射比提出不同指标的技术要求。

——将各类眼镜产品的透射比测量装置分为专用测量装置和分光光度计两类，并分别给出了对检测装置的计量要求。

——给出了检验规则。

——对镜片标志提出了一般要求和特殊要求。

——在附录 C 中给出了眼镜产品透射比测量装置原理示意图。

本部分的附录 A 和附录 B 为规范性附录，附录 C 和附录 D 为资料性附录。

本部分由中国计量科学研究院提出。

本部分由全国眼镜光学标准化分技术委员会(TC103/SC3)归口。

本部分起草单位：中国计量科学研究院。

本部分主要起草人：王莉茹、朱建平。

本部分为首次发布。

眼镜镜片及相关眼镜产品
第3部分：透射比规范及测量方法

1 范围

GB 10810 的本部分规定了对任意材料的眼镜镜片及相关眼镜产品的透射比特性的要求。本部分适用于相关眼镜产品，包括：配装成镜、装成太阳镜、太阳镜镜片、驾驶用镜、偏光镜、着(染)色镜、光致变色镜等。

本部分不适用于：

——用于医疗目的的具有特殊透射或吸收特性的眼镜镜片。

注：关于眼镜产品的光学和几何特性的要求已在 GB 10810.1，以及 GB 13511 和与 ISO 14889 等效的“眼镜镜片的基础要求”等国家标准中作了规定。

2 规范性引用文件

下列文件中的条款通过 GB 10810 的本部分的引用而成为本部分的条款。凡是注日期的引用文件，其随后所有的修改单(不包括勘误的内容)或修订版均不适用于本部分，然而，鼓励根据本部分达成协议的各方研究是否可使用这些文件的最新版本。凡是不注日期的引用文件，其最新版本适用于本部分。

GB/T 2828.1 计数抽样检验程序 第1部分：按接收质量限(AQL)检索的逐批检验抽样计划

GB 10810.1 眼镜镜片 第1部分：单光和多焦点镜片

JJF 1106 眼镜产品透射比测量装置校准规范

ISO 13666 眼科光学——眼镜镜片——名词术语

ISO 14889 眼镜镜片的基础要求

3 术语和定义

下列术语和定义适用于 GB 10810 的本部分。

3.1

可见辐射 visible radiation

能直接引起视感觉的光学辐射。

对于可见辐射的光谱区来说，没有一个明确的界限。因为它既与可利用的辐射功率有关，也与观察者的响应度有关。

在眼科光学领域，可见辐射的波长范围限定在(380～780) nm 之间。

[ISO 13666，定义 4.2]

3.2

紫外辐射 ultraviolet radiation

波长小于 380 nm 的光学辐射。

根据医学临床应用的需要，眼科光学领域对紫外辐射的波长范围限定在(200～380) nm 之间，即：

—— UV-A(长波紫外)：(315～380) nm；

—— UV-B(中波紫外)：(280～315) nm；

—— UV-C(短波紫外)：(200～280) nm。

[ISO 13666,定义 4.3]

3.3

光谱透射比 $\tau(\lambda)$　spectral transmittance

在任意指定的某一波长 λ 处,透过镜片的光谱辐通量与入射光谱辐通量之比。

[ISO 13666,定义 15.2]

3.4

光透射比 τ_V　luminous transmittance

透过镜片的光通量与入射光通量之比。

$$\tau_V = \frac{\int_{380\ \mathrm{nm}}^{780\ \mathrm{nm}} \tau(\lambda) \cdot V(\lambda) \cdot S_{D_{65}\lambda}(\lambda) \cdot d\lambda}{\int_{380\ \mathrm{nm}}^{780\ \mathrm{nm}} V(\lambda) \cdot S_{D_{65}\lambda}(\lambda) \cdot d\lambda} \times 100\% \quad \cdots\cdots(1)$$

式中：

$\tau(\lambda)$——定义见 3.3；

$V(\lambda)$——日光下平均人眼光谱光视效率函数(见附录 A)；

$S_{D_{65}\lambda}(\lambda)$——CIE 标准光源 D_{65} 的光谱分布函数(见附录 A)。

[ISO 13666,定义 15.4]

3.5

太阳紫外 A 波段透射比 τ_{SUVA}　transmittance in the solar ultraviolet A spectrum

(315～380) nm 的光谱透射比 $\tau(\lambda)$ 与 $E_{S\lambda}(\lambda)$ 和 $S(\lambda)$ 的加权平均透射比。

$$\tau_{SUVA} = \frac{\int_{315\ \mathrm{nm}}^{380\ \mathrm{nm}} \tau(\lambda) \cdot E_{S\lambda}(\lambda) \cdot S(\lambda) \cdot d\lambda}{\int_{315\ \mathrm{nm}}^{380\ \mathrm{nm}} E_{S\lambda}(\lambda) \cdot S(\lambda) \cdot d\lambda} \times 100\% \quad \cdots\cdots(2)$$

式中：

$\tau(\lambda)$——定义见 3.3；

$E_{S\lambda}(\lambda)$——太阳辐射的光谱功率分布函数(见附录 B)；

$S(\lambda)$——紫外辐射的相对光谱有效函数(见附录 B)。

[ISO 13666,定义 15.3.2]

3.6

太阳紫外 B 波段透射比 τ_{SUVB}　transmittance in the solar ultraviolet B spectrum

(280～315) nm 的光谱透射比 $\tau(\lambda)$ 与 $E_{S\lambda}(\lambda)$ 和 $S(\lambda)$ 的加权平均透射比。

$$\tau_{SUVB} = \frac{\int_{280\ \mathrm{nm}}^{315\ \mathrm{nm}} \tau(\lambda) \cdot E_{S\lambda}(\lambda) \cdot S(\lambda) \cdot d\lambda}{\int_{280\ \mathrm{nm}}^{315\ \mathrm{nm}} E_{S\lambda}(\lambda) \cdot S(\lambda) \cdot d\lambda} \times 100\% \quad \cdots\cdots(3)$$

式中：

$\tau(\lambda)$——定义见 3.3；

$E_{S\lambda}(\lambda)$——定义见 3.5；

$S(\lambda)$——定义见 3.5。

[ISO 13666,定义 15.3.3]

3.7

交通信号透射比 τ_{SIGN}　traffic signal transmittance

(380～780) nm 的光谱透射比 $\tau(\lambda)$ 与 $\tau_{SIGN}(\lambda)$、$V(\lambda)$ 和 $S_{A\lambda}(\lambda)$ 的加权平均透射比。

$$\tau_{SIGN} = \frac{\int_{380\,nm}^{780\,nm} \tau(\lambda) \cdot \tau_{SIGN}(\lambda) \cdot V(\lambda) \cdot S_{A\lambda}(\lambda) \cdot d\lambda}{\int_{380\,nm}^{780\,nm} \tau_{SIGN}(\lambda) \cdot V(\lambda) \cdot S_{A\lambda}(\lambda) \cdot d\lambda} \times 100\% \quad \cdots\cdots\cdots\cdots(4)$$

式中：

$\tau(\lambda)$——定义见 3.3；

$\tau_{SIGN}(\lambda)$——交通信号滤色片的光谱透射比(见附录 A)；

$V(\lambda)$——定义见 3.4；

$S_{A\lambda}(\lambda)$——CIE 标准光源 A 的光谱分布函数(见附录 A)。

[ISO 13666,定义 15.5]

3.8

相对视觉衰减因子 Q　relative visual attenuation coefficient Q-value

交通信号透射比 τ_{SIGN} 和光透射比 τ_V 之比。主要用于评价眼镜产品识别交通信号的能力。

$$Q = \frac{\tau_{SIGN}}{\tau_V} \quad \cdots\cdots\cdots\cdots(5)$$

式中：

$\tau(\lambda)$——定义见 3.3；

τ_{SIGN}——定义见 3.7。

[ISO 13666,定义 15.5]

3.9

无色镜片　clear lens

在光照情况下无明显可见颜色的镜片。

[ISO 13666,定义 8.1.7]

3.10

滤色片　unmounted filters

未装入镜架的各类有色镜片。

[EN 1836]

3.11

装成太阳镜　completed sunglass

镜片与镜架组装后的带有顶焦度(或平光)的框架太阳镜。

[EN 1836]

3.12

均匀着(染)色镜片　uniformly tinted lens

均匀染色、整体颜色无变化的镜片。

[ISO 13666,定义 8.1.9]

3.13

渐变着(染)色镜片　gradient-tinted lens

整体或局部表面颜色按照设计要求变化(透射比亦随之变化)的镜片。

[ISO 13666,定义 8.1.10]

3.14

光致变色镜片　photochromic lens

透射比特性随着光强和照射波长发生可逆变化的镜片。

注 1:一般设计为对(300～450) nm 波长范围内的太阳光产生反应。

注 2:透射比特性通常会受到环境温度的影响。

[ISO 13666,定义 8.1.11]

3.15

偏光镜片　polarizing lens

对不同的偏振入射光表现出不同透射比特性的镜片。

[ISO 13666,定义 8.1.12]

3.16

偏振面　the plane of polarization

透射比最大的方向所在的平面,与之垂直平面上的透射比为最小。

(EN 1836)

3.17

配装成镜　Mounted Spectacle Lenses

可以从生产商、销售商或市场上得到并直接使用的、已完成配装的各类带有顶焦度(或平光)的框架眼镜。

(ISO 21987)

4　分类

本部分按照用途和透射比特性将眼镜产品分为以下四类:

4.1　眼镜类

用于矫正视力(含平光镜片)的各类无色、均匀着色和渐变着色的眼镜镜片或配装成镜。

4.2　太阳镜类

用于遮阳目的各类有色镜片或装成太阳镜(含均匀着色、渐变着色镜片和偏光镜)。

4.3　驾驶用镜类

用于驾驶目的的各类镜片(含偏光镜)或专用装成镜,或可用于驾驶时配戴的太阳镜。

4.4　光致变色镜类

具有光致变色功能的各类镜片或配装成镜。

5　要求

5.1　通用要求

除非另有规定,本部分适用的环境温度为(23 ± 5)℃。

对各类镜片的透射比要求均指在镜片设计参考点得到的测量值。如未标明,则镜片的几何中心即为设计参考点。

测量光束在任何方向上的宽度不小于 5 mm。

5.2　眼镜类的透射比要求

眼镜类的透射比要求见表 1。

表 1 眼镜类的透射比要求

分 类	可见光谱区	紫外光谱区	
	τ_V (380～780) nm	τ_{SUVA} (315～380) nm	τ_{SUVB} (280～315) nm
UV-1	>80%	≤1%	≤1%
UV-2		1%<τ_{SUVA}≤10%	
UV-3		10%<τ_{SUVA}≤30%	

注 1：装成老视镜或近用镜只需满足可见光谱区的透射比要求即可。

注 2：装成镜左片和右片的光透射比相对偏差 $\frac{|\tau_{V左}-\tau_{V右}|}{(\tau_{V左},\tau_{V右})_{max}}$ 不应超过 15%。

5.3 太阳镜类的透射比要求

太阳镜类的透射比要求见表 2。

表 2 太阳镜类的透射比要求

分 类	可见光谱范围	紫外光谱范围	
	τ_V (380～780) nm	τ_{SUVA} (315～380) nm	τ_{SUVB} (280～315) nm
1	43%< τ_V≤ 80%	τ_V	≤1%
2	18%<τ_V≤ 43%	≤5%	
3	8%<τ_V≤ 18%		
4	3%<τ_V≤ 8%	≤0.5τ_V	

注 1：装成太阳镜左片和右片之间的光透射比相对偏差不应超过 15%。

注 2：夜用驾驶镜在紫外光谱范围内没有透射比要求。

注 3：偏光太阳镜按照镜片的分类及包装标志见表 2。

注 4：以遮阳目的为主的均匀着色或渐变着色镜片按照镜片分类及包装标志见表 2。

5.4 驾驶用镜类的透射比要求以及对交通信号的识别

驾驶用镜的透射比要求(见 ISO 14889)，对交通信号的识别(包装标志)应符合下列要求。

5.4.1 光透射比

驾驶用镜的光透射比 τ_V 不得小于 8%。

5.4.1.1 日用驾驶镜

在采用标准光源 D_{65} 的条件下，其设计参考点(或几何中心)处的光透射比 τ_V 必须大于或等于 8%。

5.4.1.2 夜用驾驶镜

在采用标准光源 D_{65} 的条件下，其设计参考点(或几何中心)处的光透射比 τ_V 必须大于或等于 75%。

5.4.2 光谱透射比

在(500～650) nm 波段内任意波长处的光谱透射比 $\tau(\lambda)$不小于 0.2τ_V。

5.4.3 交通信号灯识别的相对视觉衰减因子 Q

—— 红色：≥ 0.8；

—— 黄色：≥ 0.8；

—— 绿色：≥ 0.6；

——蓝色：≥0.4。

5.4.4 特殊功能驾驶用镜

除应满足5.4.1、5.4.2和5.4.3的要求外，还应同时满足生产厂家所标明的特殊功能的技术指标。

5.5 特殊镜片的透射比要求

5.5.1 光致变色类镜片

5.5.1.1 光透射比

按照镜片标志的类别见表1和表2。其中，被测样品在褪色状态下的光透射比应符合表1的要求；在变色状态下的光透射比应符合表2的要求。测量方法参照6.6。

5.5.1.2 光致变色响应值

被测样品在褪色状态下的光透射比 $\tau_V(0)$ 和经过15 min光照后变色状态下的光透射比 $\tau_V(15)$ 之间的比值应不小于1.25。即：$\tau_V(0)/\tau_V(15) \geq 1.25$

5.5.1.3 不同温度下的光致变色响应值(选择性测量)

应分别在5℃、23℃和35℃的温度条件下测量变色状态下样品的光透射比 $\tau_V(15)$，以确定被测样品在不同温度下的光致变色响应值。

注：厂商可以使用其他不同的温度，但应该提供相关技术资料。

5.5.1.4 中等光照度下的光致变色响应值(选择性测量)

将太阳光模拟器辐射强度衰减到30%后照射样品，并在变色状态下测量样品的光透射比 $\tau_V(15)$，以确定样品在中等光照度下的光致变色响应值。

5.5.2 偏光镜片

表2中1类偏光镜片平行于偏振面方向上的光透射比和垂直于偏振面方向上的光透射比之间的比值应大于4∶1；2类、3类和4类偏光镜片的比值应大于8∶1。

如果镜片带有偏振面的标志，则实际测得的偏振面与标志之间的偏差不应超过±3°。

6 测量

6.1 测量装置概述

应注意使用经计量溯源并检定合格的各类眼镜产品透射比测量装置。眼镜产品透射比测量装置一般分为专用测量装置和分光光度计两种。其中，专用测量装置指专门设计用于眼镜行业的、可直接测量各类带顶焦度的装成眼镜或眼镜镜片的透射比装置；工业用传统分光光度计一般只能测量各类平光镜片(测量带顶焦度的镜片时必须有相应的附加装置)。

眼镜产品透射比测量装置的原理见附录C。

透射比专用测量装置在测量各类装成镜时，其样品室空间至少应能满足框架眼镜的自由放置和中心定位的要求，同时还应保证能在两个相互垂直的方向上对偏光镜进行测量的要求。

6.2 测量装置计量性能要求

各类测量装置均应满足JJF1106的计量要求。其中：

用于对外出具公正数据(如产品计量和质检)的装置的透射比测量重复性应≤1.5%，透射比示值误差的绝对值应≤2%，相对视觉衰减因子 Q 的示值误差的绝对值应≤0.02。

商业装置的透射比测量重复性应≤2%，透射比示值误差的绝对值应≤3%，相对视觉衰减因子 Q 的示值误差的绝对值应≤0.04。

6.3 被测样品

如被测样品为平光样片时，样品的参考厚度建议为(2±0.1)mm，超过上述厚度时应加以注明。

6.4 光透射比 τ_V 和相对视觉衰减因子Q值的测量

测量光透射比 τ_V 时，应采用ISO /CIE 10526中定义的标准光源 D_{65} 的光谱分布函数和ISO /CIE 10527中定义的日光下平均人眼光谱光视效率函数。

用光谱透射比 $\tau(\lambda)$ 计算光透射比 τ_V 时，波长间隔应为 10 nm。小于 10 nm 的允许进行线性插值。

注：标准光源 D_{65} 的光谱分布函数 $S_{D_{65}\lambda}(\lambda)$ 和日光下平均人眼光谱光视效率函数 $V(\lambda)$ 的乘积见附录 A。

用光谱透射比 $\tau(\lambda)$ 计算相对视觉衰减因子 Q 值时，波长间隔应为 10 nm。小于 10 nm 的允许进行线性插值。

注：信号灯的光谱分布函数 $\tau_{SIGN}(\lambda)$、标准光源 A 的光谱分布函数 $S_{A\lambda}(\lambda)$ 和日光下平均人眼光谱光视效率函数 $V(\lambda)$ 的乘积见附录 A。

6.5 太阳紫外 A 波段透射比 τ_{SUVA} 和 B 波段透射比 τ_{SUVB} 的测量

测量太阳紫外 A 波段透射比 τ_{SUVA} 和 B 波段透射比 τ_{SUVB} 时，应使用太阳辐射的光谱功率分布函数和紫外辐射的相对光谱有效函数。

用光谱透射比 $\tau(\lambda)$ 计算 τ_{SUVA} 和 τ_{SUVB} 时，波长间隔应为 5 nm。小于 5 nm 的允许进行线性插值。

注：太阳辐射的光谱功率分布函数 $E_{S\lambda}(\lambda)$ 和紫外辐射的相对光谱有效函数 $S(\lambda)$ 的乘积见附录 B。

6.6 测量光致变色类镜片的特殊要求

6.6.1 样品预处理

将样品经过仔细清洗后，按照厂商提供的技术说明中规定的程序，使镜片处于褪色状态。如厂商未做规定，可将样品首先在(65±5)℃的暗室中放置(2.0±0.2)h，再在(23±5)℃的暗室中至少保存 12 h 后进行测量。

6.6.2 测量设备

6.6.2.1 光源要求

太阳光模拟器(使光致变色镜片变色的光源)的光谱分布，应尽可能与在空气质量 $m=2$，照度为 $(50\pm5)\times10^3$ lx情况下的太阳辐射的实际光谱能量分布相接近。

测量时使用的光源(如带滤光片的高压氙灯)，应能满足 $(50\pm5)\times10^3$ lx 的光出射度要求和表 3 中给出的在样品位置处的辐照度要求。应监控光源的辐射强度以修正光源输出的偏差。

表 3 用于光致变色镜片测量的光源要求

波长范围/nm	辐照度/(W/m²)	辐照度允差/(W/m²)
300～340	＜2.5	—
340～380	5.6	±1.5
380～420	12	±3.0
420～460	20	±3.0
460～500	26	±2.6

对于中等光照度下的光致变色响应值和光致变色夜用驾驶镜，应在 $(15\pm1.5)\times10^3$ lx 条件下进行测量，并将表 3 中的辐照度值乘以 0.3。通过在光路中放入一个无色滤光片即可实现太阳光模拟器和测试光源辐射强度的衰减。

注：应确保透射比测量不受到光源的干扰。

6.6.2.2 样品室

使用太阳光模拟器照射时，应将样品保持在规定的 5℃、23℃或 35℃的温度条件下，温度波动应控制在±2℃以内。

注 1：可采用浸泡法控制温度。样品浸泡在水中后会减小表面反射，因此用浸泡法得到的透射比可能需要修正，以与空气中的透射比值等效。可用与样品折射率偏差在±0.01 以内的非光致变色测试样品来校准设备。

注 2：采用浸泡法时，为了避免镜片吸水后光致变色性能改变，应避免过长时间的浸泡样品。

6.6.3 褪色状态下的光透射比

被测样品按照 6.6.1 的要求进行处理后，不再接受任何光照，用 6.6.2 所述设备直接测量，得到褪色状态下的光透射比 $\tau_V(0)$。

6.6.4 变色状态下的光透射比

被测样品按照 6.6.1 的要求进行处理后，用 6.6.2 规定的太阳光模拟器照射样品(15±0.1)min，用

6.6.2 所述设备测量，得到变色状态下的光透射比 $\tau_V(15)$。

6.6.5 不同温度下的光透射比

测量样品不同温度下的光透射比时，应分别在(5±2)℃和(35±2)℃的温度条件下，重复 6.6.3 和 6.6.4 的步骤即可。

6.6.6 中等光照度下的光透射比

测量样品在中等光照度下的光透射比时，应注意使用 6.6.2 规定的经过衰减的太阳光模拟器和测试光源，重复 6.6.3 和 6.6.4 的步骤即可。

6.6.7 光致变色夜用驾驶镜的光透射比

被测样品按照 6.6.1 的要求进行处理后，应注意使用 6.6.2 规定的经过衰减的太阳光模拟器照射(15±0.1)min。然后按照厂商的说明，将样品置于暗室或弱辐射环境中，在(23±2)℃温度下保存(60±1)min后，再用 6.6.2 所述设备测量，得到样品的光透射比 τ_V。

6.7 偏光镜片的偏振特性测量

6.7.1 偏振面标志的偏差

6.7.1.1 测量设备(见图 1)

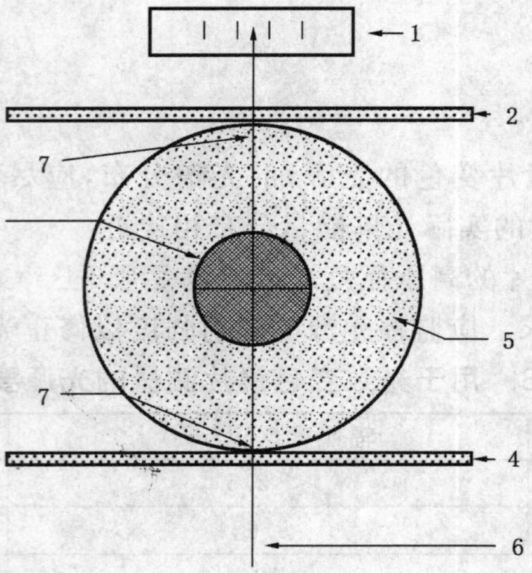

1——角度标尺；
2——上定位条；
3——检偏振器；
4——下定位条；
5——被测偏光镜片；
6——指针；
7——被测偏光镜片的偏振标志。

图 1 偏振面测量装置示意

如图 1 所示，把一个已知偏振面的圆形偏振片分割成两个半圆，分割线与偏振面的夹角为 3°。将任意一个半圆翻转 180°后与另一个半圆粘合成一个圆形偏振片，就组成用于测量的检偏振器，其圆心固定在一个转轴上，使检偏振器可以绕圆心转动。转轴上同时有一个与检偏振器分割线垂直的指针，可与检偏振器同步转动，通过设备上的角度标尺(至少可显示±3°)，即可知道检偏振器转动的角度。设备上的漫射光源从后方照射检偏振器。

6.7.1.2 测量步骤

首先将检偏振器的分割线调整到水平方向，指针则位于垂直方向，即角度标尺的零位处。将待测的偏光镜片安装在检偏振器和光源之间，样品面向检偏振器放置。要求被测镜片的中心与检偏振器的中心相重合，偏振标志与指针重合，用光源照射被测镜片。

如果检偏振器的上下部分具有相同的视场亮度，则表明被测镜片实际的偏振面与偏振标志重合，角度偏差为零。

如果检偏振器的上下部分的视场亮度不同，则表明被测镜片实际的偏振面与偏振标志不重合。左右转动检偏振器，直到检偏振器的上下部分具有相同的视场亮度。此时指针指示的标尺上的角度（正或负），就是被测镜片实际偏振面与其偏振标志之间的角度偏差，应满足5.5.2的规定。

6.7.2 光透射比

如果使用非偏振光作为测量光束，则在任何方向得到的测量结果都是偏光镜片的光透射比；

如果使用偏振光作为测量光束，则应分别测量偏光镜片在任意两个互相垂直方向上的透射比，并取其平均值作为被测镜片的光透射比。

6.7.3 光透射比的比值

分别测量平行和垂直于偏光镜片偏振面方向上的光透射比。用平行方向的光透射比除以垂直方向的光透射比就得到被测镜片光透射比的比值。

测量时应在光路中使用一个已知偏振面的起偏器。

测量平行于被测镜片偏振面上的光透射比时，起偏器的偏振面应调到与被测镜片偏振面平行的位置；测量垂直于被测镜片偏振面上的光透射比时，起偏器的偏振面应调到与被测镜片偏振面相垂直的位置。

7 检验规则

7.1 检验规则

出厂产品按本部分规定的技术要求进行逐项检验或验收。同一次交付的同一种规格的产品经检验合格后，根据测量参数及本部分的分类，视为同一种规格的同一批号产品。

7.2 检验或抽样水平

出厂的批量产品按GB/T 2828.1的一般检验水平Ⅱ，AQL为4.0进行验收或抽样，接收质量限为4.0，见表4。

表4 抽样方案

产品批量范围 N	合格质量水平（AQL＝4.0）		
	抽样样本大小 n	接收数 Ac	拒收数 Re
0～90	10	1	2
90～150	20	2	3
151～280	32	3	4
281～500	50	5	6
501～1 200	80	7	8
1 201～3 200	125	10	11
3 201～10 000	200	14	15
10 001～35 000	315	21	22

7.3 其他

对特殊要求的产品，可按供需双方的要求另定协议。

8 标志、包装、运输和贮存

8.1 标志

8.1.1 一般要求

每个镜片均应有独立的包装袋，包装袋上除应提供与 GB 10810.1 的规定相同的信息以外，还应提供下列信息：

a) 镜片标志；

b) 按照本部分第 4 章所进行的分类；

c) 按照本部分表 1 或表 2 的分类；

d) 执行标准的代号。

8.1.2 特殊要求

8.1.2.1 太阳镜类

太阳镜能否用作驾驶用镜，应提供下列警示文字：

如：不能用于驾驶；

或：可用于白天驾驶；

或：可用于夜间驾驶等。

8.1.2.2 驾驶用镜类(含偏光镜)

应提供下列警示文字：

如：只限白天驾驶用；

或：只限夜间驾驶用；

或：其他需明示的特殊功能。

8.2 包装

8.2.1

每片装一纸袋，根据不同屈光度，分别以 5 副、6 副、10 副或 20 副装一纸盒。盒上除注明 8.1 的内容外，尚需标明数量、出厂日期和检验标记。

8.2.2

外包装箱除标明纸盒上全部内容外，尚需标记易碎制品，防震、防潮、轻放等字样或标记。

8.3 运输

运输、搬运时必须轻放轻卸，严禁碰撞、雨淋、受潮。

8.4 贮存

贮存时应注意通风干燥，防止受潮。

附 录 A
（规范性附录）
用于可见光透射比特性的计算数据

用于可见光透射比特性的计算数据见表A.1。

表 A.1 月于可见光透射比特性的计算数据

波长/nm	$S_{A\lambda}(\lambda)\cdot\tau_{SIGN}(\lambda)\cdot V(\lambda)$				$S_{D_{65}\lambda}(\lambda)\cdot V(\lambda)$
	红色信号	黄色信号	绿色信号	蓝色信号[a]	
380	0	0	0	0.000 1	0
390	0	0	0	0.000 8	0.000 5
400	0	0	0.001 4	0.004 2	0.003 1
410	0	0	0.004 7	0.019 4	0.010 4
420	0	0	0.017 1	0.088 7	0.035 4
430	0	0	0.056 9	0.352 8	0.095 2
440	0	0	0.128 4	0.867 1	0.228 3
450	0	0	0.252 2	1.596 1	0.420 7
460	0	0	0.485 2	2.638 0	0.668 8
470	0	0	0.902 1	4.040 5	0.989 4
480	0	0	1.671 8	5.902 5	1.524 5
490	0	0	2.997 6	7.886 2	2.141 5
500	0	0	5.355 3	10.156 6	3.343 8
510	0	0	9.083 2	13.056 0	5.131 1
520	0	0.181 7	13.018 0	12.836 3	7.041 2
530	0	0.951 5	14.908 5	9.663 7	8.785 1
540	0	3.279 4	14.762 4	7.206 1	9.424 8
550	0	7.518 7	12.468 7	5.780 6	9.792 2
560	0	10.734 2	9.406 1	3.254 3	9.415 6
570	0	12.053 6	6.328 1	1.397 5	8.675 4
580	0.428 9	12.263 4	3.896 7	0.848 9	7.887 0
590	6.628 9	11.660 1	2.164 0	1.015 5	6.354 0
600	18.238 2	10.521 7	1.127 6	1.002 0	5.374 0
610	20.382 6	8.965 4	0.619 4	0.639 6	4.264 8
620	17.654 4	7.254 9	0.296 5	0.325 3	3.161 9
630	13.291 9	5.353 2	0.048 1	0.335 8	2.088 9
640	9.384 3	3.735 2	0	0.969 5	1.386 1
650	6.069 8	2.406 4	0	2.245 4	0.810 0
660	3.646 4	1.441 8	0	1.359 9	0.462 9

表 A.1(续)

波长/nm	$S_{A\lambda}(\lambda)\cdot\tau_{SIGN}(\lambda)\cdot V(\lambda)$				$S_{D_{65}\lambda}(\lambda)\cdot V(\lambda)$
	红色信号	黄色信号	绿色信号	蓝色信号[a]	
670	2.005 8	0.789 2	0	0.630 8	0.249 2
680	1.114 9	0.437 6	0	1.216 6	0.126 0
690	0.559 0	0.219 1	0	1.149 3	0.054 1
700	0.290 2	0.113 7	0	0.712 0	0.027 8
710	0.153 3	0.060 1	0	0.391 8	0.014 8
720	0.074 2	0.029 0	0	0.205 5	0.005 8
730	0.038 6	0.015 2	0	0.104 9	0.003 3
740	0.023 2	0.008 9	0	0.051 6	0.001 4
750	0.007 7	0.003 0	0	0.025 4	0.000 6
760	0.004 5	0.001 7	0	0.012 9	0.000 4
770	0.002 2	0.000 9	0	0.006 5	0
780	0.001 0	0.000 4	0	0.003 3	0
总和	100	100	100	100	100

[a] 对蓝色信号,用 3 200 K 的光谱分布代替标准 A 光源。

附 录 B
（规范性附录）
用于太阳紫外透射比特性的计算数据

用于太阳紫外透射比特性的计算数据见表 B.1。

表 B.1 用于太阳紫外透射比特性的计算数据

波 长/ nm	太阳光谱辐射 $E_{S\lambda}$/(mW/m²nm)	相对光谱有效函数 $S(\lambda)$	加权函数 $W_\lambda = E_{S\lambda}S(\lambda)$
280	0	0.88	0
285	0	0.77	0
290	0	0.64	0
295	2.09×10^{-4}	0.54	0.000 11
300	8.10×10^{-2}	0.30	0.024 3
305	1.91	0.060	0.115
310	11.0	0.015	0.165
315	30.0	0.003	0.090
320	54.0	0.001 0	0.054
325	79.2	0.000 50	0.040
330	101	0.000 41	0.041
335	128	0.000 34	0.044
340	151	0.000 28	0.042
345	170	0.000 24	0.041
350	188	0.000 20	0.038
355	210	0.000 16	0.034
360	233	0.000 13	0.030
365	253	0.000 11	0.028
370	279	0.000 093	0.026
375	306	0.000 077	0.024
380	336	0.000 064	0.022

附 录 C
（资料性附录）
眼镜产品透射比测量装置原理示意图

眼镜产品透射比专用测量装置的原理示意见图C.1，分光光度计的原理示意见图C.2。

用于对外出具公正数据（如产品计量和质检）的装置的透射比测量重复性应≤1.5%，透射比示值误差的绝对值应≤2%，相对视觉衰减因子Q的示值误差的绝对值应≤0.02。

商业装置的透射比测量重复性应≤2%，透射比示值误差的绝对值应≤3%，相对视觉衰减因子Q的示值误差的绝对值应≤0.04。

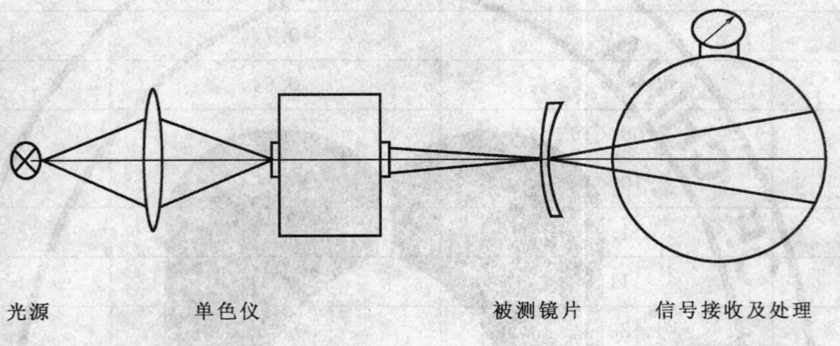

图C.1 眼镜产品透射比专用测量装置原理

图C.1给出了眼镜产品透射比专用装置的测量原理示意。该装置可直接测量市场上各类带顶焦度的处方镜、装成太阳镜、眼镜镜片以及平光镜，对被测样品没有特殊要求。

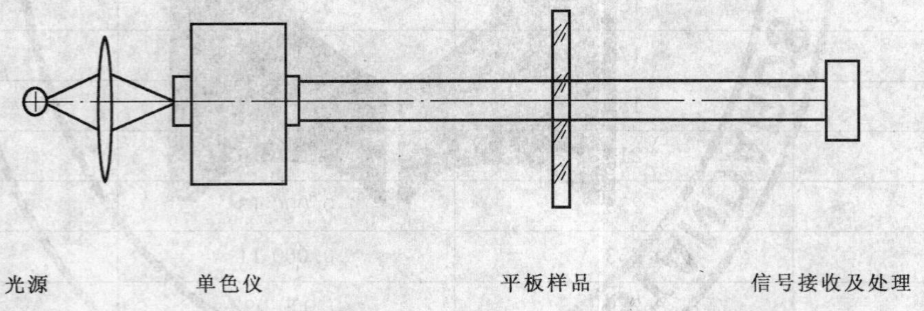

图C.2 分光光度计测量平板样品原理图

图C.2给出了分光光度计的测量原理示意。分光光度计一般只能测量平光镜片或平光样品。如测量带顶焦度的镜片时，则必须增添相应的附加装置，并按规定对测量结果进行加权积分。

附 录 D
（资料性附录）
本部分与 ISO 8980-3:2003 的技术性差异及其原因

为了适应国际眼科光学技术的快速发展，适应国际组织对国际标准的内容和结构进行合理调整的新趋势，新制定的国家标准应具有一定的前瞻性和较长期的适用性。中国是眼镜使用和进出口大国，在采用国际标准的同时，还需要兼顾与其他先进国家标准的协调性。为此，我们在制定本部分的过程中，也对 EN1836 欧盟标准和 ANSI Z80.3 美国标准中有关透射比的内容及动态进行了充分的了解和考虑。

本部分与 ISO 8980-3 的技术性差异及原因见表 D.1。

表 D.1 本部分与 ISO 8980-3:2003 的技术性差异及原因

本部分章条号	技术性差异	原 因
1	ISO 8980-3 仅针对眼镜镜片； 本部分重点增加了对配装成镜的透射比特性的要求。	适应中国市场的特殊需求； 中国自行研制的中心透射比标准装置解决了带顶焦度和复曲面的镜片及成镜的检测，具有自主知识产权。
2	ISO 8980-3 根据透射比特性将镜片分为四类； 本部分按照用途和透射比特性将眼镜产品分为四类。	因为增加了对配装成镜等相关眼镜产品的技术要求，为了使用方便，需要对分类方法加以改进。
5	ISO 8980-3 的表 1 规定了五种透射比类型及指标； 本部分将五种类型的指标按照新的分类方法分别用表 1 和表 2 列出，并严格了紫外部分的要求。	将普通镜片和太阳镜的指标分别用表 1 和表 2 给出，便于理解并提高了可操作性； 中国市场已经完全可以满足对紫外部分指标的严格要求，有助于更好的保护广大患者的身心健康。
6	由于技术上的局限性，ISO 8980-3 仅给出了分光光度计的测量方法； 本部分增加了具有中国自主知识产权的透射比专用装置的检测方法和要求，填补了国际空白。	分光光度计只能测量平面平光样品，故 ISO 标准需要对被测样品进行严格限定； 专用装置解决了对配装成镜、带屈光度镜片、复曲面镜片等产品的特殊测量要求，体现了中国的先进技术，同时也满足了量大面广的中国市场产品质量监督的需求。
7	ISO 8980-3 中没有检验规则的规定。	国家标准的特殊要求。

ICS 23.100
J 19

中华人民共和国国家标准

GB/T 10856—2006
代替 GB/T 6821—1986,GB/T 10856—1989

双涡轮液力变矩器　技术条件

Double turbine torque converter—Specification

2006-07-19 发布　　　　2007-01-01 实施

中华人民共和国国家质量监督检验检疫总局
中国国家标准化管理委员会　发布

前　言

本标准代替 GB/T 10856—1989《双涡轮液力变矩器通用技术条件》和 GB/T 6821—1986《双涡轮液力变矩器主要参数》。

本标准的主要参数内容与 GB/T 6821—1986 相比主要变化是：

——公称力矩的上限值增大；

——功率范围及极限输入力矩对有效直径为 280、315 mm 尺寸档的上限值亦相应增大。

本标准的其他技术内容与 GB/T 10856—1989 相比主要变化如下：

——在技术参数及性能指标中增加了零速工况时，泵轮转速等于 1 000 r/min 时的泵轮力矩 M_{Bg0}；

——取消附录 B“对应于各种平衡等级 G 的允许偏心距”，改为直接引用 GB/T 9239—1988《刚性转子平衡品质许用不平衡的确定》；

——关于变矩器清洁度的要求，引用 JB/T 10223—2001《工程机械液力变矩器清洁度检测方法及指标》；

——增加了 7.2“双涡轮液力变矩器按接收质量限(AQL)检索的逐批检验抽样计划”；

——取消了关于三包期的具体规定。

本标准的附录 A 是规范性附录。

本标准由中国机械工业联合会提出。

本标准由机械工业工程机械标准化技术委员会归口。

本标准起草单位：天津工程机械研究院、天津鼎盛工程机械有限公司。

本标准的主要起草人：戴德修、李淑萍。

本标准所代替标准的历次版本发布情况为：

——GB/T 6821—1986；

——GB/T 10856—1989。

双涡轮液力变矩器　技术条件

1　范围

本标准规定了双涡轮液力变矩器的有效直径、公称力矩、技术要求、试验方法、检验规则和标志、包装、运输、贮存。

本标准适用于工程机械、建筑机械、运输及港口机械、石油机械、林业机械用功率为 29.4 kW～235.2 kW，转速范围为 1 500 r/min～2 800 r/min 的双涡轮液力变矩器。

2　规范性引用文件

下列文件中的条款通过本标准的引用而成为本标准的条款。凡是注日期的引用文件，其随后所有的修改单（不包括勘误的内容）或修订版均不适用于本标准，然而，鼓励根据本标准达成协议的各方研究是否可使用这些文件的最新版本。凡是不注日期的引用文件，其最新版本适用于本标准。

GB/T 275　滚动轴承与轴和外壳的配合

GB/T 2828.1　计数抽样检验程序　第 1 部分：按接收质量限（AQL）检索的逐批检验抽样计划（GB/T 2828.1—2003，ISO 2859-1：1999，IDT）

GB/T 3858　液力传动术语

GB/T 7680　液力变矩器性能试验方法

GB/T 9239　刚性转子平衡品质　许用不平衡的确定

GB/T 10095.1　渐开线圆柱齿轮　精度　第 1 部分：轮齿同侧齿面偏差的定义和允许值

GB/T 10095.2　渐开线圆柱齿轮　精度　第 2 部分：径向综合偏差与径向跳动的定义和允许值

GB/T 13306　标牌

GB/T 13384　机电产品包装通用技术条件

JB/T 9712　液力变矩器叶轮铸造技术条件

JB/T 10223　工程机械液力变矩器清洁度检测方法及指标

JB/T 53423　液力变矩器可靠性试验方法

3　术语和定义

GB/T 3858 确立的以及下列术语和定义适用于本标准。

3.1

转换工况点转速比　speed ratio at transition

i_Z

在牵引工况下，双涡轮液力变矩器由二个涡轮共同工作输出力矩转换到第二涡轮单独工作输出力矩，或由第二涡轮单独工作输出力矩转换到二个涡轮共同工作输出力矩的转速比。

3.2

高转速比区　range of higher speed ratio

在牵引工况下，转速比大于 i_Z 的区间。

3.3

低转速比区　range of lower speed ratio

在牵引工况下，转速比小于 i_Z 的区间。

3.4

公称力矩　nominal torque

在牵引工况区的变矩段，泵轮转速等于 1 000 r/min 和高转速比区最高效率工况时，泵轮所吸收的力矩。

公称力矩按式(1)计算：

$$M_{Bg}=\frac{M_{B\eta}}{(n_B/1\ 000)^2} \quad \cdots\cdots(1)$$

式中：

M_{Bg}——公称力矩，单位为牛米(N·m)；

$M_{B\eta}$——在牵引工况区的变矩段，泵轮转速等于 n_B 和高转速比区最高效率工况时泵轮所吸收的力矩，单位为牛米(N·m)；

n_B——泵轮试验转速，单位为转每分钟(r/min)。

3.5

低转速比区的最高效率　max efficiency in lower speed ratio range

$\eta_{\mathrm{I}\,max}$

在牵引工况下，低转速比区中效率的最大值为最高效率。

3.6

低转速比区的最高效率工况　max efficiency condition in lower speed ratio range

$i_{\mathrm{I}\eta}$

在牵引工况下，低转速比区中最高效率所对应的工况。

3.7

高转速比区的最高效率　max efficiency in higher speed ratio range

$\eta_{\mathrm{II}\,max}$

在牵引工况下，高转速比区中效率的最大值为最高效率。

3.8

高转速比区的最高效率工况　max efficiency condition in higher speed ratio range

$i_{\mathrm{II}\eta}$

在牵引工况下，高转速比区中最高效率所对应的工况。

3.9

泵轮标定力矩系数　declared torque factor of impeller

$\lambda_{B\eta}$

在牵引工况下，高转速比区中相应于最高效率工况的泵轮力矩系数值。

3.10

第一涡轮　first turbine

液流从泵轮流出后，沿液流流动方向排列的第一个涡轮为第一涡轮。

3.11

第二涡轮　second turbine

液流从泵轮流出后，沿液流流动方向排列的第二个涡轮为第二涡轮。

4　主要参数

双涡轮液力变矩器的主要参数应符合表 1 的规定。

表 1

有效直径/mm	公称力矩/(N·m)	最高泵轮转速/(r/min)	功率范围/kW	极限输入力矩/(N·m)
280	26.0～59.0	2 800	29.4～74.5	400
315	46.0～105.4	2 600	40.4～122.6	765
355	84.0～192.0	2 400	58.8～176.4	1 099
380[a]	119.0～257.0	2 300	88.2～235.2	1 472

a 380 为优先数系 R10 的化整数，作为保留系列尺寸。

5 技术要求

5.1 一般要求

双涡轮液力变矩器产品应符合本标准的规定，并按照经规定程序批准的图样及文件制造。

5.2 技术参数及性能指标

5.2.1 双涡轮液力变矩器的性能指标应包括下列内容：

a) 公称力矩 M_{Bg} 或泵轮标定力矩系数 $\lambda_{B\eta}$；

b) 零速工况时，泵轮转速等于 1 000 r/min 时的泵轮力矩 M_{Bg0}；

c) 泵轮的最大力矩系数 λ_{Bmax}；

d) 最高转速；

e) 泵轮转速为所匹配动力机标定转速时的指标：

——低转速比区和高转速比区的最高效率 $\eta_{\mathrm{I}\,max}$、$\eta_{\mathrm{II}\,max}$；

——零速变矩系数 K_0；

——效率大于 75%的高效范围。

5.2.2 双涡轮液力变矩器产品，各主要性能参数值的极限偏差应符合下列规定：

a) 公称力矩 M_{Bg} 或泵轮标定力矩系数 $\lambda_{B\eta}$ 及 M_{Bg0} 的极限偏差为±5%；

b) 零速变矩系数允许下降的极限偏差为 6%；

c) $\eta_{\mathrm{I}\,max}$ 和 $\eta_{\mathrm{II}\,max}$ 的下降值分别不得超过 0.02 和 0.03。

5.3 主要使用性能

5.3.1 产品的可靠性：平均无故障间隔时间不得小于 3 000 h。

5.3.2 内部清洁度：双涡轮液力变矩器内所含异物量：当循环圆直径 D=280 mm～355 mm 时不得超过 0.75 g；当 D=380 mm 时不得超过 0.95 g。

5.3.3 外渗漏：双涡轮液力变矩器在平均无故障间隔时间内，各接合面、密封面不允许有外渗漏现象。

5.3.4 内泄漏：双涡轮液力变矩器正常运转时，通过旋转密封环等的内泄漏量不得超过 1.2 L/min。

5.4 双涡轮液力变矩器的外观要求

5.4.1 双涡轮液力变矩器表面不应有图样未规定的凸起、凹陷和粗糙不平，零部件接合面边缘不得有明显的错位。

5.4.2 铸件表面应光洁，不沾沙，无飞刺。

5.4.3 焊缝应平整，不得出现焊渣、缩孔。

5.5 零件的加工及装配质量

5.5.1 零件的加工

5.5.1.1 双涡轮液力变矩器零件的加工应符合图样规定的要求。双涡轮液力变矩器主要零部件的机械加工精度见附录 A。

5.5.1.2 双涡轮液力变矩器叶轮的铸造应符合 JB/T 9712 的规定。

5.5.1.3 双涡轮液力变矩器的各项齿轮精度值应按表 2 规定的等级参照 GB/T 10095.1、GB/T 10095.2进行计算或选取。

表 2 齿轮偏差精度等级

精度等级	7	8
齿轮偏差	f'_{i}、$\pm f_{pt}$、f''_{i}、F_{β}、F_{a}	F'_{i}、F_{p}、F_{pk}、F''_{i}、F_{r}

5.5.1.4 双涡轮液力变矩器的叶轮(包括第一涡轮总成)、驱动轮等主要旋转零件应进行静平衡,旋转件的不平衡量可用重径积 $G \cdot r$(g·mm)表示。

a) 铝合金铸造的叶轮及其组件,其平衡精度等级不低于 GB/T 9239 中规定的平衡品质等级 G16 级;

b) 铸铁或钢制零件的平衡精度等级应不低于 GB/T 9239 中规定的平衡品质等级 G6.3 级。

c) 叶轮的不平衡量可在图样规定或允许的部位,用减(或加)质量的方法调整,但调整的总量不得超过零件质量的 1%。

d) 联结在一起作静平衡的零件,静平衡后各零件的位置应固定或用永久性符号做出标记。

5.5.1.5 泵轮和罩轮加工后进行水压试验。试验压力应不低于 0.98 MPa～1.47 MPa,加压时间为 5 min。

5.5.1.6 零件不得有渗漏现象。

5.5.2 双涡轮液力变矩器的装配

5.5.2.1 自制的零部件,必须有质量检测部门的合格标记或记录。外购件和协作件须有证明其合格的文件,并按规定验证质量合格,方可进行装配。

5.5.2.2 装配时,零、部件的配合面、止口、摩擦表面不允许有锈蚀、划痕和碰伤。

5.5.2.3 装配前必须对所有零件进行清洗,以保证双涡轮液力变矩器清洁度的要求。变矩器的进出口管路必须清洁畅通。

5.5.2.4 轴承允许在 90℃～100℃的油中加热后进行装配。轴承装配后不得注入润滑脂。

5.5.2.5 油封及 O 形密封圈等橡胶制品的工作油温为－25℃～135℃。

5.5.2.6 各种油封和密封圈不得有损伤。安装时应在油封唇部、密封圈表面及轴表面上涂润滑油。

5.5.2.7 双涡轮液力变矩器装配完成后,各旋转件间不得有碰擦现象。用手使输入、输出轴旋转时,应能自由旋转,且转动轻快、无异常声响。当使输出轴反向旋转时,超越离合器应锁止。

5.5.2.8 双涡轮液力变矩器装配后,应进行空运转试验,各联结处不得有松动现象。

5.6 涂漆及防锈处理

5.6.1 双涡轮液力变矩器的壳体、端盖等铸铁件的未加工内壁应保证不发生锈蚀,可以在其未加工内壁涂耐油漆,漆层应光滑平整。涂漆前应将影响涂漆质量的毛刺、油污、脏物等清除干净。

5.6.2 装配后的产品外表面应涂面漆。

5.6.3 产品外露紧固件、螺塞及接头等零件应进行防锈处理。

6 试验方法

6.1 性能试验方法按 GB/T 7680 的规定。空运转试验和性能抽查试验规定如下:

a) 空运转试验:试验转速 $n_1 > 1\,000$ r/min,运转时间不少于 10 min。试验要求为:

——不得有因内部干涉而引起的振动;

——不得有异常噪声;

——不得有任何外渗漏现象。

b) 性能抽查试验。抽查试验的工况为:

——零速工况(i_0);

——效率为75%的工况(i_{75});

——低、高转速比区的最高效率工况($i_{\mathrm{I}\eta}$、$i_{\mathrm{II}\eta}$)。

6.2 试验报告中应标明试验转速及齿轮机构的速比。

6.3 液力变矩器的清洁度检测方法按JB/T 10223的规定。

6.4 可靠性试验一般可随配套主机的可靠性试验同时进行,也可单独做可靠性试验。可靠性试验方法按JB/T 53423进行。

6.5 双涡轮液力变矩器阀的试验:液力变矩器不运转($n_1=0$),通过阀的流量为标定流量±5%,阀前的油压应为标定油压±0.05 MPa。

7 检验规则

7.1 检验分类

检验分为出厂检验和型式检验。

7.1.1 出厂检验

7.1.1.1 每台双涡轮液力变矩器出厂前应进行出厂检验。

7.1.1.2 出厂检验的项目如下:

a) 产品规格检查;

b) 外观质量检查;

c) 装配质量检查;

d) 配套完整性及包装检查;

e) 空运转试验;

f) 性能抽查试验;

g) 清洁度检验;

h) 双涡轮液力变矩器阀的检验。

7.1.1.3 第7.1.1.2中,a~e项为必检项目,f~h项为抽检项目。对稳定生产的批量产品必须进行定期的抽检。每批产品抽检数量不少于批量的2%(且不少于2台),检查结果如不合格,应加倍数量复检,如仍不合格,则该批产品为不合格。

7.1.2 型式检验

7.1.2.1 遇有下列情况之一者必须进行型式检验:

a) 新产品试制时;

b) 结构、工艺或材料有变化并足以影响性能时;

c) 已定型的产品其检验数据与产品定型鉴定的型式检验数据产生不允许的偏差时;

d) 成批生产中每4年进行一次型式检验;

e) 国家质量监督机构提出进行型式检验的要求时。

7.1.2.2 型式检验项目:

a) 全部出厂检验项目;

b) 性能试验;

c) 内泄漏量的检查;

d) 可靠性试验;

e) 主要零、部件的拆检。

7.1.2.3 凡更换叶轮模具后的首批产品,应进行性能试验。

7.2 双涡轮液力变矩器按接收质量限(AQL)检索的逐批检验抽样计划

双涡轮液力变矩器的检验抽样计划符合GB/T 2828.1的规定。

7.2.1 不合格的分类

被检项目凡不符合本标准要求的均称为不合格。按对产品质量的影响程度，分为A类不合格、B类不合格和C类不合格。不合格分类见表3。

表3 双涡轮液力变矩器不合格分类

不合格分类	不合格内容		备注
A类不合格	1	因零部件、配套件的制造、保管、装配缺陷影响产品的正常运转或造成损坏	
	2	产品可靠性指标没有达到要求	
	3	台架试验及作业考核时外渗漏不符合5.3.3的规定	
B类不合格	1	产品主要性能指标（$\eta_{\mathrm{I\,max}}$、$\eta_{\mathrm{II\,max}}$、K_0、M_{Bg}、M_{Bg0}）未达到要求	每个性能指标均按一项不合格计
	2	清洁度测定未达到要求	
	3	内泄漏未达到要求	
	4	零件的加工合格率未达到要求	
	5	泵轮、罩轮耐压试验和叶轮的静平衡不符合标准要求	含叶轮组件
C类不合格	1	铸铝合金的机械性能无化验单，或不符合技术要求	
	2	叶轮流道表面粗糙度未达到要求	
	3	叶轮有效直径，叶片节距未达到要求	
	4	铸件表面质量或焊缝质量不符合要求	
	5	涂漆质量不符合要求或未涂漆的零件备件有锈蚀	
	6	变矩器开口处未封闭及包装箱不符合要求	不用包装箱供货在检查前应声明
	7	产品标牌不符合要求	
	8	随机文件不齐全	
	9	未进行出厂试验或出厂试验不符合标准要求	
	10	不能提供用户评价意见书或用户屡有投诉，反映产品质量未达到相应要求者	

7.2.2 抽样检查

7.2.2.1 抽样检查必须在型式检验合格后进行。

7.2.2.2 接收质量限（AQL）：按不合格的分类分别规定不同的接收质量限，见表4。

表4 接收质量限

不合格分类	A类不合格	B类不合格	C类不合格
AQL值	6.5	25	40
注：表中AQL值以每百单位产品不合格数表示。			

7.2.2.3 产品抽样：

a) 抽样方式：采用在用户或生产厂入库的产品中随机抽样方式。产品抽样后立即封存，不得再作调整、修理或更换；

b) 抽样方案：采用正常检验一次抽样方案。见表 5；

c) 检验水平：采用检验水平 S-2；

d) 抽样批量：一般情况下抽样批量数不应大于 15 台。但在用户中抽样时，抽样批量数 N 的大小不限；

e) 样本量字码：样本量字码为 A，抽取样本量 $n=2$。为保证清洁度的检验准确，另外加抽 1 台作清洁度检查，即总抽取台数为 3 台。

表 5　正常检验一次抽样方案

不合格分类	样本量	AQL	Ac	Re
A 类不合格	2	6.5	0	1
B 类不合格	2	25	1	2
C 类不合格	2	40	2	3
注：表 3 中 Ac 和 Re 是样本的不合格品数。Ac 表示接收数，Re 表示拒收数。				

7.2.2.4　抽样检验的评定：

根据 7.2.2.3 b)规定的抽样方案，对样本检验，把结果填入汇总表 6 中，样本中的不合格品数小于或等于 Ac 值，评为合格。大于或等于 Re 值时，评为不合格。各类要全部评为合格时，则最终评为合格。任一类别或多个类别评为不合格时，则最终评为不合格。检查结果为不合格，应加倍数量复验，如仍不合格则该批产品为不合格。

表 6　汇总表

产品型号											生产厂					
评定单位											日期					
批量	A 类不合格 AQL=					B 类不合格 AQL=					C 类不合格 AQL=					最终评定
	抽样方案			不合格项	评定	抽样方案			不合格项	评定	抽样方案			不合格项	评定	
	n	Ac	Re			n	Ac	Re			n	Ac	Re			

8　标志、包装、运输和贮存

8.1　标志

8.1.1　双涡轮液力变矩器标牌应固定在总成外部明显部位。标牌应符合 GB/T 13306 的规定。

8.1.2　双涡轮液力变矩器的标牌上应标明：

a) 产品的型号及名称；

b) 公称力矩；

c) 最高转速；

d) 制造厂名称及厂家标志；

e) 产品编号及出厂年、月。

8.2　包装

8.2.1　产品的包装箱应符合 GB/T 13384 的规定。

8.2.2　产品总成上的外露孔应用可靠的措施封堵。

8.2.3 产品包装前应做防锈处理,防锈的有效期为1年。

8.2.4 产品的包装:

a) 产品的包装应能使液力变矩器在运输过程中和有效存放期内免遭损害和腐蚀;

b) 产品总成的外露口应采用可靠的保护措施。产品应牢固的固定在包装箱底座上,一般应采用轴线垂直放置的方法;

c) 产品的技术文件应在塑料袋中装好,随机装箱。

8.2.5 产品的备件和附件应同时做好防锈处理并牢固地固定在包装箱内,必要时可根据双方协议将附件和备件集中包装。

8.2.6 每台产品出厂时应随机附带下列技术文件:

a) 产品说明书;

b) 产品合格证;

c) 装箱单。

8.2.7 产品包装箱外应标明以下内容:

a) 产品的型号及名称;

b) 产品的编号及出厂年、月;

c) 防锈有效期;

d) 制造厂名称及地址;

e) 收货单位及地址;

f) 毛重及净重;

g) 发货及到货站(港)的名称;

h) 运输及贮存标记。

8.3 运输和贮存

8.3.1 产品在运输和存放时应有防雨、防潮措施。

8.3.2 产品遮盖存放或运输包装在露天存放,如用户遵守贮存条件,制造厂应保证液力变矩器自出厂之日起一年内,零件不生锈。三包期由订供货双方商定。

附 录 A
（规范性附录）
双涡轮液力变矩器主要零、部件的机械加工精度

双涡轮液力变矩器主要零件的主要部位的尺寸公差等级、形位公差等级及表面粗糙度分别不低于表A.1～A.3的规定。

表 A.1 主要零件主要部位的尺寸公差等级

零件名称	部位	公差等级
泵轮、导轮、第二涡轮、罩轮、驱动轮	止口及配合部分	IT7～IT8
箱体	中心定位孔 定位止口	IT6～IT7 IT7～IT8
齿轮类	齿轮制造精度应符合GB/T 10095.1、GB/T 10095.2规定。	
与滚动轴承相配合的部位		IT6～IT7
与密封件接触的表面		IT7
超越离合器	与滚子接触的内、外环道表面	IT6

表 A.2 主要零件主要部位的形位公差

零件名称	部位及形位公差项目	公差等级
泵轮 第二涡轮	配合止口对轴线的同轴度 配合端面对轴线的全跳动 轴承配合面对轴线的同轴度	7 7～8 7～8
导轮座	配合端面对轴线的全跳动 轴承配合面对轴线的同轴度	7 7～8
齿轮 第一、第二涡轮轴	与密封环配合面的同轴度 轴承定位面对轴线的同轴度	7～8 7
与油封唇口配合的零件	配合面的表面圆度	7
超越离合器	外环齿轮与滚子接触表面的全跳动 与轴承配合表面对轴线的同轴度	6 7

表 A.3 主要零件的主要部位的表面粗糙度

单位为微米

零件及部位		表面粗糙度 *Ra*
尺寸公差等级为IT6、IT7止口定位面		3.2
与密封环相配合的环槽工作面		3.2
与密封环外圆相配合的密封面		1.6
超越离合器内外环齿轮的滚子工作表面		0.8
与油封唇口相配合的表面		0.8
密封端面	不加垫	3.2
	加垫	6.3
与滚动轴承配合的部位		按GB/T 275选用

ICS 23.140
J 72

中华人民共和国国家标准

GB/T 10893.2—2006

压缩空气干燥器
第2部分：性能参数

Compressed air dryers—
Part 2：Performance ratings

(ISO 7183-2：1996，MOD)

2006-07-20 发布 2007-01-01 实施

中华人民共和国国家质量监督检验检疫总局
中国国家标准化管理委员会 发布

前　言

GB/T 10893《压缩空气干燥器》分为如下两部分：

——第1部分：规范与试验；

——第2部分：性能参数。

本部分为GB/T 10893的第2部分。

本部分修改采用ISO 7183.2:1996《压缩空气干燥器　第2部分：性能参数》(英文版)。

本部分根据ISO 7183.2:1996重新起草。

考虑到我国国情，在采用ISO 7183.2:1996时，本部分做了一些修改。有关技术差异已编入正文中并在它们所涉及的条款的页边空白处用垂直单线标识。修改部分说明如下：

根据我国标准编写习惯，将第1章的注1删除，改为以条文4.1的形式说明。原条文序号4.1和4.2相应改为4.2和4.3，内容不变。

为了便于使用，本部分还做了下列编辑性修改：

a)　“本国际标准”一词改为“本部分”；

b)　用小数点“.”代替作为小数点的逗号“,”；

c)　压力单位用“MPa”代替“bar”，流量单位用“m^3/min”代替“L/s”；

d)　删除ISO的ISO 7183.2:1996前言。

本部分的附录A和附录B均为资料性附录。

本部分由中国机械工业联合会提出。

本部分由全国压缩机标准化技术委员会归口。

本部分起草单位：合肥通用机械研究院。

本部分主要起草人：韩俊英、陈放。

压缩空气干燥器
第2部分:性能参数

1 范围

本部分给出了用户和专业工程师进行压缩空气干燥器选型的常用数据,以使所选干燥器能最大限度地满足使用要求。

本部分不包括安全要求。

本部分主要适用于冷冻式和吸附式压缩空气干燥器,其他形式的干燥器可参照使用。

2 规范性引用文件

下列文件中的条款通过 GB/T 10893 的本部分的引用而成为本部分的条款。凡是注日期的引用文件,其随后所有的修改单(不包括勘误的内容)或修订版均不适用于本部分,然而,鼓励根据本部分达成协议的各方研究是否可使用这些文件的最新版本。凡是不注日期的引用文件,其最新版本适用于本部分。

GB/T 10893—1989[1)]　压缩空气干燥器　规范和试验(eqv ISO 7183:1986)

3 术语和定义

GB/T 10893 中确立的术语和定义适应于 GB/T 10893 的本部分。

4 压缩空气干燥器类型比较

4.1 干燥器数据表

用于选型或确定设计参数的数据表见附录 A。

4.2 压力降

干燥器的压力降应保持实际可行的最小值。因为用加大干燥器规格来进一步减小压力降可能会导致投资费用的大大增加。

相反,为限制功率损失和运行费用,压力降应低于允许的最大值。各类干燥器的典型压力降见表1。表1中所示的压力降是指干燥器进口空气压力为 0.7 MPa、流量为最大推荐值,且其规定的露点等级按 GB/T 10893—1989 表1规定的工况进行试验时,实际允许的最大压力降。

当进口压力不是 0.7 MPa 时,在最大流量下,冷冻式干燥器允许的最大压力降不应超过进口空气压力的 5%;其他型式干燥器不应超过 3%。

表 1　最大压力降

干燥器类型	最大压力降/MPa
冷冻式	0.035
吸附式	0.021
注:最大压力降不包括进口和出口过滤器。	

1) 该标准将在修订时改为 GB/T 10893.1。

4.3 露点

通常可用表2给出的露点等级来规定允许的最高露点。当要求某一特定露点时，应以摄氏度为单位并辅以适当的公差值(见GB/T 10893—1989的表5)来加以说明。

干燥器对表2规定的各露点等级的适用性见表3。

压力降、露点和其他性能参数对投资费用的影响见附录B。

表2 压力露点等级

露点等级	压力露点/℃(最高值)
1	−70
2	−40
3	−20
4	+3
5	+7
6	+10

表3 压缩空气干燥器对压力露点等级的适用性

干燥器类型	露点等级						备注
	1	2	3	4	5	6	
吸附式	S	S	S	—	—	—	露点高于3级通常不采用
冷冻式	—	—	—	S	S	S	露点低于4级通常不采用
注：S表示适用。							

附 录 A
（资料性附录）
干燥器数据一揽表

A.1 第1部分(由用户填写)

所选干燥器类型：________

空气压缩机类型： 往复 □ 回转 □ 制造厂：________

有油润滑 □ 无油润滑 □ 型 号：________

压缩机润滑油： 矿物油 □ 合成油 □ 润滑油牌号：________

A.1.1 干燥器进口状态

空气流量[1)]/(m^3/min) 额定值：________ 最大值：________

压缩空气温度/℃ 额定值：________ 最高值：________

相对蒸汽压(相对湿度)：________ （如该值未知，可假设为100%）

设计压力/MPa 最低：________ 最高：________

空气质量等级：________（见 GB/T 13277）

A.1.2 干燥器出口状态

要求的露点(见表2)/℃：________ 或等级：________

允许压力降(见表1)/MPa：________

A.1.3 现场条件

环境温度/℃ 最高：________ 最低：________

能供给的冷却水(如需要)：

冷却水流量/(m^3/min)：________ 供水温度/℃：________

干燥器位置(如已知)： 储气罐前 □ 储气罐后 □

电源部分 电压/V：________ 相数：________ 频率/Hz：________

控制电压/V：________

是否有零线： 是 □ 否 □ 外壳防护等级(GB 4208)：________

噪声限值及噪声测试标准(如已知)：________

要求的仪表(压力表、温度计、露点指示仪等)：________

要求的文件(图样、计算书等)：________

压力容器规范：________ 压力容器的容积/(m^3 或 L)：________

其他说明：________

A.2 第2部分(由供货方填写)

干燥器类型(全称)：________

额定流量下进口空气温度/℃：________

额定流量下的环境温度/℃：______

允许的最高环境温度/℃：______

冷却水流量(如有的话)/(m^3/min)：______

进水温度/℃：______ 出水温度/℃：______

干燥器进口空气压力/MPa：______ 进口空气流量[1]/(m^3/min)：______

出口空气流量[1]/(m^3/min)：______ 再生或吹洗空气流量[1]/(m^3/min)：______

出口露点/℃：______(见表2) 或等级：______

设计压力/MPa：______ 压力降/MPa：______(见表1)

干燥器出口空气质量等级______(见GB/T 13277)

功率/kW：______ 相数：______ 电流/A 额定值：______ 最大值：______

干燥器噪声值/dB(A)：______ 采用的测试方法：______

其他说明：______

1) 该值是指20℃、0.1 MPa标准工况下的干空气。

附 录 B
（资料性附录）
各参数对压缩空气干燥器及运行费用的影响

每类压缩空气干燥器的投资和运行费用(不包括减价)可能会因现场条件及用户要求而变化，详见表B.1。

表 B.1

相关条件	参数	吸附式干燥器				冷冻式干燥器	
		无热再生式		有热再生式			
		投资费用	运行费用	投资费用	运行费用	投资费用	运行费用
现场条件	环境温度和湿度	无影响	影响很小	无影响，极端条件下除外	环境温度降低，费用增加，湿度增大，费用增加	随温度增加而增加；最高允许温度+50℃	随温度增加而增加
	储气罐和干燥器的相对位置	在储气罐前费用可能较高	在储气罐前费用可能较高	在储气罐前费用可能较高	在储气罐前费用可能较高	在储气罐前费用可能较高	可忽略
进口状态	空气质量	质量差，增加	可忽略	质量差，增加	可忽略	质量差，增加	可忽略
	空气压力	超过1.6 MPa，增加	压力增加，减小	超过1.6 MPa，增加	压力增加，减小	超过1.6 MPa，增加	压力增加，减小
	空气温度	随温度增加而增加；通常温度限在+50℃以下	随温度增加而增加	随较高的温度而增加	随较高的温度而增加	随温度增加而增加；通常温度限在+50℃以下	随温度增加而增加
	湿度	可忽略	随湿度而增加	随较高的湿度而增加	随较高的湿度而增加	可忽略	随湿度而增加
出口状态	空气质量等级	等级高，增加	可忽略	等级高，增加	可忽略	等级高，增加	可忽略
	干燥器压力降	如要求低的压力降，则增加	压力降增大，系统费用增大(见4.2)	如要求低的压力降，则增加	压力降增大，系统费用增大(见4.2)	如要求低的压力降，则增加	压力降增大，系统费用增大(见4.2)
	压力露点	如要求非常低的露点，则费用增加	露点低，费用高	露点低，费用高	露点低，费用高	可忽略	露点低，费用高
	流量	流量大，费用高	流量大，费用高	流量大，费用高	流量大，费用高	流量大，费用高	流量大，费用高

表 B.1 （续）

相关条件	参数	吸附式干燥器				冷冻式干燥器	
		无热再生式		有热再生式			
		投资费用	运行费用	投资费用	运行费用	投资费用	运行费用
运行要求	再生或吹洗空气要求	可忽略	根据干燥器设计及要求的露点，其值为处理量的3%～15%	可忽略	随再生或吹洗要求的增加而增加；再生或吹洗要求低于无热式干燥器	无关	无关
	加热器负荷	无关	无关	随负荷增加而增加	随负荷增加而增加	无关	无关
	冷却水	无关	无关	可忽略	随冷却水要求的增加而增加	随干燥器规格增大而增加	如需要冷却水，则增加
	露点指示	可忽略	可忽略	可忽略	可忽略	可忽略	可忽略
	露点自动控制	明显增大	明显节约	明显增大	明显节约	明显增大	费用有所下降
	露点仪	费用很大	可忽略	明显增大	可忽略	明显增大	可忽略

参 考 文 献

GB 4208—1993 外壳防护等级(IP 代码)

GB/T 13277—1991 一般用压缩空气质量等级

ISO 8778—1990 气动流体动力 标准大气压工况

注：GB/T 13277—1991 修订时将改为 GB/T 13277.1。

ICS 21.120.30
J 42

中华人民共和国国家标准

GB/T 10919—2006
代替 GB/T 10919—1989

矩形花键量规

Gauges for straight-sided splines

2006-02-05 发布　　2006-08-01 实施

中华人民共和国国家质量监督检验检疫总局
中国国家标准化管理委员会　发布

前　言

本标准是依据 ISO 14:1982《圆柱轴用小径定心的矩形花键——尺寸、公差和检验》(1982 年英文版)中有关量规部分对 GB/T 10919—1989《矩形花键量规》进行修订的。

本标准与 ISO 14:1982 中有关量规部分的主要差异如下:

——增加了量规的范围表述(本版的 1);

——增加了规范性引用文件的表述(本版的 2);

——将通端花键量规小径的形状公差明确规定(ISO 14:1982 的 6.2.1.1;本版的表 1);

——将表中规定的公差值及公差带图重新编制(ISO 14:1982 的表 4～表 6;本版的图 2～图 4、表 2～表 4);

——增加了用于检验精密传动花键(小径:H5/h5、g5 和 f5,H6/h6、g6 和 f6,大径:H10/a11,键宽/键槽宽:H7 和 H9/h8、f7、d8)的量规的要求(本版的图 2～图 4、表 2～表 4);

——增加了量规的外观、材料、硬度、表面粗糙度和稳定性要求(本版的 4.4.1～4.4.4、4.4.7);

——增加了量规标志与包装的要求(本版的 5)。

本标准代替 GB/T 10919—1989《矩形花键量规》。

本标准与 GB/T 10919—1989 相比主要变化如下:

——增加了量规的设计原则(本版的 4.1);

——修改了量规的公差带图(1989 年版的图 1～3;本版的图 2～4);

——删除了通端花键量规的齿向误差和齿分度误差要求(1989 年版的表 5);

——明确规定通端花键量规小径的形状公差(1989 年版的 3.2.1.5,本版的表 1);

——删除了止端量规的形位公差(1989 年版的 3.2.1.6);

——修改了通端花键量规键宽/键槽宽相对于小径对称度误差值(1989 年版的表 5;本版的图 1)。

本标准由中国机械工业联合会提出。

本标准由全国量具量仪标准化技术委员会(SAC/TC 132)归口。

本标准由成都工具研究所负责起草。

本标准主要起草人:姜志刚。

本标准所代替标准的历次版本发布情况为:

——GB/T 10919—1989。

矩形花键量规

1 范围

本标准规定了圆柱轴用小径定心的矩形花键用矩形花键量规的检验功能及使用规则、设计原则及公差、测量长度、其他要求、标志与包装等。

本标准适用于检验 GB/T 1144—2001 规定的矩形花键(小径公称直径为 11 mm 至 112 mm、大径公称直径为 14 mm 至 125 mm 和键宽/键槽宽为 3 mm 至 18 mm)用矩形花键量规(以下简称"量规")。

2 规范性引用文件

下列文件中的条款通过本标准的引用而成为本标准的条款。凡是注日期的引用文件,其随后所有的修改单(不包括勘误的内容)或修订版均不适用于本标准,然而,鼓励根据本标准达成协议的各方研究是否可使用这些文件的最新版本。凡是不注日期的引用文件,其最新版本适用于本标准。

GB/T 1144—2001 矩形花键 尺寸、公差和检验(neq ISO 14:1982)

GB/T 6322 光滑极限量规 型式与尺寸(GB/T 6322—××××[1],ISO 3670:1996,MOD)

GB/T 10920—2003 普通螺纹量规 型式与尺寸(ISO 3670:1996,MOD)

3 量规的检验功能及使用规则

3.1 标准测量条件

量规的校验应以标准的测量条件为准:即温度为 20℃、测量力为零。当偏离 20℃时,用量规测量花键应分别考虑两者的线膨胀系数,并对其测量结果进行修正。若量规测量花键时的测量力不为零,则应对其测量结果进行修正;但若量规和花键的制造材料和表面质量相同,则允许不对其测量结果进行修正。

3.2 应用条件

用符合本标准规定的量规检验花键合格时,则应判定该花键合格;为了不致于发生误判,量规使用者应尽量采用通端花键量规的尺寸接近工件花键的最大实体尺寸和非全形止端量规的尺寸接近工件花键的最小实体尺寸。

3.3 外花键用量规的检验功能

3.3.1 通端花键环规

通端花键环规能同时检验外花键的最大实体状态下的极限尺寸(小径、大径和键宽)及形位误差(大径和小径的同轴度、键的角度位置以及键相对于轴线的位置和方向[2])。

3.3.2 非全形止端量规

非全形止端量规分别检验外花键的最小实体状态下的极限尺寸(小径、大径和键宽)。小径采用卡规进行检验(必要时,用相应的专用测头);大径采用卡规或光滑环规进行检验;键宽采用卡规进行检验(必要时,用相应外形的卡规)。

3.4 内花键用量规的检验功能

3.4.1 通端花键塞规

通端花键塞规能同时检验内花键的最大实体状态下的极限尺寸(小径、大径和键宽)及形位误差(大

1) GB/T 6322 在报批过程中。

2) 键相对于轴线的位置和方向,只是在没有通端花键环规时方需进行检验。

径和小径的同轴度、键槽的角度位置以及键槽相对于轴线的位置和方向[3])。

3.4.2 非全形止端量规

非全形止端量规分别检验内花键的最小实体状态下的极限尺寸(小径、大径和键槽宽)。小径采用光滑圆柱塞规进行检验;大径采用具有相应测量面(圆柱面)的板形塞规进行检验:键槽宽采用板形塞规进行检验。

3.5 对花键的补充检验

采用通端花键量规对花键进行检验时,若判定的花键不合格,不可能确定是由上述哪一项参数造成的;若需判定影响花键不合格的各项参数,应明确规定采用非全形量规对花键的最大实体状态下的极限尺寸分别进行检验。

3.6 量规的使用规则

3.6.1 通端花键量规

通端花键量规应在其自重或一个不太大的外力作用下,无阻碍地顺利通过被检花键的全长。检验至少应在花键均匀分布的三个角度位置上进行。

3.6.2 非全形止端量规

非全形止端量规应在其自重或一个不太大的外力作用下,不能通过被检花键。检验应在花键的所有角度位置上进行。

3.7 量规的检验

3.7.1 通端花键量规

通端花键环规或通端花键塞规通常应采用直接测量法进行检验。

3.7.2 非全形止端量规

非全形止端量规应采用直接测量法进行检验。

4 量规的设计原则及公差

4.1 设计原则

4.1.1 通端花键量规

4.1.1.1 通端花键量规小径 d 的量规零线与花键最大实体状态下的极限尺寸相重合,其尺寸公差及其相对位置、允许的磨损极限和形状公差见 4.2.1～4.2.2。

注:量规零线是用来表示通端花键量规位置的理论线,它与花键装配零线(公称尺寸)相似,其位置按花键的最大实体状态下的极限尺寸来确定。量规零线有时与花键装配零线(公称尺寸)相重合。

4.1.1.2 通端花键量规大径 D 的量规零线位于内、外花键的最大实体状态下的极限尺寸之间的中间位置,其尺寸公差及其相对位置、允许的磨损极限见 4.2.3。

4.1.1.3 通端花键量规键宽/键槽宽 B 的量规零线按花键的配合形式来确定,即:

a) 滑动配合(H7、H9、H11/d8、d10)

量规零线位于内、外花键的最大实体状态下的极限尺寸之间的中间位置。

b) 紧滑动配合(H7、H9、H11/f7、f9)

1) 内花键用塞规的量规零线与检验滑动配合的量规相同。

2) 外花键用环规的量规零线与花键装配零线(公称尺寸)相重合。

c) 固定配合(H7、H9、H11/h8、h10)

1) 内花键用塞规的量规零线与检验滑动配合和紧滑动配合的量规相同。

2) 外花键用环规的量规零线位于外花键的最大实体状态下的极限尺寸之上一个距离,该距离等于滑动配合中量规零线与外花键的最大实体状态下的极限尺寸之间的距离,即:外花

3) 键槽相对于轴线的位置和方向,只是在没有通端花键塞规时方需进行检验。

键齿厚上偏差的 1/2。

4.1.1.4 通端花键量规大径 D 和键宽/键槽宽 B 的尺寸公差值相当于 IT6 级的数值，且该值包括其形状公差（如同轴度、对称度、角度位置、螺旋线、直线度等）；量规零线与通端花键量规的最小实体状态下的极限尺寸的距离相当于 IT4 级的数值；量规的磨损极限与量规零线重合。

4.1.2 **止端量规**

非全形止端量规的尺寸公差及其位置要素见 4.2.2～4.2.4。

4.2 公差

4.2.1 通端花键量规键宽/键槽宽 B 的对称度公差和通端花键塞规大径 D 相对于小径 d 的跳动公差见图 1 的规定。通端花键量规小径 d 的形状公差见表 1。

公差单位为毫米

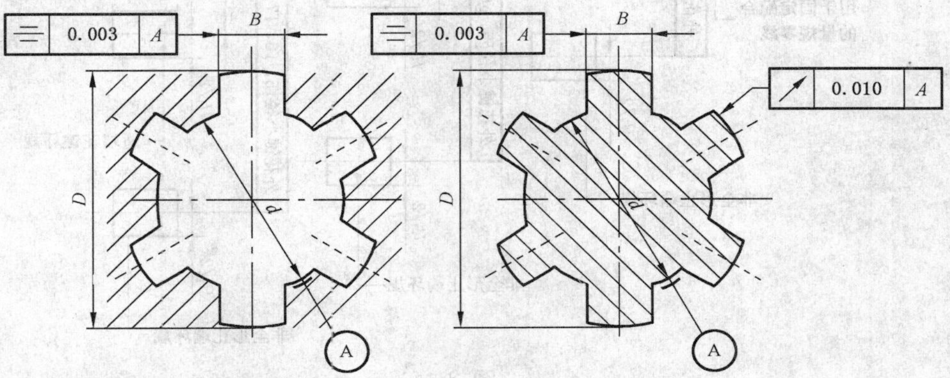

图 1

表 1

花键小径尺寸 d/mm	通端花键量规小径的形状公差[a]/μm
$10<d\leqslant18$	2.0
$18<d\leqslant30$	2.5
$30<d\leqslant50$	2.5
$50<d\leqslant80$	3.0
$80<d\leqslant120$	4.0

a 通端花键量规小径的形状公差应包括在其尺寸公差内。

4.2.2 通端花键量规和非全形止端量规小径 d 的尺寸公差及其位置要素值见图 2 和表 2。

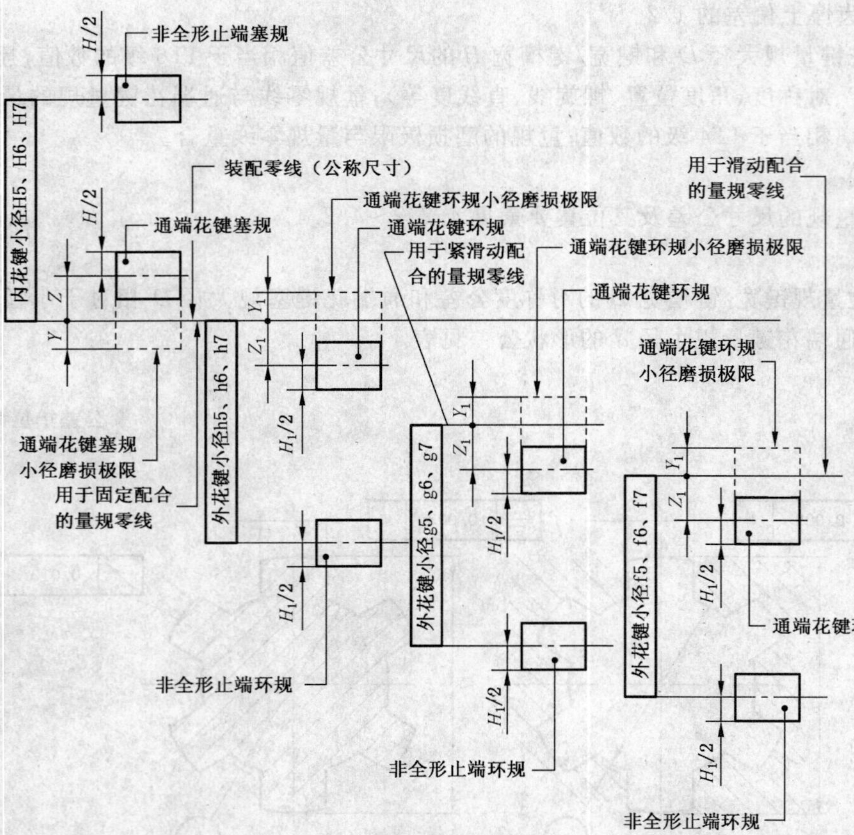

图 2

表 2

工件内花键小径公差带代号	小径尺寸 d/mm														
	$10<d\leqslant18$			$18<d\leqslant30$			$30<d\leqslant50$			$50<d\leqslant80$			$80<d\leqslant120$		
	内花键用量规公差值及其位置要素值/μm														
	H	Z	Y	H	Z	Y	H	Z	Y	H	Z	Y	H	Z	Y
H7	3.0	2.5	2.0	4.0	3.0	3.0	4.0	3.5	3.0	5.0	4.0	3.0	6.0	5.0	4.0
H6、H5	2.0	2.0	1.5	2.5	2.0	1.5	2.5	2.5	2.0	3.0	2.5	2.0	4.0	3.0	3.0
工件外花键小径公差带代号	外花键用量规公差值及其位置要素值/μm														
	H_1	Z_1	Y_1	H_1	Z_1	Y_1	H_1	Z_1	Y_1	H_1	Z_1	Y_1	H_1	Z_1	Y_1
h7、h6	3.0	2.5	2.0	4.0	3.0	3.0	4.0	3.5	3.0	5.0	4.0	3.0	6.0	5.0	4.0
h5	2.0	2.0	1.5	2.5	2.0	1.5	2.5	2.5	2.0	3.0	2.5	2.0	4.0	3.0	3.0
g7、g6	3.0	2.5	2.0	4.0	3.0	3.0	4.0	3.5	3.0	5.0	4.0	3.0	6.0	5.0	4.0
g5	2.0	2.0	1.5	2.5	2.0	1.5	2.5	2.5	2.0	3.0	2.5	2.0	4.0	3.0	3.0
f7、f6	3.0	2.5	2.0	4.0	3.0	3.0	4.0	3.5	3.0	5.0	4.0	3.0	6.0	5.0	4.0
f5	2.0	2.0	1.5	2.5	2.0	1.5	2.5	2.5	2.0	3.0	2.5	2.0	4.0	3.0	3.0

注 1：H 值相当于 IT3(H7)和 IT2(H6、H5)的数值；

注 2：H_1 值相当于 IT3(h7、h6、g7、g6、f7、f6)和 IT2(h5、g5、f5)的数值。

4.2.3 通端花键量规和非全形止端量规大径 D 的尺寸公差及其位置要素值见图 3 和表 3。

图 3

表 3

花键大径尺寸 D/mm	工件内花键大径公差带代号 H10 内花键用量规公差值及其位置要素值				工件外花键大径公差带代号 a11 外花键用量规公差值及其位置要素值			
	μm							
	H	H'	Z	Y	H_1	H'_1	Z_1	Y_1
$10<D\leqslant18$	3.0	11.0	10.5	145	8.0	11.0	10.5	145
$18<D\leqslant30$	4.0	13.0	12.5	150	9.0	13.0	12.5	150
$30<D\leqslant40$		16.0	15.0	155	11.0	16.0	15.0	155
$40<D\leqslant50$				160				160
$50<D\leqslant65$	5.0	19.0	17.5	170	13.0	19.0	17.5	170
$65<D\leqslant80$				180				180
$80<D\leqslant100$	6.0	22.0	21.0	190	15.0	22.0	21.0	190
$100<D\leqslant120$				205				205
$120<D\leqslant125$	8.0	25.0	24.5	230	18.0	25.0	24.5	230

注 1：H 值相当于 IT3 的数值。

注 2：H' 和 H_1' 值相当于 IT6 的数值。

注 3：H_1 值相当于 IT5 的数值。

4.2.4 通端花键量规和非全形止端量规键宽/键槽宽 B 的尺寸公差及其位置要素值见图 4 和表 4。

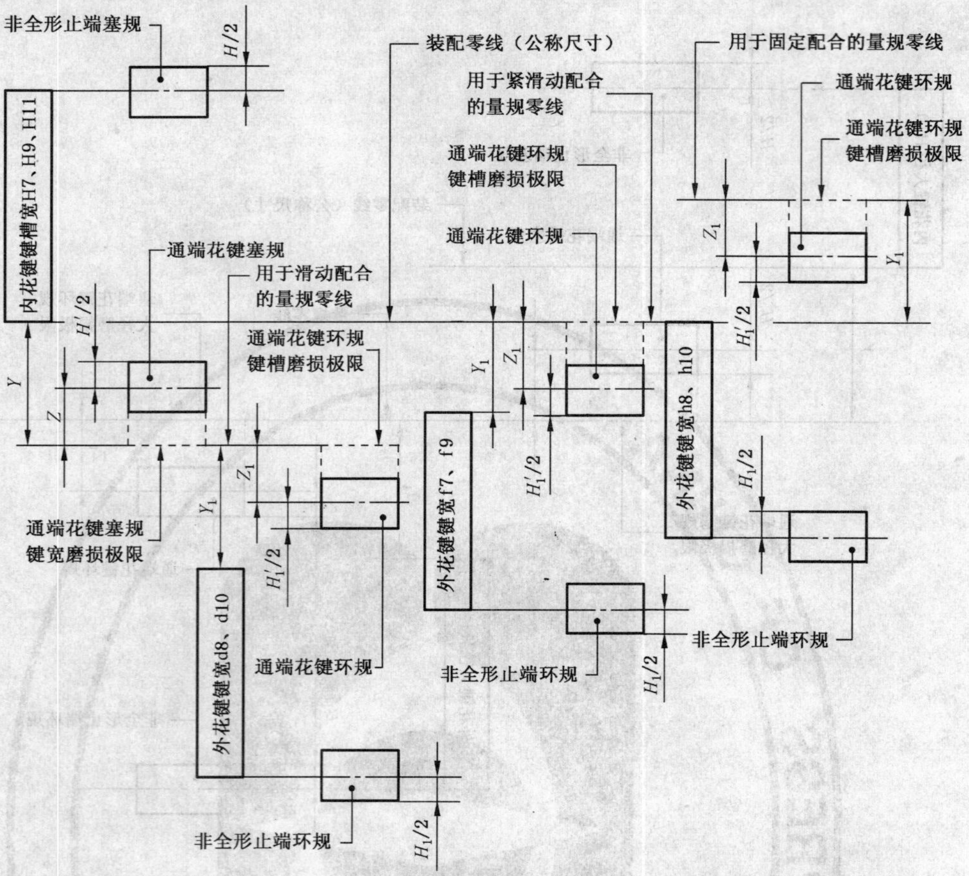

图 4

表 4

工件内花键键槽宽公差带代号	花键键宽/键槽宽尺寸 B/mm															
	$B\leqslant 3$				$3<B\leqslant 6$				$6<B\leqslant 10$				$10<B\leqslant 18$			
	内花键用量规公差值及其位置要素值/μm															
	H	H'	Z	Y	H	H'	Z	Y	H	H'	Z	Y	H	H'	Z	Y
H11	4.0	6.0	6.0	10.0	5.0	8.0	8.0	15.0	6.0	9.0	8.5	20.0	8.0	11.0	10.5	25.0
H9、H7	2.0				2.5				2.5				3.0			
工件外花键键宽公差带代号	外花键用量规公差值及其位置要素值/μm															
	H_1	H_1'	Z_1	Y_1	H_1	H_1'	Z_1	Y_1	H_1	H_1'	Z_1	Y_1	H_1	H_1'	Z_1	Y_1
h10、h8				10.0				15.0				20.0				25.0
f9、f7	2.0	6.0	6.0	6.0	2.5	8.0	8.0	10.0	2.5	9.0	8.5	13.0	3.0	11.0	10.5	16.0
d10、d8				10.0				15.0				20.0				25.0

注 1：H 值相当于 IT5(H11)和 IT3(H9、H7)的数值。

注 2：H'和 H_1'值相当于 IT6 的数值。

注 3：H_1 值相当于 IT3 的数值。

4.3 量规的测量长度

4.3.1 通端花键量规的测量长度至少应符合表5的规定，其数值选自优先数系的R20系列。通端花键环规不是在整个长度上都带花键槽，而是有一部分为光滑圆柱面，其直径和公差与量规花键大径 D 的值相同。通端花键塞规在整个长度上带花键齿。

表 5

单位为毫米

花键大径尺寸 D	通端花键塞规[a]	通端花键环规	
	最小测量长度		
	带花键键齿部分的长度	全长	带花键键槽部分的长度
14、16	20	20	10
20、22	25	20	10
25、26、28、30	31.5	25	12.5
32、34	40	28	14
36、38、40、42	45	35.5	18
46、48	50	45	22.4
50、54、58、60、62、65	50	50	25
68、72、78、82	50	56	28
88、92、98、102、108	50	63	31.5
112、120、125	56	71	35.5

a 通端花键塞规允许有一段(或两段)光滑圆柱面，以便量规易于导入被检内花键。

4.3.2 非全形止端量规的测量长度推荐采用表6的规定。

表 6

单位为毫米

花键大径尺寸 D	测量长度
14、16	10
20、22	12
25、26、28、30	14
32、34、36、38、40	15
42、46、48、50、54、58、60、62、65	18
68、72、78、82、88、92、98、102、108	25
112、120、125	25

4.4 量规的其他要求

4.4.1 量规的测量面不应有锈迹、毛刺、黑斑和划痕等明显影响使用性能的外观缺陷。

4.4.2 量规宜用合金工具钢或碳素工具钢等耐磨材料制造。

4.4.3 量规测量面的硬度应为664HV～866HV(或58HRC～65HRC)。

4.4.4 量规测量面的表面粗糙度 Ra 值不应大于0.2 μm。

4.4.5 塞规上应有45°倒角，倒角宽度最大值不应大于被检内、外花键之间的间隙。

4.4.6 塞规手柄宜按GB/T 6322或GB/T 10920—2003中规定的手柄进行设计。

4.4.7 量规应经过稳定性处理。

5 标志与包装

5.1 量规和包装盒上至少应标志：

a) 制造厂厂名或注册商标；

b) 被检花键的规格及公差带代号；

c) 出厂年号。

5.2 量规在包装前应经过防锈处理并妥善包装，不得因包装不善而在运输过程中损坏产品。

5.3 量规经检定符合本标准要求的应附有产品合格证，产品合格证上应标有本标准的标准号和出厂日期。

ICS 21.040.10
J 42

GB

中华人民共和国国家标准

GB/T 10922—2006
代替 GB/T 10922—1989

55°非密封管螺纹量规

Gauges for pipe threads with 55 degree thread angle where pressure-tight joints are not made on the threads

(ISO 228-2:1987,Pipe threads where pressure-tight joints are not made on the threads—Part 2:Verification by means of limit gauges,MOD)

2006-02-05 发布 2006-08-01 实施

中华人民共和国国家质量监督检验检疫总局
中国国家标准化管理委员会 发布

前　言

本标准是依据 ISO 228-2:1987《非螺纹密封的管螺纹　用极限量规验收》(1987 年英文版)对 GB/T 10922—1989《非螺纹密封的管螺纹量规》进行修订的。

本标准与 ISO 228-2:1987 的一致性程度为修改,主要差异如下:

——与 GB/T 7307—2001 对应,修改了标准名称;

——量规的功能、使用规则和控制按表格的形式进行编排,并增加了量规代号和牙型特征(ISO 228-2:1987 版的 4;本版的 4 中表 2);

——增加了要求、验收与检验、标志与包装等内容(本版的 9、10、11);

——增加了检验外螺纹大径和内螺纹小径用光滑极限量规的要求(本版的附录 A);

——将量规螺纹牙型图中大、中、小径尺寸的计算公式汇总表述(ISO 228-2:1987 版的图 4、图 6 和图 8;本版的附录 B)。

本标准代替 GB/T 10922—1989《非螺纹密封的管螺纹量规》。

本标准与 GB/T 10922—1989 相比主要变化如下:

——与 GB/T 7307—2001 对应,修改了标准名称;

——修改了螺纹量规的 T_R、T_{PL}、T_{CP} 值(1989 年版的表 3 和表 4;本版的表 3、表 4 和表 6);

——通端螺纹环规牙顶截面允许不带圆弧由 1/16 和 1/8 两种规格修改为全部规格(1989 年版的表 11 中注 2);本版的图 4 和 6.3.1 中表 3);

——检验外螺纹大径和内螺纹小径用光滑极限量规的要求作为参考内容重新编排(1989 年版的 5.4、5.5、5.6、5.7、8.2;本版的附录 A);

——将量规螺纹大、中、小径尺寸的计算公式移入附录(1989 年版的表 11;本版的附录 B);

——删除了平顶通端螺纹塞规和平顶通端螺纹环规的要求(1989 年版的附录 A);

——删除了用于检验 D 级内螺纹的螺纹塞规的要求(1989 年版的附录 B);

——删除了止端螺纹环规牙型高度 h_3 的要求(1989 年版的附录 C)。

本标准的附录 A 为资料性附录,附录 B 为规范性附录。

本标准由中国机械工业联合会提出。

本标准由全国量具量仪标准化技术委员会(SAC/TC 132)归口。

本标准由成都工具研究所负责起草。

本标准主要起草人:姜志刚

本标准所代替标准的历次版本发布情况为:

——GB/T 10922—1989。

55°非密封管螺纹量规

1 范围

本标准规定了55°非密封管螺纹量规的公差、要求、验收及检验、标志与包装等。

本标准规定的螺纹量规适用于检验GB/T 7307—2001规定的55°非密封管螺纹。

2 规范性引用文件

下列文件中的条款通过本标准的引用而成为本标准的条款。凡是注日期的引用文件，其随后所有的修改单(不包括勘误的内容)或修订版均不适用于本标准，然而，鼓励根据本标准达成协议的各方研究是否可使用这些文件的最新版本。凡是不注日期的引用文件，其最新版本适用于本标准。

GB/T 7307—2001　55°非密封管螺纹(eqv ISO 228-1:1994)

3 符号及说明

表1中所列的符号及说明适用于本标准。

表1

符号	说　　明
b_3	内螺纹截短牙型大径处的间隙槽宽度或外螺纹截短牙型小径处的间隙槽宽度
d、D	工件外、内螺纹的基本大径
d_1、D_1	$=d-1.280654P$，工件外、内螺纹的基本小径
d_2、D_2	$=d-0.640327P$，工件外、内螺纹的基本中径
m	螺纹环规中径公差带 T_R 的中心线与“校通-通”或“校止-通”螺纹塞规中径公差带 T_{CP} 的中心线之间的距离
n	b_3 的公称值
P	螺距
s	截短螺纹牙型间隙槽中心线相对于螺纹牙型中心线的实际偏移量
S	b_3 的偏差
T_{CP}	校对螺纹塞规的中径公差
T_{d2}	工件外螺纹的中径公差
T_{D2}	工件内螺纹的中径公差
T_{PL}	通、止端螺纹塞规的中径公差
T_R	通、止端螺纹环规的中径公差
u	$=0.14784P$，牙顶或牙底圆弧高的两倍
W_{GO}	通端螺纹塞规或通端螺纹环规中径公差带的中心线至其磨损极限之间的距离
W_{NG}	止端螺纹塞规或止端螺纹环规中径公差带的中心线至其磨损极限之间的距离
Z_{PL}	通端螺纹塞规中径公差带 T_{PL} 的中心线至工件内螺纹中径下偏差之间的距离
Z_R	通端螺纹环规中径公差带 T_R 的中心线至工件外螺纹中径上偏差之间的距离

4 螺纹量规的代号、功能、特征、使用规则和控制

表 2 中所列的螺纹量规代号、功能、特征、使用规则和控制适用于本标准。

表 2

<table>
<tr><th>名　　称</th><th>代号</th><th>功　　能</th><th>特　征</th><th>使用规则</th><th>控　　制</th></tr>
<tr><td>通端螺纹环规</td><td>T</td><td>检验工件外螺纹的作用中径及小径</td><td>完整的内螺纹牙型</td><td>应与工件外螺纹旋合通过</td><td>采用“校通-通”和“校通-止”螺纹塞规进行检验，并定期用“校通-损”螺纹塞规进行控制。若不采用“校通-止”螺纹塞规进行检验，允许采用其他方法以确保通端螺纹环规的单一中径最大尺寸不超过规定</td></tr>
<tr><td>“校通-通”螺纹塞规</td><td>TT</td><td>检验新制的通端螺纹环规作用中径</td><td rowspan="3">截短的外螺纹牙型</td><td>应与通端螺纹环规旋合通过</td><td rowspan="3">—</td></tr>
<tr><td>“校通-止”螺纹塞规</td><td>TZ</td><td>检验新制的通端螺纹环规单一中径</td><td rowspan="2">允许与通端螺纹环规两端的螺纹部分旋合，旋合量不应超过一个螺距(退出校对塞规时测定)</td></tr>
<tr><td>“校通-损”螺纹塞规</td><td>TS</td><td>检验使用中的通端螺纹环规单一中径</td></tr>
<tr><td>止端螺纹环规</td><td>Z</td><td>检验工件外螺纹的单一中径</td><td>截短的内螺纹牙型</td><td>允许与工件外螺纹两端的螺纹部分旋合，旋合量不应超过二个螺距(退出环规时测定)。若工件外螺纹少于或等于三个螺距，不应完全旋合通过</td><td>采用“校止-通”和“校止-止”螺纹塞规进行检验，并定期用“校止-损”螺纹塞规进行控制。若不采用“校止-止”螺纹塞规进行检验，允许采用其他方法以确保止端螺纹环规的单一中径最大尺寸不超过规定</td></tr>
<tr><td>“校止-通”螺纹塞规</td><td>ZT</td><td rowspan="2">检验新制的止端螺纹环规单一中径</td><td rowspan="4">完整的外螺纹牙型</td><td>应与止端螺纹环规旋合通过</td><td rowspan="3">—</td></tr>
<tr><td>“校止-止”螺纹塞规</td><td>ZZ</td><td rowspan="2">允许与止端螺纹环规两端的螺纹部分旋合，旋合量不应超过一个螺距(退出校对塞规时测定)</td></tr>
<tr><td>“校止-损”螺纹塞规</td><td>ZS</td><td>检验使用中的止端螺纹环规单一中径</td></tr>
<tr><td>通端螺纹塞规</td><td>T</td><td>检验工件内螺纹的作用中径及大径</td><td>应与工件内螺纹旋合通过</td><td>应定期检验其磨损状况，磨损值由测量确定</td></tr>
<tr><td>止端螺纹塞规</td><td>Z</td><td>检验工件内螺纹的单一中径</td><td>截短的外螺纹牙型</td><td>允许与工件内螺纹两端的螺纹部分旋合，旋合量不应超过二个螺距(退出塞规时测定)。若工件内螺纹少于或等于三个螺距，不应完全旋合通过</td><td>应定期检验其磨损状况</td></tr>
</table>

5 螺纹倒钝

若螺纹量规两端的螺纹牙型不完整，应将牙型修整到为完整牙型（见图1）。如果做不到，则应与螺纹根部成27°30′的倒角（见图2）。

图1 完整螺纹的起始处

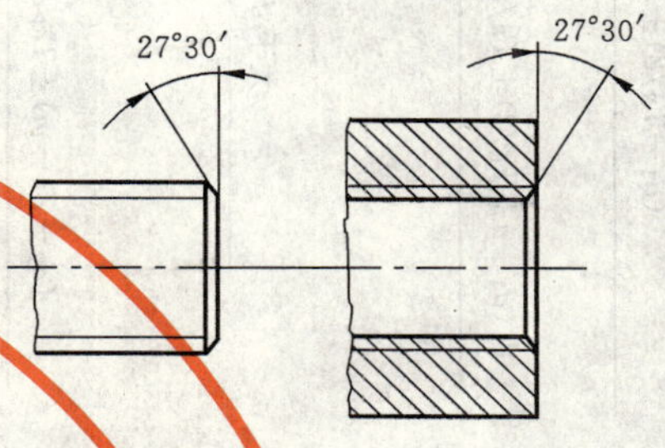

图2 螺纹起始处的倒角

6 用于检验工件外螺纹的量规

6.1 通端螺纹环规及其校对塞规

6.1.1 通端螺纹环规及其校对螺纹塞规的螺纹中径公差带见图3所示。图示仅供图解说明。

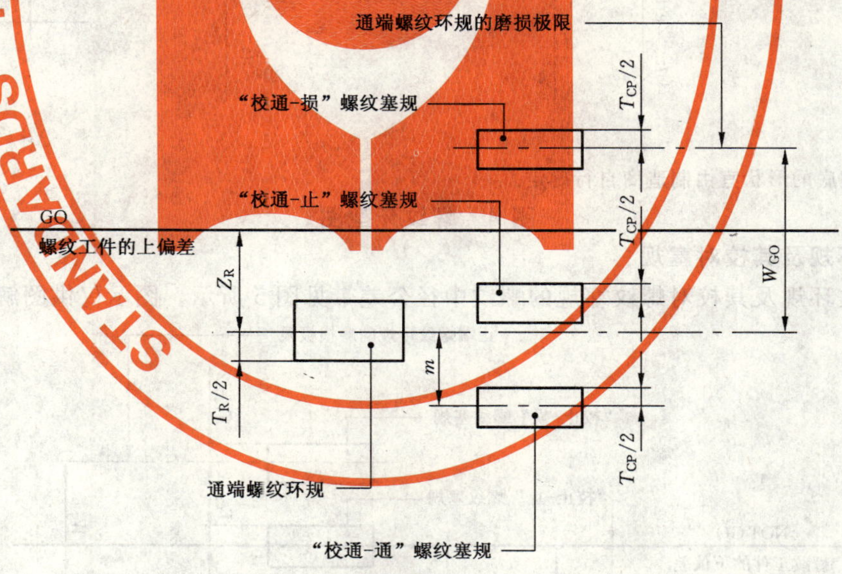

图3 中径公差带的相对位置关系图

6.1.2 通端螺纹环规和校对螺纹塞规的螺纹牙型见图4所示。图示仅供图解说明。

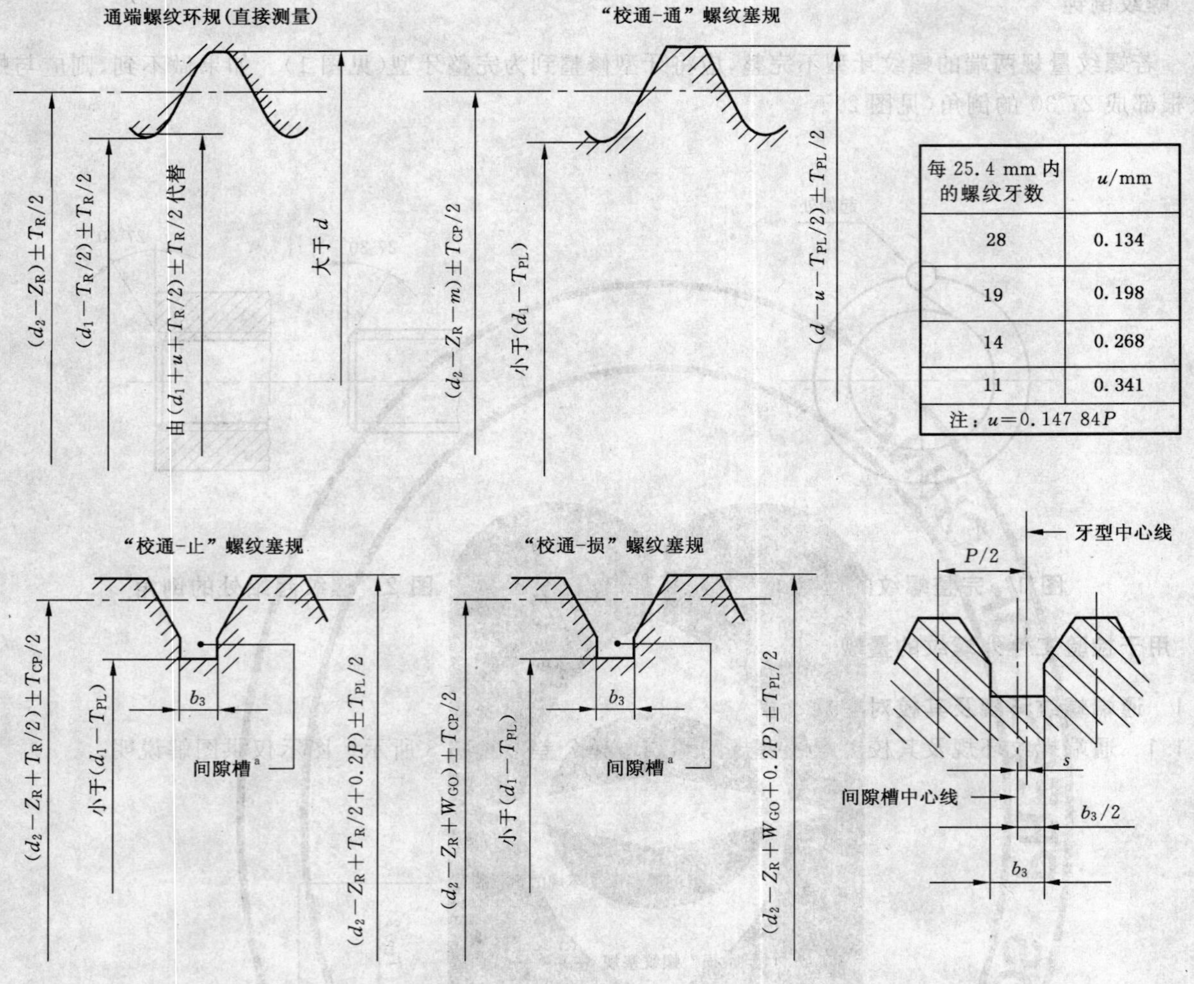

每 25.4 mm 内的螺纹牙数	u/mm
28	0.134
19	0.198
14	0.268
11	0.341
注：$u=0.147\ 84P$	

[a] 间隙槽和槽底的形状宜由制造商自行确定。

图 4　螺纹牙型图

6.2　止端螺纹环规及其校对塞规

6.2.1　止端螺纹环规及其校对螺纹塞规的螺纹中径公差带见图 5 所示。图示仅供图解说明。

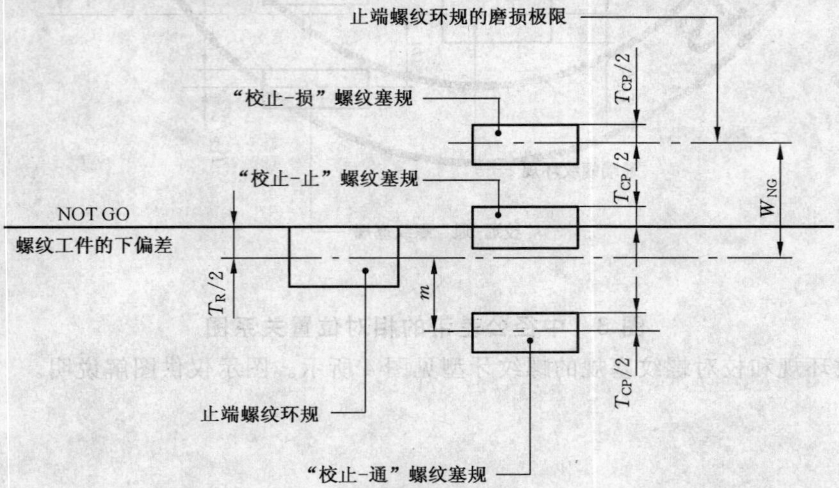

图 5　中径公差带的相对位置关系图

6.2.2 止端螺纹环规和校对螺纹塞规的螺纹牙型见图6所示。图示仅供图解说明。

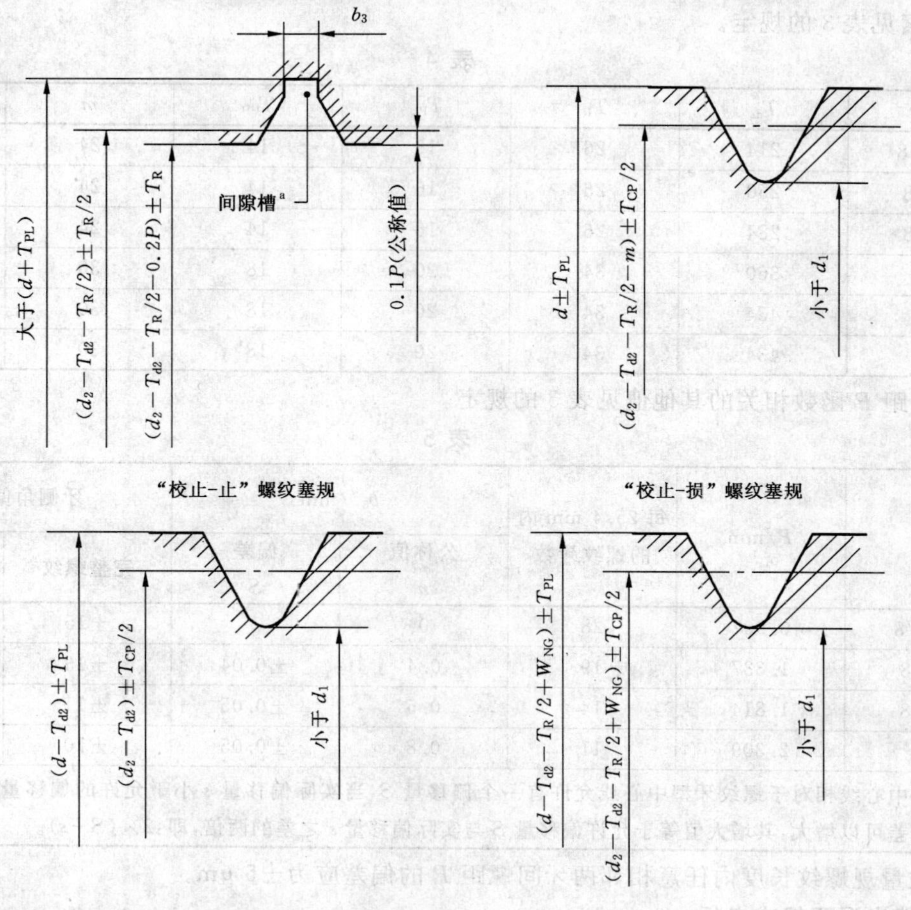

[a] 间隙槽和槽底的形状宜由制造商自行确定。

图6 螺纹牙型图

6.3 公差

GB/T 7307—2001 规定了螺纹的P、d、d_1、d_2值，外螺纹中径的中径公差T_{d2}分为A级和B级。

6.3.1 用于A级外螺纹的螺纹环规及其校对塞规的中径公差值和有关的位置要素见表3的规定。通端螺纹环规及其校对塞规对B级螺纹也是有效的。

表3[a]

单位为微米

尺寸代号	T_{d2}	T_R	T_{PL}	T_{CP}	m	Z_R	W_{NG}	W_{GO}
1/16 和 1/8	107	16	10	10	17	2	13	18
1/4 和 3/8	125	16	10	10	17	2	13	18
1/2 和 7/8	142	20	12	10	20	9	17	23
1 至 2	180	20	12	10	20	9	17	23
2¼ 至 4	217	26	16	14	24	13	21	28
4½ 至 6	217	26	16	14	24	13	21	28

[a] 对于通端螺纹环规，允许其螺纹牙型的牙顶不带圆弧，其小径尺寸可截至$(d_1+u+T_R/2)\pm T_R/2$，单位为毫米，$u=0.14784P$。例如：尺寸代号为1/16或1/8($P=0.907$ mm)的通端螺纹环规，允许其小径尺寸为$(d_1+0.134+0.008)\pm0.008=(d_1+0.142)\pm0.008$。

6.3.2 用于B级外螺纹的止端螺纹环规及其校对塞规的中径公差值和有关的位置要素见表4的规定。通端螺纹环规及其校对塞规与用于A级外螺纹的螺纹环规及其校对塞规相同，其中径公差值和有关的位置要素见表3的规定。

表 4

单位为微米

尺寸代号	T_{d2}	T_R	T_{PL}	T_{CP}	m	W_{NG}
1/16 和 1/8	214	26	16	14	24	21
1/4 和 3/8	250	26	16	14	24	21
1/2 和 7/8	284	26	16	14	24	21
1 至 2	360	34	20	18	30	28
2¼ 至 4	434	34	20	18	30	28
4½ 至 6	434	34	20	18	30	28

6.3.3 与螺距 P 函数相关的其他值见表5的规定。

表 5

尺寸代号	P/mm	每25.4 mm内的螺纹牙数	b_3[a]/mm		牙侧角偏差/(′)	
			公称值 n	偏差 S	完整螺纹	截短螺纹
1/16 和 1/8	0.907	28	0		±15	±16
1/4 和 3/8	1.337	19	0.4	±0.04	±13	±16
1/2 至 7/8	1.814	14	0.5	±0.05	±11	±14
1 至 6	2.309	11	0.8	±0.05	±10	±14

[a] 间隙槽中心线相对于螺纹牙型中心线允许有一个偏移量 S，当实际偏移量 s 小于允许的偏移量 S 时，则 b_3 的上偏差可以增大，其增大值等于允许偏移量 S 与实际偏移量 s 之差的两倍，即：$2\times(S-s)$。

6.3.4 螺纹量规螺纹长度内任意相邻两牙间螺距 P 的偏差应为±5 μm。

6.4 通、止端光滑环规或卡规

适用于检验工件外螺纹大径的通、止端光滑环规或卡规的要求参见附录A的规定。

7 用于检验工件内螺纹的量规

7.1 通、止端螺纹塞规

7.1.1 通、止端螺纹塞规的螺纹中径公差带见图7所示。图示仅供图解说明。

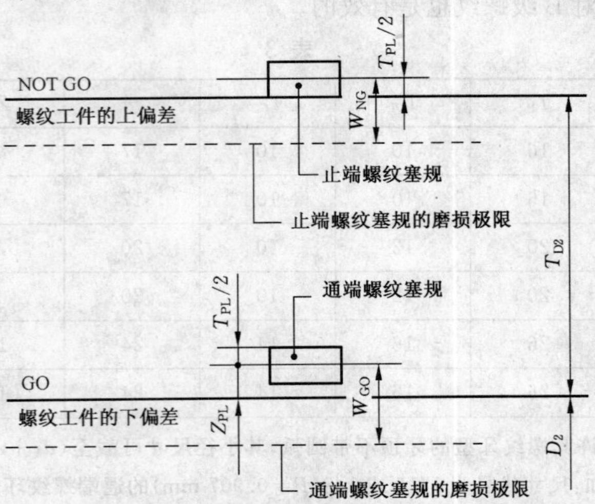

图 7 中径公差带的相对位置关系图

7.1.2 通、止端螺纹塞规的螺纹牙型见图 8 所示。图示仅供图解说明。

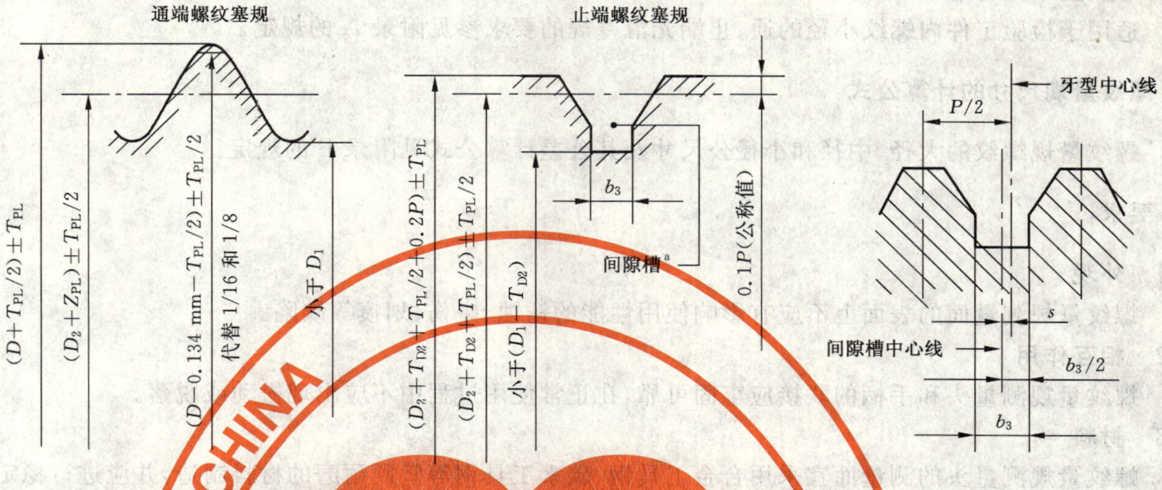

a 间隙槽和槽底的形状宜由制造商自行确定。

图 8 螺纹牙型

7.2 公差

GB/T 7307—2001 规定了螺纹的 P、D、D_1、D_2 值，内螺纹中径的中径公差 T_{D2}。

7.2.1 通、止端螺纹塞规的中径公差值和有关的位置要素见表 6 的规定。

表 6

单位为微米

尺寸代号	T_{D2}	Z_{PL}	T_{PL}	W_{NG}	W_{GO}
1/16 和 1/8[a]	107	8	10	10	14
1/4 和 3/8	125	8	10	10	14
1/2 和 7/8	142	13	12	13	19
1 至 2	180	13	12	13	19
2¼ 至 4	217	18	16	17	23
4½ 至 6	217	18	16	17	23

a 对于 1/16 和 1/8 的通端螺纹塞规，允许其螺纹牙型的牙顶不带圆弧，其大径尺寸可截至 $(D-0.134-T_{PL}/2)\pm T_{PL}/2=(D-0.139)\pm 0.005$，单位为毫米。

7.2.2 与螺距 P 函数相关的其他值见表 7 的规定。

表 7

尺寸代号	P/mm	每 25.4 mm 内的螺纹牙数	b_3[a]/mm		牙侧角偏差/(′)	
			公称值 n	偏差 S	完整螺纹	截短螺纹
1/16 和 1/8	0.907	28	0		±15	±16
1/4 和 3/8	1.337	19	0.4	±0.04	±13	±16
1/2 至 7/8	1.814	14	0.5	±0.05	±11	±14
1 至 6	2.309	11	0.8	±0.05	±10	±14

a 间隙槽中心线相对于螺纹牙型中心线允许有一个偏移量 S，当实际偏移量 s 小于允许的偏移量 S 时，则 b_3 的上偏差可以增大，其增大值等于允许偏移量 S 与实际偏移量 s 之差的两倍，即：$2\times(S-s)$。

7.2.3 螺纹量规螺纹长度内任意相邻两牙间螺距 P 的偏差应为±5 μm。

7.3 通、止端光滑塞规

适用于检验工件内螺纹小径的通、止端光滑塞规的要求参见附录A的规定。

8 螺纹量规尺寸的计算公式

螺纹量规螺纹的大径、中径和小径公尺寸及其公差计算公式见附录B的规定。

9 要求

9.1 外观

螺纹量规测量面的表面上不应有影响使用性能的锈蚀、碰伤、划痕等缺陷。

9.2 相互作用

螺纹量规测量头和手柄的联接应牢固可靠，在正常使用过程中不应出现松动或脱落。

9.3 材料

螺纹量规测量头的测量面宜采用合金工具钢、碳素工具钢等坚硬耐磨的材料制造，并应进行稳定性处理。

9.4 硬度、表面粗糙度

9.4.1 螺纹量规测量头的测量面硬度应为664HV～866HV(或58HRC～65HRC)。

9.4.2 螺纹量规测量面的表面粗糙度 Ra 值不应大于表8的规定。

表 8

名　　称	Ra/μm
螺纹环规小径、螺纹塞规大径和小径、校对螺纹塞规大径	0.8
牙侧	0.4

10 验收及检验

10.1 验收

10.1.1 本标准中的规定值均以标准的测量条件为准，即：温度为20℃、测量力为零。

10.1.2 螺纹环规的验收应以校对螺纹塞规为准。

10.2 检验

10.2.1 螺纹塞规各参数的检验采用直接检测法进行检验，其主要检测参数、检测部位和检测器具见表9。

表 9

主要检测参数	检测部位	检测器具
中径	工作范围内	测长仪、量针
大径		杠杆比较仪
小径		万能工具显微镜
螺距	螺纹全长范围内	万能工具显微镜、螺距仪
牙型半角	任意牙	万能工具显微镜

10.2.2 螺纹环规应按表10中规定的检测参数进行检测。

表 10

检测参数	检测器具
作用中径	螺纹校对塞规
大径	
螺距	
牙侧角	
小径	光滑极限量规

11 标志与包装

11.1 螺纹量规上至少应标志：

a) 制造厂厂名或注册商标；

b) 按 GB/T 7307—2001 中规定的尺寸代号和公差等级代号；

c) 螺纹量规代号；

d) 尺寸代号为 1/16、1/8 和 1/4 的螺纹塞规，a)至 c)的内容允许标志在手柄上；若单独供应时，应附有 a)至 c)内容的标牌。

11.2 螺纹量规包装盒上至少应标志：

a) 制造厂厂名或注册商标；

b) 按 GB/T 7307—2001 中规定的尺寸代号和公差等级代号；

c) 螺纹量规代号；

d) 出厂年号。

11.3 螺纹量规在包装前应经过防锈处理并妥善包装，不得因包装不善而在运输过程中损坏产品。

11.4 螺纹量规经检定符合本标准要求的应附有产品合格证，产品合格证上应标有本标准的标准号和出厂日期。

附　录　A
（资料性附录）
光滑极限量规

A.1　用于检验工件外螺纹大径的量规

A.1.1　通、止端光滑环规或卡规及其校对塞规的尺寸公差带见图 A.1 所示。图示仅供图解说明。

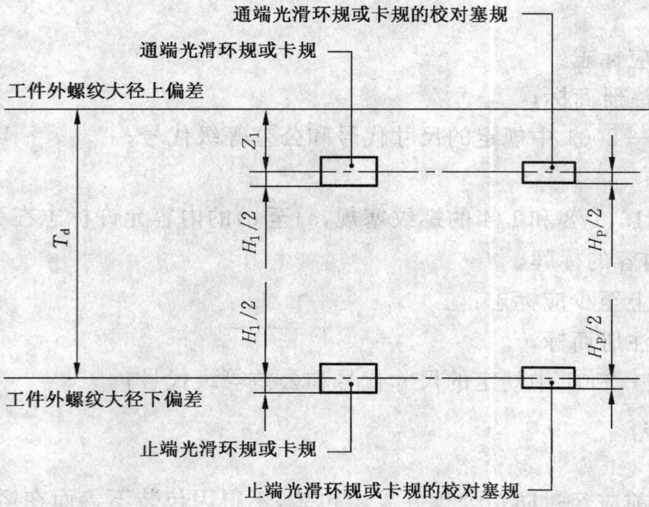

图 A.1　尺寸公差带的相对位置关系图

A.1.2　通、止端光滑环规或卡规及校对塞规的公差值和有关的位置要素见表 A.1 的规定。

表 A.1

单位为微米

尺寸代号	T_d	H_1	H_P	Z_1
1/16 和 1/8	214	16	4	38
1/4 和 3/8	250	16	4	38
1/2 和 7/8	284	16	4	38
1 至 2	360	30	6	54
2¼ 至 4	434	30	6	54
4½ 至 6	434	30	6	54

A.1.3　通、止端光滑环规或卡规及校对塞规的代号、尺寸计算公式见表 A.2 的规定。

表 A.2

名　称	代　号	计算公式	
		基本尺寸	极限偏差
通端光滑环规或卡规	T	$d-Z_1$	$\pm H_1/2$
止端光滑环规或卡规	Z	$d-T_d$	$\pm H_1/2$
“校通-通”光滑塞规	TT	$d-Z_1$	$\pm H_P/2$
“校止-通”光滑塞规	ZT	$d-T_d$	$\pm H_p/2$

A.2 用于检验工件内螺纹小径的量规

A.2.1 通、止端光滑塞规的尺寸公差带见图 A.2 所示。图示仅供图解说明。

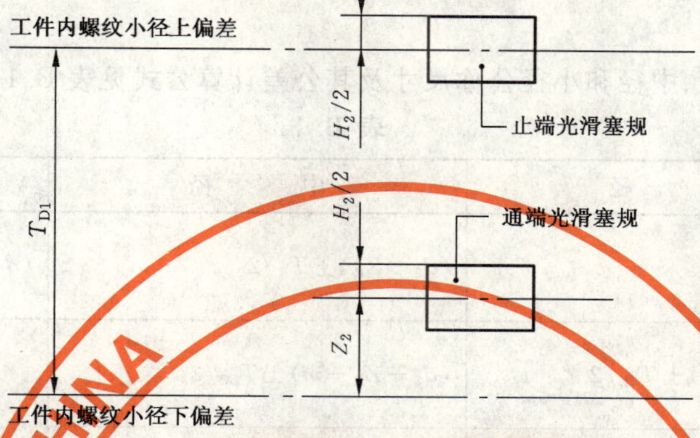

图 A.2 尺寸公差带的相对位置关系图

A.2.2 通、止端光滑塞规的公差值和有关的位置要素见表 A.3 的规定。

表 A.3

单位为微米

尺寸代号	T_{D1}	H_2	Z_2
1/16 和 1/8	282	16	38
1/4 和 3/8	445	26	52
1/2 和 7/8	541	26	52
1 至 2	640	26	52
2¼ 至 4	640	26	52
4½ 至 6	640	26	52

A.2.3 通、止端光滑塞规的代号、尺寸计算公式见表 A.4 的规定。

表 A.4

名　　称	代　　号	计算公式	
		基本尺寸	极限偏差
通端光滑塞规	T	D_1+Z_2	$\pm H_2/2$
止端光滑塞规	Z	D_1-T_{D1}	$\pm H_2/2$

附　录　B
（规范性附录）
螺纹量规的尺寸计算公式

螺纹量规螺纹的大径、中径和小径公称尺寸及其公差计算公式见表 B.1 的规定。

表 B.1

量规名称	大　　径	中　　径	小　　径
通端螺纹环规[a]	大于 d	$(d_2-Z_R)\pm T_R/2$	$(d_1-T_R/2)\pm T_R/2$
“校通-通”螺纹塞规	$(d-u-T_{PL}/2)\pm T_{PL}/2$	$(d_2-Z_R-m)\pm T_{CP}/2$	
“校通-止”螺纹塞规	$(d-Z_R+T_R/2+0.2P)\pm T_{PL}/2$	$(d_2-Z_R+T_R/2)\pm T_{CP}/2$	小于(d_1-T_{PL})
“校通-损”螺纹塞规	$(d_2-Z_R+W_{GO}+0.2P)\pm T_{PL}/2$	$(d_2-Z_R+W_{GO})\pm T_{CP}/2$	
止端螺纹环规	大于$(d+T_{PL})$	$(d_2-T_{d2}-T_R/2)\pm T_R/2$	$(d_2-T_{d2}-T_R/2-0.2P)\pm T_R/2$
“校止-通”螺纹塞规	$d\pm T_{PL}$	$(d_2-T_{d2}-T_R/2-m)\pm T_{CP}/2$	
“校止-止”螺纹塞规	$(d-T_{d2})\pm T_{PL}$	$(d_2-T_{d2})\pm T_{CP}/2$	小于 d_1
“校止-损”螺纹塞规	$(d-T_{d2}-T_R/2+W_{NG})\pm T_{PL}$	$(d_2-T_{d2}-T_R/2+W_{NG})\pm T_{CP}/2$	
通端螺纹塞规[b]	$(D+T_{PL}/2)\pm T_{PL}$	$(D_2+Z_{PL})\pm T_{PL}/2$	小于 D_1
止端螺纹塞规	$(D_2+T_{D2}+T_{PL}/2+0.2P)\pm T_{PL}$	$(D_2+T_{D2}+T_{PL}/2)\pm T_{PL}/2$	小于(D_1-T_{PL})

a　通端螺纹环规牙顶允许不带圆弧，其小径可为$(d_1+u+T_R/2)\pm T_R/2$。

b　1/16 和 1/8 规格的通端螺纹塞规，牙顶允许不带圆弧，其大径可为$(D-0.134\ \text{mm}-T_{PL}/2)\pm T_{PL}/2$。